阀门设计与选用基础

钱锦远 金志江 李文庆 林振浩　编著

ZHEJIANG UNIVERSITY PRESS
浙江大学出版社

图书在版编目(CIP)数据

阀门设计与选用基础 / 钱锦远等编著. —杭州：浙江大学出版社，2020.9
ISBN 978-7-308-19612-3

Ⅰ.①阀… Ⅱ.①钱… Ⅲ.①阀门—基本知识 Ⅳ.①TH134

中国版本图书馆 CIP 数据核字(2019)第 212573 号

阀门设计与选用基础
钱锦远　金志江　李文庆　林振浩　编著

组　　稿　傅宏梁
责任编辑　王　波
责任校对　汪荣丽
封面设计　续设计
出版发行　浙江大学出版社
　　　　　　（杭州市天目山路 148 号　邮政编码 310007）
　　　　　　（网址：http://www.zjupress.com）
排　　版　浙江时代出版服务有限公司
印　　刷　杭州高腾印务有限公司
开　　本　787mm×1092mm　1/16
印　　张　35
字　　数　852 千
版 印 次　2020 年 9 月第 1 版　2020 年 9 月第 1 次印刷
书　　号　ISBN 978-7-308-19612-3
定　　价　88.00 元

浙江大学出版社市场运营中心联系方式　(0571)88925591；http://zjdxcbs.tmall.com

前　言

阀门广泛应用于石化、电力、冶金、海洋、航空航天和核工业等与国民经济息息相关的行业领域,起着对流体压力、流量等参数调节与控制的作用,被称为工业系统的"咽喉"。

编者长期从事阀门领域的教学与研究工作。在从事阀门的研究过程中,编者由于经常开展针对特种控制阀的流动特性及其引起的振动噪声问题的研究,因此经常需要和工程流体力学、工程热力学等知识打交道。在开展"过程设备的选型与设计"课程教学过程中,编者发现该课程面向化工类专业学生,浓缩了工程力学、工程材料、机械设计、过程设备设计和典型过程设备选用等方面的核心知识点,能让化工类专业的学生在较短时间之内完成整个知识框架的建立。

受此启发,编者所在课题组购买了市面上书名中带有"阀门"二字的所有图书,并经过深入的讨论与调研,决定编写一本综合工程流体力学、工程热力学、工程材料、材料力学等与阀门设计选用相关的基础知识,凝练阀门设计和选用相关专业知识,囊括典型阀门研究进展信息,兼具教材和工具书功能的图书。本书不仅可以作为大中专院校师生开展相关课程教学活动的辅助教材,也可以作为从事阀门设计工作的工程技术人员的参考工具书,更可以作为工程公司和用户在阀门选用时的指导手册。

本书共分为7章,其中第1章为阀门概述;第2章为工程流体力学基础;第3章为工程热力学基础;第4章为工程力学基础及材料选用;第5章为阀门设计,涉及阀体、阀盖、阀杆、阀内件、驱动装置、连接和附件的通用设计过程;第6章为阀门的选用,涉及闸阀、蝶阀、球阀、截止阀、旋塞阀、隔膜阀、止回阀、蒸汽疏水阀、安全阀、减压阀和液压阀的典型结构特点和选用原则;第7章为阀门的优化改进与应用拓展。本书具有以下特点:

1. 阀门设计与选用专业知识和基础知识的交叉融合。全书可分为绪论、基础知识、阀门设计和选用三个部分。绪论部分介绍了阀门发展、阀门用途、阀门分类及阀门基本参数;基础知识部分综合讲解了阀门设计和选用时所涉及的工程流体力学、工程热力学、工程力学和工程材料相关知识;阀门设计和选用部分以解决实际工程问题为主线,介绍了阀门各部件的设计内容、典型阀门的适用场合及选用原则。

2. 基础知识高度凝练,内容注重创新前沿。本书在基础知识的内容规划上,结合研究工作中的实际经验,高度凝练了最相关的知识,例如第2章,高度凝练了流体力学的基础知识,并在此基础上引入了计算流体力学,介绍了数值模拟的基础理论知识,使得传统学科与计算科学相融合。同时,本书还结合国内外阀门的研究现状(例如第7章),突出了阀门的优化和应用拓展,综述了阀内复杂流动所引起的典型问题及方法,反映了阀门的最新发展趋势。

3. 立足实际工程应用,注重解决工程实际问题。第5章(阀门设计)引用相关的规范和标准时,不是简单罗列规范和标准中的公式,而是注重介绍公式的理论依据和使用范围,并给出了公式中参数的选值表。第 6 章(阀门的选用)则以阀门功能为分类依据,以实际工程应用为出发点,介绍某类典型阀门的结构特点,整理完善了阀门的适用场合和选用原则。

本书的编写得到了课题组师生的鼎力支持。其中,第 1 章由母娟、李文庆、钱锦远编写,第 2 章由李晓娟、李文庆、钱锦远编写,第 3 章由陈珉芮、李文庆、钱锦远编写,第 4 章由杨佳明、李文庆、金志江编写,第 5 章由吴嘉懿、杨晨、钱锦远、金志江编写,第 6 章由仇畅、林振浩、钱锦远、金志江编写,第 7 章由侯聪伟、钱锦远编写。同时,杜傲、于龙杰、姚怀宇和徐毅翔等人为本书的内容规划、细节校对等工作也做出了积极贡献,在此一并予以感谢。

本书得以付梓,非常感谢责任编辑王波老师的倾力相助。本书的内容体量远远超出我们最初的想象,无形中增加了王老师很多的工作量,但也正是王老师的鼓励与支持,才让我们能够最终得以完成本书。同时,也非常感谢浙江大学出版社教材出版中心傅宏梁老师在教材申报与立项等过程中予以的帮助和支持。

最后,特别感谢阀门行业的前辈们。本书得以成书,是编者非常幸运站在了众多阀门行业前辈的肩膀上,在此对前辈们的工作致以诚挚的感谢!

尽管编者千方百计从各种渠道搜集资料,但恐仍有遗漏,同时由于编者水平有限,书中必然存在缺点和错误,敬请广大读者批评指正。

编　者
2020 年 7 月

目　录

第1章 阀门概述

1.1 概　述

1.1.1 阀门简介

阀门是管路流体输送系统中的控制部件,用来改变流道面积和介质流动方向,具有截断、调节、导流、防止逆流、稳压、分流或溢流泄压等功能。

阀门的工作介质可以是各种各样的,常见的工作介质有如下几类:

(1)气体介质:空气、水蒸气、氨气、氮气、氢气、煤气、石油气和天然气等。

(2)液体介质:水、氨液、石油油品、硝酸和醋酸等。

(3)含固体介质:含有固体颗粒或悬浮物的气体或液体介质。

(4)特殊介质:剧毒性介质、易燃易爆介质、液态金属介质和含有放射性物质的介质等。

阀门通常由阀体、阀盖、阀座、启闭件、驱动机构、密封件和紧固件等部分组成。阀门是依靠驱动机构使其启闭件做升降、滑移、旋摆或回转运动,从而改变其流道面积的大小,实现控制功能的管路附件。

1.1.2 阀门的发展

阀门的发展与工业生产过程的发展密切相关。

远古时期,人们为了调节河流或小溪的水流量,采用大石块或树干来阻止水的流动或改变水的流动方向。

公元前1800年,古埃及人为了防止尼罗河泛滥而修建大规模水利工程,采用了类似的木制旋塞来控制水流的分配。此外,古埃及和古希腊文明发明了几种原始类型的阀门用于农作物灌溉等。古罗马人为了农作物灌溉,开发了相当复杂的水系统,水系统中采用了旋塞阀和柱塞阀,并使用止回阀防止水的逆流。

战国末年,秦国的蜀郡太守李冰在成都平原开凿盐井时,在取卤的竹筒下部,用牛皮制成控制卤水的阀门。他还使用了木制的柱塞阀来防止卤水的泄漏。

文艺复兴时期,达·芬奇在他设计的沟渠、灌溉项目和其他大型水力系统中使用了许多阀门,他的很多技术方案现在仍有一定的借鉴意义。随着欧洲锻炼技术的发展,铜制和铝制的旋塞阀相继诞生,阀门进入了金属制时代。

阀门工业的现代历史与工业革命并行发展。1776年瓦特制造出第一台有实用价值的蒸汽机,蒸汽机上大量采用了旋塞阀、安全阀、止回阀和蝶阀,标志着阀门正式进入了机械工业领域。

18世纪到19世纪,蒸汽机在采矿、冶炼、纺织、机械制造等行业被快速推广,使得对阀门数量以及质量的要求日益增加,同时出现了新的阀门类型——滑阀。自从瓦特发明了第一台调节转速的控制器后,对流体流量的控制越来越受到人们的重视。而相继出现的带螺纹阀杆的截止阀和带梯形螺纹阀杆的楔式闸阀,是阀门发展中的一次重大突破。这两类阀门不但满足了当时各个行业对阀门压力及温度不断提高的要求,而且初步满足了对流量调节的要求。此后,随着电力、石油、化工、造船行业的兴起,各种中高压的阀门得到了迅速发展。

第二次世界大战后,基于许多国家进行战后重建的需要,加之聚合材料、光滑材料、不锈钢和钴基硬质合金等特殊材料的发展,古老的旋塞阀和蝶阀获得了新的应用,根据旋塞阀演变的球阀和隔膜阀得到迅速发展。截止阀、闸阀和其他阀门品种与质量同步提升。阀门制造业逐渐成为机械工业的一个重要部门。

20世纪60年代,工业化发达国家的经济相继进入繁荣发展时期,德国、日本、意大利、法国、英国等国家的产品急于寻找国际市场,成套机械设备的出口带动了阀门的出口。

从20世纪60年代末到80年代初,旧殖民地国家纷纷独立,这些国家因急于发展民族工业而大量进口机械设备。石油危机也使得各产油国大力投资于高利润的石油工业。这一系列原因使国际阀门生产和贸易迎来了一个新的高速增长的时期,并进一步推动了阀门工业的发展。

随着现代核工业、石油化学工业、电子工业和航天工业的发展,以及工业自动控制和远距离流体输送的发展,现代低温阀、真空阀、核工业用阀和各种调节阀等得到进一步的发展。

1.1.3　阀门应用领域

阀门广泛应用于石油、化工、电力、冶金、海洋、造纸、核工业、航天、长输管线、城建水处理等行业领域,在国民经济发展中具有重要作用。

1.1.3.1　石油化工装置用阀门

在石化装置中,阀门是石化管道系统的重要组成部分。石化装置中的介质大都具有易燃、易爆、有毒和腐蚀性强等特点,而且工艺过程复杂,工艺条件苛刻,开工周期长,生产中阀门一旦出现故障,轻则导致介质泄漏、污染环境,重则引发火灾、爆炸,造成恶性事故,威胁人民生命安全。所以石化生产对阀门质量要求较高,阀门投资约占装置配管费用的40%~50%。

(1)乙烯装置。乙烯装置规模可达100万吨,其用到的通用阀门主要有闸阀、截止阀、止回阀、蝶阀、球阀、旋塞阀等。装置中的主要工艺介质为甲烷、乙烷、乙烯、丙烯、丁烯、苯等烃类,此外,还可能有废碱、氢气、浓硫酸等特殊介质。装置中介质温度范围为−196~780℃,介质最高压力为13.35MPa。装置用到的阀体材质主要有碳钢、低温碳钢、合金钢和不锈钢。装置规模虽然会有不同,但阀门总数基本都在20000台左右。

除上述通用阀门外,乙烯装置中还用到低温阀、高温高压阀、轴流式止回阀、裂解气阀和清焦阀、特殊平行双闸板阀、超大口径高性能蝶阀、超高温球阀以及排污阀等特殊用途阀门。

（2）聚乙烯装置。聚乙烯装置中用到的通用阀门主要有闸阀、截止阀、止回阀、蝶阀、球阀、旋塞阀、隔膜阀、针形阀等，特殊阀门有轨道球阀、浮球阀、放料阀等。装置中主要工艺介质为乙烯、丙烯、丁烯、己烯、异戊烷、聚乙烯等烃类，特殊介质有烷基铝、氢气、粉料、终止剂等。装置中介质温度范围为 $-60 \sim 340 \text{℃}$，介质最高压力可达 17.24MPa。通用阀体材质主要有碳钢、不锈钢和少量低温碳钢和合金钢。

（3）聚丙烯装置。聚丙烯装置中用到的通用阀门主要有闸阀、截止阀、止回阀、蝶阀、球阀、旋塞阀等。装置中的主要工艺介质为丙烯、聚丙烯，特殊介质有烷基铝、氢气、粉料等。装置中介质温度范围为 $-29 \sim 300 \text{℃}$，介质最高压力为 5.0MPa。装置用到的通用阀体材质主要有碳钢、不锈钢和低温碳钢等。

（4）丁二烯装置。丁二烯装置中用到的通用阀门主要有闸阀、截止阀、止回阀、蝶阀、球阀、波纹密封阀等。装置中的主要工作介质为丁二烯。装置用到的通用阀体材质主要有碳钢、不锈钢和少量的低温碳钢。

1.1.3.2　电站用阀门

随着经济发展，我国对电力的需求急剧增长，对电站用阀门的需求也随之快速增长。其主要用在各种系统的管路上，以切断或接通管路介质。

（1）水电站用阀门。水电站除了发电机组以外还需要设计和建设辅助系统，辅助系统中阀门的合理应用有利于保证发电机组的高效工作。不同的系统管道需要安装不同类型的阀门。阀门的主要作用是控制气体和液体的压力、流速、流动方向等。阀门可以有效避免管道中流体倒流的情况发生，同时根据工作需要截断流体，调整流体的流向，或者将管道内的压力控制在一定范围内。如果水电站需要泄洪，阀门可以根据工作需要将气体或液体进行分流和溢流处理。由于实际工作中系统管道的不同功能和所要控制流体类型的不同，它们对阀门的需求也不一样。

水电站气系统管道对阀门的密封性和强度具有较高的要求，而截止阀具有较强的密封性和方向性，因此它可以应用于水电站中压或者低压气系统中。

圆筒阀主要作为水轮机中的进水闸门，它安装在固定导叶和进水导叶中间，替代传统系统管道上的蝶阀和球阀。由于该阀门在完全关闭时具有很强的密封性，因此该阀门可在多泥沙的水电站中使用，以防止导水机因泥沙的磨损造成工作寿命缩短和损坏。

闸阀在水电站油压系统中得到了广泛应用，水电站中对油压系统的冷却（推力轴承油系统、水导轴承油系统等）大多利用闸阀对系统管道内流体的截流作用。

蝶阀构造简单、尺寸小、重量小，在维修和操作上都非常方便。同时由于蝶阀的结构特点，导致蝶阀密封性不好、强度不足，因此其不适用于对密封性和强度有极高要求的系统管道。蝶阀的调节性较强，故常在冷却系统管道中使用。

球阀由于其结构特点，在水电站设备和管道的连接中使用得比较广泛。

（2）火电站用阀门。火电站用阀门按照功能主要可以分为关闭类、控制类、安全保护类三大类。

火电站用的关闭类阀门主要包括截止阀、闸阀、三通阀、排污阀、止回阀、疏水阀、水压试验堵阀等。其中截止阀、闸阀安装在水、蒸汽管道上，作为启闭装置用。三通阀安装在压力表与压力表弯管之间，供压力表用。排污阀安装在电站锅炉水冷壁下联箱及集中下降管部位，作为锅炉排污装置。止回阀安装在蒸汽、水管道上，作为自动防止介质逆流的安装装置。

疏水阀安装在疏水管路,其作用是排出冷凝水,避免或减少因汽液两相流对设备冲刷及急剧冷却所引起的损坏、振动等问题。水压试验堵阀安装在锅炉过热器出口和再热器进出口蒸汽管道上,作为系统进行水压试验时的隔离装置,水压试验后拆除内部堵板,装入导流套作为管道使用。

火电站用控制类阀门主要包括调节阀和减压阀。调节阀主要安装在锅炉的喷水减温器的喷水管道、给水管道、高加疏水管路、给水旁路等,用于调节给水流量或喷水流量及压力。减压阀主要安装在锅炉的减温减压系统、吹灰系统、油管路加热系统和空气预热器系统,用来调节蒸汽流量和压力。在火电机组的热力系统中,汽轮机旁路系统已成为中间再热机组热力系统中的一个重要组成部分。旁路系统主要是由调节阀和控制装置两部分组成,其连接形式、功能选取、容量大小等对于机组的运行有着很大影响。在旁路系统中,阀门是重要的装置之一。高压旁路系统阀门一般包括减温减压阀、喷水隔离阀和喷水调节阀,低压旁路系统阀门一般包括减温减压阀和喷水调节阀,此外还可以根据用户需要选配低压旁路喷水隔离阀及三级减温水调节阀。

安全阀是最常见的安全保护类阀门,其作用是当压力超过规定值时,能自动排出蒸汽,防止压力继续升高,以保证锅炉及汽轮机的安全,其主要安装在电站锅炉的锅筒、过热器出口、再热器出口、除氧器、高低加汽水侧,汽轮机的工业抽汽管路、采暖管路等。电磁泄放阀是防止锅炉内蒸汽压力超过规定值的保护装置,在安全阀动作前开启,排出多余蒸汽,以保护锅炉在规定压力下正常运行,同时减少安全阀的动作次数,延长安全阀的使用寿命。高压加热器入口阀、止回阀分别安装在高压加热器进口和出口,这两种阀门配套使用,当高压加热器出现事故时,入口阀关闭高压加热器的进口,同时止回阀关闭高压加热器的出口,给水通过旁路进入锅炉,此时高压加热器停止运行,从而将高压加热器解列,保证锅炉的正常给水。气动快启阀用于锅炉油、水、汽系统中作为自动快速切断介质的装置。循环泵出口阀安装在锅炉循环泵的出口,具有截止阀和止回阀的作用,既能关闭,又能防止介质倒流。闭锁阀安装在过热器和再热器喷水管道上,作为快速启闭装置使用。抽汽止回阀用于汽轮机抽汽、采暖等系统上,防止汽轮机组在突然甩负荷时汽轮机内的压力突然降低,抽汽管和各加热器内蒸汽倒流进入汽轮机内,造成汽轮机叶片打碎、毁坏汽轮机发电机的恶性事故,并防止加热器系统管道泄漏使水从抽汽管路进入汽轮机内而发生水击事故,以保护汽轮机的安全运行。

(3)核电站用阀门。核电站用阀门是指在核电站中核岛 NI、常规岛 CI 和电站辅助设施 BOP 系统中使用的阀门。从安全级别上其可分为核安全Ⅰ级、Ⅱ级、Ⅲ级、非核级,其中核安全Ⅰ级要求最高。阀门在核电站中是使用数量较多的介质输送控制设备,是核电站安全运行中的必不可少的重要组成部分。据统计,一座具有两台 100 万千瓦机组的核电站有各类阀门 3 万台。

与常规的大型火力发电站用阀门相比较,虽然在压力和温度等参数上核电站用阀门较低些,但核电站用阀门却有更高的技术特点和要求。

在设计上首先应考虑阀门的主要部件能承受持久的或瞬间的压力以及温度交变下各种载荷的作用力,而不应出现明显的弹塑性变形。除常规的强度计算外还应采用有限元应力分析和抗震计算分析等方法来确保阀门产品的可靠性。

由于核反应堆的回路系统的输送介质大多带有放射性,因此不允许有任何泄漏发生,必须在阀门的结构设计、密封件(波纹管、膜片、填料和垫片等)的选用、材料和成品的质量检测控制等方面,采取严格有效的措施来保证。阀体与管道的连接也大多采用对接或承插焊接。

用于事故状态下工作的核电站阀门,应对系统起到安全保护和事故应急处理的作用。对于这些阀门来说,动作的及时和准确十分重要。因此,阀门的驱动装置的性能和质量非常重要。

1.1.3.3　其他领域用阀门

(1)冶金用阀门。冶金行业中主要需用耐磨料浆阀(直流式截止阀)、调节疏水阀,炼钢行业主要需用金属密封球阀、蝶阀、氧化球阀、截止阀和四通换向阀。

(2)海洋用阀门。随着海上油田开采的发展,海洋发展需用阀门的量也逐渐增多。海洋平台用到的阀门有关断球阀、止回阀、多路阀等。

(3)食品医药用阀门。该领域主要需用不锈钢球阀、无毒全塑球阀及蝶阀。

(4)乡村、城市建筑用阀门。城建系统一般采用低压阀门,目前正向环保型和节能型方向发展。环保型的胶板阀、平衡阀及中线蝶阀、金属密封蝶阀正在逐渐取代低压铁制闸阀。国内城市建筑需用阀门多为平衡阀、软密封闸阀、蝶阀等。

(5)乡村、城市供热用阀门。城市供热系统中,需用到大量的金属密封蝶阀、水平平衡阀及直埋式球阀,这类阀门主要用来解决管道纵向、横向水力失调问题,从而达到节能、供热平衡的目的。

(6)环保用阀门。国内环保系统中,给水系统主要用到中线蝶阀、软密封闸阀、球阀、排气阀(用于排除管道中的空气)。污水处理系统主要用软密封闸阀、蝶阀。

(7)燃气用阀门。城市燃气占整个天然气市场的 22%,阀门用量大,类型也多。主要用到球阀、旋塞阀、减压阀、安全阀等。

(8)管线用阀门。长输管线主要为原油、成品油及天然气管线。这类管线需用量居多的阀门是锻钢三体式全通径球阀、抗硫平板闸阀、安全阀、止回阀。

1.1.4　阀门行业现状

目前,全国已有 30 多家阀门公司分别在深市、沪市、港市及新三板市场交易。这些阀门公司规模有大有小,产品种类各异,在一定程度上真实地反映了国内阀门企业的经营现状。此外,按照中国通用机械工业协会阀门分会的统计数据,2015 年全国规模以上阀门企业(年销售收入 2000 万元以上的企业)总计有 1806 家,计算得出已经上市的阀门企业只占总数的 1.66%。根据上市阀门公司披露的年报数据,《国际控制阀杂志》统计出在 2016 年 1—12 月间,销售额超过亿元的大型企业有 18 家。

预计未来几年,随着我国经济的快速发展和工业自动化程度的提高,我国装备制造业转型和升级,以及国家对在石油天然气、石化、环保、电力、冶金等领域的投资持续增长,我国控制阀市场总体规模将会保持较快增长。

在全球工业阀门的市场需求中,包括钻采、运输和石化在内的石油天然气领域占比最高,达到 37.40%,其次是能源电力和化工领域的需求,分别占全球工业阀门市场需求的 21.30% 和 11.50%,前三大领域的市场需求合计占全部市场需求的 70.20%。而在国内工业阀门的应用领域中,化工、能源电力和石油天然气行业也是阀门销售最主要的市场,其阀门的市场需求分别占国内工业阀门市场总需求的 25.70%、20.10% 和 14.70%,合计占全部市场需求的 60.50%。

从市场需求来看,水利水电、核电、油气行业未来对阀门的需求仍将保持强劲走势,主要体现在以下几个方面:

(1)水利水电领域

国务院办公厅印发的《能源发展战略行动计划(2014—2020 年)》指出:到 2020 年,力争常规水电装机达到 3.5 亿千瓦左右。水电装机容量的增长将带来对阀门的大量需求,水利水电投资的持续增长将刺激水工业阀门的繁荣。

(2)核电及其他能源领域

据预测,发展中国家的能源需求是推动需求发展的主要因素。核电行业对阀门的资金投入更是巨大,因为它们是整个装置中最昂贵也是最关键的部件之一,而全球核电产能预计将在 2031 年前增加 130000MW 以上。而且这些重要领域用的阀门的价格奇高,一个小型截止阀价值 20000 美元,而一个 38 英寸蒸汽隔离阀的价值超过 100 万美元。还预计火力发电的产能也会出现增长,从而为阀门提供一个巨大的市场。不仅如此,随着国家控制污染政策的深入,那些污染控制设备和二氧化碳捕捉装置还将进一步提高对阀门的需求。甚至连可再生能源,例如太阳能蒸汽发电厂,也会大量地用到阀门。而在国内,根据《能源发展战略行动计划(2014—2020 年)》,我国核电领域将争取到 2020 年核电装机容量达到 5800 万千瓦,在建容量达到 3000 万千瓦以上。核电领域投资的增加、核电装机容量的提高,以及核电领域阀门的高需求,将为我国阀门行业带来广阔的市场空间。

(3)油气领域

2017 年我国天然气产量为 1490 亿立方米,《能源发展战略行动计划(2014—2020 年)》指出:努力建设 8 个年产量百亿立方米级以上的大型天然气生产基地;到 2020 年,累计新增常规天然气探明地质储量 5.5 万亿立方米,年产常规天然气 1850 亿立方米。国内油气管线的投资将带动油气管线用工业阀门市场规模的持续扩张。预计到 2030 年时工业阀门的需求将达到 1000 亿美元,其中发展中国家的能源需求是推动需求发展的主要因素。

随着技术创新和工业进步与发展,石油天然气发展速度不断提高,各行业内的相关配套竞争也日趋激烈,我国能源领域用阀门在经过近几十年的发展,产品的研发、性能、质量、可靠性、服务等方面都有了很大的进步。阀门行业也正在朝着高度自动化、智能化、多功能、高效率、低消耗的方向在发展,阀门是污水处理、造纸、冶金、石油天然气、生产过程的必用品。未来 10 年内,核电、水电、大型石油化工、石油天然气集输管线、煤液化及冶金等重大工程建设配套的阀门新产品,将成为开发重点,可望领跑整个能源阀门市场的高速增长。

中国的阀门制造行业经过几十年的发展后,已经取得了很大的进步,经过多年的发展,中国的阀门企业数量居全世界第一,阀门生产水平也有了较大提高,阀门产量有了大幅度增加,阀门的主要产品基本上能满足国内市场的需要,阀门市场的成套率、成套水平和成套能力都有较大提高,国内阀门已经具备了一定的振兴基础,但仍存在一些短板影响行业发展:

(1)产业结构不合理,产能过剩严重

阀门产业经过前些年高速发展,工业产能过度扩张,市场环境恶化,虽然总需求逐年有所增长,但远远赶不上供给能力增长,比如球阀、闸阀、截止阀这种产品同质化竞争日趋激烈。阀门行业发展现状指出,长期制约行业发展的产品质量不高、关键核心技术受制于人、工业管理水平落后、知名品牌缺乏、发展方式粗放等矛盾,已经使行业转型升级刻不容缓。

(2)自主创新能力弱,产品质量不高

日本企业根据流体力学,在水龙头内安装了一个节流阀,用以控制水的流量,防止水溅到衣服上,但国内企业却很难做到。阀门行业发展现状说明,阀门企业应该加强技术创新,从偏向数量、规模扩张转向更注重追求质量、效益,促进中国阀门行业的良性发展。而受限于技术壁垒的其他中小型阀门企业,可以考虑地暖分集水器等阀门需求量大的新兴细分领域,增强工程配套能力,提高阀门产品附加值。

(3)缺乏世界知名品牌与跨国企业

受行业整体发展水平限制,目前国内控制阀产品和知名品牌进口产品相比还有不小差距,主要表现在密封性、外观设计、使用寿命、电动装置和气动装置技术水平方面。因此,在不少关键领域的复杂工况条件下,仍然以进口国外知名品牌的控制阀为主。此外,国外企业在品牌知名度、产品质量水平、技术水平等方面,相比国内企业都占据较明显的强势与主动地位。国内部分企业缺少创新,缺乏拥有自主知识产权的产品,个别产品仍然是照学、照搬、照仿别人的产品。企业没有自己的品牌产品,难以进一步发展壮大,也无法应对激烈的市场竞争。

(4)行业标准化不完善

我国主导制定的国际标准占比不到 0.5%,"标龄"高出德国、美国、英国等发达国家 1 倍以上。随着阀门技术的不断发展,阀门应用领域的不断拓宽,与之对应的阀门标准也越来越不可或缺。阀门行业产品进入一个创新的时期,不仅产品类别需要更新换代,企业内部管理也需要根据行业的标准深化改革。

1.2 阀门用途

阀门是一种管路附件,是一种用来改变流道面积和介质流动方向,控制输送介质流动的装置。阀门的用途主要有:截断功能,调节功能,导流功能,防止逆流功能,稳压功能,分流或溢流泄压功能。

1.2.1 截断功能

在流体输送系统中,阀门常被用来接通或截断系统中的流动介质,如闸阀、截止阀、球阀、旋塞阀、隔膜阀等。

闸阀是常用的截断阀之一,其启闭件是闸板,闸板的运动方向垂直于流体方向。闸阀主要用来接通或截断管路中的介质,不适用于调节介质流量。闸阀适用于压力、温度及口径范围很大的场合,尤其适用于中、大口径的管道。

截止阀是使用最广泛的一种阀门,其启闭件是塞形的阀瓣,阀瓣沿阀座的中心线做直线运动。不同于闸阀,截止阀既可作截断用,又可用来调节和节流。但截止阀启闭力矩较大,且流体阻力大,故其调节性能较差。

球阀的启闭件是球体,球体在阀杆的带动下绕球阀轴线做旋转运动。球阀结构简单、体积小、重量轻,且密封性好,流体阻力小,操作方便,适用范围广,除用来切断管路中的流体外,还可用来改变和分配介质的流动方向。

旋塞阀是用带通孔的塞体作为启闭件的阀门,塞体随阀杆转动,以实现启闭动作。常见的直通式旋塞阀主要用于截断流体,三通和四通式旋塞阀用于流体换向。

隔膜阀是一种特殊形式的截断阀,其启闭件是一块软质材料的隔膜,把阀体内腔与阀盖内腔及驱动部件隔开。由于隔膜和阀体衬里材料的限制,隔膜阀的耐压性、耐温性较差,一般只适用于公称压力 1.6MPa 和工作温度 150℃ 以下的工况。且受隔膜制造工艺和衬里制造工艺的限制,隔膜阀一般应用在公称通径 200mm 以下的管路上。此外,隔膜阀结构简单、流体阻力小,适用于高黏度及含有硬质悬浮物的介质。

1.2.2　调节功能

阀门也可用来调节、控制管路中介质的流量和压力,如节流阀、减压阀等。

节流阀的外形结构与截止阀类似,但节流阀的启闭件大多为圆锥流线型,通过启闭件改变流道截面面积而达到调节流量和压力的目的。节流阀构造简单,便于制作和维修,但密封性较差,不能作切断介质用。节流阀作调节用时,要求流量调节范围大,流量、压差变化平稳,且要求内泄漏量小,调节力矩小,动作灵敏。由于节流阀的流量不仅取决于节流口面积的大小,还与节流口前后压差有关,且阀门刚度较小,故只适用于执行元件负载变化很小且速度稳定性要求不高的场合。对于执行元件负载变化大及对速度稳定性要求高的节流调速系统,必须对节流阀进行压力补偿来保持节流阀前后压差不变,从而达到流量稳定。

减压阀是通过调节阀内件的开度,将进口压力减至某一需要的出口压力,并依靠介质本身的能量,使出口压力自动保持稳定的阀门。减压阀通常可分为直接作用式减压阀、活塞式减压阀和薄膜式减压阀。直接作用式减压阀是三种减压阀中体积最小、使用最经济的一种,专为中低流量设计,其精确度通常为下游设定点的 ±10%。活塞式减压阀集导阀和主阀于一体,与直接作用式减压阀相比,在相同的管道尺寸下,其精确度更高,可达 ±5%。在薄膜式减压阀中,双膜片代替了活塞式减压阀中的活塞,由于膜片对压力变化更为敏感,薄膜式减压阀的精确度可达 ±1%。

1.2.3　导流功能

阀门还可以用来改变管路中介质的流动方向,用于分配、分离或混合介质,如三通旋塞阀、三通或四通球阀、疏水阀等。

三通球阀是一种用来分配和改变介质流动方向的球阀,可分为 T 型和 L 型。T 型三通球阀能使三条正交的管道相互连通和切断第三条通道,起分流、合流作用。L 型三通球阀只能连接相互正交的两条管道,不能同时保持第三条管道的相互连通,主要用于流体的换向。三通球阀采用一体化结构,法兰连接少,可靠性高,使用寿命长,流通阻力小,广泛应用于石油、化工、城市给排水等领域。

疏水阀主要用来将蒸汽系统中的凝结水、空气和二氧化碳气体尽快排出,同时最大限度地自动防止蒸汽的泄漏。疏水阀控制的流体速度在 30m/s 左右,流体通道为迷宫式,可以不断改变流体方向,允许压差为 25MPa。疏水阀的节流面与密封面是分开的,根据疏水流量设有不同的节流元件,阀内组件进行了表面硬化处理,关闭严密,寿命长。阀体组件采用自内压密封结构,压差越大,密封性越好。阀体组件与执行机构采用浮动式连接,可以消除阀芯与推杆不同心造成的卡死现象。

1.2.4　防止逆流功能

阀门可以用来阻止管路中的介质倒流,如止回阀等。

止回阀是指启闭件为圆形阀瓣并靠自身重量及介质压力产生动作来阻断介质倒流的一种阀门,属自动阀类。介质从进口端流入,从出口端流出。当进口压力大于阀瓣重量及其流动阻力之和时,阀门被开启。反之,介质倒流时阀门则关闭。止回阀按结构特点可分为升降式止回阀、旋启式止回阀和蝶式止回阀等。止回阀的公称通径范围为 15～2000mm,压力范围为 1.0～16.0MPa,适用于水、蒸汽、油品等介质。安装时注意介质流动方向应与阀体所标箭头方向一致。

1.2.5　稳压功能

阀门还可以将一个区域内的介质保持在一定的压力范围,如稳压阀等。

稳压阀是将一个区域内介质保持在一定的压力范围的设备,其通过控制阀体内的启闭件的开度来调节介质的流量,将介质的压力降低,同时借助阀后压力的作用调节启闭件的开度,使阀后压力保持在一定范围内,在进口压力不断变化的情况下,保持出口压力在设定的范围内,以保护其后的设备。气体稳压阀是稳压阀的一种,其广泛应用于气体压力稳定的自动调节,诸如气相色谱、原子吸收、火焰光度、生化仪器、石油化工及环保仪器等。气体稳压阀常用于气相色谱仪或其他仪器,载气、辅助气和其他气源在输入压力变化不稳时,经气体稳压阀稳压后,其输出压力会变得稳定。气体稳压阀的输入压力通常不超过 0.6MPa,输出压力范围为 0～0.55MPa,压降范围一般不小于 0.05MPa,稳压精度可达 0.003MPa/cm^2。

1.2.6　分流或溢流泄压功能

当设备或管道内介质压力超过设定值时,阀门可以用来向系统外排放介质来保护设备和管道,如溢流阀、泄压阀等。

溢流阀是一种液压压力控制阀,在液压设备中主要起定压溢流、稳压、系统卸荷和安全保护作用。如,在定量泵节流调节系统中,定量泵提供的是恒定流量。当系统压力增大时,会使流量需求减小。此时溢流阀开启,使多余流量溢回油箱,保证溢流阀进口压力,即泵出口压力恒定,溢流阀起到定压溢流作用。当溢流阀串联在回油路上时,溢流阀产生背压,运动部件平稳性增加,溢流阀起到稳压作用。在溢流阀的遥控口串接小流量的电磁阀,当电磁铁通电时,溢流阀的遥控口接通油箱,液压泵卸荷,溢流阀此时作为卸荷阀使用。系统正常工作时,阀门关闭。只有负载超过规定的极限(系统压力超过调定压力)时开启溢流,进行过载保护,使系统压力不再增加。通常使溢流阀的调定压力比系统最高工作压力高 10%～20%。此时溢流阀起到安全保护的作用。一般对溢流阀的主要要求有调压范围大、调压偏差小、压力振摆小、动作灵敏、过载能力大以及噪声小等。

　　当设备或管道内压力超过泄压阀设定压力时,泄压阀自动开启泄压,保证设备和管道内介质压力在设定压力之下,保护设备和管道,防止发生意外。泄压阀结构主要有两大类:弹簧式和杠杆式。弹簧式是指阀瓣与阀座的密封靠弹簧的作用力。杠杆式是靠杠杆和重锤的作用力。随着大容量的需要,又出现了一种脉冲式泄压阀,也称为先导式泄压阀,由主泄压阀和辅助阀组成。当管道内介质压力超过规定压力值时,辅助阀先开启,介质沿着导管进入主泄压阀,并将主泄压阀打开,使增高的介质压力降低。

1.3　阀门分类

　　阀门种类繁多,随着各类成套设备工艺流程的不断改进,阀门的种类还在不断增加,不同的分类方法得到的分类结果也不相同。阀门常用的分类方法有以下几种。

1.3.1　按驱动方式分类

　　(1)自动阀门:依靠介质(液体、气体、蒸汽等)本身的能力而自行动作的阀门,如安全阀、止回阀、减压阀、蒸汽疏水阀、空气疏水阀、紧急切断阀、自力式压力调节阀、自力式温度调节阀等。

　　(2)驱动阀门:借助手动、电力、液力或气力来操纵的阀门,如闸阀、截止阀、节流阀、蝶阀、球阀、旋塞阀、隔膜阀、气动薄膜调节阀、气动活塞调节阀等。

1.3.2　按主要技术参数分类

1.3.2.1　按公称通径分类
小口径阀门:公称通径 DN≤40mm 的阀门。
中口径阀门:公称通径 DN 为 50～300mm 的阀门。
大口径阀门:公称通径 DN 为 350～1200mm 的阀门。
特大口径阀门:公称通径 DN≥1400mm 的阀门。

　　小口径阀门最为常见的就是仪表阀、针型阀类,以及锻钢类阀门。其他如截止阀、闸阀、球阀、止回阀、排气阀、疏水阀等也有小口径阀门,而蝶阀小口径较为少见。仪表阀和针型阀类一般有卡套球阀、三阀组、焊接球阀、螺纹球阀、焊接针型阀、螺纹针型阀、法兰针型阀等。随着装置规模的不断扩大,大口径阀门应用得越来越多。由于角行程类阀结构简单、尺寸小、重量轻,故大口径阀通常用角行程类阀。当阀门的口径以算术级数增加时,阀门在关闭时承受的静压力负荷会以几何级数增加,因此轴的强度、轴承的负载、不平衡力和执行机构的推力等都是必须考虑的因素。当 DN≥800mm 时,通常都采用蝶阀。蝶阀可提供的大口径通常为 1500～3000mm,最大可达 8000mm。

1.3.2.2　按公称压力分类
真空阀:工作压力低于标准大气压的阀门。

低压阀:公称压力 PN≤1.6MPa 的阀门。

中压阀:公称压力 PN 为 2.5～6.4MPa 的阀门。

高压阀:公称压力 PN 为 10.0～80.0MPa 的阀门。

超高压阀:公称压力 PN≥100MPa 的阀门。

真空阀是应用于真空系统的阀门,不仅结构简单、体积小、重量轻、节省材料、安装尺寸小,而且驱动力矩小,操作简单、迅速,并且还同时具有良好的流量调节功能和关闭密封特性。常见的真空阀有真空球阀、真空调节阀、高真空球阀、高真空隔膜阀、电磁真空带充气阀、电磁高真空微调阀、高真空挡板阀、高真空插板阀等。

高压阀门已被广泛应用于超硬材料制造、化学工业、石油化工、加工技术、等静压处理、超高静压挤压、粉末冶金、金属成型等领域,用于控制空气、水、蒸汽、各种腐蚀性介质、泥浆、油品、液态金属和放射性介质等各种类型流体的流动。

1.3.2.3 按介质工作温度分类

高温阀:$t>450℃$ 的阀门。

中温阀:$120℃<t≤450℃$ 的阀门。

常温阀:$-40℃<t≤120℃$ 的阀门。

低温阀:$-100℃≤t≤-40℃$ 的阀门。

超低温阀:$t<-100℃$ 的阀门。

高温阀门淬火性好,可进行深度淬火,对回火脆性倾向少,有较好的加工性能,且对冲击的吸收性能较好,焊接容易。常见的高温阀有高温蝶阀、高温球阀、高温截止阀、高温放料阀、高温呼吸阀、高温高压阀等。其中高温高压阀常用于超临界(流体所处的压力和温度均超过其临界压力和临界温度的状态,如水的临界温度为 374.3℃,临界压力为 22.1MPa)及超超临界设备中,如常用于火电厂、石油化工、冶金等高温高压的水、蒸汽、油品、过热蒸汽的管道上,用来切断或接通介质。

低温阀是一种在低温介质中工作的阀门,一般采用低温性能较好的低合金钢制造。随着现代科技的发展,低温工程制品的生产规模不断扩大,液氧、液氮以及液化石油气等得到广泛的应用。液氨的温度为 $-296℃$,液氢的温度为 $-254℃$,液氮的温度为 $-196℃$,液氧的温度为 $-183℃$,液化天然气的温度为 $-162℃$,以上物质的液化分馏、运输和储存都需要使用大量的低温阀门。

1.3.2.4 按阀体材料分类

非金属材料阀门:其阀体等零件由非金属材料制成,如陶瓷阀门、玻璃钢阀门、塑料阀门等。

金属材料阀门:其阀体等零件由金属材料制成,如铜合金阀门、铝合金阀门、铅合金阀门、钛合金阀门、蒙乃尔合金阀门、哈氏合金阀门、铸铁阀门、铸钢阀门、低合金钢阀门、高合金钢阀门等。

金属阀体衬里阀门:阀体外形为金属,内部凡与介质接触的主要表面均为衬里,如衬胶阀门、衬塑料阀门、衬陶阀门等。

1.3.2.5 按与管道的连接方式分类

螺纹连接阀门:阀体上带有内螺纹或外螺纹,与管道采用螺纹连接的阀门,如图 1-1(a)所示。螺纹连接通常是将阀门进出口端加工成锥管或直管螺纹,可使其连接到锥管螺纹接头或管路上。由于这种连接可能出现较大的泄漏沟道,故可用密封剂、密封胶带或填料来堵塞这些沟道。如果阀体的材料是可以焊接的,但膨胀系数差异很大,或者工作温度的变化幅度范围较大,螺纹连接部必须进行密封焊。螺纹连接的阀门主要是公称通径 50mm 以下的阀门。

法兰连接阀门:阀体上带有法兰,与管道采用法兰连接的阀门,如图 1-1(b)所示。法兰连接的阀门,其安装和拆卸都比较方便,故适用于各种通径和压力的管道连接,但比螺纹连接的阀门笨重,价格也相应较高。

焊接连接阀门:阀体上带有对焊坡口或承插焊口,与管道采用焊接连接的阀门,如图1-1(c)所示。焊接连接适用于各种压力和温度,在较苛刻的条件下使用时,比法兰连接更为可靠。但是焊接连接的阀门拆卸和重新安装都比较困难,所以它的使用限于能长期可靠地运行或使用条件苛刻、温度较高的场合,如火力发电站、核能工程、乙烯工程的管道上。

卡箍连接阀门:阀体上带有夹口,与管道采用卡箍连接的阀门,如图 1-1(d)所示。卡箍连接是一种快速连接方法,适用于经常拆卸的低压阀门。

卡套连接阀门:用卡套与管道连接的阀门,如图 1-1(e)所示。卡套连接阀门体积小、重量轻、结构简单、拆装容易,可耐高压、高温和冲击振动,且加工精度要求不高,便于高空安装。

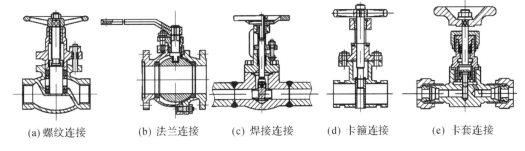

(a) 螺纹连接　　(b) 法兰连接　　(c) 焊接连接　　(d) 卡箍连接　　(e) 卡套连接

图 1-1　阀门连接方式

1.3.2.6　按操纵方式分类

手动阀门:借助手轮、手柄、杠杆或链轮等,由人力来操纵的阀门。当需要较大的力矩时,可采用蜗轮、齿轮等减速装置。

电动阀门:用电动机、电磁或其他电气装置操纵的阀门。

液压或气压阀门:借助液体(水、油等液体介质)或空气的压力操纵的阀门。

1.3.3　按结构特征分类

按阀门的结构特征,即根据启闭件相对于阀座移动的方向分类如下。

(1)截门型:启闭件沿着阀座中心线方向移动,如截止阀。

(2)闸门型:启闭件沿着垂直于阀座中心线的方向移动,如闸阀。

(3)旋启型:启闭件围绕阀座外的轴旋转,如旋启式止回阀。

(4)旋塞和球型:启闭件是柱塞或球,围绕本身的中心线旋转,如旋塞阀、球阀。

(5)蝶型:启闭件为圆盘,围绕阀座内的轴旋转,如蝶阀、蝶形止回阀。

(6)滑阀型：启闭件在垂直于通道的方向滑动，如滑阀。

图 1-2 为各类阀门示意图。

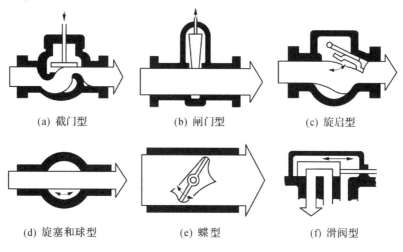

(a) 截门型   (b) 闸门型   (c) 旋启型

(d) 旋塞和球型   (e) 蝶型   (f) 滑阀型

图 1-2 不同结构特征的阀门

1.3.4 按用途分类

(1)切断用阀：用来切断或接通管道中的介质，此功能最为常用，如闸阀、截止阀、球阀、旋塞阀、蝶阀等。

(2)止回用阀：用来防止介质倒流，如止回阀。

(3)分配用阀：用来改变管路中介质的流向，起分配作用，如三通、四通旋塞阀，三通、四通球阀，分配阀等。

(4)调节用阀：主要用于调节介质的流量和压力等，如调节阀、减压阀、节流阀、平衡阀等。

(5)安全用阀：用来排除容器或管道中多余介质，起超压保护作用，如各种安全阀、溢流阀等。

(6)其他特殊用途：如排除蒸汽中凝结水用的疏水阀、放空阀、排渣阀、排污阀等。

1.3.5 通用分类法

通用分类法既按照原理、作用又按结构划分，是目前国内、国际上最常用的分类方法。一般分为：闸阀、截止阀、旋塞阀、球阀、蝶阀、隔膜阀、节流阀、止回阀、安全阀、减压阀和疏水阀。

通用分类法分类如图 1-3 所示。

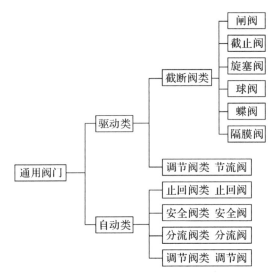

图 1-3　阀门通用分类

1.4　阀门基本参数

1.4.1　阀门的公称通径

阀门的公称通径是指阀门与管道连接处通道的名义直径,用 DN 表示,在字母"DN"后紧跟一个数字标志。如公称通径 200mm 应标志为 DN200,它表示阀门规格,是阀门最主要的参数。

公称通径的系列按 GB/T 1047—2019《管道元件公称尺寸的定义和选用》的规定,如表 1-1 所示。

表 1-1　公称通径系列 DN　　　　　　　　　　　　　　　　单位:mm

6	32	125	400	900	1600	2800	4000
8	40	150	450	1000	1800	3000	
10	50	200	500	1100	2000	3200	
15	65	250	600	1200	2200	3400	
20	80	300	700	1400	2400	3600	
25	100	350	800	1500	2600	3800	

在通常情况下,阀门的公称直径与阀门的实际通径是一致的,但在石油、化工高压工况下的锻造阀门存在着公称通径与实际通径不太一致的现象。

1.4.2　阀门的压力

1.4.2.1　阀门的公称压力

阀门的公称压力是指与阀门的机械强度有关的设计给定压力。它是阀门在基准温度下允许的最大工作压力。公称压力用 PN 表示,它表示阀门的承载能力,是阀门最主要的性能参数。公称压力的单位是 MPa,它与管道系统元件的力学性能和尺寸特性有关。

公称压力系列应符合 GB/T 1048—2019《管道元件公称压力的定义和选用》的规定,如表 1-2 所示。

表 1-2　公称压力系列 PN

单位:MPa

DIN 系列	2.5	6	10	16	25	40	63	100
ANSI 系列	20	50	110	150	260	420		

阀门的实际耐压能力要比阀门的公称压力大,主要是在设计阀门时考虑安全系数留的余量。阀门在进行强度耐压试验时,按规定允许超过其公称压力,但阀门在工作状态下,严禁超压使用,工作压力应小于公称压力值。

1.4.2.2　阀门的工作压力

阀门的工作压力是指阀门在工作状态下的压力,它与阀门的材质和介质的温度有关,用 p 表示,并在 p 字的右下角加脚注,脚注为介质最高温度除以 10 所得的整数。例如,介质最高温度为 425℃ 的工作压力用 p_{42} 表示,单位为 MPa。

碳钢制阀门的工作压力见表 1-3。

钼的质量分数不小于 0.4% 的钼钢和铬钼钢制阀门的工作压力见表 1-4。

表 1-3　碳钢制阀门的工作压力

公称压力 PN/MPa	介质最高工作温度/℃						
	200	250	300	350	400	425	450
	最大工作压力 p/MPa						
	p_{20}	p_{25}	p_{30}	p_{35}	p_{40}	p_{42}	p_{45}
0.1	0.1	0.1	0.1	0.07	0.06	0.06	0.05
0.25	0.25	0.23	0.2	0.18	0.16	0.14	0.11
0.40	0.4	0.37	0.33	0.29	0.26	0.23	0.18
0.60	0.6	0.55	0.5	0.44	0.38	0.35	0.27
1.00	1.0	0.92	0.82	0.73	0.64	0.58	0.45
1.6	1.6	1.5	1.3	1.2	1.0	0.9	0.7
2.5	2.5	2.3	2.0	1.8	1.6	1.4	1.1
4.0	4.0	3.7	3.3	3.0	2.8	2.3	1.8
6.4	6.4	5.9	5.2	4.7	4.1	3.7	2.9

续表

公称压力 PN/MPa	介质最高工作温度/℃						
	200	250	300	350	400	425	450
	最大工作压力 p/MPa						
	p_{20}	p_{25}	p_{30}	p_{35}	p_{40}	p_{42}	p_{45}
10.0	10.0	9.2	8.2	7.3	6.4	5.8	4.5
16.0	16.0	14.7	13.1	11.7	10.2	9.3	7.2
20.0	20.0	18.4	16.4	14.6	12.8	11.6	9.0
25.0	25.0	23.0	20.5	18.2	16.0	14.5	11.2
32.0	32.0	29.4	26.2	23.4	20.5	18.5	14.4
40.0	40.0	36.8	32.8	29.2	25.6	23.2	18.0
50.0	50.0	46.0	41.0	36.5	32.0	29.0	22.5

表 1-4　钼钢和铬钼钢制阀门的工作压力

公称压力 PN/MPa	介质最高工作温度/℃								
	350	400	425	450	475	500	510	520	530
	最大工作压力 p/MPa								
	p_{35}	p_{40}	p_{42}	p_{45}	p_{47}	p_{50}	p_{51}	p_{52}	p_{53}
0.1	0.1	0.09	0.09	0.08	0.07	0.06	0.05	0.04	0.04
0.25	0.25	0.23	0.21	0.20	0.18	0.14	0.12	0.11	0.09
0.4	0.4	0.36	0.34	0.32	0.28	0.22	0.20	0.17	0.14
0.6	0.6	0.55	0.51	0.48	0.43	0.33	0.3	0.26	0.22
1.0	1.0	0.91	0.86	0.81	0.71	0.55	0.5	0.43	0.36
1.6	1.6	1.5	1.4	1.3	1.1	0.9	0.8	0.7	0.6
2.5	2.5	2.3	2.1	2.0	1.8	1.4	1.2	1.1	0.9
4.0	4.0	3.6	3.4	3.2	2.8	2.2	2.0	1.7	1.4
6.4	6.4	5.8	5.5	5.2	4.5	3.5	3.2	2.8	2.3
10.0	10.0	9.1	8.6	8.1	7.1	5.5	5.0	4.3	3.6
16.0	16.0	14.5	13.7	13.0	11.4	8.8	8.0	6.9	5.7
20.0	20.0	18.2	16.2	16.2	14.2	11.0	10.0	8.6	7.2
25.0	25.0	22.7	21.5	20.2	17.7	13.7	12.5	10.8	9.0
32.0	32.0	29.1	27.5	25.9	22.7	17.6	16.0	13.7	11.4
40.0	40.0	36.4	34.4	32.4	28.4	22.0	20.0	17.2	11.5
50.0	50.0	45.5	43.0	40.5	35.5	27.5	25.0	21.5	18.0

公称压力 PN/MPa	介质最高工作温度/℃								
	350	400	425	450	475	500	510	520	530
	最大工作压力 p/MPa								
	p_{35}	p_{40}	p_{42}	p_{45}	p_{47}	p_{50}	p_{51}	p_{52}	p_{53}
64.0	64.0	58.0	55.0	51.8	45.4	35.2	32.0	27.5	23.0
80.0	80.0	72.8	68.8	64.8	56.8	44.0	40.0	34.4	28.8
100.0	100.0	91.0	86.0	81.0	71.0	50.0	50.0	43.0	36.0

灰铸铁及可锻铸铁制阀门的工作压力见表 1-5。

青铜、黄铜及纯铜制阀门的工作压力见表 1-6。

表 1-5　灰铸铁及可锻铸铁制阀门的工作压力

公称压力 PN/MPa	介质最高工作温度/℃			
	120	200	250	300
	最大工作压力 p/MPa			
	p_{12}	p_{20}	p_{25}	p_{30}
0.1	0.1	0.1	0.1	0.1
0.25	0.25	0.25	0.2	0.2
0.4	0.4	0.38	0.36	0.32
0.6	0.6	0.55	0.5	0.5
1.0	1.0	0.9	0.8	0.8
1.6	1.6	1.5	1.4	1.3
2.5	2.5	2.3	2.1	2.0
4.0	4.0	3.6	3.4	3.2

表 1-6　铜制阀门的工作压力

公称压力 PN/MPa	介质最高工作温度/℃		
	至 120	200	250
	最大工作压力 p/MPa		
	p_{12}	p_{20}	p_{25}
0.1	0.1	0.1	0.07
0.25	0.25	0.2	0.17
0.4	0.4	0.32	0.27
0.6	0.6	0.5	0.4
1.0	1.0	0.8	0.7
1.6	1.6	1.3	1.1
2.5	2.5	2.0	1.7

续表

公称压力 PN/MPa	介质最高工作温度/℃		
	120	200	250
	最大工作压力 p/MPa		
	p_{12}	p_{20}	p_{25}
4.0	4	3.2	2.7
6.4	6.4	—	—
10	10	—	—
16	16	—	—
20	20	—	—
25	25	—	—

注:1. 表中所指压力均为表压。
　　2. 当工作温度为表中温度级的中间值时,可用内插入法决定工作压力。

1.4.2.3　阀门的试验压力

阀门的试验压力是为了对阀门进行强度试验和密封性试验而规定的一种压力,用 p_s 表示。一定的公称压力有对应的试验压力。

按照 GB/T 13927—2008《工业阀门 压力试验》的规定,阀门壳体的试验压力如表1-7所示。

表 1-7　阀门壳体的试验压力

试验介质	试验压力
液体	≥在20℃时允许最大工作压力的1.5倍
气体	≥在20℃时允许最大工作压力的1.1倍

当阀门的壳体试验有特殊要求时,应按相应的产品技术条件或订货协议的规定。

阀门的密封试验是检验启闭件和密封副密封性能的试验,阀门的上密封试验是检验阀杆与阀盖密封副密封性能的试验。阀门的密封和上密封试验压力,如表1-8所示。

表 1-8　阀门的密封和上密封试验压力

公称压力 PN/MPa	试验介质	试验压力
所有压力	液体	≥在20℃时允许最大工作压力的1.1倍
≥1	气体	0.6±0.1MPa
<1		在20℃时允许最大工作压力的1.1倍

1.4.3　阀门的流量系数

阀门的流量系数是衡量阀门流通能力的指标,流量系数值越大说明流体流过阀门时的压力损失越小。国外工业发达国家的阀门生产厂家大多把不同压力等级、不同类型和不同公称通径阀门的流量系数值列入产品样本,供设计部门和使用单位选用。流量系数值随阀门的尺寸、形式、结构而变化,不同类型和不同规格的阀门都要分别进行试验,才能确定该种阀门的流量系数值。

1.4.3.1　流量系数 K_V

K_V 的定义是温度为 $278\sim313K(5\sim40℃)$ 的水在 10^5Pa(相当于 1bar 或 0.1MPa)压差条件下,流经阀门的每小时的流量,用 m^3/h 表示。

根据上述定义,若某个阀 $K_V=50$,则表示当阀全开、阀的前后压差为 10^5Pa(1bar)时,5 $\sim40℃$ 的水每小时通过的流量为 $50m^3$。

流量系数 K_V 可用以下公式表述:

$$K_V=\frac{10Q}{\sqrt{\Delta p/\gamma}} \tag{1-1}$$

式中:Q 为液体流量,m^3/h;Δp 为阀的前后压差,kPa;γ 为相对密度,$\gamma=\rho/\rho_0$,当液体为水时,$\gamma=1$;ρ_0 为水的密度,kg/m^3 或 g/cm^3;ρ 为流体的密度,kg/m^3 或 g/cm^3。

由定义和式(1-1)可以进一步明确,K_V 不完全表示阀的流量,唯有当介质为常温水、压差为 $100kPa$ 时,K_V 才是流量 Q。同样的 K_V 值下,流体密度 ρ、压差 Δp 不同,通过阀的流量不相同。在知道阀门的 K_V 值后,可以知道阀门开口截面面积大小,这对于设计阀门和调试阀门很有帮助。

1.4.3.2　K_V 与 C_V 值的关系

采用英制单位的国家用 C_V 表示流量系数。C_V 定义为:当阀全开、阀两端压差为 1psi(1 磅/英寸^2)、介质为 $60℉(15.6℃)$ 水时,每分钟流经阀的流量的美制加仑数,以 USgal/min $(1USgal=3.78541\times10^{-3}m^3)$ 表示,K_V 与 C_V 的换算关系为

$$C_V=1.156K_V \tag{1-2}$$

1.4.3.3　流量系数计算公式

表 1-9 中汇总了各类流体常用流量系数 K_V 的计算公式,供实际计算使用。

表 1-9　流量系数计算公式汇总

流体	判别条件	计算公式	符号及单位
液体	一般流动 $\Delta p<\Delta p_T$ $\Delta p_T=F_p^2(p_1-F_v p_v)$	$K_V=10Q_L\sqrt{\dfrac{\rho_L}{\Delta p}}$ $K_V=\dfrac{10^{-2}W_L}{\sqrt{\Delta p\cdot\rho_L}}$	Q_L 为液体体积流量,m^3/h Q_g 为气体基准状态体积流量,m^3/h W_L 为液体质量流量,kg/h W_g 为气体质量流量,kg/h
	闪蒸及空化 $\Delta p\geqslant\Delta p_T$	$K_V=10Q_L\sqrt{\dfrac{\rho_L}{\Delta p_T}}$	p_1 为阀前绝对压力,kPa
	低雷诺数	$K_V=\dfrac{10Q_L}{F_R}\sqrt{\dfrac{\rho_L}{\Delta p}}$	p_2 为阀后绝对压力,kPa Δp 为阀的前后压差,kPa
气体	一般流动 (非阻塞流动) $X<F_k X_T$ $X=\Delta p/p_1$	$K_V=\dfrac{W_g}{3.16y}\sqrt{\dfrac{1}{Xp_1\rho_g}}$ $K_V=\dfrac{W_g}{1.1p_1y}\sqrt{\dfrac{T_1Z}{XM}}$ $K_V=\dfrac{Q_g}{5.19p_1y}\sqrt{\dfrac{T_1\rho_gZ}{X}}$ $K_V=\dfrac{Q_g}{4.57p_1y}\sqrt{\dfrac{T_1\gamma Z}{X}}$	p_v 为入口温度下液体饱和蒸汽压,kPa p_c 为液体的临界压力,kPa ρ_L 为液体密度,g/cm^3 ρ_0 为空气密度,kg/m^3 ρ_g 为气体基准状态密度,kg/m^3 ρ_1 为蒸汽阀前密度,kg/m^3

续表

流体	判别条件	计算公式	符号及单位
气体	阻塞流动 $X \geqslant F_k X_T$	$K_V = \dfrac{Q_g}{24.6 p_1 y} \sqrt{\dfrac{T_1 M Z}{X}}$ $K_V = \dfrac{W_g}{2.1} \sqrt{\dfrac{1}{F_k X_T p_1 \rho_g}}$ $K_V = \dfrac{W_g}{0.734 p_1} \sqrt{\dfrac{T_1 Z}{F_k X_T M}}$ $K_V = \dfrac{Q_g}{3.74 p_1} \sqrt{\dfrac{T_1 \rho_g Z}{F_k X_T}}$ $K_V = \dfrac{Q_g}{16.4 p_1} \sqrt{\dfrac{T_1 M Z}{F_k X_T}}$ $K_V = \dfrac{Q_g}{3.05 p_1} \sqrt{\dfrac{T_1 \gamma Z}{F_k X_T}}$	ρ_e 为两相流有效密度，kg/m³ ρ_m 为两相流入口密度，kg/m³ Z 为气体压缩系数 y 为气体膨胀系数，$y = 1 - \dfrac{x}{3 F_k X_T}$ X 为压缩比，$X = \Delta p / p_1$
蒸汽	$X < F_k X_T$	$K_V = \dfrac{W_g}{3.16 y} \sqrt{\dfrac{1}{X p_1 \rho_g}}$ $K_V = \dfrac{W_g}{1.1 p_1 y} \sqrt{\dfrac{T_1 Z}{X M}}$	X_T 为临界压缩比 F_p 为压力恢复系数 $F_p = \sqrt{\dfrac{p_1 - p_2}{p_1 - F_V p_v}}$
蒸汽	$X \geqslant F_k X_T$	$K_V = \dfrac{W_g}{2.1} \sqrt{\dfrac{1}{F_k X_T p_1 \rho_g}}$ $K_V = \dfrac{W_g}{0.734 p_1} \sqrt{\dfrac{T_1 Z}{F_k X_T M}}$	F_V 为液体临界压力比系数 $F_V = 0.96 - 0.28 \sqrt{p_v / p_c}$ F_k 为比热容系数，$F_k = k / 1.4$
两相流	液体与非液化气体	$K_V = \dfrac{W_g + W_L}{3.16 \sqrt{\Delta p \cdot \rho_e}}$ $\rho_e = \dfrac{W_g + W_L}{W_g / \rho_e \varepsilon^2 + W_L / \rho_L \times 10^3}$	k 为气体绝热指数 M 为气体分子质量，kg/mol F_R 为雷诺数修正系数
两相流	液体与蒸汽	$K_V = \dfrac{W_g + W_L}{3.16 F_p \sqrt{\rho_m \rho_l (1 - F_V)}}$; $\rho_e = \dfrac{W_g + W_L}{W_g / \rho_g + W_L / \rho_L \times 10^3}$	γ 为相对空气密度，$\gamma = \rho_g / \rho_0$

1.4.3.4 影响流量系数的因素

流量系数值随阀门的尺寸、形式、结构而变。几种典型阀门的流量系数随直径的变化如图 1-4 所示。

对于同样结构的阀门，流体流过阀门的方向不同，流量系数值也有变化。这种变化一般是由于压力恢复不同而造成的。如图 1-5 所示，如果流体流过阀门使阀瓣趋于打开，那么阀瓣和阀体形成的环形扩散通道能使压力有所恢复。当流体流过阀门使阀瓣趋于关闭时，阀座对压力恢复的影响很大。当阀瓣开度为 50% 或更小时，阀瓣下游的扩散角使得在两个流动方向上都会有一些压力恢复。

对于图 1-6 所示的高压角阀，当流体的流动使阀门趋于关闭时流量系数较高，因为此时阀座的扩散锥体使流体的压力恢复。阀门内部的几何形状不同，流量系数的曲线也不同。

阀门内部压力恢复的机理，与文丘里管的收缩和扩散造成的压力损失机理一样。当阀门内部的压降相同时，若阀门内压可以恢复，流量系数值就会较大，流量也就会大些。压力

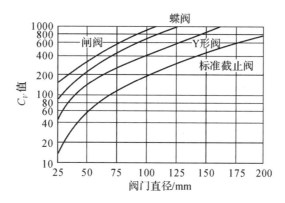

图 1-4　流量系数近似值与阀门直径的关系

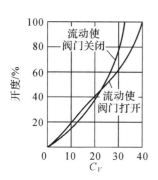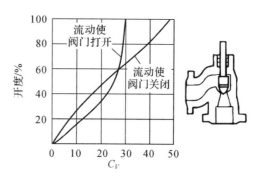

图 1-5　单座截止阀 C_V 与开度的关系　　　　图 1-6　角式截止阀 C_V 与开度的关系

恢复与阀门内腔的几何形状有关,但更主要的是取决于阀瓣、阀座的结构。

1.4.4　阀门的流阻系数

流体通过阀门时,其流体阻力损失以阀门前后的流体压力降 Δp 表示。

对于紊流流态的液体,有

$$\Delta p = \zeta \frac{u^2 \rho}{2} \tag{1-3}$$

式中:Δp 为被测阀门的压力损失,kPa;ζ 为阀门的流阻系数;ρ 为流体密度,t/m³;u 为流体在管道内的平均流速,m/s。

1.4.4.1　阀门元件的流体阻力

阀门的流阻系数 ζ 取决于阀门产品的尺寸、结构以及内腔形状等。可以认为,阀门体腔内的每个元件都可以看作一个产生阻力的元件系统(流体转弯、扩大、缩小等)。所以阀门内的压力损失约等于阀门各个元件压力损失的总和,即

$$\zeta = \zeta_1 + \zeta_2 + \zeta_3 + \cdots + \zeta_i \tag{1-4}$$

式中:ζ_1、ζ_2、ζ_3、$\cdots$、ζ_i 为管路中介质流速相同的阀门元件阻力系数。

应该指出,系统中一个元件阻力的变化会引起整个系统中阻力的变化或重新分配,也就是说介质流对各管段是相互影响的。

为了评定各元件对阀门阻力的影响,现引用一些常见的阀门元件的阻力数据,这些数据

反映了阀门元件的形状和尺寸与流体阻力间的关系。

（1）突然扩大

如图1-7所示，突然扩大会产生很大的压力损失。
这时，流体部分速度消耗在形成涡流、流体的搅动和发
热等方面。局部阻力系数与扩大前管路截面面积 A_1
和扩大后管路截面面积 A_2 之比的近似关系可用式(1-
5)及式(1-6)表示；阻力系数见表1-10。

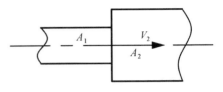

图1-7　突然扩大

$$\zeta = \left(\frac{A_2}{A_1} - 1\right)^2 \tag{1-5}$$

$$\zeta' = \left(1 - \frac{A_1}{A_2}\right)^2 \tag{1-6}$$

式中：ζ 为扩大后管路内介质速度下的阻力系数；ζ' 为扩大前管路内介质速度下的阻力系数。

表 1-10　突然扩大时局部阻力系数 ζ、ζ' 值

$\frac{A_2}{A_1}$	10	9	8	7	6	5	4	3	2	
ζ	81	64	49	36	25	16	9	4	1	
$\frac{A_1}{A_2}$	1	0.9	0.8	0.7	0.6	0.5	0.4	0.3	0.2	0.1
ξ'	0	0.01	0.04	0.09	0.16	0.25	0.36	0.49	0.64	0.81

（2）逐渐扩大

如图1-8所示，当 $\theta < 40°$ 时，逐渐扩大的圆管的阻力系数比突然扩大时增大 $15\%\sim$
20%。逐渐扩大的最佳扩张角为 θ；圆形管 $\theta = 5°\sim 6°30'$；方形管 $\theta = 7°\sim 8°$；矩形管 $\theta = 10°$
$\sim 12°$。局部阻力系数按下式计算：

$$\zeta = \xi\left(\frac{A_2}{A_1} - 1\right)^2 + \frac{\lambda_m}{8\tan\frac{\theta}{2}}\left[\left(\frac{A_2}{A_1}\right)^2 - 1\right] \tag{1-7}$$

式中：ξ 为系数，见表1-11；λ_m 为平均沿程阻力系数，$\lambda_m = \frac{1}{2}(\lambda_1 + \lambda_2)$；$\lambda_1$、$\lambda_2$ 分别为相应于小
管和大管的沿程阻力系数。

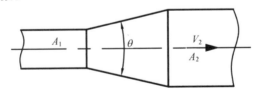

图1-8　逐渐扩大

表 1-11　ξ 值

$\theta/(°)$	2.5	5	7.5	10	15	20	25	30	40	60	90	180
ξ	0.18	0.13	0.14	0.16	0.27	0.43	0.62	0.81	1.03	1.21	1.21	1

（3）突然缩小

如图 1-9 所示，突然缩小的局部阻力系数见表 1-12。

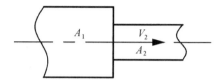

图 1-9　突然缩小

ζ 亦可按以下经验公式计算：

$$\zeta = 0.5\left(1 - \frac{A_2}{A_1}\right) \tag{1-8}$$

表 1-12　突然缩小的局部阻力系数 ζ 值

$\dfrac{A_2}{A_1}$	1	0.1	0.2	0.3	0.4	0.5	0.6	0.7	0.8	0.9	1.0
ζ	0.50	0.46	0.41	0.36	0.30	0.24	0.18	0.12	0.06	0.02	0

（4）逐渐缩小

如图 1-10 所示，逐渐缩小产生的压力损失不大，局部阻力系数按下式计算：

$$\zeta = \xi_t\left(\frac{1}{\varepsilon} - 1\right)^2 + \frac{\lambda_m}{8\tan\dfrac{\theta}{2}}\left[1 - \left(\frac{A_2}{A_1}\right)^2\right] \tag{1-9}$$

式中：ξ_t 为系数，见表 1-13；ε 为系数，见表 1-14。

ζ 值亦可由图 1-11 直接查得。

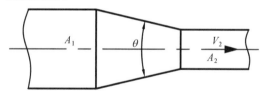

图 1-10　逐渐缩小

表 1-13　ξ_t 值

$\theta/(°)$	10	20	40	60	80	100	140
ξ_t	0.40	0.25	0.20	0.20	0.30	0.40	0.60

表 1-14　ε 值

$\dfrac{A_2}{A_1}$	0	0.1	0.2	0.3	0.4	0.5	0.6	0.7	0.8	0.9
ε	0.661	0.612	0.516	0.622	0.633	0.644	0.662	0.687	0.722	0.781

（5）平滑均匀转弯

如图 1-12 所示，当雷诺数 $Re > 10^5$ 时，局部阻力系数按式（1-10）计算：

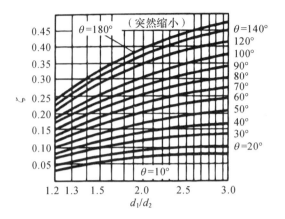

图 1-11　逐渐缩小的局部阻力系数 ζ

$$\zeta = K\zeta_{90°} \tag{1-10}$$

式中:K 为系数,见表 1-15;$\zeta_{90°}$ 为转角为 90°时的局部阻力系数,见表 1-16。

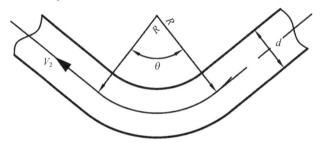

图 1-12　平滑均匀转弯

表 1-15　**K 值**

θ /(°)	20	30	40	50	60	70	80	90	100	120	140	160	180
K	0.40	0.55	0.65	0.75	0.83	0.88	0.95	1.0	1.05	1.13	1.20	1.27	1.33

表 1-16　**$\zeta_{90°}$ 值**

$\dfrac{R}{d}$		1	2	4	6	10
$\zeta_{90°}$	光滑	0.22	0.14	0.11	0.08	0.11
	粗糙	0.52	0.28	0.23	0.18	0.20

(6)折角转弯

　　如图 1-13 所示,折角转弯主要产生在锻造阀门中,因为锻造阀门的介质通道是用钻孔方法加工的。在焊接阀门中也会产生急剧转弯。局部阻力系数可按下式计算:

$$\zeta = (1 - \cos\theta)\zeta_{Z90°} \tag{1-11}$$

式中:$\zeta_{Z90°}$ 为折转 90°时的局部阻力系数,见表

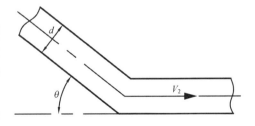

图 1-13　折转弯角

1-17。

表 1-17 $\zeta_{Z90°}$ 值

d/mm	20	25	34	39	49
$\zeta_{Z90°}$	1.7	1.3	1.1	1.0	0.83

（7）对称的锥形接头

如图 1-14 所示，对称的锥形接头类似阀门缩口通道，其局部阻力系数可按下式确定：

$$\zeta = 2.54\tan\frac{\theta}{2}\left(\frac{A}{A_T}-1\right) \qquad (1-12)$$

式中：A 为未缩口的通道面积；A_T 为按缩口通道直径 D_T 计算的截面面积。

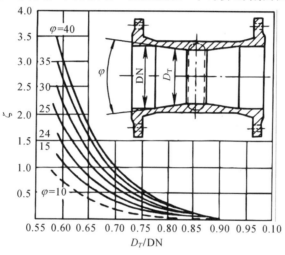

图 1-14 对称接头的局部阻力系数

1.4.4.2 阀门的流体阻力

阀门的流阻系数随阀门的种类、型号、尺寸和结构的不同而不同，表 1-18 列出了各类阀门流阻系数的参考值。

表 1-18 各类阀门的流阻系数 ζ

闸阀		DN/mm	50	80	100	150	200~250	300~400	500~800
		ζ	0.5	0.4	0.2	0.1	0.08	0.07	0.06
截止阀	直通式	DN/mm	15	20	40	80	100	150	200
		ζ	10.8	8.0	4.9	4.0	4.1	4.4	4.7
	直角式	DN/mm	25	32	50	65	80	100	150
		ζ	2.8	3.0	3.3	3.7	3.9	3.8	3.7
	直流式	DN/mm	25	40	50	65	80	100	150
		ζ	1.04	0.85	0.73	0.65	0.60	0.50	0.42

续表

闸阀		DN/mm	50	80	100	150	200～250	300～400	500～800
		ζ	0.5	0.4	0.2	0.1	0.08	0.07	0.06
止回阀	升降式	DN/mm	40	50	80	100	150	200	
		ζ	12	10	10	7	6	5.2	
	旋启式	DN/mm	40	100	200	300	500		
		ζ	1.3	1.5	1.9	2.1	2.5		
隔膜阀(堰式)		DN/mm	25	40	50	80	100	150	200
		ζ	2.3	2.4	2.6	2.7	2.8	2.9	2.9
旋塞阀		DN/mm	15	20	25	32	40	65	80
		ζ	0.9	0.4	0.5	1.2	1.0	1.1	1.0

注:1.闸阀的数据适用于平行双闸板结构。

2.球阀没有缩径时,ζ 值很小,流体阻力损失仅相当于相同通径的管道(管的长度等于其结构长度),流阻系数一般为 0.1。

3.蝶阀的 ζ 主要与蝶板的形状和板的相对厚度有关:对菱形板 $\zeta\approx0.05\sim0.25$;对饼形板 $\zeta\approx0.18\sim0.6$。

4.直通式隔膜阀的流阻系数小于堰式隔膜阀,一般约为 0.6～0.9。

对于缩径闸阀,当 $D_T/\text{DN}=0.6\sim0.8$、锥角 $\theta=15°\sim40°$ 时,其流阻系数按下式确定:

$$\zeta=C\tan\frac{\theta}{2}\left(\frac{A}{A_T}-1\right)^2 \tag{1-13}$$

式中:C 为系数,$C=6\sim8$。

缩径闸阀的流阻系数亦可参见表 1-19。

表 1-19　缩径闸阀的流阻系数 ζ

阀门通径/mm(in)	D_T/DN					
	1/8	1/4	3/8	1/2	3/4	1
10(1/2)	374	53.6	18.26	7.74	2.204	0.808
20(3/4)	308	34.9	9.91	4.23	0.902	0.280
25(1)	211	40.3	10.15	3.64	0.882	0.233
50(2)	146	22.5	7.15	3.22	0.739	0.175
100(4)	67.2	13.0	4.62	1.93	0.412	0.164
150(6)	87.3	17.1	6.12	2.64	0.522	0.145
200(8)	66.0	13.5	4.92	2.19	0.464	0.103
250(10)	96.2	17.4	5.61	2.29	0.414	0.047

阀门的流阻系数还随阀门的开度变化而变化,表 1-20 及表 1-21 分别给出了蝶阀和旋塞阀在不同开度下的流阻系数值。图 1-15 至图 1-18 分别给出了截止阀、闸阀、蝶阀及隔膜阀的 K_1 值与阀门开度的关系,而阀门的流阻系数 ζ 为 K_1 值与阀门全开启时的流阻系数的乘积。

表 1-20　蝶阀在不同开度下的流阻系数

θ /(°)		5	10	20	30	40	50	60	70
ζ	圆管	0.24	0.52	1.64	3.91	10.8	32.6	118	751
	长方形管	0.28	0.45	1.34	3.54	9.27	24.9	77.4	368

表 1-21　旋塞阀在不同开度下的流阻系数

θ /(°)		5	10	20	30	40	50	55	60
ζ	圆管	0.05	0.29	1.56	5.47	17.3	52.6	106	206
	长方形管	0.05	0.31	1.84	6.15	20.7	95.3	275	

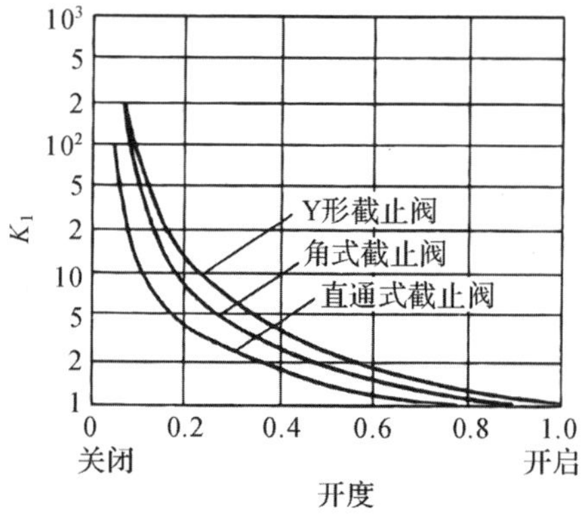

图 1-15　截止阀开度与 K_1 的关系

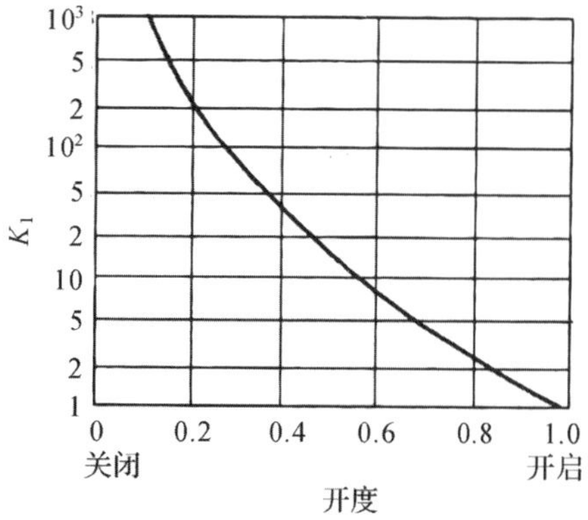

图 1-16　闸阀开度与 K_1 的关系

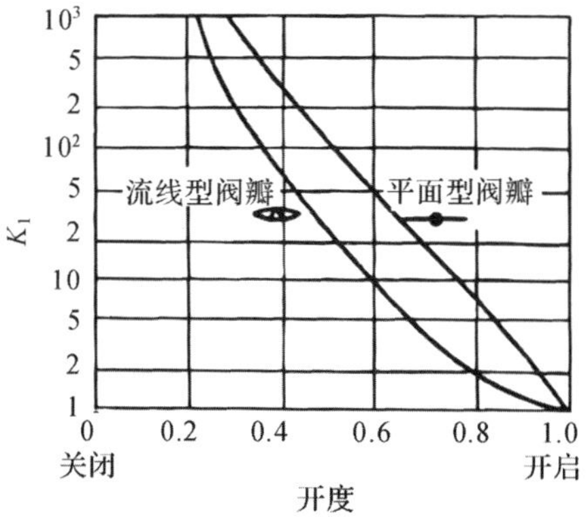

图 1-17　蝶阀开度与 K_1 的关系

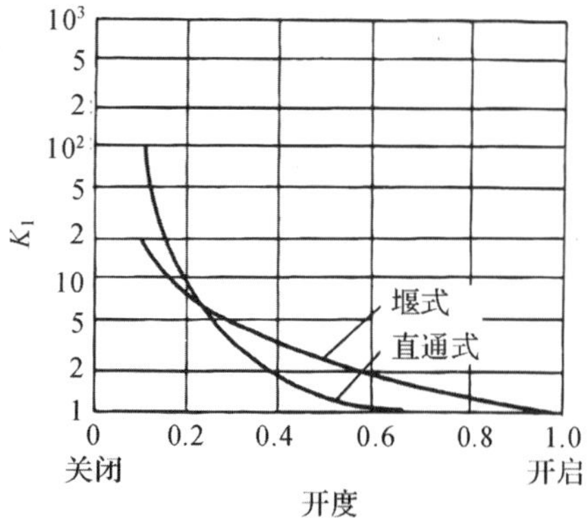

图 1-18　隔膜阀开度与 K_1 的关系

阀门对流体的阻力还可用管子的等效长度来表示,在管子的流阻计算公式中,管子的阻力系数 ζ 是沿程阻力系数 λ 与管子等效长度 $\dfrac{L}{D}$ 的乘积,即

$$\zeta = \lambda \frac{L}{D} \tag{1-14}$$

因此,管子等效长度可表示为

$$\frac{L}{D} = \frac{\zeta}{\lambda} \qquad (1\text{-}15)$$

式中:$\frac{L}{D}$为管子等效长度;L为计算沿程损失的管段长度;D为管子的水力直径;λ为沿程阻力系数。

如果沿程阻力系数可以近似为管路系统的沿程阻力系数,这时由于阀门的等效长度可以叠加到管子的等效长度上,所以用等效长度的方法可以简化管路系统的计算。

第2章 工程流体力学基础

2.1 流体的力学性质与流体静力学

2.1.1 流体的力学特性

2.1.1.1 流动性

流体没有固定的形状,其形状取决于限制它的固体边界;流体在受到很小的切应力时,就要发生连续不断的变形,直到切应力消失为止,这就是流体的流动性。

流体中存在切应力是流体处于运动状态的充分必要条件。受切应力作用处于连续变形状态的流体称为运动流体;反之,不受切应力作用的流体将处于静止状态,称为静止流体。

2.1.1.2 可压缩性和膨胀性

流体不仅形状容易发生变化,而且在压力作用下体积也会发生变化,这一特性称为流体的可压缩性。流体的可压缩性通常用体积压缩系数或体积弹性模数来表征。

流体的体积压缩系数 β_p 定义为:一定温度下,单位压强所引起的体积变化率,即

$$\beta_p = -\frac{\mathrm{d}V/V}{\mathrm{d}p} = -\frac{1}{V}\frac{\mathrm{d}V}{\mathrm{d}p} \tag{2-1}$$

β_p 恒为正值,单位为 m^2/N 或 $1/\mathrm{Pa}$。式(2-1)表明,对于同样的压强增量,β_p 值越大,其体积变化率越大,流体的可压缩性越大,反之,流体的可压缩性越小。

流体的可压缩性也可用体积压缩系数 β_p 的倒数即体积弹性模数 E_V 来表示:

$$E_V = \frac{1}{\beta_p} = -V\frac{\mathrm{d}p}{\mathrm{d}V} \tag{2-2}$$

E_V 的基本单位为 Pa,与压强单位相同。工程上常用体积弹性模数来衡量流体压缩性的大小。E_V 值越大表示流体的可压缩性越小,反之可压缩性越大。

在一定温度下水的体积弹性模数与压强的关系列于表 2-1。由表中可见,水的 E_V 值很大,即它的压缩性很小。通常在工程计算中近似地取水的 $E_V = 2.0\mathrm{GPa}$。

表 2-1　水的体积弹性模数

单位:GPa

温度/℃	压强/MPa				
	0.490	0.981	1.961	3.923	7.845
0	1.85	1.86	1.88	1.91	1.94
5	1.89	1.91	1.93	1.97	2.03
10	1.91	1.93	1.97	2.01	2.08
15	1.93	1.96	1.99	2.05	2.13
20	1.94	1.98	2.02	2.08	2.17

流体的膨胀性用单位温度升高所引起的体积变化率表示,称为体膨胀系数,用 α_V 表示。当压强不变时,体积膨胀系数可以表示为

$$\alpha_V = -\frac{\mathrm{d}V/V}{\mathrm{d}T} = -\frac{1}{V}\frac{\mathrm{d}V}{\mathrm{d}T} \tag{2-3}$$

在一定压强作用下,水的体积膨胀系数与温度的关系列于表 2-2。

表 2-2　水的体积膨胀系数($\alpha_V \times 10^6$ 1/℃)

压强/MPa	温度/℃				
	1~10	10~20	40~50	60~70	90~100
0.0981	14	150	422	556	719
9.807	43	165	422	548	704
19.61	72	183	426	539	
49.03	149	236	429	523	661
88.26	229	289	437	514	621

液体和气体的主要区别就在于两者的可压缩性显著不同。液体的可压缩性很小,是难以压缩的流体,其可压缩性受温度和压力的影响也相对较小。气体的可压缩性远大于液体,属于易压缩的流体,而且温度和压力的变化均会显著影响其可压缩性。

对于气体,其可压缩性与压缩的热力学过程有关。例如,对于理想气体,其压缩过程中压力 p 与体积 V 的关系(即热力过程方程)的一般形式为

$$pV^n = \mathrm{const} \quad 或 \quad npV^{n-1}\mathrm{d}V + V^n\mathrm{d}p = 0 \quad 或 \quad np = -V\mathrm{d}p/\mathrm{d}V$$

其中,n 为多变过程指数,$n=1$ 为等温过程,$n=k$ 为等熵过程(k 为绝热指数)。将过程方程代入式(2-2)可得气体等温压缩和等熵压缩的体积弹性模数如下:

$$(E_V)_{等温压缩} = -\frac{\mathrm{d}p}{\mathrm{d}V/V} = p$$

$$(E_V)_{等熵压缩} = -\frac{\mathrm{d}p}{\mathrm{d}V/V} = kp \tag{2-4}$$

气体和液体的可压缩性显著不同,导致了两者具有不同的力学表现。在工程实际问题中是否考虑流体的压缩性,要视具体情况而定。通常把液体视为不可压缩流体,即忽略在一般工程中没有多大影响的微小的体积变化,而把液体的密度视为常量。这样处理问题,可使

工程计算大为简化。但是,在水击现象、水下爆炸等问题中,都是把水作为可压缩流体来处理的。因为水的可压缩性虽然很小,但在这类问题中却是不能忽视的。通常把气体作为可压缩流体来处理,特别是在流速较高、压强变化较大的场合,它们的体积变化是不容忽视的,必须把它们的密度视为变量。但是,在流速不高、压强变化较小的场合,便可忽略压缩性的影响,把气体视为不可压缩流体。

2.1.1.3　黏性

实际流体都是有黏性的,流体的黏性是指流体微团间发生相对滑移时产生切向阻力的性质。黏性产生于流体内部质点之间的摩擦力,黏性使流体黏附于它所接触的固体表面。黏度是表征流体黏性的重要物理量。

(1)牛顿剪切定律

流体层之间单位面积的内摩擦力与流体变形速率(即速度梯度)成正比,即

$$\tau = \mu \frac{\mathrm{d}u}{\mathrm{d}y} \tag{2-5}$$

式中:τ 为切应力,其基本单位为 N/m^2 或 Pa,$\mathrm{d}u/\mathrm{d}y$ 为速度梯度。切应力 τ 作用在垂直于 y 的流体面上,方向与流体面取向有关。如图 2-1 所示,若流体面内侧速度减小,则 τ 指向 u 的正方向,若流体面内侧速度增加,则 τ 指向 u 的反方向。

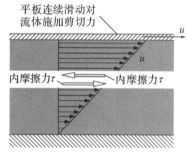

图 2-1　流体的内摩擦力

动力黏度是表征流体黏性的物理量,用符号 μ 表示,基本单位为 $N \cdot s/m^2$ 或 $Pa \cdot s$,其在数值上等于速度梯度为 $1s^{-1}$ 时单位面积上的内摩擦力。影响流体黏度 μ 的主要因素是温度。液体和气体的黏度受温度影响表现出不同的变化,液体的黏度随温度升高而减小,气体的黏度则随温度的升高而增大。压力对黏度的影响相对较弱,通常可不予考虑(除非压力很高)。

黏度 $\mu = 0$ 的流体称为理想流体或无黏流体。理想流体是一种假想的流体。对于黏性力(相比于惯性力、流体压力等)相对较小的问题或黏性力主要影响区以外的流动分析,引入理想流体假设,既能使问题的分析得到简化,同时也便于揭示出流体运动的主要特征。

在流体力学的分析计算中,常常把流体的黏度 μ 和密度 ρ 这两个物性参数结合在一起,以 μ/ρ 的形式出现,这种结合称为流体的运动黏度,用符号 υ 表示,即

$$\upsilon = \frac{\mu}{\rho} \tag{2-6}$$

式中:υ 的基本单位为 m^2/s,由于没有力的要素,故将其称为运动黏性系数或运动黏度。对于可压缩性流体,其运动黏度 υ 不仅与温度有密切关系,而且还与压力密切相关。

(2)牛顿流体和非牛顿流体

在平行的层流流动条件下,若流体切应力 τ 与速度梯度 $\mathrm{d}u/\mathrm{d}y$ 表现出线性关系,则这类流体被称为牛顿流体。实践表明,气体和低分子量液体及其溶液都属于牛顿流体,其中包括最常见的空气和水。牛顿流体的黏度 μ 是流体物性参数,与速度梯度 $\mathrm{d}u/\mathrm{d}y$ 无关。

流体切应力 τ 与速度梯度 $\mathrm{d}u/\mathrm{d}y$ 呈非线性关系的流体称为非牛顿流体。聚合物溶液、熔融液、料浆液、悬浮液以及一些生物流体如血液、微生物发酵液等均属于非牛顿流体。非

牛顿流体最大的特点就是其黏度与自身的运动（或变形）相关，不再是物性参数。非牛顿流体的种类不同，其切应力 τ 与速度梯度 du/dy 之间表现出复杂的非线性关系。

（3）无滑移条件

由流体黏性引出的一个关于流动问题的边界条件的核心概念是：流体与固体壁面之间不存在相对滑动，即固体壁面上的流体速度与固体壁面速度相同，特别地，在静止的固体壁面上，流体速度为零，这就是流体力学问题分析中广泛使用的无滑移条件。实践证明，除聚合流体等少数情况，无滑移条件在多数场合都是符合实际的。

2.1.1.4　表面张力

对于与气体接触的液体表面，由于表面两侧分子引力作用的不平衡，会使液体表面处于张紧状态，即液体表面承受有拉伸力，液体表面承受的这种拉伸力称为表面张力。

表面张力不仅存在于与气体接触的液体表面，也存在于互不相溶液体的接触界面上。在一般的流体流动问题中表面张力的影响很小，可以忽略不计。但在研究诸如毛细现象、液滴与气滴的形成、某些具有自由液面的流动等问题时，表面张力就成为重要的影响因素。

（1）拉普拉斯公式

对于液体表面为曲面的情况，表面张力的存在将使液体自由表面两侧产生附加压力差。计算附加压力差的公式称为拉普拉斯公式，如式（2-7）所示：

$$p_i - p_o = \sigma \left(\frac{1}{R_1} + \frac{1}{R_2} \right) \tag{2-7}$$

式中：p_o 为液面的凸出侧压力，p_i 为液面的凹陷侧压力。R_1 和 R_2 为曲率半径。对于平直液面，$R_1 = R_2 = \infty$，所以 $p_i - p_o = 0$，即没有附加压力差现象。对于球形液面，$R_1 = R_2 = R$，所以

$$p_i - p_o = \frac{2\sigma}{R} \tag{2-8}$$

式中：σ 是表面张力系数，表征液体表面单位长度流体线上的拉伸力。表面张力系数属于流体的物性参数。同一液体其表面接触的物质不同，其表面张力系数值不同。

（2）毛细现象

毛细现象是由液体对固体表面的润湿效应和液体表面张力所决定的一种现象。

如果将直径很小的两支玻璃管分别插在水和水银两种液体中，管内外的液位有明显的高度差，如图 2-2 所示，这种现象就称为毛细现象。

事实上，液体不仅对图 2-2 中的细玻璃管有毛细现象，对狭窄的缝隙和纤维及粉体物料构成的多孔介质也有毛细现象，与所接触的液体一起产生毛细现象的固体壁面可以统称为毛细管。

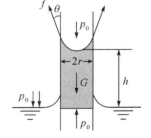

图 2-2　毛细现象

2.1.2　作用在流体上的力

处于流场中的任一流体团，从力学的角度看，无论该流体团是处于静止状态还是运动状态，其所受的外力可以分为两类：一类是由质量力场作用于该流体团整个体积的力，称为质量力或体积力。另一类是由与之接触的流体或固体壁面直接作用于该流体团表面上的力，

称为表面力或面积力。

图 2-3 为任意流体团的受力示意图。图中 A、V 分别为该流体团的表面积和体积。ΔF 为任意流体团内体积为 ΔV 的任意微元体所受到的质量力。Δp_n 表示作用在外法线为 n 的微元面积 ΔA 上的总表面力。

质量力因质量力场的作用产生,属于非接触力或远程力。工程实际中常见的质量力场主要有重力场、惯性力场(如离心力场)。某些场合下,流体还可能受到其他一些非接触力的作用,如电场力和磁场力,这些力虽然与流体质量无直接关系,但在静力学分析中,仍然把它们称为质量力。

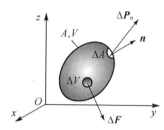

图 2-3 任意流体团的受力

作用在流体团整个体积 V 上的总质量力 F_m 可以表示为

$$F_m = \iiint_V \rho f(x,y,z,t)\,\mathrm{d}V \tag{2-9}$$

式中:ρ 为流体团密度,f 为单位质量流体受到的质量力,其基本单位为 N/kg,f 是随时间和空间变化的矢量函数,即

$$f = f(x,y,z,t) = f_x i + f_y j + f_z k \tag{2-10}$$

表面力是流体受到的与之接触的流体或固体壁面的作用力,故称为近程力。在静止条件下,由于流体质点之间没有相对运动,不存在线变形或剪切变形,故其所受的表面力就仅有沿受力面法线 n 负方向的压力 p,即 $p_n = -pn$。

作用在静止流体表面 A 上的总表面力 F_A 可以表示为

$$F_A = \iint_A p_n\,\mathrm{d}A = -\iint_A pn\,\mathrm{d}A \tag{2-11}$$

2.1.3 流体静力学基本方程

静止流体是对选定的坐标系无相对运动的流体。流体力学将静止流体的力学分析作为一个单独的体系来处理。主要有两方面的目的:一是为流体动力学问题的受力分析建立基础;二是由于流体静力学的分析方法和结果本身在工程实际中有广泛的应用。

2.1.3.1 流体静力学基本方程

由牛顿第二定律可知,惯性坐标系中任何物体处于静止的必要条件是:作用在物体上的外力总和及外力矩总和为零,即

$$\sum F = 0, \quad \sum M = 0 \tag{2-12}$$

根据流体静止的这两个条件,对于体积为 V、表面积为 A 的任意静止流体团,其作用力有质量力 F_m 和表面力 F_A 两部分,因此,根据 $\sum F = 0$ 及式(2-9)和式(2-11)并考虑 A 为封闭面可得

$$\sum F = F_m + F_A = \iiint_V \rho f\,\mathrm{d}V - \oiint_A pn\,\mathrm{d}A = 0 \tag{2-13}$$

根据高斯公式,将 pn 沿封闭表面 A 的积分转化为体积分,有

$$\oiint_A pn\,\mathrm{d}A = \iiint_V \nabla p\,\mathrm{d}V \tag{2-14}$$

将上式代入式(2-13)得

$$\iiint_V (\rho \boldsymbol{f} - \nabla p) \mathrm{d}V = 0 \qquad (2\text{-}15)$$

在任意封闭区域内,要使积分式(2-15)恒成立,只能是被积函数为零,即

$$\rho \boldsymbol{f} = \nabla p \ \text{或} \ \boldsymbol{f} = \frac{1}{\rho} \nabla p \qquad (2\text{-}16)$$

根据流体静止的第二条件 $\sum \boldsymbol{M} = 0$,同样可得式(2-16)。因此式(2-16)是流体静止的必要条件,通常称为流体静力学基本方程。它表明了静止流场中质量力与压力(表面力)之间的关系:质量力指向压力增加的方向,压力沿某方向的变化率 ∇p 就等于该方向单位体积流体的质量力 $\rho \boldsymbol{f}$。

静力学基本方程在直角坐标系的分量式为

$$f_x = \frac{1}{\rho} \frac{\partial p}{\partial x}, \quad f_y = \frac{1}{\rho} \frac{\partial p}{\partial y}, \quad f_z = \frac{1}{\rho} \frac{\partial p}{\partial z} \qquad (2\text{-}17)$$

式(2-17)是流体静力学的重要方程,静力学的其他方程都是以它为基础推导出的。该式由欧拉于 1775 年首先推导出来,故又称为欧拉平衡方程。

静力学方程的全微分形式为

$$\mathrm{d}p = \frac{\partial p}{\partial x} \mathrm{d}x + \frac{\partial p}{\partial y} \mathrm{d}y + \frac{\partial p}{\partial z} \mathrm{d}z = \rho (f_x \mathrm{d}x + f_y \mathrm{d}y + f_z \mathrm{d}z) \qquad (2\text{-}18)$$

对式(2-18)积分,就可以得到压强 p 的分布式。

2.1.3.2 静止液体的压强分布

实际工程中,作用在液体上的质量力只有重力,因此,以下只讨论在重力作用下液体的压强分布。

选 x、y 坐标在水平面上,z 坐标为海拔高度,质量力在 x、y 方向的分量为零,在 z 方向的分量为 $f_z = -g$。由式(2-18)可得

$$\mathrm{d}p = -\rho g \mathrm{d}z \qquad (2\text{-}19)$$

积分上式得

$$p = -\rho g z + c \ \text{或} \ \frac{p}{\rho g} + z = c \qquad (2\text{-}20)$$

式(2-20)反映了液体的压强与高度的函数关系。由该式可以看出:

(1)当 z 为常数时,压强也是一个常值,因此,等压面是一个水平面。这个结论适用于任何一种不可压缩流体。对于不同的流体,由于它们的密度不同,故常数 c 不同。

(2)在同一种液体中压强 p 随高度 z 的增加而减小。

(3)设液面上的压强为 p_0,高度为 z_0,由式(2-20)可知,液体中任一点的压强 p 为

$$p = p_0 + \rho g (z_0 - z) = p_0 + \rho g h \qquad (2\text{-}21)$$

式中:$z_0 - z = h$ 为液深。压强沿液深线性增加。任一点的压强 p 均由 p_0 和 $\rho g h$ 组成。显然,自由面上的压强 p_0 的任何变化,都会等值地传递到液体中的任何一点,这就是帕斯卡定律。

(4)式(2-20)中第一项 $p/\rho g$ 称为压强高度或压强水头,第二项 z 表示点距离基准面的高度,称为位置高度,也称为位置水头。该式说明在静止液体中,位置水头与压强水头之和是一个常数。

2.2　流体流动中的基本概念

2.2.1　流场及流动的分类

流体所占据的空间被称为"流场"。有时也根据所研究的主要物理量来表征流场,如"速度场""压力场"等。为描述流体在流场内各点的运动状态,可将流体的运动参数表示为流场空间坐标(x,y,z)和时间t的函数。例如,在流场空间中,流体运动速度$\boldsymbol{v}$就表示为

$$\boldsymbol{v} = \boldsymbol{v}(x,y,z,t) = v_x\boldsymbol{i} + v_y\boldsymbol{j} + v_z\boldsymbol{k} \tag{2-22}$$

这个表达式的一般含义为:

(1) 流体速度$\boldsymbol{v}$随流场空间点(x,y,z)不同而变化;

(2) 流场空间各点(x,y,z)处的流体速度$\boldsymbol{v}$又随时间t而变化;

(3) 根据连续介质概念,流场空间点总被流体质点所占据,所以t时刻空间点(x,y,z)处的速度$\boldsymbol{v}$就是该时刻流经该点的流体质点的速度。

对于流体的其他物理量(如压力、温度、密度等)同样有类似的表达式和含义。

不同的流动类型有着不同的研究方法,对流体流动的分类可以突出问题特征,使研究过程(包括问题的抽象、假设与简化、方法的采用等)更具有针对性,有利于揭示其中的规律。常见的流体分类方式如图2-4所示。

2.2.2　描述流体运动的两种方法

拉格朗日法和欧拉法是流体力学中常用的两种描述流体运动的方法。其中,拉格朗日法是通过研究流场中单个质点的运动规律,进而来研究流体的整体运动规律,即沿流体质点的运动轨迹进行跟踪研究。欧拉法则通过研究流场中某一空间点的流体运动规律,进而来研究流体的整体运动规律,即固定在某个空间位置观察由此流过的每一个流体质点。工程实际问题中多采用此方法。

2.2.2.1　拉格朗日法

拉格朗日法着眼于流场中每个流体质点流动参数随时间的变化,综合所有流体质点的运动便可得到整个流体的运动规律。该方法通过建立流体质点的运动方程来描述所有流体质点的运动规律,如流体质点的运动轨迹、速度和加速度等。

用a、b、c来标记某时刻t_0位于流场空间点(x_0,y_0,z_0)的流体质点,即$(a=x_0,b=y_0,c=z_0)$,则该流体质点随后任意时刻t所处的位置(x,y,z)的运动轨迹可以表示为

$$\begin{aligned} x &= x(a,b,c,t) \\ y &= y(a,b,c,t) \\ z &= z(a,b,c,t) \end{aligned} \tag{2-23}$$

式中:(a,b,c)称为拉格朗日变量,表征某时刻t_0位于流场空间点(x_0,y_0,z_0)的某个流体质点,是该质点不同于其他质点的身份标记。当给定a、b、c时,式(2-23)代表给定的流体质点的运动轨迹;当给定t时,式(2-23)代表各流体质点t时刻所处的位置。流体质点的速度和加

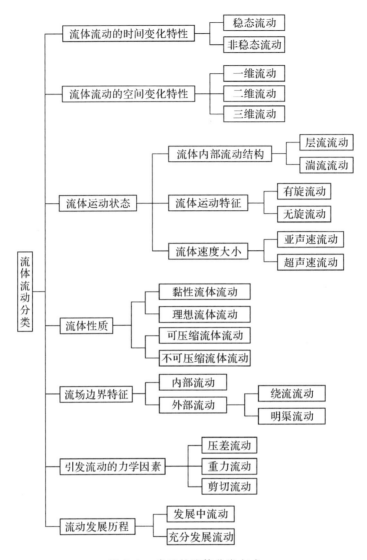

图 2-4　常见的流体分类方式

速度分别为

$$v_x = \frac{\mathrm{d}x}{\mathrm{d}t} = \frac{\partial x(a,b,c,t)}{\partial t}$$

$$v_y = \frac{\mathrm{d}y}{\mathrm{d}t} = \frac{\partial y(a,b,c,t)}{\partial t}$$ (2-24)

$$v_z = \frac{\mathrm{d}z}{\mathrm{d}t} = \frac{\partial z(a,b,c,t)}{\partial t}$$

$$a_x = \frac{\mathrm{d}^2 x}{\mathrm{d}t^2} = \frac{\partial^2 x(a,b,c,t)}{\partial t^2}$$

$$a_y = \frac{\mathrm{d}^2 y}{\mathrm{d}t^2} = \frac{\partial^2 y(a,b,c,t)}{\partial t^2}$$ (2-25)

$$a_z = \frac{\mathrm{d}^2 z}{\mathrm{d}t^2} = \frac{\partial^2 z(a,b,c,t)}{\partial t^2}$$

拉格朗日法在建立方程及数学求解时十分困难,因此在流体动力学的计算和研究中,除个别问题外,实际上很少使用该方法。

2.2.2.2　欧拉法

欧拉法着眼于流场中所有空间点上流动参数随时间的变化,即研究表征流场内流体流动特性的各种物理量的矢量场与标量场,例如速度场、压强场、密度场、温度场等,并将这些物理量表示为坐标(x,y,z)和时间t的函数:

$$v_x = \frac{\mathrm{d}x}{\mathrm{d}t} = v_x(x,y,z,t)$$

$$v_y = \frac{\mathrm{d}y}{\mathrm{d}t} = v_y(x,y,z,t) \tag{2-26}$$

$$v_z = \frac{\mathrm{d}z}{\mathrm{d}t} = v_z(x,y,z,t)$$

$$p = p(x,y,z,t) \tag{2-27}$$

$$\rho = \rho(x,y,z,t) \tag{2-28}$$

$$T = T(x,y,z,t) \tag{2-29}$$

式(2-26)是欧拉法的三个速度分量表达式,分别对时间求导数,便可得到三个加速度分量表达式。应该注意,这些速度是坐标和时间的函数,而运动质点的坐标也是随时间变化的。因此,必须按照复合函数的求导法则去推求加速度。加速度x方向的分量为

$$a_x = \frac{\mathrm{d}v_x}{\mathrm{d}t} = \frac{\partial v_x}{\partial t} + \frac{\partial v_x}{\partial x}\frac{\mathrm{d}x}{\mathrm{d}t} + \frac{\partial v_x}{\partial y}\frac{\mathrm{d}y}{\mathrm{d}t} + \frac{\partial v_x}{\partial z}\frac{\mathrm{d}z}{\mathrm{d}t}$$

由于运动质点的坐标对时间的导数等于该质点的速度分量,故

$$a_x = \frac{\partial v_x}{\partial t} + v_x\frac{\partial v_x}{\partial x} + v_y\frac{\partial v_x}{\partial y} + v_z\frac{\partial v_x}{\partial z}$$

同理可得
$$a_y = \frac{\partial v_y}{\partial t} + v_x\frac{\partial v_y}{\partial x} + v_y\frac{\partial v_y}{\partial y} + v_z\frac{\partial v_y}{\partial z} \tag{2-30}$$

$$a_z = \frac{\partial v_z}{\partial t} + v_x\frac{\partial v_z}{\partial x} + v_y\frac{\partial v_z}{\partial y} + v_z\frac{\partial v_z}{\partial z}$$

用加速度矢量$\boldsymbol{a}$和速度矢量$\boldsymbol{v}$来表示,则

$$\boldsymbol{a} = \frac{\partial \boldsymbol{v}}{\partial t} + (\boldsymbol{v} \cdot \nabla)\boldsymbol{v} \tag{2-30a}$$

式(2-30a)表明用欧拉法来描述流体的运动时,加速度由两部分组成:第一部分$\partial v/\partial t$,表示在某固定点上流体质点的速度变化率,称为当地加速度;第二部分$(\boldsymbol{v} \cdot \nabla)\boldsymbol{v}$,表示该流体质点所在空间位置的变化引起的速度变化率,称为迁移加速度。用欧拉法求流体质点其他物理量时间变化率的一般式子为

$$\frac{\mathrm{d}}{\mathrm{d}t} = \frac{\partial}{\partial t} + \boldsymbol{v} \cdot \nabla \tag{2-31}$$

式中:$\mathrm{d}/\mathrm{d}t$为全导数,也称随体导数,表示对时间求导数时要考虑到质点本身的运动;$\partial/\partial t$为当地导数;$\boldsymbol{v} \cdot \nabla$为迁移导数。

2.2.3　迹线与流线

流体质点的运动轨迹曲线称为迹线。

在拉格朗日法中,将质点运动轨迹的参数方程(2-23)消去 t,就可以得到以 x、y、z 表示的流体质点 (a,b,c) 的迹线方程。在欧拉法中,可根据所给出的欧拉变量的速度表达式(2-26)消去 t,就可以得到以 x、y、z 表示的迹线方程。

流线是任意时刻流场中存在的一条曲线,该曲线上各流体质点的速度方向都与其所在点处曲线的切线方向一致,如图 2-5 所示。

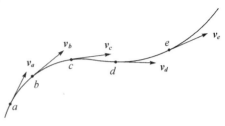

图 2-5　流线

流线可以形象地描绘流场内的流动状态,其性质如下:

(1)除速度为零或无穷大的特殊点外,经过空间一点只有一条流线,即流线不能相交,因为每一时刻空间点只能被一个质点所占据,只有一个速度方向。

(2)流场中每一点都有流线通过,所有流线形成流线谱。

(3)流线的形状和位置随时间而变化,但稳态流动时流线的形状和位置不随时间变化。

如图 2-6 所示,设流线上某点的位置矢径为 $\boldsymbol{r}$,该点处流体质点的速度矢量为 $\boldsymbol{v}$。由于流线上任意一点的位置矢径增量 $\mathrm{d}\boldsymbol{r}$ 总与流线的切线方向一致,而流线上的质点速度 $\boldsymbol{v}$ 也与流线相切,所以必然有 $\boldsymbol{v}\mathbin{/\mkern-5mu/}\mathrm{d}\boldsymbol{r}$。于是,根据两平行矢量交叉积为零的性质有

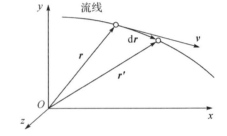

图 2-6　流线上的矢径增量与质点速度

$$\boldsymbol{v}\times\mathrm{d}\boldsymbol{r}=0 \tag{2-32}$$

由于 $\boldsymbol{v}\times\mathrm{d}\boldsymbol{r}=(v_y\mathrm{d}z-v_z\mathrm{d}y)\boldsymbol{i}+(v_z\mathrm{d}x-v_x\mathrm{d}z)\boldsymbol{j}+(v_x\mathrm{d}y-v_y\mathrm{d}x)\boldsymbol{k}$,而 $\boldsymbol{v}\times\mathrm{d}\boldsymbol{r}=0$,则各分量都必须为 0,因此有

$$\frac{\mathrm{d}x}{v_x}=\frac{\mathrm{d}y}{v_y}=\frac{\mathrm{d}z}{v_z} \tag{2-33}$$

式(2-33)即为直角坐标系中的流线微分方程,可拆写成两个独立方程。需要注意的是,流体速度一般情况下是 x、y、z、t 的函数,但由于流线是对同一时刻而言的,所以在式(2-33)积分时,变量 t 被当作常数处理,所得流线方程中包含时间 t 表示不同时刻有不同的流线。

需要注意的是,流线与迹线是两个不同的概念。流线是同一时刻不同质点构成的一条流体线,迹线则是同一质点在不同时刻经过的空间点所构成的轨迹线。

在稳定流动条件下,流线与迹线是重合的。因此通常采用稳态条件下的流线谱直观反映流动情况(尤其是二维流动时)。流线的疏密程度可以反映流动速度的大小,流线密集处流速高于流线稀疏处。

在流场内作一条不与流线重合的封闭曲线,则通过该曲线上各点的流线所构成的管状表面称为流管,如图 2-7 所示。

流管内的流体称为流束。因为流动速度总是与流线相切,垂直于流线的速度分量为零,流体不能穿过流管流进或流出,流管内的流束就像在真实管内的流动一样。在定常流动情况下,流线形状不随时间而变,流管的形状及位置也不随时间而变。工程实际中的管道是流管的特例,此时的流管表面即为管道内壁面。

微小截面（δA）的流束称为微小流束，微小流束的极限为截面面积无穷小（dA）的微元流束，即流线。截面为有限值的流束称为总流，日常见到的管道、渠道中流动的流体都是总流。总流横截面各点的流速不一定相等，也不一定都垂直于截面。处处与流线相垂直的流束截面称为有效截面。

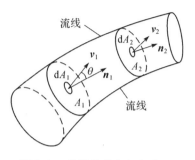

图 2-7　流管及其内部流动

流束内流线间的夹角很小、流线曲率半径很大的近乎为平行直线的流动称为缓变流，不符合上述条件的流动称为急变流。如图 2-8 所示，流体在直管道中的流动为缓变流，而经过弯管、阀门等管件的流动为急变流。

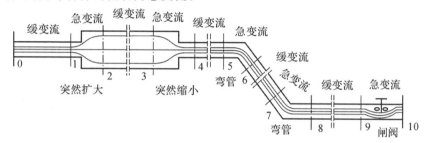

图 2-8　缓变流与急变流

2.2.4　流体的运动与变形

与刚体运动相比，流体运动时，除了像刚体那样有平动和转动外，同时还有连续不断的变形，包括拉伸和剪切变形。而且由于变形连续不断，其变形也不能像固体那样用变形量的大小来度量，而必须用变形速率（单位时间的变形量）来度量。

2.2.4.1　微元流体线的变形速率

微元流体线的线变形速率定义为单位时间段内线段 l 的相对伸长率。若 dt 时间段内线段 l 伸长 dl，则线变形速率 $\varepsilon = (dl/l)/dt$。

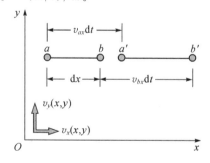

图 2-9　微元流体线的拉伸

流体线的拉伸仅与平行于流体线的速度沿流体线方向的变化有关。如图 2-9 所示，在 x-y 平面流场中沿 x 方向取一条长度为 dx 的微元流体线 ab，并设 a 点 x 方向速度为 v_{ax}，由于 ab 两点水平相距为 dx，故 b 点 x 方向速度为 $v_{bx} = v_{ax} + \dfrac{\partial v_x}{\partial x}dx$。经过时间 dt 后，设 ab 沿 x 方

向运动到 $a'b'$，则两点移动的距离分别为各自速度乘以 $\mathrm{d}t$，即

$$\overline{aa'} = v_{ax}\mathrm{d}t, \quad \overline{bb'} = \left(v_{ax} + \frac{\partial v_x}{\partial x}\mathrm{d}x\right)\mathrm{d}t$$

根据图示关系，线段 $\mathrm{d}x$ 变形后的长度为

$$\overline{a'b'} = \overline{b'b'} + \mathrm{d}x - \overline{a'a'} = \left(v_{ax} + \frac{\partial v_x}{\partial x}\mathrm{d}x\right)\mathrm{d}t + \mathrm{d}x - v_{ax}\mathrm{d}t = \mathrm{d}x + \frac{\partial v_x}{\partial x}\mathrm{d}x\mathrm{d}t$$

所以，按线变形速率定义，线段 $\mathrm{d}x$ 的线变形速率（用 ε_{xx} 表示）为

$$\varepsilon_{xx} = \frac{\overline{a'b'} - \mathrm{d}x}{\mathrm{d}x\mathrm{d}t} = \frac{\partial v_x}{\partial x}$$

同理，对于三维流场中的任意微元流体线，其 x、y、z 方向的线变形速率的一般表达式为

$$\varepsilon_{xx} = \frac{\partial v_x}{\partial x}, \varepsilon_{yy} = \frac{\partial v_y}{\partial y}, \varepsilon_{zz} = \frac{\partial v_z}{\partial z} \tag{2-34}$$

由此可见，流体沿某方向的线变形速率就等于该方向速度沿同方向的变化。这使得速度沿自身方向的偏导数具有明确的物理意义，如 $\partial v_x/\partial x$ 既表示速度 v_x 沿 x 方向的变化，又表示 x 方向微元流体线的线变形速率。显然，v_x 沿 x 方向加速，即 $\partial v_x/\partial x > 0$，流体线必然受到拉伸，反之，流体线必然受压缩。

微元流体的转动速率为流体微元线段在某一平面内单位时间所转动的角度，即线段在该平面内转动的角速度，通常用符号 η 表示。在右手法则坐标系下，逆时针转动时的角速度为正。

对于一般三维流场，绕 x 轴、y 轴、z 轴的转动速率分别为

$$\eta_{xy} = \frac{\partial v_y}{\partial x}, \quad \eta_{yx} = -\frac{\partial v_x}{\partial y} \ (x\text{-}y \text{ 平面内 } \mathrm{d}x \text{ 和 } \mathrm{d}y \text{ 绕 } z \text{ 轴转动的角速度})$$

$$\eta_{yz} = \frac{\partial v_z}{\partial y}, \quad \eta_{zy} = -\frac{\partial v_y}{\partial z} \ (y\text{-}z \text{ 平面内 } \mathrm{d}y \text{ 和 } \mathrm{d}z \text{ 绕 } x \text{ 轴转动的角速度}) \tag{2-35}$$

$$\eta_{zx} = \frac{\partial v_x}{\partial z}, \quad \eta_{xz} = -\frac{\partial v_z}{\partial x} \ (z\text{-}x \text{ 平面内 } \mathrm{d}z \text{ 和 } \mathrm{d}x \text{ 绕 } y \text{ 轴转动的角速度})$$

式中：η 的两个下标表示转动所在平面，第一个下标表示转动线段方位，第二个下标表示偏导数中的速度分量，下标排序符合 $x \rightarrow y \rightarrow z$ 循环顺序的表达式不带负号。

由此可见，某方向的速度沿其他方向坐标的偏导数（垂直于流动方向的速度梯度）也有确定的物理意义，如 $\partial v_x/\partial y$，一方面表示速度 v_x 沿方向 y 的变化，另一方面又表示 x-y 平面内微元流体线 $\mathrm{d}y$ 绕 z 轴的转动速率。

2.2.4.2　微元流体团的变形速率

微元流体团的运动可分解为平移、转动、剪切变形和体积膨胀四种基本形式，如图 2-10 所示。

微元流体团平移运动时，流体团在 x、y、z 方向的运动速率就分别为该点的速度分量 v_x、v_y、v_z，如图 2-10(a) 所示。

微元流体团在某一平面内的转动速率为该平面内两正交微元流体线各自转动角速度的平均值。如图 2-10(b) 所示，对于 x-y 平面，x 方向和 y 方向微元流体线绕 z 轴转动的角速度分别为 η_{xy} 和 η_{yx}，若用 ω_z 表示微元流体团在 x-y 平面的转动速率，则

$$\omega_z = \frac{1}{2}\left(\frac{\mathrm{d}\beta}{\mathrm{d}t} + \frac{\mathrm{d}\alpha}{\mathrm{d}t}\right) = \frac{1}{2}\left(\frac{\partial v_y}{\partial x} - \frac{\partial v_x}{\partial y}\right) \tag{2-36}$$

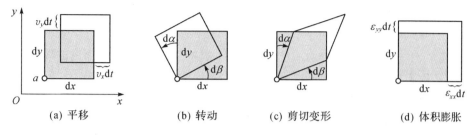

(a) 平移　　　　(b) 转动　　　　(c) 剪切变形　　　　(d) 体积膨胀

图 2-10　平面流体微元的运动与变形

同理,微元流体团 y-z 平面内绕 x 轴转动的角速度 ω_x 和在 z-x 平面内绕 y 轴转动的角速度 ω_y 分别为

$$\omega_x = \frac{1}{2}\left(\frac{\partial v_z}{\partial y} - \frac{\partial v_y}{\partial z}\right) \tag{2-37}$$

$$\omega_y = \frac{1}{2}\left(\frac{\partial v_x}{\partial z} - \frac{\partial v_z}{\partial x}\right) \tag{2-38}$$

式(2-36)~(2-38)合成即为微元流体团的空间转动角速度 $\boldsymbol{\omega}$:

$$\begin{aligned}\boldsymbol{\omega} &= \omega_x\boldsymbol{i} + \omega_y\boldsymbol{j} + \omega_z\boldsymbol{k} \\ &= \frac{1}{2}\left(\frac{\partial v_z}{\partial y} - \frac{\partial v_y}{\partial z}\right)\boldsymbol{i} + \frac{1}{2}\left(\frac{\partial v_x}{\partial z} - \frac{\partial v_z}{\partial x}\right)\boldsymbol{j} + \frac{1}{2}\left(\frac{\partial v_y}{\partial x} - \frac{\partial v_x}{\partial y}\right)\boldsymbol{k}\end{aligned} \tag{2-39}$$

平面内两正交微元流体线夹角对时间的变化率即为微元流体团的剪切变形速率,如图 2-10(c) 所示。剪切变形速率只与垂直于流动方向的速度梯度有关。

流体微团在 x-y 平面、y-z 平面以及 z-x 平面的剪切变形速率 ε_{xy}、ε_{yz}、ε_{zx} 分别为

$$\varepsilon_{xy} = \frac{1}{2}\left(\frac{\partial v_y}{\partial x} + \frac{\partial v_x}{\partial y}\right), \varepsilon_{yz} = \frac{1}{2}\left(\frac{\partial v_z}{\partial y} + \frac{\partial v_y}{\partial z}\right), \varepsilon_{zx} = \frac{1}{2}\left(\frac{\partial v_x}{\partial z} + \frac{\partial v_z}{\partial x}\right) \tag{2-40}$$

体积膨胀速率等于 x、y、z 三个方向的线变形率之和,或者说等于速度的散度,用符号 $\dot{V}$ 表示。

$$\dot{V} = \varepsilon_{xx} + \varepsilon_{yy} + \varepsilon_{zz} = \frac{\partial v_x}{\partial x} + \frac{\partial v_y}{\partial y} + \frac{\partial v_z}{\partial z} = \nabla \cdot \boldsymbol{v} \tag{2-41}$$

特别地,对于不可压缩流体,微元流体团可以变形,但体积不变,所以必有

$$\nabla \cdot \boldsymbol{v} = \frac{\partial v_x}{\partial x} + \frac{\partial v_y}{\partial y} + \frac{\partial v_z}{\partial z} = 0 \tag{2-42}$$

式(2-42)称为不可压缩流体的连续性方程,是流体力学最常用的基本方程之一。

2.2.4.3　有旋流动

涡量是表征流体旋转运动的物理量,用符号 $\boldsymbol{\Omega}$ 表示,与流体微团的转动角速度 $\boldsymbol{\omega}$ 方向一致,大小相差 2 倍。$\boldsymbol{\Omega}$ 可表示为

$$\begin{aligned}\boldsymbol{\Omega} &= 2\boldsymbol{\omega} = \left(\frac{\partial v_z}{\partial y} - \frac{\partial v_y}{\partial z}\right)\boldsymbol{i} + \left(\frac{\partial v_x}{\partial z} - \frac{\partial v_z}{\partial x}\right)\boldsymbol{j} + \left(\frac{\partial v_y}{\partial x} - \frac{\partial v_x}{\partial y}\right)\boldsymbol{k} \\ &= \Omega_x\boldsymbol{i} + \Omega_y\boldsymbol{j} + \Omega_z\boldsymbol{k}\end{aligned} \tag{2-43}$$

另一方面,如果对流体速度 $\boldsymbol{v}$ 取旋度可得

$$\begin{aligned}\nabla \times \boldsymbol{v} &= \left(\frac{\partial}{\partial x}\boldsymbol{i} + \frac{\partial}{\partial y}\boldsymbol{j} + \frac{\partial}{\partial z}\boldsymbol{k}\right) \times (v_x\boldsymbol{i} + v_y\boldsymbol{j} + v_z\boldsymbol{k}) \\ &= \left(\frac{\partial v_z}{\partial y} - \frac{\partial v_y}{\partial z}\right)\boldsymbol{i} + \left(\frac{\partial v_x}{\partial z} - \frac{\partial v_z}{\partial x}\right)\boldsymbol{j} + \left(\frac{\partial v_y}{\partial x} - \frac{\partial v_x}{\partial y}\right)\boldsymbol{k}\end{aligned} \tag{2-44}$$

对比式(2-43)与(2-44)可知

$$\boldsymbol{\Omega} = \nabla \times \boldsymbol{v} \tag{2-45}$$

若流场中 $\boldsymbol{\Omega} \neq 0$,即 Ω_x、Ω_y、Ω_z 三个分量中只要有一个不为零,则称该流场中的流动为有旋流动,又称为旋涡运动。

流场中存在这样的曲线,该曲线上任一点的切线方向与流体在该点的涡量方向一致,这样的曲线称为涡线。涡线方程的矢量表达式为

$$\boldsymbol{\Omega} \times \mathrm{d}\boldsymbol{r} = 0 \tag{2-46}$$

式中:r 是涡线上某点的位置矢径,$\boldsymbol{\Omega}$ 是流体在该点的涡量矢量。$\mathrm{d}r$ 表示沿涡线切线的矢径增量,平行于该点的涡量矢量 $\boldsymbol{\Omega}$,所以两者叉积为零。

直角坐标系中,将式(2-46)展开可得涡线的微分方程:

$$\frac{\mathrm{d}x}{\Omega_x} = \frac{\mathrm{d}y}{\Omega_y} = \frac{\mathrm{d}z}{\Omega_z} \tag{2-47}$$

在非稳态流动条件下,涡线的形状和位置将随时间变化。在稳态流动条件下,涡线不随时间变化。过空间点,有且只有一条涡线。

在涡量场中任意作一条不与涡线平行的封闭曲线,该曲线上每一点都有一条涡线通过,这些曲线构成的管状曲面就称为涡管。

2.2.4.4　无旋流动

任意时刻,若流场中的涡量处处为零,则该流场内的流动称为无旋流动。对于无旋流动有

$$\Omega_x = \frac{\partial v_z}{\partial y} - \frac{\partial v_y}{\partial z} = 0, \Omega_y = \frac{\partial v_x}{\partial z} - \frac{\partial v_z}{\partial x} = 0, \Omega_z = \frac{\partial v_y}{\partial x} - \frac{\partial v_x}{\partial y} = 0 \tag{2-48}$$

速度有势是无旋流动最主要的特征。因为无旋流场中 $\nabla \times \boldsymbol{v} = 0$,所以根据场论知识:若任一矢量场的旋度为零,则该矢量一定是某个标量函数的梯度。将该标量函数记为 ϕ,则无旋流动的速度场可以表示为

$$\boldsymbol{v} = \nabla \phi \tag{2-49}$$

式中:v 被表示成了标量函数 ϕ 的梯度,表示速度有势,其中 ϕ 称为速度势函数,简称速度势。在直角坐标系中,速度分量与速度势函数的关系可以表示为

$$v_x = \frac{\partial \phi}{\partial x}, v_y = \frac{\partial \phi}{\partial y}, v_z = \frac{\partial \phi}{\partial z} \tag{2-50}$$

速度场有势且速度势函数为 ϕ,则加速度 $\boldsymbol{a}$ 也必然有势,a 的势函数为

$$\boldsymbol{a} = \nabla \left(\frac{\partial \phi}{\partial t} + \frac{1}{2} v^2 \right) \tag{2-51}$$

流动无旋是速度场有势的必要条件,无旋必然有势,有势必然无旋。因此无旋流动又称为有势流动,简称势流。

较为简单的基本平面有势流动包括平行直线等速流和角形区域内的流动、点源、点汇及点涡等,且这些有势流动的流函数和速度势函数很容易求得。当流动较为复杂的时候,特别是有固体壁面的时候,常通过简单有势流动进行叠加来得到其流函数和速度势。几种典型的组合流动包括点源流和直线流的叠加、螺旋流(点涡流和点汇流的叠加)、偶极子流、均匀绕流圆柱体无环量流动、均匀绕流圆柱体有环量流动(均匀直线流、偶极流和一个点涡流的叠加)。图 2-11 为各有势流动的流动图形。

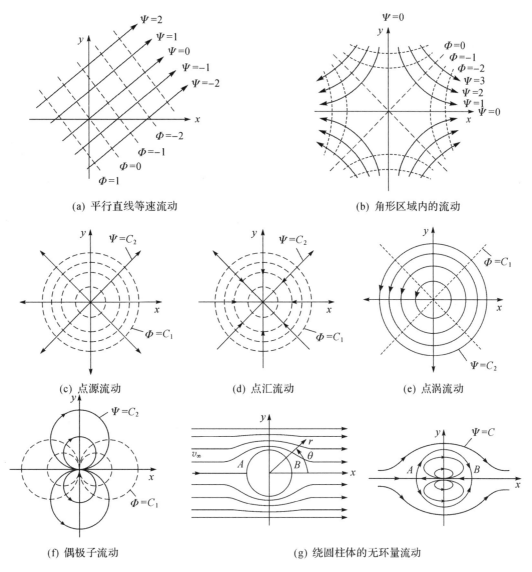

图 2-11　常见有势流动的流动图形

2.2.5　流体的流动与阻力

2.2.5.1　层流与湍流

1883 年英国物理学家雷诺(O. Reynolds)通过实验发现,流体流动过程中其内部行为会发生本质变化,从而表现出不同的流动形态:层流(laminar flow)和湍流(turbulent flow)。图 2-12 所示为雷诺实验的装置。

当管 2 中的水流速度较低时,如果拧开颜色水瓶下的阀门,便可看到一条明晰的细小的着色流束,此流束不与周围的水相混,如图 2-13(a) 所示。如果将细管 5 的出口移至管 2 进口的其他位置,看到的仍然是一条明晰的细小的着色流束。由此可以判断,管 2 内的整个流场呈一簇互相平行的流线,这种流动状态称为层流。当管 2 内的流速逐渐增大时,开始阶段着

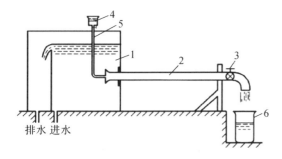

排水 进水

图 2-12　雷诺实验装置

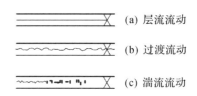

(a) 层流流动

(b) 过渡流动

(c) 湍流流动

图 2-13　雷诺实验显示的流动状态

色流束仍呈清晰的细线,流动状态仍没发生变化。当流速增大到一定数值,着色流束开始振荡,处于不稳定状态,如图 2-13(b) 所示。如果流速再稍增加,振荡的流束便会突然破裂,着色流束在进口段的一定距离内消失,而与周围的流体相混,颜色扩散至整个玻璃管内,如图2-13(c) 所示。这时流体质点做复杂的无规则的运动,这种流动状态称为湍流。由层流过渡到湍流的速度极限值称为上临界速度。继续增大流速,将进一步增加流动的紊乱程度。

如果实验按相反的步骤进行,管内流速自高于上临界速度逐渐降低,则会发现,当流速降低到比上临界速度更低的速度时,处于紊流状态的流动便会稳定地转变为层流状态,着色流束重新成为一条明晰的细小的直线,此时的速度极限值称为下临界速度。

雷诺对不同管径 d 下的不同流体进行了实验。实验表明,临界速度 v_c 与流体的黏性系数 μ 成正比,与流体密度 ρ 和管径 d 成反比,其比例系数称为临界雷诺数,记为 Re_c:

$$Re_c = \frac{\rho v_c d}{\mu} \tag{2-52}$$

通常情况下,当 $Re < 2300$ 时的流动为层流,当 $Re > 4000$ 时为湍流,当 $2300 < Re < 4000$ 时的流动为过渡流。

层流到湍流的过渡与进口处的扰动、管道入口形状以及管壁粗糙度等因素有关。如扰动量大、入口不平滑、管壁较粗糙,发生流动形态过渡的雷诺数 Re 会相对较小,反之可能较大。一些典型的流动,如平板的流动、绕流线型三维物体的流动及降膜流动等也有对应的层流与湍流判别标准。

此外,工程实际中的不少流动问题,尤其在有强烈机械搅拌、冲击混合或复杂流动路径等过程设备与机器内的流动,单纯的层流往往是难以存在的,但从动量、热量、质量传递速率的角度,也不一定就是由纯粹的湍流所决定的,因为此时强烈扰动产生的剪切扩散与混合有可能与湍流脉动的扩散混合效应相当,在此条件下区分层流与湍流已无特别意义。

2.2.5.2　一维流、二维流及三维流

真正的一维流中,所有各点的速度方向相同,而且(在不可压条件下)速度大小也相同。但在实际中,一维流是很少见的。当"一维分析法"应用于实际上是三维的各边界之间的流动时,"一维"可理解为选取沿这个流场中心线的流动。该流动被看作一个整体来考虑其速度、压强的平均值以及垂直于此流线的横截面高度。

如果流场中的所有流线都是平面曲线,而且在一系列平行平面中都相同,则称这种流动为二维流。

一般的流动都是在三维空间内的流动,三维流分析起来相对困难,其流动过程常用二维流或轴对称流来近似处理。从空调机出口进入房间的冷空气流是典型的三维流动。

对于工程技术问题,在保证一定精确度的条件下尽可能降低函数的维数,以简化解算。

2.2.5.3　流场边界对流动的影响

流场内的相界面通常包括气 - 液边界(液体自由面)、液 - 液边界(两种互不相溶液体的接触面)和流 - 固边界(流体与固体的接触面,又称为固壁边界)。

固壁边界对流动的影响主要体现在对流体流动路径的影响和对流体流动的发展的影响。固壁边界对流体的流动产生流动阻力,从而影响流体流动的发展。流动阻力是流体力学最关心的问题之一,因为研究流体流动与受力之间的关系,所涉及的主要就是推动力和阻力。减小或增加流动阻力是日常生活和工程实际中经常要面对的问题。

在流体动力学中,定性尺寸(L)是反映流场边界几何形状影响的特征尺寸,定性速度(v)是反映流场运动速度影响的特征速度。对于圆管内的流动、沿平板的流动、绕球体或圆柱的流动,其流场如图 2-14 所示,其特征尺寸和特征速度如表 2-3 所示。

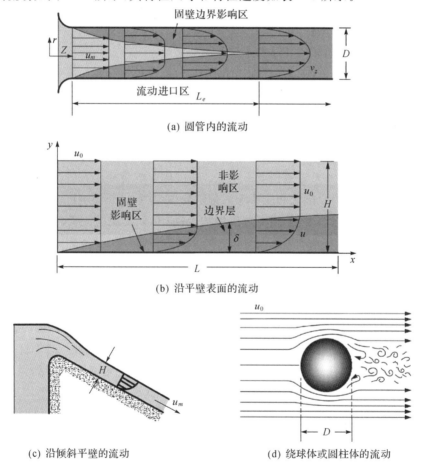

(a) 圆管内的流动

(b) 沿平壁表面的流动

(c) 沿倾斜平壁的流动　　　　　(d) 绕球体或圆柱体的流动

图 2-14　流场边界对流动的影响

表 2-3　常见流动中的特征尺寸与特征速度

	定性尺寸(L)	定性速度(v)	
圆管内的流动	D	u_m	D 为圆管内壁直径,u_m 为管内平均流速
沿平板的流动	l	u_0	l 为流动方向平板长度,u_0 为来流速度
绕球体或圆柱的流动	D	u_0	D 为球体或圆柱直径,u_0 为来流速度

　　根据流场定性尺寸、定性速度以及流场几何尺寸的不同,固壁边界对流场的影响范围是不同的。在此基础上,流动问题可分为两种类型:一类是固壁边界影响要传递到整个流场;一类是固壁边界影响仅局限于壁面附近。对于这两类流动其研究方法有所不同。

　　对于圆管中的流动,如图 2-14(a) 所示,当流体以均匀速度 u_m 进入管口后,受管壁摩擦影响,流体首先在近壁区建立速度梯度,近壁区速度分布发生变化;随着流动向前发展,管壁的影响逐渐传递到管中心,遍及整个管道截面,此后速度分布形态不再改变。通常将管壁影响达到管中心之前的流动区称为进口区,进口区的流动称为发展中流动,在此之后的流动区称为充分发展区,对应的流动称为充分发展的流动。

　　进口区与充分发展区的流动行为有显著的不同,进口区流动是二维的,即 $v_r = v_r(r,z)$、$v_z = v_z(r,z)$、$v_\theta = 0$;而充分发展区是一维的,即 $v_z = v_z(r)$、$v_r = v_\theta = 0$,由此也导致了进口区与充分发展区的流体流动与管壁的传热传质行为的不同。实验表明,层流流动时,圆管进口区长度 $L_e = 0.058DRe$,其中 $Re = \rho u_m D/\mu$ 为管内的流动雷诺数。湍流时通常按经验取 $L_e = 50D$。

　　由图 2-14(a) 可见,如果管道长度 $L \ll L_e$,则边界影响将局限在管壁附近的流体层内,此时需要将管内流动分为影响区和非影响区分别处理,其重点是影响区。只有当 $L > L_e$ 后,边界影响才会传递到整个流场,称为充分发展的流动;充分发展的流动相对简单,壁面处 $v_z = 0$ 和管中心处 $dv_z/dr = 0$ 是两个很明确的边界条件。

　　对于沿平壁表面的流动,如图 2-14(b) 所示,当流体以来流速度 u_0 接触平壁后,流体受壁面摩擦影响首先在近壁区建立速度梯度,随着流动向前发展,受壁面影响的流体层逐渐增厚;边界影响能否传递到整个流场,取决于来流速度 u_0、壁的定性尺寸 L 和流场尺度 H。

　　如果来流速度 u_0 很大,且 $H \gg L$,则边界影响将仅限于非常薄的流体层内,这就是边界层流动问题,飞机机翼、航天器表面与空气的相对运动就属于这类问题,对于管道长度 $L \ll L_e$ 的管内流动问题也属于这类问题。按图 2-14(c) 所示,通常定义由壁面到流体速度 $u = 0.99u_0$ 处的流体层厚度 δ 为流动边界层。显然边界层厚度沿流动方向是不断增加的。对于边界层问题,可将流场分为边界层和外流区(边界层以外区域)分别处理,使问题研究得到简化。

　　如果来流速度 u_0 较小,且流场尺度 H 小于(或相当)平壁定性尺寸 L,则边界影响将传递到整个流场,如图 2-14(c) 所示的流体在倾斜平壁面上的流动以及河床或水渠内的流动就属于这类问题。这类问题的处理必须从整个流场出发,考虑壁面和流体自由表面的影响。

　　对于图 2-14(d) 所示的绕球体或圆柱体的问题,其边界对流动的影响在物体迎风面与沿平壁流动有类似之处,但绕三维物体流动时在物体背面会出现边界层分离,使问题变得较为复杂。

2.2.5.4　流动的阻力与阻力系数

流体流动过程中沿流动方向作用于固体壁面的总力称为曳力,用 F'_D 表示,固体壁面在流动方向对流体的反作用力称为流动阻力,用 F_D 表示,$F_D = F'_D$。

固体壁面的流动阻力由形状阻力和摩擦阻力两部分构成。形状阻力用 F_p 表示,代表固体壁面上正压力分布不均匀所产生的力,又称为压差阻力。摩擦阻力用 F_f 表示,代表固体壁面上切应力分布不均匀所产生的力。

对于一般绕流三维物体的流动,总流动阻力 F_D、形状阻力 F_p 和摩擦阻力 F_f 都与来流速度 u_0、流体黏度 μ、密度 ρ 以及固体的形状和大小有关,由分析可得

$$F_D = C_D \frac{\rho u_0^2}{2} A_D \tag{2-53a}$$

$$F_p = C_p \frac{\rho u_0^2}{2} A_D \tag{2-53b}$$

$$F_f = C_f \frac{\rho u_0^2}{2} A_f \tag{2-53c}$$

式中:A_D、A_f 分别为物体在流动方向的投影面积和物体的表面积;C_D、C_p、C_f 分别称为总阻力系数、形状阻力系数和摩擦阻力系数,三者都是雷诺数 Re 的函数,无量纲。

在工程实际中,通常更关心的是总阻力,且总阻力系数测试相对容易,所以绕流问题中一般直接采用式(2-53a)来计算流动阻力 F_D,而非通过分别计算 F_p、F_f 来确定 F_D。

沿平壁的流动中,壁面正压力与流动方向垂直,不构成流动方向的作用力,故形状阻力 $F_p = 0$,其摩擦阻力为总流动阻力,因此有

$$F_D = F_f = C_f \frac{\rho u_0^2}{2} A_f \tag{2-54}$$

由于平壁条件下,F_f/A_f 就等于壁面切应力 τ_0,所以有

$$\tau_0 = C_f \frac{\rho u_0^2}{2} \tag{2-55}$$

式(2-55)表明 C_f 是壁面切应力 τ_0 与单位体积流体具有的平均动能之比。C_f 是雷诺数 Re 的函数,无量纲,通过理论分析或实验确定。对应于 τ_0 是平均或局部切应力,C_f 分别称为平均或局部摩擦阻力系数。

圆管内的流动与平板类似,其形状阻力 $F_p = 0$,总阻力只包括摩擦阻力。但管内流动问题通常采用 λ 表示,$\lambda = 4C_f$。根据式(2-55)并采用管内平均流速 u_m 作为定性速度,管内流动的摩擦因数 λ 定义式就表示为

$$\tau_0 = C_f \frac{\rho u_m^2}{2} = \frac{\lambda}{4} \frac{\rho u_m^2}{2} \tag{2-56}$$

摩擦因数 λ 是管内流动雷诺数 Re 的函数,无量纲,通过理论分析或实验确定。

2.2.6　边界层概述

2.2.6.1　内部流动与绕物流动

流体流动可分为流体的内部流动和流体绕物体外表面流动。

管内流动包括圆管和圆形套筒管内的流动,是工程实际中最常见的流动方式,属于内部

流动问题。通过管网配送工业及城市生活用水、采用长输管道远距离输送石油等都属于流体的管内流动。由于多数实际过程中,管长与管径之比 $L/D \gg 1$,所以管道进出口区影响有限,整个管道中的流动为充分发展的一维流动。管内流动由进出口两端的压力差产生,对于非水平管道,流动还受到重力影响。

绕物流动即流体绕物体外表面流动,工程实际中最常见的绕物流动是空气和水绕物体的流动,如飞行器与空气、船体与海水的相对运动,空气掠过建筑物表面、高塔设备或换热管束的流动等。

由于工程绕流问题中涉及的空气和水都具有较低的运动黏度(分别为 10^{-5} 和 10^{-6} 数量级),故其即使在正常流速下都属于高雷诺数绕流。实践表明,高雷诺数绕流条件下,诸如流体流动阻力、流体与物体表面之间的传热传质阻力等问题都主要与物体边界表面附近很薄的流体层即边界层内的流动行为相关,故绕流问题通常又称为边界层问题。

2.2.6.2　边界层理论

高雷诺数绕流意味着流体的惯性力远大于黏性力。在处理此类问题的时候,如果忽略黏性力的影响,将其简化为理想流体流动来处理,会导致绕物流动阻力等问题的分析结果与实际情况远不相符。而如果完全考虑黏性力的影响采用 N-S(纳维-斯托克斯)方程求解整个流场,又会在方程求解上遇到很大的困难。

1904 年,普朗特根据实验观察和分析提出,绕物体的大雷诺数流动可分成两个区域:一个是壁面附件很薄的流体层区域,称为边界层,边界层内的速度梯度大,意味着流体黏性作用极为重要不可忽略;另一个是边界层以外的区域,称为外流区,该区域内的速度梯度很小,流动可看成是理想流体的流动。根据普朗特边界层理论将绕流流场分成两个区域以后,外流区就可以采用相对简单的理想流体力学方法来处理,甚至可以进一步处理成理想无旋的有势流动;对于边界层,可以根据其流动特点由 N-S 方程简化得到相对容易求解的普朗特边界层方程。根据边界层理论,黏性对物体绕流的影响仅在很薄的边界层内,这给物体绕流问题带来很大的简化。

2.2.6.3　边界层厚度与流态

边界层厚度 δ 用来区分绕物流场的边界层和外流区两个部分。流体速度 $u = 0$ 到 $u = 0.99u_0$ 对应的流体层厚度为边界层厚度。其中 $u = 0$ 处(即固体壁面)为边界层内边界,$u = 0.99u_0$ 处就是边界层的外边界,u_0 为来流速度。

图 2-15 所示为流体在静止平壁上的流动。平壁绕流流动中,边界层厚度沿流动方向的变化可具体表示为

$$\delta = C \sqrt{\upsilon x / u_0} \tag{2-57}$$

式中:υ 为流体运动黏度,C 为常数。

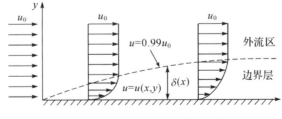

图 2-15　边界层及边界层厚度

值得注意的是,边界层的外边界是人为划定的黏性作用主要影响区的界线,而不是流线。

绕流边界层内的流动也可以分为层流与湍流两种形态。如图 2-16 所示的平壁绕流流动中,在平壁的前部,边界层内的流动是层流,称为层流边界层;随着流体沿平壁继续向前流动,边界层内的流动将过渡为湍流,称为湍流边界层。两边界层之间没有截然的界线,是一个过渡区。当平壁比较短时,整个板面上的边界层可能都是层流边界层,如果平壁较长,就可能像图 2-16 所示,既有层流边界层又有湍流边界层。其中,对于湍流边界层,又可沿边界层横向分为黏性底层和湍流层两个区域。

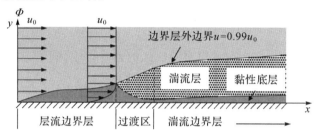

图 2-16　边界层内的流动形态

平壁绕流边界层内的流动形态也可以用局部雷诺数 $Re_x = u_0 x / \nu$ 来判定。实验表明边界层由层流向湍流转捩的雷诺数范围大致如下:

$Re_x < 3 \times 10^5$,边界层内是层流,为层流边界层;

$Re_x > 3 \times 10^6$,边界层内是湍流,为湍流边界层;

$3 \times 10^5 \leqslant Re_x \leqslant 3 \times 10^6$,属于边界层过渡区。

在过渡区内可能是层流也可能是湍流,取决于来流是否存在着扰动、平壁的前缘是否圆滑、板面是否粗糙等因素。如果来流均匀稳定,平壁前缘光滑平整,板面光滑,则边界层内的流动将推迟向湍流转捩,反之则会提前。

在绕流问题的理论分析和实验研究中,还常常用到排挤厚度这个概念。如图 2-17 所示,在对应 z 方向单位宽度上,边界层内的实际质量流量 q_m 为

$$q_m = \int_0^{\delta} \rho u \, \mathrm{d}y$$

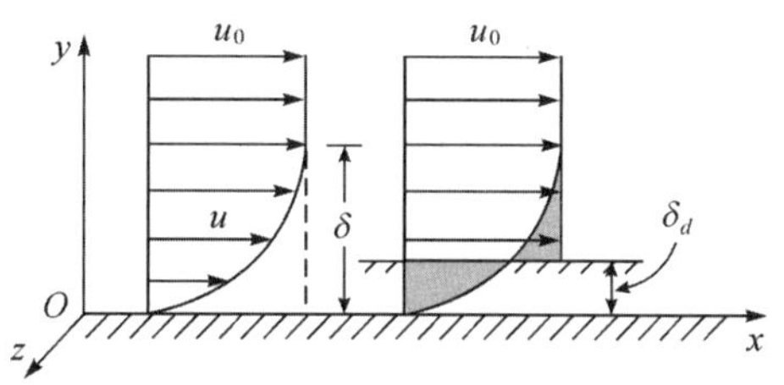

图 2-17　排挤厚度

要是不存在黏性作用(理想流动),则在 δ 对应的范围内流体的速度应该均为 u_0,对应的理想流量 $q_{m,i}$ 应该为

$$q_{m,i} = \rho u_0 \delta = \int_0^{\delta} \rho u_0 \, \mathrm{d}y$$

上述两流量之差就表示了由于黏滞作用造成的能量损失。如图 2-17 所示,这种情况下,要按理想流动(速度 u_0)计算实际流量,必须将平壁表面向上推移一个距离作为壁面边界,该距离就称为排挤厚度,用 δ_d 表示。根据流量关系有

$$\rho u_0 \delta_d = \int_0^\delta \rho u_0 \, \mathrm{d}y - \int_0^\delta \rho u \, \mathrm{d}y$$

由此得到排挤厚度 δ_d 的计算公式:

$$\delta_d = \int_0^\delta \left(1 - \frac{u}{u_0}\right) \mathrm{d}y \tag{2-58a}$$

由于在外边界层,$u/u_0 \approx 1$,式(2-58)又可以写成

$$\delta_d = \int_0^\infty \left(1 - \frac{u}{u_0}\right) \mathrm{d}y \tag{2-58b}$$

由排挤厚度的大小可以判断边界层对外流区的影响程度。同时,在求解外流区流场时,应该在绕流物体壁面外加一层排挤厚度 δ_d 作为外流区边界。

除边界层厚度、排挤厚度之外,还有能量损失厚度、动量损失厚度等概念,此处不再赘述。

2.2.7　可压缩流体的流动

流体都具有可压缩性。一般地说,压强和温度的变化都会引起密度的变化。液体的密度变化很小,一般可视作不可压缩流体,只有在水击现象中才考虑流体的压缩性。气体在运动中,如果速度不是很大,其压缩性可以不考虑。但如果速度比较大,如超过音速的 1/3,则其密度的变化十分明显,这时必须考虑其可压缩性。

2.2.7.1　适用于可压缩流的基本方程

连续性方程:

$$\dot{m} = \rho A V = \rho Q = 常数 \tag{2-59}$$

式中:$\dot{m}$ 为质量流量;$Q = AV$。

能量方程:对于一维恒定可压缩流体,假设在两部分之间没有能量交换,其能量方程表达式为

$$h_1 + \frac{v_1^2}{2} + q_H = h_2 + \frac{v_2^2}{2} \tag{2-60}$$

式中:q_H 为单位质量流体的热传递量。h 为单位质量流体的静态焓,$v^2/2$ 为流体的动能,二者之和通常定义为滞止焓或总焓,用 h_0 表示。

动量方程:

$$\sum F = \dot{m}(v_2 - v_1) = \rho_2 Q_2 v_2 - \rho_1 Q_1 v_1 \tag{2-61}$$

欧拉方程:

$$\frac{\mathrm{d}p}{\rho} + v \mathrm{d}v = 0 \tag{2-62}$$

2.2.7.2　马赫数

马赫数 Ma 定义为流体的速度(或穿越静止流体的物体速度)与同样介质中的声波传播速度之比,是衡量气体压缩性的重要参数。

$$Ma = \frac{v}{c} \tag{2-63}$$

式中：v 是流体流动速度；c 为声速。$Ma < 1$，流体为亚声速流；$Ma = 1$，流体为声速流；$Ma > 1$，流体为超声速流。

2.3　流体流动的守恒原理与流体流动的方程

流体作为特定形态的物质，其流动过程必然遵循物质运动的基本原理，包括质量守恒、动量守恒、能量守恒。本章将以控制体分析方法，建立流体流动的质量守恒、动量守恒、动量矩守恒和能量守恒方程，分析研究流体运动的宏观行为。并在此基础上，针对流场中的微元体建立其对应的连续性方程和运动方程，获得流场分布的详细信息，揭示宏观流动现象的内在规律。

2.3.1　质量守恒

2.3.1.1　控制面上的质量流量

通过表面 A 的质量流量取决于表面上流体的法向速度。考察位于流场中的任意控制体，如图 2-18 所示。在控制面上任取微元面积 $\mathrm{d}A$，设 $\mathrm{d}A$ 面上的流体密度为 ρ，速度矢量为 $\boldsymbol{v}$，$\mathrm{d}A$ 外法线单位矢量为 $\boldsymbol{n}$。通常情况下，速度矢量 $\boldsymbol{v}$ 不垂直于 $\mathrm{d}A$，而是与 $\boldsymbol{n}$ 成夹角 θ。因此，若以 v 表示速度 $\boldsymbol{v}$ 的模，则 $\mathrm{d}A$ 面上流体的法向速度 $v_n = v\cos\theta$；另一方面，由于单位矢量 $\boldsymbol{n}$ 的模 $|\boldsymbol{n}| = 1$，故 $\boldsymbol{v} \cdot \boldsymbol{n} = |\boldsymbol{v}||\boldsymbol{n}|\cos\theta = v\cos\theta$；所以，$\mathrm{d}A$ 面上流体的法向速度可以表示为 $v_n = \boldsymbol{v} \cdot \boldsymbol{n}$，而流体通过任意微元面 $\mathrm{d}A$ 和任意表面 A 的质量流量就可以表示为

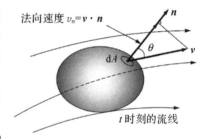

法向速度 $v_n = \boldsymbol{v} \cdot \boldsymbol{n}$

t 时刻的流线

图 2-18　流场中的控制体

$$\mathrm{d}q_m = \rho v_n \mathrm{d}A = \rho(\boldsymbol{v} \cdot \boldsymbol{n})\mathrm{d}A \tag{2-64}$$

$$q_m = \iint_A \rho v_n \mathrm{d}A = \iint_A \rho(\boldsymbol{v} \cdot \boldsymbol{n})\mathrm{d}A \tag{2-65}$$

式中：ρv_n 或 $\rho(\boldsymbol{v} \cdot \boldsymbol{n})$ 的意义就是单位面积的质量流量，通常称为质量通量。由式(2-65)可见，取决于法向速度 $(\boldsymbol{v} \cdot \boldsymbol{n})$，质量流量 q_m 可正可负。如果流体经控制面进入控制体，则必有 $\theta > 90°$ 或 $\boldsymbol{v} \cdot \boldsymbol{n} = v\cos\theta < 0$，即 $q_m < 0$；如果流体流出控制体，则必有 $\theta < 90°$ 或 $\boldsymbol{v} \cdot \boldsymbol{n} = v\cos\theta > 0$，即 $q_m > 0$。所以，如果设 A_1、A_2 分别为控制面上流体的输入面和输出面，q_{m_1}、q_{m_2} 分别为通过 A_1、A_2 的质量流量，并按习惯 q_{m_1}、q_{m_2} 总取正值，则有

$$q_{m_1} = -\iint_{A_1} \rho(\boldsymbol{v} \cdot \boldsymbol{n})\mathrm{d}A, \quad q_{m_2} = \iint_{A_2} \rho(\boldsymbol{v} \cdot \boldsymbol{n})\mathrm{d}A \tag{2-66}$$

2.3.1.2　一般形式的质量守恒方程

对于质量为 m 的系统，其质量守恒原理可表述为系统质量的时间变化率为 0，即

$$\left(\frac{\mathrm{d}m}{\mathrm{d}t}\right)_{系统} = \underbrace{\left(\begin{matrix}输出控制体\\的质量流量\end{matrix}\right) - \left(\begin{matrix}输入控制体\\的质量流量\end{matrix}\right)}_{控制面上净输出的质量流量} + \left(\begin{matrix}控制体内的\\质量变化率\end{matrix}\right) = 0 \qquad (2\text{-}67)$$

一般情况下,控制面(control surface,CS)有三部分:输入面 A_1、输出面 A_2 和无质量交换表面 A_0,因质量流量 $\mathrm{d}q_m$ 沿 A_0 的积分为 0,所以 $\mathrm{d}q_m$ 沿 $A_1 + A_2$ 的积分就等于沿整个控制面的部分,根据式(2-66)可得

$$控制面上净输出的质量流量 = \iint_{A_2}\rho(\boldsymbol{v}\cdot\boldsymbol{n})\mathrm{d}A - \left[-\iint_{A_1}\rho(\boldsymbol{v}\cdot\boldsymbol{n})\mathrm{d}A\right] = \iint_{CS}\rho(\boldsymbol{v}\cdot\boldsymbol{n})\mathrm{d}A$$

其次,对于控制体内的任意微元体积 $\mathrm{d}V$,其质量为 $\rho\mathrm{d}V$。将 $\rho\mathrm{d}V$ 沿整个控制体(control volume,CV)积分可得控制体内的瞬时总质量 m_{CV},将 m_{CV} 对时间求导得

$$控制体内的质量变化率 = \frac{\mathrm{d}m_{CV}}{\mathrm{d}t} = \frac{\mathrm{d}}{\mathrm{d}t}\iiint_{CV}\rho\mathrm{d}V$$

将以上两式代入式(2-67)可得控制体的一般形式的质量守恒方程为

$$\iint_{CS}\rho(\boldsymbol{v}\cdot\boldsymbol{n})\mathrm{d}A + \frac{\mathrm{d}}{\mathrm{d}t}\iiint_{CV}\rho\mathrm{d}V = 0 \qquad (2\text{-}68)$$

或直接采用输入输出面的质量流量 q_{m1}、q_{m2} 及控制体瞬时总质量 m_{CV} 来表示:

$$q_{m2} - q_{m1} + \frac{\mathrm{d}m_{CV}}{\mathrm{d}t} = 0 \qquad (2\text{-}69)$$

特别的,在稳态流动时,控制体内的总质量与时间无关,流体输入与输出控制体的质量流量必然相等,质量守恒方程简化为

$$q_{m1} = q_{m2} \qquad (2\text{-}70)$$

在不可压缩稳态流动中,$\rho = \mathrm{const}$ 且稳定流动,故质量守恒方程可以简化为

$$v_1 A_1 = v_2 A_2 \qquad (2\text{-}71)$$

2.3.2　动量及动量矩守恒

2.3.2.1　控制体动量守恒方程

根据牛顿第二运动定律,对于质量为 m、速度为 $\boldsymbol{v}$ 的运动系统,其动量 $m\boldsymbol{v}$ 随时间的变化率就等于作用于该系统所有力的矢量之和,即

$$\sum\boldsymbol{F} = \left(\frac{\mathrm{d}m\boldsymbol{v}}{\mathrm{d}t}\right)_{系统} = \underbrace{\left(\begin{matrix}输出控制体\\的动量流量\end{matrix}\right) - \left(\begin{matrix}输入控制体\\的动量流量\end{matrix}\right)}_{控制面上净输出的动量流量} + \left(\begin{matrix}控制体内的\\动量变化率\end{matrix}\right) \qquad (2\text{-}72)$$

对于图 2-18 所示的控制体,由式(2-64)计算可得其控制面任意微元面 $\mathrm{d}A$ 上的流体质量,故流体通过微元面 $\mathrm{d}A$ 时输出或输入的动量流量即为

$$\boldsymbol{v}\mathrm{d}q_m = \boldsymbol{v}\rho(\boldsymbol{v}\cdot\boldsymbol{n})\mathrm{d}A \qquad (2\text{-}73)$$

动量流量 $\boldsymbol{v}\mathrm{d}q_m$ 是矢量,方向与速度矢量 $\boldsymbol{v}$ 的方向相同。将动量流量 $\boldsymbol{v}\mathrm{d}q_m$ 沿控制面上的输入面 A_1 和输出面 A_2 积分,并考虑到质量流量 $\mathrm{d}q_m$ 总取正值,且在无质量交换面上 $\mathrm{d}q_m = 0$,则可得控制面板上净输出的动量流量为

$$控制面上净输出的动量流量 = \iint_{A_2}\boldsymbol{v}\rho(\boldsymbol{v}\cdot\boldsymbol{n})\mathrm{d}A - \iint_{A_1}\boldsymbol{v}[-\rho(\boldsymbol{v}\cdot\boldsymbol{n})]\mathrm{d}A = \iint_{CS}\boldsymbol{v}\rho(\boldsymbol{v}\cdot\boldsymbol{n})\mathrm{d}A$$

其次在控制体内流体的动量变化率为：

$$控制体内的动量变化率 = \frac{\mathrm{d}}{\mathrm{d}t}\iiint\limits_{CV} v\rho\,\mathrm{d}V$$

将以上两式代入式(2-72)可得针对控制体矢量形式的动量守恒积分方程

$$\sum \boldsymbol{F} = \iint\limits_{CS} v\rho\,(\boldsymbol{v}\cdot\boldsymbol{n})\,\mathrm{d}A + \frac{\mathrm{d}}{\mathrm{d}t}\iiint\limits_{CV} v\rho\,\mathrm{d}V \tag{2-74a}$$

对于 x-y-z 直角坐标系,若用 F_x、F_y、F_z 和 v_x、v_y、v_z 分别表示矢量 $\boldsymbol{F}$ 和速度矢量 $\boldsymbol{v}$ 在 x、y、z 方向的分量,则分量形式的动量守恒方程可以表示为

$$\sum F_x = \iint\limits_{CS} v_x\rho\,(\boldsymbol{v}\cdot\boldsymbol{n})\,\mathrm{d}A + \frac{\mathrm{d}}{\mathrm{d}t}\iiint\limits_{CV} v_x\rho\,\mathrm{d}V$$

$$\sum F_y = \iint\limits_{CS} v_y\rho\,(\boldsymbol{v}\cdot\boldsymbol{n})\,\mathrm{d}A + \frac{\mathrm{d}}{\mathrm{d}t}\iiint\limits_{CV} v_y\rho\,\mathrm{d}V \tag{2-74b}$$

$$\sum F_z = \iint\limits_{CS} v_z\rho\,(\boldsymbol{v}\cdot\boldsymbol{n})\,\mathrm{d}A + \frac{\mathrm{d}}{\mathrm{d}t}\iiint\limits_{CV} v_z\rho\,\mathrm{d}V$$

在实际应用中,分量形式的动量守恒方程更为常用。

对于管道或具有管状进出口设备中的流动,忽略流体速度在控制体进、出口截面上分布的影响,而采用平均速度来计算进、出口截面上流体的动量。设控制体进、出口截面上流体的平均速度分别为 v_1 和 v_2,其 x、y、z 方向的分速度分别为 v_{1x}、v_{1y}、v_{1z} 和 v_{2x}、v_{2y}、v_{2z},用 q_{m_1}、q_{m_2} 表示进、出口截面的质量流量。用平均速度代替后,x 方向动量的净输出流量可表示为

$$\iint\limits_{CS} v_x\rho\,(\boldsymbol{v}\cdot\boldsymbol{n})\,\mathrm{d}A = v_{2x}\iint\limits_{A_2}\rho\,(\boldsymbol{v}\cdot\boldsymbol{n})\,\mathrm{d}A - v_{1x}\iint\limits_{A_1}[-\rho\,(\boldsymbol{v}\cdot\boldsymbol{n})]\,\mathrm{d}A = v_{2x}q_{m_2} - v_{1x}q_{m_1}$$

同理对 y、z 方向动量的净输出动量流量做类似处理并代入式(2-74b),得到用平均速度表示的动量守恒方程为

$$\sum F_x = v_{2x}q_{m_2} - v_{1x}q_{m_1} + \frac{\mathrm{d}}{\mathrm{d}t}\iiint\limits_{CV} v_x\rho\,\mathrm{d}V$$

$$\sum F_y = v_{2y}q_{m_2} - v_{1y}q_{m_1} + \frac{\mathrm{d}}{\mathrm{d}t}\iiint\limits_{CV} v_y\rho\,\mathrm{d}V \tag{2-75}$$

$$\sum F_z = v_{2z}q_{m_2} - v_{1z}q_{m_1} + \frac{\mathrm{d}}{\mathrm{d}t}\iiint\limits_{CV} v_z\rho\,\mathrm{d}V$$

稳态流动时,流体参数与流动参数均与时间无关,控制体内流体动量的时间变化率为 0,动量守恒方程可以简化为

$$\sum F_x = v_{2x}q_{m_2} - v_{1x}q_{m_1}$$

$$\sum F_y = v_{2y}q_{m_2} - v_{1y}q_{m_1} \tag{2-76}$$

$$\sum F_z = v_{2z}q_{m_2} - v_{1z}q_{m_1}$$

式(2-75)和式(2-76)虽然忽略了截面上速度分布的影响,但对于工程计算有足够的精确度,因而在流动系统的受力分析中较为常用。

动量方程描述了流体的动量变化和导致这种变化的作用力之间的关系,是过程设备、流体机械及管道中流体与设备受力分析的重要工具。值得注意的是,在动量方程中的力指的是

作用于流体上的力,而流体作用于管道上的力则是其反力。此外,在应用分量形式的动量方程时,首先要建立合适的坐标系,然后按方向逐一列出动量方程,并注意与质量守恒方程的结合。

2.3.2.2　动量矩守恒方程

当系统还受到力矩的作用而产生转折运动或旋转运动时,需要研究流体系统的动力学关系,往往就需要用到动量矩方程,如叶轮机械中的流体流动与转动力矩的问题。

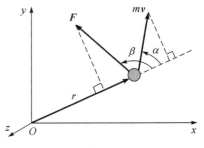

动量矩是动量 mv 对参照点的矩。如图 2-19 所示,位于 x-y 平面上质量为 m 的运动质点,其位置矢径为 r,所受合力为 F,且 F 与 r 方向延长线的夹角为 β,则力矢量 F 对原点的矩为 $M = r \times F$,其大小为 $|r||F|\sin\beta$;类似地,设动量 mv 与 r 方向延长线的夹角为 α,则动量矢量 mv 对参照点的矩即动量矩为 $r \times mv$,其大小为 $|r||mv|\sin\alpha$。在 mv、F、r 均位于 x-y 平面的情况下,按右手法则,力矩矢量 M 和动量矩矢量 $(r \times mv)$ 均指向 z 轴正方向。

图 2-19　力矩与动量矩概念

将动量方程式(2-72)两边同时叉乘位置矢径 r 可得

$$r \times \sum F = \left(r \times \frac{\mathrm{d}mv}{\mathrm{d}t}\right)_{系统}$$

上式中,$r \times \sum F = \sum(r \times F) = \sum M$,是系统所受的力矩之和,方程右边按矢量微分法展开,并考虑到 $\mathrm{d}r/\mathrm{d}t = v$,而 v 与 mv 是平行矢量,即 $(\mathrm{d}r/\mathrm{d}t) \times mv = 0$,故有

$$r \times \frac{\mathrm{d}mv}{\mathrm{d}t} = \frac{\mathrm{d}(r \times mv)}{\mathrm{d}t} - \frac{\mathrm{d}r}{\mathrm{d}t} \times mv = \frac{\mathrm{d}(r \times mv)}{\mathrm{d}t}$$

于是有

$$\sum M = \left[\frac{\mathrm{d}(r \times mv)}{\mathrm{d}t}\right]_{系统} = \left[\frac{\mathrm{d}m(r \times v)}{\mathrm{d}t}\right]_{系统} \tag{2-77}$$

式(2-77)表明,相当于同一参照点,系统所受力矩之和等于系统动量矩随时间的变化率,这就是动量矩定律。

对比系统动量矩方程式(2-77)与动量方程式(2-72)可知,二者在形式上完全一致,故只需将动量守恒方程式(2-74)中的 v 代之以 $r \times v$、$\sum F$ 代之以 $\sum M$,即可得到控制体的动量矩守恒方程:

$$\sum M = \iint\limits_{\mathrm{CS}} (r \times v)\rho(v \cdot n)\mathrm{d}A + \frac{\mathrm{d}}{\mathrm{d}t}\iiint\limits_{\mathrm{CV}} (r \times v)\rho\mathrm{d}V \tag{2-78a}$$

式(2-78a)的意义是:作用于控制体的总力矩等于控制面净输出的动量矩流量与控制体瞬时动量矩的变化率之和。动量矩方程在 x、y、z 方向的分量形式表示为

$$\sum M_x = \iint\limits_{\mathrm{CS}} (r \times v)_x\rho(v \cdot n)\mathrm{d}A + \frac{\mathrm{d}}{\mathrm{d}t}\iiint\limits_{\mathrm{CV}} (r \times v)_x\rho\mathrm{d}V$$

$$\sum M_y = \iint\limits_{\mathrm{CS}} (r \times v)_y\rho(v \cdot n)\mathrm{d}A + \frac{\mathrm{d}}{\mathrm{d}t}\iiint\limits_{\mathrm{CV}} (r \times v)_y\rho\mathrm{d}V \tag{2-78b}$$

$$\sum M_z = \iint\limits_{\mathrm{CS}} (r \times v)_z\rho(v \cdot n)\mathrm{d}A + \frac{\mathrm{d}}{\mathrm{d}t}\iiint\limits_{\mathrm{CV}} (r \times v)_z\rho\mathrm{d}V$$

2.3.3　能量守恒

2.3.3.1　控制体能量守恒方程

分析流动系统的能量转换,所依据的是热力学第一定律,即能量守恒定律。对于流体系统,热力学第一定律可表述为:单位时间内系统从外界吸收的热量 $\dot{Q}$ 减去系统对外界所做的功率 $\dot{W}$ 等于系统能量 E(储存能)的时间变化率,可以表达为

$$\dot{Q} - \dot{W} = \left(\frac{\mathrm{d}E}{\mathrm{d}t}\right)_{系统} = \underbrace{\binom{输出控制体}{的能量流量} - \binom{输入控制体}{的能量流量}}_{控制面上净输出的能量流量} + \binom{控制体内的}{能量变化率} \tag{2-79}$$

在图 2-20 所示的控制体表面上,通过微元面 $\mathrm{d}A$ 的质量流量 $\mathrm{d}q_m = \rho(\boldsymbol{v} \cdot \boldsymbol{n})\mathrm{d}A$,用 e 表示单位质量流体所具有的储存能,则流体通过微元面 $\mathrm{d}A$ 时单位时间输入/输出的能量即能量流量为

$$e\mathrm{d}q_m = e\rho(\boldsymbol{v} \cdot \boldsymbol{n})\mathrm{d}A$$

将 $e\mathrm{d}q_m$ 沿整个控制面积分,得到输出控制体的能量流量与输入控制体的能量流量之差,即

$$控制面上净输出的能量流量 = \iint_{\mathrm{CS}} e\rho(\boldsymbol{v} \cdot \boldsymbol{n})\mathrm{d}A \tag{2-80}$$

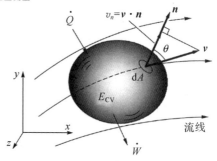

图 2-20　有能量交换的控制体

此外,由于任意微元体 $\mathrm{d}V$ 的流体具有的储存能为 $e\rho\mathrm{d}V$,故控制体内的瞬时总能量 E_{CV}(储存能)为

$$E_{\mathrm{CV}} = \iiint_{\mathrm{CV}} e\rho\mathrm{d}V$$

于是有

$$控制体内的能量变化率 = \frac{\mathrm{d}E_{\mathrm{CV}}}{\mathrm{d}t} = \frac{\mathrm{d}}{\mathrm{d}t}\iiint_{\mathrm{CV}} e\rho\mathrm{d}V \tag{2-81}$$

将式(2-80)和式(2-81)两式代入式(2-79)可得能量守恒的积分方程为

$$\dot{Q} - \dot{W} = \iint_{\mathrm{CS}} e\rho(\boldsymbol{v} \cdot \boldsymbol{n})\mathrm{d}A + \frac{\mathrm{d}}{\mathrm{d}t}\iiint_{\mathrm{CV}} e\rho\mathrm{d}V \tag{2-82a}$$

对于一般工程流动问题,式(2-82a)可以进一步表达为

$$\dot{Q} - \dot{W}_s = \iint_{\mathrm{CS}} \left(u + \frac{v^2}{2} + gz + \frac{p}{\rho}\right)\rho(\boldsymbol{v} \cdot \boldsymbol{n})\mathrm{d}A + \frac{\mathrm{d}}{\mathrm{d}t}\iiint_{\mathrm{CV}} \left(u + \frac{v^2}{2} + gz\right)\rho\mathrm{d}V + \dot{W}_\mu \tag{2-82b}$$

式中: $\dot{W}_s$ 为轴功率,即流体对机械设备做功的功率或机械设备对流体做功功率; $\dot{W}_\mu$ 为黏性功率,即流体克服其表面黏性力做功的功率,对于理想流体 $\dot{W}_\mu = 0$。此外,在固定的壁面上或等直径管道截面上(流动充分发展区)$\dot{W}_\mu = 0$。 $\iint_{\mathrm{CS}} \dfrac{p}{\rho}\rho(\boldsymbol{v} \cdot \boldsymbol{n})\mathrm{d}A$ 为流动功率,表示流体克服其表面力中的压力 p 做功的功率。

2.3.3.2　伯努利方程

在一般管道流动问题中,通常满足以下四个条件:(1) 无热量传递,即 $\dot{Q} = 0$;(2) 无轴功输出,即 $\dot{W}_s = 0$;(3) 流体不可压缩,即 $\rho = \text{const}$;(4) 稳态流动,即 $\mathrm{d}E_{CV}/\mathrm{d}t = 0$;而且只要不是高速流动问题(如接近声速),黏性摩擦的影响也可以忽略不计,流体可视为理想流体,即对于理想流体($\mu = 0$),$\dot{W}_\mu = 0$。

在满足上述五个条件的情况下,式(2-82b)可以简化为

$$\iint\limits_{CS} \left(u + \frac{v^2}{2} + gz + \frac{p}{\rho} \right) \rho (\boldsymbol{v} \cdot \boldsymbol{n}) \mathrm{d}A = 0 \tag{2-83a}$$

考虑到进口界面 A_1 上 $\boldsymbol{v} \cdot \boldsymbol{n} = -v$,出口截面 A_2 上 $\boldsymbol{v} \cdot \boldsymbol{n} = v$,式(2-83a)可进一步表示为

$$\iint\limits_{A_2} \left(u + \frac{v^2}{2} + gz + \frac{p}{\rho} \right) \rho v \mathrm{d}A - \iint\limits_{A_1} \left(u + \frac{v^2}{2} + gz + \frac{p}{\rho} \right) \rho v \mathrm{d}A = 0 \tag{2-83b}$$

由于是理想不可压缩流体的稳态流动,只要进出口截面处于等直径管段,则同一截面上各点速度 v 相等,各点动能 $v^2/2$ 相等,各点总位能($gz + p/\rho$)相等。此外,由于忽略黏性影响,且流动过程中无热量传递,因此流体内能 $u = \text{const}$,即进、出口截面 u 不变($u_1 = u_2$)。因此,在同一截面上,$u + v^2/2 + gz + p/\rho = \text{const}$。于是根据式(2-83b)有

$$\left(u_1 + \frac{v_1^2}{2} + gz_1 + \frac{p_1}{\rho} \right) q_{m1} = \left(u_2 + \frac{v_2^2}{2} + gz_2 + \frac{p_2}{\rho} \right) q_{m2}$$

由于 $u_1 = u_2$,同时对于稳态流动有 $q_{m1} = q_{m2}$,故

$$\frac{v_1^2}{2} + gz_1 + \frac{p_1}{\rho} = \frac{v_2^2}{2} + gz_2 + \frac{p_2}{\rho} \tag{2-84a}$$

或以单位重量流体的机械能表示为

$$\frac{v_1^2}{2g} + z_1 + \frac{p_1}{\rho g} = \frac{v_2^2}{2g} + z_2 + \frac{p_2}{\rho g} \tag{2-84b}$$

式(2-84)即为伯努利方程。由于方程中涉及的动能、位能和压力能都属于机械能,所以又称为机械能守恒方程。该方程表明,理想不可压缩流体在稳态流动过程中,其动能、位能、压力能三者可相互转换,但机械能是守恒的。

伯努利方程是无热功交换的理想不可压缩流体稳态流动过程的机械能守恒方程。对于理想不可压缩流体的稳态流动,伯努利方程不但适用于管流,而且适用于流场中的任一条流线。在应用于管流或扩展应用于控制体时,要求控制体进、出口截面处于均匀流段并与流动方向垂直。

对于黏性不可压缩流体的稳态流动,应该考虑黏性摩擦导致的机械能损耗,通常以流体损失的机械能即阻力损失 h_f 计入。考虑黏性影响的伯努利方程可以表示为

$$a_1 \frac{v_1^2}{2} + gz_1 + \frac{p_1}{\rho} = a_2 \frac{v_2^2}{2} + gz_2 + \frac{p_2}{\rho} + gh_f \tag{2-85a}$$

$$a_1 \frac{v_1^2}{2g} + z_1 + \frac{p_1}{\rho g} = a_2 \frac{v_2^2}{2g} + z_2 + \frac{p_2}{\rho g} + h_f \tag{2-85b}$$

式中:a 为动能修正系数,v 为平均流速,$av^2/2$ 是截面上单位质量流量流体的平均动能。

在涉及机械功的输入输出时,伯努利方程可以表示为

$$\frac{N}{q_m g} = \frac{a_2 v_2^2 - a_1 v_1^2}{2g} + (z_2 - z_1) + \frac{p_2 - p_1}{\rho g} + h_f \tag{2-86}$$

式中：N 为流体机械输入的轴功率，$N/q_m g$ 为流体机械输入功率对应的压头。

阻力损失 h_f 是单位重量流体因摩擦耗散损失的机械能，又称因摩擦耗散损失的压头，基本单位为 m（或 J/N）。$\rho g h_f$ 则表示因摩擦耗散损失的压力。阻力损失一般包括管道沿程阻力损失和管件（弯头、大小头）、阀门、突扩口或突缩口产生的局部阻力损失，其计算方式如下：

沿程阻力损失

$$h_f = \lambda \frac{L}{D} \frac{v^2}{2g} \tag{2-87a}$$

局部阻力损失

$$h_f = \zeta \frac{v^2}{2g} \tag{2-87b}$$

式中：D、L 分别为管道直径和长度；λ、ζ 分别为沿程阻力系数和局部阻力系数，两者由实验或理论分析确定，式（2-87a）又称为达西公式。常见的沿程阻力系数计算见表 2-4。

表 2-4　常见沿程阻力系数计算公式

	计算公式	备注
层流区	$\lambda = \dfrac{Re}{64}$	Re 为管道流动雷诺数，层流流动中 $Re < 2300$
水力光滑区	$\dfrac{1}{\sqrt{\lambda}} = 0.884\ln\left(Re\sqrt{\lambda}\right) - 0.91$	光滑管湍流阻力系数公式
	$\dfrac{1}{\sqrt{\lambda}} = 0.873\ln\left(Re\sqrt{\lambda}\right) - 0.8$	卡门 - 普朗特阻力系数公式
	$\lambda = 0.0032 + \dfrac{0.221}{Re^{0.237}}$	尼古拉兹经验公式，该式将 λ 表示为 Re 的函数，其中 $10^5 < Re < 3 \times 10^6$
	$\lambda = 0.3164 Re^{-1/4}$	勃拉修斯公式，$Re < 10^5$
过渡粗糙区	$\dfrac{1}{\sqrt{\lambda}} = 1.74 - 0.87\ln\left(\dfrac{e}{R} + \dfrac{18.7}{Re\sqrt{\lambda}}\right)$	$26.98(D/e)^{8/7} < Re < 4160(D/2e)^{0.85}$，$e$ 为壁面粗糙度，D 为管道直径，$D = 2R$
水力粗糙区	$\dfrac{1}{\sqrt{\lambda}} = 0.884\ln\dfrac{R}{e} + 1.68$	$Re > 4160(D/2e)^{0.85}$

表 2-5 为常见管件和阀件的局部阻力系数值。在实际应用中，管件和阀件的规格、结构形式很多，制造水平、加工精度往往差别很大，所以局部阻力系数的变动范围也是很大的，故表 2-5 中所列数值仅供参考，其具体数值需根据实际工况而定。此外，表 2-5 讨论的都是单个管件的局部损失。当两个管件非常靠近时，它们相互影响，因此如果把两个管件的局部损失相叠加，则常较实际的损失为大，据此去计算管道系统所需的动力，自然是偏于安全的。如果要较精确地确定两相邻管件的能量损失，应通过实验去测定它们总的压降，而不应简单叠加。

表 2-5　常见管件和阀件的局部阻力系数值

管件和阀件名称	ζ 值						
标准弯头	$45°, \zeta = 0.35$				$90°, \zeta = 0.75$		
90°方形弯头	1.3						
180°回弯头	1.5						
活管接	0.4						

弯管	R_w/D ＼ φ	30°	45°	60°	75°	90°	105°	120°
	1.5	0.08	0.11	0.14	0.16	0.175	0.19	0.20
	2.0	0.07	0.10	0.12	0.14	0.15	0.16	0.17

入口管(容器→管)	$\zeta = 0.5$	$\zeta = 0.56$	$\zeta = 3 \sim 1.3$	$\zeta = 0.5 + 0.5\cos\varphi + 0.2\cos^2\varphi$

标准三通	$\zeta = 0.4$	$\zeta = 1.5$,当弯头用	$\zeta = 1.3$,当弯头用	$\zeta = 1$

水泵进口	没有底阀	2 ~ 3							
	有底阀	D/mm	40	50	75	100	150	200	250	300
		ζ	12	10	8.5	7.4	6.0	5.2	4.4	3.7

闸阀	开度(%)	10	20	30	40	50	60	70	80	90	100
	ζ	60	16	6.5	3.2	1.8	1.1	0.6	0.3	0.18	0.1

球阀	开度(%)	10	20	30	40	50	60	70	80	90	100
	ζ	85	24	12	7.5	5.7	4.8	4.4	4.1	4.0	3.9

蝶阀	开度(%)	10	20	30	40	50	60	70	80	90	100
	ζ	200	65	26	16	8.3	4	1.8	0.85	0.48	0.3

旋塞	θ	5°	10°	20°	40°	60°
	ζ	0.05	0.29	1.56	19.3	206

角阀(90°)	5	
单向阀	摇板式,$\zeta = 2$	球形单向阀,$\zeta = 70$
滤水器(或滤水网)	2	
水表(盘形)	7	

2.3.4　连续性方程

连续性方程反映的是流动过程遵循质量守恒这一事实,任何流体的连续运动,都必须首先满足相应的连续性方程。

对于流场中的微元体,质量守恒原理可以表述为

$$\begin{pmatrix} 输出微元体 \\ 的质量流量 \end{pmatrix} - \begin{pmatrix} 输入微元体 \\ 的质量流量 \end{pmatrix} + \begin{pmatrix} 微元体内的 \\ 质量变化率 \end{pmatrix} = 0 \tag{2-88}$$

图 2-21 所示为微元体及其表面的质量通量示意图。该微元体取自流场中任意一点 A,微元体 A 点邻接的三个微元面面积分别为 $\mathrm{d}y\mathrm{d}z$、$\mathrm{d}z\mathrm{d}x$、$\mathrm{d}x\mathrm{d}y$,对应的法向速度分别为 v_x、v_y、v_z,且都指向微元面,所以其对应的质量通量 ρv_x、ρv_y、ρv_z 都是输入通量,因此输入到微元体的质量流量可以表示为

$$\rho v_x \mathrm{d}y\mathrm{d}z + \rho v_y \mathrm{d}x\mathrm{d}z + \rho v_z \mathrm{d}x\mathrm{d}y$$

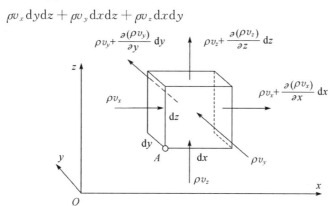

图 2-21　微元体及其表面的质量通量

相应地,在 A 点不相邻的、分别垂直于 x、y、z 方向的三个微元面上,其质量通量都是输出通量,只是由于分别经过 $\mathrm{d}x$、$\mathrm{d}y$、$\mathrm{d}z$ 距离的空间变化,输出的质量通量在原有的基础上产生了增量。如 ρv_x 沿 x 方向变化距离为 $\mathrm{d}x$ 时的增量为 $(\partial \rho v_x / \partial x)\mathrm{d}x$。因此输出微元体的质量流量可以表示为

$$\left[\rho v_x + \frac{\partial \rho v_x}{\partial x}\mathrm{d}x \right]\mathrm{d}y\mathrm{d}z + \left[\rho v_y + \frac{\partial \rho v_y}{\partial y}\mathrm{d}y \right]\mathrm{d}x\mathrm{d}z + \left[\rho v_z + \frac{\partial \rho v_z}{\partial z}\mathrm{d}z \right]\mathrm{d}x\mathrm{d}y$$

此外,对于图 2-21 所示的微元体,其瞬时质量为 $\rho \mathrm{d}x\mathrm{d}y\mathrm{d}z$,故有

$$微元体内的质量变化率 = \frac{\partial \rho}{\partial t}\mathrm{d}x\mathrm{d}y\mathrm{d}z$$

将以上三式代入式(2-88),可得直角坐标系中的连续性方程为

$$\frac{\partial \rho v_x}{\partial x} + \frac{\partial \rho v_y}{\partial y} + \frac{\partial \rho v_z}{\partial z} + \frac{\partial \rho}{\partial t} = 0 \tag{2-89a}$$

其矢量形式可以表示为

$$\nabla \cdot (\rho \boldsymbol{v}) + \frac{\partial \rho}{\partial t} = 0 \tag{2-89b}$$

其中,$\nabla \cdot (\rho \boldsymbol{v})$ 是质量通量 $\rho \boldsymbol{v}$ 的散度,$\nabla = \dfrac{\partial}{\partial x}\boldsymbol{i} + \dfrac{\partial}{\partial y}\boldsymbol{j} + \dfrac{\partial}{\partial z}\boldsymbol{k}$ 是矢量微分算子。

式(2-89)对层流和湍流、牛顿和非牛顿流体均适用。特别地,对于不可压缩流体,因 $\rho =$ const,连续性方程可进一步简化,其具体形式如式(2-42)所示。

在工程实际中,除了直角坐标系外,出于描述问题的方便还经常采用柱坐标(如圆管流动问题)和球坐标(如球体绕流问题)。

如图 2-22(a) 所示,对于以 r 为径向坐标、θ 为周向坐标、z 轴为轴向坐标的柱坐标系,其连续性方程为

$$\frac{\partial \rho}{\partial t} + \frac{1}{r}\frac{\partial(\rho v_r)}{\partial r} + \frac{1}{r}\frac{\partial(\rho v_\theta)}{\partial \theta} + \frac{\partial(\rho v_z)}{\partial z} = 0 \qquad (2\text{-}90)$$

式中:v_r、v_θ、v_z 分别为 r、θ、z 坐标方向的速度分量。特别地,对于不可压缩流体,柱坐标系下的连续性方程可以简化为

$$\frac{1}{r}\frac{\partial(r v_r)}{\partial r} + \frac{1}{r}\frac{\partial v_\theta}{\partial \theta} + \frac{\partial v_z}{\partial z} = 0 \qquad (2\text{-}91)$$

如图 2-22(b) 所示,对于以 r 为径向坐标、θ 为周向坐标、φ 为经向坐标的球坐标体系,其连续性方程为

$$\frac{\partial \rho}{\partial t} + \frac{1}{r^2}\frac{\partial(\rho r^2 v_r)}{\partial r} + \frac{1}{r\sin\theta}\frac{\partial(\rho v_\theta \sin\theta)}{\partial \theta} + \frac{1}{r\sin\theta}\frac{\partial(\rho v_\varphi)}{\partial \varphi} = 0 \qquad (2\text{-}92)$$

式中:v_r、v_θ、v_φ 分别为 r、θ、φ 坐标方向的速度分量。

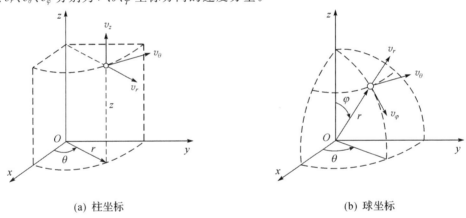

(a) 柱坐标　　　　　　　　　　　　　　　(b) 球坐标

图 2-22　柱坐标系、球坐标系及其速度分量

2.3.5　以应力表示的运动方程

运动方程是基于流场中的质点尺度的控制体即微元体所建立的动量守恒方程。针对微元体,其动量守恒原理可以表述为

$$\begin{pmatrix}\text{作用于微元体}\\\text{各力的矢量和}\end{pmatrix} = \begin{pmatrix}\text{输出微元体}\\\text{的动量流量}\end{pmatrix} - \begin{pmatrix}\text{输入微元体}\\\text{的动量流量}\end{pmatrix} + \begin{pmatrix}\text{微元体内的}\\\text{动量变化率}\end{pmatrix} \qquad (2\text{-}93)$$

2.3.5.1　作用于微元体上的力

按作用区域的不同,作用于微元体上的力分为体积力和表面力两类。

体积力是由于外力场(如重力场、离心力场、电磁场等)的作用在微元体整个体积上所产生的力。体积力又称彻体力或质量力。如图 2-23 所示,若微元体中单位质量流体的体积力在

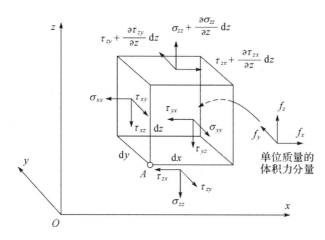

图 2-23　微元体上的表面力和体积力

x、y、z 方向的分量分别为 f_x、f_y、f_z，则微元体沿 x、y、z 方向的质量力分别为

$$微元体\ x\ 方向的质量力 = f_x \rho \mathrm{d}x\mathrm{d}y\mathrm{d}z$$

$$微元体\ y\ 方向的质量力 = f_y \rho \mathrm{d}x\mathrm{d}y\mathrm{d}z \qquad (2\text{-}94)$$

$$微元体\ z\ 方向的质量力 = f_z \rho \mathrm{d}x\mathrm{d}y\mathrm{d}z$$

在大多数情况下，流体只受重力场的作用，且重力加速度 g 的方向与 z 轴正方向相反，此时有 $f_x = 0$，$f_y = 0$，$f_z = -g$。

表面力则是作用于流体表面的力，在本节中主要指微元体表面上受到的应力。如图 2-23 所示，在微元体的任何一个表面上，不管总应力的方向如何，总可以按坐标方向将其分解成一个正应力（又称法向应力）σ 和两个切应力 τ。对于图 2-23 中所示的微元体，与 A 点相邻且分别垂直于 x、y、z 方向的三个微元面上的正应力和切应力分别为

σ_{xx}、τ_{xy}、τ_{xz}——作用于与 x 方向垂直的微元面

σ_{yy}、τ_{yx}、τ_{yz}——作用于与 y 方向垂直的微元面

σ_{zz}、τ_{zx}、τ_{zy}——作用于与 z 方向垂直的微元面

上述应力的两个下标中，第一个下标表示应力作用面垂直于该坐标，第二个下标表示应力的作用方向。应力的正负规定与"拉应力为正，压应力为负"的约定一致。以上九个应力代表了流场中任意点 A 的应力状态，其中六个切应力分量中，每一对互换下标的切应力是相等的，即

$$\tau_{xy} = \tau_{yx}, \quad \tau_{xz} = \tau_{zx}, \quad \tau_{yz} = \tau_{zy}$$

上式即为切应力互等定律。这表明流场中任意点的 9 个应力分量中实际上只有六个分量是独立的。

分别将微元体各表面上 x、y、z 方向的应力与相应的作用面积相乘，取 x、y、z 正方向作用力为正，并将各表面相加，可得微元体 x、y、z 方向的表面力分别为

$$微元体\ x\ 方向的表面力 = \left(\frac{\partial \sigma_{xx}}{\partial x} + \frac{\partial \tau_{yx}}{\partial y} + \frac{\partial \tau_{zx}}{\partial z}\right)\mathrm{d}x\mathrm{d}y\mathrm{d}z$$

$$微元体\ y\ 方向的表面力 = \left(\frac{\partial \sigma_{yy}}{\partial y} + \frac{\partial \tau_{xy}}{\partial x} + \frac{\partial \tau_{zy}}{\partial z}\right)\mathrm{d}x\mathrm{d}y\mathrm{d}z \qquad (2\text{-}95)$$

$$微元体\ z\ 方向的表面力 = \left(\frac{\partial \sigma_{zz}}{\partial z} + \frac{\partial \tau_{xz}}{\partial x} + \frac{\partial \tau_{yz}}{\partial y}\right)\mathrm{d}x\mathrm{d}y\mathrm{d}z$$

2.3.5.2 动量流量及动量变化率

动量通量表示单位时间、单位面积输入输出的动量,其基本单位为 $\mathrm{kg/(m \cdot s^2)}$,动量通量与流通面积相乘即为动量流量。

以图 2-24 所示的微元体为研究对象,考察流体 x 方向动量在微元体表面的输入与输出。在与 A 点邻接且分别垂直于 x、y、z 方向的三个微元面上,进入微元体的质量通量分别为 ρv_x、ρv_y、ρv_z,同时由于这三个微元面上都有 x 方向的分速度 v_x,所以在这三个微元面上流体 x 方向的动量的输入通量就分别为 $\rho v_x v_x$、$\rho v_y v_x$、$\rho v_z v_x$,将这三个动量通量乘以各自的面积后相加,可得微元体表面 x 方向动量的输入流量为

$$\rho v_x v_x \mathrm{d}y\mathrm{d}z + \rho v_y v_x \mathrm{d}x\mathrm{d}z + \rho v_z v_x \mathrm{d}x\mathrm{d}y$$

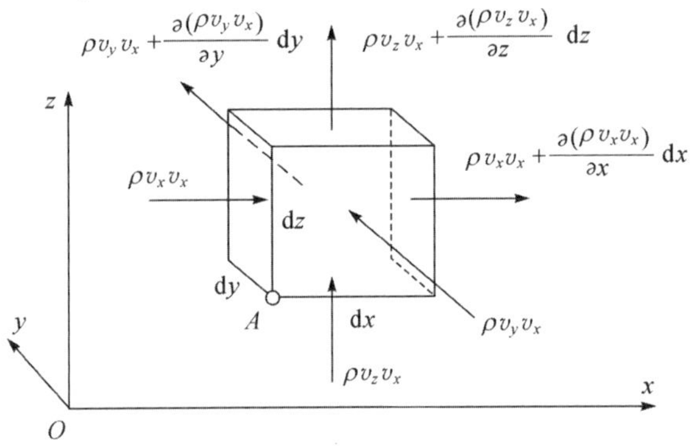

图 2-24　微元体表面 x 方向动量的输入与输出

相应地,当流体从 A 点不相邻的三个微元面上流出时,考虑到动量通量的变化,微元体表面 x 方向动量的输出流量为

$$\left[\rho v_x v_x + \frac{\partial(\rho v_x v_x)}{\partial x}\mathrm{d}x\right]\mathrm{d}y\mathrm{d}z + \left[\rho v_y v_x + \frac{\partial(\rho v_y v_x)}{\partial y}\mathrm{d}y\right]\mathrm{d}x\mathrm{d}z + \left[\rho v_z v_x + \frac{\partial(\rho v_z v_x)}{\partial z}\mathrm{d}z\right]\mathrm{d}x\mathrm{d}y$$

由上述两式做差可得微元体表面 x 方向动量的净输出为

$$微元体表面 x 方向动量的净输出 = \left[\frac{\partial(\rho v_x^2)}{\partial x} + \frac{\partial(\rho v_y v_x)}{\partial y} + \frac{\partial(\rho v_z v_x)}{\partial z}\right]\mathrm{d}x\mathrm{d}y\mathrm{d}z \quad (2\text{-}96a)$$

同理,微元体表面 y、z 方向动量的净输出分别为

$$微元体表面 y 方向动量的净输出 = \left[\frac{\partial(\rho v_x v_y)}{\partial x} + \frac{\partial(\rho v_y^2)}{\partial y} + \frac{\partial(\rho v_z v_y)}{\partial z}\right]\mathrm{d}x\mathrm{d}y\mathrm{d}z \quad (2\text{-}96b)$$

$$微元体表面 z 方向动量的净输出 = \left[\frac{\partial(\rho v_x v_z)}{\partial x} + \frac{\partial(\rho v_y v_z)}{\partial y} + \frac{\partial(\rho v_z^2)}{\partial z}\right]\mathrm{d}x\mathrm{d}y\mathrm{d}z \quad (2\text{-}96c)$$

在微元体内,流体的瞬时质量为 $\rho\mathrm{d}x\mathrm{d}y\mathrm{d}z$,所以微元体内流体在 x、y、z 方向的瞬时动量分别为 $v_x\rho\mathrm{d}x\mathrm{d}y\mathrm{d}z$、$v_y\rho\mathrm{d}x\mathrm{d}y\mathrm{d}z$、$v_z\rho\mathrm{d}x\mathrm{d}y\mathrm{d}z$,因此微元体内 x、y、z 方向动量的变化率分别为

$$微元内 x 方向动量的变化率 = \frac{\partial(\rho v_x)}{\partial t}\mathrm{d}x\mathrm{d}y\mathrm{d}z \quad (2\text{-}97a)$$

$$微元内 y 方向动量的变化率 = \frac{\partial(\rho v_y)}{\partial t}\mathrm{d}x\mathrm{d}y\mathrm{d}z \quad (2\text{-}97b)$$

$$微元内 z 方向动量的变化率 = \frac{\partial(\rho v_z)}{\partial t}\mathrm{d}x\mathrm{d}y\mathrm{d}z \quad (2\text{-}97c)$$

2.3.5.3　以应力表示的运动方程

根据以上分析,将微元受力(式(2-94)和式(2-95))、动量流量(式(2-96))以及动量变化率(式(2-97))代入表达式(2-93)并简化,可得 x、y、z 方向上以应力表示的运动方程分别为

$$x\ \text{方向}\quad \rho\left(\frac{\partial v_x}{\partial t}+v_x\frac{\partial v_x}{\partial x}+v_y\frac{\partial v_x}{\partial y}+v_z\frac{\partial v_x}{\partial z}\right)=f_x\rho+\frac{\partial \sigma_{xx}}{\partial x}+\frac{\partial \tau_{yx}}{\partial y}+\frac{\partial \tau_{zx}}{\partial z}$$

$$y\ \text{方向}\quad \rho\left(\frac{\partial v_y}{\partial t}+v_x\frac{\partial v_y}{\partial x}+v_y\frac{\partial v_y}{\partial y}+v_z\frac{\partial v_y}{\partial z}\right)=f_y\rho+\frac{\partial \sigma_{yy}}{\partial y}+\frac{\partial \tau_{xy}}{\partial x}+\frac{\partial \tau_{zy}}{\partial z}$$

$$z\ \text{方向}\quad \rho\left(\frac{\partial v_z}{\partial t}+v_x\frac{\partial v_z}{\partial x}+v_y\frac{\partial v_z}{\partial y}+v_z\frac{\partial v_z}{\partial z}\right)=f_z\rho+\frac{\partial \sigma_{zz}}{\partial z}+\frac{\partial \tau_{xz}}{\partial x}+\frac{\partial \tau_{yz}}{\partial y}$$

$$(2\text{-}98)$$

式(2-98)即为以应力表示的黏性流体的运动方程,无论是牛顿流体还是非牛顿流体,是层流流动还是湍流流动,该方程均适用。

2.3.6　黏性流体运动微分方程

考察方程式(2-98)可知,即使将密度 ρ 和体积力 f 看成是已知的,方程中仍然有 9 个未知量——3 个速度分量和 6 个独立应力分量,但该 3 个方程式加上连续性方程只有 4 个方程,所以方程组是不封闭的。因此以应力表示的运动方程需要补充方程才能求解。在本节中将引入补充方程——牛顿流体本构方程,将应力从运动方程式(2-98)中消除,得到关于速度 v_x、v_y、v_z 与压力 p 的黏性流体运动微分方程——纳维－斯托克斯(Navier-Stokes)方程。

2.3.6.1　牛顿流体的本构方程

对于以应力表示的运动方程,要建立补充方程首先需要寻求运动方程中的未知量(即流体应力与速度变化)之间的内在联系,其关键在于寻求一种一般情况下流体应力与变形速率之间的关系。为了找到这种关系,斯托克斯(Stokes)提出了三个基本假设:(1)应力与变形速率呈线性关系;(2)应力与变形速率的关系各向同性;(3)静止流场中,切应力为 0,各正应力均等于正压力。

在上述假设下,可推导出一般情况下流体应力与变形速率之间的关系,这一关系即牛顿流体本构方程:

$$\sigma_{xx}=-p+2\mu\frac{\partial v_x}{\partial x}-\frac{2}{3}\mu\left(\frac{\partial v_x}{\partial x}+\frac{\partial v_y}{\partial y}+\frac{\partial v_z}{\partial z}\right)$$

$$\sigma_{yy}=-p+2\mu\frac{\partial v_y}{\partial y}-\frac{2}{3}\mu\left(\frac{\partial v_x}{\partial x}+\frac{\partial v_y}{\partial y}+\frac{\partial v_z}{\partial z}\right)$$

$$\sigma_{zz}=-p+2\mu\frac{\partial v_z}{\partial z}-\frac{2}{3}\mu\left(\frac{\partial v_x}{\partial x}+\frac{\partial v_y}{\partial y}+\frac{\partial v_z}{\partial z}\right)$$

$$\tau_{xy}=\tau_{yx}=\mu\left(\frac{\partial v_x}{\partial y}+\frac{\partial v_y}{\partial x}\right)$$

$$\tau_{yz}=\tau_{zy}=\mu\left(\frac{\partial v_y}{\partial z}+\frac{\partial v_z}{\partial y}\right)$$

$$\tau_{zx}=\tau_{xz}=\mu\left(\frac{\partial v_z}{\partial x}+\frac{\partial v_x}{\partial z}\right)$$

$$(2\text{-}99)$$

牛顿流体本构方程阐明了流体应力与流体变形速率之间的内在关系,是沟通流体运动

学与流体动力学的桥梁,是流体力学的重要方程。

2.3.6.2 流体运动微分方程 ——Navier-Stokes 方程

将牛顿流体本构方程式(2-99)代入以应力表示的运动方程式(2-98),即可得到由速度分量和压力表示的黏性流体运动微分方程 —— 纳维 - 斯托克斯(Navier-Stokes equations,简称 N-S 方程):

$$\rho \frac{Dv_x}{Dt} = \rho f_x - \frac{\partial p}{\partial x} - \frac{2}{3} \frac{\partial}{\partial x}(\mu \nabla \cdot \boldsymbol{v}) + 2 \frac{\partial}{\partial x}\left(\mu \frac{\partial v_x}{\partial x}\right)$$
$$+ \frac{\partial}{\partial y}\left[\mu\left(\frac{\partial v_x}{\partial y} + \frac{\partial v_y}{\partial x}\right)\right] + \frac{\partial}{\partial z}\left[\mu\left(\frac{\partial v_x}{\partial z} + \frac{\partial v_z}{\partial x}\right)\right]$$

$$\rho \frac{Dv_y}{Dt} = \rho f_y - \frac{\partial p}{\partial y} - \frac{2}{3} \frac{\partial}{\partial y}(\mu \nabla \cdot \boldsymbol{v}) + \frac{\partial}{\partial x}\left[\mu\left(\frac{\partial v_x}{\partial y} + \frac{\partial v_y}{\partial x}\right)\right]$$
$$+ 2 \frac{\partial}{\partial y}\left(\mu \frac{\partial v_y}{\partial y}\right) + \frac{\partial}{\partial z}\left[\mu\left(\frac{\partial v_y}{\partial z} + \frac{\partial v_z}{\partial y}\right)\right] \qquad (2\text{-}100)$$

$$\rho \frac{Dv_z}{Dt} = \rho f_z - \frac{\partial p}{\partial z} - \frac{2}{3} \frac{\partial}{\partial z}(\mu \nabla \cdot \boldsymbol{v}) + \frac{\partial}{\partial x}\left[\mu\left(\frac{\partial v_x}{\partial z} + \frac{\partial v_z}{\partial x}\right)\right]$$
$$+ \frac{\partial}{\partial y}\left[\mu\left(\frac{\partial v_y}{\partial z} + \frac{\partial v_z}{\partial y}\right)\right] + 2 \frac{\partial}{\partial z}\left(\mu \frac{\partial v_z}{\partial z}\right)$$

N-S 方程是现代流体力学的主干方程,几乎所有有关黏性流体流动问题的分析研究工作都是以该方程为基础的。由于 N-S 方程引入了牛顿流体本构方程,故该方程只适用于牛顿流体。对于非牛顿流体,可以采用应力表示的运动方程。

为了应用上的方便,以下给出几种常见条件下的 N-S 方程表达形式。

对于等温或温度变化较小的流动,可将黏度视为常数,即 $\mu = \text{const}$,相应的 N-S 方程为

$$\frac{Dv_x}{Dt} = f_x - \frac{1}{\rho} \frac{\partial p}{\partial x} + \upsilon\left(\frac{\partial^2 v_x}{\partial x^2} + \frac{\partial^2 v_x}{\partial y^2} + \frac{\partial^2 v_x}{\partial z^2}\right) + \frac{1}{3}\upsilon \frac{\partial(\nabla \cdot \boldsymbol{v})}{\partial x}$$

$$\frac{Dv_y}{Dt} = f_y - \frac{1}{\rho} \frac{\partial p}{\partial y} + \upsilon\left(\frac{\partial^2 v_y}{\partial x^2} + \frac{\partial^2 v_y}{\partial y^2} + \frac{\partial^2 v_y}{\partial z^2}\right) + \frac{1}{3}\upsilon \frac{\partial(\nabla \cdot \boldsymbol{v})}{\partial y} \qquad (2\text{-}101\text{a})$$

$$\frac{Dv_z}{Dt} = f_z - \frac{1}{\rho} \frac{\partial p}{\partial z} + \upsilon\left(\frac{\partial^2 v_z}{\partial x^2} + \frac{\partial^2 v_z}{\partial y^2} + \frac{\partial^2 v_z}{\partial z^2}\right) + \frac{1}{3}\upsilon \frac{\partial(\nabla \cdot \boldsymbol{v})}{\partial z}$$

其矢量形式为

$$\frac{D\boldsymbol{v}}{Dt} = \boldsymbol{f} - \frac{1}{\rho} \nabla p + \upsilon \nabla^2 \boldsymbol{v} + \frac{1}{3}\upsilon \nabla(\nabla \cdot \boldsymbol{v}) \qquad (2\text{-}101\text{b})$$

式(2-101)中,υ 是运动黏度,$\boldsymbol{v} = v_x \boldsymbol{i} + v_y \boldsymbol{j} + v_z \boldsymbol{k}$ 是速度矢量,$\boldsymbol{f} = f_x \boldsymbol{i} + f_y \boldsymbol{j} + f_z \boldsymbol{k}$ 是单位质量力矢量,∇^2 是拉普拉斯算子,其定义及其对任意变量 ϕ 的运算为

$$\nabla^2 = \frac{\partial^2}{\partial x^2} + \frac{\partial^2}{\partial y^2} + \frac{\partial^2}{\partial z^2}, \nabla^2 \phi = \frac{\partial^2 \phi}{\partial x^2} + \frac{\partial^2 \phi}{\partial y^2} + \frac{\partial^2 \phi}{\partial z^2}$$

对于不可压缩流体,$\rho = \text{const}$,且 $\nabla \cdot \boldsymbol{v} = 0$,如果将黏度也视为常数,则相应的 N-S 方程为

$$\frac{\mathrm{D}v_x}{\mathrm{D}t} = f_x - \frac{1}{\rho}\frac{\partial p}{\partial x} + \upsilon\left(\frac{\partial^2 v_x}{\partial x^2} + \frac{\partial^2 v_x}{\partial y^2} + \frac{\partial^2 v_x}{\partial z^2}\right)$$

$$\frac{\mathrm{D}v_y}{\mathrm{D}t} = f_y - \frac{1}{\rho}\frac{\partial p}{\partial y} + \upsilon\left(\frac{\partial^2 v_y}{\partial x^2} + \frac{\partial^2 v_y}{\partial y^2} + \frac{\partial^2 v_y}{\partial z^2}\right) \qquad (2\text{-}102\mathrm{a})$$

$$\frac{\mathrm{D}v_z}{\mathrm{D}t} = f_z - \frac{1}{\rho}\frac{\partial p}{\partial z} + \upsilon\left(\frac{\partial^2 v_z}{\partial x^2} + \frac{\partial^2 v_z}{\partial y^2} + \frac{\partial^2 v_z}{\partial z^2}\right)$$

其矢量形式为

$$\frac{\mathrm{D}\boldsymbol{v}}{\mathrm{D}t} = \boldsymbol{f} - \frac{1}{\rho}\nabla p + \upsilon\nabla^2\boldsymbol{v} \qquad (2\text{-}102\mathrm{b})$$

由于在通常遇到的流动问题中,流体大多视为不可压缩和常黏度,所以为使用方便,将式(2-102a)写为展开式:

$$\frac{\partial v_x}{\partial t} + v_x\frac{\partial v_x}{\partial x} + v_y\frac{\partial v_x}{\partial y} + v_z\frac{\partial v_x}{\partial z} = f_x - \frac{1}{\rho}\frac{\partial p}{\partial x} + \upsilon\left(\frac{\partial^2 v_x}{\partial x^2} + \frac{\partial^2 v_x}{\partial y^2} + \frac{\partial^2 v_x}{\partial z^2}\right)$$

$$\frac{\partial v_y}{\partial t} + v_x\frac{\partial v_y}{\partial x} + v_y\frac{\partial v_y}{\partial y} + v_z\frac{\partial v_y}{\partial z} = f_y - \frac{1}{\rho}\frac{\partial p}{\partial y} + \upsilon\left(\frac{\partial^2 v_y}{\partial x^2} + \frac{\partial^2 v_y}{\partial y^2} + \frac{\partial^2 v_y}{\partial z^2}\right)$$

$$\frac{\partial v_z}{\partial t} + v_x\frac{\partial v_z}{\partial x} + v_y\frac{\partial v_z}{\partial y} + v_z\frac{\partial v_z}{\partial z} = f_z - \frac{1}{\rho}\frac{\partial p}{\partial z} + \upsilon\left(\frac{\partial^2 v_z}{\partial x^2} + \frac{\partial^2 v_z}{\partial y^2} + \frac{\partial^2 v_z}{\partial z^2}\right)$$

$$(2\text{-}103\mathrm{a})$$

该式简写形式及各项的意义为

$$\underbrace{\frac{\partial \boldsymbol{v}}{\partial t}}_{\substack{\text{非定常项}}} + \underbrace{(\boldsymbol{v}\cdot\nabla)\boldsymbol{v}}_{\substack{\text{对流项}}} = \underbrace{\boldsymbol{f}}_{\substack{\text{源项}}} - \underbrace{\frac{1}{\rho}\nabla p}_{} + \underbrace{\upsilon\nabla^2\boldsymbol{v}}_{\substack{\text{扩散相(黏性力相)}}} \qquad (2\text{-}103\mathrm{b})$$

非定常项 对流项 源项 源项 扩散相(黏性力相)
定常流动=0 静止流场=0 单位质量流 单位质量流体 静止或理想流体=0
静止流场≈0 蠕变流场≈0 体的体积力 的压力差 高速非边界层问题≈0

特别地,如果在 N-S 方程中令 $\mu = 0$,则可得到理想流体的运动方程,称为欧拉方程:

$$\frac{\partial v_x}{\partial t} + v_x\frac{\partial v_x}{\partial x} + v_y\frac{\partial v_x}{\partial y} + v_z\frac{\partial v_x}{\partial z} = f_x - \frac{1}{\rho}\frac{\partial p}{\partial x}$$

$$\frac{\partial v_y}{\partial t} + v_x\frac{\partial v_y}{\partial x} + v_y\frac{\partial v_y}{\partial y} + v_z\frac{\partial v_y}{\partial z} = f_y - \frac{1}{\rho}\frac{\partial p}{\partial y} \qquad (2\text{-}104)$$

$$\frac{\partial v_z}{\partial t} + v_x\frac{\partial v_z}{\partial x} + v_y\frac{\partial v_z}{\partial y} + v_z\frac{\partial v_z}{\partial z} = f_z - \frac{1}{\rho}\frac{\partial p}{\partial z}$$

如果在 N-S 方程中令所有速度项为零,所得方程称为流体静力学方程:

$$f_x = \frac{1}{\rho}\frac{\partial p}{\partial x}, \quad f_y = \frac{1}{\rho}\frac{\partial p}{\partial y}, \quad f_z = \frac{1}{\rho}\frac{\partial p}{\partial z} \qquad (2\text{-}105)$$

在工程实际中,有时采用柱坐标或球坐标描述问题比采用直角坐标系更为方便,如常见的圆管内流动采用柱坐标来描述问题显然更为合适。为此,以下将给出这两种坐标系下不可压缩常黏度($\rho = \mathrm{const}, \mu = \mathrm{const}$)流体的运动微分方程和牛顿本构方程。

如图 2-22(a)所示,对于以 r 为径向坐标、θ 为周向坐标、z 轴为轴向坐标的柱坐标系,其黏性流体运动微分方程在 r、θ、z 方向的分量式为

r 方向　$\rho\left(\dfrac{\partial v_r}{\partial t}+v_r\dfrac{\partial v_r}{\partial r}+\dfrac{v_\theta}{r}\dfrac{\partial v_r}{\partial\theta}-\dfrac{v_\theta^2}{r}+v_z\dfrac{\partial v_r}{\partial z}\right)=\rho f_r-\dfrac{\partial p}{\partial r}$

$$+\mu\left[\dfrac{\partial}{\partial r}\left(\dfrac{1}{r}\dfrac{\partial(rv_r)}{\partial r}\right)+\dfrac{1}{r^2}\dfrac{\partial^2 v_r}{\partial\theta^2}-\dfrac{2}{r^2}\dfrac{\lambda v_\theta}{\partial\theta}+\dfrac{\partial^2 v_r}{\partial z^2}\right]$$

θ 方向　$\rho\left(\dfrac{\partial v_\theta}{\partial t}+v_r\dfrac{\partial v_\theta}{\partial r}+\dfrac{v_\theta}{r}\dfrac{\partial v_\theta}{\partial\theta}+\dfrac{v_r v_\theta}{r}+v_z\dfrac{\partial v_\theta}{\partial z}\right)=\rho f_\theta-\dfrac{1}{r}\dfrac{\partial p}{\partial\theta}$ $\qquad$ (2-106)

$$+\mu\left[\dfrac{\partial}{\partial r}\left(\dfrac{1}{r}\dfrac{\partial(rv_\theta)}{\partial r}\right)+\dfrac{1}{r^2}\dfrac{\partial^2 v_\theta}{\partial\theta^2}+\dfrac{2}{r^2}\dfrac{\lambda v_r}{\partial\theta}+\dfrac{\partial^2 v_z}{\partial z^2}\right]$$

z 方向　$\rho\left(\dfrac{\partial v_z}{\partial t}+v_r\dfrac{\partial v_z}{\partial r}+\dfrac{v_\theta}{r}\dfrac{\partial v_z}{\partial\theta}+v_z\dfrac{\partial v_z}{\partial z}\right)=\rho f_z-\dfrac{\partial p}{\partial z}$

$$+\mu\left[\dfrac{1}{r}\dfrac{\partial}{\partial r}\left(r\dfrac{\partial(rv_z)}{\partial r}\right)+\dfrac{1}{r^2}\dfrac{\partial^2 v_z}{\partial\theta^2}+\dfrac{\partial^2 v_z}{\partial z^2}\right]$$

柱坐标系下，牛顿流体本构方程表达式为

$$\sigma_{rr}=-p+2\mu\dfrac{\partial v_r}{\partial r}-\dfrac{2}{3}\mu(\nabla\cdot\boldsymbol{v})$$

$$\sigma_{\theta\theta}=-p+2\mu\left(\dfrac{1}{r}\dfrac{\partial v_\theta}{\partial\theta}+\dfrac{v_r}{r}\right)-\dfrac{2}{3}\mu(\nabla\cdot\boldsymbol{v})$$

$$\sigma_{zz}=-p+2\mu\dfrac{\partial v_z}{\partial z}-\dfrac{2}{3}\mu(\nabla\cdot\boldsymbol{v})$$ $\qquad$ (2-107)

$$\tau_{r\theta}=\tau_{\theta r}=\mu\left[\dfrac{1}{r}\dfrac{\partial v_r}{\partial\theta}+r\dfrac{\partial}{\partial r}\left(\dfrac{v_\theta}{r}\right)\right]$$

$$\tau_{\theta z}=\tau_{z\theta}=\mu\left(\dfrac{\partial v_\theta}{\partial z}+\dfrac{1}{r}\dfrac{\partial v_z}{\partial\theta}\right)$$

$$\tau_{zr}=\tau_{rz}=\mu\left(\dfrac{\partial v_z}{\partial r}+\dfrac{\partial v_r}{\partial z}\right)$$

式中：$\nabla\cdot\boldsymbol{v}=\dfrac{1}{r}\dfrac{\partial(rv_r)}{\partial r}+\dfrac{1}{r}\dfrac{\partial v_\theta}{\partial\theta}+\dfrac{\partial v_z}{\partial z}$。

如图 2-22(b) 所示，对于以 r 为径向坐标、θ 为周向坐标、φ 为经向坐标的球坐标体系中，其黏性流体运动微分方程在 r、θ、φ 方向的分量式为

r 方向　$\rho\left(\dfrac{\partial v_r}{\partial t}+v_r\dfrac{\partial v_r}{\partial r}+\dfrac{v_\theta}{r}\dfrac{\partial v_r}{\partial\theta}+\dfrac{v_\varphi}{r\sin\theta}\dfrac{\partial v_r}{\partial\varphi}-\dfrac{v_\theta^2+v^2\varphi}{2}\right)=\rho f_r-\dfrac{\partial p}{\partial r}$

$$+\mu\left[\nabla^2 v_r-\dfrac{2}{r^2}v_r-\dfrac{2}{r^2}\dfrac{\partial v_\theta}{\partial\theta}-\dfrac{2}{r^2}v_\theta\cot\theta-\dfrac{2}{r^2\sin\theta}\dfrac{\partial v_\varphi}{\partial\varphi}\right]$$

θ 方向　$\rho\left(\dfrac{\partial v_\theta}{\partial t}+v_r\dfrac{\partial v_\theta}{\partial r}+\dfrac{v_\theta}{r}\dfrac{\partial v_\theta}{\partial\theta}+\dfrac{v_\varphi}{r\sin\theta}\dfrac{\partial v_\theta}{\partial\varphi}+\dfrac{v_r v_\theta}{r}+\dfrac{v_\theta^2\cot\theta}{r}\right)=$

$$\theta f_\theta+\dfrac{1}{r}\dfrac{\partial p}{\partial\theta}+\mu\left[\nabla^2 v_\theta+\dfrac{2}{r^2}\dfrac{\partial v_r}{\partial\theta}-\dfrac{v_\theta}{r^2\sin\theta}-\dfrac{2\cos\theta}{r^2\sin^2\theta}\dfrac{\partial v_\varphi}{\partial\varphi}\right]$$

z 方向　$\rho\left(\dfrac{\partial v_\varphi}{\partial t}+v_r\dfrac{\partial v_\varphi}{\partial r}+\dfrac{v_\theta}{r}\dfrac{\partial v_\varphi}{\partial\theta}+\dfrac{v_\varphi}{r\sin\theta}\dfrac{\partial v_\varphi}{\partial\varphi}+\dfrac{v_\varphi+v_r}{r}+\dfrac{v_\varphi v_\theta}{r}\cot\theta\right)=$

$$\rho f_\varphi-\dfrac{1}{r\sin\theta}\dfrac{\partial p}{\partial\varphi}+\mu\left[\nabla^2 v_\varphi-\dfrac{v_\varphi}{r^2\sin^2\theta}+\dfrac{2}{r^2\sin\theta}\dfrac{\partial v_r}{\partial\varphi}+\dfrac{2\cos\theta}{r^2\sin^2\theta}\dfrac{\partial v_\varphi}{\partial\varphi}\right]$$

$\qquad$ (2-108)

式中：$\nabla^2 = \dfrac{1}{r^2}\dfrac{\partial}{\partial r}\left(r^2\dfrac{\partial}{\partial r}\right) + \dfrac{1}{r^2\sin\theta}\dfrac{\partial}{\partial \theta}\left(\sin\theta\dfrac{\partial}{\partial \theta}\right) + \dfrac{1}{r^2\sin^2\theta}\dfrac{\partial^2}{\partial \varphi^2}$。

球坐标系下，牛顿流体本构方程表达式为

$$\sigma_{rr} = -p + 2\mu\dfrac{\partial v_r}{\partial r} - \dfrac{2}{3}\mu(\nabla\cdot\boldsymbol{v})$$

$$\sigma_{\theta\theta} = -p + 2\mu\left(\dfrac{1}{r}\dfrac{\partial v_\theta}{\partial \theta} + \dfrac{v_r}{r}\right) - \dfrac{2}{3}\mu(\nabla\cdot\boldsymbol{v})$$

$$\sigma_{\varphi\varphi} = -p + 2\mu\left(\dfrac{1}{r\sin\theta}\dfrac{\partial v_\varphi}{\partial \varphi} + \dfrac{v_r}{r} + \dfrac{v_\theta\cot\theta}{r}\right) - \dfrac{2}{3}\mu(\nabla\cdot\boldsymbol{v})$$

$$\tau_{r\theta} = \tau_{\theta r} = \mu\left[\dfrac{1}{r}\dfrac{\partial v_r}{\partial \theta} + r\dfrac{\partial}{\partial r}\left(\dfrac{v_\theta}{r}\right)\right] \tag{2-109}$$

$$\tau_{\theta\varphi} = \tau_{\varphi\theta} = \mu\left[\dfrac{1}{r\sin\theta}\dfrac{\partial v_\theta}{\partial \varphi} + \dfrac{\sin\theta}{r}\dfrac{\partial}{\partial \theta}\left(\dfrac{v_\varphi}{\sin\theta}\right)\right]$$

$$\tau_{\varphi r} = \tau_{r\varphi} = \mu\left[r\dfrac{\partial}{\partial r}\left(\dfrac{v_\varphi}{r}\right) + \dfrac{1}{r\sin\theta}\dfrac{\partial v_r}{\partial \varphi}\right]$$

式中：$\nabla\cdot\boldsymbol{v} = \dfrac{1}{r^2}\dfrac{\partial}{\partial r}(r^2 v_r) + \dfrac{1}{r\sin\theta}\dfrac{\partial}{\partial \theta}(v_\theta\sin\theta) + \dfrac{1}{r\sin\theta}\dfrac{\partial v_\varphi}{\partial \varphi}$。

2.3.6.3　N-S 方程应用说明

由连续性方程和 N-S 方程构成的微分方程组是黏性流体流动遵守质量守恒和动量守恒原理的数学表达，有普遍的适应性。

N-S 方程与连续性方程构成的微分方程组共有 4 个方程，涉及 4 个流动参数即速度分量 v_x、v_y、v_z 和压力 p，所以方程组是封闭的，理论上是可以求解的。但对于要考虑参数 ρ 和 μ 变化的情况，应将有关物性变化的关系作为补充方程。如，对于理想气体的流动，气体状态方程即为补充方程。

N-S 方程由于引入了牛顿流体本构方程，因此只适用于牛顿流体。对于非牛顿流体，可以采用以应力表示的运动方程。又由于牛顿流体本构方程是以层流条件为背景的，所以原则上 N-S 方程只适用于层流流动。对于湍流流动，一般认为非稳态的 N-S 方程对湍流的瞬时运动仍然是适用的，但湍流的瞬时运动具有高度的随机性，要追踪这种随机运动是十分困难的，因此通常将湍流场中的流动参数 ϕ 分解成时均运动值 $\bar{\phi}$ 与随机脉动值 ϕ'，即 $\phi = \bar{\phi} + \phi'$，但 ϕ' 的引入又导致运动方程不封闭，从而使得人们力图通过各种推理和假设寻求 ϕ' 与 $\bar{\phi}$ 的关系，以建立使方程封闭的补充方程，即湍流模型问题。

虽然 N-S 方程对于层流流动是封闭的，但目前为止尚未得到一般形式的 N-S 方程的普遍解。对于工程实际问题而言，通常利用工程实际的特殊性来使方程得到简化，以此有可能获得准确或近似的分析解。因此，流动微分方程的应用求解，关键是根据问题特点对一般形式的运动方程进行简化，获得针对具体问题的微分方程或方程组，并同时提出相关的初始条件和边界条件。初始条件是非稳态问题所要求的，因此与时间相关的问题必须以某一时刻的流动条件（即初始条件）为参照；对于边界条件，常见的流场边界条件可以分为（或简化为）固-液边界、液-液边界和气-液边界三类，如图 2-25 所示。

固-液边界条件下，由于流体具有黏滞性，因此在与流体接触的固体壁面上，流体的速度等于固体壁面的速度。特别地，在静止的固体壁面上，流体的速度为零。如图 2-25 所示的

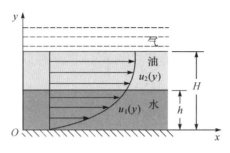

图 2-25　常见流动边界

固体壁面上：$u_1 \mid_{y=0} = 0$；液 - 液边界条件下，由于穿越液 - 液界面的速度分布或切应力分布具有连续性，因此液 - 液界面两侧的速度或切应力相等。在图 2-25 中有：$u_1 \mid_{y=h} = u_2 \mid_{y=h}$，$\tau_{yx,1} \mid_{y=h} = \tau_{yx,2} \mid_{y=h}$；气 - 液边界条件下，对于非高速流动，气 - 液界面上的切应力相对于液相内的切应力很小，所以通常认为气 - 液界面上切应力为零。由牛顿剪切定理可知，这等同于认为气 - 液界面上速度梯度为零。如图 2-25 所示气 - 液界面，如果 $\tau_{yx,2} \mid_{y=H} = 0$，则 $\mathrm{d}u_2/\mathrm{d}y$ $\mid_{y=H} = 0$。

值得注意的是，对于简化后所获得的运动方程，可能有解，也可能无解，不少情况下也许只能得到近似解或通过数值计算方法获得离散解。

2.4　流体流动的实验研究

流体力学的研究可以通过理论分析、实验研究和数值计算三种方法进行。理论分析在于揭示流动现象规律及内在机理，对实验研究和数值计算做出方向性的指导。理论分析在流体力学的发展进程中起到巨大的推动作用，但局限于较为简单的理论模型。数值计算极大地拓宽了复杂流动的研究领域，包括一些无法进行实验研究的问题，如星云演化，可控热核裂变中的高温等离子流动等。但由于方程的非线性，数值求解也很困难，而且在很多情况下，流动现象很复杂，难以用微分方程式加以描述，有些即使能够建立微分方程式，但由于不能确定初始条件和边界条件，也无法求解。

实验研究具有高度的可靠性和真实性，在建立物理模型和检验理论及数值计算结果正确性方面起着根本性的作用。但是直接的实验方法有很大的局限性，所得到的实验结果仅能用到特定的流动现象上去。因此结合工程需要的流体力学实验通常是利用有关实验装置（例如风洞、水洞、水池等）在按一定比例尺（一般为缩尺）制作的实物模型上进行。如何选定制作模型的比例尺并保证经模型的流动与经原型的流动力学相似，又如何将模型实验结果推广应用到原型上去，这是模型实验前必须解决的问题。即使有些实验可以在实物上进行，也有如何将在特定条件下得到的实验结果推广应用到同类相似流动中去的问题。在长期的生产实践和科学实验中，人们终于探索和总结出了以量纲分析和相似原理为基础的模型实验研究方法。

2.4.1　量纲分析和相似原理

量纲分析是研究物理量量纲之间固有联系的理论.应用量纲分析,可以大大减少实验次数,它提供了把影响某一物理问题的因素组成无量纲综合量的途径,并利用 π 定理将这些无量纲综合量组成函数关系,有助于简化复杂问题.应用相似原理,有助于解决如何设计实验模型、如何安排实验、如何将模型实验的结果换算到实物上去等问题.以相似原理为基础的模型实验方法在流体力学中有着广泛的应用.例如,通过飞机模型在风洞中的实验去探索飞机的气动特性,通过舰船模型在实验池中的实验去研究舰船的阻力特性,通过推进器模型在水洞中的实验去研究推进器的动力特性,通过锅炉的水模型实验去研究炉内的气动特性,等等.

量纲分析和相似原理是简化复杂问题及指导模型实验的理论基础,不仅在流体力学中有着广泛的应用,而且广泛地应用于传热、传质以及其他复杂物理化学过程的研究中,如燃烧、船舶设计、土木建筑、水工建筑工程等.

2.4.1.1　量纲分析法

在工程中大多数物理量都是有单位的.物理量的测量单位的种类称为量纲或因次.一个物理现象所涉及的物理量,在选定基本单位系统后,各物理量可以利用基本量纲来进行表示.在国际单位制中,基本物理量量纲为长度$[L]$、质量$[M]$、时间$[T]$以及温度$[\Theta]$.在工程单位制中,基本物理量量纲为长度$[L]$、力$[F]$、时间$[T]$以及温度$[\Theta]$.我国的法定单位是国际单位.表 2-6 和表 2-7 分别给出了工程流体力学中所涉及的基本物理量的量纲以及基本单位的换算关系.

表 2-6　工程流体力学中所涉及的基本物理量的量纲

物理量名称	表示符号	量纲		定义式	国际单位
		国际单位制 $[L][M][T][\Theta]$	工程单位制 $[L][F][T][\Theta]$		
长度	l	$[L]$	$[L]$	l	m
面积	A	$[L^2]$	$[L^2]$	$A = l^2$	m^2
体积	τ	$[L^3]$	$[L^3]$	$\tau = l^3$	m^3
惯性矩	J	$[L^4]$	$[L^4]$	$J = Al^2 = l^4$	m^4
时间	t	$[T]$	$[T]$	t	s
速度	v	$[LT^{-1}]$	$[LT^{-1}]$	$v = l/t$	m/s
速度势	φ	$[L^2 T^{-1}]$	$[L^2 T^{-1}]$	$\varphi = \int \nabla\varphi \cdot \mathrm{d}l$	m^2/s
函数	ψ	$[L^2 T^{-1}]$	$[L^2 T^{-1}]$	$\psi = \int (u\mathrm{d}y - v\mathrm{d}x)$	m^2/s
角速度	ω	$[T^{-1}]$	$[T^{-1}]$	$\omega = \Delta\theta/\Delta t$	s^{-1}
环量	Γ	$[L^2 T^{-1}]$	$[L^2 T^{-1}]$	$\Gamma = \oint \boldsymbol{v} \cdot \mathrm{d}\boldsymbol{l}$	m^2/s

续表

物理量名称	表示符号	量纲		定义式	国际单位
		国际单位制 $[L][M][T][\Theta]$	工程单位制 $[L][F][T][\Theta]$		
加速度	a	$[LT^{-2}]$	$[LT^{-2}]$	$a = \Delta v / \Delta t$	m/s^{-2}
涡量	Ω	$[T^{-1}]$	$[T^{-1}]$	$\Omega = \nabla \times v$	s^{-1}
体积流量	Q	$[L^3 T^{-1}]$	$[L^3 T^{-1}]$	$Q = \Delta \tau / \Delta t$	m^3/s
运动黏度	υ	$[L^2 T^{-1}]$	$[L^2 T^{-1}]$	$\upsilon = \mu / \rho$	m^2/s
质量	m	$[M]$	$[L^{-1} F T^2]$	$m = F/a$	kg
力	F	$[LMT^{-2}]$	$[F]$	$F = ma$	N 或 $kg \cdot m/s^2$
应力	τ_{ij}	$[L^{-1} M T^{-2}]$	$[L^{-2} F]$	$\tau_{ij} = F/A$	N/m^2 或 Pa
密度	ρ	$[L^{-3} M]$	$[L^{-4} F T^2]$	$\rho = \Delta m / \Delta \tau$	kg/m^3
动力黏度	μ	$[L^{-1} M T^{-1}]$	$[L^{-2} F T]$	$\mu = \tau_{ij} / \dfrac{\partial u}{\partial y}$	$Pa \cdot s$ 或 $N \cdot s/m^2$
能、功	W	$[L^2 M T^{-2}]$	$[LF]$	$W = Fl$	J 或 $N \cdot m$
温度	T	$[\Theta]$	$[\Theta]$	T	K
压强	p	$[L^{-1} M T^{-2}]$	$[L^{-2} F]$	$p = F/A$	N/m^2 或 Pa
气体常数	R	$[L^2 T^{-2} \Theta^{-1}]$	$[L^2 T^{-2} \Theta^{-1}]$	$R = p / \rho T$	$J/(kg \cdot K)$
内能	e	$[L^2 T^{-2}]$	$[L^2 T^{-2}]$	单位质量气体的内能	J/kg
定容比热	C_V	$[L^2 T^{-2} \Theta^{-1}]$	$[L^2 T^{-2} \Theta^{-1}]$	$C_V = \left(\dfrac{\delta q}{\delta T}\right)_V$	$J/(kg \cdot K)$
定压比热	C_P	$[L^2 T^{-2} \Theta^{-1}]$	$[L^2 T^{-2} \Theta^{-1}]$	$C_p = C_V + R$	$J/(kg \cdot K)$
热传导系数	K	$[LMT^{-3} \Theta^{-1}]$	$[FT^{-1} \Theta^{-1}]$	$q_\lambda = K \dfrac{\partial T}{\partial y}$	$J/(s \cdot m \cdot K)$
焓	h	$[L^2 T^{-2}]$	$[L^2 T^{-2}]$	$h = e + p/\rho$	J/kg
熵	S	$[L^2 M T^{-2} \Theta^{-1}]$	$[LF \Theta^{-1}]$	$dS = dQ/T$	J/K

表 2-7　基本单位换算关系

量的名称	换算关系	备注
质量	$1[kg] = 1000[g] = 2.20462[lb]$	g— 克
长度	$1[m] = 39.3701[in] = 3.2808[ft] = 1.0936[yd]$；$1[ft] = 12[in]$；$1[in] = 25.40[mm]$	lb— 磅 in— 英寸
面积	$1[m^2] = 10^4[cm^2] = 10.764[ft^2] = 1550[in^2]$	ft— 英尺
体积	$1[m^3] = 10^3[L] = 35.31[ft^3] = 219.98[gal(英)] = 264.17[gal(美)]$	yd— 码 gal— 伽仑
密度	$1[kg/m^3] = 1000[g/cm^3] = 6.2428 \times 10^{-2}[lb/ft]$	dyne— 达因
力	$1[N] = 10^5[dyne] = 0.10197[kgf] = 0.22488[lbf]$	kgf— 公斤力

续表

量的名称	换算关系	备注
压力	$1[Pa] = 10^{-5}[bar] = 1.0197 \times 10^{-5}[kg/cm^2] = 14.5 \times 10^{-5}[lbf/in^2]$ $= 7.5 \times 10^{-3}[mmHg] = 10.21 \times 10^{-2}[mmH_2O]$ $= 29.53 \times 10^{-5}[inHg] = 0.9869 \times 10^{-5}[标准大气压]$	lbf— 磅力 bar— 巴 cp— 厘泊 BTU— 英热单位 hp— 马力 °F— 华氏度
黏度	$1[Pa \cdot s] = 10^3[cp] = 0.6721[lb/(ft \cdot s)] = 0.102[kgf \cdot s/m^2]$ $= 2.09 \times 10^{-2}[lbf \cdot s/ft^2]$	
能,功	$1[J] = 0.2389 \times 10^{-3}[kcal] = 9.485 \times 10^{-4}[BTU] = 0.7378[lbf \cdot ft]$	
功率	$1[kW] = 1000[W] = 0.2389[kcal/s] = 0.9485[BTU/s] = 1.3410[hp] = 737.79[ft \cdot lbf/s]$	
比热容	$1[J/(kg \cdot K)] = 0.2389 \times 10^{-3}[kcal/(kg \cdot ℃)]$ $= 0.2389 \times 10^{-3}[BTU/(lb \cdot °F)]$	
热传导系数	$1[J/(s \cdot m \cdot K)] = 1[W/(m \cdot K)] = 0.860[kcal/(m \cdot h \cdot ℃)]$ $= 0.5779[BTU/(ft \cdot h \cdot °F)]$	
温度	$t/℃ = [t/°F - 32] \times 5/9; T/K = t/℃ + 273$	

需要注意的是,只有量纲相同的物理量才能相加减,因此正确的物理关系式中各加和项的量纲必须是相同的,等式两边的量纲也必然是相同的,这就是量纲和谐原理。利用量纲和谐原理可以将待考察物理现象所涉及的物理量组成无量纲综合量,利用量纲分析方法使无量纲综合量构成函数关系,它反映了物理量之间的内在规律,并使待求函数的自变量数目减少到最少。一般来讲,无量纲综合量有明确的物理意义,它们间的函数关系构成了物理现象的内在联系,这样使理论分析简明,抓住了问题的实质。同时由于无量纲综合量的数目少于有量纲物理量的数目,从而使该现象的实验次数大为减少,并简化了实验条件,使实验数据的采集和处理有规律可循。

量纲分析法包括瑞利方法和白金汉定理。

瑞利方法的前提条件是影响流动现象的变量之间的函数关系是幂函数乘积的形式,求解这个函数关系式的具体步骤是:

(1)确定影响流动的重要物理参数,且这些参数必须是独立的,并假定它们之间的函数关系式可表示为幂函数乘积形式;

(2)根据量纲和谐原理,建立各物理参数指数的联立方程组;

(3)解方程组,求得各物理参数的指数值,代入所假定的函数关系式,得到无量纲特征数(相似数)之间的函数关系式;

(4)通过实验模型,确定关系式中的待定常数,从而得到描述该流动问题的具体的经验公式。

用瑞利方法进行量纲分析时,第一步尤为重要,既不能遗漏对流动有重要影响的物理参数,也不应该包括那些次要参数,否则要么所得关联式误差较大,要么因变量太多难以求得函数关系式。一般而言,瑞利方法适用于影响因素较少的简单流动问题。

白金汉定理又称为 π 定理,它是白金汉(E. Buckingham)于 1951 年提出的,应用广泛。

π 定理表述:如果一个物理过程涉及 n 个物理量 $q_1, q_2, \cdots, q_n$ 和 m 个基本量纲,则这个物

理过程可以用由 n 个物理量组成的 $n-m$ 个无量纲量（相似准则数）的函数关系来描述，这些无量纲量用 $\pi_i(i=1,2,\cdots,n-m)$ 来表示。倘若物理过程的方程式为

$$F(x_1,x_2,\cdots,x_n)=0 \tag{2-110}$$

在这 n 个物理量中有 m 个基本量纲，则物理方程式可以转化为无量纲物理方程式（准则方程式）：

$$F(\pi_1,\pi_2,\cdots,\pi_{n-m})=0 \tag{2-111}$$

π 定理在流体力学中应用广泛。运用 π 定理时的关键是如何确定独立的无量纲数，其方法为：如果 n 个物理量的基本量纲为 M、L、T，即基本量纲数 $m=3$，则在这 n 个物理量中选取 m 个作为循环量，例如选 q_1、q_2、q_3；用这三个循环量与其他 $n-m$ 个物理量中的任一量组合成无量纲数，这样就得到 $n-m$ 个独立的无量纲数。

π 定理只能求出影响流动的无量纲特征数，不像瑞利法那样可确定无量纲特征数之间的幂函数乘积的关系式。要确定具体的函数关联式，必须通过模型实验来解决。需要指出的是，采用瑞利方法和白金汉定理均可减少描述流动的变量的个数，从而减少实验的工作量。此外，由于是用无量纲数来描述流动，故所得的经验关联式可作为放大设计的依据。在流体力学分析中，常见无量纲数及其意义见表 2-8。

表 2-8　常见无量纲数及其意义

符号	名称	定义	意义与应用	符号定义
Ar	阿基米德 Archimedes	$\dfrac{\rho(\rho_p-\rho)gd^3}{\mu^2}$	颗粒有效重力与黏性力之比；应用于颗粒重力沉降或流态化问题	c—— 声速 A—— 物体表面积 c_p—— 比定压热容
Bi	毕渥 Biot	$\dfrac{hL}{k_s}$ 或 $\dfrac{h(V/A)}{k_s}$	物体内部导热热阻与边界对流换热热阻之比；应用于热传导问题	d—— 颗粒直径 D_{AB}—— 质量扩散系数
Eu	欧拉 Euler	$\dfrac{p}{\rho u^2}$	压力与惯性力之比；应用于压差流或涉及空化的流动问题	h—— 对流换热系数
Fo	傅里叶 Fourier	$\dfrac{at}{L^2}$ 或 $\dfrac{at}{(V/A)^2}$	热扩散时间特征数；应用于非稳态热传导问题	h_D—— 对流传质系数 k—— 流体热传导系数
Fr	弗鲁德 Froude	$\dfrac{u^2}{gL}$	惯性力与重力之比；应用于有自由表面的流动问题	k_s—— 固体热传导系数
Ga	伽利略 Galileo	$\dfrac{\rho(\rho_p-\rho)gd^3}{\mu^2}$	类似于阿基米德数	L—— 定性尺寸 p—— 流体压力 q_m—— 质量流量
Gr	格拉晓夫 Grashof	$\dfrac{L^3\rho^2g\beta\Delta T}{\mu^2}$	浮力与黏性力之比；应用于自然对流换热问题	t—— 时间 u—— 定性速度 V—— 物体体积
Gz	格雷兹 Graetz	$\dfrac{q_m c_p}{kL}$	表征对流换热进口区长度；应用于管道内的对流换热问题	α—— 热扩散系数 β—— 热膨胀系数
Le	刘易斯 Lewis	$\dfrac{k}{c_p\rho D_{AB}}$ 或 $\dfrac{\alpha}{D_{AB}}$	热量扩散与质量扩散之比；应用于对流换热问题	ΔT—— 流体温差 μ—— 流体黏度

续表

符号	名称	定义	意义与应用	符号定义
Ma	马赫 Mach	$\dfrac{u}{c}$	流体速度与声速之比；应用于高速气体流动问题	ρ——　流体密度 ρ_p——　颗粒密度 υ——　动量扩散系数或运动黏度
Nu	努赛尔 Nusselt	$\dfrac{hL}{k}$	导热与对流热阻之比，表征对流换热强度；应用于对流换热问题	
Pe	贝克列 Peclet	$\dfrac{uL}{\alpha}$ 或 $RePr$	对流流速与热量扩散速度之比；应用于对流换热问题	
		$\dfrac{uL}{D_{AB}}$ 或 $ReSc$	对流流速与质量扩散速率之比；应用于对流传质问题	
Pr	普朗特 Prandtl	$\dfrac{c_p\mu}{k}$ 或 $\dfrac{\upsilon}{\alpha}$	动量扩散与热量扩散之比；应用于对流换热问题	
Re	雷诺 Reynolds	$\dfrac{\rho uL}{\mu}$	惯性力与黏性力之比；应用于涉及黏性和惯性力的流动	
Sc	斯密特 Schmidt	$\dfrac{\mu}{\rho D_{AB}}$ 或 $\dfrac{\upsilon}{D_{AB}}$	动量扩散与质量扩散之比；应用于对流传质问题	
Sh	谢伍德 Sherwood	$\dfrac{h_D L}{D_{AB}}$	扩散与对流传质阻力之比，表征对流传质强度；应用于对流传质问题	
St	斯坦顿 Stanton	$\dfrac{h}{c_p \rho u}$ 或 $\dfrac{RePr}{Nu}$	组合数，对流换热与热焓增量之比；应用于对流换热问题	
St	斯特哈尔 Strouhal	$\dfrac{L}{ut}$	惯性力时间变化与空间变化之比；应用于非稳态或周期性流动	
We	韦伯 Weber	$\dfrac{\rho u^2 L}{\sigma}$	惯性力与表面张力之比；应用于涉及流体界面的问题	

　　应用量纲分析法去探索流动规律时，注意以下几点：(1) 必须知道流动过程所包含的全部物理量，不应缺少其中的任何一个，否则，会得到不全面的甚至是错误的结果。(2) 在表征流动过程的函数关系式中存在无量纲常数时，量纲分析法不能给出它们的具体数值，只能由试验来确定。(3) 量纲分析法不能区别量纲相同而意义不同的物理量，例如，流函数 ψ、速度势 φ、速度环量 Γ 与运动黏度 υ 等，遇到这类问题时应当注意。

2.4.1.2　相似原理

　　在流体力学研究的范围内，经常依靠实验来寻求有关流动现象的规律性或验证理论与数值计算结果。流体力学实验的手段主要是通过风洞、水洞、激波管、水电比拟等设备模拟自然界的流体流动。实物的尺寸一般来讲都是较大的，例如飞机、轮船等。在实验室里要制造这样的庞然大物需要大量的经费，有时甚至是不可能的。因此通常是做一个较实物小很多的几何相似模型，然后在模型上进行试验，得到所需要的实验数据，再换算到实物上去。这样自然就产生了实物和模型之间的流动相似问题,即如何选择模型尺寸和如何安排实验条件,才能使原型和模型力学相似。如何进行实验、如何选取数据、如何将模型实验的结果转换到原型上去,这是实验研究中首要解决的问题,这也正是流动相似原理需要解决的问题。

相似的概念首先出现在几何学里,如两个三角形相似时,对应边的比例相等。流动的力学相似是几何相似概念在流体力学中的推广和发展,它指的是两个流场的力学相似,即在流动空间的各对应点上和各对应时刻,表征流动过程的所有物理量各自互成一定比例。表征流动过程的物理量按其性质主要有三类,即表征流场几何形状的、表征流体微团运动状态的和表征流体微团动力性质的,因此,流动的力学相似主要包括流场的几何相似、运动相似和动力相似。

几何相似指模型流动的边界形状与原型相似,即模型与原型的全部对应线性长度的比例相等。自然界或工程实际中的流动系统称为原型,为实验进行研究所设计的流动系统称为模型。若用 L_p、L_m 分别表示原型与模型相对应的某一几何特征尺度,则几何相似意味着:

$$\frac{L_p}{L_m} = C_l \tag{2-112}$$

式中:C_l 为长度比尺,表示原型的尺度与模型的对应尺度之比均为 C_l。通常模型的选择依实验条件而定,越接近原型越能反映实际流动情况,而且理论上讲,模型和原型之间有对应尺寸的长度比尺 C_l 均应该一致,但这一要求并非总能满足。例如,对天然河道的流动进行模拟实验时,如果按同一比尺缩制模型,可能会造成水深太小甚至改变模型中水流的性质。又如,在研究管道流动或高坝溢流中的表面摩擦阻力时,模型表面与原型表面的表面粗糙度相似是很重要的,但要完全满足表面粗糙度相似往往很困难,此时只有降低要求,如使模型与原型的平均相对表面粗糙度相等。

运动相似是指几何相似的两个流动系统中对应流线形状也相似。但由于流动边界将影响流线形状,故运动相似还意味着几何相似。但要注意的是几何相似则不能保证运动相似。如图 2-26 所示的是两个几何相似但运动不相似的系统,左边系统的绕流速度是亚声速,而右边系统是超声速的,两者具有不同的绕流流线,因此运动不相似。

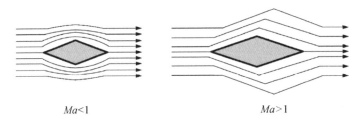

$Ma<1$ $Ma>1$

图 2-26 几何相似而运动不相似的流动

运动相似也意味着两系统对应点的速度向量 $\boldsymbol{v}$、加速度向量 $\boldsymbol{a}\left[\boldsymbol{a} = \lim\limits_{\Delta t \to 0}(\Delta \boldsymbol{v}/\Delta t)\right]$ 相互平行,且比值为常数,即

$$\frac{v_p}{v_m} = C_V, \quad \frac{\Delta t_p}{\Delta t_m} = C_t \tag{2-113}$$

式中:C_V 和 C_t 分别为速度比尺和时间比尺。根据速度、位移和时间间隔之间的关系可确定速度比尺、长度比尺和时间比尺之间的关系为

$$\frac{C_V C_t}{C_l} = 1 \tag{2-114}$$

　　上式表明,若两个流动系统运动相似,则选定了速度、长度和时间三个比尺中的任意两个,另一个比尺即为定值。

　　动力相似是指在两个几何相似、运动相似的流动系统中,对应点处作用的相同性质的力 **F** 的方向相同、大小成一定比例,即

$$\frac{F_p}{F_m} = C_f \tag{2-115}$$

式中:C_f 为力的比尺,要求在两个流场中任意对应点都保持一致。

　　显然,要使模型中的流动和原型相似,除了满足几何相似、运动相似和动力相似外,还必须使两个流动系统的边界条件和初始条件相似。例如,若原型是固定管束绕流,模型也应是固定管束绕流。

　　有了以上关于几何学量、运动学量和动力学量的三组比尺,模型与原型流场之间各物理量的相似换算就很方便了。以上三种相似是互相联系的。流场的几何相似是动力学相似的前提条件,动力相似是决定运动相似的主导因素,而运动相似则是几何相似和动力相似的表现。因此,模型与原型流场的几何相似、运动相似和动力相似是两个流场完全相似的重要特征。其他还有温度相似、浓度相似等在传热、扩散等问题的模拟试验中会用到,本节中不做讨论。

2.4.2　相似准则及其分析方法

　　相似原理要求两个系统流动相似必须在几何、运动和动力三个方面都要相似,即满足相似条件式(2-112)至式(2-115)。在采用模型实验模拟原型流动时,式(2-112)至式(2-115)并不能用来验证模型实验系统是否与原型相似,因为原型流动的详情是未知的。为了保证模型系统中的流动与原型系统相似,就需要建立相似准则来解决这一问题。

　　相似准则是流动相似的充分必要条件。建立相似准则一般有两种途径:对于已有流动微分方程描述的问题,可直接根据微分方程和相似条件导出相似准则;对于还没能建立流动微分方程的问题,只要知道影响流动过程的物理参数,就可通过量纲分析方法导出相似准则。

2.4.2.1　微分方程分析法

　　由 2.3 节的介绍可知,对于黏性不可压缩流体的流动,可用 N-S 方程来描述。因此,从 N-S 方程入手,可导出黏性不可压缩流体流动的相似准则。

　　为简明起见,设流体受到的体积力只有重力,重力方向沿 z 轴负方向,这样仅以 z 方向的 N-S 方程即可导出黏性不可压缩流体的相似准则。以下标 p、m 分别表示原型参数和模型参数,则根据 N-S 方程式(2-103),原型和模型系统在 z 方向的流动微分方程分别为

$$\frac{\partial v_{pz}}{\partial t_p} + v_{px}\frac{\partial v_{pz}}{\partial x_p} + v_{py}\frac{\partial v_{pz}}{\partial y_p} + v_{pz}\frac{\partial v_{pz}}{\partial z_p}$$

$$= -g_p - \frac{1}{\rho_p}\frac{\partial p_p}{\partial z_p} + \frac{\mu_p}{\rho_p}\left(\frac{\partial^2 v_{pz}}{\partial x_p^2} + \frac{\partial^2 v_{pz}}{\partial y_p^2} + \frac{\partial^2 v_{pz}}{\partial z_p^2}\right) \tag{2-116a}$$

$$\frac{\partial v_{mz}}{\partial t_m} + v_{mx}\frac{\partial v_{mz}}{\partial x_m} + v_{my}\frac{\partial v_{mz}}{\partial y_m} + v_{mz}\frac{\partial v_{mz}}{\partial z_m}$$

$$= -g_m - \frac{1}{\rho_m}\frac{\partial p_m}{\partial z_m} + \frac{\mu_m}{\rho_m}\left(\frac{\partial^2 v_{mz}}{\partial x_m^2} + \frac{\partial^2 v_{mz}}{\partial y_m^2} + \frac{\partial^2 v_{mz}}{\partial z_m^2}\right) \tag{2-116b}$$

根据流动相似条件,若模型与原型系统相似,则两系统对应点上的各种参量之比应分别有相同的相似比尺,即

几何相似　　$C_l = \dfrac{x_p}{x_m} = \dfrac{y_p}{y_m} = \dfrac{z_p}{z_m}$ 　　　　　　　　　　　　　　　(2-117a)

运动相似　　$C_V = \dfrac{v_{px}}{v_{mx}} = \dfrac{v_{py}}{v_{my}} = \dfrac{v_{pz}}{v_{mz}}, C_t = \dfrac{t_p}{t_m}$ 　　　　　　　　(2-117b)

动力相似　　$C_\rho = \dfrac{\rho_p}{\rho_m}, C_\mu = \dfrac{\mu_p}{\mu_m}$, 或 $C_v = \dfrac{v_p}{v_m}$ 　　　　　　(2-117c)

将式(2-117)中的原型参量表示为相应模型参量及相似比尺的乘积,如 $x_p = C_l x_m$、$v_{px} = C_V v_{mx}$、$p_p = C_p p_m$ 等,然后代入式(2-116a)中,即可得到用模型参量和相似比尺表示的原型系统的流动方程:

$$
\frac{C_V}{C_t} \frac{\partial v_{mz}}{\partial t_m} + \frac{C_V^2}{C_l}\left(v_{mx} \frac{\partial v_{mz}}{\partial x_m} + v_{my} \frac{\partial v_{mz}}{\partial y_m} + v_{mz} \frac{\partial v_{mz}}{\partial z_m} \right)
$$
$$
= -C_g g_m - \frac{C_p}{C_l C_\rho} \frac{1}{\rho_m} \frac{\partial p_m}{\partial z_m} + \frac{C_V C_\mu}{C_l^2 C_\rho} \frac{\mu_m}{\rho_m}\left(\frac{\partial^2 v_{mz}}{\partial x_m^2} + \frac{\partial^2 v_{mz}}{\partial y_m^2} + \frac{\partial^2 v_{mz}}{\partial z_m^2} \right)
$$
(2-118)

比较模型方程式(2-116b)和变换后的原型流动方程式(2-118)可见,只要方程式(2-118)中各相似比尺满足下列条件:

$$
\frac{C_V}{C_t} = \frac{C_V^2}{C_l} = C_g = \frac{C_p}{C_l C_\rho} = \frac{C_V C_\mu}{C_l^2 C_\rho}
$$
(2-119)

则式(2-118)中的各相似比尺项就可以消去,从而与模型方程式(2-116b)完全一样,这意味着:

(1)只要式(2-119)成立,而两系统的边界条件也相似的话,则一旦模型方程式(2-116b)有解,就可按式(2-117)的比例关系获得原型系统的各个参数,而不必求解原型系统流动方程;(2)由于两系统的参数符合式(2-117)中的几何、运动和动力相似比尺关系,所以只要关系式(2-119)成立,在边界条件也相似的情况下,两系统必然是流动相似的,因为该条件下原型与模型具有完全一样的运动方程。因此式(2-119)就是上述 N-S 方程所描述的黏性不可压缩流体流动的相似准则。

在式(2-119)中,各项同时除以 C_V^2/C_l,并对各项顺序做出调整,则式(2-119)的等价形式可表示为

$$
\frac{C_V C_l C_\rho}{C_\mu} = \frac{C_p}{C_\rho C_V^2} = \frac{C_V^2}{C_t C_g} = \frac{C_l}{C_t C_V} = 1
$$
(2-120)

根据式(2-120)及式(2-117)可得到四个相似准则及其无量纲相似数,如表 2-9 所示。

表 2-9　N-S 方程流动问题的相似准则与相似数

相似准则 比尺方程	相似准则物理方程	相似准则名称及相似数	备注
$\dfrac{C_V C_l C_\rho}{C_\mu} = 1$	$\dfrac{L_p v_p \rho_p}{\mu_p} = \dfrac{L_m v_m \rho_m}{\mu_m} = Re$	雷诺相似准则,雷诺数 $Re = \dfrac{\rho v L}{\mu}$	L——特征长度 v——特征速度 t——时间
$\dfrac{C_p}{C_\rho C_V^2} = 1$	$\dfrac{p_p}{\rho_p v_p^2} = \dfrac{p_m}{\rho_m v_m^2} = Eu$	欧拉相似准则,欧拉数 $Eu = \dfrac{p}{\rho v^2}$	p——压力 ρ——流体密度

续表

相似准则 比尺方程	相似准则物理方程	相似准则名称及相似数	备注
$\dfrac{C_V^2}{C_l C_g}=1$	$\dfrac{v_p^2}{L_p g_p}=\dfrac{v_m^2}{L_m g_m}=Fr$	弗鲁德相似准则,弗鲁德数 $Fr=\dfrac{v^2}{gL}$	μ——黏度
$\dfrac{C_l}{C_t C_V}=1$	$\dfrac{L_p}{t_p v_p}=\dfrac{L_m}{t_m v_m}=St$	斯特哈尔相似准则,斯特哈尔数 $St=\dfrac{L}{vt}$	

这样一来,上述 N-S 方程所描述的黏性不可压缩流体流动的相似准则就可以具体表述为:原型与模型系统中的这些相似数 Re、Eu、Fr、St 应分别相等。在此基础上,如果两系统边界条件、初始条件相似,就能保证系统和模型的流动相似。

2.4.2.2　相似数物理意义及典型条件应用

为了说明黏性不可压缩流动 4 个相似数的物理意义,在此先列出 z 方向的 N-S 方程:

$$\underbrace{\rho\frac{\partial v_z}{\partial t}}_{\substack{\text{惯性力}(t)\\ \rho v/t}}+\underbrace{\rho\left(v_x\frac{\partial v_z}{\partial x}+v_y\frac{\partial v_z}{\partial y}+v_z\frac{\partial v_z}{\partial z}\right)}_{\substack{\text{惯性力}(v)\\ \rho v^2/L}}=-\underbrace{\rho g}_{\substack{\text{重力}\rho g}}-\underbrace{\frac{\partial p}{\partial z}}_{\substack{\text{压力}p/L}}+\underbrace{\mu\left(\frac{\partial^2 v_z}{\partial x^2}+\frac{\partial^2 v_z}{\partial y^2}+\frac{\partial^2 v_z}{\partial z^2}\right)}_{\substack{\text{黏性力}\\ \mu v/L^2}}$$

从力的角度看,该方程等号左边是单位体积流体质量(即密度)与流体加速度的乘积,因此表示的是惯性力,其中与时间变化相关的惯性力表示为 $\rho v/t$,与流体运动(时间变化)相关的惯性力表示为 $\rho v^2/L$;方程等号右边是单位体积流体受到的重力、压力(表面力)和黏性力,分别用 ρg、p/L、$\mu v/L^2$ 表示。明确 N-S 方程各项的意义后,可以很好地理解上述 4 个相似数 Re、Eu、Fr、St 的物理意义。

雷诺数 Re 是与流体惯性有关的相似数,表示惯性力与黏性力之比,即

$$Re=\frac{F_{\text{惯性力}}}{F_{\text{黏性力}}}=\frac{\rho v^2/L}{\mu v/L^2}=\frac{\rho v L}{\mu}$$

Re 常用于分析黏性力不可忽略的流动,又称黏性阻力相似数。如果两个几何相似的流动在黏滞阻力作用下达到动力相似,则它们的雷诺数一定相等;反之,两个流动的雷诺数相等,则这两个流动一定在黏滞阻力作用下动力相似。在研究管道流动、飞行器的阻力、浸没在不可压缩流体中各种形状物体的阻力以及边界层流动等问题时,必须考虑雷诺数。

欧拉数 Eu 是与压力有关的相似数,又称为压力相似数,表示压力与惯性力之比,即

$$Eu=\frac{F_{\text{压力}}}{F_{\text{惯性力}}}=\frac{p/L}{\rho v^2/L}=\frac{p}{\rho v^2}$$

如果两个几何相似的流动在压力表面力作用下达到动力相似,则它们的欧拉数必然相等;反之,如果两个流动的欧拉数相等,则这两个流动在压力表面力作用下一定是动力相似的。欧拉数常用于描述压力对流速分布影响较大的流动,如管中的水击、空泡现象和空泡阻力问题就必须考虑欧拉数。

弗鲁德数 Fr 是与重力有关的相似数,又称为重力相似数,表示惯性力与重力之比,即

$$Fr=\frac{F_{\text{惯性力}}}{F_{\text{重力}}}=\frac{\rho v^2/L}{\rho g}=\frac{v^2}{gL}$$

如果两个几何相似的流动在重力的作用下达到动力相似,则它们的弗鲁德数必然相等;

反之,如果两个流动的弗鲁德数相等,则这两个流动在重力的作用下一定是动力相似的。在水流状态中,有急流和缓流之分,其性质大不相同。缓流中干扰微波可往上游传播,急流中则不能。弗鲁德数综合反映了水流运动的惯性力作用和重力作用。当 $Fr > 1$ 时,水流性质为急流;当 $Fr < 1$ 时,水流性质为缓流。

弗鲁德数常用于描述有自由表面的流动。例如,对于水力学中的港口的潮汐流动、江河的流动、堰流、孔口管嘴泄流以及流过水工建筑物等流动问题,对于液体表面的波动、船舶和水上飞机浮筒等水上运动物体的波浪阻力问题,对于在空气动力学中的具有加速度的运动物体的飞行问题等,弗鲁德数有显著的意义。但在管道内的流动中,由于这类流动的边界为固定固体壁,边界上的速度都已经给出,不会改变,因此可以不用考虑弗鲁德数。

斯特哈尔数 St 是和时间变化相关的相似数,又称为时间相似数,表示速度随时间变化引起的力与惯性力之比,即

$$St = \frac{F_{惯性力t}}{F_{惯性力v}} = \frac{\rho v / t}{\rho v^2 / L} = \frac{L}{vt}$$

如果两个几何相似的流动在非定常流动下达到动力相似,则它们的斯特哈尔数必然相等;反之,如果两个流动的斯特哈尔数相等,则这两个流动在非定常流动下一定是动力相似的。在稳态流动时,不考虑斯特哈尔数,但是在有周期性流动时,如在研究叶片机械、螺旋桨式飞机和直升机旋翼的气动力性能时,在研究船用螺旋桨的水动力性能时,必须考虑斯特哈尔数。

需要指出的是,用时间相似准则来考虑非定常流动的模拟实验,能比无量纲的时间比尺更好地反映流动的本质。因为满足了斯特哈尔数,也就满足了运动相似和动力相似。

上述 Re、Eu、Fr、St 是 N-S 方程描述的黏性不可压缩流体流动的相似数。理论上模型实验要有相似性,模型与原型两者对应的 4 个相似数应相等,但实践中会发现,多数情况下要做到这点是很困难的,只能根据流动问题的特点,选择保证主要的相似数相等。

2.4.3　流动相似条件及工程模型研究

流动相似原理是工程模型研究和实验的基础。在应用模型实验研究流动问题时,首先要保证模型系统与原型系统的流动相似,即保证两系统流动的同名相似数都相等,然后通过实验测试和数据处理获得相似数之间的关系式或曲线,从而使得模型实验的结果可应用于原型系统的放大设计。

2.4.3.1　流动相似条件

相似准则是保证流动相似的充分必要条件,是模型实验必须遵守的。其可以表述如下:(1)相似的流动都属于同一类的流动,它们都应为相同的微分方程组所描述,这是流动相似的第一个条件。(2)服从相同微分方程组的同类流动有无数个,从这无数同类流动中单一地划分出某一具体流动的条件是它的单值条件。单值条件包括几何条件、边界条件(进口、出口的速度分布等)、物性条件(密度、黏度等);对于非定常流动,还有初始条件(初瞬时速度分布等)。若两个流动的单值条件相同,则由相同微分方程组得到的解是同一个,即它们是相同的流动;若两个流动的单值条件相似,则由相同微分方程组得到的解是相似的,即它们是相似的流动。单值条件相似是流动相似的第二个条件。(3)由单值条件中的物理量所组成的相似

准则数相等是流动相似的第三个条件。

综上所述,可将相似条件概述为:凡属同一类的流动,当单值条件相似而且由单值条件中的物理量所组成的相似准则数相等时,这些流动必定相似。这是保证流动相似的充分必要条件,是前面讨论的几何相似、运动相似和动力相似的概括和发展,是设计模型、组织模型试验及在模型与原型各物理量之间进行换算的理论根据。由于单值条件是从无数同类流动中单一地划分出某一具体流动的条件,因此,单值条件中的各物理量称为定性量,即决定性质的量。由定性量组成的相似准则数称为定性准则数;包含被决定量的相似准则数称为非定性准则数。例如,在工程上常见的不可压缩黏性流体的定常流动中,密度 ρ、特征长度 L、流速 v、黏度 μ、重力加速度 g 等都是定性量,由它们组成的雷诺数 Re、弗鲁德数 Fr 便是定性准则数;压强 p 与流速 v 总是以一定的关系式互相联系着,知道了流速分布,便确定了压强分布,压强是被决定量,包含有压强(或压差)的欧拉数 Eu 便是非定性准则数。

相似条件解决了模型实验中必须解决的下列问题:(1)应根据单值条件相似和由单值条件中的物理量所组成的相似准则数相等的原则去设计模型,选择模型中的流动介质。(2)试验过程中应测定各相似准则数中所包含的应予测定的一切物理量,并把它们整理成相似准则数。(3)用与实验数据相拟合的方法找出相似准则数之间的函数关系,即准则方程式。该准则方程式便可推广应用到原型及其他相似流动中去,有关物理量可按各自的比例尺进行换算。

2.4.3.2 工程模拟研究

工程研究中需要解决的两个核心问题是模型与原型的相似、参数测试及实验结果整理。

模型与原型的相似首先要确定其相似准则。根据不同的情况,可以分别采用流动微分方程相似分析或量纲分析法来导出相似准则或相似数。其中在采用量纲分析法时,尤其要注意既不遗漏对流动有重要影响的物理参数,也不包括那些次要参数。

相似数的筛选要求研究者对问题本身有尽量全面的认识和了解,并借鉴前人的研究工作所积累的经验。例如,在管道流动中,起决定作用的是雷诺数,而欧拉数可以忽略不计;但在研究空泡与空蚀现象时,欧拉数则起决定性作用。

相似准则确定后,要进行模型尺寸及实验条件的确定。确定模型的大小及其他实验条件的依据是:保证影响流动的主要相似数以及由边界条件和初始条件推导出的相似数相等,从而使模型流动与原型流动相似。一般情况下,模型应与原型几何相似,这种模型称为正态模型。

然而,在模型实验设计的实际过程中是会遇到许多困难的。首先是不可能使模型流动和原型流动的相似数全都相等,通常即使是保证两个相似数相等也是比较困难的。在这种情况下,只能通过对流动问题进行具体的分析,设法保证最重要的相似数相等。例如,管道流动、涡轮机内的流动以及低速飞行体的绕流等都属于黏性作用有重要影响的流动问题,应使模型与原型雷诺数相等;在弹性力作用下相似的气流,应保证马赫数相等。其次,在某些流动问题的研究中,即使是几何相似也是很困难的。例如利用模型实验研究河流中沙石对流动的影响时,由于河床长度远大于河床宽度和河床深度,同时又难以按相同长度比尺找到合适的沙石,因此按几何相似制作的模型中的水的深度和宽度可能太小,以至于会改变水流的性质。在这种情况下,只能按不同比尺制作模型,以保证模型中水和沙石的运动尽量符合实际。但因为模型实验揭示了流动中最重要和最突出的问题,因此人们还是能够从这些不完善的模型实验结果中得到有价值的结论。

　　流体力学实验研究的目的,就是找出流动的具体规律,即建立物理参数之间的具体的关系式,也称为实验关联式。利用相似理论及量纲分析将有关物理量组合成无量纲数(相似数),就使实验工作转化为以相似数作为变量,因而实验中不必将相似数包含的每一个物理量都作为实验测试变量,只需测量相似数中易于改变的和测量的物理参数,以反映该相似数的变化就可以了。

2.4.4　流场测试技术

　　流场测试包括测量欧拉场中相关物理参数的分布状态,如速度分布、压力分布、密度分布、气(液)固两相流的固相浓度分布等,本节主要简单介绍速度场和压力场的测量仪器及其适用性。

　　测量流体点速度的装置或仪器有接触式和非接触式两大类。接触式常用仪器有毕托管、三孔探针、五孔探针、热丝流速仪和热膜流速仪;非接触式常用仪器有激光多普勒测速仪、高速摄影仪和激光粒子成像测速仪等。各装置或仪器的特点如表 2-10 所示。

表 2-10　流体速度测量装置或仪器简介

装置(仪器)名称		特点及其适用范围
接触式	毕托管	仅适用于测量一维速度
	三孔探针	仅适用于平面流动的测量
	五孔探针	用于空间流动参数的测量
	热丝风速仪和热膜风速仪	两者工作原理相似,其中当测速传感器元件为金属丝时,仪器为热丝风速仪,传感元件为金属膜时,仪器为热膜风速仪。热丝风速仪和热膜风速仪具有惯性小、频率响应宽、灵敏度高、对流场干扰小等优点,广泛适用于湍流实验研究,用来测量湍流场中的时均速度、脉动速度、湍流强度、关联函数、能谱及湍流尺度等
非接触式	激光多普勒测速仪	可用于高温、高压、强腐蚀性流体的测量。其优点有:对流场无干扰、测速范围宽、动态响应快、精度高、线性好,适用于边界层流动、湍流、两相流以及其他复杂行为的研究
	高速摄影仪	其原理是利用很高的摄影速度将示踪微粒的运动轨迹拍摄下来,通过分析示踪微粒的移动距离和位置来推断出微粒运动的速度与加速度
	激光粒子成像测速仪	一种新的测量方法,所测得的是平面流场的数据,并用矢量图、流线图和旋涡图和数据表示出来,比较直观方便

　　压力场的测量都是接触式测量,用于测量点速度的毕托管、三孔探针、五孔探针都可以用来测量压力场。

2.5　流体流动的数值模拟研究

数值计算方法作为一种离散近似的计算方法,在计算机迅速发展、近似算法不断成熟的今天,已经成为研究流体流动问题的重要工具,有些物理现象甚至是经由数值模拟发现而后用实验证实的。其优点为:成本低,对于实验和数值模拟都能解决的问题,数值模拟的成本往往要低几个数量级;速度快,数值模拟能在短时间内进行多个工况的模拟计算,并通过比较确定最优化工况;资料完备,可以提供全流场的信息;既能模拟真实条件又可以模拟理想条件。但值得注意的是,由于数值模拟以模拟方程为前提,故其实际应用范围有限,因为很多实际问题目前仍未找到合适的数学模型来描述,同时由于计算方法和计算手段的限制,对于已有数学模型描述的问题,也并非都能获得成功的数值模拟。此外,目前还没有通用准则保证数值模拟结果一定可靠,还必须以实验观察或测定来验证其可靠性。

2.5.1　数值模拟基本方法与过程

数值模拟的方法包括有限差分法、有限元法、边界元法及有限分析法等。对于流体流动的数值模拟,主要用到的方法是有限差分法。本节主要针对有限差分法展开介绍。

采用有限差分法模拟流体流动问题的基本过程包括:

(1) 建立模型方程,确定相应的初始条件和边界条件;

(2) 区域离散化,将求解区域划分成网格区域并确定计算节点;

(3) 方程离散化,利用差分公式代替模型方程的各微分项,使微分方程转化为由节点流动参数所表示的代数方程组;

(4) 算法设计,采用适宜的数学方法和计算程序求解该代数方程组,从而获得各节点上流体速度及相关参数的近似值。

建立模型方程对于数值模拟各种方法都是共通的。对于同一物理问题,不同数值方法之间的主要区别在于区域离散化、方程离散化和算法设计这三个步骤。

2.5.2　模型方程的建立

对于以 N-S 方程所描述的流动问题的数值模拟,建立模型方程的工作主要是根据研究对象的结构以及流动特点,对一般形式的 N-S 方程进行合理的简化。N-S 方程的简化包括利用结构对称性特点或采用特殊坐标系等,通过对方程的简化使得模型方程尽量低维化,以此降低模拟过程的复杂性。但在简化过程中要注意不能使模型失去其物理意义,以保证模拟结果的可靠性。

在数值模拟中,N-S 方程有两种常用的表达形式:一种是通常所见的直接以速度、压力表达的 N-S 方程,基于这种模型方程的数值模拟称为原始变量法;另一种是引入涡量和流函数来表达的 N-S 方程,基于这种模型方程的数值模拟称为涡量﹣流函数法。对于二维流动,涡量﹣流函数法是最为有效的方法。

2.5.2.1　设备中的流动分析与简化

合理简化一般形式的 N-S 方程,关键是抓住流体在设备中的流动特点。如图 2-27(a) 所示,对于流体在过渡设备中的稳态流动,由于过渡段具有轴对称性,且流体又是沿轴向进入过渡段的,所以速度分布与 θ 无关,而且 θ 方向的速度分量为零,因此是典型的二维流动问题,即

$$v_r = v_r(r,z), v_z = v_z(r,z), v_\theta = 0$$

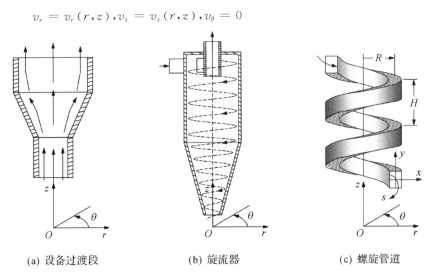

(a) 设备过渡段　　　　(b) 旋流器　　　　(c) 螺旋管道

图 2-27　化工设备中的流动示意

如图 2-27(b) 所示的旋流器中,如果忽略进出口的影响,可近似认为速度分布与 θ 无关,但由于流体切向进入旋流器,因而存在 θ 方向的速度分量。这类流动是具有三个速度分量的二维流动(速度分布只与 r、z 两个坐标变量有关),通常称为轴对称问题,即

$$v_r = v_r(r,z), v_z = v_z(r,z), v_\theta = v_\theta(r,z)$$

图 2-27(c) 所示为流体在矩形截面螺旋管道中做充分发展的流动。在图示的柱坐标系下,该流动问题可看作三维流动。但如果定义一个新的曲线坐标系,即以螺旋管中心螺旋线为轴向坐标 s,再在管道截面上定义 x、y 坐标,如图 2-27(c) 所示,则充分发展条件下的速度分布将与 s 无关,从而可以将流动转化为轴对称问题,即在 x、y、s 坐标下有

$$v_x = v_x(x,y), v_y = v_y(x,y), v_s = v_s(x,y)$$

但此时,需同时把 N-S 方程变换到 x-y-s 坐标系。

2.5.2.2　模型方程及其规范化

对于图 2-27(c) 所示的矩形截面螺旋管道中的流动,若考虑到管道弯曲半径 R 远大于螺距 H 的情况,则螺距的影响可以忽略不计,将其近似处理为矩形截面环形管道中的流动,从而将其转化为柱坐标系下的轴对称问题,如图 2-28 所示。

如图 2-28 所示置于柱坐标系下的矩形截面环形管道,不可压缩流体在其中做充分发展的层流流动。R 为管道弯曲半径,a、b 分别表示管道截面的宽度和高度。与直管中的流动不同,流体在弯曲管道中沿管道轴向(θ 方向)流动时,由于离心力作用,还会在管道截面上形成二次流,因而流体速度是三维的,若考虑充分发展的情况,则压力沿 θ 方向的变化为常数,流速沿 θ 方向的变化为零,速度分布只与坐标 r 和 z 有关,因此仍属于二维流动问题 —— 轴对

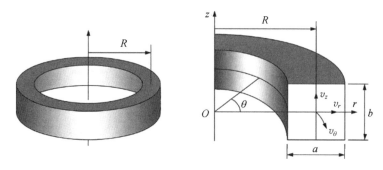

图 2-28　矩形截面环形管道

称问题。根据以上条件和分析有

$$\frac{\partial}{\partial t}=0,\frac{\partial v_r}{\partial \theta}=\frac{\partial v_\theta}{\partial \theta}=\frac{\partial v_z}{\partial \theta}=0,\frac{\partial p}{\partial \theta}=\text{const}$$

此外,在图示坐标系下,若只考虑重力作用,则单位质量流体受到的重力为

$$f_r=f_\theta=0,f_z=-g$$

将以上两个条件代入柱坐标系的连续性方程式(2-90)和 N-S 方程式(2-106),可得到矩形截面环形管道中充分发展层流流动的模型方程为

$$\frac{v_r}{r}+\frac{\partial v_r}{\partial r}+\frac{\partial v_z}{\partial z}=0 \tag{2-121}$$

$$v_r\frac{\partial v_r}{\partial r}+v_z\frac{\partial v_r}{\partial z}-\frac{v_\theta^2}{r}=-\frac{1}{\rho}\frac{\partial p}{\partial r}+\upsilon\left\{\frac{\partial}{\partial r}\left[\frac{1}{r}\frac{\partial}{\partial r}(rv_r)\right]+\frac{\partial^2 v_r}{\partial z^2}\right\} \tag{2-122a}$$

$$v_r\frac{\partial v_\theta}{\partial r}+v_z\frac{\partial v_\theta}{\partial z}+\frac{v_r v_\theta}{r}=-\frac{1}{r}\frac{1}{\rho}\frac{\partial p}{\partial \theta}+\upsilon\left\{\frac{\partial}{\partial r}\left[\frac{1}{r}\frac{\partial}{\partial r}(rv_\theta)\right]+\frac{\partial^2 v_\theta}{\partial z^2}\right\} \tag{2-122b}$$

$$v_r\frac{\partial v_z}{\partial r}+v_z\frac{\partial v_z}{\partial z}=-g-\frac{1}{\rho}\frac{\partial p}{\partial z}+\upsilon\left[\frac{1}{r}\frac{\partial}{\partial r}\left(r\frac{\partial v_z}{\partial r}\right)+\frac{\partial^2 v_z}{\partial z^2}\right] \tag{2-122c}$$

上述方程的边界条件是壁面速度为零,即

$$r=R\mp a/2:v_r=v_z=v_\theta=0$$
$$z=\mp b/2:v_r=v_z=v_\theta=0 \tag{2-123a}$$

此外,由于管道截面上的流体流动对称于 $z=0$ 的水平线,所以在 $z=0$ 的水平线上的速度分量 v_r、v_z、v_θ 必然满足以下条件:

$$\left.\frac{\partial v_r}{\partial z}\right|_{z=0}=0,v_z\big|_{z=0}=0,\left.\frac{\partial v_\theta}{\partial z}\right|_{z=0}=0 \tag{2-123b}$$

式(2-123b)可作为验证计算结果的辅助条件。另一方面,由于流动对称于 $z=0$ 的水平线,所以数值模拟计算时可只取 $z=0$ 以上(或以下)的半个管道截面作为计算区域,此时,式(2-123b)则为边界条件之一。

上述方程是带有量纲的,计算起来不方便。为此往往将模型方程转化成无量纲形式,使得模型方程规范化。

由于充分发展流动的计算只在管道截面上进行,所以为计算方便起见,首先将图 2-28 的坐标原点平移到管道截面中心,并以无量纲坐标 X、Y、S 代替原有 r、z、θ 坐标,如图 2-29 所示。它们之间的关系如下:

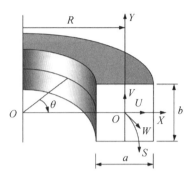

图 2-29　无量纲坐标及速度

$$X = \frac{r-R}{d_e}, Y = \frac{z}{d_e}, S = \frac{\theta R}{d_e}$$

$$r = R + X d_e = (K + X) d_e$$

式中：$d_e = 2ab/(a+b)$，为矩形管道当量直径；$K = R/d_e$，为管道弯曲比，反映管道弯曲程度，对于直管道 $K = \infty$。

然后再定义 X、Y、S 方向的无量纲速度 U、V、W 和无量纲压力 P 分别为

$$U = \frac{v_r d_e}{\upsilon}, V = \frac{v_z d_e}{\upsilon}, W = \frac{v_\theta d_e}{\upsilon}, P = \frac{p d_e^2}{\rho \upsilon^2}$$

将上述无量纲坐标、速度和压力代入模型方程式（2-121）和式（2-122），得到规范化模型方程为

$$\frac{U}{K+X} + \frac{\partial U}{\partial X} + \frac{\partial V}{\partial Y} = 0 \tag{2-124}$$

$$U\frac{\partial U}{\partial X} + V\frac{\partial V}{\partial Y} = \frac{W^2}{K+X} - \frac{\partial P}{\partial X} + \frac{\partial}{\partial X}\left\{\frac{1}{K+X}\frac{\partial}{\partial X}\left[(K+X)U\right]\right\} + \frac{\partial^2 U}{\partial Y^2}$$

$$\tag{2-125a}$$

$$U\frac{\partial V}{\partial X} + V\frac{\partial V}{\partial Y} = Ga - \frac{\partial P}{\partial Y} + \frac{1}{K+X}\frac{\partial}{\partial X}\left[(K+X)\frac{\partial V}{\partial X}\right] + \frac{\partial^2 V}{\partial Y^2} \tag{2-125b}$$

$$U\frac{\partial W}{\partial X} + V\frac{\partial W}{\partial Y} = -\frac{UW}{K+X} - \frac{K}{K+X}\frac{\partial P}{\partial S}$$

$$+ \frac{\partial}{\partial X}\left\{\frac{1}{K+X}\frac{\partial}{\partial X}\left[(K+X)W\right]\right\} + \frac{\partial^2 W}{\partial Y^2} \tag{2-125c}$$

式中：$Ga = g d_e^3/\upsilon^2$，称为伽利略数，表示重力与黏性力之比。

边界条件式（2-123a）和式（2-123b）相应转化为

$$X = \mp(\gamma+1)/4 : U = V = W = 0$$

$$Y = \mp(\gamma+1)/(4\gamma) : U = V = W = 0 \tag{2-126a}$$

$$\left.\frac{\partial U}{\partial Y}\right|_{Y=0} = 0, V\big|_{Y=0} = 0, \left.\frac{\partial W}{\partial Y}\right|_{Y=0} = 0 \tag{2-126b}$$

式中：$\gamma = a/b$，称为管道截面形状比，正方形截面的管道 $\gamma = 1$。

规范化模型方程（包括边界条件）的优点是计算过程中不涉及量纲问题，物性和管道结构参数已包括在伽利略数 Ga、管道弯曲比 K 和形状比 γ 三个无量纲数中，且一次计算结果可表示多种条件下的流动情况。例如，如果对应于给定的三个无量纲数 Ga、K、γ 计算出了三个

无量纲速度 U、V、W，则根据上述无量纲的定义，管道实际结构和流动参数为

管道当量直径：$d_e = \sqrt[3]{Gav^2/g}$　　　r 方向速度分量：$v_r = Uv/d_e$

管道截面高度：$b = (\gamma+1)d_e/(2\gamma)$　　z 方向速度分量：$v_z = Vv/d_e$

管道截面宽度：$a = \gamma b$　　　　　　　　θ 方向速度分量：$v_\theta = Wv/d_e$

管道弯曲半径：$R = K2\gamma b/(\gamma+1)$　　轴向压力梯度：$\dfrac{1}{R}\dfrac{\partial p}{\partial \theta} = \dfrac{\partial P}{\partial S}\dfrac{\rho v^2}{d_e^3}$

可见只要将不同的运动黏度 v 代入以上公式，就可得到相应于不同流体的管道结构参数和流动参数，即 U、V、W 的一次计算结构可表示多种条件下的流动情况。

2.5.2.3　求解 N-S 方程涡量-流函数法

(1) 涡量-流函数法

涡量-流函数法以涡量和流函数作为基本变量，可以避免原始变量法中压力梯度项引起的一系列问题，不必采用交错网格，也不必设计类似 SIMPLE 的算法。其主要优点是：简洁方便，容易掌握，尤其适用于不可压缩流体的二维或轴对称流动问题。但需要注意的是，该方法不能同时给出压力场，要计算与压力有关的参数（如可压缩流动中的流体密度），只能在流场解出之后。此外，该方法不易推广到三维问题，虽然可以以空间涡量来构造模型方程，但失去了简洁性。

采用涡量-流函数方法，必须首先将模型方程式(2-125a)和(2-125b)变换成以涡量 Ω 和流函数 ψ 为变量的形式，以消除压力梯度项 $\partial P/\partial X$、$\partial P/\partial Y$。其中涡量和流函数的定义如下：

涡量是表征流体质点转动角速度的物理量，但在涡量-流函数法中，涡量更多地作为计算过程必需的过渡变量。在图 2-27 所示的 X-Y 平面上，涡量 Ω 的定义为

$$(K+X)^2\Omega = -\left(\frac{\partial^2 \Psi}{\partial X^2} + \frac{\partial^2 \Psi}{\partial Y^2}\right)\frac{1}{K+X}\frac{\partial \Psi}{\partial X} \tag{2-127}$$

同样，如图 2-28 所示的 X-Y 平面上，流函数 Ψ 的定义为

$$(K+X)U = \frac{\partial \Psi}{\partial Y} \tag{2-128a}$$

$$(K+X)V = -\frac{\partial \Psi}{\partial X} \tag{2-128b}$$

将方程式(2-125a)两边对 Y 求导，在式(2-125b)两边对 X 求导，两式相减消去压力项，并代入式(2-127)，可得涡量-流函数法的第一个模型方程 —— 涡量方程：

$$U\frac{\partial \Omega}{\partial X} + V\frac{\partial \Omega}{\partial Y} = -\frac{2W}{(K+X)^2}\frac{\partial W}{\partial Y} + \frac{\partial^2 \Omega}{\partial X^2} + \frac{3}{K+X}\frac{\partial \Omega}{\partial X} + \frac{\partial^2 \Omega}{\partial Y^2} \tag{2-129}$$

将流函数定义式(2-128)代入式(2-127)，可得第二个模型方程 —— 流函数方程：

$$(K+X)^2\Omega = -\left(\frac{\partial^2 \Psi}{\partial X^2} + \frac{\partial^2 \Psi}{\partial Y^2}\right) + \frac{1}{K+X}\frac{\partial \Psi}{\partial X} \tag{2-130}$$

方程式(2-125c)即为第三个模型方程 —— 轴向速度方程：

$$U\frac{\partial W}{\partial X} + V\frac{\partial W}{\partial Y} = -\frac{UW}{K+X} - \frac{K}{K+X}\frac{\partial P}{\partial S} + \frac{\partial^2 W}{\partial X^2} + \frac{1}{K+X}\frac{\partial W}{\partial X} + \frac{\partial^2 W}{\partial Y^2} - \frac{W}{(K+X)^2}$$

$$\tag{2-131}$$

式(2-129)至式(2-131)即为涡量-流函数法的三个模型方程。式中压力项 $\partial P/\partial X$、$\partial P/\partial Y$ 已经消除，而且由式(2-128)定义的流函数自动满足连续性方程，故模型方程数也少

了一个。速度 U、V 在模型中只当作系数看待。

（2）边界条件

① 涡量的边界条件

涡量的边界条件可分为固壁边界条件和对称线边界条件。

a. 固壁边界。在涡量-流函数法中，壁面涡量的确定十分重要，处理不当很容易引起数值计算发散，此处以 Thom 方法为例，对壁面涡量的确定展开介绍。

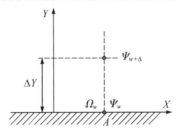

图 2-30　壁面涡量公式推导

如图 2-30 所示，为了确定壁面上任意点 A 处的涡量 Ω_w，现采用 Taylor 公式，将与该点垂直相距 ΔY 处的流函数 $\psi_{w+\Delta}$ 对壁面点展开得

$$\Psi_{(w+\Delta)} = \Psi_w + (\Delta Y)\frac{\partial \Psi}{\partial Y}\Big|_w + \frac{(\Delta Y)^2}{2}\frac{\partial^2 \Psi}{\partial Y^2}\Big|_w + O[(\Delta Y)^3]$$

因为壁面上 $U = 0$，所有由式（2-128a）可知 $\partial \Psi/\partial Y|_w = 0$，于是近似有

$$\frac{\partial^2 \Psi}{\partial Y^2}\Big|_w = \frac{2(\Psi_{w+\Delta} - \Psi_w)}{(\Delta Y)^2}$$

又因为壁面上 $\partial V/\partial X|_w = 0$，所以根据涡量定义式（2-127）与流函数定义式（2-128a）有

$$\Omega_w = \frac{1}{K+X}\left(\frac{\partial V}{\partial X}\Big|_w - \frac{\partial U}{\partial Y}\Big|_w\right) = -\frac{1}{K+X}\frac{\partial U}{\partial Y}\Big|_w = -\frac{1}{(K+X)^2}\frac{\partial^2 \Psi}{\partial Y^2}\Big|_w$$

于是，由上述两式可得固壁边界上任意一点 A 处的涡量计算式为

$$\Omega_w = \frac{2(\Psi_{w+\Delta} - \Psi_w)}{(\Delta Y)^2(K+X)^2} \tag{2-132a}$$

该式即为管道截面上下壁面 $[Y = \mp (\gamma+1)/(4\gamma)]$ 的涡量计算式，式中，Ψ_w 是壁面上 X 点处的流函数，$\Psi_{w+\Delta}$ 则是与该点垂直相距 ΔY 的临近点（流场内侧）的流函数。

同理，管道截面左右壁面 $[X = \mp (\gamma+1)/4]$ 的涡量计算式为

$$\Omega_w = -\frac{2(\Psi_{w+\Delta} - \Psi_w)}{(\Delta X)^2(K+X)^2} \tag{2-132b}$$

式中：Ψ_w 是壁面上 Y 点处的流函数，$\Psi_{w+\Delta}$ 则是与该点水平相距 ΔX 的临近点（流场内侧）的流函数。

b. 对称线边界。因为 $Y = 0$ 的对称线上 $\partial V/\partial X = 0$、$\partial U/\partial Y = 0$，所以由涡量定义式（2-127）可知，在 $Y = 0$ 的对称线上涡量必然为零，即

$$\Omega|_{Y=0} = 0 \tag{2-133}$$

② 速度和流函数的边界条件

速度和流函数的边界条件包括固壁边界条件和对称线边界条件。

a. 固壁边界。由式（2-126a）可知，管道壁面上 $U = V = 0$，所以由流函数的意义和定义式

(2-128)可知,固壁边界上流函数必为常数,而且该常数为零,即管道内壁面的周边是一条 $\Psi = 0$ 的流线。于是有

$$X = \mp (\gamma + 1)/4 : U = V = W = \Psi = 0$$
$$Y = \mp (\gamma + 1)/(4\gamma) : U = V = W = \Psi = 0 \tag{2-134}$$

b. 对称线边界。因为 $Y = 0$ 的对称线上 $V = 0$,所以 $\partial\Psi/\partial X = 0$,即沿 $Y = 0$ 的对称线上 $\Psi = \mathrm{const}$。又因为 $Y = 0$ 的对称线与壁面相交,而交点处(壁面)$\Psi = 0$,所以 $Y = 0$ 的对称线上 $\Psi = \mathrm{const} = 0$。于是有

$$\left.\frac{\partial U}{\partial Y}\right|_{Y=0} = 0, V_{Y=0} = 0, \left.\frac{\partial W}{\partial Y}\right|_{Y=0}, \Psi_{Y=0} = 0 \tag{2-135}$$

(3)关于其他类型边界条件的说明

以上针对矩形截面环形管道中的流动问题,讨论了固壁边界和对称线两种边界上,涡量、速度以及流函数边界条件的确定方法。当采用涡量 - 流函数法模拟诸如图 2-27(a) 所示的流动问题时,还会遇到进口边界条件、出口边界条件和尖角点边界问题,本节不做叙述。

2.5.3　流动区域及模型方程的离散

为了获得模型方程在流场内有限点(节点)上的近似解,必须首先将求解区域划分成网格区域(子区域),并计算网格节点,即区域离散化;然后利用差分公式代替流动微分方程(模型方程)的各微分项,使微分方程转化为由节点流动参数所表示的代数方程组,即方程离散化。

2.5.3.1　区域离散化
流动区域的离散有四个要素:网格、节点、控制容积及界面。

(1)网格
网格是由分别平行于坐标轴的两簇直线或曲线相交构成的(二维问题),如图 2-31 所示。其中,要求网格线与坐标轴方向一致是为了便于采用差分格式离散模型方程。

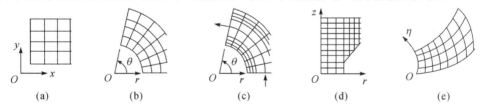

图 2-31　流动区域网格划分

为了在计算过程中将边界条件的信息传递到流场内部,网格线的外围交点应该落在流动区域的边界上。对于图 2-31(a) 至 2-31(c) 所示的规划区域,由于区域边界与网格线重合,所以网格线的外围交点是自然落在边界上的。对于图 2-30(d) 所示的流动区域,虽然其斜线边界不能与网格线重合,但仍然能够使网格线的外围交点准确地落在边界上。然而对于图 2-31(e) 所示的非规则区域,无论采用直角坐标还是极坐标,要做到这一点都是很困难甚至是不可能的,在这种情况下,较好的办法是顺应边界形状构造贴体坐标 $\eta\xi$ 来生成网格。

其次,网格既可以是均匀的,也可以是非均匀的。均匀网格是指每个网格大小相同,优点是便于标记,所获得的离散方程也较简洁。对于图 2-31(a) 所示矩形区域,只要均匀分布纵

向网格线和横向网格线,所获得的网格即为均匀网格。对于图 2-31(b) 所示的 r-θ 平面区域,虽然无法做到每个网格大小相同,但可以使每个网格都具有相同的径向宽度 Δr 和轴向角 $\Delta\theta$,这可看成是一种均匀网格。原则上讲,为了在有限的网格数下更准确地反映流场的变化,网格布置应该是流动参数变化较大的区域密集一些,变化平缓的区域则稀疏一些,这就必须采用非均匀网格。例如,对于图 2-31(c) 所示的流动区域,考虑到内外两个圆弧形壁面附近流体流速在 r 方向变化较大,故可在壁面附件 r 方向布置较密的网格。当然,采用非均匀网格时其差分公式及模型方程的离散都要相对烦琐。对于非均匀网格,应注意同一网格的纵横比不宜过大,两相邻网格的宽度也不宜相差太大,应该逐渐过渡,以保证计算的准确性。

此外,网格数的多少应在计算过程中调节,在调试计算程序初期可采用较少的网格数,随着计算的进行逐渐加密网格。一般地讲,网格越密,数值计算结果越接近实际值,但计算所消耗时间也相应增加。因此,在网格划分的时候应综合考量计算精度与计算时间,通常将计算结果变化小于某一允许误差时所对应的网格数取为最终网格数。这样得到的解才是给定误差下与网格数无关的解。

(2)节点、控制容积及界面

节点是需要求解的流动参数的几何位置。节点位置的布置有两种方法:外节点法和内节点法,两者的具体说明见表 2-11。

表 2-11　节点位置的布置

节点位置的布置方法		
	外节点法	内节点法
示意	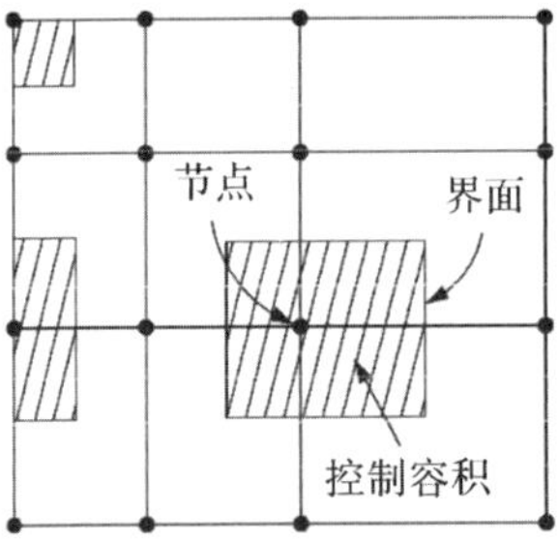	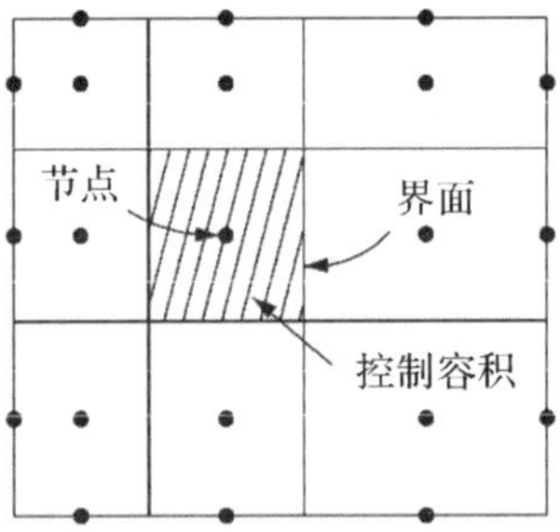
节点	节点定于网格线的交点(网格角上)上	节点定于网格的中心点
控制容积	围绕节点的阴影区域是节点所代表的控制容积,边界节点代表半个控制容积,顶角代表 1/4 个控制容积	网格子区域就是节点所代表的控制容积,而边界节点可看成是厚度为零的控制容积的代表
界面	控制容积的边界称为界面	控制容积的界面就是网格边线
特点	节点不一定位于控制容积中心(除非是均匀网格),但控制容积的界面总位于两节点的中点	节点总位于控制容积中心,但界面不一定位于两节点的中点(除非网格均匀)

2.5.3.2　方程组离散

微分方程(或模型方程)的离散,核心问题是如何用节点参数的简单代数式近似替代方程中的导数项,从而将微分方程转化为代数方程。采用差分公式就是其中的方法之一。

建立差分公式的常用方法有泰勒(Taylor)级数展开法、多项式拟合法、控制容积积分法等。本节针对涡量-流函数模型方程的离散,主要介绍常用的 Taylor 级数展开法。

如图 2-32(a) 所示,如果用 i、j 分别表示节点沿 x 方向和 y 方向的序号,则对于流动区域中的任意节点 (i,j),其相邻的东、西、南、北四个节点的序号分别为 $(i+1,j)$、$(i-1,j)$、$(i,j-1)$、$(i,j+1)$。图 2-32(b) 是任意流动变量 ϕ 在这些节点上的对应值。设网格是均匀的,即沿 x 方向节点间距均为 Δx,沿 y 方向节点间距均为 Δy,则将东 $(i+1,j)$、西 $(i-1,j)$ 两节点的流动变量 ϕ_{i+1} 和 ϕ_{i-1} 分别对节点做 Taylor 级数展开有

$$\phi_{i+1,j} = \phi_{i,j} + \left.\frac{\partial \phi}{\partial x}\right|_{i,j}\frac{\Delta x}{1!} + \left.\frac{\partial^2 \phi}{\partial x^2}\right|_{i,j}\frac{\Delta x}{2!} + \cdots \tag{2-136a}$$

$$\phi_{i-1,j} = \phi_{i,j} - \left.\frac{\partial \phi}{\partial x}\right|_{i,j}\frac{\Delta x}{1!} + \left.\frac{\partial^2 \phi}{\partial x^2}\right|_{i,j}\frac{\Delta x}{2!} - \cdots \tag{2-136b}$$

以式 (2-136) 为基础,可分别得到变量 ϕ 在节点 (i,j) 处对 x 的一阶偏导数、二阶偏导数,即可建立相应的一阶导数差分公式和二阶导数差分公式。

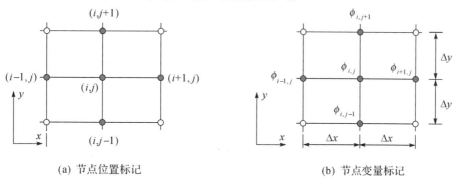

(a) 节点位置标记　　　　　　　　(b) 节点变量标记

图 2-32　节点及节点变量标记

2.5.4　模型方程计算程序

对于整个流动问题进行数值模拟计算时需要考虑的主要问题有变量初始值设定、松弛因子的选取、收敛的判断、迭代收敛的允许误差、网格数的选择以及计算程序的验证。

(1) 变量初始值设定。计算开始时,首先需要给所有节点上的变量赋予初值。

(2) 松弛因子设定。松弛因子可以控制收敛的速度和改善收敛状况,其值在 $0 \sim 1$ 范围。松弛因子越小表示两次迭代值之间的变化越小,也就越稳定,但收敛也就越慢。对于不同的问题,使迭代过程收敛最快的松弛因子(称为最佳松弛因子)需要通过计算实践来确定。一般地说,网格节点数越多,最佳松弛因子也越大。当所用松弛因子小于最佳值时,收敛过程是单调的而且随松弛因子的增大而收敛加快。而当所用的松弛因子大于最佳值时,收敛过程是震荡式的进行。当迭代在最佳松弛因子下进行时,迭代的次数与一个方向的网格节点数成正比。

(3) 收敛的判断。对于方程组的联立求解,收敛通常包含内循环收敛和外循环收敛。其中,每个方程组在子程序中的循环迭代称为内循环。内循环收敛即每个方程组在子程序中经过数轮迭代后的收敛。外循环则是针对方程组联立求解而言的,方程组依次进入子程序一次后回到主程序即完成一个外循环。外循环收敛指的是前后两次外循环所得计算值的相对误

差满足规定的收敛条件。对于方程组的联立求解，内循环收敛，外循环不一定收敛。方程联立求解的最终收敛应以外循环收敛为依据，外循环收敛，内循环必然收敛。因此，在计算的初期不必都要求内循环收敛后再回到主程序。

（4）迭代收敛的允许误差。迭代收敛的允许误差取值与网格多少有关，网格较密时其取值可相对较小。当网格数一定时，允许误差小于一定值后对解的精度提高不大，但迭代的时间将显著增加，此时的网格数成为控制计算精度的主要因素，减小允许误差变得没有意义。一般内循环收敛条件中的允许误差应小于外循环的允许误差。根据要求不同，允许误差的取值一般在 $10^{-6} \sim 10^{-3}$ 范围。

（5）网格数的选择。一般在典型条件下，选取几种网格进行初步计算，考察不同网格数下待考察量的变化。当网格数增加，计算结果只在允许范围内变化时，即可确定最终的网格数。

（6）计算程序的验证。除了对计算结果的合理性进行分析以考证计算程序的可靠性外，通常在程序适应范围内寻求一些典型条件进行计算，将计算结果与已知结果比较，从而确定计算程序的可靠性。

计算程序的验证通常采用两种方法：一是选取已知的实验条件，进行数值模拟计算，将计算结果与实验结果进行对比，以此验证计算程序的可靠性。二是将数值模拟计算结果与现有理论研究的计算结果进行对比，以此验证计算程序的可靠性。

第3章 工程热力学基础

3.1 热力学基本定律

3.1.1 基本概念及定义

3.1.1.1 热力系统

为了便于分析,热力学中常人为地把要分析的对象从周围物体中分割出来,研究它与周围物体之间能量和物质的传递。这种被分割出来作为热力学分析对象的有限物质系统称为热力系统(简称系统或体系),与系统发生质能交换的物体称为外界,系统和外界之间的分界面称为边界。边界可以是实际存在的,也可以是假想的。如图 3-1(a)所示,取汽轮机中的工质作为热力系统,工质和汽轮机之间存在实际的边界,但进口前后和出口前后的工质之间并无实际的边界,此处可人为设定一个边界,将系统中的工质和外界分割开。另外,边界可以固定不动,也可以移动和变形。如图 3-1(b)所示,取内燃机气缸内的工质为热力系统,工质与气缸壁之间的边界是固定不动的,而工质与活塞之间的边界却是可以移动的。

热力系统可根据其与外界之间的能量和物质交换情况进行分类。

当一个热力系统与外界只有能量交换而无物质交换时,该系统称为闭口系统(又称闭口系)。闭口系统内的质量保持恒定不变,所以闭口系统又称为控制质量系统。

如果热力系统与外界既有能量交换又有物质交换,则称该系统为开口系统(又称开口系)。

闭口系统和开口系统的区别关键在于是否有质量越过了边界,而不是系统的质量是否发生了变化。如果输入某系统的质量与输出该系统的质量相等,虽然系统内的质量没有发生变化,但因为有质量越过了边界,所以这个系统应为开口系。

如果热力系统与外界没有热量交换,则称其为绝热系统(又称绝热系)。如果热力系统与外界既无能量交换又无物质交换,则该系统为孤立系统(又称孤立系)。孤立系在自然界中不存在,它只是热力学研究中的一个抽象概念。通常把研究对象和与之发生质能交换的物体放在一起考虑,这样一切的相互作用都发生在系统的内部,从而整个系统就是孤立系统。

一个系统是不是绝热系,关键在于是否有热量越过边界,而与它是开口系还是闭口系无关。比如,将保温瓶内的水作为一个系统,这个系统为绝热系;如果取集中供暖系统的一段保温性能良好的管子作为系统,它与外界没有热量交换,但管水的质量越过了边界,所以这

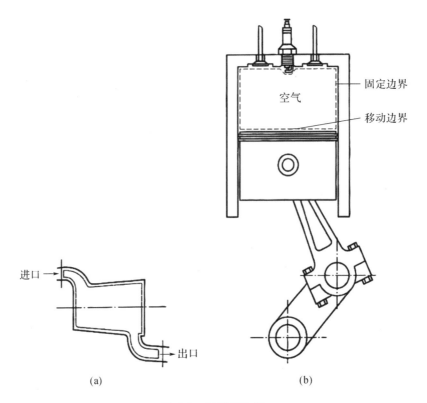

图 3-1　系统和边界

个系统是开口绝热系。所以,孤立系统必定是绝热系统,但绝热系统不一定是孤立系统。

在热力工程中,最常见的热力系统是由可压缩流体构成的,这类热力系统若与外界可逆功交换只有体积变化功一种形式,则该类系统称为简单可压缩系统。

3.1.1.2　工质的基本状态参数

工质在热力设备中,须经过吸热、膨胀、排热等过程才能将热能转变为机械能。在这些过程中,工质的物理特性即工质的宏观物理状况随时发生变化。工质在热力变化过程中的某一瞬间所呈现的宏观物理状况称为工质的热力学状态,简称状态。工质处于平衡状态时,其宏观物理量通常用状态参数来描述,这些物理量反映了大量分子运动的宏观平均效果。状态参数的全部或一部分发生变化,则表明工质所处的状态发生了变化。当所有的状态参数完全确定,工质的状态也就确定。所以,状态参数是热力系统状态的单值函数,它只与工质所处的状态有关,与达到该状态的路径无关。

对热力过程的研究中,常用的状态参数有压力 p、温度 T、体积 V、热力学能(内能)U、焓 H 和熵 S。其中,可直接通过仪器测量得到的参数,称为基本参数,如压力、温度和体积。其他状态参数可根据基本状态参数间接计算获得。压力和温度与系统质量的多少无关,称为强度量;体积、热力学能、焓和熵等与系统质量成正比,称为广延量。广延量的比参数,如比体积、比热、比焓和比熵,具有强度量的性质。通常热力系统的广延量用大写字母表示,其比参数用小写字母表示。

(1)温度

温度是物体冷热程度的标志。当两个冷热程度不同的物体相互接触,净能流将从较热的物体流向较冷的物体。在不受外界影响的条件下,热物体逐渐变冷,冷物体逐渐变热,直至它们达到相同的冷热程度,不再有净能量交换,此时两个物体达到热平衡。也就是说,物质具备某种宏观性质,当各物体的这一性质不同时,它们若相互接触,净能流将在物体之间传递;当这一性质相同时,各物体之间达到热平衡,这一宏观物理性质称为温度。

从微观上看,温度反映了物质分子热运动的激烈程度。对于气体,温度是大量分子平移动能平均值的量度,可用公式(3-1)表示:

$$\frac{m\bar{c}^2}{2} = BT \tag{3-1}$$

式中:T 为热力学温度,K;$B = 1.5k$,k 是玻尔兹曼常数,$k = (1.380058 \pm 0.000012) \times 10^{-23}$ J·K^{-1};$\bar{c}$ 为分子移动的均方根速度。

两个物体接触时,能量通过接触面上的分子碰撞进行交换,能量从平均动能较大的一方(温度较高的物体)向平均动能较小的一方(温度较低的物体)传递,直至两物体的温度相等为止。

为了给温度确定数值,还应建立温度的数值表示方法,即建立温标。国际上规定热力学温标作为测量温度的最基本温标,单位为开尔文,符号为 K。它是根据热力学第二定律的基本原理制定的,与测温物质的特性无关,可作为度量温度的标准。热力学温标把水的固相、液相和气相平衡共存状态的温度定为单一基准点,并规定为 273.16K。摄氏温标规定,在标准大气压下纯水的冰点是 0℃,汽点是 100℃,其他温度的数值由作为温度标志的物理量的线性函数来确定。

1960 年,国际计量大会通过决议,规定摄氏温度由热力学温度移动零点来获得:

$$t = T - 273.15 \text{ K} \tag{3-2}$$

式中:t 为摄氏温度,℃;T 为热力学温度,K。

(2)压力

单位面积上所受的垂直作用力称为压力(即压强)。对于气体而言,压力是大量气体分子撞击容器壁的平均结果。

测量工质压力的仪器称为压力计。值得注意的是,由于压力计的测压元件受到所在环境的压力作用,因此压力计的读数是工质的真实压力(即绝对压力)与环境压力之差。当工质的绝对压力大于环境压力,压力计的读数称为表压力;当工质的绝对压力小于环境压力,压力计的读数称为真空度。工质的绝对压力与压力计读数的关系可由公式(3-3)、(3-4)表示。

当工质的绝对压力大于环境压力时:

$$p = p_b + p_e \tag{3-3}$$

当工质的绝对压力小于环境压力时:

$$p = p_b - p_v \tag{3-4}$$

式中:p 为工质的绝对压力,Pa;p_b 为环境压力,Pa;p_e 为表压力,Pa;p_v 为真空度,Pa。

由于工质所处的环境不同会导致环境压力发生变化,即使工质的绝对压力已经确定,表压力或真空度也会随环境发生变化,所以用来表示工质状态参数的压力应该是绝对压力。

我国法定的压力单位是帕斯卡,简称帕,符号 Pa(1Pa=1 N·m^{-2})。在工程应用中,单位 Pa 太小,所以常使用兆帕,符号为 MPa(1MPa=10^{6}Pa)。此外,工程中常用的压力单位还有:atm(标准大气压,也称物理大气压)、bar(巴)、at(工程大气压)、mmHg(毫米汞柱)和mmH₂O(毫米水柱)。这几种压力单位与帕斯卡之间的换算关系如表3-1所示。

表 3-1　各压力单位换算表

	Pa	bar	atm	at	mmHg	mmH$_2$O
Pa	1	1×10^{-5}	0.986923×10^{-5}	0.101972×10^{-4}	7.50062×10^{-3}	0.1019712
bar	1×10^{5}	1	0.986923	1.01972	750.062	10197.2
atm	101325	1.01325	1	1.03323	760	10332.3
at	98066.5	0.980665	0.967841	1	735.559	1×10^{4}
mmHg	133.3224	133.3224×10^{-5}	1.31579×10^{-3}	1.35951×10^{-3}	1	13.5951
mmH$_2$O	9.80665	9.80665×10^{-5}	9.07841×10^{-5}	1×10^{-4}	735.559×10^{-4}	1

（3）比体积及密度

单位质量物质所占的体积称为比体积:

$$v = \frac{V}{m} \tag{3-5}$$

式中:v 为比体积,$m^3 \cdot kg^{-1}$;V 为物质的体积, m^3;m 为物质的质量,kg。

单位体积物质的质量称为密度,单位为 $kg \cdot m^{-3}$,用符号 ρ 表示:

$$\rho = \frac{m}{V} \tag{3-6}$$

显然,比体积和密度互为倒数,它们不是互相独立的参数,工程热力学中常将比体积作为独立参数。

3.1.1.3　平衡状态

在不受外界影响的条件下,如果一个热力系统的状态始终能保持不变,则该系统所处的状态称为平衡状态。

如果热力系统中的各部分之间没有热量的传递时,系统处于热的平衡;各部分之间没有相对位移时,系统处于力的平衡。同时具备热平衡和力平衡的系统,就处于热力平衡状态。若系统内还存在化学反应,则还应包括化学平衡。当不存在外界的影响时,处于平衡状态的系统,其状态不会随时间发生变化,平衡也不会自发地被打破;处于不平衡状态的系统,其状态将随时间而改变,改变的结果是传热和位移逐渐减弱,直到完全停止。所以,在没有外界影响的条件下,处于不平衡状态的系统总会自发地趋于平衡。反过来,当受到外界影响时,系统就不能保持平衡状态。因此,只有系统内或系统与外界之间一切不平衡的作用都不存在时,系统的一切宏观变化才能停止,此时热力系统才处于平衡状态。

如果一个热力系统的两个状态相同,则这两个状态下所有状态参数均一一对应相等;反之,只有所有状态参数均对应相等时,才能说该热力系统的两状态相同。对于简单可压缩系统来说,只要两个独立状态参数对应相同,即可判定状态相同,也就是说只要确定两个独立的状态参数,就可以确定一个状态,所有其他的状态参数都可表示为这两个状态参数的函数。

3.1.1.4　状态方程式与状态参数坐标图

（1）状态方程式

当简单可压缩热力系统处于平衡状态时,系统各部分的压力、温度和比体积等状态参数

均对应相同,且这些参数服从一定的关系式,这样的关系式称为状态方程式,即

$$T = T(p, v), p = p(T, v), v = v(p, T)$$

这些关系式也可写作隐函数形式,即

$$F = F(p, v, T)$$

理想气体的状态方程为

$$pv = R_g T, \quad pV = mR_g T, \quad pV = nRT \tag{3-7}$$

式中:R_g 为气体常数,J·kg^{-1}·K^{-1};R 为摩尔气体常数,$R = 8.3145$ J·mol^{-1}·K^{-1},$R = MR_g$,M 为摩尔质量,kg·mol^{-1};n 为物质的量,mol。

（2）状态参数坐标图

简单可压缩系统可由两个参数确定,所以由任意两个独立的状态参数所组成的平面坐标图上的任意一点,都对应于热力系统的某一确定的平衡状态。同样,热力系统的每一个平衡状态都可以在这样的坐标图上用一个点来表示。这种由热力系统状态参数所组成的坐标图称为热力状态坐标图,常用的有压容(p-v)图和温熵(T-s)图。

3.1.1.5　工质的状态变化过程

（1）准平衡过程（准静态过程）

热能和机械能的相互转化必须通过工质的状态变化过程才能完成,而在设备中实际进行的过程都是很复杂的。首先,一切过程都是平衡被破坏的结果,工质和外界有了热和力的不平衡才促使工质向新的状态变化,所以实际过程都是不平衡的。若过程进行得相对缓慢,工质在平衡被破坏后自动恢复平衡所需的时间（弛豫时间）又很短,工质有足够的时间来恢复平衡,随时都不会显著偏离平衡状态,这样的过程就称为准平衡过程。相对弛豫时间来说,准平衡过程是进行得无限缓慢的过程,所以准平衡过程又称为准静态过程。

热的平衡和力的平衡是相互关联的,只有工质与外界的压差和温差均为无限小的过程才是准平衡过程。如果在过程中还存在其他作用,实现准平衡过程还必须加上其他相应条件。

只有准平衡过程在坐标图中可用连续曲线表示。准平衡过程是实际过程的理想化,由于实际过程都是在有限的温差和压差作用下进行的,因而都是不平衡过程,但是在适当条件下可以把实际设备中的过程当作准平衡过程处理。例如,活塞式机器中活塞运动的速度通常不超过 10m/s,而气体分子的运动速度、气体内压力波的传播速度都在每秒几百米以上,即使气体内部存在某些不均匀性,也可以迅速得以消除。也就是说,工质和外界一旦出现不平衡,工质有足够时间得以恢复平衡,使气体的变化过程比较接近准平衡过程。

（2）可逆过程

图 3-2 表示由工质、机器和热源组成的系统。工质沿 1-3-4-5-6-7-2 进行准平衡膨胀过程,同时自热源 T 吸热。由于在准平衡过程中工质随时都和外界保持热与力的平衡,热源与工质的温度时时相等,或者说只相差一个无限小量,工质对外界的作用力与外界的反抗力也随时相等,或相差无限小,所以,如果不存在摩擦,则过程就随时可以无条件地逆向进行,使外力压缩工质同时向热源排热。若过程是不平衡的,则当进行膨胀过程时工质的作用力一定大于外界的反抗力,这

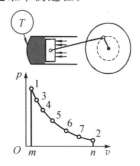

图 3-2　气体准平衡膨胀过程

时若不改变外力的大小就不能用这样较小的反抗力来压缩工质回程;同样,当工质温度从高于自身的热源吸热时,也不能让温度较低的工质向同一热源放热而使过程逆向进行。

在上述准平衡的膨胀过程中,工质膨胀做功的一部分克服摩擦而耗散转变成热,另一部分通过活塞、连杆系统传递给飞轮,以动能形态储存在飞轮中,余下部分在气体膨胀、体积增大的过程中,用于通过活塞移动排斥大气。若工质内部及机械运动部件之间无摩擦等耗散效应,则工质所做的膨胀功除去用于排斥大气外,全部储存在飞轮中。此时若利用飞轮的动能来推动活塞逆行,将工质沿 2-7-6-5-4-3-1 压缩,由于活塞逆行是大气通过活塞对工质做功与前述排斥大气耗功相等,所以压缩工质所消耗的功恰好与膨胀过程气体的做功相等。此外,在压缩过程中工质向热源所排放的热量也恰与膨胀时所吸收的热量相等。因此,当工质恢复到原来的状态 1 时,机器与热源也都恢复到了原来的状态,即工质和过程所涉及的外界全部都恢复到原来的状态而没留下任何变化。

当完成某一过程后,若有可能使工质沿相同的路径逆向恢复到原来的状态,并使相互作用中所涉及的外界也恢复到原始状态,且不留下任何改变,则这一过程称为可逆过程。不满足这样的条件的过程称为不可逆过程,工质进行了一个不平衡过程后一定会产生一些不可恢复的效果,所以不平衡过程必定是不可逆过程。

一个可逆过程,首先应该是准平衡过程,应满足热和力的平衡条件,同时在过程中没有任何的耗散效应,这也是可逆过程的基本特征。准平衡过程和可逆过程的区别在于,准平衡过程只着眼于工质内部的平衡,而是否存在外部机械摩擦对工质内部的平衡并无关系,准平衡过程进行时可能发生能量耗散。可逆过程则是分析工质与外界作用所产生的总效果,不仅要求工质内部是平衡的,而且要求工质与外界的作用可以无条件地逆向恢复,过程进行时不存在任何能量的耗散。所以,可逆过程必然是准平衡过程,而准平衡过程只是可逆过程的必要条件。

3.1.1.6　过程功和热量

(1)功的热力学定义

在力学中把力和沿力方向的位移的乘积定义为力所做的功。若在力 F 作用下物体发生微小位移 $\mathrm{d}x$,则力 F 所做的微元功为

$$\delta W = F\mathrm{d}x$$

设物体在力 F 作用下由空间某点 1 移动到点 2,则力 F 所做的总功为

$$W_{1-2} = \int_1^2 F\mathrm{d}x$$

在热力学中,研究系统与外界交换的功,除容积变化功外,还有其他形式的功。为了使功的定义具有更普遍的意义,热力学中功的定义为:功是热力系统通过边界传递的能量,且其全部效果可表现为举起重物。这里"举起重物"并非要求真的举起重物,而是指过程产生的效果相当于举起重物。显然,由于功是热力系统通过边界与外界交换的能量,所以与系统本身具有的宏观运动动能和宏观位能不同。

热力学中约定,系统对外界做功取为正,外界对系统做功取为负。我国法定计量单位中,功的单位为焦耳,符号为 J。1J 的功等于物体在 1N 力的作用下产生 1m 位移时完成的功量,即 1J = 1N・m。1kg 物质所做的功称为比功,单位为 J/kg。

单位时间内完成的功称为功率,单位为 W,1 W = 1J/s。工程上常用 kW 作为功率的单

位，$1kW = 1kJ/s$。

（2）可逆过程的功

功是与系统的状态变化过程相联系的，设有质量为 m 的气体工质在气缸中进行可逆膨胀，其变化过程如图 3-3 中连续曲线 1-2 所示。由于过程是可逆的，所以工质施加在活塞上的力 F 与外界作用在活塞上的各种反力的总和在任意时刻只相差一无穷小量。按照功的力学定义，工质推动活塞移动距离 dx 时，反抗斥力所做的膨胀功为

$$\delta W = Fdx = pAdx = pdV \tag{3-8}$$

式中：A 为活塞面积；dV 为工质体积微元变化量。在工质从状态 1 到状态 2 的膨胀过程中，所做的膨胀功为

$$W_{1-2} = \int_1^2 pdv \tag{3-9}$$

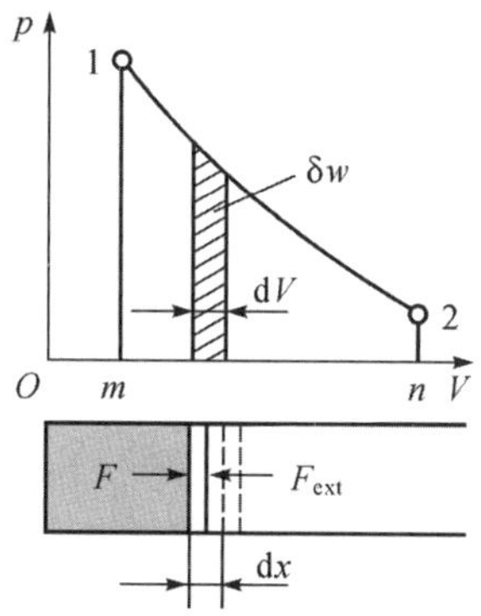

图 3-3　可逆过程的功

若可逆膨胀过程 1-2 的方程式为 $p = f(V)$，即可由积分求得膨胀功的数值。根据定积分性质，膨胀功 W_{1-2} 在 p-V 图上可用过程线下方的面积 1-2-n-m-1 来表示，因此 p-V 图也称为示功图。

对于 $1kg$ 的工质，则所做的功为

$$\delta w = \frac{1}{m}pdV = pdv \tag{3-10}$$

$$w_{1-2} = \int_1^2 pdv \tag{3-11}$$

过程依反向 2-1 进行时，同样可得

$$w_{2-1} = \int_2^1 pdv$$

此时 dv 是负值，所得的功也是负值，与工程热力学约定一致。

由上可见，功的数值不仅取决于工质的初态和终态，而且还与过程的中间途径有关。从状态 1 膨胀到状态 2，可以经过不同的途径，所做的功也是不同的。因此，功不是状态参数，而是过程量，不能用状态参数的函数表示。

膨胀功或压缩功都是通过工质体积的变化而与外界交换的功，因此统称为体积变化功。显然，体积变化功只与气体的压力和体积的变化量有关，而同形状无关，无论气体是由气缸和活塞包围还是由任一假想的界面包围，只要被界面包围的气体体积发生了变化，同时过程是可逆的，则在边界上克服外力所做的功都可用式（3-8）和式（3-9）计算。

闭口系内的工质在膨胀过程中做的功并不能全部用来输出作有用功,例如垂直气缸中气体膨胀举起重物时,所做功的一部分因摩擦而耗散,一部分用以排斥大气,余下的才是可被利用的功,即有用功。有用功、摩擦耗功和排斥大气功分别用符号 W_u、W_l、W_r 表示,则有

$$W_u = W - W_l - W_r \qquad (3\text{-}12)$$

由于大气压力为定值,所以

$$W_r = p_0(V_2 - V_1) = p_0 \Delta V \qquad (3\text{-}13)$$

可逆过程不包含任何耗散效应,因而 $W_l = 0$,有用功可简化为

$$W_{u,re} = \int_1^2 p\mathrm{d}V - p_0(V_2 - V_1)$$

在无摩擦损失的理想状态下,功可以全部转化为机械能,从这个意义上来说,功和机械能是等价的。

(3)过程热量

热力学中把热量定义为热力系统和外界之间仅仅由于温度不同而通过边界传递的能量。

热量的单位是焦耳,符号为 J,工程中常用的热量单位为千焦,符号为 kJ。工程热力学中约定,体系吸热,热量为正;体系放热,热量为负。用 Q 表示工质与外界交换的热量,1kg 工质与外界交换的热量则用 q 表示。

系统在可逆过程中与外界交换的热量可由下列公式计算:

$$\delta q = T\mathrm{d}s \qquad (3\text{-}14)$$

$$q_{1-2} = \int_1^2 T\mathrm{d}s \qquad (3\text{-}15)$$

对照式(3-14)和式(3-15),可逆过程的热量 q_{1-2} 在 $T\text{-}s$ 图上可用过程线下方的面积来表示,如图 3-4 所示。

(4)做功和传热

能量从一个物体传递到另一个物体有两种方式:一种是做功,另一种是传热。通过做功来传递能量总是和物体的宏观位移有关。通过传热来传递能量不需要有物体的宏观移动。当热源和工质接触时,接触处两个物体中杂乱运动的质点就可以进行能量交换,结果是高温物体把能量传递给了低温物体,传递能量的多少用热量来度量。

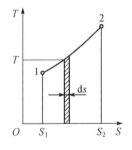

图 3-4　过程的热量

所以,在过程中往往伴随着能量形态的转化。在工质膨胀推动活塞做功的过程中,工质把热力学能传递给活塞和飞轮,成为动能,此时热力学能转变成了机械能。当过程反过来进行时,活塞和飞轮的动能又转变成了工质的热力学能。热能变机械能的过程通常包含两类过程:一是能量转换的热力学过程,在此过程中,首先由热能传递转变为工质的热力学能,然后由工质膨胀把热力学能变为机械能,转换过程中工质的热力状态发生变化,能量的形式也发生变化。二是单纯的机械过程,在此过程中由热能转换而得的机械能再变成活塞和飞轮的动能,若考虑工质本身的速度和离地面高度的变化,则还转换成工质的动能和位能,其余部分则通过机器轴对外输出。在各种方式的能量传递过程中,往往是在工质膨胀做功时实现热能向机械能的转化。机械能转化为热能的过程虽然还可以由摩擦、碰撞等来完成,但只有在对工质压缩做功的转化过程中才有可能是可逆的。所以,热能和机械

能的可逆转换总是与工质的膨胀和压缩联系在一起的。

总之,功和热量都是能量传递的度量,它们是过程量。只有在能量传递过程中才有所谓的功和热量,没有能量的传递过程也就没有功和热量。若说物系在某一状态下有多少功或多少热量,这显然是毫无意义的、错误的,功和热量都不是状态参数。

但功和热量又有不同之处:功是有规则的宏观运动能量的传递,做功过程中往往伴随着能量形态的转化;热量则是大量微观粒子杂乱热运动的能量的传递,传热过程中不出现能量形态的转化。功转变成热量是无条件的,而热转变成功是有条件的。

3.1.1.7　热力循环

(1) 可逆循环和内可逆循环

实用的热力发动机必须能连续不断地做功。因此,工质在经历了一系列状态变化后,必须能回到原来的状态。例如在蒸汽动力装置中,水在锅炉中吸热变成高温高压蒸汽后,通入汽轮机膨胀做功,做功后的乏汽又在冷凝器中凝结成水,最后被水泵压缩升压,重新进入锅炉。作为工质的水和蒸汽在经过若干过程之后,又恢复到原来的状态。这样一系列过程的综合,称为热力循环,简称循环。工质完成了循环后恢复其原来的状态,就有可能按相同的过程不断重复运行,而连续不断地做功。蒸汽动力装置也可以不用冷凝器,把乏汽直接排入大气,而另外从自然界取水供入锅炉。这种情况下,工质在装置内部虽未完成循环,但乏汽排入大气后,被冷凝成环境温度和环境压力的水,其状态和补充给锅炉的水相同。从热力学的观点看来,工质仍完成了循环,只是有一部分过程在大气环境中进行。内燃机动力装置也是如此,工质在装置内部虽未完成循环,但排出的废气在大气中也一定会改变其状态,最后回到与吸入气缸的新气相同的状态。

全部由可逆过程组成的循环称为可逆循环,若循环中有部分过程或全部过程是不可逆的,则该循环为不可逆循环。在状态参数的平面坐标图上,可逆循环的全部过程构成一条闭合曲线。

若循环中系统内部的耗散效应可以忽略不计,但工质与热源的传热过程存在很大的不可逆性,不能忽略。此时,可以设想在工质与热源发生传热时有一个假想的物体处于其间,此假想物体与工质的温差无限小,即该传热过程是可逆的。这样,工质的循环就看成是可逆循环,便于进行分析、讨论,这样的循环称为内可逆循环。

根据循环效果及进行方向的不同,可以把循环分为正向循环和逆向循环。将热能转化为机械能,使外界得到功的循环称为正向循环;需要消耗外功,将热量从低温热源传给高温热源的循环,称为逆向循环。普遍接受的循环经济性指标的原则性定义是:

$$经济性指标 = \frac{得到的收获}{花费的代价}$$

(2) 正向循环

正向循环也称为热动力循环。以 1kg 工质在封闭气缸内进行一个任意可逆正向循环为例,概括说明正向循环的性质,图 3-5(a)(b) 分别为该循环的 $p\text{-}v$ 图和 $T\text{-}s$ 图。

图 3-5(a) 中,1-2-3 为膨胀过程,过程功以面积 1-2-3-n-m-1 表示;3-4-1 为压缩过程,该过程消耗功以面积 3-4-1-m-n-3 表示。工质完成一个循环后对外做出的净功称为循环(净)功,以 w_{net} 表示。显然,循环功等于膨胀做的功减去压缩消耗的功。在 $p\text{-}v$ 图上它等于循环曲线包围的面积,即面积 1-2-3-4-1。根据前面已做出的约定 —— 工质膨胀做功为正,压

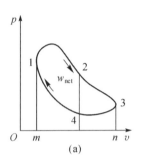 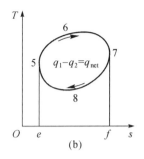

图 3-5　正向循环

缩耗功为负,因此循环净功 w_{net} 就是工质沿一个循环过程所做功的代数和,写成数学式为

$$w_{net} = \oint \delta w$$

工质完成一个循环之后,对外做出正的净功,所以膨胀过程线的位置高于压缩过程线,膨胀功数值上大于压缩功。为此,可使工质在膨胀过程开始前或在膨胀过程中与高温热源接触,从中吸入热量;而在压缩过程开始前或在压缩过程中与低温热源接触,放出热量。这样就保证了在相同体积时膨胀过程的温度较压缩过程高,使得膨胀过程压力比压缩过程高,做到膨胀过程线位于压缩过程线之上。例如,图 3-5(a) 中的状态 2 和 4,$v_2 = v_4$,$p_2 > p_4$。目前使用的热动力设备,工质通常在膨胀前加热,压缩前放热,正是这个道理。

同一循环的 T-s 图,图中 5-6-7 是工质从热源吸热的过程,吸收热量为面积 5-6-7-f-e-5,以 q_1 表示;7-8-5 是放热过程,放出热量为面积 7-8-5-e-f-7,以 q_2 表示。若以 q_{net} 表示该循环的净热量,则 T-s 图上 q_{net} 可用循环过程线包围的面积 5-6-7-8-5 表示。显然,它等于循环过程中工质与热源及冷源换热量的代数和,即

$$q_{net} = q_1 - q_2 = \oint \delta q$$

由图 3-5 可见,正向循环在 p-v 图和 T-s 图上都是按顺时针方向进行的。正向循环的经济性用热效率 η_t 来衡量。正向循环的收益是循环净功 w_{net},花费的代价是工质吸热量 q_1,故

$$\eta_t = \frac{w_{net}}{q_1} \qquad (3\text{-}16)$$

η_t 越大,吸入同样的热量 q_1 时得到的循环净功 w_{net} 越多,它表明循环的经济性越好。式 (3-16) 是分析、计算循环热效率的最基本公式,它普遍适用于各种类型的热动力循环,包括可逆的或不可逆的循环。

(3) 逆向循环

逆向循环主要应用于制冷装置和热泵。制冷装置中,功源供给一定的机械能使低温冷藏库或冰箱中的热量排向温度较高的环境大气。热泵则消耗机械能把低温热源,如室外大气中的热量输向温度较高的室内,室内空气获得热量维持较高的温度。两种装置用途不同,但热力学原理相同,均是在循环中消耗机械能,把热量从低温热源传向高温热源。

如图 3-6 所示,工质沿 1-2-3 膨胀到状态 3,然后沿较高的压缩线 3-4-1 压缩回状态 1,这时压缩过程消耗的功大于膨胀过程做出的功,故需由外界向工质输入功,其数值为循环净功 w_{net},即 p-v 图上封闭曲线包围的面积 1-2-3-4-1。在 T-s 图中,同一循环的吸热过程为 5-6-7,放热过程为 7-8-5。工质从低温热源吸热 q_2 向高温热源放热 q_1,其差值为循环净热量

q_net，即 $T\text{-}s$ 图上封闭曲线包围的面积 5-6-7-8-5。

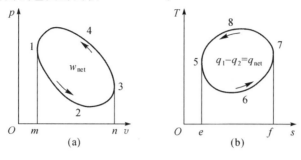

图 3-6　逆向循环

逆向循环时，工质在吸热前可先进行膨胀降温过程，使工质的温度降低到能自低温热源吸取热量；而在放热过程前进行压缩升温过程，使其温度升高到能向高温热源放热。

由上可见，逆向循环在 $p\text{-}v$ 图和 $T\text{-}s$ 图上都按逆时针方向进行。

制冷循环和热泵循环的用途不同，即收益不同，故其经济性指标也不同，分别用制冷系数 ε 和供热系数 ε' 表示：

$$\varepsilon = \frac{q_2}{w_\mathrm{net}} \tag{3-17}$$

$$\varepsilon' = \frac{q_1}{w_\mathrm{net}} \tag{3-18}$$

制冷系数和供热系数越大，表明循环经济性越好。热效率、制冷系数和供热系数从能量的利用程度考虑循环的完善程度，正在被逐渐接受。

3.1.2　能量和热力学第一定律

3.1.2.1　热力学能和焓

（1）热力学能

能量是物质运动的量度，运动有各种不同的形态，相应的具有各种不同的能量。在宏观静止的物体内部，分子、原子等微粒不停地做着热运动。根据气体分子运动学说，气体分子在不断地做着不规则的平移运动，这种平移运动的动能是温度的函数。此外，分子间存在相互作用力，所以分子还具有位能，即内位能，它取决于气体的比体积和温度。内动能、内位能，维持一定分子结构的化学能和原子核内部的原子能以及电磁场作用下的电磁能等，共同构成了热力学能。在没有化学反应和原子核反应的过程中，化学能和原子核能都不变化，因此热力学能的变化只是内动能和内位能的变化。

我国法定的热力学能单位是焦耳，符号为 J，热力学能用符号 U 表示。1kg 物质的热力学能称为比热力学能，用符号 u 表示，单位为 J/kg。

根据气体分子运动学说，热力学能是热力状态的单值函数。在一定的热力状态下，分子因其有一定的均方根速度和平均距离，而有一定的热力学能，这与达到该热力学状态的路径无关，所以热力学能是状态参数。气体的热力学状态可由两个独立的状态参数决定，所以热力学能也一定是两个独立状态参数的函数，如

$$u = f(T, v) \text{ 或 } u = f(T, p) \text{ 或 } u = f(p, v) \tag{3-19}$$

物质的运动是永恒的,要找到一个没有运动而热力学能为绝对零值的基点是不可能的,因此热力学能的绝对值无法测定。工程计算中,通常更关心热力学能的相对变化量 ΔU,因此,实际上可以任意选取某一状态的热力学能作为计算基准。

（2）总能

工质的总能量除包含热力学能外,还包含工质在参考坐标系中作为一个整体,因有宏观运动速度而具有动能及因有不同高度而具有位能。其中,热力学能称为内部储存能,动能和位能称为外部储存能。系统的宏观动能和系统内动能的差异可用图 3-7 表示,大坝左侧水中的叶轮虽然受到分子热运动的撞击,但宏观效果抵消,所以不会转动;大坝右侧的水除了分子热运动外,还具有宏观动能,因而右侧的叶轮能在宏观运动的驱使下转动做功。

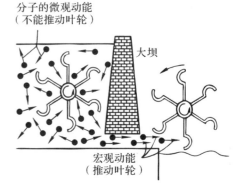

热力学能和机械能是不同形式的能量,但可以同时储存在热力系统内。内部储存能和外部储存能

图 3-7　系统的内动能和宏观动能

的总和,即热力学能与宏观运动动能和位能的总和,称为工质的总储存能,简称总能。若总能用 E 表示,宏观运动的动能和位能分别用 E_k 和 E_p 表示,则

$$E = U + E_k + E_p \tag{3-20}$$

若工质的质量为 m,宏观运动速度为 c_f,在重力场中的高度为 z,则工质的总能可写为

$$E = U + \frac{1}{2}mc_f^2 + mgz \tag{3-21}$$

比总能 e,即 1kg 工质的总能可写为

$$e = u + \frac{1}{2}c_f^2 + gz \tag{3-22}$$

热力学能、功和热量虽然都具有能量的量纲,但它们在本质上有所不同。热力学能是状态的函数,仅取决于状态。系统在两个平衡状态之间的热力学能的变化量仅由初、终两个状态的热力学能的差值确定,与中间的变化过程无关。而功和热量是过程量,不仅与系统的初、终状态有关,还和状态的变化过程有关。

（3）推动功和流动功

推动功是指在开口系中,工质因流动而传递的功,对开口系进行计算时要考虑这种功。

如图 3-8(a) 所示,工质经管道进入气缸,设工质的状态参数为 p、v、T,移动过程中工质的状态不变。工质作用在面积为 A 的活塞 D 上,活塞受到工质的作用力为 pA,工质流入气缸时推动活塞移动了距离 Δl,所做的功为 $pA\Delta l = pV$,即为推动功。1kg 工质的推动功为 pv。

工质进入气缸时,状态没有发生改变,所以它的热力学能也没有改变。传递给活塞的能量是由外界传来的,比如在工质入口管道的端部有一活塞 B,是它推动工质流动。这样的物质系称为外部功源,与系统只有功量的交换。工质在移动位置时总是从后获得推动功,而向前传递推动功,在这一过程中工质的热力状态没有发生变化,所起的作用只是单纯的运输能量。

下面进一步考虑开口系和外界之间功的交换。如图 3-8(b) 所示,取燃气轮机为一开口

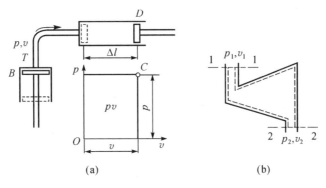

图 3-8　推动功

系，当一定量的工质从截面 1-1 进入该系统时，工质向系统传递的推动功为 $p_1 v_1$，随后工质在系统内膨胀至状态 2，做膨胀功 w，然后工质从截面 2-2 流出。工质流出系统时，受到了系统内后面工质的推动，因此系统通过排出的工质输出推动功为 $p_2 v_2$。推动功差 $p_2 v_2 - p_1 v_1$ 满足了维持工质流动所需的功，称为流动功。在不考虑工质的宏观动能及位能变化时，工质在系统内的膨胀功，一部分用于推动工质的流动，剩余部分则与外界交换，因此开口系与外界交换的功量是膨胀功与流动功之差；当需要考虑工质的动能及位能变化时，则还应计入动能差及位能差。

（4）焓

系统与外界交换物质时，越过边界进出系统的工质内部储存了热力学能。工质进入系统时将热力学能带进了系统，同时还将从外部功源获得的推动功 pV 也带进了系统；但系统输出工质时，系统不仅输出了热力学能，也要输出推动功。人们将系统因引进（或排出）工质而获得（或输出）的总能量，即热力学能与推动功之和，定义为焓，用符号 H 表示，单位为 J：

$$H = U + pV \tag{3-23}$$

1kg 工质的焓称为比焓，用符号 h 表示，单位为 J/kg：

$$h = u + pv \tag{3-24}$$

在任一平衡状态下，u、p、v 都有一定的值，那么焓也有一定的值，且与达到这一状态的路径无关，这符合状态参数的性质，所以焓是一个状态参数。对于简单可压缩系统，焓可以表示成两个独立状态参数的函数。同时，根据状态参数的性质，有

$$\Delta h_{1-a-2} = \Delta h_{1-b-2} = \int_1^2 \mathrm{d}h = h_2 - h_1 \tag{3-25}$$

$$\oint \mathrm{d}h = 0 \tag{3-26}$$

在热力设备中，工质总是不断从一处流到另一处，随着工质的移动而移动的能量不等于热力学能而等于焓，所以在热力工程的计算中，焓的应用更广，且人们更关心焓的相对变化量 ΔH。

3.1.2.2　热力学第一定律

（1）热力学第一定律的实质

能量守恒与转换定律是自然界的基本规律之一，自然界中的一切物质都具有能量，能量不可能被创造，也不可能被消灭，但可以从一种形态转变为另一种形态，并且在转换过程中

保持能量的总量不变。

热力学第一定律是能量守恒与转换定律在热现象中的应用,它确定了热力过程中热力系统与外界进行能量交换时,各种形态的能量在数量上的守恒关系。众所周知,运动是物质的属性,能量是物质运动的度量。分子运动学说阐明了热能是组成物质的分子、原子等微粒的杂乱运动——热运动的能量。既然热能和其他形态的能量都是物质的运动,那么热能和其他的能量可以相互转换,并且保持总量守恒就是理所应当的。

在工程热力学的研究范围内,主要考虑的是热能和机械能之间的相互转换与守恒,所以热力学第一定律可表述为:"热是能的一种,机械能变热能或热能变机械能时,它们之间的比值是一定的。"或表述为:"热可以变为功,功也可以变为热,一定量的热消失时必产生相应量的功,消耗一定量的功时也必产生与之对应的一定量的热。"

热力学第一定律是人类在实践中积累经验的总结,它无法用数学或其他理论来证明,但第一类永动机迄今仍未造成以及由热力学第一定律所得出的一切推论都与实际经验相符合等事实,足以说明它的正确性。

(2)热力学第一定律的基本能量方程式

热力学第一定律的能量方程式是系统变化过程中的能量平衡方程式,即为分析状态变化过程的根本方程式,它可从系统在状态变化过程中各项能量的变化和它们的总量守恒这一原则导出。把热力学第一定律的原则应用于系统中能量的变化,可以写成如下的形式:

$$\text{进入系统的能量} - \text{离开系统的能量} = \text{系统中储存能量的增加} \qquad (3\text{-}27)$$

上式是系统能量平衡的基本表达式,任何系统、任何过程均可根据此原则建立平衡关系。

对于闭口系统,进入和离开系统的能量只有热量和做功两部分。对于开口系统,由于工质会进出界面,所以进入和离开系统的能量除热量和做功外,还包括随物质一同带进系统和带出系统的能量。因此,将热力学第一定律应用于不同的热力系统时,会得到不同的能量方程。这里以闭口系的能量平衡方程为例进行推导。

取气缸活塞系统中的工质作为热力系统,研究其状态变化过程中和外界的能量交换。在热力过程中,系统中的工质没有越过边界,所以这是一个闭口系。当工质从外界吸入热量 Q 后,从状态 1 变化到状态 2,并对外界做功 W。若工质的宏观动能和位能的变化可忽略不计,则工质储存能的增加即为热力学能的增加 ΔU,根据式(3-27)可得

或
$$Q - W = \Delta U = U_2 - U_1$$
$$Q = \Delta U + W \qquad (3\text{-}28)$$

式中:U_1 为状态 1 的热力学能;U_2 为状态 2 的热力学能。式(3-28)是热力学第一定律应用于闭口系的能量方程式,称为热力学第一定律的解析式,是最基本的能量方程式。该方程式表明,加到工质的热量一部分用于增加工质的热力学能,储存于工质内部,余下部分则以做功的方式传递至外界。

对于一个微元过程,热力学第一定律解析式的微分形式是

$$\delta Q = \mathrm{d}U + \delta W \qquad (3\text{-}29)$$

对于 1kg 的工质,则有

$$q = \Delta u + w \qquad (3\text{-}30)$$

以及微分形式:

$$\delta q = \mathrm{d}u + \delta w \tag{3-31}$$

式(3-28)至式(3-31)直接从能量守恒与转换的普遍原理得出,没有做任何假定,因此它们对闭口系是普遍适用的,即既适用于可逆过程也适用于不可逆过程,且对工质的性质也没有限制,无论是理想气体还是实际气体,甚至是液体都适用。但为了确定工质初态和终态热力学能的值,要求工质初态和终态都是平衡状态。

3.1.3　熵与热力学第二定律

3.1.3.1　熵

状态参数熵与热力学第二定律紧密相关,它为判断过程的方向、过程是否能够实现、过程是否可逆提供了依据,并在过程不可逆程度、热力学第二定律的量化等方面起着重要作用。

热力学第二定律有多种表述方式,而熵是在热力学第二定律的基础上导出的状态参数,所以熵的导出也有各种方法。这里着重从循环出发,利用卡诺循环及卡诺定理的克劳修斯法进行推导。

（1）卡诺循环

卡诺根据蒸汽机运行的经验,经过科学抽象,提出了由四个过程组成的理想循环。卡诺循环是工作于温度分别为 T_1 和 T_2 的两个热源之间的正向循环,由两个可逆定温过程和两个可逆绝热过程组成。图 3-9(a)(b) 分别为以理想气体为工质时,卡诺循环的 p-v 图和 T-s 图。图中,d-a 为绝热压缩过程,a-b 为定温吸热过程,b-c 为绝热膨胀过程,c-d 为定温放热过程。

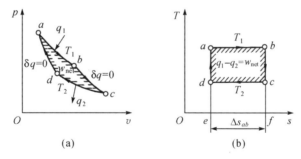

图 3-9　卡诺循环

在整个循环中,工质从热源吸热 q_1,向冷源放热 q_2,对外界做功 w_1,接受外界做功 w_2。由热力学第一定律可知,在此过程中的循环净功 $w_{\mathrm{net}} = q_1 - q_2 = w_1 - w_2$,所以循环热效率为

$$\eta_t = \frac{w_{\mathrm{net}}}{q_1} = \frac{q_1 - q_2}{q_1} = 1 - \frac{q_2}{q_1}$$

由图 3-9(b) 可知

$$q_1 = T_1(s_b - s_a), \quad q_2 = T_2(s_c - s_d)$$

又因为

$$s_b - s_a = s_c - s_d$$

所以卡诺循环的热效率为

$$\eta_t = 1 - \frac{T_2}{T_1} \tag{3-32}$$

分析卡诺循环的热效率公式,可以得出几点重要结论:

① 卡诺循环的热效率只与高温热源和低温热源的温度,即工质吸热和放热时的温度有关,可以通过提高高温热源温度(T_1)、降低低温热源温度(T_2)来提高热效率。

② 由于 $T_1 = \infty$ 或 $T_2 = 0$ 不可能实现,所以卡诺循环的热效率只能小于 1。也就是说,即便是在理想的情况下,循环发动机绝不可能把所有的热能转化为机械能,热效率自然更不可能大于 1。

③ 当 $T_1 = T_2$ 时,循环热效率 $\eta_c = 0$,这说明,在温度平衡的体系中,热能不能转化为机械能,热能产生动力一定要有温度差作为热力学条件,从而验证了借助单一热源连续做功的机器是不存在的,或者说第二类永动机是无法制造的。

卡诺循环及其热效率公式在热力学的发展上具有重大意义。首先,它奠定了热力学第二定律的理论基础;其次,卡诺循环的研究为提高各种热动力机的热效率指出了方向,即尽可能提高工质的吸热温度和尽量降低工质的放热温度,使放热在接近可自然得到的最低温度时进行。卡诺循环中所提出的利用绝热压缩以提高气体吸热温度的方法,至今在以气体为工质的热动力机中仍普遍采用。

虽然至今还没能制造出严格按照卡诺循环工作的热力发动机,但是卡诺循环是实际热机选用循环时的最理想状态。以气体为工质时,要实现卡诺循环主要存在以下几点困难:第一,要提高卡诺循环热效率,T_1 和 T_2 的差值要大,因而需要有很大的压力差和体积压缩比,这会使得 p_a 很高,或者 v_c 极大,这给实际设备带来很大的困难。这时的卡诺循环在 p-v 图上的图形显得狭长,循环功不大,而摩擦损失等不可逆损失占比很大,根据动力机传到外界的轴功而计算的有效效率,实际并不高。第二,气体的定温过程不易实现,不易控制。

(2)逆向卡诺循环

逆向卡诺循环是按照与卡诺循环路线相同但方向相反而进行的循环。如图 3-10 所示,逆向卡诺循环按照 a-d-c-b-a 的方向进行,各过程中的功和热量的计算与卡诺循环相同,只是传递的方向相反。

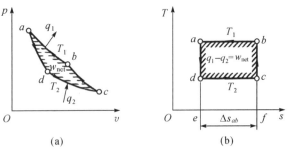

图 3-10　逆向卡诺循环

与卡诺循环类似,可以计算逆向卡诺制冷循环的制冷系数:

$$\varepsilon_c = \frac{q_2}{w_{net}} = \frac{q_2}{q_1 - q_2} = \frac{T_2}{T_1 - T_2} \tag{3-33}$$

逆向卡诺热泵循环的供暖系数为

$$\varepsilon'_c = \frac{q_1}{w_{\text{net}}} = \frac{q_1}{q_1 - q_2} = \frac{T_1}{T_1 - T_2} \qquad (3\text{-}34)$$

制冷循环和热泵循环的热力循环特性相同,只是两者工作温度范围有差别。制冷循环以环境大气作为高温热源向其放热,而热泵循环通常以环境大气作为低温热源从中吸热。对于制冷循环,降低环境温度 T_1,提高冷库温度 T_2,则制冷系数增大;对于热泵循环,提高环境温度 T_2,降低室内温度 T_1,供暖系数增大,且 ε' 的值总是大于 1。

逆向卡诺循环是理想的、经济性最高的制冷循环和热泵循环。但实际上,制冷机和热泵难以按逆向卡诺循环工作,但逆向卡诺循环有着极为重要的理论价值,它为提高制冷机和热泵的经济性指出了方向。

(3) 多热源的可逆循环

热源多于两个的可逆循环,其热效率低于同温限间工作的卡诺循环。如图 3-11 所示,在吸热过程 e-h-g 和放热过程 g-l-e 中工质的温度都在变化,要使循环过程可逆,必须有无穷多个热源和冷源,热源的温度依次自 T_e 连续升高到 T_h,再降低到 T_g;冷源则从 T_g 连续降低到 T_l,再升高到 T_e。任何时候工质和热源间均保持无温差传热。例如工质温度变化到 T_i 时,向温度为 T_i 的热源吸取热量,$\delta q = T_i \, \mathrm{d}s$,从而保证了循环 e-h-g-l-e 实现可逆。可逆循环的热效率为

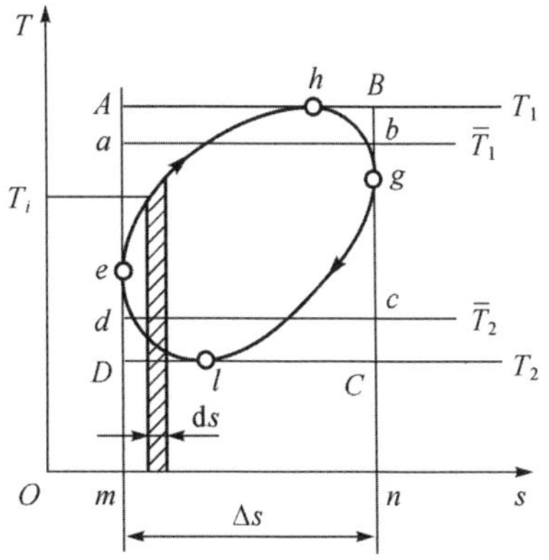

图 3-11　多热源可逆循环

$$\eta_t = 1 - \frac{q'_2}{q'_1} = 1 - \frac{A_{gnmelg}}{A_{ehgnme}}$$

工作在 $T_1 = T_h$、$T_2 = T_l$ 的卡诺循环 A-B-C-D-A 的热效率为

$$\eta_c = 1 - \frac{q_2}{q_1} = 1 - \frac{A_{DCnmD}}{A_{ABnmA}}$$

由于 $q'_1 < q_1$,$q'_2 > q_2$,所以 $\eta_t < \eta_c$。

为了便于分析比较任意可逆循环的热效率,热力学中引入平均温度的概念。根据定积分中值定理的概念,在吸热过程 e-h-g 中必定可以找到某个温度,使 T-s 图上以其为高度的矩形面积 A_{abnma} 等于面积 A_{ehgnme},这个温度即为平均吸热温度 $\overline{T}_1$。同理,在放热过程 g-l-e 中可得到平均放热温度 $\overline{T}_2$。那么,可逆循环 e-h-g-l-e 的热效率也可以表示为

$$\eta_t = 1 - \frac{q'_2}{q'_1} = 1 - \frac{\overline{T}_2 \Delta s}{\overline{T}_1 \Delta s} = 1 - \frac{\overline{T}_2}{\overline{T}_1} \qquad (3\text{-}35)$$

由于 $\overline{T}_1 < T_1$,$\overline{T}_2 > T_2$,与相同温限内卡诺循环的热效率 $\eta_c = 1 - \dfrac{T_2}{T_1}$ 相比,同样可得 $\eta_t < \eta_c$。由此可得结论:工作于两个热源间的一切可逆循环的热效率高于相同温限间多热源的可逆循环。

(4) 卡诺定理

卡诺定理包含两个分定理:

定理一:当高温热源的温度和低温热源的温度分别对应相等时,在此温限内进行的一切可逆循环的热效率都相等,与可逆循环的种类及工质类型均无关。

卡诺循环反映了一个普遍规律,当热源条件相同时,在各种不可逆循环中,因不可逆因素和不可逆程度各不相同,所以各不可逆循环的热效率可能完全不同。但是对于可逆循环,由于不存在任何不可逆循环损失,所以这时热效率只由热源条件决定。当只有两个热源 T_1 和 T_2 时,无论进行其中的哪一种可逆循环,热效率都相同。

定理二:在温度同为 T_1 的热源和同为 T_2 的冷源间工作的一切不可逆循环,其热效率必小于可逆循环。

卡诺定理有着重要和广泛的意义。任何将热能转化为机械能、电能或其他能量的转化装置都受到热力学第二定律的制约,都必须有热源和冷源,其热效率均不可能超过相应的卡诺循环。

卡诺定理可根据热力学第二定律,采用反证法进行论证,读者可尝试自行证明,这里不加以赘述。

(5)状态参数熵的导出

分析任意工质进行的一个任意可逆循环。如图 3-12 所示,为了保证循环 1-A-2-B-1 可逆,需要与工质温度变化相对应的无穷多个热源。用一组可逆绝热线将该循环分割成多个微小循环,可以证明,可逆过程 a-b 可以用可逆等熵过程 a-a'、可逆等温过程 a'-b' 和可逆等熵过程 b'-b 取代。同理,过程 f-g 也可以用等熵过程 f-f'、等温过程 f'-g' 和等熵过程 g'-g 取代。因此小循环 a-b-f-g-a 可与用卡诺循环 a'-b'-f'-g'-a' 代替。同理,其他的循环都可以用相应的卡诺循环替代,这些微小卡诺循环的总和等价于循环 1-A-2-B-1。

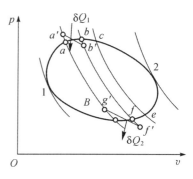

图 3-12 熵参数导出用图

在任一卡诺循环中,如 a'-b'-f'-g'-a' 中,a'-b' 是定温吸热过程,工质与热源温度相同,都是 T_{r1},吸热量为 δQ_1;f'-g' 是定温放热过程,工质与冷源温度相同,都是 T_{r2},放热量为 δQ_2,则循环的热效率为

$$1 - \frac{\delta Q_2}{\delta Q_1} = 1 - \frac{T_{r2}}{T_{r1}}$$

即
$$\frac{\delta Q_1}{T_{r1}} = \frac{\delta Q_2}{T_{r2}}$$

式中的 δQ_2 为绝对值,若改用代数值,δQ_2 为负值,则上式可写成:

$$\frac{\delta Q_1}{T_{r1}} + \frac{\delta Q_2}{T_{r2}} = 0$$

令可逆绝热线数量趋于无穷大,任意相邻的两根可逆绝热线之间相距无穷小,则所有小循环都可用微元卡诺循环替代。对全部微元卡诺循环积分求和,即可得出:

$$\int_{1-A-2} \frac{\delta Q_1}{T_{r1}} + \int_{2-B-1} \frac{\delta Q_2}{T_{r2}} = 0$$

将上式中的 δQ_1、δQ_2 均采用代数值,统一用 δQ_{rev} 表示,热源温度 T_{r1}、T_{r2} 统一用 T_r 表示,则上式可改写为

$$\int_{1-A-2} \frac{\delta Q_{rev}}{T_r} + \int_{2-B-1} \frac{\delta Q_{rev}}{T_r} = 0$$

即
$$\oint \frac{\delta Q_{\mathrm{rev}}}{T_r} = 0 \quad \text{或} \quad \oint \frac{\delta Q_{\mathrm{rev}}}{T} = 0 \tag{3-36}$$

式(3-36)中，$\oint \frac{\delta Q_{\mathrm{rev}}}{T}$ 由克劳修斯首先提出，称为克劳修斯积分，式(3-36)称为克劳修斯积分等式，用文字叙述为：任意工质经任一可逆循环，微小量 $\frac{\delta Q_{\mathrm{rev}}}{T}$ 沿循环的积分为零。

根据状态函数的数学特性，可以断定被积函数 $\frac{\delta Q_{\mathrm{rev}}}{T}$ 是某个状态参数的全微分。1865 年克劳修斯将这个新的状态参数定名为熵(entropy)，符号为 S，即

$$\mathrm{d}S = \frac{\delta Q_{\mathrm{rev}}}{T_r} = \frac{\delta Q_{\mathrm{rev}}}{T} \tag{3-37}$$

式中：δQ_{rev} 为可逆过程的换热量；T_r 为热源温度，由于微元换热过程可逆，无传热温差，所以热源温度 T_r 也等于工质温度 T。式(3-37)即为状态参数熵的定义式。1kg 工质的比熵变表达式为

$$\mathrm{d}s = \frac{\delta q_{\mathrm{rev}}}{T_r} = \frac{\delta q_{\mathrm{rev}}}{T} \tag{3-38}$$

（6）相对熵及熵变计算

假设纯物质在热力学温度 0K 时的熵为 0，以此为基点的熵称为绝对熵。若人为地规定一个参照状态下的熵值为 0（或为某一定值），从而得出的熵的相对值称为相对熵。在 p、T 状态下的比熵相对值为

$$s_{p,T} = s_{\text{基准点}} + \int_{\text{基准点}}^{p,T} \frac{\delta q}{T} \tag{3-39}$$

选择的基准点不同，熵的相对值可能不同，但熵变值相同，它与基准点的选择无关。通常，理想气体选择标准状态为基准点，水和水蒸气取三相点时的液态水的熵为 0。在热力过程的计算中，若工质的化学成分不变，只需确定初、终状态的熵差，此时可采用相对熵；当涉及化学反应时，则必须采用绝对熵进行计算。

若涉及相变过程，在定压相变过程中，工质的饱和温度 T_s 保持不变，这时整个过程的熵变量必须分段计算。以将 1kg 温度为 T_1 的水加热至温度为 T_2 的蒸汽为例，过程的熵变量等于液体的熵变、汽化过程的熵变以及蒸汽的熵变的总和。选择三相态时液态水的熵值为 0，液态水的熵变为

$$\mathrm{d}s_l = \frac{\delta Q}{T}, \quad \Delta s_l = \int_{T_0}^{T} \frac{c_{p,l}}{T}\, \mathrm{d}T$$

当液态水的温度变化范围不大时，水的比热容可近似取为定值，因此从温度 T_1 定压加热到 T_s 时水的熵变为

$$\Delta s_l = \int_{T_0}^{T_s} \frac{c_{p,l}}{T}\, \mathrm{d}T - \int_{T_0}^{T_1} \frac{c_{p,l}}{T}\, \mathrm{d}T = c_{p,l} \ln \frac{T_s}{T_1}$$

定压相变过程中，水的饱和温度保持不变，$\Delta s_{l,v} = \dfrac{\gamma}{T_s}$。水蒸气的熵变为

$$\Delta s_v = \int_{T_0}^{T} \frac{c_{p,v}}{T}\, \mathrm{d}T$$

所以总的熵变为

$$\Delta s = c_{p,l} \ln \frac{T_s}{T_1} + \frac{\gamma}{T_s} + \int_{T_0}^{T_2} \frac{c_{p,v}}{T} \, \mathrm{d}T$$

式中：T_s 为汽化温度；γ 为汽化潜热；$c_{p,l}$ 为水的比定压热容；$c_{p,v}$ 为蒸汽的比定压热容。

3.1.3.2　热力学第二定律

（1）自然过程的方向性

通过观察可以发现，大量的自然过程具有方向性。比如温差传热、自由膨胀和混合，分别在温度差、压力差和浓度差的作用下进行，它们都具有方向性。自然过程中能独立、无条件地自动进行的过程，称为自发过程。不能独立地自动进行而需要外界帮助作为补充条件的过程称为非自发过程。自发过程的反向过程是非自发过程，例如热转化为功、热量由低温物体传向高温物体、气体的压缩、流体组分的分离等。由于自然过程存在方向性，热力系中进行的自发过程，虽然可以通过反向的非自发过程使系统恢复，但后者会给外界留下影响，无法做到使热力系统和外界全部恢复原状，因而不可逆是自发过程的重要特征和属性。

（2）热力学第二定律的表述

热力学第二定律是阐明与热现象相关的各种过程进行的方向、条件及限度的定律。由于工程实践中热现象普遍存在，热力学第二定律广泛应用于热量传递、热与功的转换、化学反应、燃料燃烧、气体扩散、混合、分离、溶解、结晶、辐射、生物化学、生命现象、信息理论、低温物理、气象以及其他领域。针对各类具体问题，热力学第二定律有各种形式的表述。

热力学第二定律的克劳修斯说法：1850 年，克劳修斯从热量传递方向性的角度提出，热量不可能自发地、不付代价地从低温物体传至高温物体。值得注意的是，通过热泵装置的逆向循环可以将热量自低温物体传至高温物体，但这并不违反热力学第二定律的克劳修斯说法，因为它是花了代价而非自发进行的。非自发过程的进行必须同时伴随一个自发过程作为代价，这个自发过程称为补偿过程。

热力学第二定律的开尔文说法：1824 年，卡诺最早提出了热能转化为机械能的根本条件，即"凡有温度差的地方都能产生动力"。实质上，这是热力学第二定律的一种表达方式。随着蒸汽机的出现，人们在提高热机效率的研究中认识到，只有一个热源的热动力装置是无法工作的，要使热能连续地转化为机械能至少需要两个温度不同的热源：通常以大气中的空气或环境温度下的水作为低温热源，另外还需有高于环境温度的高温热源，例如高温烟气。1851 年左右，开尔文和普朗克等人从热能转换为机械能的角度先后提出更为严密的表达，被称为热力学第二定律的开尔文说法：不可能制造出从单一热源吸热，使之全部转换为功而不留下其他任何变化的热力发动机。

上述说法中，"不留下其他任何变化"包括对热机内部、外界环境及其他物体都不留下其他任何变化，当然热机必须是循环发动机。开尔文说法意味着任何技术手段都不可能使取自热源的热全部转换为机械功，不可避免地有一部分要排向温度更低的低温热源。同样得出结论：非自发过程的实现必须有一个自发过程作为补充条件。这种自发过程不限于一种形式。开尔文说法从本质上反映了热能和机械能存在质的差别。上述说法中的"发动机"概念可以推广到将热能转换为电能的装置，比如温差电池。

有人设想制造一台机器，使其从环境大气或海水里吸热不断获得机械功。这种单一热源下做功的动力机称为第二类永动机。它虽然不违反热力学第一定律的能量守恒原则，但是违背了热力学第二定律，所以热力学第二定律也可以表述为：第二类永动机不存在。

经典热力学采用宏观的研究方法,热力学第一定律和热力学第二定律是根据无数实践得出的经验定律,具有广泛的适用性和高度的可靠性。但是热能的本质、热现象有方向性的原因,都不是用宏观方法能解释的,只有在统计热力学中用微观的以及统计的方法才能加以阐明。

(3) 热力学第二定律的数学表达式

循环过程只是一种特殊的热力过程。自然界中有着大量的各种形式的热过程,它们都是不可逆过程,都有一定的方向性。寻求更为一般的、适用于一切热过程进行方向的判据,或者说建立其热力学第二定律相应的数据判据是进一步需要解决的问题。

① 克劳修斯不等式

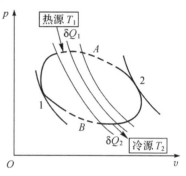

图 3-13 克劳修斯积分不等式导出

如果循环中全部或部分是不可逆的,那么该循环即为不可逆的。如图 3-13 所示,用一组可逆绝热线将循环 1-A-2-B-1 分割为若干小的循环。其中部分为可逆循环,求和有 $\oint \dfrac{\delta Q_{rev}}{T} = 0$。其余部分为不可逆循环,据卡诺定理可知,不可逆循环的热效率小于微元卡诺循环的热效率,即 $1 - \dfrac{\delta Q_2}{\delta Q_1} < 1 - \dfrac{T_{r2}}{T_{r1}}$。$\delta Q_2$ 用代数值,统一用 δQ 表示,对所有的不可逆循环求和,则 $\sum \dfrac{\delta Q}{T_r} < 0$。将所有可逆和不可逆的小循环全部相加,并设可逆绝热线的数量趋于无穷大,任意相邻两根可逆绝热线之间相距无限小,用积分代替求和,可得

$$\oint \frac{\delta Q}{T_r} < 0 \tag{3-40}$$

工质经过任意不可逆循环,微量 $\dfrac{\delta Q}{T_r}$ 沿整个循环的积分一定小于零,式(3-40) 即为著名的克劳修斯积分不等式。

② 热力学第二定律的数学表达式

将式(3-36) 和式(3-39) 合并,可得

$$\oint \frac{\delta Q}{T_r} \leqslant 0 \tag{3-41}$$

式(3-41) 即为用于判断循环是否可逆的热力学第二定律的数学表达式。克劳修斯积分 $\oint \dfrac{\delta Q}{T_r}$ 等于零为可逆循环,小于零为不可逆循环,大于零的循环则不能实现。

如图 3-14 所示,设工质由平衡的初态 1 分别经可逆过程 1-B-2 和不可逆过程 1-A-2 到达平衡状态 2。由于 1-B-2 可逆,所以 $\displaystyle\int_{1-B-2} \dfrac{\delta Q}{T_r} = -\int_{2-B-1} \dfrac{\delta Q}{T_r}$,状态 1 和状态 2 均为平衡状态,$S_1$ 和 S_2 各有一定的数值,此可逆过程的熵变为

$$\Delta S_{1-2} = S_2 - S_1 = \int_1^2 \frac{\delta Q}{T} = \int_{1-B-2} \frac{\delta Q}{T_r} = -\int_{2-B-1} \frac{\delta Q}{T_r} \tag{3-42}$$

1-A-2-B-1 为一不可逆循环,则克劳修斯不等式 $\oint \dfrac{\delta Q}{T_r} < 0$,即

$$\int_{1\text{-}A\text{-}2}\frac{\delta Q}{T_r}+\int_{2\text{-}B\text{-}1}\frac{\delta Q}{T_r}<0$$

将式(3-42)代入可得

$$S_2-S_1>\int_{1\text{-}A\text{-}2}\frac{\delta Q}{T_r}$$

也可写作：

$$S_2-S_1>\int_1^2\frac{\delta Q}{T_r}\Big|_{\text{不可逆}} \tag{3-43}$$

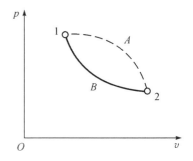

图 3-14　不可逆过程的熵变

上式表明，初、终状态是平衡态的不可逆过程，熵变量大于不可逆过程中工质与热源交换的热量与热源温度比值的积分。

用于判断热力过程是否可逆的热力学第二定律数学表达式的积分形式可表示为式(3-44)。

$$S_2-S_1\geqslant\int_1^2\frac{\delta Q}{T_r} \tag{3-44}$$

其中，不可逆过程 $S_2-S_1>\int_1^2\dfrac{\delta Q}{T_r}$；可逆过程 $S_2-S_1=\int_1^2\dfrac{\delta Q}{T_r}$；而 $S_2-S_1<\int_1^2\dfrac{\delta Q}{T_r}$ 的情况不可能出现。对于 1kg 工质的熵变，有

$$s_2-s_1\geqslant\int_1^2\frac{\delta q}{T_r} \tag{3-45}$$

式(3-43)的微分形式与熵的定义式一起归并为

$$\mathrm{d}S\geqslant\frac{\delta Q}{T_r},\mathrm{d}s\geqslant\frac{\delta q}{T_r} \tag{3-46}$$

式(3-46)是判断微元过程是否可逆的热力学第二定律的数学表达式。

式(3-41)、式(3-44)和式(3-46)这三个热力学第二定律数学表达式中的 δQ 表示系统与外界间的实际微元传热量，系统吸热为正，放热为负；T_r 为热源温度。式中等号适用于可逆过程，不等号适用于不可逆过程。

3.2　气体的性质及热力学一般关系

3.2.1　理想气体的性质

3.2.1.1　理想气体的概念
（1）理想气体模型

气态物质的分子持续不断地做无规则的热运动，而分子的数量又非常多，若不计恒力场（如重力场）的作用，运动在任意方向上都没有显著的优势，宏观上表现为各向同性。自然界中的气体分子具有一定的体积，分子之间存在相互作用力，分子在两次碰撞之间进行的是非直线运动，故很难精确描述这样复杂的运动。为了方便分析、简化计算，引入了理想气体的概念。

理想气体是一种实际中不存在的假想气体,气体分子是弹性的、不具有体积的质点,且分子间没有相互作用力。在上述两种假设条件下,气体分子的运动规律得到极大简化,这样不但可以定性地分析气体的某些热力学现象,还可以定量地导出状态参数之间存在的简单函数关系。

气体在高温低压的条件下密度小、比体积大,当气体分子体积远小于其活动空间,而分子间平均距离又很大,分子间的作用力极其微弱时,气体的状态就很接近理想气体。因此,理想气体是气体压力趋于 0、比体积趋于无穷大时的极限状态。

不满足理想气体两条假设的气体称为实际气体。火力发电厂动力装置中采用的水蒸气、制冷装置的工质氟利昂蒸气、氨蒸气等,这类物质的临界温度较高,蒸气在通常的工作温度和压力下离液态不远,不能看作理想气体。与远离液态的气体相比,这些蒸气的比体积要小得多,分子体积不容忽略,分子间内聚力随平均距离减小而急剧增大,因此分子运动规律极为复杂,宏观上反映为状态参数的函数关系式繁复,热工计算中需要借助计算机或利用为各种蒸气专门编制的图表。

(2) 理想气体状态方程式

根据分子运动论,将统计方法运用于理想气体分子运动物理模型,可得到气体的压力

$$p = \frac{2}{3} N \frac{m' \bar{c}^2}{2} \tag{3-47}$$

式中: N 为 1m^3 体积内的气体分子数; m' 为每个分子的质量; $\bar{c}$ 为分子平移运动的均方根速度。在式(3-47)左右两侧均乘以比体积,并将式(3-1)代入,可得

$$pv = \frac{2}{3} Nv \frac{m' \bar{c}^2}{2} = NvkT$$

与式(3-7)比较,得到 $R_g = kNv$。其中 k 为玻尔兹曼常数, Nv 为 1kg 气体包含的分子数。

上述表示的理想气体在任一平衡状态时 p、v、T 之间的关系称为理想气体状态方程,也称为克拉贝隆(Clapeyron)方程,它与波义耳、马略特等人对低压气体测定得出的实验结果是一致的。

(3) 摩尔质量和摩尔体积

摩尔是国际单位制中物质的量的基本单位,用符号 mol 表示。物质中包含的基本单元数与 0.012kg 碳 12 的原子数目相等时,物质的量即为 1mol。基本单元可以是原子、分子、离子、电子及其他微粒,或者是这些粒子的特定组合。0.012kg 碳 12 的原子数目为 6.0225×10^{23} 个,在热力学中基本单元是分子,所以根据定义,1mol 物质的分子数即为 6.0225×10^{23}。

1mol 物质的质量称为摩尔质量,用符号 M 表示,单位是 g/mol。摩尔质量在数值上等于物质的相对分子质量 M_r。如果物质的质量 m 以 kg 为单位,物质的量 n 以 mol 为单位,则

$$n = \frac{m}{M \times 10^{-3}}$$

1mol 气体的体积用 V_m 表示,则有

$$V_m = M v \times 10^{-3}$$

阿伏伽德罗定律指出,同温、同压下,各种气体的摩尔体积都相同。实验得出,在标准状态下,即 $p_0 = 101325\text{Pa}$、$T_0 = 273.15\text{K}$ 时,1mol 任意气体的体积同为

$$V_{m0} = (Mv)_0 = 0.0224141 \text{ m}^3/\text{mol}$$

其中,下角标 0 是指标准状态。热工计算中,除了用 kg 和 mol 外,有时也采用立方米作为计量单位。1mol 气体标准状态下的体积为 0.0224141m³。

(4) 摩尔气体常数

1kg 理想气体的状态方程的两侧同时乘以摩尔质量 M,即为 1mol 气体的状态方程:

$$pV_m = MR_gT = RT \tag{3-48}$$

若以 1 和 2 分别代表两种不同类的气体,根据阿伏伽德罗定律,当 $p_1 = p_2$、$T_1 = T_2$ 时,$V_{m1} = V_{m2}$。比较两种气体的状态方程,发现两种气体的 M 与 R_g 的乘积相等。由于上述两种气体是任意的,且状态也是任选的,所以可以断定乘积 MR_g 是既与气体种类无关,也与气体状态无关的普适恒量,称为摩尔气体常数,用 R 表示。R 的数值可取任意气体在任意状态下的参数确定,用标准状态的参数来计算,则可得

$$R = MR_g = \frac{p_0 V_{m0}}{T_0}$$

$$= \frac{101325\text{Pa} \times (0.0224141 \pm 0.00000019)\text{m}^3/\text{mol}}{273.15\text{K}}$$

$$= 8.314510 \pm 0.000070\text{J}/(\text{mol} \cdot \text{K})$$

各种气体的气体常数可由下式确定:

$$R_g = \frac{R}{M} = \frac{8.3145\text{J}/(\text{mol} \cdot \text{K})}{M} \tag{3-49}$$

当理想气体在流动中处于平衡状态时,同样可利用理想气体状态方程。可分别以气体的摩尔流量 q_n、质量流量 q_m、体积流量 q_V 代替式中的物质的量 n、质量 m 和体积 V,如

$$pq_V = q_m R_g T \tag{3-50}$$

$$pq_V = q_n R_g T \tag{3-51}$$

3.2.1.2　理想气体的比热容

(1) 比热容的定义

物体温度升高 1K(或 1℃)所需热量称为热容,用符号 C 表示。1kg 物质温度升高 1K(或 1℃)所需热量称为质量热容,又称比热容,用符号 c 表示,单位为 J/(kg·K),其定义式为

$$c = \frac{\delta q}{\text{d}T} \text{ 或 } c = \frac{\delta q}{\text{d}t} \tag{3-52}$$

1mol 物质的热容称为摩尔热容,用符号 C_m 表示,单位为 J/(mol·K)。热工计算中,在有化学反应或相变反应时,用摩尔热容更方便。标准状态下 1m³ 物质的热容称为体积热容,用符号 C' 表示,单位为 J/(m³·K)。

比热容、摩尔热容和体积热容之间的关系为

$$Mc = C_m = V_{m0}C' \tag{3-53}$$

式中:V_{m0} 为标准状态的摩尔体积。

热量是过程量,所以比热容也和过程特性有关,不同的热力过程,比热容也不同。热力设备中工质通常是在接近压力不变或体积不变的条件下吸热或放热的,因此定压过程和定容过程的比热容最常用,分别称为比定压热容和比定容热容,分别用符号 c_p 和 c_V 表示。

根据热力学第一定律,对于可逆过程有

$$\delta q = \text{d}u + p\text{d}v, \delta q = \text{d}h - v\text{d}p$$

定容时(d$v = 0$)

$$c_V = \left(\frac{\delta q}{\mathrm{d}T}\right)_v = \left(\frac{\mathrm{d}u + p\mathrm{d}v}{\mathrm{d}T}\right)_v = \left(\frac{\partial u}{\partial T}\right)_v \tag{3-54}$$

定压时($\mathrm{d}p = 0$)

$$c_p = \left(\frac{\delta q}{\mathrm{d}T}\right)_p = \left(\frac{\mathrm{d}h - v\mathrm{d}p}{\mathrm{d}T}\right)_p = \left(\frac{\partial h}{\partial T}\right)_p \tag{3-55}$$

式(3-54)和式(3-55)由比定压热容和比定容热容的定义导出,适用于一切工质,不仅限于理想气体。

对于理想气体,其分子间无相互作用力,不存在内位能,热力学能只包括取决于温度的内动能,因而理想气体的热力学能是温度的单值函数,即 $u = f_u(T)$。焓的定义式为 $h = u + pv$,对于理想气体 $h = u + R_g T$,显然,理想气体的焓值与压力无关,只是温度的单值函数,即 $h = f_h(T)$,所以

$$\left(\frac{\partial u}{\partial T}\right)_v = \frac{\mathrm{d}u}{\mathrm{d}T} \tag{3-56}$$

$$\left(\frac{\partial h}{\partial T}\right)_p = \frac{\mathrm{d}h}{\mathrm{d}T} \tag{3-57}$$

将式(3-56)和式(3-57)分别代入式(3-54)和式(3-55),可得到理想气体的比热容:

$$c_V = \frac{\mathrm{d}u}{\mathrm{d}T} \tag{3-58}$$

$$c_p = \frac{\mathrm{d}h}{\mathrm{d}T} \tag{3-59}$$

比较比定容热容和比定压热容的定义式和理想气体的表达式,可以发现,从定义来看 c_V 和 c_p 分别是状态参数 u 对 T、h 对 T 的偏导数,c_V 和 c_p 是状态参数;而对于理想气体,c_V 和 c_p 仅是温度的函数。

（2）迈耶公式及比热容比

将理想气体的焓 $h = u + R_g T$ 对 T 求导,可得

$$\frac{\mathrm{d}h}{\mathrm{d}T} = \frac{\mathrm{d}u}{\mathrm{d}T} + R_g$$

即

$$c_p - c_V = R_g \tag{3-60}$$

R_g 是恒大于 0 的常数,所以同样温度下,任意气体的 c_p 总是大于 c_V。从能量的观点分析,当气体定容加热时,吸热量全部转变为分子的动能,使温度升高;而当定压加热时,气体容积增大,吸热量中有一部分转变为机械能对外做膨胀功,所以同样温度升高 1K 所需热量更大,这正是 c_p 大于 c_V 的原因。

将式(3-60)左右两边乘以物质的摩尔质量,可得

$$C_{p,m} - C_{V,m} = R \tag{3-61}$$

式(3-60)和式(3-61)称为迈耶公式。由于 c_V 不易测定,所以往往通过实验测定 c_p,再用迈耶公式计算 c_V。

c_p 和 c_V 的比值称为比热容比,或称为质量热容比,用符号 γ 表示

$$\gamma = \frac{c_p}{c_V} = \frac{C_{p,m}}{C_{V,m}} \tag{3-62}$$

将比热容比代入式(3-60)可得

$$c_p = \frac{\gamma}{\gamma - 1} R_g, c_V = \frac{1}{\gamma - 1} R_g \tag{3-63}$$

3.2.1.3　理想气体的热力学能、焓和熵

（1）热力学能和焓

如图 3-15 所示，1-2 表示任一过程，1-2′ 是定容过程，1-2″ 是定压过程，2、2′、2″、… 各个点的压力、比体积各不相同，但各点的热力学能值、焓值分别相等，即当 $T_2 = T_{2'} = T_{2''} = \cdots$ 时，有 $u_2 = u_{2'} = u_{2''} = \cdots$ 以及 $h_2 = h_{2'} = h_{2''} = \cdots$。所以，理想气体的等温线即为等热力学能线和等焓线。因此可以得到结论：对于理想气体，任一过程的焓变化量都和温度变化相同的定容过程的热力学能变化量相等；任一过程的焓变化量都和温度变化相同的定压过程的焓变化量相等。

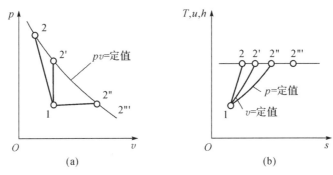

图 3-15　理想气体的 Δu 和 Δh

根据热力学第一定律解析式

$$\delta q = \mathrm{d}u + p\mathrm{d}v, \delta q = \mathrm{d}h - v\mathrm{d}p$$

在定容过程中，膨胀功为零，热力学能变化量与过程热量相等，即

$$\Delta u = q_V = \int_{t_1}^{t_2} c_V \mathrm{d}T$$

在定压过程中，技术功为零，焓变化量与过程热量相等，即

$$\Delta h = q_p = \int_{t_1}^{t_2} c_p \mathrm{d}T$$

因此，对于理想气体，无论其过程如何，下列各式均成立：

$$\mathrm{d}u = c_V \mathrm{d}T, \Delta u = q_V = \int_{T_1}^{T_2} c_V \mathrm{d}T = c_V \Big|_{T_1}^{T_2} (T_2 - T_1) \tag{3-64}$$

$$\mathrm{d}h = c_p \mathrm{d}T, \Delta h = q_p = \int_{T_1}^{T_2} c_p \mathrm{d}T = c_p \Big|_{T_1}^{T_2} (T_2 - T_1) \tag{3-65}$$

因此理想气体的温度由 T_1 变化到 T_2，无论其过程如何，都无须考虑压力和比体积如何变化，其热力学能及焓的变化量均可按照式（3-64）和式（3-65）计算。

在热工计算中，通常关注过程中热力学能或焓值的变化量。对于无化学反应的热力过程，物系的化学能不变，可人为地规定基准态的热力学能为零。理想气体通常取 0K 或 0℃ 时的焓值为零，这时任意温度 T 的焓值和热力学能值实质上是从基准点计起的相对值。

对于理想气体可逆过程，热力学第一定律可进一步化为以下形式：

$$\delta q = c_V \mathrm{d}T + p\mathrm{d}v, q = c_V \Big|_{T_1}^{T_2} (T_2 - T_1) + \int_{v_1}^{v_2} p\mathrm{d}v \tag{3-66}$$

以及

$$\delta q = c_p dT - v dp, q = c_p \Big|_{T_1}^{T_2} (T_2 - T_1) - \int_{p_1}^{p_2} v dp \qquad (3-67)$$

（2）状态参数熵

状态参数熵是从研究热力学第二定律得出的，它在热力学理论及热工计算中都有着重要作用。与状态参数焓一样，熵也是以数学式给出定义的，即

$$ds = \frac{\delta q_{\text{rev}}}{T} \qquad (3-68)$$

式中：δq_{rev} 为 1kg 工质在微元可逆过程中与热源交换的热量；T 为传热时工质的热力学温度；ds 为微元过程中工质的比熵变。

对于理想气体，将可逆过程热力学第一定律解析式（$\delta q = c_p dt - v dp$）和状态方程（$pv = R_g T$）代入熵的定义式可得

$$ds = \frac{c_p dT - v dp}{T} = c_p \frac{dT}{T} - R_g \frac{dp}{p} \qquad (3-69)$$

将式（3-69）积分，可得到从状态 1 到状态 2 熵的变化量

$$\Delta s_{1-2} = \int_{T_1}^{T_2} c_p \frac{dT}{T} - R_g \ln \frac{p_2}{p_1} \qquad (3-70)$$

理想气体的比热容是温度的函数，对于一定气体，$c_p = f(T)$ 的函数式是确定的，所以式（3-70）中，等号右边第一项只取决于 T_1 和 T_2，第二项取决于 p_1 和 p_2。状态 1、状态 2 可分别由 T_1 和 p_1、T_2 和 p_2 唯一确定，因此熵变也完全取决于初态和终态，与过程经历的途径无关。所以理想气体的熵是状态参数。

（3）理想气体的熵变计算

理想气体的熵是状态参数，可用任意两个独立的状态参数表示。式（3-70）是以 p、T 表示的熵变计算式，当然还可以导出以 v、T 或 p、v 表示的计算式。

将 $\delta q = c_V dT + p dv$ 和 $p = \dfrac{R_g T}{v}$ 代入熵的定义式，可得

$$ds = \frac{c_V dT + p dv}{T} = c_V \frac{dT}{T} + R_g \frac{dv}{v} \qquad (3-71)$$

$$\Delta s_{1-2} = \int_{T_1}^{T_2} c_V \frac{dT}{T} + R_g \ln \frac{v_2}{v_1} \qquad (3-72)$$

将状态方程 $pv = R_g T$ 的微分形式 $\dfrac{dp}{p} + \dfrac{dv}{v} = \dfrac{dT}{T}$ 和迈耶公式 $c_V = c_p - R_g$ 代入式（3-69）可得

$$ds = c_V \frac{dp}{p} + c_p \frac{dv}{v} \qquad (3-73)$$

以及

$$\Delta s_{1-2} = \int_{p_1}^{p_2} c_V \frac{dp}{p} + \int_{v_1}^{v_2} c_p \frac{dv}{v} \qquad (3-74)$$

热工计算中，一般要求确定初、终态熵的变化量。利用式（3-70），选择精确的真实比热容经验式 $c_p = f(T)$，可计算得熵变的精确值。为避免积分过程，也可借助查表确定 $\int_{T_1}^{T_2} c_p \frac{dT}{T}$，

再根据式(3-70)计算熵变。

3.2.2　蒸汽的性质

3.2.2.1　水蒸气的饱和状态和相图

水蒸气是人类在热力发动机中最早广泛应用的工质,由于水蒸气具有容易获得、有适宜的热力性质和不会污染环境等优点,至今仍是热力系统中应用的重要工质。在热力系统中用作工质的水蒸气距液态不远,通常压力较高,工作过程中常有集态的变化,所以一般不宜作理想气体处理。工程计算中,水和水蒸气的热力参数以前采用查询有关水蒸气的热力性质图表的办法来获取,现在也可借助计算机对水蒸气的物性及工作过程做高精度的计算。

物质由液态转变为气态的过程称为汽化,汽化又有蒸发和沸腾之分。在液体表面进行的汽化过程称为蒸发,在液体表面和内部同时进行的强烈汽化过程称为沸腾。物质由气态转变为液态的过程称为凝结,凝结是汽化的反过程。液体分子和气体分子一样,都处于紊乱的热运动中。如图 3-16 所示,当液态水放置于一个有一定压力的容器内时,随时有液体表面附近动能较大的分子克服表面张力和其他分子的引力扩散到上面的空间,同时也有空间内的蒸汽分子经碰撞回到液面凝结成液体。液体

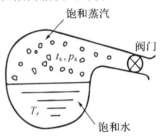

图 3-16　饱和状态

的温度越高,分子运动越剧烈,液面附近动能较大的、能挣脱液面变为水蒸气的分子数量越多。假设容器空间没有其他气体,随着容器空间中的水蒸气分子逐渐增多,液面上的蒸汽压力也将逐渐增大。水蒸气的压力越高,密度越大,水蒸气的分子与液面的撞击越频繁,变为水分子的水蒸气分子数也越多。到一定状态时,这两种方向相反的过程就会达到动态平衡。此时,两种过程仍在不断进行,但宏观结果是状态不再改变。这种液相和气相处于动态平衡的状态称为饱和状态,处于饱和状态的蒸汽称为饱和蒸汽,液体称为饱和液体。此时,气、液的温度相同,称为饱和温度,用符号 T_s 表示。饱和蒸汽的压力称为饱和压力,用符号 p_s 表示。饱和蒸汽的特点是在一定容积中不能再含有更多的蒸汽,即蒸汽压力与密度为对应温度下的最大值。

若温度升高并且维持在一定值,则汽化速度加快,空间内蒸汽密度也将增加。当增加到某一确定数值时,在液体和蒸汽之间又建立起新的动态平衡,此时蒸汽压力为对应于新的温度下的饱和压力。对一定温度的液态水减压,也可使水达到饱和状态。这时,汽化所需能量由液体本身的热力学能供给,因此液体的温度要降低,但仍满足饱和压力与饱和温度的对应关系。不同温度下水对应的饱和压力见表 3-2。

表 3-2　不同温度水的饱和压力

温度 $t/℃$	饱和压力 p_s/kPa	温度 $t/℃$	饱和压力 p_s/kPa
−10	0.26	50	12.35
0	0.61	100	101.3(1atm)
10	1.23	150	475.8

续表

温度 $t/℃$	饱和压力 p_s/kPa	温度 $t/℃$	饱和压力 p_s/kPa
20	2.34	200	1554
30	4.25	250	3973
40	7.38	300	8581

　　水的气、液饱和状态概念可以推广到所有的纯物质,并且这种液相和气相动态相平衡的概念可进一步推广到固相和气相以及固相和液相,它们的饱和压力与饱和温度也是一一对应的,克拉贝隆方程描述了饱和状态下饱和压力和饱和温度的依变关系。用来表示饱和压力和饱和温度关系的状态参数图称为相图,大多数纯物质的相图如图 3-17 所示。相图中,气固、液固和气液相平衡曲线只表示饱和压力和饱和温度的对应关系,在某一确定的饱和压力(或饱和温度),两相成分可自由变化。图中 T_{tp} 为三相点,C 为临界点。$T_{tp}A$、$T_{tp}B$ 和 $T_{tp}C$ 分别为气固、液固和气液相平衡曲线。三条相平衡曲线的交点称为三相点,三相点状态是物质气、液、固三相平衡共存的状态。

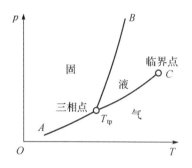

图 3-17　纯物质的相图

　　水的 $p\text{-}T$ 图如图 3-18 所示。由于液态水凝固时容积增大,依据克拉贝隆方程,固液相平衡曲线 $T_{tp}B$ 的斜率为负。水的三相点的平衡压力和温度分别是 $p_{tp} = 611.659\text{Pa}$、$T_{tp} = 273.16\text{K}(t_{tp} = 0.01℃)$。同时平衡曲线上各点一样,三相点的成分可以变化,所以三相点的比体积不是定值,但三相点各相的比体积是确定值,其液相比体积 $v'_{tp} = 0.00100021$ m^3/kg。表 3-3 是一些物质三相点的温度和压力。

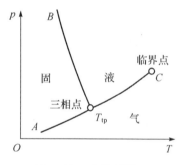

图 3-18　水的相图

表 3-3　一些物质三相点的温度和压力

物质	$t_{tp}/℃$	p/kPa	物质	$t_{tp}/℃$	p/kPa
氢	−259	7.194	水	0.01	0.6113
氧	−219	0.15	锌	419	5.066
氮	−210	12.53	银	961	0.01
二氧化碳	−56.4	520.8	铜	1083	0.000079
汞	−39	0.00000013			

3.2.2.2　水的汽化过程和临界点

　　工程中所用的水蒸气通常是水在保持压力近似不变的条件下沸腾汽化产生的。为了更加直观地说明,假设水是在气缸内进行定压加热,原理如图 3-19 所示。

　　设气缸内有 1kg、0.01℃ 的纯水,通过增减活塞上的重物可使水处在指定压力下定压吸

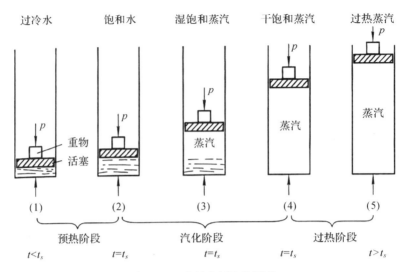

图 3-19　水的定压汽化原理

热。当水温低于饱和温度时称为过冷水,或称未饱和水,如图 3-19(1) 所示。对未饱和水加热,水温逐渐升高,水的比体积稍有增大。当水温达到压力 p 对应的饱和温度 t_s 时,水成为饱和水,如图 3-19(2) 所示。水在定压下从未饱和状态加热到饱和状态的过程称为预热阶段,所需热量称为液体热,用符号 q_l 表示。

对达到饱和温度的水继续加热,水开始沸腾汽化。这时饱和压力不变,饱和温度也不变。这种饱和蒸汽和饱和水的混合物称为湿饱和蒸汽(简称湿蒸汽),如图 3-19(3) 所示。随着加热继续进行,水逐渐减少,蒸汽逐渐增多,直到水全部变为蒸汽,这时的蒸汽称为干饱和蒸汽(简称饱和蒸汽),如图 3-19(4) 所示。在饱和水通过定压加热成为干饱和蒸汽的过程中,工质比体积随水蒸气增多而迅速增大,但汽、液温度不变,所吸收的热量转变为蒸汽分子的内位能增加以及比体积增加而对外做出的膨胀功。这一热量即为汽化潜热 γ。1kg 饱和蒸汽等压冷凝放出的热量与同温下的汽化潜热相等。

对饱和蒸汽继续定压加热,温度将升高,比体积增大,这时的蒸汽称为过热蒸汽,如图 3-19(5) 所示。温度超过饱和温度的值称为过热度,过热过程中蒸汽吸收的热量称为过热热,用符号 q_{sup} 表示。

上述由过冷水定压加热到过热蒸汽的过程在 $p\text{-}v$ 图和 $T\text{-}s$ 图上可用 $1_0 1' 1'' 1$ 表示,分别如图 3-20 和图 3-21 所示。在各个过程中物质吸收的热量可用图 3-21 中过程线下的面积表示。

改变压力 p 可得到类似的汽化过程 $2_0 2' 2'' 2$、$3_0 3' 3'' 3$ 等,相应的过程可在图 3-20 和图 3-21 的线段中得到反映。

液态水的比体积随温度升高而明显增大,但随压力增大的变化并不明显,所以在 $p\text{-}v$ 图中,0.01℃ 时各种压力下水的状态点 1_0、2_0、3_0 等几乎在一条垂直线上,而饱和水的状态点 $1'$、$2'$、$3'$ 等的比体积因其相应的饱和温度 T_s 的增大而逐渐增大。点 $1''$、$2''$、$3''$ 等为干饱和蒸汽状态,压力对蒸汽体积的影响比温度大,所以虽然饱和温度随压力增大而升高,但 v' 与 v'' 之间的差值随压力的增大而减小。$1'\text{-}1''$、$2'\text{-}2''$、$3'\text{-}3''$ 等之间的各状态点均为湿蒸汽,点 1、2、3 等为过热蒸汽状态。当压力升高到 22.064MPa 时,$T_s = 373.99℃$、$v' = v'' =$

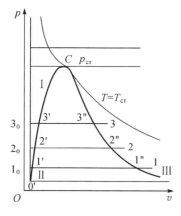

图 3-20　水定压汽化过程的 $p\text{-}v$

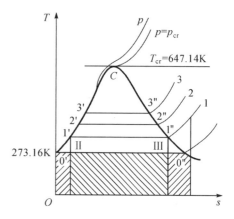

图 3-21　水定压汽化过程的 $T\text{-}s$

$0.003106\mathrm{m^3/kg}$，如图中点 C 所示。此时饱和水和饱和蒸汽不再有区别，该点称为水的临界点，其压力、温度和比体积分别称为临界压力、临界温度和临界比体积，分别用符号 p_{cr}、T_{cr}、v_{cr} 表示。

连接不同压力下的饱和水状态点 $1'$、$2'$、$3'$…，可得到曲线 $C\text{-}\mathrm{II}$，称为饱和水线，或称下界限线。连接干饱和蒸汽状态点 $1''$、$2''$、$3''$…，可得到曲线 $C\text{-}\mathrm{III}$，称为饱和蒸汽线，或称上界限线。这两条曲线汇合于临界点 C，并将 $p\text{-}v$ 图分为三个区域：下界限线左侧为未饱和水，上界限线右侧为过热蒸汽，在两界限线之间则为水、汽共存的湿饱和蒸汽。湿蒸汽的成分用干度 x 表示，即 1kg 湿蒸汽中含有 $x$kg 的饱和蒸汽，而余下的则为饱和水。由于水的压缩性很小，压缩后水的升温非常微弱，所以在 $T\text{-}s$ 图中，定压加热线与下界限线很接近，在作图时可近似认为两线重合。水受热膨胀的影响大于压缩的影响，所以饱和水线向右方倾斜，温度和压力升高时，v' 和 s' 都增大。对于蒸汽，受热膨胀的影响则小于压缩的影响，所以饱和蒸汽线向左上方倾斜，表示 p_s 升高时 v'' 和 s'' 均减小。所以随饱和压力 p_s 和饱和温度 t_s 的升高，汽化过程的 $s''\text{-}s'$ 逐渐减小，汽化潜热也逐渐减小，到临界点时为零。而液体热则随着饱和压力和饱和温度的增大而逐渐增大。

综上所述，结合 $p\text{-}v$ 图和 $T\text{-}s$ 图，水和蒸汽的状态归纳为：① 三个区 —— 过冷水区、湿蒸汽区和过热蒸汽区；② 两条线 —— 饱和水线和饱和蒸汽线；③ 五个状态 —— 过冷水、饱和水、湿饱和蒸汽、干饱和蒸汽和过热蒸汽。

3.2.2.3　水和水蒸气的状态参数及热力性质图表

（1）水和水蒸气状态参数

与理想气体一样，在热工计算中，人们关注的是水及水蒸气的焓、熵、热力学能在过程中的变化量，所以在计算时可以任意规定一个基点。工程计算用水蒸气的参数都是通过实验和分析方法得到的，然后列成数据表或编制成软件，以备使用。

国际水蒸气会议规定，以水的三相点，即 273.16K 的液相水，作为基准点，规定在该点状态下的液相水热力学能和熵为零，即对于 $p_0 = p_{tp} = 611.659\mathrm{Pa}$、$t_0 = t_{tp} = 0.01℃$ 的饱和水，其热力学能 $u_0' = 0$，熵 $s_0' = 0$。在此条件下，水的比体积 $v_0' = 0.00100021\mathrm{m^3/kg}$，通过焓的定义式 $h = u + pv$ 可计算得到此时水的焓值为 $h_0' = 0.6117\mathrm{J/kg}$。由于 h_0' 的值与液态水的比热容和汽化潜热相比非常小，所以可近似认为 $h_0' \approx 0$。

温度为 0.01℃、压力为 p 的过冷水可视为是由三相点液态水压缩得到的,若忽略水的压缩性,且认为温度不变,水的比体积不变,则 $v \approx 0.001 \mathrm{m}^3/\mathrm{kg}$,所以在压缩过程中 $w \approx 0$。又因为温度不变,比体积不变,所以热力学能也不变,即 $u = u_0' = 0$,进而 $q = 0$,$s \approx s_0' = 0$。同样根据焓的定义式 $h = u + pv$ 可知,当压力不高时,温度为 0.01℃ 的液态水 $h \approx 0$。

压力为 p 的过冷水和饱和水可视作由温度为 0.01℃、压力为 p 的过冷水通过定压加热得到,在此过程中液态水吸收的热量(液体热)q_l 相当于图 3-21 中未饱和液定压加热线下方的面积,q_l 随着压力的升高而增大。

$$q_l = h' - h'_{0.01} = \int_{273.16\mathrm{K}}^{T_s} c_p \mathrm{d}T$$

如果将水的 c_p 视为定值,则 $q_l \approx c_p t_s$。当温度小于 100℃ 时,水的平均比热容 $c_p \approx 4.1868 \mathrm{kJ}/(\mathrm{kg} \cdot \mathrm{K})$。此时饱和水的焓和熵可分别由下式计算:

$$h' = h_{0.01}' + q_l \approx 4.8168\{t_s\}_℃ \mathrm{kJ}/\mathrm{kg} \tag{3-75}$$

$$s' = \int_{273.16\mathrm{K}}^{T_s} c_p \frac{\mathrm{d}T}{T} = 4.1868\ln\frac{\{T_s\}_K}{273.16} \mathrm{kJ}/(\mathrm{kg} \cdot \mathrm{K}) \tag{3-76}$$

但是,当压力与温度较高时,水的 c_p 变化较大,且 h_0' 也不能再视为零,所以式(3-75)和式(3-76)将不再适用。

加热饱和水,全部汽化后成为压力为 p、温度为 t_s 的干饱和蒸汽,各参数以 v''、h''、s''、u'' 表示。汽化过程中工质吸收的热量(汽化潜热)γ 为图 3-21 中过程线 $1'$-$1''$ 下方的面积。

图 3-22 表示了在不同压力下,h''、h' 及 γ 的变化情况。干饱和蒸汽的比焓 $h'' = h' + \gamma$。如图所示,h'' 先随 p 的增大而增大,直至压力约为 3MPa 时达到最大值,然后随 p 的增大而减小;h' 随 p 的增大而增大,γ 随 p 的增大而减小。由于汽化过程中温度保持不变,加入的热量为 γ,所以干饱和蒸汽的比熵为 $s'' = s' + \dfrac{\gamma}{T_s}$。

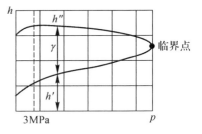

图 3-22 水的 h''、h' 及 γ

当汽化已经开始而尚未完毕时,蒸汽处于湿饱和蒸汽状态,温度 t 为对应于 p 的饱和温度。由于 t 与 p 不是相互独立的参数,所以仅凭 p 和 t 不能决定其状态,还需要与干度 x 一起才能决定其状态。

$$v_x = xv'' + (1-x)v' = v' + x(v'' - v') \tag{3-77}$$

当 p 不太大时,饱和水的比体积 v' 远小于饱和蒸汽的比体积 v''。当 x 不太小时,$(1-x)v' \ll xv''$,那么

$$v_x \approx xv'' \tag{3-78}$$

$$h_x = xh'' + (1-x)h' = h' + x(h'' - h') \text{ 或 } h_x = h' + x\gamma \tag{3-79}$$

$$s_x = xs'' + (1-x)s' = s' + x(s'' - s') \text{ 或 } s_x = s' + x\frac{\gamma}{T_s} \tag{3-80}$$

$$u_x = h_x - pv_x \tag{3-81}$$

根据上列公式,可计算出 x 的值:

$$x = \frac{v_x - v'}{v'' - v'} \tag{3-82}$$

当压力为 p 的饱和蒸汽继续在定压下加热时,温度开始升高,超过 t_s 而成为过热蒸汽。

其过热度 $\Delta t = t - t_s$，过热热量 $q_{\mathrm{sup}} = h - h'' = \int_{T_s}^{T} c_p \mathrm{d}T$，由于过热蒸汽的 c_p 是 p、t 的复杂函数，所以该式不适用于工程计算。过热蒸汽的焓 $h = h'' + q_{\mathrm{sup}}$，其比熵为

$$s = \int_{273.16\mathrm{K}}^{T_s} c \frac{\mathrm{d}T}{T} + \frac{\gamma}{T_s} + \int_{T_s}^{T} c_p \frac{\mathrm{d}T}{T}$$

式中：c 为水的比热容；c_p 为过热蒸汽的比定压热容。

湿蒸汽的 p 和 t 均为饱和值，其 h、s、u、v 的值均应介于饱和水和饱和蒸汽各相应参数之间。

（2）水蒸气表和水蒸气图

水蒸气的参数都是用实验和分析方法得到，然后列成数据表的。由于各国在进行实验建立水蒸气状态方程式时所采用的理论与方法不同，测试技术有差异，结果也会不尽相同。因此，通过国际会议的研究和协商制定了水蒸气热力性质的国际骨架表。1963 年召开的第六届国际水和水蒸气性质会议上，规定了水的三相点处液相水的热力学能和熵值为零，并以此为起点，编制的骨架表参数已达到 100MPa 和 800℃。1985 年，第十届国际水蒸气性质大会公布了新的骨架表，规定了新的更为严格的允差。此项研究还在继续进行，参数范围还在不断扩大。

水蒸气表分"饱和水和干饱和蒸汽表"和"未饱和水和过热蒸汽表"两种。其中，"饱和水和干饱和蒸汽表"又分为按温度排列和按压力排列两种。湿蒸汽可根据干度 x 按公式计算各状态参数。"未饱和水和过热蒸汽表"以压力和温度为独立变量，列出未饱和水和过热蒸汽的相关参数。

常用水蒸气图有 T-s 图和 h-s 图。水蒸气的 T-s 图如图 3-23 所示，图中的界限曲线将全图划分成湿蒸（曲线中间部分）和过热区（曲线右上部分）。此外还有定干度线（x 为定值）和定压线（在湿区即为水平的定温线，在过热区则向右上倾斜），在详图中还有定容线（v 为定值）和定热力学能线（u 为定值），可根据任意两个已知状态参数求得其他各参数，焓值则按 $h = u + pv$ 计算得到。在进行循环分析时 T-s 图非常重要。

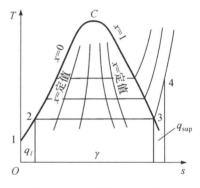

图 3-23　水蒸气的 T-s 图

T-s 图在分析过程和循环时虽有特殊优点，但由于热量和功在 T-s 图上均以面积表示，在数值计算中有不便之处。而 h-s 图中可以用线段长度表示热量和功，因而得到广泛应用。根据热力学第一定律，定压过程的热量等于焓差，绝热过程的技术功也可用焓差表示。由于水蒸气的产生过程可看作等压过程，而水蒸气在汽轮机内膨胀及水在水泵内加压均可看作绝热过程，所以计算水蒸气循环中的功、热量及热效率等，利用 h-s 图更方便。h-s 图也称莫里尔图，是德国人莫里尔在 1904 年首先绘制的。

水蒸气的 h-s 图如图 3-24 所示，图中粗线为上界限线，其上为过热蒸汽区（或称过热区），其下为湿蒸汽区（或称湿区）。在湿区有定压线和定干度线，在过热区有定压线和定温线。根据 $T\mathrm{d}s = \mathrm{d}h - v\mathrm{d}p$，定压线斜率 $\left(\dfrac{\partial h}{\partial s}\right)_p = T$，在湿区定压即定温，$T$ 不变，所以定压线在湿区为倾斜直线。进入过热区后，定压加热时温度将升高，所以斜率也逐渐增加。在交界处平

滑过渡,此处曲线与直线的斜率相等,直线恰为曲线的切线。在湿区定温线与定压线同为直线,在离开饱和区后向右上倾斜,表明在定温下压力降低时 h 将增加,说明蒸汽的 h 不仅是 T 的函数,也与 p 或 v 有关;当向右远离饱和区后,即过热度增加、压力减小时,逐渐平坦,最终接近水平线。这说明过热度高时,湿蒸汽的性质趋于理想气体,它的熔值决定于 T,而与 p 的关系减弱。

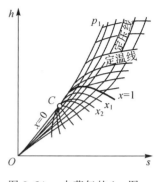

图 3-24　水蒸气的 h-s 图

3.2.3　理想气体混合物与湿空气的性质

3.2.3.1　理想气体混合物

混合气体的热力学性质取决于各组分的热力学性质及成分。如果各组分气体全部处于理想气体状态,则其混合物也处于理想气体状态,具有理想气体的一切特性。混合气体也遵循状态方程式 $pV = nRT$;混合气体的摩尔体积与同温、同压的任何一种单一气体的摩尔体积相同,标准状态时为 $0.0224141\text{m}^3/\text{mol}$;混合气体的摩尔气体常数也等于通用气体常数 $R = R_{g,eq} M_{eq} = 8.3145\text{J}/(\text{mol} \cdot \text{K})$,其中 $R_{g,eq}$ 和 M_{eq} 分别为混合气体的平均气体常数和平均摩尔质量。换言之,可以把理想气体混合物看作气体常数和摩尔质量分别为 $R_{g,eq}$ 和 M_{eq} 的某种假想气体。

（1）分压力定律和分体积定律

设有温度、压力和物质的量分别为 T、p 和 n 的理想气体混合物,体积为 V,质量为 m。这时,根据理想气体状态方程式有

$$pV = nRT \tag{a}$$

组成气体可按照多种方式分离。如图 3-25 所示,在与混合气体温度相同的情况下,当每种组成气体都独自占据体积 V 时,组成气体的压力称为分压力,用 p_i 表示。对每一种组成气体都可写出状态方程

$$p_i V = n_i RT \tag{b}$$

将各组成气体的状态方程相加,即

$$V\sum_i p_i = RT\sum_i n_i \tag{c}$$

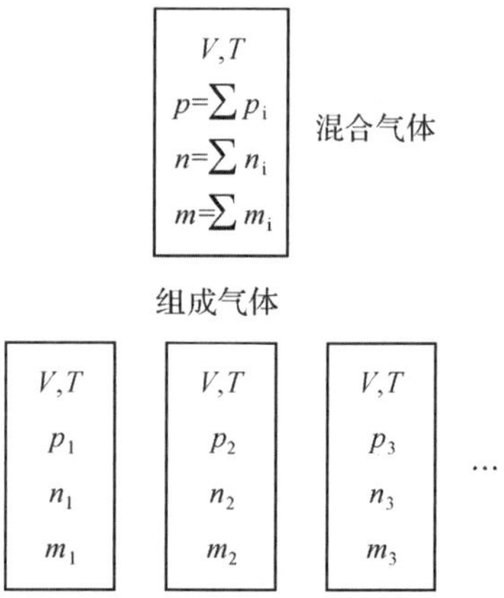

由于混合气体分子总数等于各组成气体分子数之和,因此混合气体物质的量等于各组成气体物质的量之和,即 $n = \sum_i n_i$。比较式（a）和式（c）可以得出

$$p = \sum_i p_i \tag{3-83}$$

图 3-25　理想气体分压力

式（3-83）表明,混合气体的总压力 p 等于各组成气体分压力 p_i 的总和。该结论由道尔顿于 1801 年通过实验证实,故称为道尔顿分压力定律。

此外,将式（b）和式（a）的等号两边分别相比,可以得到

$$\frac{p_i}{p} = \frac{n_i}{n}$$

若用 x_i 表示摩尔分数,则

$$x_i = \frac{n_i}{n}$$

$$p_i = x_i p \tag{3-84}$$

式(3-84)表明,理想气体混合物中任一组分的分压力等于其摩尔分数与总压力的乘积。

理想气体混合物的另一种分离方式如图 3-26 所示,各组成气体都处于与混合气体相同的温度和压力下,各自单独占据的体积 V_i 称为分体积。对第 i 种组成气体写出状态方程式为

$$pV_i = n_i RT \tag{d}$$

将各组成气体相加,得到

$$p\sum_i V_i = RT \sum_i n_i \tag{e}$$

比较式(e)和式(a),可得

$$V = \sum_i V_i \tag{3-85}$$

式(3-85)表明,理想气体的分体积之和等于混合气体的总体积,这一结论称为亚美格分体积定律。

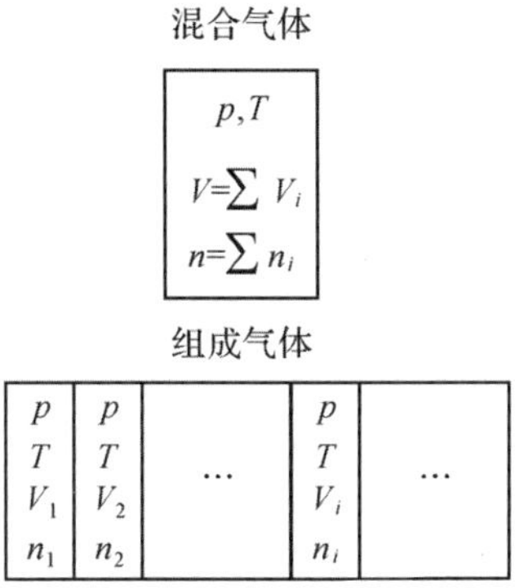

图 3-26　理想气体分体积

值得注意的是,只有当各组成气体的分子不具有体积,分子间不存在作用力时,处于混合状态的各组成气体对容器壁面的撞击效果如同单独存在于容器时的一样。因此,道尔顿分压力定律和亚美格分体积定律只适用于理想气体状态。

(2) 混合气体的成分

气体混合物的成分是指各组成气体的含量占总量的百分数,通常可用化学分析方法测定。根据计量单位不同,混合气体的成分主要有三种表示方法 —— 质量分数、摩尔分数和体积分数。

质量分数是组分气体质量与混合气体总质量之比,第 i 种气体的质量分数用 w_i 表示:

$$w_i = \frac{m_i}{m} \tag{3-86}$$

根据质量守恒原理,可导得组成气体的质量分数之和为 1,即

$$\sum_i w_i = \sum_i \frac{m_i}{m} = \frac{\sum_i m_i}{m} = \frac{m}{m} = 1$$

摩尔分数 x_i 是第 i 种组分气体物质的量与混合气体总物质的量之比：

$$x_i = \frac{n_i}{n} \tag{3-87}$$

与质量分数同理，可导出组成气体的摩尔分数之和为 1。

体积分数 φ_i 是第 i 种组分气体的分体积与混合气体总体积之比：

$$\varphi_i = \frac{V_i}{V} \tag{3-88}$$

根据分体积的概念可知，组成气体的体积分数之和为 1。

用体积分数 φ_i 表示混合气体的成分是普遍采用的一种方法，例如烟气、燃气等混合气体的成分分析常以体积分数表示；而化学反应或相变过程，用摩尔分数 x_i 表示更为方便。

将式（d）和式（a）等号两边分别相比可得

$$\frac{V_i}{V} = \frac{n_i}{n} \text{ 即 } \varphi_i = x_i$$

由此可见，体积分数与摩尔分数相等，所以混合气体成分的三种表示法，实质上只有质量分数和摩尔分数两种，它们之间存在如下换算关系：

$$x_i = \frac{n_i}{n} = \frac{m_i/M_i}{m/M_{eq}} = \frac{M_{eq}}{M_i} w_i \tag{3-89}$$

又因为 $M_i R_{g,i} = M_{eq} R_{g,eq}$，所以

$$x_i = \frac{R_{g,i}}{R_{g,eq}} w_i \tag{3-90}$$

（3）混合气体的平均摩尔质量和平均气体常数

混合气体中各组成气体的分子由于杂乱无章的热运动必定处于均匀混合状态，所以可假想成一种单一气体，其分子数和总质量恰好与混合气体的相同，这种假拟单一气体的摩尔质量和气体常数就是混合气体的平均摩尔质量和平均气体常数，它们实质上是各组成气体的折合量，所以也称为折合摩尔质量和折合气体常数。

根据假拟气体的概念，假拟气体的质量等于混合气体中各组成气体质量的总和，即 $m = \sum_i m_i$，或写作 $n M_{eq} = \sum_i n_i m_i$，其中 n 和 M_{eq} 表示假拟气体的物质的量和摩尔质量，n_i 和 M_i 表示混合气体中第 i 种组成气体的物质的量和摩尔质量，因此折合摩尔质量为

$$M_{eq} = \frac{\sum_i n_i M_i}{n} = \sum_i x_i M_i \tag{3-91}$$

相应的折合气体常数再由 $R = R_{g,eq} M_{eq}$ 确定。

由式（3-90）也可导出混合气体折合气体常数 $R_{g,eq}$ 的计算式，对各组成气体写出式（3-90）并相加可得

$$\sum_i x_i = \frac{\sum_i R_{g,i} w_i}{R_{g,eq}} = 1$$

所以　　　 $$R_{g,eq} = \sum_i R_{g,i} w_i \tag{3-92}$$

然后再由 $R = R_{g,eq} M_{eq}$ 计算折合摩尔质量。

总结混合气体的平均摩尔质量和平均气体常数的计算过程如下：若已知各组成气体的

质量分数 w_i 和气体常数 $R_{g,i}$，先通过式(3-92)计算混合气体折合气体常数 $R_{g,eq}$，若已知各组成气体的摩尔分数 x_i 及摩尔质量 M_i，先由式(3-91)计算出混合气体的折合摩尔质量 M_{eq}，然后再由 $R = R_{g,eq} M_{eq}$ 计算另一个参数。

（4）理想气体混合物的比热容

根据比热容的定义，混合气体的比热容是 1kg 混合气体温度升高 1℃ 所需的热量。1kg 混合气体中有 w_i kg 的第 i 种组分。因此，混合气体的比热容为

$$c = \sum_i w_i c_i \tag{3-93}$$

同理，混合气体的摩尔热容和体积热容分别为

$$C_m = \sum_i x_i C_{m,i} \tag{3-94}$$

$$C' = \sum_i \varphi_i C'_i \tag{3-95}$$

式中：c_i 为第 i 种组成气体的比热容；$C_{m,i}$ 为第 i 种组成气体的摩尔热容；C'_i 为第 i 种组成气体的体积热容。混合气体的比定压热容和比定容热容之间的关系也遵循迈耶公式。

（5）理想气体混合物的热力学能和焓

理想气体混合物的分子满足理想气体的两点假设，各组成气体分子的运动不因存在其他气体而受影响。混合气体的热力学能、焓和熵都是广延函数，具有可加性。所以混合气体的热力学能等于各组成气体热力学能之和，即

$$U = \sum_i U_i \tag{3-96}$$

混合气体的比热力学能 u 和摩尔热力学能 U_m 分别为

$$u = \frac{U}{m} = \frac{\sum\limits_i m_i u_i}{m} = \sum_i w_i u_i \tag{3-97}$$

$$U_m = \frac{U}{n} = \frac{\sum\limits_i n_i U_{m,i}}{n} = \sum_i x_i U_{m,i} \tag{3-98}$$

同样，混合气体的焓等于各组成气体焓值的总和：

$$H = \sum_i H_i \tag{3-99}$$

混合气体的比焓 h 和摩尔焓 H_m 分别为

$$h = \sum_i w_i h_i \tag{3-100}$$

$$H_m = \sum_i x_i H_{m,i} \tag{3-101}$$

此外，各组成气体都是理想气体，温度为 T，所以混合气体的比热力学能和比焓也是温度的单值函数，即

$$u = f_u(T), h = f_h(T)$$

混合气体也可用 $\Delta u = c_V \Big|_{t_1}^{t_2} (t_2 - t_1)$、$\Delta h = c_p \Big|_{t_1}^{t_2} (t_2 - t_1)$ 确定过程的热力学能变化量和焓变化量。

（6）理想气体混合物的熵

理想气体混合物中各组成气体分子处于互不干扰的状态，各组成气体的熵相当于温度

T 下单独处在体积 V 中的熵值，此时压力为分压力 p_i，所以 $s_i = f(T, p_i)$。第 i 种组分微元过程中的比熵变为

$$\mathrm{d}s_i = c_{p,i} \frac{\mathrm{d}T}{T} - R_{g,i} \frac{\mathrm{d}p_i}{p_i} \tag{3-102}$$

混合物的熵等于各组成气体熵的总和

$$S = \sum_i S_i$$

1kg 混合气体的比熵 s 为

$$s = \sum_i w_i s_i \tag{3-103}$$

式中：w_i 为第 i 种组成气体的质量分数；s_i 为第 i 种组成气体的比熵。

当混合气体分子成分不变时，微元过程的熵变为

$$\mathrm{d}s = \sum_i w_i \mathrm{d}s_i + \sum_i s_i \mathrm{d}w_i = \sum_i w_i \mathrm{d}s_i \tag{3-104}$$

将第 i 种组分微元过程的比熵变化代入，得到混合气体的比熵变

$$\mathrm{d}s = \sum_i w_i c_{p,i} \frac{\mathrm{d}T}{T} - \sum_i w_i R_{g,i} \frac{\mathrm{d}p_i}{p_i} \tag{3-105}$$

同理，1mol 混合气体的熵变为

$$\mathrm{d}S_m = \sum_i x_i C_{p,m,i} \frac{\mathrm{d}T}{T} - \sum_i x_i R \frac{\mathrm{d}p_i}{p_i} \tag{3-106}$$

3.2.3.2　湿空气

烘干、采暖、空调、冷却塔等工程中通常都是采用环境大气，环境大气是干空气和水蒸气的混合物。由于大气中干空气和水蒸气的压力都很低，所以它们均处于理想气体状态，它们的混合物，即湿空气，也处于理想气体状态，理想气体遵循的规律以及理想气体混合物的计算公式都可应用。一般情况下，大气中水蒸气的含量和变化都较小，可近似作为干空气来计算。但烘干装置、采暖通风、室内调温调湿，以及冷却塔等设备中作工质的空气，其水蒸气含量的多少具有特殊作用，所以需要对湿空气的热力学性质、参数的确定、湿空气的工程应用计算进行研究。

（1）湿空气和干空气

湿空气是指含有水蒸气的空气，完全不含水蒸气的空气则称为干空气。通常，湿空气中水蒸气分压力很低，约为 $0.002 \sim 0.004 \mathrm{MPa}$，且一般处于过热状态。地球上的干空气成分会随时间、地理位置、海拔、环境污染等因素而产生微小的变化。为便于计算，工程上将干空气标准化，标准化的干空气的摩尔分数如表 3-4 所示。由于干空气的组元和成分通常是一定的，所以可将其视为一种"单一气体"。

表 3-4　标准化干空气的组成

成分	相对分子质量	摩尔分数
O_2	32.000	0.2095
N_2	28.016	0.7809
Ar	39.944	0.0093
CO_2	44.010	0.0003

地球上大气压力随海拔高度上升而降低,也随地理位置、季节等因素而变化。以海拔为零,标准状态下大气压力 p_0 为基准,地球表面以上大气压 p 可按下式计算:

$$p = p_0(1 - 2.2557 \times 10^{-5} z)^{5.256} \tag{3-107}$$

式中:z 为海拔高度,m;p 为海拔高度为 z 时的大气压力。

当大气压力改变时,各地水的沸点也不一致,表 3-5 列出了不同海拔高度水的沸点。

表 3-5　不同海拔高度水的沸点

海拔高度 /m	大气压力 /kPa	水的沸点 /℃
0	101.33	100.0
1000	89.55	96.3
2000	79.50	93.2
5000	54.05	83.0
10000	26.50	66.2
20000	5.53	34.5

此外,在湿空气分析计算中需做如下两点假设:(1)湿空气中水蒸气凝结成的液相水和固相冰中,不含有空气;(2)空气的存在不影响水蒸气与凝聚相的相平衡,相平衡温度为水蒸气分压力所对应的饱和温度。

为了便于描述,分别以下标"a""v""s"表示干空气、水蒸气和饱和水蒸气的参数,而无下标时则为湿空气参数。

(2) 未饱和空气和饱和空气

根据理想气体的分压力定律,湿空气总压力等于干空气分压力 p_a 与水蒸气分压力 p_v 之和,如果湿空气来自环境大气,其压力即为大气压力 p_b,则有

$$p_b = p_a + p_v \tag{3-108}$$

由于水蒸气的温度和在湿空气中的含量不同,它可能处于过热状态,也可能处于饱和状态,因此湿空气有未饱和与饱和之分。干空气和过热水蒸气组成的是未饱和湿空气。当湿空气温度为 t 时,若水蒸气分压力 p_v 低于对应于 t 的饱和压力 p_s,则水蒸气处于过热状态,如图 3-27 中点 C,水蒸气达到饱和状态,这种干空气和饱和水蒸气组成的湿空气称为饱和湿空气。饱和湿空气吸收水蒸气的能力已经达到极限,若继续向它加入水蒸气,将有水滴凝结析

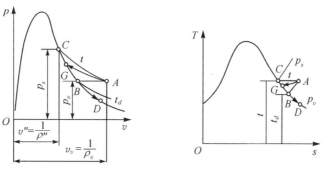

图 3-27　湿空气中水蒸气状态的 $p\text{-}v$ 图和 $T\text{-}s$ 图

出，此时水蒸气的分压力和密度是该温度下的最大值，即 $p_v = p_s(t)$、$\rho = \rho''$，p_s 和 ρ'' 可按温度 t 在饱和水蒸气图表和饱和水空气表中查得。

（3）露点

未饱和湿空气也可通过另一途径达到饱和，如图 3-27 所示，如果湿空气内水蒸气的含量保持一定，即分压力 p_v 不变而温度逐渐降低，状态点将沿着定压冷却线 $A\text{-}B$ 与干饱和蒸汽线交于 B 点，也达到饱和状态，继续冷却就会结露。点 B 温度即为对应于 p_v 的饱和温度，称为露点，用 t_d 表示。显然 $t_d = f(p_v)$。可在饱和水蒸气表或饱和湿空气表上由 p_v 值查得。

露点是在一定的 p_v 下（指不与水或湿物料相接触的情况），未饱和湿空气冷却达到饱和湿空气，即将结出露珠时的温度，可用湿度计或露点仪测量，测得 t_d 相当于测定了 p_v。达到露点后继续冷却，就会有水蒸气凝结成水滴析出，湿空气中的水蒸气状态，将沿着饱和蒸汽线变化，如图 3-27 上的 $B\text{-}D$ 所示，这时温度降低，分压力也随之降低，即为析湿过程。

（4）湿空气的绝对湿度和相对湿度

绝对湿度是单位体积的湿空气中所含水蒸气的质量，用符号 ρ_v 表示。由于湿空气中水蒸气具有与湿空气同样的体积，所以绝对湿度就是湿空气中水蒸气的密度：

$$\rho_v = \frac{m_v}{V} = \frac{1}{v_v}$$

对于饱和空气，由于其中的水蒸气处于饱和状态，所以绝对湿度即为干饱和蒸汽的密度：

$$\rho''_v = \frac{1}{v''_v}$$

绝对湿度并不能完全说明湿空气的潮湿程度和吸湿能力。因为对于同样的绝对湿度，如果空气温度不同，湿空气吸湿能力也不同，因此引入相对湿度的概念。

湿空气中水蒸气分压力 p_v，与同一温度同样总压力下饱和湿空气中水蒸气分压力 p_s 的比值，称为相对湿度，用符号 φ 表示，相对湿度的表达式为

$$\varphi = \frac{p_v}{p_s} \approx \frac{\rho_v}{\rho''} \quad (p_s \leqslant p) \tag{3-109}$$

φ 的值介于 0 和 1 之间，φ 越小表明空气越干燥，吸取水蒸气的能力越强，当 $\varphi = 0$ 时即为干空气；φ 越大表明空气越潮湿，吸取水蒸气的能力越弱，当 $\varphi = 1$ 时即为饱和湿空气。无论温度如何，φ 的大小直接反映了湿空气的吸湿能力，同时也反映了湿空气中水蒸气含量接近饱和的程度，所以相对湿度又称为饱和度。

在某些场合，比如将湿空气作为干燥介质，当其加热到相当高的温度时，p_s 可能大于总压力 p，而实际上湿空气中水蒸气的分压力最高等于总压力，所以这时 φ 定义为

$$\varphi = \frac{p_v}{p} \quad (p_s > p) \tag{3-110}$$

（5）湿空气的含湿量

在以湿空气为工作介质的某些过程，比如干燥、吸湿等过程中，干空气作为载热体或载湿体，它的质量或质量流量是恒定的，发生变化的只是湿空气中水蒸气的质量。因此，湿空气的一些状态参数均以单位干空气为基准，以便计算。定义 1kg 干空气所带有的水蒸气的摩尔质量为含湿量，用符号 d 表示，习惯上表示为 kg（水蒸气）/kg（干空气），即

$$d = \frac{m_v}{m_a} = \frac{n_v M_v}{n_a M_a} \tag{3-111}$$

式中：n_v 为湿空气中水蒸气的摩尔数；n_a 为干空气的摩尔数；M_v 为水蒸气的摩尔质量，$M_v = 18.016 \times 10^{-3} \text{kg/mol}$；$M_a$ 为干空气的摩尔质量，$M_a = 28.97 \times 10^{-3} \text{kg/mol}$。

根据分压力定律，理想气体混合物中的各组元摩尔数之比等于分压力之比，且 $p_a = p - p_v$，所以

$$d = 0.622 \frac{p_v}{p_a} = 0.622 \frac{p_v}{p - p_v} \tag{3-112}$$

通常，湿空气中水蒸气的分压力与空气压力相比可以忽略不计，所以

$$d \approx 0.622 \frac{p_v}{p_a} \tag{3-113}$$

可见，总压力一定时，湿空气的含湿量 d 只取决于水蒸气的分压力 p_v，并随着 p_v 的升降而增减，即 $d = f(p_v)$。

将 $p_v = \varphi p_s$，即式(3-109)代入式(3-112)可得

$$d = 0.622 \frac{\varphi p_s}{p - p_s} \tag{3-114}$$

因 $p_s = f(t)$，所以压力一定时，含湿量取决于 φ 和 t，即 $d = F(\varphi, t)$。式(3-111)、(3-112)和(3-114)与 $p_s = f(t)$、$t_d = f(p_v)$ 一起，给出了在总压力和温度一定时，湿空气的状态参数 p_v、t_d、φ、d 之间的关系。

(6) 湿空气的焓

含有 1kg 干空气的湿空气的焓值称为湿空气的比焓，它等于 1kg 干空气的焓和 $d$kg 水蒸气的焓的总和，用符号 h 表示：

$$h = \frac{H}{m_a} = \frac{m_a h_a + m_v h_v}{m_a} = h_a + d h_v \tag{3-115}$$

湿空气的焓值以 0℃ 时干空气和 0℃ 时饱和水为基准点，单位是 kJ/kg(干空气)。

如果温度变化范围不大(不超过 100℃)，干空气比定压热容为 $c_{p,a} = 1.005 t \text{kJ/(kg·K)}$，则干空气的比焓

$$\{h_a\}_{\text{kJ/kg(干空气)}} = c_{p,a} t = 1.005 \{t\}_{℃}$$

水蒸气的比焓也有足够精确的经验公式：

$$\{h_v\}_{\text{kJ/kg(水蒸气)}} = 2501 + 1.86 \{t\}_{℃}$$

式中的 2501kJ/(kg·K) 是 0℃ 时饱和水蒸气的焓值，而常温低压下水蒸气的平均质量定压热容可取 1.86kJ/(kg·K)。将 h_a 和 h_v 的计算公式代入式(3-115)可得

$$h = 1.005 t + d(2501 + 1.86 t) \text{kJ/kg(干空气)} \tag{3-116}$$

水蒸气比焓 h_v 的精确值，可在水蒸气图表中查得。为了简便，通常以温度为 t 的饱和水蒸气焓 h'' 代替，取 $h_v \approx h''(t)$。在温度不太高时误差很小($t = 100℃$ 时，误差不超过 0.3%)，因此湿空气的比焓也近似可由下式确定：

$$h = 1.005 t + d h'' \text{kJ/kg(干空气)} \tag{3-117}$$

(7) 湿空气的比体积

1kg 干空气和 $d$kg 水蒸气组成的湿空气的体积，称为湿空气的比体积，用 $v(\text{m}^3/\text{kg}$ 干空气$)$ 表示：

$$v = (1+d)\frac{R_g T}{p} \tag{3-118}$$

式中：R_g 为湿空气的气体常数。

$$R_g = \sum w_i R_{g,i} = \frac{1}{1+d}R_{g,a} + \frac{d}{1+d}R_{g,v} = \frac{R_{g,a} + R_{g,v}d}{1+d} \tag{3-119}$$

（8）湿球温度

湿空气的 φ 和 d 的简便测量方法通常是采用干湿球温度计。如图 3-28 所示，左边的干球温度计，即普通温度计，测出的是湿空气的真实温度，t 也称干球温度；右边温度计的感温球上包裹有浸在水中的湿纱布，称为湿球温度计。

大量未饱和空气流吹过干湿球温度计，开始时湿纱布中水分温度与主体湿空气温度相同，由于湿空气未饱和，湿纱布中水分汽化，在湿纱布表面形成薄层有效汽膜，如图 3-29 所示，有效汽膜内湿空气接近饱和。汽膜内水蒸气分压力 $p_v{'}$ 高于空气流内水蒸气的分压力 p_v，汽膜内水蒸气向空气流扩散。汽化需要的热量来自水分本身，使水分温度下降，温度低于湿空气流温度，热量由空气传给湿纱布中水分，传热速率随着两者温差增大而提

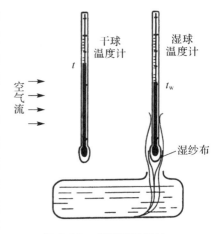

图 3-28 干湿球温度计

高。由于湿空气流量大，湿纱布表面积小，湿空气向湿纱布的传热量和从湿纱布汽化的水分对主流湿空气的 t、d 的影响可忽略不计。直到空气向湿纱布单位时间传递的热量与单位时间内湿纱布表面水分汽化所需热量达到平衡，湿纱布中水温保持恒定不变，湿球温度计指示的正好是平衡时湿纱布中水分的温度，称为湿空气的湿球温度，用符号 t_w 表示。由于汽膜内湿空气接近饱和，所以 t_w 也是汽膜内水蒸气分压力对应的饱和温度。湿空气的 φ 越小，湿纱布中水分汽化越快，汽化所需的热量越多，湿球温度越低。当然，气流的速度对蒸发和传热过程会有影响，但有实验表明，当气流速度在 $2 \sim 10\text{m/s}$ 范围内时，气流速度对湿球温度值影响很小。

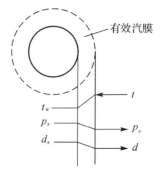

图 3-29 湿球温度原理

如果湿空气已达到饱和状态，湿纱布中水分不能汽化，湿球温度与干球温度相等。所以 φ 与 t_w 及 t 有一定的函数关系。

考虑到露点是湿空气中水蒸气分压力 p_v 对应的饱和温度，湿球温度可看成汽膜内水蒸气分压力 $p_v{'}$ 对应的饱和温度，因而

$$t \geqslant t_w \geqslant t_d \tag{3-120}$$

对于式（3-120），未饱和湿空气取不等号，饱和湿空气取等号。

根据 t 和 t_w 计算 d 的解析式为

$$d = \frac{c_{p,a}(t_w - t) + d_s\gamma(t_w)}{c_{p,v}(t - t_w) + \gamma(t_w)} \tag{3-121}$$

式中：$c_{p,a}$ 为干空气比定压热容；$c_{p,v}$ 为低压时水蒸气的比定压热容；d_s 为湿球表面饱和含湿

量；γ 为汽化潜热。

3.2.4　实际气体的性质及热力学一般关系式

3.2.4.1　理想气体状态方程用于实际气体的偏差

研究实际气体的性质在于寻求它的各热力参数之间的关系，其中最重要的是建立实际气体的状态方程。因为不仅 p、v、T 本身就是过程和循环分析中必须确定的量，而且在状态方程基础上利用热力学一般关系式可导出 u、h、s 及比热容的计算式，以便于进行过程和循环的热力分析。

按照理想气体的状态方程 $pv = R_g T$ 可得出 $\dfrac{pv}{R_g T} = 1$。对于理想气体，$\dfrac{pv}{R_g T}$ 的值恒等于 1，在 $\dfrac{pv}{R_g T}$-p 图上是一条值为 1 的水平线。但是实验表明，实际气体并不符合这样的规律，尤其在高压低温的条件下，偏差更为明显，如图 3-30 所示。

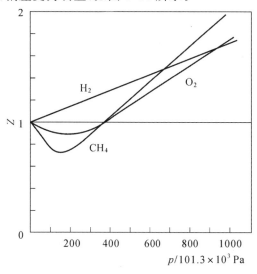

图 3-30　气体的压缩因子

实际气体的这种偏离通常用压缩因子(或称压缩系数)Z 表示：

$$Z = \frac{pv}{R_g T} = \frac{pV_m}{RT} \text{ 或 } pV_m = ZRT \tag{3-122}$$

对于理想气体，Z 值恒等于 1，而对于实际气体 Z 可能大于 1，也可能小于 1。Z 值偏离 1 的大小，反映了实际气体偏离理想气体的程度。Z 值的大小与气体的种类有关，而对于同种气体，Z 值还随压力和温度变化。因此，Z 是状态的函数，临界点的压缩因子 $Z_{cr} = \dfrac{p_{cr} v_{cr}}{R_g T_{cr}}$，称为临界压缩因子。

为了便于理解压缩因子 Z 的物理意义，将式(3-122)改写为以下形式：

$$Z = \frac{pv}{R_g T} = \frac{v}{R_g T/p} = \frac{v}{v_i}$$

式中：v 为实际气体在 p、T 时的比体积；v_i 为在 p、T 时，把实际气体看作理想气体时计算所得的比体积。

上式说明,压缩因子的物理意义为温度、压力相同时的实际气体比体积与理想气体比体积之比。保持同温同压的条件,如果 $Z > 1$,说明该气体的比体积比将之视为理想气体的比体积大,即实际气体比理想气体更难压缩;而如果 $Z < 1$,说明实际气体比理想气体更易压缩。所以,Z 可理解为从比体积的比值或从可压缩性的大小来描述实际气体较理想气体的偏离程度。

实际气体相对于理想气体的这种偏离,其实是由于理想气体模型中忽略了气体分子间的作用力和气体分子的体积。实际上,由于分子间存在引力,当气体被压缩,分子间的平均距离缩短,分子间的引力变大,此时气体的体积会比不考虑分子间引力时的小。若继续增大压力,气体分子之间的距离进一步减小,分子间斥力的影响逐渐增大,此时实际气体的比体积大于将其作为理想气体时的比体积。同时,在高压条件下,气体分子本身占有的体积对分子自由活动空间的影响增大,不可再忽略。所以,在一定温度下,大多数实际气体的 Z 值先随着压力的增大而减小,再随着压力的增大而增大,当压力极高时,Z 的值将大于 1。

结合上述定性分析可得到结论,能否将实际气体作为理想气体处理,不仅与气体的种类有关,也与其所处的状态有关。实际气体只有处于高温低压的状态时,其性质与理想气体相近,才能将其作为理想气体处理。由于 $pv = R_g T$ 不能准确反映实际气体 p、v、T 之间的关系,所以须对其进行修正和改进,或通过其他方式建立实际气体的状态方程。

3.2.4.2 范德瓦尔方程和 R-K 方程

（1）范德瓦尔方程

为了得到准确的实际气体的状态方程,人们通过理论分析、经验或半经验半理论分析的方法推导了大量的状态方程式。这些方程式普遍存在准确度高但适用范围小或通用性强但准确性差的问题,因此对于实际气体状态方程式的研究工作目前仍在进行。在各种实际气体的状态方程中,范德瓦尔方程具有特殊的意义。

1873 年,范德瓦尔针对理想气体的两个假定,对理想气体的状态方程进行修正。范德瓦尔考虑到气体分子具有一定的体积,所以用分子可自由活动的空间 $V_m - b$ 来取代理想气体状态方程中的体积 V_m;同时还考虑到气体分子间的引力作用,气体对容器壁面所施加的压力要比理想气体更小,所以用内压力修正压力项。因为由分子间引力引起的分子对器壁撞击力的减小与单位时间内和壁面单位面积碰撞的分子数成正比,同时又与吸引这些分子的其他分子数成正比,因此,内压力与气体的密度的平方,即比体积平方的倒数成正比,用 $\dfrac{a}{V_m^2}$ 表示。范德瓦尔方程的表达式为

$$\left(p + \frac{a}{V_m^2} \right)(V_m - b) = RT \ 或 \ p = \frac{RT}{V_m - b} - \frac{a}{V_m^2} \tag{3-123}$$

式中:a 和 b 是与气体种类有关的正常数,称为范德瓦尔常数,据实验数据予以确定;$\dfrac{a}{V_m^2}$ 称为内压力。

将范德瓦尔方程按 V_m 的降幂排列,可写成

$$pV_m^3 - (bp + RT)V_m^2 + aV_m - ab = 0$$

上式是 V_m 的三次方程式。对于确定的 p 和 T,V_m 可以有三个不等的实根、三个相等的实

根或一个实根、两个虚根。实验也说明了这个现象。在各种温度下定温压缩某种工质,如 CO_2,测定 p 和 V_m,在 p-V_m 图上画出 CO_2 的定温线,如图 3-31 所示。由图可见,当温度低于临界温度 T_{cr}(304K) 时,定温线中间有一段是水平线,这些水平线段相当于 CO_2 气体凝结成液体的过程。在点 H、G 等处开始凝结,到 E、F 等处凝结完毕。当温度等于 304K 时等温线上不再有水平线段,而在 C 处有一转折点,该点的状态即为临界状态。当温度大于临界温度时,等温线中不再有水平段,意味着压力再高气体也无法液化。

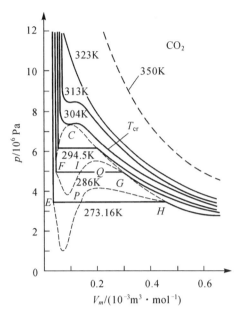

图 3-31　CO_2 的定温线

当温度高于临界温度时,对于每一个压力 p,只有一个 V_m 值与之对应,即 V_m 只有一个实根。当温度低于临界温度时,有三个 V_m 值与一个压力值对应,其中最小值是饱和液线上饱和液的摩尔体积,最大值为饱和干蒸汽线上饱和蒸汽的摩尔体积。由于图中 P-I-Q 是违反稳定平衡态判据的,因此是不可能的,所以中间的 V_m 值没有意义。当温度等于临界温度时,V_m 有三个相等的实根。

将式(3-123)与理想气体状态方程式 $pV_m = RT$ 进行比较可得:摩尔体积 V_m 越大,两者之间的差别越小,而随着压力降低和温度升高,摩尔体积又增大,所以压力越低、温度越高,实际气体越接近理想气体。该结论可由实验验证:当温度远高于临界温度时,范德瓦尔方程与实验结果较符合,但在较低压力和较低温度时,范德瓦尔方程与实验结果相差较大。

临界点是临界等温线的极值点及拐点,其压力对比体积的一阶偏导数和二阶偏导数均为零,即

$$\left(\frac{\partial p}{\partial V_m}\right)_{T_{cr}} = 0, \left(\frac{\partial^2 p}{\partial V_m^2}\right)_{T_{cr}} = 0$$

将式(3-123)代入上式可得

$$\left(\frac{\partial p}{\partial V_m}\right)_{T_{cr}} = -\frac{RT_{cr}}{(V_{m,cr} - b)^2} + \frac{2a}{V_{m,cr}^3} = 0$$

$$\left(\frac{\partial^2 p}{\partial V_m^2}\right)_{T_{cr}} = \frac{2RT_{cr}}{(V_{m,cr} - b)^3} - \frac{6a}{V_{m,cr}^4} = 0$$

联立求解上述两式得

$$p_{cr} = \frac{a}{27b^2}, T_{cr} = \frac{8a}{27Rb}, V_{m,cr} = 3b \tag{a}$$

$$a = \frac{27}{64}\frac{(RT_{cr})^2}{p_{cr}}, b = \frac{1}{8}\frac{RT_{cr}}{p_{cr}}, R = \frac{8}{3}\frac{p_{cr}V_{m,cr}}{T_{cr}} \tag{b}$$

所以气体的范德瓦尔常数除了可以根据气体 p、V_m、T 的实验数据,用曲线拟合法确定外,还可由临界压力和临界温度值,根据式(b)计算。值得注意的是,若用上式计算,无论何种物质,其临界状态的压缩因子,即临界压缩因子 Z_{cr} 均为 0.375,这显然与实际情况不符。对于大多数物质,它们的临界压缩因子远小于 0.375,一般在 $0.23 \sim 0.29$ 范围内,所以范德瓦尔

方程用在临界区域或其附近区域会出现较大误差,而据式(b)计算的 a、b 值也是近似的。表 3-6 列出了一些物质的临界参数和由实验数据拟合得出的范德瓦尔常数。

表 3-6　临界参数和范德瓦尔常数

物质	T_{cr}	p_{cr}	$V_{m,cr} \times 10^3$	Z_{cr}	a	$b \times 10^3$
	K	MPa	m^3/mol		$m^6 \cdot Pa/mol^2$	m^3/mol
空气	132.5	3.77	0.0883	0.302	0.1358	0.0364
一氧化碳	133	3.50	0.0930	0.294	0.1463	0.0394
正丁烷	425.2	3.80	0.2547	0.274	1.380	0.1196
氟利昂 12	384.7	4.01	0.2179	0.273	1.078	0.0998
甲烷	191.1	4.64	0.0993	0.290	0.2285	0.0427
氮	126.2	3.39	0.0899	0.291	0.1361	0.0385
乙烷	305.5	4.88	0.1480	0.284	0.5575	0.0650
丙烷	370	4.26	0.1998	0.277	0.9315	0.0900
二氧化硫	430.7	7.88	0.1217	0.268	0.6837	0.0568

注:本表中临界参数摘自 Cengel Y A, Boles M A. Thermodynamics: An Engineering Approach (Third Edition). New York: McGraw-Hill, Inc.;范德瓦尔常数摘自朱明善,林兆庄等. 工程热力学. 北京:清华大学出版社,1995。

范德瓦尔方程是半经验的状态方程,它虽然可以较好地定性描述实际气体的基本特性,但是在定量上还不够准确,不宜作为定量计算的基础。许多研究者在此基础上提出了多种派生的状态方程,其中一些具有很大的实用价值。

(2)R-K 方程

R-K 方程是 1949 年德立(Redlich)和匡(Kwong)在范德瓦尔方程的基础上提出的含两个常数的方程,它保留了体积的三次方程的简单形式,对内压力项 $\dfrac{a}{V_m^2}$ 进行了修正,使精度得到较大提高。由于应用简便,对于气液相平衡和混合物的计算非常有效,在化学工程中 R-K 方程得到了较为广泛的应用,其表达式为

$$p = \frac{RT}{V_m - b} - \frac{a}{T^{0.5} V_m (V_m + b)} \tag{3-124}$$

式中:a 和 b 是各种物质固有的常数,可由 p、v、T 实验数据拟合求得。若缺乏实验数据,也可按下式由临界参数求取近似值:

$$a = \frac{0.427480 R^2 T_{cr}^{2.5}}{p_{cr}}, b = \frac{0.08664 R T_{cr}}{p_{cr}}$$

1972 年出现了对 R-K 方程进行修正的 R-K-S 方程;1976 年又出现了 P-R 方程,这些方程拓展了 R-K 方程的适用范围。

在两常数方程不断发展的同时,半经验的多常数状态方程也不断出现,如 1940 年由 Benedict-Webb-Rubin 提出的 B-W-R 方程,该方程有 8 个经验常数,对于烃类气体有较高的准确度。又如由马丁(Martin)和侯虞均于 1955 年提出,且由马丁于 1959 年和侯虞均于 1981

年进一步完善的 Martin-Hou 方程。Martin-Hou 方程的 M-H59 型方程有 11 个常数,对烃类气体、强极性的水和 NH_3、氟利昂制冷剂有较高的准确度;M-H81 型方程,基本保持了 M-H55 型方程在气相区的精度,并将其适用范围扩展到液相。

3.2.4.3　对应态原理与通用压缩因子图

实际气体的状态方程包含有与物质固有性质相关的常数,这些常数需根据该物质的 p、v、T 实验数据进行拟合才能得到。如果能消除这样的物性常数,使方程具备普遍性,将对既没有足够的 p、v、T 实验数据,又没有状态方程中固有的常数数据的物质热力性质的计算带来很大方便。

（1）对应态原理

对多种流体的实验数据分析显示,当接近各自的临界点时,所有流体都显示出相似的性质,因此研究者产生了用相对于临界参数的对比值,代替压力、温度和比体积的绝对值,并用它们导出普遍适用的实际气体状态方程的想法。这样的对比值分别被定义为对比压力 p_r、对比温度 T_r 和对比比体积 v_r:

$$p_r = \frac{p}{p_{cr}}, T_r = \frac{T}{T_{cr}}, v_r = \frac{v}{v_{cr}}$$

将对比参数代入范德瓦尔方程,并利用以临界参数表示的物性常数 a 和 b 的关系,可导出

$$\left(p_r + \frac{3}{v_r^2}\right)(3v_r - 1) = 8T_r \tag{3-125}$$

式(3-125)称为范德瓦尔对比态方程,该式中没有任何与物质固有特性相关的常数,所以是通用的状态方程式,适用于任意符合范德瓦尔方程的物质。由于范德瓦尔方程本身具有近似性,所以范德瓦尔对比态方程也仅是近似方程,尤其在低压条件下准确性较差。

具体的对比状态方程具有不同的形式。对于能满足同一对比状态方程式的同类物质,如果它们的对比参数 p_r、v_r、T_r 中有两个相同,则第三个对比参数就一定相同,物质也就处于对应状态中。以上结论称为对应态定律,或称对应态原理。服从对应态定律,并能满足同一对比状态方程的一类物质称为热力学上相似的物质。经验证明,凡是临界压缩因子相近的气体,可看作彼此热相似。

从范德瓦尔对比态方程和对应态原理可以得出:虽然在相同的压力与温度下,不同气体的比体积是不同的,但只要它们的 p_r 和 T_r 分别相同,它们的 v_r 必定相同,说明各种气体在对应状态下有相同的对比性质。数学上,对应态定律可以表示为

$$f(p_r, T_r, v_r) = 0 \tag{3-126}$$

上式虽然是根据两常数的范德瓦尔方程导出的,但它可以推广到一般的实际气体状态方程。对不同流体的试验数据的详细研究表明,虽然对应态原理并不是十分精确,但大致是正确的。它可以在缺乏详细资料的情况下,借助某一资料充分的参考流体的热力性质来估算其他流体的性质。若采用理想对比体积 $V'_m \left(V'_m = \frac{V_m}{V_{m,i,cr}}\right)$ 代替对比比体积 v_r,能提高计算精度并使方程可应用于低压区。

（2）通用压缩因子图

实际气体对理想气体性质的偏离可用压缩因子 Z 描述,实际气体基本状态参数间的关

系也可通过修正理想气体状态方程得到：

$$pV_m = ZRT$$

用压缩因子 Z 修正实际气体的非理想性，既可以保留理想气体状态方程的基本形式，又可以取得满意的结果。但因为 Z 不仅随气体种类而异，同时也随其状态而异，所以每种气体应有不同的 $Z = f(p, T)$ 曲线，对于缺乏资料的流体，可采用通用压缩因子图。

由压缩因子 Z 和临界压缩因子 Z_{cr} 的定义可得

$$\frac{Z}{Z_{cr}} = \frac{pV_m/RT}{p_{cr}V_{m,cr}/RT_{cr}} = \frac{p_r V_{m,r}}{T_r} = \frac{p_r v_r}{T_r}$$

根据对应态原理，上式可改写为 $Z = f_1(p_r, T_r, Z_{cr})$。若 Z_{cr} 的数值取一定值，则进一步简化为 $Z = f_2(p_r, T_r)$，这个简化的式子为编制通用压缩因子图提供了理论基础，取大多数气体临界压缩因子的平均值 $Z_{cr} = 0.27$，绘制的通用压缩因子图如图 3-32 所示。图 3-33 至图 3-35 是目前普遍认为准确度较高的实验数据制作的通用压缩因子图，即 N-O 图，图中虚线是理想对比体积 V_m'。图 3-33 是低压区通用压缩因子图，是按 30 种气体的实验数据绘制的，其中氢、氦、氨和水蒸气的最大误差为 3% ～ 4%，另外 26 种非极性气体的最大误差为 1%。

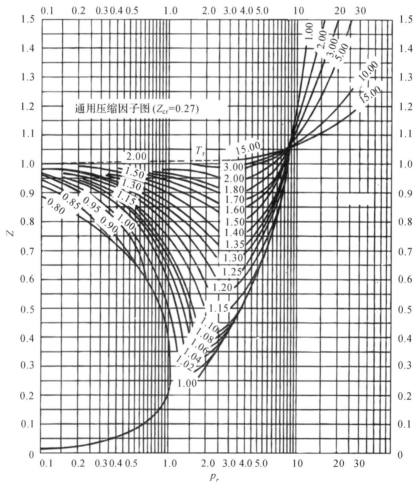

图 3-32　通用压缩因子

图 3-34 是中压区的通用压缩因子图,也是根据 30 种气体的实验数据绘制的,除氢、氦、氨外,最大误差为 2.5%。图 3-35 是高压区的通用压缩因子图,绘制此图能用的实验数据很少。这种图的精度虽然比范德瓦尔方程高,但仍为近似值,为提高计算精度,又引入了第三参数,如临界压缩因子 Z_{cr} 和偏心因子 ω,感兴趣的读者可参阅相关文献。

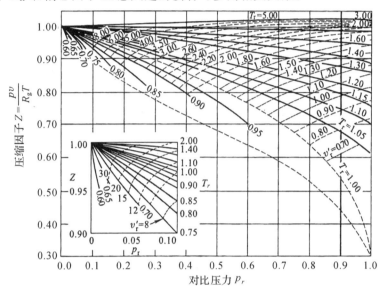

图 3-33　N-O 图(低压区)

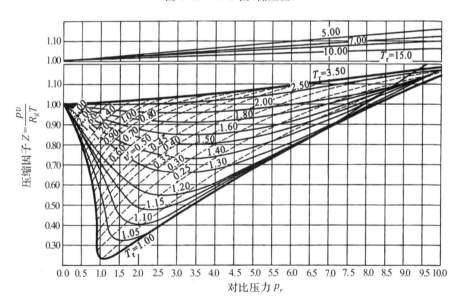

图 3-34　N-O 图(中压区)

3.2.4.4　维里方程

1901 年,奥尼斯(Onnes) 提出以幂级数形式表达的状态方程:

$$Z = \frac{pv}{R_g T} = 1 + \frac{B}{v} + \frac{C}{v^2} + \frac{D}{v^3} + \cdots \tag{3-127}$$

这种形式的状态方程称为维里方程,式中 B、C、D……分别称为第二、第三、第四……维

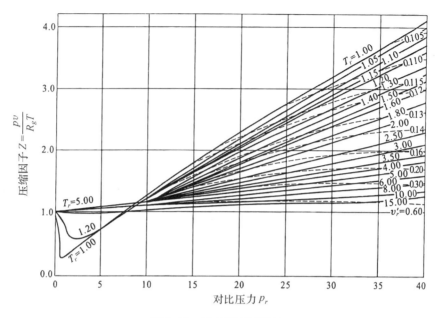

图 3-35　N-O 图(高压区)

里系数,它们均为温度的函数。

维里方程也可用压力的幂级数来表示:

$$Z = \frac{pv}{R_g T} = 1 + B'p + C'p^2 + D'p^3 + \cdots \tag{3-128}$$

对比式(3-127)和式(3-128),可以得到两种不同表示方法下,维里系数之间的关系:

$$B' = \frac{B}{R_g T}, C' = \frac{C - B^2}{(R_g T)^2}, D' = \frac{D + 2B^3 - 3BC}{(R_g T)^3}, \cdots \tag{3-129}$$

值得注意的是,式(3-129)只有在式(3-127)和式(3-128)都为无穷级数形式时才严格成立。

维里方程有坚实的理论基础。用统计力学方法能导出维里系数,并赋予维里系数明确的物理意义:第二维里系数表示气体两个分子相互作用的效应,第三维里系数表示三个分子相互作用的效应,以此类推。理论上可以导出各个维里系数的计算式,但实际上高级维里系数的运算是十分困难的,目前除了简单的钢球模型外,一般只能算到第三维里系数,通常维里系数通过实验来测定。

维里方程的另一个特点是维里方程的函数形式具有很大的适应性,便于实验数据的整理,且截取不同项数可满足不同的精度需求。例如,在低压下只要截取方程的前两项就能获得较好的精度。当气体密度大于临界密度一半以上时,只截取前两项就不再适用,此时可截取前三项。由于目前对第三维里系数以上的系数掌握很少,因此超过三项以上的维里方程很少被应用,维里方程在高密度区的精度不高,但因其具有理论基础且适应性广,前面提到的B-W-R方程和M-H方程都是在它的基础上改进而得的。

3.2.4.5　麦克斯韦关系和热系数

(1) 全微分条件和循环关系

如果状态参数 z 表示为另外两个独立参数 x、y 的函数,即 $z = z(x,y)$,因为状态参数只

是状态的函数,所以其无穷小的变化量可用函数的全微分表示:

$$dz = \left(\frac{\partial z}{\partial x}\right)_y dx + \left(\frac{\partial z}{\partial y}\right)_x dy \tag{3-130}$$

或

$$dz = Mdx + Ndy \tag{3-131}$$

式中:$M = \left(\frac{\partial z}{\partial x}\right)_y$,$N = \left(\frac{\partial z}{\partial y}\right)_x$,如果 M 和 N 也是 x、y 的连续函数,则有

$$\left(\frac{\partial M}{\partial y}\right)_x = \frac{\partial^2 z}{\partial x \partial y}, \quad \left(\frac{\partial N}{\partial x}\right)_y = \frac{\partial^2 z}{\partial y \partial x}$$

当二阶混合偏导数均连续时,其混合偏导数与求导次序无关,所以

$$\left(\frac{\partial M}{\partial y}\right)_x = \left(\frac{\partial N}{\partial x}\right)_y \tag{3-132}$$

式(3-132)即为全微分的条件,也称全微分的判据,简单可压缩系统的每个状态参数都必定满足这一条件。

在 z 保持不变的条件下,$dz = 0$,式(3-131)可写成

$$\left(\frac{\partial z}{\partial x}\right)_y dx + \left(\frac{\partial z}{\partial y}\right)_x dy = 0$$

将上式等号两边同除以 dy 并移项整理可得

$$\left(\frac{\partial x}{\partial y}\right)_z \left(\frac{\partial z}{\partial x}\right)_y \left(\frac{\partial y}{\partial z}\right)_x = -1 \tag{3-133}$$

式(3-133)称为循环关系,可用来把一些变量的偏导数转化为指定的变量的偏导数。

另一个联系各状态参数偏导数的重要关系式是链式关系。如果有四个参数 x、y、z、w,其中独立变量有两个,对于函数 $x = x(y, w)$:

$$dx = \left(\frac{\partial x}{\partial y}\right)_w dy + \left(\frac{\partial x}{\partial w}\right)_y dw \tag{a}$$

对于函数 $y = y(z, w)$:

$$dy = \left(\frac{\partial y}{\partial z}\right)_w dz + \left(\frac{\partial y}{\partial w}\right)_z dw \tag{b}$$

将式(b)代入式(a),且令 w 取定值,即 $dw = 0$,可得链式关系:

$$\left(\frac{\partial x}{\partial y}\right)_w \left(\frac{\partial y}{\partial z}\right)_w \left(\frac{\partial z}{\partial x}\right)_w = 1$$

(2)亥姆霍兹函数和吉布斯函数

根据热力学第一定律解析式,在简单可压缩系统的微元过程中,有

$$\delta q = du + \delta \omega$$

若过程可逆,则 $\delta q = Tds$,$\delta \omega = pdv$,所以上式可以写成

$$du = Tds - pdv \tag{3-134}$$

考虑到 $u = h - pv$,代入上式并整理后可得

$$dh = Tds + vdp \tag{3-135}$$

定义亥姆霍兹函数 F 和比亥姆霍兹函数 f 分别如式(3-136)和式(3-137)所示:

$$F = U - TS \tag{3-136}$$

$$f = u - Ts \tag{3-137}$$

由于 U、T、S 均为状态参数,所以 F 也是状态参数。亥姆霍兹函数又称自由能,单位与热

力学能单位相同。

定义吉布斯函数 G 和比吉布斯函数 g 分别如式（3-138）和式（3-139）所示：

$$G = H - TS \tag{3-138}$$

$$g = h - Ts \tag{3-139}$$

吉布斯函数又称为自由焓，也是状态参数，其单位与焓的单位相同。

对式（3-137）和式（3-139）分别取微分，可得

$$\mathrm{d}f = \mathrm{d}u - T\mathrm{d}s - s\mathrm{d}T \tag{c}$$

$$\mathrm{d}g = \mathrm{d}h - T\mathrm{d}s - s\mathrm{d}T \tag{d}$$

将式（3-134）和式（3-135）分别代入式（c）和式（d）可得

$$\mathrm{d}f = -s\mathrm{d}T - p\mathrm{d}v \tag{3-140}$$

$$\mathrm{d}g = -s\mathrm{d}T + v\mathrm{d}p \tag{3-141}$$

对于可逆定温过程，$\mathrm{d}T = 0$，所以 $\mathrm{d}f = -p\mathrm{d}v$，$\mathrm{d}g = v\mathrm{d}p$。可见亥姆霍兹函数的减少，等于可逆定温过程对外所做的膨胀功；而吉布斯函数的减少等于可逆定温过程中对外所做的技术功。或者说在可逆定温条件下亥姆霍兹函数变量是热力学能变化量中可以自由释放转变为功的部分，而 $T\Delta s$ 是可逆定温条件下热力学能变化量中无法转变为功的那部分，称为束缚能。同样，吉布斯函数在可逆定温条件下的变量是焓改变量中能转变为功的那部分，$T\Delta s$ 是束缚能。

亥姆霍兹函数和吉布斯函数在相平衡和化学反应过程中有重要作用。

式（3-134）、式（3-135）、式（3-140）和式（3-141）是由热力学第一定律和第二定律直接导出的，它们将简单可压缩系统平衡态各参数的变化联系起来，在热力学中具有重要作用，被称为吉布斯方程。式（3-140）和式（3-141）取可测参数 (T, v) 和 (T, p) 作为自变量，因而有重要的应用价值。应当指出，上述关系可应用于任意两平衡态间参数的变化，而不必考虑其中间过程是否可逆，因为状态参数只是状态的函数，但在研究能量转换过程时，它们只适用于可逆过程。

（3）特性函数

对简单可压缩的纯物质系统，任意一个状态参数都可以表示成另外两个独立参数的函数。其中，某些状态参数若表示成特定的两个独立参数的函数时，只需一个状态参数就可以确定系统的其他参数，这样的函数称为特性函数。例如，若已知 $u = u(s, v)$ 的具体形式，就可以确定其他参数。首先对 $u = u(s, v)$ 取微分，可得

$$\mathrm{d}u = \left(\frac{\partial u}{\partial s}\right)_v \mathrm{d}s + \left(\frac{\partial u}{\partial v}\right)_s \mathrm{d}v \tag{e}$$

比较式（e）和式（3-134）可得

$$T = \left(\frac{\partial u}{\partial s}\right)_v, \quad p = -\left(\frac{\partial u}{\partial v}\right)_s$$

由定义可知

$$h = u + pv = u - v\left(\frac{\partial u}{\partial v}\right)_s$$

$$f = u - Ts = u - s\left(\frac{\partial u}{\partial s}\right)_v$$

$$g = h - Ts = u - v\left(\frac{\partial u}{\partial v}\right)_s - s\left(\frac{\partial u}{\partial s}\right)_v$$

需要注意的是,热力学能函数仅在表示成熵和比体积的函数时才是特性函数,换成其他独立参数,则不能由它完全确定其他平衡参数,也就不是特性函数了。其他特性函数也同样如此。

特性函数的重要作用是建立了各种热力学函数之间的简要关系,只要有一个特性函数求出以后,就可以依此得出其他的热力学函数。特性函数的缺点是 u、h、f、g 本身的数值都不能或不便于用实验方法来直接测定,所以计算 u、h、s 等函数,通常还是要应用一些可以根据实验数据来进行计算的热力学一般关系。

(4) 麦克斯韦关系

对上述四个特性函数的微分式,即吉布斯方程式(3-134)、式(3-135)、式(3-140) 和式(3-141),应用全微分条件,可以导出把 p、v、T 和 s 联系起来的重要关系,即麦克斯韦关系。

以热力学能 $u = u(s,v)$,$du = \left(\frac{\partial u}{\partial s}\right)_v ds + \left(\frac{\partial u}{\partial v}\right)_s dv$ 为例,对比 $du = Tds - pdv$ 可得

$$\left(\frac{\partial u}{\partial s}\right)_v = T, \quad \left(\frac{\partial u}{\partial v}\right)_s = -p \tag{f}$$

又因为二元函数的二阶混合偏导数与求导次序无关,所以

$$\left(\frac{\partial T}{\partial v}\right)_s = -\left(\frac{\partial p}{\partial s}\right)_v \tag{3-142}$$

同理,据 $h = h(s,p)$,$dh = Tds + vdp$,可得

$$\left(\frac{\partial h}{\partial s}\right)_p = T, \quad \left(\frac{\partial h}{\partial p}\right)_s = v \tag{g}$$

$$\left(\frac{\partial T}{\partial p}\right)_s = \left(\frac{\partial v}{\partial s}\right)_p \tag{3-143}$$

据 $f = f(T,v)$,$df = -sdT - pdv$ 和 $g = g(T,p)$,$dg = -sdT + vdp$,有

$$\left(\frac{\partial f}{\partial v}\right)_T = -p, \quad \left(\frac{\partial f}{\partial T}\right)_v = -s \tag{h}$$

$$\left(\frac{\partial p}{\partial T}\right)_v = \left(\frac{\partial s}{\partial v}\right)_T \tag{3-144}$$

$$\left(\frac{\partial g}{\partial p}\right)_T = v, \quad \left(\frac{\partial g}{\partial T}\right)_s = -s \tag{i}$$

$$\left(\frac{\partial v}{\partial T}\right)_p = -\left(\frac{\partial s}{\partial p}\right)_T \tag{3-145}$$

式(3-142) 至式(3-145) 称为麦克斯韦关系,它给出不可测的熵参数与容易测得的参数 p、v、T 之间的微分关系式。式(f)、(g)、(h)、(i) 中八个由吉布斯方程对照全微分表达式导出的关系,把状态参数的偏导数与常用状态参数联系起来,和麦克斯韦关系一起,是推导熵、热力学能、焓及比热容的热力学一般关系式的基础。

(5) 热系数

在状态函数的众多偏导数中,由基本状态参数 p、v、T 构成的偏导数,即 $\left(\frac{\partial v}{\partial T}\right)_p$、$\left(\frac{\partial v}{\partial p}\right)_T$、$\left(\frac{\partial p}{\partial T}\right)_v$ 称为热系数,它们有明显的物理意义。其中

$$\alpha_V = \frac{1}{v}\left(\frac{\partial v}{\partial T}\right)_p \qquad (3\text{-}146)$$

称为体积膨胀系数,单位为 K^{-1},表示物质在定压下比体积随温度的变化率。

$$\kappa_T = -\frac{1}{v}\left(\frac{\partial v}{\partial p}\right)_T \qquad (3\text{-}147)$$

称为等温压缩率,单位为 Pa^{-1},表示物质在定温下比体积随压力的变化率。

$$\alpha = \frac{1}{p}\left(\frac{\partial p}{\partial T}\right)_v \qquad (3\text{-}148)$$

称为定容压力温度系数或称压力的温度系数,单位为 K^{-1},表示物质在定体积下压力随温度的变化率。

上述三个热系数是由三个可测量的基本状态参数构成的,可由实验测定,也可通过状态方程求出。它们之间的关系可由循环关系导出,由于

$$\left(\frac{\partial v}{\partial T}\right)_p\left(\frac{\partial T}{\partial p}\right)_v\left(\frac{\partial p}{\partial v}\right)_T = -1$$

所以

$$\left(\frac{\partial v}{\partial T}\right)_p = -\left(\frac{\partial p}{\partial T}\right)_v\left(\frac{\partial v}{\partial p}\right)_T$$

即

$$\frac{1}{v}\left(\frac{\partial v}{\partial T}\right)_p = -p\frac{1}{p}\left(\frac{\partial p}{\partial T}\right)_v\frac{1}{v}\left(\frac{\partial v}{\partial p}\right)_T$$

所以三个热系数之间的关系为

$$\alpha_V = p\alpha\kappa_T \qquad (3\text{-}149)$$

除上述三个热系数外,常用的偏导数还有等熵压缩率和焦耳 - 汤姆逊系数等,等熵压缩率 κ_s 单位为 Pa^{-1},表征在可逆绝热过程中膨胀或压缩时体积的变化特性,定义为

$$\kappa_s = -\frac{1}{v}\left(\frac{\partial v}{\partial p}\right)_s \qquad (3\text{-}150)$$

由实验测定热系数,然后再积分求取状态方程式也是由实验得出状态方程式的一种基本方法。

3.2.4.6　热力学能、焓和熵的一般关系式

对于理想气体而言,状态方程比较简单,比热容仅是温度的函数,而且由此可得出理想气体的比熵、比焓和比热力学能等。实际气体的比热力学能 u、比熵 s 和比焓 h 也能从状态方程和比热容求得,但其表达式远比理想气体的更为复杂,而且这些表达式的形式随所选独立变量的不同而不同。

(1) 熵的一般关系式

如果取 T、v 为独立变量,即 $s = s(T, v)$,则

$$\mathrm{d}s = \left(\frac{\partial s}{\partial T}\right)_v \mathrm{d}T + \left(\frac{\partial s}{\partial v}\right)_T \mathrm{d}v$$

根据麦克斯韦关系

$$\left(\frac{\partial s}{\partial v}\right)_T = \left(\frac{\partial p}{\partial T}\right)_v$$

再根据链式关系和比热容的定义

$$\left(\frac{\partial s}{\partial T}\right)_v\left(\frac{\partial T}{\partial u}\right)_v\left(\frac{\partial u}{\partial s}\right)_v = 1$$

$$\left(\frac{\partial s}{\partial T}\right)_v = \frac{\left(\frac{\partial u}{\partial T}\right)_v}{\left(\frac{\partial u}{\partial s}\right)_v} = \frac{c_V}{T}$$

则可得到

$$\mathrm{d}s = \frac{c_V}{T}\mathrm{d}T + \left(\frac{\partial p}{\partial T}\right)_v\mathrm{d}v \tag{3-151}$$

式(3-151)称为第一 ds 方程。已知物质的状态方程及比定容热容,积分式(3-151)即可求得过程的熵变。

若以 p、T 为独立变量,则

$$\mathrm{d}s = \left(\frac{\partial s}{\partial T}\right)_p\mathrm{d}T + \left(\frac{\partial s}{\partial p}\right)_T\mathrm{d}p$$

由于

$$\left(\frac{\partial s}{\partial p}\right)_T = -\left(\frac{\partial v}{\partial T}\right)_p, \quad \left(\frac{\partial s}{\partial T}\right)_p = \frac{\left(\frac{\partial h}{\partial T}\right)_p}{\left(\frac{\partial h}{\partial s}\right)_p} = \frac{c_p}{T}$$

可得第二 ds 方程

$$\mathrm{d}s = \frac{c_p}{T}\mathrm{d}T - \left(\frac{\partial v}{\partial T}\right)_p\mathrm{d}p \tag{3-152}$$

类似地,可得到以 p、v 为独立变量的第三 ds 方程:

$$\mathrm{d}s = \frac{c_V}{T}\left(\frac{\partial T}{\partial p}\right)_v\mathrm{d}p + \frac{c_p}{T}\left(\frac{\partial T}{\partial v}\right)_p\mathrm{d}v \tag{3-153}$$

上述的 ds 的一般方程中,由于 c_p 和 c_V 便于由实验测得,所以第二 ds 方程更实用。以上式子在推导过程中没有对工质做任何假定,所以适用于任何物质。

(2) 热力学能的一般关系式

取 T、v 为独立变量,即 $u = u(T, v)$,则

$$\mathrm{d}u = T\mathrm{d}s - p\mathrm{d}v$$

将第一 ds 方程代入上式可得

$$\mathrm{d}u = c_V\mathrm{d}T + \left[T\left(\frac{\partial p}{\partial T}\right)_v - p\right]\mathrm{d}v \tag{3-154}$$

式(3-154)称为第一 du 方程。若将第二 ds 方程、第三 ds 方程代入式(3-134)可得以 p、T 和 p、v 为独立变量的第二、第三 du 方程。但是,由于第一 du 方程形式较简单,便于计算,应用更广泛,因此对另外两种方程不进一步介绍。

式(3-154)说明,实际气体的热力学能是比体积和温度的函数。所以,如果已知实际气体的状态方程式和比热容,对式(3-154)或其他两个 du 方程积分可求取热力学能在过程中的变化量。

(3) 焓的一般关系式

与导出 du 方程相同,通过把 ds 方程代入 $\mathrm{d}h = T\mathrm{d}s + v\mathrm{d}p$,可得到相应的 d$h$ 方程,其中最常用的是以第二 ds 方程代入得到的以 T、p 为独立变量的 dh 方程:

$$dh = c_p dT + \left[v - T \left(\frac{\partial v}{\partial T} \right)_p \right] dp \tag{3-155}$$

另两个分别以 T、v 和 p、v 为独立变量的 dh 方程这里不再详细说明，请读者自行推导。

式（3-155）说明，实际气体的焓是温度和压力的函数，比如已知气体的状态方程和比热容，通过积分可求得过程中焓的变化量。

3.2.4.7 比热容的一般关系式

（1）比热容与压力及比体积的关系

由第二 ds 方程可知

$$ds = \frac{c_p}{T} dT - \left(\frac{\partial v}{\partial T} \right)_p dp$$

由全微分的性质可得

$$\left(\frac{\partial c_p}{\partial p} \right)_T = - T \left(\frac{\partial^2 v}{\partial T^2} \right)_p \tag{3-156}$$

同理，根据第一 ds 方程，有

$$\left(\frac{\partial c_V}{\partial v} \right)_T = T \left(\frac{\partial^2 p}{\partial T^2} \right)_v \tag{3-157}$$

式（3-156）和式（3-157）建立了等温条件下 c_p 和 c_V 随压力及比体积的变化与状态方程的关系，这种关系十分有用，下面对式（3-156）进行详细说明。

首先，若已知气体的状态方程，只要测得该气体在某一足够低压力时的比定压热容 c_{p0}，即可根据式（3-156）计算出气体在一定压力下的 c_p，从而使实验工作量得到有效的减少。在定温条件下，将式（3-156）进行积分可得

$$c_p - c_{p_0} = - T \int_{p_0}^{p} \left(\frac{\partial^2 v}{\partial T^2} \right)_p dp$$

式中：c_{p_0} 是压力为 p_0 时的比定压热容，当 p_0 足够低时，c_{p_0} 就是理想气体的比定压热容，它只是温度的函数，因此只需按状态方程求出 $\left(\frac{\partial^2 v}{\partial T^2} \right)_p$，然后由 p_0 到 p 积分，就可求得任意压力下 c_p 的值，从而无须实验测定。

其次，若有较精确的比热容数据 $c_p = f(T, p)$，则可通过求 c_p 对压力的一阶偏导数，然后对 T 进行两次积分，结合少量 p、v、T 实验数据确定状态方程。

最后，对于已有的比热容数据和状态方程，可以通过它们与以上关系的吻合情况，来确定它们的精度。

（2）比定压热容 c_p 与比定容热容 c_V 的关系

比较第一 ds 方程和第二 ds 方程可得

$$c_p dT - T \left(\frac{\partial v}{\partial T} \right)_p dp = c_V dT + T \left(\frac{\partial p}{\partial T} \right)_v dv$$

所以

$$dT = \frac{T \left(\frac{\partial p}{\partial T} \right)_v}{c_p - c_V} dv + \frac{T \left(\frac{\partial v}{\partial T} \right)_p}{c_p - c_V} dp$$

但当 $T = T(v, p)$ 时，又有

$$dT = \left(\frac{\partial T}{\partial v} \right)_p dv + \left(\frac{\partial T}{\partial p} \right)_v dp$$

比较以上两式可得

$$\left(\frac{\partial T}{\partial v}\right)_p = \frac{T\left(\frac{\partial p}{\partial T}\right)_v}{c_p - c_V}, \quad \left(\frac{\partial T}{\partial p}\right)_v = \frac{T\left(\frac{\partial v}{\partial T}\right)_p}{c_p - c_V}$$

因此

$$c_p - c_V = T\left(\frac{\partial v}{\partial T}\right)_p\left(\frac{\partial p}{\partial T}\right)_v \tag{3-158}$$

根据循环关系可得

$$\left(\frac{\partial p}{\partial T}\right)_v = -\left(\frac{\partial v}{\partial T}\right)_p\left(\frac{\partial p}{\partial v}\right)_T$$

所以

$$c_p - c_V = -T\left(\frac{\partial v}{\partial T}\right)_p^2\left(\frac{\partial p}{\partial v}\right)_T = Tv\frac{\alpha_V^2}{\kappa_T} \tag{3-159}$$

式(3-158)和式(3-159)也是热力学中重要的关系,它们表明:

① $c_p - c_V$ 取决于状态方程,因而可由状态方程或其热力系数求得。

② 因为 T、v、κ_T 恒为正值,α_V^2 必定为正值,所以 $c_p - c_V$ 一定为非负值,即物质的比定压热容恒大于等于比定容热容。

③ 由于液体和固体的体积膨胀系数与比体积都很小,所以在一般温度下,比定压热容和比定容热容的差值也很小,所以在工程中对于液体和固体一般不区分比定压热容和比定容热容,但是对于气体则必须区分。

3.3　热力过程

3.3.1　理想气体和蒸汽的基本热力过程

3.3.1.1　理想气体的可逆多变过程

(1) 理想气体可逆多变方程式

工程中有各种各样的热力过程,图 3-36 是实测的汽车发动机工作过程中气缸内压力和气缸容积的关系,可以看出,大部分过程中气体的基本状态参数间满足 $pv^n = $ 常数,即

$$p_1 v_1^n = p_2 v_2^n \tag{3-160}$$

式中:n 为常数。这样的可逆过程称为多变过程,n 称为多变指数,可以是 $-\infty \sim \infty$ 的任意数值。

考虑到热力过程中每一平衡态气体均满足状态方程式 $pv = R_g T$,代入式(3-160)可得 $Tv^{n-1} = $ 常数,即

$$T_1 v_1^{n-1} = T_2 v_2^{n-1} \tag{3-161}$$

以及 $Tp^{-\frac{n-1}{n}} = $ 常数,即

$$T_1 p_1^{-\frac{n-1}{n}} = T_2 p_2^{-\frac{n-1}{n}} \tag{3-162}$$

式(3-160)至式(3-162)为可逆多变过程的基本状态参数变化关系。

当 $n = 0$ 时,由式(3-160)可得 $p = $ 常数,表示过程中压力不变;当 $n = 1$ 时,由式(3-160)可得 $pv = $ 常数,再结合理想气体状态方程,即可表示过程中温度不变;将式(3-160)等号两侧开 n 次方,并令 $n \to \infty$,可得 $v = $ 常数,即为定容过程(或定比体积过程)。所以,理想气体的基本热力过程是可逆多变过程的特例。

（2）可逆指数

对式(3-160)求微分并加以整理可得

$$n = \frac{\ln p_2 - \ln p_1}{\ln v_1 - \ln v_2} = \frac{\ln(p_2/p_1)}{\ln(v_1/v_2)} \qquad (3\text{-}163)$$

当然,也可由式(3-161)和式(3-162)推导出相应的求 n 的式子,这里不再赘述。

（3）多变过程的 $p\text{-}v$ 图和 $T\text{-}s$ 图

可逆过程在 $p\text{-}v$ 图和 $T\text{-}s$ 图上可由连续实线表示,如果能求得各点的斜率即可画出该曲线。因此只需求得 $\left(\dfrac{\partial p}{\partial v}\right)_n$ 和 $\left(\dfrac{\partial T}{\partial s}\right)_n$ 即可在 $p\text{-}v$ 图和 $T\text{-}s$ 图上画出多变过程线。

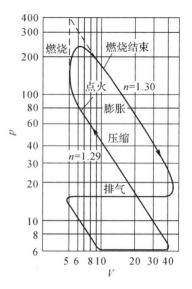

图 3-36　汽车发动机的 $p\text{-}V$ 图

由 $pv^n = $ 常数,可得

$$\left(\frac{\partial p}{\partial v}\right)_n = -n\frac{p}{v} \qquad (3\text{-}164)$$

由熵的定义可知,在可逆过程中,有

$$\delta q = T\mathrm{d}s \qquad (\text{a})$$

而根据多变过程比热容的概念,有

$$\delta q = c_n \mathrm{d}T \qquad (\text{b})$$

式中:c_n 为多变过程的比热容,联立求解式(a)和式(b),可得

$$\left(\frac{\partial T}{\partial s}\right)_n = \frac{T}{c_n} = \frac{(n-1)T}{(n-\kappa)c_V} \qquad (3\text{-}165)$$

式中:κ 称为绝热指数。理想气体绝热指数等于比热容比,即 $\gamma = \kappa$。

（4）多变过程功、技术功与过程热量

可逆多变过程的过程功的计算式可按 $w = \displaystyle\int_1^2 p\mathrm{d}v$ 确定,将 $pv^n = p_1 v_1^n$ 代入可得

$$w = \int_1^2 p\mathrm{d}v = p_1 v_1^n \int_1^2 \frac{\mathrm{d}v}{v^n} = \frac{1}{n-1}(p_1 v_1 - p_2 v_2) \qquad (3\text{-}166)$$

或

$$w = \frac{1}{n-1}R_g(T_1 - T_2) = \frac{\kappa-1}{n-1}c_V(T_1 - T_2) \qquad (3\text{-}167)$$

$$w = \frac{1}{n-1}R_g T_1 \left[1 - \left(\frac{p_2}{p_1}\right)^{\frac{n-1}{n}}\right] \qquad (3\text{-}168)$$

对于稳定流动开口系统,其技术功可按 $w_t = -\displaystyle\int_1^2 v\mathrm{d}p$ 积分求得:

$$w_t = -\int_1^2 v \mathrm{d}p = -\int_1^2 \left[\mathrm{d}(pv) - p\mathrm{d}v \right] = p_1 v_1 - p_2 v_2 + \int_1^2 p\mathrm{d}v$$

$$= p_1 v_1 - p_2 v_2 + \frac{1}{n-1}(p_1 v_1 - p_2 v_2)$$

所以

$$w_t = \frac{n}{n-1}(p_1 v_1 - p_2 v_2) \tag{3-169}$$

或

$$w_t = \frac{n}{n-1} R_g (T_1 - T_2) \tag{3-170}$$

$$w_t = \frac{n}{n-1} R_g T_1 \left[1 - \left(\frac{p_2}{p_1} \right)^{\frac{n-1}{n}} \right] \tag{3-171}$$

与多变过程功比较,技术功是过程功的 n 倍,即

$$w_t = nw \tag{3-172}$$

定值比热容是多变过程的热力学能变量仍为 $\Delta u = c_V (T_2 - T_1)$,在求得 w 和 Δu 后,过程热量可直接由热力学第一定律确定:

$$q = \Delta u + w = c_V (T_2 - T_1) + \frac{\kappa - 1}{n-1} c_V (T_1 - T_2) = \frac{n - \kappa}{n-1} c_V (T_2 - T_1) \tag{3-173}$$

引入多变过程比热容的概念:

$$q = c_n (T_2 - T_1)$$

与式(3-173)进行比较,可得多变过程的比热容为

$$c_n = \frac{n - \kappa}{n-1} c_V \tag{3-174}$$

上述讨论中,n 取各特定值时即可得基本热力过程的各种关系。

3.3.1.2　定容过程、定压过程和定温过程

(1) 定容过程

可逆定容过程 $\mathrm{d}v = 0$,其过程方程式为

$$v = 定值,v_2 = v_1$$

初、终态参数的关系可根据 $v = 定值$ 以及 $pv = R_g T$ 得出

$$\frac{p_2}{p_1} = \frac{T_2}{T_1} \tag{3-175}$$

定容过程中气体的压力与热力学温度成正比。

定容过程曲线如图 3-37 所示,把 $n = \infty$ 代入式(3-164)和式(3-165),即可得定容过程线在 $p\text{-}v$ 图上是一条与横坐标垂直的直线;在 $T\text{-}s$ 图上是一条曲线,取定值比热容时定容过程的熵变量可简化为 $\Delta s_V \approx c_V \ln \dfrac{T_2}{T_1}$,所以定容过程线近似为对数曲线。

由于比体积不变,$\mathrm{d}v = 0$,定容过程的过程功为零,过程热量可根据热力学第一定律第一解析式得出

$$q_V = u_2 - u_1 \tag{3-176}$$

定容过程中工质不输出膨胀功,与外界交换的热量未转变为机械能,全部用于改变工质

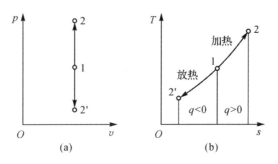

图 3-37 定容过程的 p-v 图及 T-s 图

的热力学能,因而工质吸热则升温增压。在 T-s 图上的定容吸热过程线 1-2 指向右上方;定容放热过程线 1-2′ 指向左下方。上述结论直接由热力学第一定律推导而来,所以适用于任何工质。

定容过程的热量或热力学能差还可借助比定容热容计算:

$$q_V = u_2 - u_1 = c_V \Big|_{t_1}^{t_2} (t_2 - t_1)$$

定容过程的技术功为

$$w_t = -\int_{p_1}^{p_2} v \mathrm{d}p = v(p_1 - p_2) \tag{3-177}$$

上述各式中若 q_V 的计算结果为正,是吸热过程,反之是放热过程;若 w_t 的计算结果为正,是对外做功过程,反之是外界对系统做功过程。其他几种基本热力过程也是如此。

(2) 定压过程

$n = 0$ 的可逆多变过程实际上是定压过程的理想化,其过程方程式为

$$p = 定值, p_1 = p_2$$

根据 $p = 定值$ 和 $pv = R_g T$ 可得定压过程中气体的比体积与热力学温度成正比:

$$\frac{v_2}{v_1} = \frac{T_2}{T_1} \tag{3-178}$$

定压过程线如图 3-38 所示,定压过程线在 p-v 图上是一条水平直线;取定值比热容时定压过程的熵变量可简化为 $\Delta s_p = c_p \ln \dfrac{T_2}{T_1}$,在 T-s 图上为对数曲线,将 $n = \infty$ 和 $n = 0$ 分别代入式(3-165),并考虑到 $c_p = \kappa c_V$,得到可逆定容过程线和可逆定压过程线斜率分别为

$$\left(\frac{\partial T}{\partial s}\right)_v = \frac{T}{c_V} \ 及 \ \left(\frac{\partial T}{\partial s}\right)_p = \frac{T}{c_p}$$

任何一种气体,同一温度下总是 $c_p > c_V$,所以 $\dfrac{T}{c_p} < \dfrac{T}{c_V}$,$\left(\dfrac{\partial T}{\partial s}\right)_p < \left(\dfrac{\partial T}{\partial s}\right)_v$,即定压线斜率小于定容线斜率,故同一状态的定压线比定容线平坦。此外,c_p、c_V、T 都恒为正值,所以定容线和定压线都是斜率为正的对数曲线。定压过程 1-2 是吸热升温膨胀过程,1-2′ 是放热降温压缩过程。

由于 $p = 定值$,定压过程的过程功为

$$w = \int_{v_1}^{v_2} p \mathrm{d}v = p(v_2 - v_1) \tag{3-179}$$

对于理想气体,定压过程的过程功可进一步表示为

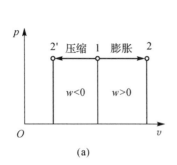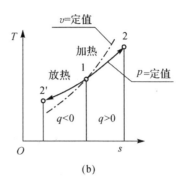

图 3-38　定压过程的 p-v 图及 T-s 图

$$w = R_g(T_2 - T_1) \tag{3-180}$$

上式表明,理想气体的气体常数 R_g 数值上等于 1kg 气体在定压过程中温度升高 1K 所做的膨胀功。

过程热量可根据热力学第一定律解析式得出

$$q_p = u_2 - u_1 + p(v_2 - v_1) = h_2 - h_1 \tag{3-181}$$

即任何工质在定压过程中吸入(或放出)的热量等于焓增(焓降)。定压过程的热量或焓差还可借助于比定压热容计算,即

$$q_p = h_2 - h_1 = c_p \Big|_{t_1}^{t_2} (t_2 - t_1) \tag{3-182}$$

定压过程的技术功 $w_t = -\int_{p_1}^{p_2} v \mathrm{d}p = 0$,表明工质定压稳定流过换热器等类设备时,不对外做技术功,这时 $q_p - \Delta u = pv_2 - pv_1$,即热能转化来的机械能全部用来维持工质流动。

式(3-179)和式(3-181)是根据过程功的定义和热力学第一定律直接导出的,所以对任何工质都适用。而式(3-180)和式(3-182)只适用于理想气体。

此外,对理想气体式(3-182)还可演化为

$$q_p = c_V \Big|_{t_1}^{t_2} (t_2 - t_1) + R_g(T_2 - T_1) = \left(c_V \Big|_{t_1}^{t_2} + R_g \right)(t_2 - t_1)$$

与式(3-182)比较,可以得出

$$c_p \Big|_{t_1}^{t_2} = c_V \Big|_{t_1}^{t_2} + R_g \tag{3-183}$$

上式表明,同样温度范围内的平均比定压热容与平均比定容热容之间的关系也遵守迈耶公式。当 $t_2 - t_1$ 为无穷小量 $\mathrm{d}t$ 时,相应的比热容是温度 t 时的真实比热容 c_p、c_V,即为迈耶公式。

（3）定温过程

定温过程中工质 $T = $ 定值,即过程初终态有

$$T_1 = T_2$$

对于理想气体,过程方程式为

$$pv = \text{定值}, \quad p_1 v_1 = p_2 v_2 \tag{3-184}$$

上式说明定温过程中气体的压力与比体积成反比。

定温过程在 p-v 图上为一条等轴双曲线,在 T-s 图上为水平直线,如图 3-39 所示。理想气体的热力学能和焓都只是温度的函数,因此定温过程也是定热力学能过程和定焓过程,即

$\Delta u = 0, \Delta h = 0$。

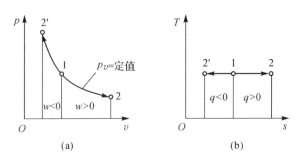

图 3-39   定温过程的 p-v 图及 T-s 图

定温过程熵变为

$$\Delta s = R_g \ln \frac{v_2}{v_1} = - R_g \ln \frac{p_2}{p_1} \tag{3-185}$$

定温过程的过程功为

$$w = \int_1^2 p \mathrm{d}v = \int_1^2 pv \frac{\mathrm{d}v}{v} = \int_1^2 R_g T \frac{\mathrm{d}v}{v} = R_g T \ln \frac{v_2}{v_1} = p_1 v_1 \ln \frac{v_2}{v_1} = - p_1 v_1 \ln \frac{p_2}{p_1} \tag{3-186}$$

过程技术功为

$$w_t = - \int_1^2 v \mathrm{d}p = - \int_1^2 pv \frac{\mathrm{d}p}{p} = - \int_1^2 R_g T \frac{\mathrm{d}p}{p} = - R_g T \ln \frac{p_2}{p_1} = - p_1 v_1 \ln \frac{p_2}{p_1} \tag{3-187}$$

由于过程中 $\Delta u = 0, \Delta h = 0$，则根据 $q = \Delta u + w, q = \Delta h + w$，过程热量为

$$q_T = w = w_t = R_g T \ln \frac{v_2}{v_1} = p_1 v_1 \ln \frac{v_2}{v_1} = - p_1 v_1 \ln \frac{p_2}{p_1} \tag{3-188}$$

可逆定温过程热量也可由 $q_T = \int_1^2 T \mathrm{d}s$ 导出，结果相同。可见，理想气体定温过程的热量 q_T 和过程功 w 及技术功值相等，且正负也相同。这是由于理想气体的热力学能不变，定温膨胀时吸热量全部转变为膨胀功；定温压缩时消耗的压缩功全部转变为放热量。而理想气体低温稳定流经开口系统时，由于 $p_1 v_1 = p_2 v_2$，流动功为零，吸热量全部转变为技术功。图 3-39 中定温过程线 1-2 是吸热膨胀降压过程，1-2′ 是放热压缩增压过程。

由于式(3-185)至式(3-188)在推导过程中用到了理想气体状态方程，因此它们只适用于理想气体，以及符合理想气体性质的工质中。

3.3.1.3   绝热过程

绝热过程是状态变化的任何微元过程中系统与外界都不交换热量的过程，过程中的每一时刻都有

$$\delta q = 0$$

绝对绝热的过程很难实现，工质无法与外界完全没有热交换，但是当换热过程很快，换热量相对极少时，可近似看作绝热过程。换热过程迅速，通常是非准平衡的及不可逆的，所以可逆的绝热过程是实际过程的一种近似。近似于绝热的过程是很普遍的，如内燃机气缸内工质进行膨胀过程和压缩过程，叶轮式压缩机中气体的压缩过程，汽轮机和燃气轮机喷管内的

膨胀过程等,所以对绝热过程进行研究具有实用价值。

根据熵的定义,$ds = \dfrac{\delta q_{rev}}{T}$,可逆绝热时 $\delta q_{rev} = 0$,所以 $ds = 0$,$s = $ 定值。可逆绝热过程又称为定(比)熵过程。

(1)过程方程式

对理想气体而言,可逆过程的热力学第一定律解析式的两种形式为

$$\delta q = c_V dT + p dv \quad \text{和} \quad \delta q = c_p dT - v dp$$

因绝热 $\delta q = 0$,将上述两式分别移项后相除,可得

$$\frac{dp}{p} = -\frac{c_p}{c_V}\frac{dv}{v}$$

式中:比热容比 $\dfrac{c_p}{c_V} = \gamma = 1 + \dfrac{R_g}{c_V}$。由于 c_V 是温度的复杂函数,故上式的积分解十分复杂,不便用于工程计算。设比热容为定值,则 γ 也是定值,上式可以直接积分:

$$\ln p + \gamma \ln v = \text{定值}$$

$$pv^\gamma = \text{定值}$$

所以,定熵过程方程式是指数方程。定熵指数(又称绝热指数)通常以 κ 表示。理想气体的定熵指数等于比热容比 γ,恒大于 1。因此,定熵过程的方程式即为

$$pv^\kappa = \text{定值} \tag{3-189}$$

该式的适用范围为比热容取定值的理想气体的可逆绝热过程。实际上,气体的定熵指数 κ 并非定值,通常温度越高 κ 值越小。所以,式(3-189)只是近似式,它的微分形式为

$$\frac{dp}{p} + \kappa \frac{dv}{v} = 0 \tag{3-190}$$

这是表达定熵过程的更为一般的形式,用来分析定熵过程中参数的变化规律有时更方便。

(2)初、终态参数的关系

将初、终态的 p、v、T 参数及理想气体状态方程代入式(3-189),经过整理可得

$$p_2 v_2^\kappa = p_1 v_1^\kappa \tag{3-191}$$

$$\frac{T_2}{T_1} = \left(\frac{v_1}{v_2}\right)^{\kappa - 1} \tag{3-192}$$

$$\frac{T_2}{T_1} = \left(\frac{p_2}{p_1}\right)^{\frac{\kappa - 1}{\kappa}} \tag{3-193}$$

当初、终态温度变化范围在室温至 600K 之间,将比热容比或定熵指数作为定值时,应用于上述各式误差不大。如果温度变化幅度较大,为减少计算误差,建议采取平均定熵指数 κ_{av} 来代替。取平均定熵指数有两种方法,一种是取

$$\kappa_{av} = \frac{c_p \big|_{t_1}^{t_2}}{c_V \big|_{t_1}^{t_2}}$$

式中:$c_p \big|_{t_1}^{t_2}$ 和 $c_V \big|_{t_1}^{t_2}$ 分别是温度由 t_1 到 t_2 的平均比定压热容和平均比定容热容。另一种方法是令

$$\kappa_{av} = \frac{\kappa_1 + \kappa_2}{2}$$

式中：$\kappa_1 = \dfrac{c_{p1}}{c_{V1}}$、$\kappa_2 = \dfrac{c_{p2}}{c_{V2}}$。在某些情况下，$t_2$ 是未知数，但平均定熵指数的计算又需要知道 t_2 条件下的比热容比，因此通常预先设定 t_2，计算出定熵指数后再计算 t_2，如此重复，直至计算结果与设定结果逐渐接近。该方法比较复杂，且所得结果为近似值，用图表计算法则更为简便且精度较高。

（3）在 $p\text{-}v$ 图和 $T\text{-}s$ 图上的表示

把 $n = \kappa$ 代入式（3-164），可得到可逆绝热过程线在 $p\text{-}v$ 图上的斜率 $\left(\dfrac{\partial p}{\partial v}\right)_s = -\kappa\dfrac{p}{v}$，所以为一条高次双曲线。与定温线斜率 $\left(\dfrac{\partial p}{\partial v}\right)_T = -\dfrac{p}{v}$ 相比，由于 $\kappa > 1$，定熵线斜率的绝对值大于等温线，所以定熵线更陡，如图 3-40 所示。

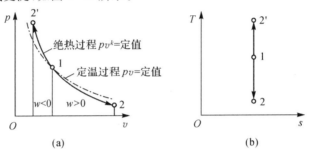

图 3-40　定熵过程的 $p\text{-}v$ 图及 $T\text{-}s$ 图

在 $T\text{-}s$ 图上，定熵过程线是垂直于横坐标的直线。此外，由式（3-191）和式（3-193）可知，可逆绝热过程中压力和比体积的 κ 次方成反比，温度与压力的 $\dfrac{\kappa-1}{\kappa}$ 次方成正比。因而，图 3-40 中过程线 1-2 是绝热膨胀降压降温过程；1-2′ 是绝热压缩增压升温过程。

（4）过程中能量的传递和转换

绝热过程体系与外界不交换热量，$q = 0$。由闭口系统热力学第一定律解析式 $q = \Delta u + w$，可得过程功

$$w = -\Delta u = u_1 - u_2 \tag{3-194}$$

上式表明，绝热过程中工质与外界无热量交换，过程功只来自工质本身的能量转换。当绝热膨胀时，膨胀功等于工质的热力学能减少量；当绝热压缩时，消耗的压缩功等于工质的热力学能增加量。式（3-194）直接由能量守恒式导出，可普遍适用于理想气体和实际气体进行的可逆和不可逆绝热过程。

若为理想气体，且按定值比热容考虑，可得近似式

$$w = c_V(T_1 - T_2) = \frac{1}{\kappa-1}R_g(T_1 - T_2) = \frac{1}{\kappa-1}(p_1 v_1 - p_2 v_2) \tag{3-195}$$

对于可逆的绝热过程，还可导出

$$w = \frac{1}{\kappa-1}R_g T_1\left[1 - \left(\frac{p_2}{p_1}\right)^{\frac{\kappa-1}{\kappa}}\right] \tag{3-196}$$

或

$$w = \frac{1}{\kappa-1}R_g T_1\left[1 - \left(\frac{v_1}{v_2}\right)^{\kappa-1}\right] \tag{3-197}$$

理想气体在可逆的绝热过程中,过程功也可由 $w = \int_1^2 p\mathrm{d}v$ 结合 $p_2 = p_1\left(\dfrac{v_1}{v_2}\right)^k$ 积分得到,结果与上述一致。

由稳定流动开口系统的热力学第一定律解析式 $q = \Delta h + w_t$,可得绝热过程的技术功为

$$w_t = -\Delta h = h_1 - h_2 \tag{3-198}$$

该式表明,工质在绝热过程中所做的技术功等于焓降。式(3-198)直接由能量守恒式导出,所以无论理想气体和实际气体、可逆的和不可逆的绝热过程都普遍适用。

对于理想气体按定值比热容计算,则近似值为

$$w_t = c_p(T_1 - T_2) = \frac{\kappa}{\kappa - 1}R_g(T_1 - T_2) = \frac{\kappa}{\kappa - 1}(p_1 v_1 - p_2 v_2) \tag{3-199}$$

对于可逆的绝热过程,还可导出

$$w_t = \frac{\kappa}{\kappa - 1}R_g T_1\left[1 - \left(\frac{p_2}{p_1}\right)^{\frac{\kappa - 1}{\kappa}}\right] \tag{3-200}$$

或

$$w_t = \frac{\kappa}{\kappa - 1}R_g T_1\left[1 - \left(\frac{v_1}{v_2}\right)^{\kappa - 1}\right] \tag{3-201}$$

理想气体进行可逆绝热过程时的技术功也可按 $w_t = -\int_1^2 v\mathrm{d}p$ 积分得出,与上述结果一致。

3.3.1.4 水蒸气的基本热力过程

水蒸气的基本热力过程也是定容过程、定压过程、定温过程和定比熵过程四种,求解的任务与理想气体的过程一样,即:(1) 初态和终态的参数;(2) 过程中的热量和功。但由于蒸汽没有适当而简单的状态方程,较难用分析的方法求得各个参数;又因蒸汽的 c_p、c_v 以及 h 和 u 都不只是温度的函数,而是 p 或 v 和 T 的复杂函数,所以更适宜用查图表或由专用方程用计算机计算得出。热力学第一定律和第二定律的基本原理和从它推得的一般关系式仍可利用,如

$$q = \Delta u + w, q = \Delta h + w_t$$
$$q_v = u_2 - u_1, q_p = h_2 - h_1$$
$$w = \int_1^2 p\mathrm{d}v, w_t = -\int_1^2 v\mathrm{d}p, q = \int_1^2 T\mathrm{d}s$$

其中最后三个式子仅适用于可逆过程。

利用图表分析计算水蒸气的状态变化过程的一般步骤如下:

① 根据初态的已知两个参数,从表或图中查得其他参数;

② 根据过程特征及一个终态参数确定终态,再从表或图上查得其他参数;

③ 根据已求得的初、终态参数计算 q、Δu 和 w。

对于定容过程,$w = 0$,$w_t = v(p_2 - p_1)$,$q = u_2 - u_1$;对于定压过程,$w = p(v_2 - v_1)$,$w_t = 0$,$q = h_2 - h_1$;对于定温过程,$q = T(s_2 - s_1)$,$w = q - \Delta u$,$w_t = q - \Delta h$;对于可逆绝热(定比熵)过程,$q = 0$,$w = u_1 - u_2$,$w_t = h_1 - h_2$。值得注意的是,由于水和水蒸气的热力学能和焓不能简化为仅是温度的函数,所以在等温过程中水蒸气与外界交换的热量也不能全部转换为功或焓。

　　水和水蒸气的基本过程中以定压过程和绝热过程最为重要。因为水在锅炉中的加热、汽化和过热、乏汽在冷凝器中凝结以及制冷剂在蒸发器中汽化吸热等都可简化为定压过程。蒸汽在汽轮机中的膨胀做功和制冷剂工质在压缩机中压缩升温过程等可近似视为绝热过程。这些过程在 $h\text{-}s$ 图上求解更为方便。

　　图 3-41 为水蒸气从初态 p_1、t_1 定压冷却到终态 p_2、x_2 的定压过程。可以从定压线 p_1 与定温线 t_1 的交点定出状态 1，它的纵坐标即为 h_1。沿同一定压线与定干度线 x_2 的交点就是状态 2，它的纵坐标即为 h_2。1kg 蒸汽在定压下放出的热量等于焓差。如果查表计算，则可根据 p_1、t_1 查出 h_1，再查 p_2 下的饱和蒸汽和水的 h'' 和 h'，h_2 可根据 $h_2 = x_2 h'' + (1-x) h'$ 进行计算。

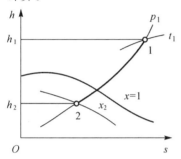

图 3-41　水蒸气的定压冷却过程

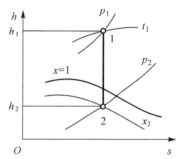

图 3-42　水蒸气的定熵膨胀过程

　　图 3-42 为水蒸气从初态 p_1、t_1 可逆绝热膨胀到 p_2 的过程。先由已知初态 p_1、t_1 在 $h\text{-}s$ 图上查出 h_1，再从状态 1 作垂直线（定熵线）交定压线 p_2 于点 2，即绝热膨胀后的终态。从点 2 可以查出 h_2、x_2。绝热膨胀的技术功等于焓降 $h_1 - h_2$，膨胀功等于热力学能的减少量，即 $u_1 - u_2$。

　　有时为了便于分析，水蒸气的绝热过程也写成 $p v^{\kappa} =$ 定值的形式，但此时 κ 的含义不再是比热容比，而是一个纯经验的数字。它是根据实际的过程曲线测算而得的，且随着蒸汽状态的不同而有较大的变化。作为近似的估算，可以取过热蒸汽的 $\kappa = 1.3$，干饱和蒸汽的 $\kappa = 1.135$，而湿蒸汽的 $\kappa = 1.035 + 0.1x$。用这种方法计算所得结果误差较大，所以不应用来求蒸汽的状态参数值。实际上，这里的 κ 值只用在某些需要水蒸气绝热过程指数近似值的场合，如求取水蒸气在喷管流动中的临界压力比。

3.3.2　气体与蒸汽的流动

3.3.2.1　声速方程

　　通过学习物理学我们知道，声速是微弱扰动在连续介质中所产生的压力波传播的速度。在气体介质中，压力波的传播过程可近似看作定熵过程，拉普拉斯声速方程为

$$c = \sqrt{(\partial p / \partial \rho)_s} = \sqrt{- v^2 (\partial p / \partial v)_s}$$

对于理想气体定熵过程有

$$\left(\frac{\partial p}{\partial v}\right)_s = -\kappa \frac{p}{v}$$

所以

$$c = \sqrt{\kappa p v} = \sqrt{\kappa R_g T} \tag{3-202}$$

因此,声速不是一个固定不变的常数,它与气体的性质和状态有关,也是状态参数。在流动过程中,流道各个截面上气体的状态是在不断变化着的,所以各个截面上的声速也在不断变化。为了区分在不同状态下气体的声速,引入"当地声速"的概念,即所考虑的流道某一截面上的声速。

在研究气体流动时,通常把气体的流速与当地声速的比值称为马赫数,用符号 Ma 表示:

$$Ma = \frac{c_f}{c} \tag{3-203}$$

马赫数是研究气体流动特性的一个重要的数值。当 $Ma < 1$ 时,说明气流速度小于当地声速,称为亚声速;当 $Ma = 1$ 时,气流速度等于当地声速;当 $Ma > 1$ 时,气流速度大于当地声速,称为超声速。亚声速流动的特性与超声速流动的特性有原则上的区别。

3.3.2.2　促使流速改变的条件

从力学的观点来说,要使工质流速改变必须有压力差。通常来说,气体流经喷管,只要喷管进出口截面上有足够的压差,不管过程是否可逆,气体流速总会增大。但若流道截面面积的变化能与气体体积变化相配合,那么膨胀过程的不可逆损失会减少,动能的增加量较大,喷管出口截面上的气体流速会更大。通过讨论喷管截面上压力变化及喷管截面面积变化与气流速度变化之间的关系,建立气体流速 c_f 和压力 p 及流道截面面积 A 之间的单值关系,可导出促使流速改变的力学条件和几何条件。

(1) 力学条件

在绝热条件下,比较不做功的管内流动能量方程式 $(h_2 - h_1) + \frac{1}{2}(c_{f2}^2 - c_{f1}^2) = 0$ 和热力学第一定律解析式 $(h_2 - h_1) - \int_1^2 v \mathrm{d}p = 0$ 可得

$$\frac{1}{2}(c_{f2}^2 - c_{f1}^2) = -\int_1^2 v \mathrm{d}p \tag{a}$$

上式表明气流的动能增加是和技术功相当的。在管道内流动的工质膨胀时并不对机器做功,工质在膨胀中产生的机械能和流进流出的推动功之差的代数和,即技术功,并未向机器设备传出,而是全部变成了气流的动能。

将上式写成微分形式:

$$c_f \mathrm{d}c_f = -v \mathrm{d}p \tag{b}$$

将式(b)等号左右两边都乘以 $1/c_f^2$,并将等号右边的分子分母均乘以 κp,可得

$$\frac{\mathrm{d}c_f}{c_f} = -\frac{\kappa p v}{\kappa c_f^2} \frac{\mathrm{d}p}{p} \tag{c}$$

将声速方程式(3-202)代入式(c),并用马赫数来表示,可得

$$\frac{\mathrm{d}p}{p} = -\kappa Ma^2 \frac{\mathrm{d}c_f}{c_f} \tag{3-204}$$

上式即为促使流速变化的力学条件。从式(3-204)可以看出,$\mathrm{d}c_f$ 和 $\mathrm{d}p$ 的符号始终相反,说明气体在流动中,若流速增加,则压力必然降低,若压力升高,则流速必然降低。这是因为,当压力降低时技术功为正,所以气流动能增加,流速增加;而当压力升高时,技术功为负,所以气流动能减少,流速降低。

上述讨论表明,若要使气流的速度增加,必须使气流有机会在适当条件下膨胀,以降低其压力;相反,若要获得高压气流,则必须使高速气流在适当条件下降低流速。

(2)几何条件

现在通过研究当流速变化时气流截面的变化规律,来揭示有利于流速变化的几何条件。

将绝热过程方程式的微分式 $\frac{\mathrm{d}p}{p} + \kappa\frac{\mathrm{d}v}{v} = 0$ 代入式(3-204)可得

$$\frac{\mathrm{d}v}{v} = Ma^2\frac{\mathrm{d}c_f}{c_f} \tag{3-205}$$

上式说明了定熵流动中气体比体积的变化率与流速变化率之间的关系与气流马赫数有关。在亚声速流动范围内,由于 $Ma < 1$,所以 $\frac{\mathrm{d}v}{v} < \frac{\mathrm{d}c_f}{c_f}$,即比体积的变化率小于流速的变化率;在超声速流动范围内,由于 $Ma > 1$,所以 $\frac{\mathrm{d}v}{v} > \frac{\mathrm{d}c_f}{c_f}$,即比体积的变化率大于流速的变化率。由此可见,亚声速流动和超声速流动的特性是不同的。

将式(3-205)代入连续性方程,并整理可得

$$\frac{\mathrm{d}A}{A} = (Ma^2 - 1)\frac{\mathrm{d}c_f}{c_f} \tag{3-206}$$

由上式可知,当流速变化时,气流截面面积的变化规律不但与流速是否高于当地声速有关,还与流速的增减有关,即与流道是喷管还是扩压管有关。

如果气流通过喷管,气体绝热膨胀、压力降低、流速增加,所以气流截面的变化规律如下:

$Ma < 1$,亚声速流动,$\mathrm{d}A < 0$,气流截面收缩;

$Ma = 1$,声速流动,$\mathrm{d}A = 0$,气流截面缩至最小;

$Ma > 1$,超声速流动,$\mathrm{d}A > 0$,气流截面扩张。

相应地,对喷管的要求是:亚声速气流要做成渐缩喷管;超声速气流要做成渐扩喷管;气流由亚声速连续增加至超声速时要做成渐缩渐扩管(缩放喷管),或称为拉伐尔喷管。喷管截面变化与气流截面变化相符合,才能保证气流在喷管中充分膨胀,达到理想加速的效果。拉伐尔喷管的最小截面处称为喉部,喉部处气流速度即为声速。各种喷管的形状如图 3-43 所示。

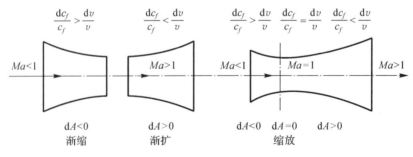

图 3-43　喷管($\mathrm{d}p < 0, \mathrm{d}v > 0, \mathrm{d}c_f > 0$)

气流截面如此变化的原因如下:根据连续性方程 $\frac{\mathrm{d}A}{A} + \frac{\mathrm{d}c_f}{c_f} - \frac{\mathrm{d}v}{v} = 0$,$\mathrm{d}A$ 的正负取决于 $\frac{\mathrm{d}v}{v}$

$-\dfrac{\mathrm{d}c_f}{c_f}$ 的符号。由式（3-205）可知，当 $Ma < 1$ 时，$\dfrac{\mathrm{d}v}{v} < \dfrac{\mathrm{d}c_f}{c_f}$，$\dfrac{\mathrm{d}v}{v} - \dfrac{\mathrm{d}c_f}{c_f} < 0$，则 $\mathrm{d}A$ 为负，截面面积减小；当 $Ma > 1$ 时，$\dfrac{\mathrm{d}v}{v} > \dfrac{\mathrm{d}c_f}{c_f}$，$\dfrac{\mathrm{d}v}{v} - \dfrac{\mathrm{d}c_f}{c_f} > 0$，则 $\mathrm{d}A$ 为正，截面面积增大。

　　缩放喷管的喉部截面是气流从 $Ma < 1$ 向 $Ma > 1$ 的转换面，所以喉部截面也称为临界截面，截面上各参数均称为临界参数，临界参数用相应参数加下标 cr 表示。在临界截面上 $c_{f,\mathrm{cr}} = c$，即 $Ma = 1$，所以

$$c_{f,\mathrm{cr}} = \sqrt{\kappa p_{\mathrm{cr}} v_{\mathrm{cr}}} \tag{3-207}$$

　　由上述分析可以看出，喷管进出口截面的压力差恰当时，在渐缩喷管中，气体流速的最大值只能达到当地声速，而且只能出现在出口截面上；要使气体流速由亚声速转变到超声速，必须采用缩放喷管，缩放喷管的喉部截面是临界截面，其上速度达到当地声速。

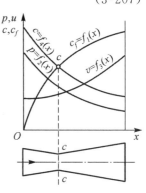

　　气体流经喷管做充分膨胀时，各参数的变化关系如图 3-44 所示。

　　若气流通过扩压管，此时气体绝热压缩，压力升高、流速降低，气流截面的变化规律是：

图 3-44　喷管内参数变化

　　$Ma > 1$，超声速流动，$\mathrm{d}A < 0$，气流截面收缩；

　　$Ma = 1$，声速流动，$\mathrm{d}A = 0$，气流截面缩至最小；

　　$Ma < 1$，亚声速流动，$\mathrm{d}A > 0$，气流截面扩张。

　　同样，对扩压管的要求是：对超声速气流要制成渐缩形；对亚声速气流要制成渐扩形；当气流由超声速连续降至亚声速时，要制成渐缩渐扩形扩压管，如图 3-45 所示。但是，这种扩压管中气流流动情况复杂，不能按理想的可逆绝热流动规律实现由超声速到亚声速的连续转变。

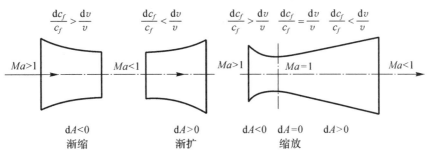

图 3-45　扩压管（$\mathrm{d}p > 0, \mathrm{d}v < 0, \mathrm{d}c_f < 0$）

3.3.2.3　有摩擦阻力的绝热流动

　　在前面的叙述中，讨论了气流在喷管内的可逆绝热流动。但实际上，由于存在摩擦，流动过程中会发生能量耗散，部分动能又重新转化为热能被气体吸收，因而实际过程是不可逆的。若忽略与外界的热交换，则过程中熵流为零（$s_f = 0$），由于摩擦引起熵产大于零（$s_g > 0$），因此过程中的熵变大于零（$\Delta s = s_f + s_g > 0$）。同时，由于动能减少，气流出口速度将变小。因此，有摩擦的流动较之相同压降范围内的可逆流动出口速度更小。

工程上常用"速度系数"φ或"能量损失系数"ζ来表示气流出口速度的下降和动能的减少。速度系数的定义式为

$$\varphi = \frac{c_{f2}}{c_{f1}} \tag{3-208}$$

能量损失系数的定义为

$$\zeta = \frac{c_{f2s}^2 - c_{f2}^2}{c_{f2s}^2} = 1 - \varphi^2 \tag{3-209}$$

两式中,c_{f2}为气流在喷管出口截面上实际流速;c_{f2s}为理想可逆流动时的流速。

速度系数依喷管的形式、材料及加工精度等而定,一般在$0.92 \sim 0.98$范围内。渐缩喷管的速度系数较大,缩放喷管的较小。

稳定流动能量方程式仅要求过程绝热和不做功,对过程是否可逆及工质的性质没有限制,所以也可用于气体不可逆绝热流动,此时能量方程可写作

$$h_0 = h_1 + \frac{c_{f1}^2}{2} = h_{2s} + \frac{c_{f2s}^2}{2} = h_2 + \frac{c_{f2}^2}{2}$$

式中:h_{2s}和c_{f2s}分别为理想可逆流动时出口截面上气流的焓和速度;h_2和c_{f2}分别为出口截面上气流的实际焓值和速度。由上式可知,出口动能的减少引起出口焓值的增大,焓的增加量$(h_2 - h_{2s})$即为动能的减少量$\frac{1}{2}(c_{f2s}^2 - c_{f2}^2)$。

工程计算常先按理想情况求出c_{f2s},再由φ的定义式求出c_{f2},或根据$c_{f2} = \sqrt{2(h_0 - h_2)}$求出流速,其中$h_2$的值可由实测$p_2$和$t_2$确定,也可由能量损失系数$\zeta$及理想情况的焓值$h_{2s}$求出。摩擦损耗的动能转化为热能,而这部分热能又被气流吸收,使其焓值增大,故$h_2 = h_{2s} + \zeta(h_0 - h_{2s})$。出口截面上气体的其他参数值可由$p_2$及$h_2$确定。

3.3.2.4　绝热节流

流体在管道内流动时,有时流经阀门、孔板等设备,局部阻力使流体压力降低,这种现象称为节流现象。如果在节流过程中流体与外界没有热量交换,称为绝热节流,简称节流。

节流过程是典型的不可逆过程。流体在孔口附近发生强烈的扰动及涡流,处于极度不平衡状态,如图3-46所示。在此情况下,不能用平衡态热力学方法分析孔口附近的状况。但在距孔口较远的地方,如图3-46中的截面1-1和2-2,流体仍处于平衡状态。若取管段1-2为控制容积,引用绝热流动的能量方程式并稍作调整可得

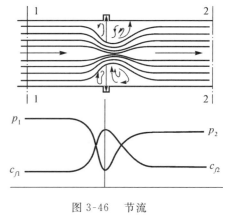

图 3-46　节流

$$h_1 = h_2 + \frac{1}{2}(c_{f2}^2 - c_{f1}^2)$$

在通常情况下,节流前后流速c_{f1}和c_{f2}的差别不大,流体动能差和h_1及h_2相比极小,可忽略不计,因此

$$h_1 = h_2 \tag{3-210}$$

式(3-210)表明,经节流后流体焓值仍回复到原值。由于在截面1-1和2-2之间流体处于不平衡状态,因而不能确定各截面的焓值。因此,尽管$h_1 = h_2$,但不能把节流过程看作定焓

过程。

节流过程是不可逆绝热过程,过程中有熵产,即其熵增大,即

$$s_2 > s_1 \tag{3-211}$$

对于理想气体,$h = f(T)$,焓值不变,温度也不变,即 $T_2 = T_1$。节流后的其他状态参数可依据 p_2 及 T_2 求得。实际气体节流过程的温度变化比较复杂,节流后温度可以降低、升高或不变,视节流时气体所处的状态及压降的大小而定。

节流过程的温度变化,可从分析焓值不变时温度对压力的依变关系,即焦耳-汤姆逊系数 $(\partial T / \partial p)_h$ 着手。据焓的一般方程式:

$$\mathrm{d}h = c_p \mathrm{d}T + \left[v - T \left(\frac{\partial v}{\partial T} \right)_p \right] \mathrm{d}p$$

对于焓值不变的过程 $\mathrm{d}h = 0$,若用 μ_J 表示焦耳-汤姆逊系数,上式可改写为

$$\mu_J = \left(\frac{\partial T}{\partial p} \right)_h = \frac{T \left(\frac{\partial v}{\partial T} \right)_p - v}{c_p} \tag{3-212}$$

系数 μ_J 也称为节流的微分效应,即气流在节流中压力变化为 $\mathrm{d}p$ 时的温度变化。当压力变化为一定数值时,节流所产生的温度差称为节流的积分效应 $\left(T_2 - T_1 = \int_1^2 \mu_J \mathrm{d}p \right)$。按状态方程式求得 $(\partial v / \partial T)_p$ 并与气体的 T、v 一起代入式(3-212),即可得到节流前后的温度变化。由于节流过程压力下降($\mathrm{d}p < 0$),所以:

若 $T(\partial v / \partial T)_p - v > 0$,$\mu_J$ 取正值,节流后温度降低;

若 $T(\partial v / \partial T)_p - v < 0$,$\mu_J$ 取负值,节流后温度升高;

若 $T(\partial v / \partial T)_p - v = 0$,$\mu_J = 0$,节流后温度不变。

节流后温度不变的气流温度称为转回温度,用 T_i 表示。已知气体的状态方程,利用 $T\left(\frac{\partial v}{\partial T} \right)_p - v = 0$ 的关系,即可求出不同压力下的转回温度。在 $T\text{-}p$ 图上把不同压力下的转回温度连起来,就得到一条连续曲线,称为转回曲线,如图 3-47(a) 所示。

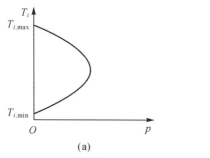
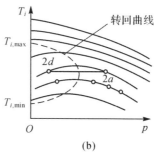

(a)　　　　　　　(b)

图 3-47　转回曲线

转回温度也可由实验测定。在某一给定的进口状态下通过控制阀门的开度而形成不同的局部阻力,以获得不同的出口压力。测出不同压力对应的温度值,即可在 $T\text{-}p$ 图上标出若干对应点,连接这些点,就得到一条定焓线。改变进口状态,重复进行上述步骤,就可得到一系列的定焓线。每条定焓线上任意一点切线的斜率 $(\partial T / \partial p)_h$ 即为该点的 μ_J 值。从图中可以看出,每条定焓线上有一点达到温度线的最大值,此点上节流微分效应 $\mu_J = (\partial T / \partial p)_h = 0$,

该点的温度即为转回温度。连接每条定焓线上的转回温度,就得到一条实验转回温度曲线。转回曲线把 T-p 图划分成两个区域:被曲线与温度轴包围的区域内部,节流的微分效应 μ_J > 0,此区域称为冷效应区;在曲线与温度轴包围的区域之外,节流的微分效应 $\mu_J < 0$,此区域称为热效应区。初始状态处于冷效应区的气体,节流后无论压力改变微量 $\mathrm{d}p$,或是压力下降较大,温度总是下降,且压力下降越大温度降低越多。初始状态处于热效应区的气体,节流后当压力改变微量 $\mathrm{d}p$,或是压力下降较小时,温度上升,当压力下降较大,如图 3-47(b) 中由 $2a$ 经节流后压力下降到 $2d$ 以下时温度才开始下降。可见,节流的微分效应和节流的积分效应不相同。转回曲线与温度轴上方交点的温度是最大转回温度 $T_{i,\max}$,下方交点的温度是最小转回温度 $T_{i,\min}$。流体温度高于最大转回温度或低于最小转回温度时不可能发生节流冷效应。

通过前面的学习,已知范德瓦尔气体的临界温度 $T_{\mathrm{cr}} = \dfrac{8}{27}\dfrac{a}{R_g b}$,而气体的最大转回温度 $T_{i,\max} = \dfrac{2a}{R_g b}$,将两式相比,可知,对于范德瓦尔气体 $T_{i,\max} = 6.75 T_{\mathrm{cr}}$。由于实际气体并不完全符合范德瓦尔方程,所以这一结果仅在定性上与实验相符,只能用来近似估计各种气体的转回温度。对于一般临界温度不太低的气体,$T_{i,\max}$ 有很高的数值,大多数气体节流后温度是降低的,利用这一关系可使气体节流降温而获得低温和使气体液化。对于临界温度极低的气体,如氢气和氦气,它们的最大转回温度很低,约为 $-80℃$ 和 $-236℃$,所以在常温下节流后温度不但不降低,反而会升高。所以,应该先用其他方法将它们冷却到比各自的最大转回温度更低的温度,再通过节流降温进行液化。

对于水蒸气的节流过程,流过 h-s 图计算较为方便。如图 3-48 所示,根据节流前状态 t_1、p_1 可确定点 1,从点 1 作水平线与节流后的压力 $p_{1'}$ 的定压线交于点 $1'$,此即节流后的状态点 $h_1 = h_{1'}$,此时的温度 $t_{1'}$ 低于 t_1,同时 $s_{1'} > s_1$。从图中可以看出,节流前的水蒸气经可逆绝热膨胀到 p_2 时的技术功为 $h_1 - h_2$,节流后的水蒸气,膨胀到 p_2 时的技术功为 $h_{1'} - h_{2'}$。显然,$h_{1'} - h_{2'} < h_1 - h_2$,技术功的减少量为 $\Delta w_t = h_{2'} - h_2$。

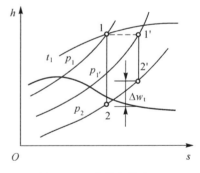

图 3-48 水蒸气节流

节流过程的工程应用除利用其冷效应进行制冷外,还可以用来调节发动机的功率、测量流体的流量等。因为绝热节流是不可逆绝热过程,所以工质的熵必然增加,因此节流后工质的做功能力必将减弱,所以节流是简易可行的调节发动机功率的方法。

第4章　工程力学基础及材料选用

4.1　工程力学基本概念

4.1.1　固体变形的基本假设

在外力作用下会产生变形的固体,称为变形固体或可变形固体。为便于对变形固体制成的构件进行理论分析,通常会略去一些次要因素,并根据变形固体的主要性质作如下假设:

(1) 连续性假设

假设组成固体的物质是密实的、连续的。微观上,组成固体的粒子之间存在空隙并不连续,但是这种空隙与构件的尺寸相比极其微小,可以忽略不计。因此认为固体在其整个体积内是连续的。这样可以把固体内各点的力学量表示为连续函数,能应用一般的数学分析方法来计算。

(2) 均匀性假设

材料在外力作用下所表现的性能称为材料的力学性能。在材料力学中,假设从固体内部到外部都有相同的力学性能。就金属而言,组成金属的各个晶粒的力学性能并不完全相同。但因金属中包含为数极多的晶粒,晶粒排列杂乱无章,而实际上固体各部分(宏观)的力学性能是微观性能的统计平均值,因此可以认为固体各部分的力学性能是均匀的。按此假设,从固体内部任何部位所切取的微小体积,都具有与固体相同的力学性能。

(3) 各向同性假设

假设在任意方向上固体的力学性能都是相同的。就单一的金属晶粒而言,沿不同方向上的力学性能并不完全相同,但金属固体中包含数量极多的杂乱无序排列的晶粒,这样宏观上沿各个方向的力学性能接近相同,具有这种属性的材料称为各向同性材料。有些材料在不同方向上力学性能不同,如木材和复合材料等,这类材料称为各向异性材料。

实践证明,对于大多数常用的结构材料如钢铁、有色金属和合金等,上述连续性、均匀性和各向同性假设是符合实际的、合理的。

(4) 小变形假设

固体在外力作用下将产生变形,实际构件的变形以及由变形引起的位移与构件的原始尺寸相比甚为微小。这样在研究构件的平衡和运动时,仍可按构件的原始尺寸进行计算。同时,由于固体变形微小,在需要考虑变形时,也可以加以简化。

工程中,绝大多数物体的变形被限制在弹性范围内,即当外加载荷消除后,物体的变形随之消失,这种变形称为弹性变形,相应的物体称为弹性体。

综上所述,在材料力学中,通常把实际构件看作连续、均匀和各向同性的变形固体,且在大多数场合下的变形都可认为是小变形。

4.1.2 平面图形的几何性质

计算几何构件在外力作用下的应力和变形时,将用到横截面的某些几何量。例如,计算拉、压变形时所用的横截面面积,计算扭转时所用的极惯性矩,以及计算弯曲问题所用的截面的静矩、惯性矩及惯性积等。下面介绍这些几何量的定义和计算方法。

4.1.2.1 静矩与形心

任意平面图形如图 4-1 所示,其面积为 A,y 轴和 z 轴为图形所在平面内的坐标轴,在坐标 (y, z) 处取微面积 dA,遍及整个图形面积 A 的积分

$$S_z = \int_A y \, dA, \quad S_y = \int_A z \, dA \tag{4-1}$$

分别定义为图形对 z 轴和 y 轴的静矩,也称为图形对 z 轴和 y 轴的一次矩。从式(4-1)可以看出,平面图形的静矩是对某一坐标轴而言的。同一图形对不同的坐标轴,其静矩通常也不相同。静矩的数值可能为正,可能为负,也可能等于零,静矩的量纲是长度的三次方。

设想有一个厚度很小的均质薄板,薄板的中间面形状与图 4-1 中的平面图形相同。显然,在 Oyz 坐标系中,上述均质薄板的重心与平面图形的形心有相同的坐标 $\bar{y}$ 和 $\bar{z}$。由静力学可知,薄板的重心坐标 $\bar{y}$ 和 $\bar{z}$ 分别为

$$\bar{y} = \frac{\int_A y \, dA}{A}, \quad \bar{z} = \frac{\int_A z \, dA}{A} \tag{4-2}$$

上述公式是确定平面图形形心坐标的公式,利用式(4-1)可以把式(4-2)改写为

$$\bar{y} = \frac{S_z}{A}, \quad \bar{z} = \frac{S_y}{A} \tag{4-3}$$

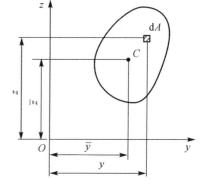

图 4-1 任意平面图形

所以,把平面图形对 y 轴和 z 轴的静矩除以图形的面积 A,就得到图形形心的坐标 $\bar{z}$ 和 $\bar{y}$,把式(4-3)改写为

$$S_y = A \cdot \bar{z}, \quad S_z = A \cdot \bar{y} \tag{4-4}$$

这表明,平面图形对 y 轴和 z 轴的静矩分别等于图形面积 A 乘以形心的坐标 $\bar{z}$ 和 $\bar{y}$。由以上两式可以得到,若 $S_y = 0$ 和 $S_z = 0$,则有 $\bar{z} = 0$ 和 $\bar{y} = 0$。可见,若图形对某一轴的静矩等于零,则该轴必然通过图形的形心;反之,若某一轴通过形心,则图形对该轴的静矩等于零。

4.1.2.2 惯性矩、惯性半径与惯性积

任意平面图形如图 4-2 所示,其面积为 A,y 轴和 z 轴为图形所在平面内的坐标轴。在坐标 (y, z) 处取微面积 dA,遍及整个图形面积 A 的积分

$$I_y = \int_A z^2 \, dA, \quad I_z = \int_A y^2 \, dA \tag{4-5}$$

分别定义为图形对 y 轴和 z 轴的惯性矩,也称为图形对 y 轴和 z 轴的二次矩。在式(4-5)中,

由于 z^2 和 y^2 均为正值,所以 I_y 和 I_z 恒为正值,惯性矩的量纲是长度的四次方。

力学计算中,有时把惯性矩写为图形面积 A 与某一长度的平方的乘积,即

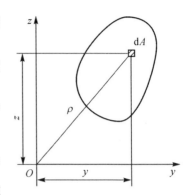

$$I_y = A \cdot i_y^2, I_z = A \cdot i_z^2 \tag{4-6}$$

或者改写为

$$i_y = \sqrt{\frac{I_y}{A}}, i_z = \sqrt{\frac{I_z}{A}} \tag{4-7}$$

式中:i_y 和 i_z 分别称为图形对 y 轴和对 z 轴的惯性半径。惯性半径的量纲是长度。

图 4-2　任意平面图形

以 ρ 表示微面积 dA 到坐标原点 O 的距离,积分

$$I_p = \int_A \rho^2 dA \tag{4-8}$$

定义为图形对坐标原点 O 的极惯性矩。由图 4-2 可以看出,$\rho^2 = y^2 + z^2$,于是有

$$I_p = \int_A \rho^2 dA = \int_A (y^2 + z^2) dA$$
$$= \int_A y^2 dA + \int_A z^2 dA = I_z + I_y \tag{4-9}$$

所以,图形对任意一对互相垂直轴的惯性矩之和,等于它对该两轴交点(坐标原点)的极惯性矩。

在平面图形的坐标(y,z)处,取微面积 dA(图 4-2)遍及整个图形面积 A 的积分

$$I_{yz} = \int_A yz \, dA \tag{4-10}$$

定义为图形对 y、z 轴的惯性积。

由于坐标乘积 yz 可能为正,可能为负,也可能为零,因此,I_{yz} 的数值可能为正,可能为负,也可能等于零。例如,当整个图形都在第一象限内时(图 4-2),由于所有微面积 dA 的 y、z 坐标均为正值,所以图形对这两个坐标轴的惯性积也必为正值。又如当整个图形都在第二象限内时,由于所有微面积 dA 的 z 坐标为正,而 y 坐标为负,因而图形对这两个坐标轴的惯性积必为负值,惯性积的量纲是长度的四次方。

4.1.2.3　平行移轴与转轴公式

同一平面图形对于平行的两对坐标轴的惯性矩或惯性积并不相同。当其中一对轴是图形的形心轴时,它们之间关系比较简单。

在图 4-3 中,C 为图形的形心,y_C 和 z_C 是通过形心的坐标轴。图形对形心轴 y_C 和 z_C 的惯性矩和惯性积分别为

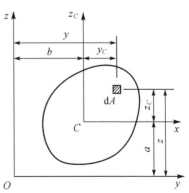

$$I_{y_C} = \int_A z_C^2 dA, I_{z_C} = \int_A y_C^2 dA, I_{y_C z_C}$$
$$= \int_A y_C z_C dA \tag{a}$$

若 y 轴平行于 y_C,且两者的距离为 a,z 轴平行于 z_C,

图 4-3　图形的形心

且两者距离为 b,图形对 y 轴和 z 轴的惯性矩和惯性积应为

$$I_y = \int_A z^2 dA, I_z = \int_A y^2 dA, I_{yz} = \int_A yz dA \tag{b}$$

由图 4-3 可以看出

$$y = y_C + b, z = z_C + a \tag{c}$$

将式(c)代入(b)中,得

$$I_y = \int_A z^2 dA = \int_A (z_C + a)^2 dA = \int_A z_C^2 dA + 2a \int_A z_C dA + a^2 \int_A dA$$

$$I_z = \int_A y^2 dA = \int_A (y_C + b)^2 dA = \int_A y_C^2 dA + 2b \int_A y_C dA + b^2 \int_A dA$$

$$I_{yz} = \int_A yz dA = \int_A (z_C + a)(y_C + b) dA$$

$$= \int_A z_C y_C dA + a \int_A y_C dA + b \int_A z_C dA + ab \int_A dA$$

在以上三式中,$\int_A z_C dA$ 和 $\int_A y_C dA$ 分别为图形对形心轴 y_C 和 z_C 的静矩,其值都为零。而 $\int_A dA = A$,再将(a)式代入得

$$I_y = I_{y_C} + a^2 A$$

$$I_z = I_{z_C} + b^2 A \tag{4-11}$$

$$I_{yz} = I_{y_C z_C} + ab A$$

式(4-11)即为惯性矩和惯性积的平行移轴公式。

若将坐标轴绕 O 点旋转 α 角,且以逆时针转向为正,旋转后得到新的坐标轴 y_1、z_1,如图 4-4 所示,则图形对 y_1、z_1 轴的惯性矩和惯性积应分别为

$$I_{y_1} = \int_A z_1^2 dA, I_{z_1} = \int_A y_1^2 dA,$$

$$I_{y_1 z_1} = \int_A y_1 z_1 dA \tag{d}$$

微面积 dA 在新旧两个坐标中的坐标 (y_1, z_1) 和 (y, z) 之间的关系为

$$y_1 = y\cos\alpha + z\sin\alpha$$
$$z_1 = z\cos\alpha - y\sin\alpha \tag{e}$$

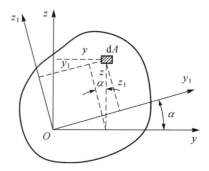

图 4-4　旋转后的平面图形

将(e)式代入(d)式中有

$$I_{y_1} = \int_A z_1^2 dA = \int_A (z\cos\alpha - y\sin\alpha)^2 dA$$

$$= \cos^2\alpha \int_A z^2 dA + \sin^2\alpha \int_A y^2 dA - 2\sin\alpha\cos\alpha \int_A yz dA$$

$$= I_y\cos^2\alpha + I_z\sin^2\alpha - I_{yz}\sin 2\alpha$$

将 $\cos^2\alpha = \dfrac{1}{2}(1 + \cos 2\alpha)$ 和 $\sin^2\alpha = \dfrac{1}{2}(1 - \cos 2\alpha)$ 代入上式得

$$I_{y_1} = \frac{I_y + I_z}{2} + \frac{I_y - I_z}{2}\cos 2\alpha - I_{yz}\sin 2\alpha \tag{4-12}$$

同理,利用公式(e)和(d)可求得

$$I_{z_1} = \frac{I_y + I_z}{2} - \frac{I_y - I_z}{2}\cos 2\alpha + I_{yz}\sin 2\alpha \tag{4-13}$$

$$I_{y_1 z_1} = \frac{I_y - I_z}{2}\sin 2\alpha + I_{yz}\cos 2\alpha \tag{4-14}$$

将式(4-12)对 α 求导得

$$\frac{\mathrm{d}I_{y_1}}{\mathrm{d}\alpha} = -2\left(\frac{I_y - I_z}{2}\sin 2\alpha + I_{yz}\cos 2\alpha\right) \tag{f}$$

当 $\alpha = \alpha_0$ 时, $\dfrac{\mathrm{d}I_{y_1}}{\mathrm{d}\alpha} = 0$,则对 α_0 所确定的坐标轴,图形的惯性矩取得最大值或最小值。将 α_0 代入式(f)中,并令其等于 0,得

$$\frac{I_y - I_z}{2}\sin 2\alpha_0 + I_{yz}\cos 2\alpha_0 = 0 \tag{g}$$

解得

$$\tan 2\alpha_0 = -\frac{2I_{yz}}{I_y - I_z} \tag{4-15}$$

由式(4-15)可以求出两个相差 90° 的 α_0 ,从而确定了一对坐标轴 y_0 和 z_0 。图形对这一对轴中的一个轴的惯性矩为最大值 I_{max} ,而对另一轴的惯性矩则为最小值 I_{min} 。比较式(g)和式(4-14),可见使导数 $\dfrac{\mathrm{d}I_{y_1}}{\mathrm{d}\alpha} = 0$ 的角度 α_0 恰好使得惯性积等于零。所以,当坐标轴绕 O 旋转到某一位置时,图形对这一对坐标轴的惯性积等于零,这一对坐标轴称为主惯性轴,简称主轴,对主惯性轴的惯性矩称为主惯性矩。如上所述,对通过坐标轴原点 O 的所有轴来说,对主轴的两个主惯性矩,一个是最大值,另一个是最小值。

通过图形形心 C 的主惯性轴称为形心主惯性轴,图形对该轴的惯性矩称为形心主惯性矩。如果这里所说的平面图形是构件的横截面,则截面的形心主惯性轴与构件轴线所确定的平面,称为形心主惯性平面。构件横截面的形心主惯性轴、形心主惯性矩和构件的形心主惯性平面,在构件的弯曲理论中有重要意义。截面对于对称轴的惯性积等于零,截面形心又必然在对称轴上,所以截面的对称轴就是形心主惯性轴,它与构件轴线确定的纵向对称面就是形心主惯性平面。

由式(4-15)求出 α_0 的数值,代入式(4-12)和式(4-13)就可求得图形的主惯性矩。如下式所示:

$$\cos 2\alpha_0 = \frac{1}{\sqrt{1 + \tan^2 2\alpha_0}} = \frac{I_y - I_z}{\sqrt{(I_y - I_z)^2 + 4I_{yz}^2}}$$

$$\sin 2\alpha_0 = \tan 2\alpha_0 \cdot \cos 2\alpha_0 = \frac{-2I_{yz}}{\sqrt{(I_y - I_z)^2 + 4I_{yz}^2}}$$

将以上两式代入式(4-13)和式(4-14),化简得主惯性轴的计算公式为

$$I_{y_0} = \frac{I_y + I_z}{2} + \frac{1}{2}\sqrt{(I_y - I_z)^2 + 4I_{yz}^2}$$

$$I_{z_0} = \frac{I_y + I_z}{2} - \frac{1}{2}\sqrt{(I_y - I_z)^2 + 4I_{yz}^2} \tag{4-16}$$

将上式相加可得

$$I_y + I_z = I_{y_0} + I_{z_0} = I_{y_1} + I_{z_1} \tag{4-17}$$

上式表明截面对通过同一点的任意一对相互垂直的坐标轴的惯性矩之和为常数,即等于截面对坐标原点的极惯性矩。

4.1.3 四大基本变形

材料在受到外加载荷时,会产生变形。部分材料在受到外加载荷时,变形比较简单,如只受拉应力的杆件,而在实际情况中,材料的变形往往都比较复杂。但对于一般的变形而言,总能将它分解为四种基本变形:拉压变形、剪切变形、扭转变形和弯曲变形。利用四种基本变形将材料总变形分解后再进行计算,可以简化计算过程,最后将各个计算结果叠加,则可以得到材料的载荷情况,反之也可以根据材料的载荷情况,得到材料的总变形。

4.1.3.1 拉压变形

杆件是指纵向(长度方向)尺寸比横向(垂直于长度方向)尺寸要大得多的构件,杆件的长度和尺寸可由杆的横截面和轴线这两个主要几何要素来描述。若作用于杆上的外力(或外力合力)作用线与杆轴线重合,杆的变形是沿轴线方向的伸长或缩短,这种变形形式称为轴向拉伸或压缩,这些杆件的形状和受力情况可以简化为图 4-5 所示的受力简图。

图 4-5　杆件拉伸和压缩变形

（1）横截面拉(压)应力

如图 4-6(a) 所示,拉杆在一对轴向外力 F 作用下平衡,应用截面法求杆横截面 $m\text{-}m$ 上的内力。沿横截面 $m\text{-}m$ 将杆假想地分成两段(图 4-6(b)(c)),拉杆左、右两段在截面 $m\text{-}m$ 上相互作用一个分布内力系,其合力为 F_N。因外力 F 沿轴线作用,内力应与外力平衡,所以,F_N 必须与轴线重合。

由左段(或右段)的平衡方程 $\sum F_x = 0$,$F_N - F = 0$,得

$$F_N = F$$

因合力 F_N 沿杆件轴线方向,故称为轴力。习惯上规定杆件拉伸时的轴力为正,压缩时的轴力为负。按此规定,图 4-6(b)、(c) 中所示横截面 $m\text{-}m$ 上的轴力 F_N 均为正。

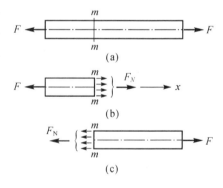

图 4-6　杆件受拉时的受力状况

若沿杆件轴线作用的外力多于两个,则杆件各部分的轴力不尽相同。这时沿杆件轴线轴力变化的情况可用轴力图表示。

在拉(压)杆的横截面上,与轴力 F_N 对应的应力是正应力 σ。根据连续性假设,横截面上到处都存在着内力。若以 A 表示杆件的横截面面积,则微元面积 $\mathrm{d}A$ 上的内力元素 $\sigma \mathrm{d}A$ 组成一个垂直于横截面的平行力系,其合力就是轴力 F_N,于是得静力关系

$$F_N = \int_A \sigma \mathrm{d}A \tag{a}$$

只要知道 σ 在横截面上的分布情况,就能求得轴力。

为了求得 σ 的分布情况,从研究杆件的变形入手。对于等直杆,根据平面假设(横截面在变形前为平面,变形后依然保持平面且垂直于轴线)可以认为材料的纵向纤维伸长量是相等的,即各纵向纤维的受力是一样的,则横截面上的 σ 为一常量,于是可得

$$F_N = \int_A \sigma \mathrm{d}A = \sigma A \tag{b}$$

$$\sigma = \frac{F_N}{A} \tag{4-18}$$

式(4-18)同样可以用于 F_N 为压力时的压应力计算。当截面的尺寸沿轴线变化时,如图 4-7 所示,如果尺寸变化缓慢,外力合力方向与轴线重合,式(4-18)依然可以使用,此时改写为

$$\sigma(x) = \frac{F_N(x)}{A(x)} \tag{4-19}$$

式中: $\sigma(x)$, $F_N(x)$ 和 $A(x)$ 表示这些量都是横截面位置(坐标 x)的函数。

若以集中力作用于杆件横截面上,则集中力作用点附近区域的应力分布比较复杂,式(4-18)不能用于描述作用点附近的应力分布。圣维南原理指出,如用与外力系静力等效的合力来代替原力系,则除在原力系作用区域内有明显差别外,在离外力作用区域略远处(例如距离约等于横截面尺寸处),上述代替的影响就非常微小,该原理已被实验证实。

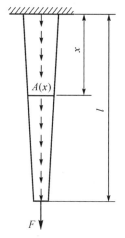

图 4-7　截面尺寸沿轴线变化的杆件

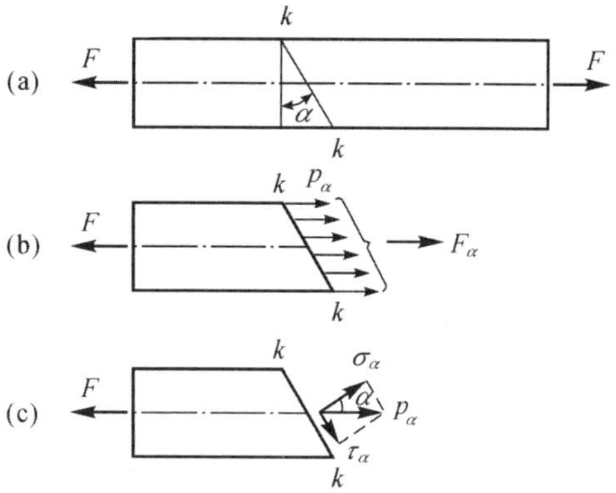

图 4-8　斜截面上的应力分布

(2)斜截面上的拉(压)应力

对不同材料进行拉伸试验时,拉(压)杆的破坏并不总是沿横截面发生,有时会沿斜截面发生,因此需进一步研究斜截面在受到拉(压)载荷时的应力分布。

设直杆的轴向拉力为 F ,如图 4-8(a)所示,横截面面积为 A ,由式(4-18)可得,横截面上的正应力 σ 为

$$\sigma = \frac{F_N}{A} = \frac{F}{A} \tag{a}$$

设与横截面成 α 角的斜截面 k-k 的面积为 A_a , A_a 与 A 之间的关系为

$$A_a = \frac{A}{\cos\alpha} \tag{b}$$

若沿斜截面 k-k 将杆件分为两部分，以 F_a 表示斜截面 k-k 上的内力，由左段的平衡，如图 4-8(b) 所示，可知

$$F_a = F$$

根据证明横截面上正应力均匀分布的方法，可知斜截面上的应力也是均匀分布的。若以 p_a 表示斜截面 k-k 上的应力，于是有

$$p_a = \frac{F_a}{A_a} = \frac{F}{A_a} \tag{c}$$

将式(b) 代入式(c)，得

$$p_a = \frac{F}{A}\cos\alpha = \sigma\cos\alpha \tag{d}$$

把应力 p_a 分解为垂直于斜截面的正应力 σ_a 和相切于斜截面的切应力 τ_a，如图 4-8(c) 所示，得

$$\sigma_a = p_a\cos\alpha = \sigma\cos^2\alpha \tag{4-20}$$

$$\tau_a = p_a\sin\alpha = \sigma\cos\alpha\sin\alpha = \frac{\sigma}{2}\sin2\alpha \tag{4-21}$$

从以上公式可以看出，σ_a 和 τ_a 都是关于 α 的函数，所以斜截面的方向不同，截面上的应力也不同。当 $\alpha = 0$ 时，斜截面 k-k 称为垂直于轴线的横截面，此时 σ_a 达到最大值，为 σ；当 $\alpha = 45°$ 时，τ_a 达到最大值，此时

$$\tau_{a\max} = \frac{\sigma}{2}$$

可见，轴向拉伸(压缩)时，在杆件的横截面上，正应力为最大值；在与杆件轴线成 45° 的斜截面上，切应力为最大值。最大切应力在数值上等于最大正应力的一半。此外，当 $\alpha = 90°$ 时，$\sigma_a = \tau_a = 0$，这表明在平行于杆件轴线的纵向截面上不存在应力。

(3) 材料在拉伸与压缩时的力学性能

分析构件的强度和刚度问题时，需要了解材料的力学性能。各个国家都制定了相应的标准来规范试验过程，以获得统一的、公认的材料性能参数，供设计构件和科学研究应用。在室温下，以缓慢平稳的加载方式进行试验，称为常温静载试验。在试验前，按国家标准把材料加工成标准试样。常用的拉伸试样有圆形截面和矩形截面，试样上试验段的长度称为标距。金属材料的压缩试样一般制成短圆柱，以免失稳而被压弯，圆柱高度约为直径的 $1.5 \sim 3$ 倍。本节以工程中常用的低碳钢和铸铁为例，介绍在常温静载条件下材料拉伸和压缩的主要力学性能。

将低碳钢材料加工成标准试样，在试验机上给试样缓慢增加拉力，对应拉力 F 的每一个值，可以测定标距 l 的相应伸长 Δl。以横截面的原始面积 A 除拉力 F，得到应力 $\sigma = \dfrac{F}{A}$，同时，以标距的原始长度 l 除 Δl，得到相应的应变 $\varepsilon = \dfrac{\Delta l}{l}$。若以 σ 为纵坐标、ε 为横坐标，则对应着拉力 F 的每一个值就可在 $\sigma\varepsilon$ 坐标系中确定一个点。随着 F 的缓慢增加，在 $\sigma\varepsilon$ 平面中将得到一系列点，连接这些点即可得到表示 σ 与 ε 关系的曲线，称为应力-应变曲线或 $\sigma\varepsilon$ 曲线。从低碳钢拉伸时的 $\sigma\varepsilon$ 曲线(见图 4-9)上可得到下列特性。

① 弹性阶段。在拉伸的初始阶段，$\sigma\varepsilon$ 曲线近似为直线 Oa，表明应力与应变成正比，即胡克定律 $\sigma = E\varepsilon$，E 为材料的弹性模量（或杨氏模量），由图 4-9 可知，$E = \tan\alpha$。直线 Oa 的最高点 a 所对应的应力 σ_p 称为比例极限。显然只有当应力不超过比例极限时，胡克定律才成立。

超过比例极限后，从 a 点到 b 点 $\sigma\varepsilon$ 曲线不再是直线，但解除拉力后变形仍可完全消失，这种变形称为弹性变形。b 点对应的应力 σ_e 是仅出现弹性变形的最大应力，称为弹性极限。在低碳钢的 $\sigma\varepsilon$ 曲线上，a、b 两点非常接近，

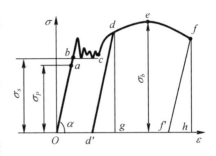

图 4-9　低碳钢应力-应变曲线

工程上并不严格区分，但是某些材料两者是有差别的。应力不超过材料比例极限的范围称为线弹性范围，弹性应变用 ε_e 表示。

应力超过弹性极限后，如将拉力解除，则试样的变形不能完全消失，有一部分变形将保留下来。卸载后不能消失的变形称为残余变形或塑性变形。塑性应变用 ε_p 表示。

② 屈服阶段。超过弹性极限后，$\sigma\varepsilon$ 曲线上呈现出接近水平线的小锯齿形线段，材料失去抵抗继续变形的能力。这种应力基本保持不变，而应变明显增大的现象称为屈服或流动。屈服阶段中，波动应力比较稳定的最小值称为屈服极限（或屈服点应力），用 σ_s 表示。

若试样的表面磨光，屈服时表面将出现与轴线大致成 $45°$ 的条纹，称为滑移线，这是由于材料内部相对滑移形成的。如前所述，拉伸时在与轴线成 $45°$ 倾角的斜截面上切应力最大，可见屈服与最大切应力有关。

到达屈服后材料将出现显著的塑性变形，工程中的某些构件不允许出现塑性变形，所以屈服极限是衡量材料强度的重要指标。

③ 强化阶段。经过屈服阶段后，材料内部结构得到重新调整，材料重新呈现抵抗继续变形的能力，$\sigma\varepsilon$ 曲线上的 ce 段称为强化阶段，最高点 e 所对应的应力 σ_b 称为强度极限（或抗拉强度）。强度极限是材料所能承受的最大应力，是衡量材料强度的另一个重要指标。

④ 局部变形阶段。应力达到抗拉强度时，试样在某一局部范围内产生颈缩现象。由于颈缩部分面积显著缩小，使试样继续变形所需拉力反而减小，到 f 点试样在颈缩处断裂。

⑤ 伸长率和断面收缩率。试样拉断后，因残留塑性变形，标距由原来的 l 变为 l_1，用百分比表示的比值：

$$\delta = \frac{l_1 - l}{l} \times 100\% \tag{4-22}$$

称为伸长率或延伸率。式（4-22）表明，塑性变形（$l_1 - l$）越大，δ 也就越大，故伸长率是衡量材料塑性变形的指标。工程中，$\delta \geqslant 5\%$ 的材料称为塑性材料，$\delta < 5\%$ 的材料称为脆性材料。低碳钢的伸长率约为 $20\% \sim 30\%$。

设试样原始横截面面积为 A，拉断后颈缩处的最小截面面积为 A_1，用百分比表示的比值：

$$\Psi = \frac{A - A_1}{A} \times 100\% \tag{4-23}$$

称为断面收缩率，它是衡量材料塑性变形的指标。

⑥ 卸载定律与冷作硬化。如在强化阶段的 d 点给试样缓慢卸载，则应力与应变沿直线

dd' 变化，且斜直线大致与 Oa 平行，此规律称为卸载定律。拉力完全卸除后，$d'g$ 代表消失了的弹性应变，而 Od' 表示不可消失的塑性应变。

若卸载后在短期内再次加载，则 σ 与 ε 大致沿卸载时的斜直线 $d'd$ 变化，到 d 点后又按 def 变化。可见，在再次加载时，比例极限有所提高，延伸率有所降低，过 d 点后才出现塑性变形，但塑性变形降低了，这种现象称为冷作硬化。工程中，起重钢索、传动链条等常利用冷作硬化来提高弹性承载能力。但冷作硬化后的材料变脆，抗冲击能力减弱，应力集中现象加剧。

有些塑性材料的 $\sigma\varepsilon$ 曲线上没有明显的屈服阶段，如黄铜、铝合金、高碳钢等。对这类材料以产生 0.2% 塑性应变时的应力作为名义屈服指标，并用 $\sigma_{p0.2}$ 来表示（见图 4-10(a)），称为规定非比例伸长应力。

灰口铸铁是一种常用的脆性材料。灰口铸铁拉伸时的应力-应变曲线是一段微弯曲线（图 4-10(b)），没有明显的直线部分，但由于直到拉断时试样的变形都非常小，可以近似地认为 σ 与 ε 服从胡克定律。此外，铸铁没有屈服和颈缩现象，拉断前的应变非常小，且断口平齐。所以只能测得拉伸时的强度极限 σ_b，这是衡量强度的

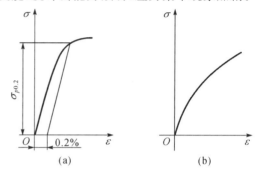

图 4-10　黄铜和灰口铸铁应力-应变曲线

唯一指标。一般地，脆性材料的抗拉强度都很低，不宜作为受拉构件的材料。

(4) 失效、许用应力与强度条件

对于脆性材料制成的构件，当正应力达到强度极限时，就会发生脆性断裂。而对于塑性材料制成的构件，当正应力达到屈服极限 σ_s 时，构件会出现显著的塑性变形而影响正常工作。以上两种破坏形式统称为失效，失效时的应力称为极限应力 σ_u。显然，对于脆性材料取 σ_b 作为极限应力 σ_u，对于塑性材料取 σ_s（或 $\sigma_{p0.2}$）作为极限应力 σ_u。

为确保拉（压）杆不致因强度不足而失效，应使其最大工作应力低于极限应力。考虑到使杆件有必要的安全裕度，将极限应力除以大于 1 的数 n，得到材料在拉（压）时的最大工作应力的上限，称为许用应力，用 $[\sigma]$ 表示。

对于塑性材料，有

$$[\sigma] = \frac{\sigma_u}{n_s} = \frac{\sigma_s}{n_s} \qquad (4\text{-}24)$$

对于脆性材料，有

$$[\sigma] = \frac{\sigma_u}{n_b} = \frac{\sigma_b}{n_b} \qquad (4\text{-}25)$$

式中，系数 n_s 和 n_b 称为安全因数。

显然安全因数越大，许用应力越低，强度储备越多。确定合理的安全因数是一项很复杂的工作，需要考虑的因素很多。一般要考虑材料的类型和材质、结构的工作条件是静荷载还是动荷载，载荷的估计是否准确，计算方法的精确程度以及构件的重要性等。安全因数偏大会造成材料的浪费，偏小则造成构件破坏的机会变大，所以安全因数和许用应力的数值通常由设计规范规定。一般在机械设计中，对于塑性材料，n_s 取 $1.2 \sim 1.5$；对于脆性材料，由于材质塑性变形能力较差，且易发生断裂破坏，所以 n_b 取 $2.0 \sim 3.5$，甚至取 $3 \sim 9$。

塑性材料的抗拉与抗压是等强度的,所以塑性材料的拉伸和压缩的许用应力是相同的。对脆性材料,由于 $\sigma_{bt} < \sigma_{bc}$,所以脆性材料的许用拉应力$[\sigma_t]$小于许用压应力$[\sigma_c]$。

拉(压)杆的最大工作应力不能超过材料的许用应力$[\sigma]$,于是得到拉(压)杆的强度条件:

$$\sigma_{\max} = \left(\frac{F_N}{A}\right) \leqslant [\sigma] \tag{4-26}$$

应用强度条件可解决以下几类强度问题:

① 强度校核。当已知拉(压)杆的截面尺寸、许用应力和所受外力时,通过比较工作应力与许用应力的大小,以判断该杆在所受外力作用下能否安全工作。

② 选择截面尺寸。如果已知拉(压)杆所受外力和许用应力,根据强度条件可以确定该杆所需截面面积。例如,对于等截面拉压杆,其所需横截面面积 $A \geqslant \dfrac{F_{N\max}}{[\sigma]}$。

③ 确定承载能力。如果已知拉(压)杆的截面尺寸和许用应力,根据强度条件可确定该杆所能承受的最大轴力。对等截面拉压杆为$[F_N] = A[\sigma]$。

4.1.3.2　剪切变形

剪切应力的计算与拉(压)应力计算相似。以某一杆件受剪为例,来介绍剪切的概念,如图 4-11 所示。上下两个刀刃以大小相同、方向相反、垂直于轴线且作用线很近的两个 F 力作用于杆件上,迫使在 n-n 截面左、右的两部分发生沿 n-n 截面相对位移的变形,如图 4-11(b)所示,直到最后被剪断。工程中的连接杆,如螺栓、铆钉、销钉、键等都是承受剪切的构件。

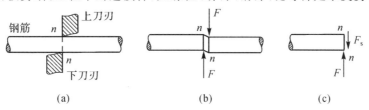

图 4-11　杆件受剪力

在计算剪切的内力和应力时,用剪切面 n-n 将受剪切构件分成两部分,并以其中一部分为研究对象,如图 4-11(c)所示。n-n 截面上的内力 F_s 与截面相切,称为剪力。由平衡方程求得

$$F_s = F \tag{a}$$

计算时,假设在剪切面上剪切应力是均匀分布的。若以 A 表示剪切面面积,则剪切应力为

$$\tau = \frac{F_s}{A} \tag{4-27}$$

τ 与剪切面相切,故称为切应力。

在一些连接件的剪切面上,应力的实际情况比较复杂,切应力并非均匀分布,且还存在正应力。所以,由式(4-27)算出的只是剪切面上的“平均剪切应力”,是一个名义切应力。为了弥补这一缺陷,在用试验的方式计算构件受剪时的强度时,应使试样受力尽可能地接近实际连接件的情况,由试验确定试样失效时的极限载荷。同样,用式(4-27)由极限载荷求出相应的名义极限应力,再除以安全因数 n,得许用切应力$[\tau]$,从而建立强度条件:

$$\tau = \frac{F_s}{A} \leqslant [\tau] \tag{4-28}$$

根据以上强度条件,便可进行强度校核、截面设计和确定许可载荷等强度计算。

4.1.3.3 扭转变形

圆轴构件扭转变形是由大小相等、方向相反、作用面都垂直于轴线的两个力偶引起的,表现为构件的任意两个横截面发生绕轴线的相对运动,工程中主要承受扭转的构件称为"轴"。对圆轴进行扭转变形计算前,需要做一些基本假设:圆轴扭转变形前原为平面的横截面,变形后依然保持为平面,形状和大小保持不变,半径依然为直线,且相邻两截面间的距离不变。这是圆轴扭转的平面假设,按照这一假设,扭转变形中,圆轴的横截面就像刚性平面一样,绕轴旋转了一个角度。以平面假设为基础导出的应力和变形计算公式,符合试验结果,且与弹性力学计算结果一致。

如图 4-12(a) 所示,φ 表示圆轴两端截面的相对转角,称为扭转角。扭转角用弧度来度量。用相邻的横截面 $p\text{-}p$ 和 $q\text{-}q$ 从轴中取出长为 $\mathrm{d}x$ 的微段,如图 4-12(b) 所示。若截面 $q\text{-}q$ 对 $p\text{-}p$ 的相对转角为 $\mathrm{d}\varphi$,则根据平面假设,横截面 $q\text{-}q$ 像刚性平面一样,相对于 $p\text{-}p$ 截面绕轴线旋转了一个角度 $\mathrm{d}\varphi$,半径 Oa 转到了 Oa'。于是,表面矩形格子 $abcd$ 的 ab 边相对于 cd 边发生了微小的错动,错动的距离为

$$\overline{aa'} = R\mathrm{d}\varphi$$

因而引起原为直角的 $\angle abc$ 角度发生了变化,变化量为

$$\gamma = \frac{\overline{aa'}}{\overline{ad}} = R\frac{\mathrm{d}\varphi}{\mathrm{d}x} \tag{a}$$

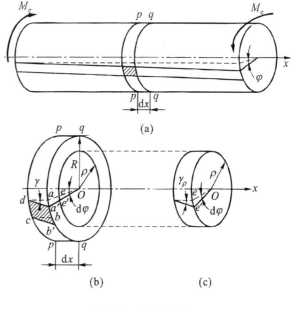

图 4-12　圆轴扭转

这就是圆截面边缘上 d 点的切应变,由于圆轴外表面的变形过程相同,因此,a 点的切应变也为 γ。显然,γ 发生在垂直于半径 Oa 的平面内。

根据变形后横截面依然为平面、半径仍为直线的假设,用相同的方法,并参考图 4-12(c),可以求得距圆心为 ρ 处的切应变为

$$\gamma_\rho = \rho\frac{\mathrm{d}\varphi}{\mathrm{d}x} \tag{b}$$

与式(a)中的 γ 一样,γ_ρ 也发生于垂直于半径 Oa 的平面内。在式(a)和式(b)中,$\dfrac{\mathrm{d}\varphi}{\mathrm{d}x}$ 是扭转角 φ 沿 x 轴的变化率。对于一个给定的截面上的点来说,$\mathrm{d}\varphi/\mathrm{d}x$ 是常量。故式(b)表明,横截面上任意点的切应变与该点到圆心的距离 ρ 成正比。

以 τ_ρ 表示横截面上距圆心为 ρ 处的切应力,由剪切胡克定律可得

$$\tau_\rho = G\gamma_\rho$$

式中:G 是材料的切变模量,为比例常数。

切变模量与弹性模量 E、泊松比 μ 的关系式为

$$G = \frac{E}{2(1+\mu)}$$

将式(b)代入上式可得

$$\tau_\rho = G\rho\frac{\mathrm{d}\varphi}{\mathrm{d}x} \tag{4-29}$$

这表明,横截面上任意点的切应力 τ_ρ 与该点到圆心距离 ρ 成正比。因为 γ_ρ 发生于垂直于半径的平面内,所以 τ_ρ 也与半径垂直。考虑到切应力互等定理(在相互垂直的两个平面上,切应力必然是成对存在的,且数值相等;两者都垂直于两个平面的交线,方向则共同指向或背离这一交线),则在纵向截面和横截面上,切应力沿半径方向的分布如图4-13所示。

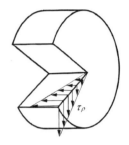

图 4-13　切应力沿半径方向的分布

在横截面内,按极坐标方式取微元面积 $\mathrm{d}A = \rho\mathrm{d}\theta\mathrm{d}\rho$,如图 4-14 所示。$\mathrm{d}A$ 上的微内力 $\tau_\rho\mathrm{d}A$ 对圆心的力矩为 $\rho\cdot\tau_\rho\mathrm{d}A$,积分得横截面上的内力系对圆心的力矩为 $\int_A\rho\cdot\tau_\rho\mathrm{d}A$。则可得到截面上的扭矩 T 就等于内力系对圆心的力矩,得

$$T = \int_A\rho\cdot\tau_\rho\mathrm{d}A \tag{c}$$

考虑杆件左半部分的平衡,横截面上的扭矩 T 应与截面左侧的外力偶矩相平衡,亦即 T 可由截面左侧(或右侧)的外力偶矩来计算。将式(4-29)代入式(c)中,并注意到在给定的截面上 $\frac{\mathrm{d}\varphi}{\mathrm{d}x}$ 为常量,于是得到

$$T = \int_A\rho\cdot\tau_\rho\mathrm{d}A = G\frac{\mathrm{d}\varphi}{\mathrm{d}x}\int_A\rho^2\mathrm{d}A \tag{d}$$

以 I_ρ 表示上式中的积分,即

$$I_\rho = \int_A\rho^2\mathrm{d}A \tag{e}$$

I_ρ 为横截面对圆心 O 的极惯性矩。这样,式(d)可化简为

$$T = GI_\rho\frac{\mathrm{d}\varphi}{\mathrm{d}x} \tag{4-30}$$

从式(4-30)中解出 $\frac{\mathrm{d}\varphi}{\mathrm{d}x}$,再代入式(4-29),得

$$\tau_\rho = \frac{T\rho}{I_\rho} \tag{4-31}$$

由上式可以算出横截面上距圆心为 ρ 的任意点的切应力。

在圆截面边缘上,ρ 取得最大值 R,此时切应力也取得最大值,为

$$\tau_{\max} = \frac{TR}{I_\rho} \tag{4-32}$$

式中,比值 $\dfrac{I_\rho}{R}$ 是一个仅与截面形状和尺寸有关的量,用 W_t 表示,即

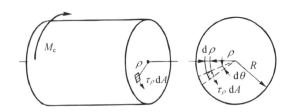

图 4-14 圆轴的极坐标

$$W_t = \frac{I_p}{R} \tag{f}$$

W_t 称为抗扭截面系数,则式(4-32)可简化为

$$\tau_{\max} = \frac{T}{W_t} \tag{4-33}$$

以上各式是以平面假设为基础导出的。试验结果表明,只有对横截面不变的直圆轴,平面假设才是正确的,所以这些公式只适用于等直圆杆。对圆截面沿轴线变化缓慢的小锥度锥形杆,也可近似地用这些公式计算。此外,以上各式导出时使用了胡克定律,因而只适用于 $\tau_{\max}$ 低于剪切比例极限的情况。

最后建立圆轴扭转的强度条件。根据轴的受力情况或扭矩图,求出最大扭矩 $T_{\max}$。对等截面轴,按式(4-33)算出最大切应力 $\tau_{\max}$。限制 $\tau_{\max}$ 不超过许用应力$[\tau]$,得强度条件为

$$\tau_{\max} = \frac{T_{\max}}{W_t} \leqslant [\tau] \tag{4-34}$$

对变截面杆,如阶梯轴、圆锥形杆等 W_t 不是常量,$\tau_{\max}$ 并不一定会发生在扭矩最大的截面上,要经过计算才能确定 $\tau_{\max}$ 所在的位置。

4.1.3.4 弯曲变形

若直杆所承受的外力是作用线垂直于杆轴的平衡力系,则变形后,杆件的直轴线成为曲线。这种变形称为弯曲,以弯曲变形为主要变形的杆称为梁。工程中常见的梁,如图 4-15 所示,梁 AB 的横截面都有一根对称轴,因而整个杆件有一个包含轴线的纵向对称面。当梁上所有的外力(或外力的合力)均作用在纵向对称面内时,梁变形后的轴线必定是一条在纵向对称面内的平面曲线。这种弯曲称为对称弯曲,对称弯曲是弯曲问题中最简单也是最常见的一种。

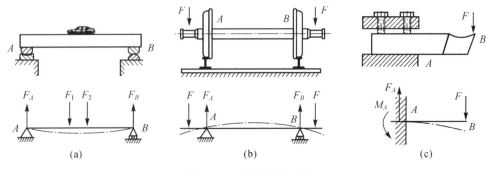

图 4-15 弯曲变形实例

(1) 剪力与弯矩方程

根据梁的计算简图,当载荷已知时,由平衡方程可确定静定梁的支座反力,然后可应用

截面法研究梁的内力。以图 4-15(a) 所示简支梁为例，F_1、F_2 为梁上的载荷，F_A 和 F_B 为两端的支座反力，梁处于平衡状态。为求梁横截面 m-m 上的内力，沿该截面假想地把梁分成两段，左、右两段在切开截面上将出现相互作用的内力。若研究左段的平衡，则作用于左段上的外力和截面 m-m 上的内力在 y 轴上投影的代数和应等于零。一般地，这就要求 m-m 截面上有一个与横截面相切的内力 F_s。由平衡方程 $\sum F_y = 0$，$F_A - F_1 - F_s = 0$，得

$$F_s = F_A - F_1 \tag{a}$$

F_s 称为横截面 m-m 上的剪力，它是与横截面相切的分布力系的合力。若把左段上所有外力和内力对截面形心 O 取矩，则其力矩代数和为零。一般地，这就要在截面 m-m 上有一个内力矩 M，由平衡方程得

$$M = F_A x - F_1(x - a) \tag{b}$$

M 称为横截面 m-m 上的弯矩，它是与横截面垂直的分布力系的合力矩，剪力和弯矩为梁横截面上的两个内力分量。一般情况下，梁横截面上的剪力和弯矩随截面位置变化而变化。若以坐标 x 表示横截面在梁轴线上的位置，则横截面上的剪力和弯矩都可以表示为 x 的函数，即

$$F_s = F_s(x)$$
$$M = M(x)$$

上式称为梁的剪力方程和弯矩方程。

(2) 弯曲应力

弯曲变形前和变形后的梁段分别如图 4-16(a) 和 (b) 所示。以梁横截面的对称轴为 y 轴，且向下为正，如图 4-16(c) 所示。以中性轴为 z 轴，但中性轴的位置尚待确定。在中性轴尚未确定之前，x 轴只能暂时认为是通过原点的横截面的法线。根据平面假设，变形前相距为 $\mathrm{d}x$ 的两个横截面，变形后各自绕中性轴相对旋转了 $\mathrm{d}\theta$ 角度，并仍保持为平面。这就使得距中性层为 y 的纤维 bb 的长度变为

$$\widehat{b'b'} = (\rho + y)\mathrm{d}\theta$$

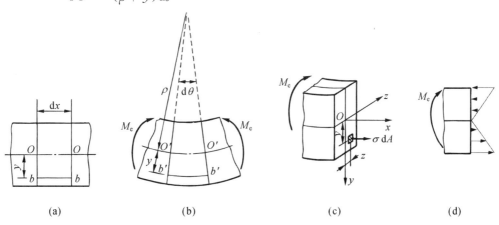

图 4-16　梁弯曲时的应力分布

这里 ρ 为中性层的曲率半径，纤维 bb 的原长度为 $\mathrm{d}x$，且 $\overline{bb} = \mathrm{d}x = \overline{OO}$。因为变形前和变形后中性层纤维 OO 长度保持不变，故有

$$\overline{bb} = \mathrm{d}x = \overline{OO} = \widehat{O'O'} = \rho\mathrm{d}\theta$$

则求得纤维 bb 的应变为

$$\varepsilon = \frac{(\rho + y)\mathrm{d}\theta - \rho\mathrm{d}\theta}{\rho\mathrm{d}\theta} = \frac{y}{\rho} \tag{a}$$

可见,纵向纤维的应变与它到中性层的距离成正比。

因为纵向纤维之间无正应力,每一层纤维都是单向拉伸或压缩。当应力小于比例极限时,由胡克定律知

$$\sigma = E\varepsilon$$

将式(a)代入上式,得

$$\sigma = E\frac{y}{\rho} \tag{b}$$

这表明,任意纵向纤维的正应力与它到中性层的距离成正比。在横截面上,任意点的正应力与该点到中性轴的距离成正比,即沿截面高度方向上,正应力按线性规律变化,且在中性层上为零,各层纤维应力分布如图 4-16(d) 所示。

横截面上的微力 $\sigma\mathrm{d}A$ 组成垂直于横截面的空间平行力系,这一力系可简化为三个内力分量,即平行于 x 轴的轴力 F_N 和分别对 y 轴和 z 轴的力矩 M_y 和 M_z,分别表示为

$$F_N = \int_A \sigma\mathrm{d}A, M_y = \int_A z\sigma\mathrm{d}A, M_z = \int_A y\sigma\mathrm{d}A$$

横截面上的内力应与截面左侧的外力平衡。在纯弯曲情况下,截面左侧的外力只有对 z 轴的力矩 M_e,如图 4-14(c)所示。由于内、外力必须满足平衡方程,可得 $F_N = 0$ 和 $M_y = 0$,即

$$F_N = \int_A \sigma\mathrm{d}A = 0 \tag{c}$$

$$M_y = \int_A z\sigma\mathrm{d}A = 0 \tag{d}$$

这样横截面上的内力系最终只存在力矩 M_e,也就是弯矩 M,即

$$M = M_z = \int_A y\sigma\mathrm{d}A \tag{e}$$

根据平衡方程,弯矩 M 和外力矩 M_e 大小相等,方向相反。

将式(b)代入式(c)中,得

$$F_N = \int_A \sigma\mathrm{d}A = \frac{E}{\rho}\int_A y\mathrm{d}A = 0 \tag{f}$$

由上式可得,$\int_A y\mathrm{d}A = S_z = 0$,即横截面对 z 轴的静矩必须为零,也就是说 z 轴应通过截面形心。所以,中性轴通过截面形心且包含在中性层内。

将式(b)代入式(d)中,得

$$M_y = \int_A z\sigma\mathrm{d}A = \frac{E}{\rho}\int_A yz\mathrm{d}A = 0 \tag{g}$$

式中:积分 $\int_A yz\mathrm{d}A = I_{yz}$ 是横截面对 y 轴和 z 轴的极惯性积。由于 y 轴是横截面的对称轴,故有 $I_{yz} = 0$,则式(g)成立。

将式(b)代入式(e),得

$$M = \int_A y\sigma\mathrm{d}A = \frac{E}{\rho}\int_A y^2\mathrm{d}A \tag{h}$$

式中积分

$$\int_A y^2 \mathrm{d}A = I_z$$

是横截面对 z 轴的惯性矩。于是,式(h)可简化为

$$\frac{1}{\rho} = \frac{M}{EI_z} \tag{4-35}$$

将式(b)代入式(4-35),消去 $\frac{1}{\rho}$,得

$$\sigma = \frac{M_y}{I_z} \tag{4-36}$$

上式为纯弯曲时正应力的计算公式。

对于杆件的弯曲切应力推导与正应力推导类似,这里不做详细介绍,几种常见杆件的弯曲切应力分布如图 4-17 所示。

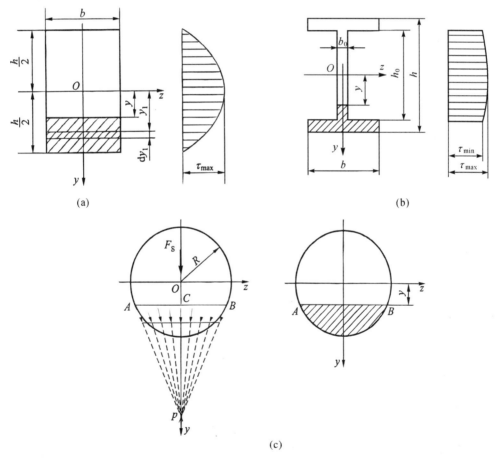

(a)

(b)

(c)

图 4-17　不同杆件弯曲时的应力分布

矩形截面的杆件结构如图 4-17(a)所示,其切应力表示为

$$\tau = \frac{F_s}{2I_z}\left(\frac{h^2}{4} - y^2\right), \tau_{\max} = \frac{F_s h^2}{8I_z} \tag{4-37}$$

工字形截面的杆件结构如图 4-17(b)所示,其切应力表示为

$$\tau = \frac{F_s}{I_z b_0} \left[\frac{b}{8} (h^2 - h_0^2) + \frac{b_0}{2} \left(\frac{h_0^2}{4} - y^2 \right) \right]$$

$$\tau_{max} = \frac{F_s}{I_z b_0} \left[\frac{bh^2}{8} - (b - b_0) \frac{h_0^2}{8} \right] \tag{4-38}$$

$$\tau_{min} = \frac{F_s}{I_z b_0} \left(\frac{bh^2}{8} - \frac{bh_0^2}{8} \right)$$

圆形截面的杆件结构如图 4-17(c) 所示，其切应力表示为

$$\tau_y = \frac{F_s S_z^*}{I_z b}, \tau_{max} = \frac{4}{3} \frac{F_s}{\pi R^2} \tag{4-39}$$

式中：S_z^* 表示阴影部分对 z 轴的静矩。

（3）弯曲变形方程

弯曲变形的挠度方程这里不做推导，杆件发生弯曲变形时，如图 4-18 所示，其挠度方程为

$$\frac{d^2 w}{dx^2} = \frac{M}{EI} \tag{4-40}$$

式中：w 为挠度，表示横坐标为 x 的横截面的形心沿 y 方向的位移。

杆件发生弯曲变形时，其转角方程为

$$\theta = w'(x) = \frac{dw}{dx} \tag{4-41}$$

利用积分，可以求得上式方程的解，得

$$w = \iint \left(\frac{M}{EI} dx \right) dx + Cx + D \tag{4-42}$$

$$\theta = \int \frac{M}{EI} dx + C$$

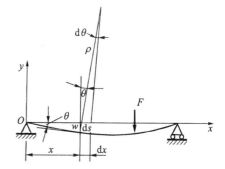

图 4-18　弯曲变形时的挠度和转角

根据边界条件，可以求得 C 和 D，式(4-42)便是杆件弯曲变形时的挠度和转角方程的通解。

最大弯曲正应力发生在横截面上离中性轴最远的各点处，可看成处于单向受力状态，仿照拉(压)杆的强度条件，可建立弯曲正应力强度条件：

$$\sigma_{max} = \frac{M_{max} y_{max}}{I_z} \leqslant [\sigma] \tag{4-43}$$

或

$$\sigma_{max} = \frac{M_{max}}{W_z} \leqslant [\sigma] \tag{4-44}$$

对抗拉和抗压强度相等的材料(如碳钢)，$[\sigma_t] = [\sigma_c]$，只要绝对值最大的正应力超过许用应力即可。对抗拉和抗压强度不等的材料(如铸铁)，$[\sigma_t] \neq [\sigma_c]$，则最大拉、压应力都不能超过各自的许用应力，即

$$\sigma_{max} \leqslant [\sigma_t] \tag{4-45}$$

$$\sigma_{max} \leqslant [\sigma_c] \tag{4-46}$$

利用上述强度条件，同样可以解决三类问题：校核强度、设计截面尺寸、计算许可载荷。

在载荷作用下构件产生的变形通常分解为这四种基本变形，因此，熟练掌握四种基本变形的计算方法，是分析和解决工程问题的基础。

4.2　应力状态分析与强度理论

4.2.1　二向与三向应力状态

为了研究受力构件内某一点的应力状态,可以围绕该点取一个微小的正六面体,称为单元体,单元体的应力状态可以代表该点的应力状态。

若在单元体的三个相互垂直的面上都无切应力,则称这种切应力等于零的面称为主平面。主平面上的正应力称为主应力。一般地,受力构件内任一点均可找到三个相互垂直的主平面,因而每一点都有三个相互垂直的主应力,分别记为 σ_1、σ_2、σ_3,且规定按数值大小的顺序来排列,即 $\sigma_1 \geqslant \sigma_2 \geqslant \sigma_3$。对于简单拉伸(压缩)状态,三个主应力中只有一个不为零,称为单向应力状态。若三个主应力中有两个不为零,称为二向或平面应力状态。当三个主应力皆不为零时,称为三向或空间应力状态。单向应力状态也称为简单应力状态,二向和三向应力状态统称为复杂应力状态。

单向应力状态可以认为是简单的拉伸(压缩)变形,相关计算方法可以参考 4.1.3 节,这里不做赘述。

4.2.1.1　二向应力状态

若单元体有一对平面上的应力等于零,则称为二向应力状态。二向应力状态的普遍形式如图 4-19(a)所示,即在两对平面上分别有正应力和切应力。因单元体前、后两平面上没有应力,可将该单元体用平面图形来表示,如图 4-19(b)所示。σ_x 和 τ_{xy} 是法线为 x 轴的面上的正应力和切应力;σ_y 和 τ_{yx} 是法线为 y 轴的面上的正应力和切应力。切应力有两个下标,第一个下标表示切应力作用平面的法线方向,第二个下标表示切应力的方向平行 y 轴(或 x 轴)。关于应力的符号规定为:正应力以拉应力为正,压应力为负;切应力以对单元体内任意点的矩为顺时针转向为正,逆时针转向为负。

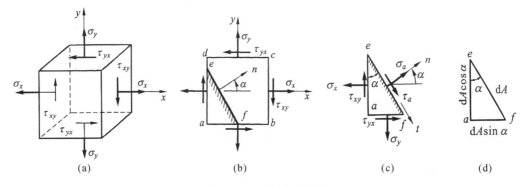

图 4-19　二向应力状态

取平行于 z 轴、与坐标平面 xy 垂直的任意斜截面 ef,其外法线 n 与 x 轴的夹角为 α。规定:由 x 轴转到外法线 n 为逆时针转向时的 α 为正。以截面 ef 把单元体分成两部分,并研究 aef 部分的平衡,如图 4-19(c)所示。斜截面 ef 上的应力有正应力 σ_a 和切应力 τ_a。若斜截面 ef

的面积为 $\mathrm{d}A$，如图 4-19(d)所示，则 af 面和 ae 面的面积分别是 $\mathrm{d}A\sin\alpha$ 和 $\mathrm{d}A\cos\alpha$。把作用于 aef 部分上的力投影于 ef 面的外法线 n 和切线 t 的方向，所得平衡方程为

$$\sigma_a\mathrm{d}A + (\tau_{xy}\mathrm{d}A\cos\alpha)\sin\alpha - (\sigma_x\mathrm{d}A\cos\alpha)\cos\alpha + (\tau_{yx}\mathrm{d}A\sin\alpha)\cos\alpha - (\sigma_y\mathrm{d}A\sin\alpha)\sin\alpha = 0$$

$$\tau_a\mathrm{d}A - (\tau_{xy}\mathrm{d}A\cos\alpha)\cos\alpha - (\sigma_x\mathrm{d}A\cos\alpha)\sin\alpha + (\sigma_y\mathrm{d}A\sin\alpha)\cos\alpha + (\tau_{xy}\mathrm{d}A\sin\alpha)\sin\alpha = 0$$

根据切应力互等定理，τ_{xy} 和 τ_{yx} 在数值上相等，以 τ_{xy} 代替 τ_{yx}，并简化上列两个平衡方程，得

$$\sigma_a = \sigma_x\cos^2\alpha + \sigma_y\sin^2\alpha - 2\tau_{xy}\sin\alpha\cos\alpha$$

$$= \frac{\sigma_x + \sigma_y}{2} + \frac{\sigma_x - \sigma_y}{2}\cos 2\alpha - \tau_{xy}\sin 2\alpha \tag{4-47}$$

$$\tau_a = \frac{\sigma_x - \sigma_y}{2}\sin 2\alpha + \tau_{xy}\cos 2\alpha \tag{4-48}$$

将式(4-47)对 α 求导，令 $\dfrac{\mathrm{d}\sigma_a}{\mathrm{d}\alpha} = 0$，求得 α_0，则在 α_0 所确定的截面上，正应力取得最大值或最小值。将 α_0 代入式(4-47)可求得最大及最小正应力分别为

$$\left.\begin{array}{r}\sigma_{\max}\\\sigma_{\min}\end{array}\right\} = \frac{\sigma_x + \sigma_y}{2} \pm \sqrt{\left(\frac{\sigma_x - \sigma_y}{2}\right)^2 + \tau_{xy}^2} \tag{4-49}$$

此时 α_0 满足

$$\tan 2\alpha_0 = -\frac{2\tau_{xy}}{\sigma_x - \sigma_y} \tag{4-50}$$

由上式可以解得两个相差 90° 的 α_0，在这两个平面上，切应力为零。这说明，在切应力等于零的平面上，正应力为最大值或最小值。这是因为切应力为零的平面为主平面，主平面的正应力为主应力，主应力是最大或最小的正应力。

同理，令 $\dfrac{\mathrm{d}\tau_a}{\mathrm{d}\alpha} = 0$，求得 α_1，则在 α_1 所确定的截面，切应力取得最大值或最小值。将 α_1 代入式(4-48)可求得最大及最小正应力分别为

$$\left.\begin{array}{r}\tau_{\max}\\\tau_{\min}\end{array}\right\} = \pm \sqrt{\left(\frac{\sigma_x - \sigma_y}{2}\right)^2 + \tau_{xy}^2} \tag{4-51}$$

此时 α_1 满足

$$\tan 2\alpha_1 = \frac{\sigma_x - \sigma_y}{2\tau_{xy}} \tag{4-52}$$

由上式可以解得两个相差 90° 的 α_1，α_1 与 α_0 满足

$$2\alpha_1 = 2\alpha_0 + \frac{\pi}{2}$$

这表明，最大和最小切应力所在的平面与主平面的夹角为 45°。

4.2.1.2　三向应力状态

若单元体每一对平面上的应力均不为零，则称为三向应力状态。这里只讨论当三个主应力已知时任意截面上的应力计算，如图 4-20(a)所示。

通过任意斜截面 ABC 从单元体中取出四面体，如图 4-20(b)所示，设 ABC 的法线 n 的三个方向余弦为 l、m、n，它们满足关系式

$$l^2 + m^2 + n^2 = 1 \tag{a}$$

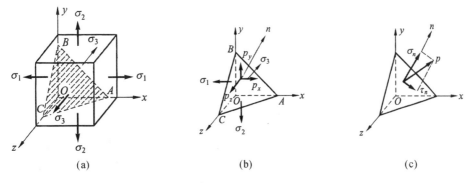

图 4-20　三向应力状态

若 ABC 的面积 S_{ABC} 为 $\mathrm{d}A$,则四面体其余三个面的面积分别为

$$S_{OBC} = l\mathrm{d}A$$

$$S_{OCA} = m\mathrm{d}A$$

$$S_{OAB} = n\mathrm{d}A$$

现将斜截面 ABC 上的应力分解为平行于 x、y、z 轴的三个分量 p_x、p_y、p_z。由四面体的平衡方程 $\sum F_x = 0$,得

$$p_x\mathrm{d}A - \sigma_1 l\mathrm{d}A = 0$$

即 $p_x = \sigma_1 l$。同理,由平衡方程 $\sum F_y = 0$ 和 $\sum F_z = 0$,可求得 p_y 和 p_z。最后得出

$$p_x = \sigma_1 l, \quad p_y = \sigma_2 m, \quad p_z = \sigma_3 n \tag{b}$$

由以上三个分量求得斜截面 ABC 上的总应力为

$$p = \sqrt{p_x^2 + p_y^2 + p_z^2} = \sqrt{\sigma_1^2 l^2 + \sigma_2^2 m^2 + \sigma_3^2 n^2} \tag{c}$$

还可以把总应力分解成与斜截面垂直的正应力 σ_n 和与斜截面相切的切应力 τ_n,如图 4-20(c) 所示,则

$$p = \sqrt{\sigma_n^2 + \tau_n^2} \tag{d}$$

如把 σ_n 看作是总应力 p 在斜截面法线上的投影,则 σ_n 应等于 p 的三个分量 p_x、p_y、p_z 在法线上投影的代数和,即

$$\sigma_n = p_x l + p_y m + p_z n$$

将式(b) 代入上式,得

$$\sigma_n = \sigma_1 l^2 + \sigma_2 m^2 + \sigma_3 n^2 \tag{4-53}$$

同时,把式(c) 代入式(d),得

$$\tau_n = (\sigma_1^2 l^2 + \sigma_2^2 m^2 + \sigma_3^2 n^2 - \sigma_n^2)^{\frac{1}{2}} \tag{4-54}$$

把式(a)、式(4-53) 以及式(4-54) 看作是含有 l^2、m^2、n^2 的联立方程组,从而可以解得 l^2、m^2 和 n^2,结果为

$$\left.\begin{array}{l} l^2 = \dfrac{\tau_n^2 + (\sigma_n - \sigma_2)(\sigma_n - \sigma_3)}{(\sigma_1 - \sigma_2)(\sigma_1 - \sigma_3)} \\[2mm] m^2 = \dfrac{\tau_n^2 + (\sigma_n - \sigma_3)(\sigma_n - \sigma_1)}{(\sigma_2 - \sigma_3)(\sigma_2 - \sigma_1)} \\[2mm] n^2 = \dfrac{\tau_n^2 + (\sigma_n - \sigma_1)(\sigma_n - \sigma_2)}{(\sigma_3 - \sigma_1)(\sigma_3 - \sigma_2)} \end{array}\right\} \tag{e}$$

再将上式略作变化,改写为下面的形式

$$\left. \begin{array}{l} \left(\sigma_n - \dfrac{\sigma_2 + \sigma_3}{2}\right) + \tau_n^2 = \left(\dfrac{\sigma_2 - \sigma_3}{2}\right)^2 + l^2(\sigma_1 - \sigma_2)(\sigma_1 - \sigma_3) \\[3mm] \left(\sigma_n - \dfrac{\sigma_3 + \sigma_1}{2}\right) + \tau_n^2 = \left(\dfrac{\sigma_3 - \sigma_1}{2}\right)^2 + m^2(\sigma_2 - \sigma_3)(\sigma_2 - \sigma_1) \\[3mm] \left(\sigma_n - \dfrac{\sigma_1 + \sigma_2}{2}\right) + \tau_n^2 = \left(\dfrac{\sigma_1 - \sigma_2}{2}\right)^2 + n^2(\sigma_3 - \sigma_1)(\sigma_3 - \sigma_2) \end{array} \right\} \qquad (f)$$

在以 σ_n 为横坐标、τ_n 为纵坐标的坐标系中,以上三式是三个圆周的方程式。其表明斜截面 ABC 上的应力既在第一式所表示的圆上,又在第二式和第三式所表示的圆周上。所以,以上三式所表示的三个圆周交于一点,交点的坐标就是斜截面 ABC 上的应力。可见在得知 σ_1、σ_2、σ_3 和 l、m、n 后,可以做出上述三个圆周中任意两个,其交点的坐标即为所求斜截面上的应力。

约定 $\sigma_1 \geqslant \sigma_2 \geqslant \sigma_3$,且因 $l^2 \geqslant 0$,则在式(f)的第一式中有

$$l^2(\sigma_1 - \sigma_2)(\sigma_1 - \sigma_3) \geqslant 0$$

$$\left(\sigma_n - \frac{\sigma_2 + \sigma_3}{2}\right) + \tau_n^2 = \left(\frac{\sigma_2 - \sigma_3}{2}\right)^2$$

所以,式(f)中第一式所确定的圆周的半径,大于和它同心的圆周的半径。这样,在图 4-21 中,由式(f)中第一式所确定的圆周在圆周 A_1A_2 之外。因而上述三个圆周的交点 G,即斜截面 ABC 上的应力应为图 4-21 画阴影线的部分。

在图 4-21 画阴影线的部分内,任意点的横坐标均小于 A_1 点的横坐标,并大于 A_3 点的横坐标;任意点的纵坐标都小于 G_1 点的纵坐标。于是得三向应力状态正应力和切应力的极值如式(4-55)所示。

$$\sigma_{\max} = \sigma_1, \sigma_{\min} = \sigma_3, \tau_{\max} = \frac{\sigma_1 - \sigma_3}{2} \qquad (4\text{-}55)$$

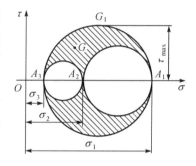

图 4-21　三向应力状态的应力圆

4.2.2　广义胡克定律

对于广义胡克定律,我们这里只讨论各向同性的材料。在单向拉伸(压缩)时,根据试验结果得

$$\sigma = E\varepsilon \qquad (a)$$

此外,构件轴向的变形还将引起横向尺寸的变化,横向应变 ε' 可表示为

$$\varepsilon' = -\mu\varepsilon = -\mu\frac{\sigma}{E} \qquad (b)$$

在纯剪切的情况下,试验结果表明,当切应力不超过剪切比例极限时,切应力和切应变之间的关系服从剪切胡克定律,即

$$\tau = G\gamma \qquad (c)$$

在最普遍的情况下,描述一点的应力状态需要 9 个应力分量,如图 4-22 所示。考虑到切应力互等定理,τ_{xy} 和 τ_{yx}、τ_{yz} 和 τ_{zy}、τ_{zx} 和 τ_{xz} 都分别在数值上相等。

这样，原来的 9 个应力分量独立的只有 6 个。这种普遍情况可以看作是三组单向应力和三组纯剪切的组合。对于各向同性材料而言，当变形很小且在线弹性范围内时，线应变只与正应力有关，与切应力无关；切应变只与切应力有关，与正应力无关。因此可以利用(a)(b)(c) 三式求出各应力分量对应的应变，然后再进行叠加，即得到复杂应力状态下应力与应变的关系。例如，在 σ_x、σ_y、σ_z 分别单独作用时，x 方向上的线应变依次为

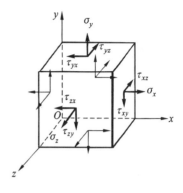

图 4-22　任意点的应力状态

$$\varepsilon'_x = \frac{\sigma_x}{E}, \varepsilon''_x = -\mu\frac{\sigma_y}{E}, \varepsilon'''_x = -\mu\frac{\sigma_z}{E}$$

于是，在 σ_x、σ_y、σ_z 同时作用时，x 方向上的线应变为

$$\varepsilon_x = \varepsilon'_x + \varepsilon''_x + \varepsilon'''_x = \frac{1}{E}\left[\sigma_x - \mu(\sigma_y + \sigma_z)\right]$$

同理，可以求出沿 y、z 方向的线应变 ε_y 和 ε_z，最后得到

$$\left.\begin{array}{l} \varepsilon_x = \dfrac{1}{E}\left[\sigma_x - \mu(\sigma_y + \sigma_z)\right] \\[2mm] \varepsilon_y = \dfrac{1}{E}\left[\sigma_y - \mu(\sigma_z + \sigma_x)\right] \\[2mm] \varepsilon_z = \dfrac{1}{E}\left[\sigma_z - \mu(\sigma_x + \sigma_y)\right] \end{array}\right\} \tag{4-56}$$

至于切应力与切应变之间的关系，仍为式(c) 所表示。这样，在 xy、yz、zx 三个面内的切应变分别是

$$\gamma_{xy} = \frac{\tau_{xy}}{G}, \quad \gamma_{yz} = \frac{\tau_{yz}}{G}, \quad \gamma_{zx} = \frac{\tau_{zx}}{G} \tag{4-57}$$

式(4-56) 和式(4-57) 称为广义胡克定律。

4.2.3　复杂应力状态下的应变能密度

单向拉伸或压缩时，如果应力 σ 和应变 ε 的关系是线性的，则可利用应变能和外力做功在数值上相等的关系得到应变能密度的计算公式为

$$v_\varepsilon = \frac{1}{2}\sigma\varepsilon \tag{a}$$

在三向应力状态下，弹性体应变能与外力做功在数值上仍然是相等的。但它取决于外力和形变的最终值，而与加力的顺序无关。因为如用不同的加力顺序可以得到不同的应变能，那么按一个储存能量较多的顺序加力，再按另一个储存能量较少的顺序解除外力，完成一个循环，弹性体内能量增加。显然，这与能量守恒原理相矛盾，所以应变能与加力顺序无关。这样就可以选择一个便于计算应变能的加力顺序，所得应变能与按其他加力顺序是相同的。为此，假定应力按比例同时增加到最终值，在线弹性的情况下，每一个主应力与相应的主应变之间保持线性关系，因而与每一个主应力对应的应变能密度仍可按式(a) 计算。于是得到三向应力状态下的应变能密度为

$$\upsilon_\epsilon = \frac{1}{2}\sigma_1\varepsilon_1 + \frac{1}{2}\sigma_2\varepsilon_2 + \frac{1}{2}\sigma_3\varepsilon_3 \tag{4-58}$$

将式(4-56)代入上式得

$$\upsilon_\epsilon = \frac{1}{2E}[\sigma_1^2 + \sigma_2^2 + \sigma_3^2 - 2\mu(\sigma_1\sigma_2 + \sigma_2\sigma_3 + \sigma_3\sigma_1)] \tag{4-59}$$

设三个棱边相等的立方单元体的三个主应力互不相等,分别为 σ_1、σ_2、σ_3,相应的主应变分别为 ε_1、ε_2、ε_3,单位体积的改变量为 θ。由于 ε_1、ε_2、ε_3 不相等,立方单元体三个棱边的变形不同,它将由立方体变为长方体。可见,单元体的变形一方面表现为体积的增减;另一方面表现为形状的改变,即由立方体变为长方体。因此,应变能密度 υ_ϵ 也被认为由两部分组成:(1)由体积变化而储存的应变能密度 υ_V。体积变化是指单元体的各棱边变形相等,变形后仍为立方体,只是体积发生了变化。υ_V 称为体积改变能密度。(2)形状变化,单元体由立方体改变为长方体而储存的应变能密度为 υ_d,称为畸变能密度。由此得

$$\upsilon_\epsilon = \upsilon_V + \upsilon_d \tag{b}$$

根据 4.2.2 节的讨论,若单元体上以平均应力

$$\sigma_m = \frac{\sigma_1 + \sigma_2 + \sigma_3}{3} \tag{c}$$

代替三个主应力,单位体积的改变量 θ 与 σ_1、σ_2、σ_3 作用时仍然相等。但以 σ_m 代替原来的主应力之后,由于三个棱边的变形相同,所以只有体积变化,而无形状变化。因而这种情况下的应变能密度也就是体积改变能密度 υ_V,从而求得

$$\upsilon_V = \frac{1}{2}\sigma_m\varepsilon_m + \frac{1}{2}\sigma_m\varepsilon_m + \frac{1}{2}\sigma_m\varepsilon_m = \frac{3}{2}\sigma_m\varepsilon_m \tag{d}$$

由广义胡克定律得

$$\varepsilon_m = \frac{\sigma_m}{E} - \mu\left(\frac{\sigma_m}{E} + \frac{\sigma_m}{E}\right) = \frac{(1-2\mu)}{E}\sigma_m$$

代入式(d)得

$$\upsilon_V = \frac{3(1-2\mu)}{2E}\sigma_m^2 = \frac{1-2\mu}{6E}(\sigma_1 + \sigma_2 + \sigma_3)^2 \tag{e}$$

将式(e)和式(4-58)一并代入式(b),经整理得

$$\upsilon_d = \frac{1+\mu}{3E}(\sigma_1^2 + \sigma_2^2 + \sigma_3^2 - \sigma_1\sigma_2 - \sigma_2\sigma_3 - \sigma_3\sigma_1)$$

$$= \frac{1+\mu}{6E}[(\sigma_1 - \sigma_2)^2 + (\sigma_2 - \sigma_3)^2 + (\sigma_3 - \sigma_1)^2] \tag{4-60}$$

这便是复杂应力状态下的应变能密度公式。

4.2.4　强度理论

各种材料因强度不足引起的失效现象是不同的。对于塑性材料,如普通碳钢,以发生屈服现象、出现塑性变形作为失效的标准。对于脆性材料,如铸铁,失效现象是突然断裂。在单向受力的情况下,出现塑性变形时的屈服极限 σ_s 和发生断裂时的强度极限 σ_b,可由试验测得。σ_s 和 σ_b 统称失效应力。用失效应力除以安全系数,便可以得到许用应力 $[\sigma]$,于是建立强度条件

$$\sigma \leqslant [\sigma]$$

对于危险点处于复杂应力状态的构件,三个主应力 σ_1、σ_2、σ_3 的比例有无限多种可能,要在每一种比例下都通过对材料的直接试验来确定其极限应力值,显然是不太可行的。

因此,长期以来人们通过大量观察和研究各类各向同性材料在不同受力条件下的破坏现象,并对引起破坏的原因进行了分析和推测。事实上,不论材料破坏的表面现象如何复杂,其破坏形式主要是断裂和屈服两种类型,而同一类型的破坏则可能是由某一个共同的因素所引起的。衡量某一点受力与变形程度的量有应力、应变和应变能密度等。人们在长期的生产活动中,综合分析材料的失效现象和相关资料,对强度失效提出各种假说。这类假说认为,材料之所以会失效,是由应力、应变或应变能密度等因素中的某一因素引起的。按照这类假说,无论是简单应力状态还是复杂应力状态,引起失效的因素是相同的,即造成失效的原因与应力状态无关,这类假说称为强度理论。利用强度理论,便可由简单应力状态的试验结果,建立复杂应力状态的强度条件。

强度理论是推测强度失效原因的一些假说,它是否正确,适用于什么情况,必须由生产实践来检验。常见的情况是适用于某种材料的强度理论,并不适用于另一种材料;在某种条件下适用的理论,却又不适用于另一种条件。

这里介绍四种常用的强度理论。这些都是在常温、静载荷下,适用于均匀、连续、各向同性材料的强度理论。

(1) 最大拉应力理论(第一强度理论)

由于最大拉应力理论是最早提出的强度理论,故也称为第一强度理论。这一理论认为:最大拉应力是引起材料脆断的主要因素。即认为无论是什么应力状态,只要最大拉应力达到材料的极限值,材料就会发生脆断破坏。由于最大拉应力的极限值与应力状态无关,于是就可用单向拉伸时沿横截面发生脆断的试验来确定最大拉应力的极限值,这一极限值即为材料的抗拉强度 σ_b。这样,根据第一强度理论,无论是什么应力状态,只要最大拉应力 σ_1 达到 σ_b 就发生断裂。于是得断裂准则

$$\sigma_1 = \sigma_b \tag{4-61}$$

将极限应力 σ_b 除以安全因数得许用应力 $[\sigma]$,因此,按第一强度理论建立的强度条件是

$$\sigma_1 \leqslant [\sigma] \tag{4-62}$$

铸铁等脆性材料在单向拉伸时,断裂发生在拉应力最大的横截面,脆性材料的扭转也是沿拉应力最大的螺旋面发生断裂,这些都与最大拉应力理论相符。但是这一理论没有考虑另外两个主应力的影响,且无法应用于没有拉应力的应力状态。

(2) 最大伸长线应变理论(第二强度理论)

这一理论认为最大伸长线应变是引起材料脆断的主要因素,即认为无论什么应力状态,只要最大伸长线应变 ε_1 达到材料的极限值,材料即发生断裂。与第一强度理论相同,材料的极限值可由单向拉伸时材料发生脆断的试验来测定。设单向拉伸直到脆断破坏,材料可近似看作服从胡克定律,则拉断时伸长线应变的极限值应为 $\varepsilon_u = \dfrac{\sigma_b}{E}$。按照这一理论,任意应力状态下,只要最大伸长线应变 ε_1 达到极限值 ε_u,材料就发生脆断,故得断裂准则为

$$\varepsilon_1 = \varepsilon_u = \frac{\sigma_b}{E} \tag{a}$$

由广义胡克定律可知

$$\varepsilon_1 = \frac{1}{E}\left[\sigma_1 - \mu(\sigma_2 + \sigma_3)\right]$$

代入式(a)得断裂准则

$$\sigma_1 - \mu(\sigma_2 + \sigma_3) = \sigma_b \tag{4-63}$$

将 σ_b 除以安全因数得许用应力$[\sigma]$,于是按第二强度理论建立的强度条件是

$$\sigma_1 - \mu(\sigma_2 + \sigma_3) \leqslant [\sigma] \tag{4-64}$$

石料或混凝土等脆性材料受轴向压缩时,如在试验机的压头与试块的接触面上加润滑剂以减小摩擦力的影响,试件将沿垂直于压力的方向裂开,裂开的方向也就是 ε_1 的方向。铸铁在拉-压二向应力状态,且压应力较大的情况下,试验结果也与这一理论接近。不过铸铁在两个主应力均为拉应力,或一个为拉应力、另一个为压应力且前者较后者的绝对值大的情况时,试验结果与最大拉应力理论较为符合。

(3)最大切应力理论(第三强度理论)

这一理论认为最大切应力是引起材料屈服的主要因素,即认为无论在什么应力状态下,只要最大切应力达到材料屈服时的极限值,材料就发生屈服。至于材料屈服时切应力的极限值,可以通过屈服试验来测定。像低碳钢这一类塑性材料,在单向拉伸时材料就是沿与轴线成45°的斜截面发生滑移而屈服,该斜截面上的切应力达到极限值,且为屈服点应力 σ_s 的 1/2,即

$$\tau_u = \frac{1}{2}\sigma_s \tag{b}$$

由三向应力状态最大切应力计算公式

$$\tau_{\max} = \frac{\sigma_1 - \sigma_3}{2} \tag{c}$$

所以,按照这一强度理论的屈服准则为

$$\tau_{\max} = \tau_u \tag{d}$$

将(b)、(c)两式代入式(d),得

$$\sigma_1 - \sigma_3 = \sigma_s \tag{4-65}$$

以许用应力$[\sigma]$代换σ_s,得到按第三强度理论剪力的强度条件

$$\sigma_1 - \sigma_3 \leqslant [\sigma] \tag{4-66}$$

最大切应力理论较好地解释了屈服现象,例如,低碳钢拉伸屈服时沿与轴线成45°的方向出现滑移,这是材料内部沿这一方向相对滑移造成的,而该方向上的斜截面上切应力恰为最大值。钢、铝、铜等塑性材料的试验资料表明,塑性变形出现时最大切应力接近于某一常量。这一理论忽略了 σ_2 对材料的影响。在二向应力状态下,与试验资料比较,理论结果偏安全。

(4)最大畸变能密度理论(第四强度理论)

这一理论认为畸变能是引起材料屈服的主要因素,即认为无论什么应力状态,只要畸变能密度达到材料的极限值,材料就会发生屈服。单向拉伸时,材料的屈服应力为 σ_s,相应的畸变能密度由式(4-60)求出为 $\frac{1+\mu}{6E}(2\sigma_s)^2$,这就是导致屈服的畸变能密度的极限值。任意应力状态下,只要畸变能密度 v_d 达到上述极限值,便引起材料的屈服,故最大畸变能密度屈服准则为

$$v_d = \frac{1+\mu}{6E}(2\sigma_s)^2 \tag{e}$$

在任意应力状态下，将式(4-60)代入式(e)，整理后得到屈服准则为

$$\sigma_s = \sqrt{\frac{1}{2}\left[(\sigma_1-\sigma_2)^2+(\sigma_2-\sigma_3)^2+(\sigma_3-\sigma_1)^2\right]} \tag{4-67}$$

上列屈服准则为一椭圆曲线，如图 4-23 所示。把 σ_s 除以安全系数得到许用应力 $[\sigma]$，于是，依据第四强度理论得到的强度条件为

$$\sqrt{\frac{1}{2}\left[(\sigma_1-\sigma_2)^2+(\sigma_2-\sigma_3)^2+(\sigma_3-\sigma_1)^2\right]} \leqslant [\sigma] \tag{4-68}$$

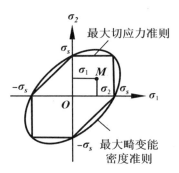

图 4-23　强度准则曲线

应该指出，不同材料固然可以发生不同形式的破坏，但即使是同一材料，在不同应力状态下也可能有不同的失效形式。例如，碳钢在单向拉伸时以屈服的形式失效，但碳钢制成的螺栓受拉伸，会沿螺纹根部横截面发生脆断。这是因为该横截面上大部分材料处于三向拉应力状态，当三个主应力数值接近时，根据第三强度理论和第四强度理论进行计算，屈服将很难出现。又如，铸铁单向受拉时以脆断形式破坏，但如以淬火钢球压在铸铁板上，接触点附近的材料处于三向受压状态，随着压力的增大，铸铁板会出现明显的凹坑，这表明已出现屈服现象。以上例子说明材料的破坏形式与应力状态有关。因此，无论是塑性或脆性材料，在三向拉应力相近的情况下，都将以断裂的形式破坏，宜采用最大拉应力理论。值得注意的是，对于塑性材料，由于不可能从单向拉伸试验得到材料发生脆断的极限应力，所以第一强度理论不再适用。无论是塑性或脆性材料，在三向压应力相近的情况下，都可引起塑性变形，宜采用第三或第四强度理论。

4.3　工程材料

根据性能特点和用途可以将工程材料分为两大类：一类是结构材料，另一类是功能材料。而按照材料的化学组成又可分为金属材料、无机非金属材料、高分子材料、复合材料等，如图 4-24 所示。

金属材料由于具有优良的使用性能和加工工艺性能，是应用最广泛、用量最多的材料。而非金属材料具有耐腐蚀、绝缘、质轻、成本低、便于加工等优点，其应用日益广泛。

4.3.1　材料的性能

材料的性能包括力学性能、物理性能、化学性能和加工工艺性能等。一般情况下，材料的性能取决于材料的组织和结构，材料的加工工艺又影响材料的组织和结构从而改变材料的性能。

4.3.1.1 力学性能

材料的力学性能是指材料在受力时表现出来的行为。描述材料力学性能的主要指标有强度、塑性和韧性。

(1) 强度

强度是指材料在外力作用下抵抗永久变形和破坏的能力。根据外力的作用方式，有多种强度指标，如抗拉强度、抗弯强度、抗剪强度等。其中以拉伸试验得到的强度指标应用最为广泛。

从拉伸试验可知，当材料承受拉力时，强度性能指标主要有屈服强度（R_{eL} 或 $R_{p0.2}$）和抗拉强度（R_m）。屈服强度是材料开始出现塑性变形时的应力值，代表材料抵抗产生塑性变形的能力；抗拉强度是材料发生断裂时所达到的最大应力值，代表材料抵抗断裂的能力。工程上，不仅希望材料具有较高的屈服强度，而且还希望其屈服强度与抗拉强度

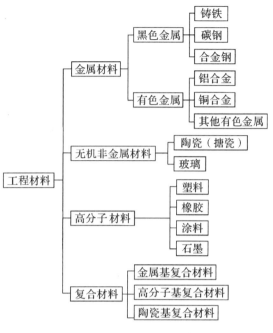

图 4-24 工程材料的分类

的比值（即屈强比 R_{eL}/R_m）适宜。屈强比是一个反映材料屈服后强化能力高低的参数，屈强比低表示屈服后材料具有较大的塑性储备，不容易发生脆性破坏，但较低的屈强比会影响材料的利用率。

(2) 塑性

材料的塑性是指材料受力时，当应力超过屈服强度后，能产生显著的变形而不发生断裂的能力。工程上常以断后伸长率 A 和断面收缩率 Z 作为衡量金属静载荷下塑性变形能力的指标。

断后伸长率 A 和断面收缩率 Z 都是用来度量金属材料塑性大小的指标，两者数值愈大表示金属材料的塑性愈好。如纯铁的断后伸长率几乎为 50%，而普通铸铁的断后伸长率还不到 1%，因此纯铁的塑性远比铸铁好。

与断后伸长率不同的是，断面收缩率 Z 是与试件尺寸大小无关的一个性能指标，因而它能更可靠、更灵敏地反映材料的塑性变化。

(3) 韧性

材料的韧性是材料断裂时所需能量的度量，描述材料韧性的指标主要有冲击韧性、无延性转变温度和断裂韧性等。

① 冲击韧性。冲击韧性是在冲击载荷作用下，材料抵抗冲击力的作用而不被破坏的能力，通常用冲击吸收功 A_K 和冲击韧度 α_K 来度量。冲击吸收功由冲击试验测得，冲断标准试样所消耗的功即为冲击吸收功，其单位为焦耳(J)。冲击韧度指单位横截面上所消耗的冲击吸收功，其单位为焦耳每平方厘米(J/cm²)。冲击吸收功或冲击韧度值越大，表示材料的冲击韧性越好。

冲击试验时，将欲测定的材料先加工成标准试样，放在试验机的机座上，如图 4-25 所

示。然后将具有一定重量 G 的摆锤举至一定的高度 H_1 ，使其获得一定的位能（GH_1），再将其释放冲断试样，摆锤剩余的能量为 GH_2 ，冲击吸收功 $A_K = GH_1 - GH_2$ 。用试样横截面面积 $S(cm^2)$ 去除 A_K ，即得到冲击韧度 α_K 的值。

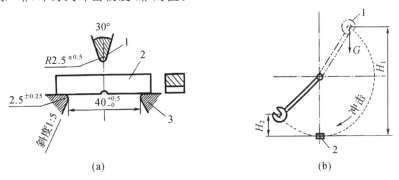

图 4-25　冲击试验原理

为此，韧性可以理解为材料在外加动载荷突然加载时的一种及时并迅速塑性变形的能力。韧性高的材料一般都有较高的塑性指标，但塑性指标高的材料却不一定具有较高的韧性，原因是静载下能够缓慢塑性变形的材料在动载下不一定能迅速地塑性变形。因此，冲击功的高低取决于材料有无迅速塑性变形的能力。

标准冲击试样上加工有缺口，缺口形状分为 V 形和 U 形两种，如图 4-26 所示。相同条件下同一材料制作的两种缺口试样的 α_K 值是不相同的。试验表明，V 形缺口试样的缺口尖端圆角小，可模拟较高的应力集中，反映材料的缺口敏感性，同时对温度变化很敏感，能较好地反映材料的韧性。

② 无延性转变温度。又称无塑性转变温度，测出在不同温度下材料的冲击韧性数值，可以发现在某一温度区间随温度降低其韧性值突然明显大幅下降，如图 4-27 所示，即材料从韧性状态转变为脆性状态，这一温度被称为材料的无延性转变温度，由该温度可以确定材料的最低使用温度。

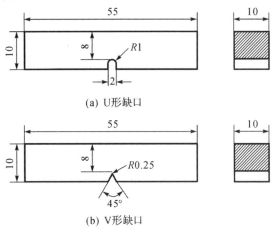

(a) U形缺口

(b) V形缺口

图 4-26　冲击试验的标准试样

（4）硬度

硬度是材料抵抗局部变形，特别是塑性变形、压痕或划痕的能力。硬度不是一个单纯的物理量，而是反映材料弹性、强度、塑性和韧性等的综合指标。通常材料的强度越高，硬度也越高。

硬度测试方法中，应用最多的是压入法，即在一定载荷作用下，采用比构件更硬的压头缓慢压入被测构件表面，使材料局部塑性变形而形成压痕，然后根据压痕面积大小或压痕深度来确定硬度值。当压头和压力一定时，压痕面积愈大或愈深，硬度就愈低。工程上常用的硬度指标有布氏硬度（HB）、洛氏硬度（HR）和维氏硬度（HV）等。

① 布氏硬度(HB)。测试原理是施加一定的载荷,将球体(淬火钢球或硬质合金球)压入被测材料的表面,保持一定时间后卸去载荷,根据压痕面积确定硬度大小。其单位面积所受载简称为布氏硬度,当测试压头为淬火钢球时,以 HBS 表示;当测试压头为硬质合金时,以 HBW 表示。

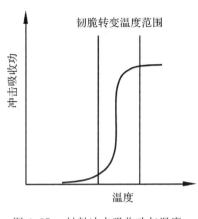

图 4-27　材料冲击吸收功与温度的关系曲线

布氏硬度的特点是比较准确,因此用途广泛。但由于布氏硬度所用的测试压头材料较软,所以不能测试太硬的材料;而且压痕较大,易损坏材料的表面。

金属材料的抗拉强度与布氏硬度 HBS(W) 之间,有以下近似经验关系:

对于低碳钢,$R_m \approx 0.36 \text{HBS(W)}$;

对于高碳钢,$R_m \approx 0.34 \text{HBS(W)}$;

对于灰铸铁,$R_m \approx 0.10 \text{HBS(W)}$。

② 洛氏硬度(HR)。它是由标准压头采用规定压力压入被测材料表面,根据压痕深度来确定材料的硬度值。根据压头的材料及压头所加的负荷大小又可分为 HRA、HRB、HRC 三种。

洛氏硬度操作简便、迅速,应用范围广,压痕小,硬度值可直接从表盘上读出,故得到较为广泛的应用。

③ 维氏硬度(HV)。维氏硬度的测试原理与布氏硬度相同,不同点是压头为金刚石方角锥体,所加负荷较小。因而它所测定的硬度值比布氏、洛氏精确,压入深度浅,适于测定表面经过处理的构件的表面层的硬度,但测定过程比较麻烦。

(5) 温变对金属材料力学性能的影响

高温下,材料的屈服强度、抗拉强度、塑性与弹性模量等性能均发生显著的变化。图 4-28 所示为温度对低碳钢力学性能的影响曲线,从图中可以看出,材料的弹性模量和屈服强度随温度升高而降低,抗拉强度先随温度升高而升高,但当温度达到一定值时迅速下降。通常情况下,随着温度的升高,金属材料的强度降低,塑性提高。除此之外,金属材料在高温下还有一个重要特性,即"蠕变"。所谓蠕变,是指高温下,在一定的应力作用下,材料的应变随时间而增加的现象。

材料在低温下,随着温度降低,强度提高,韧性陡降。当使用温度低于无延性转变温度时,材料由韧性转变为脆性,这种现象称为材料的冷脆性。材料的冷脆性可引发低温下操作的构件发生脆性破裂,而且这种破裂之前不产生明显的塑性变形,没有任何征兆,因而具有极大的危害性。

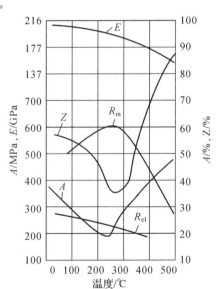

图 4-28　温度对低碳钢力学性能的影响曲线

4.3.1.2　物理性能

材料的物理性能有密度、熔点、热容、线膨胀系数、导热系数、导电性、磁性、弹性模量与泊松比等。在这些性能中,线膨胀系数与材料间的焊接性能直接相关。异种材料的焊接应保证相互间的线膨胀系数尽可能相近,否则会因膨胀量不等而使构件变形或失效。

4.3.1.3　化学性能

化学性能是指材料在所处介质中的化学稳定性,即材料是否会与介质发生化学反应或电化学作用而引起腐蚀。金属的化学性能指标主要有耐腐蚀性和高温抗氧化性。

（1）耐腐蚀性

耐腐蚀性是指材料抵抗介质侵蚀的能力,金属与周围介质之间发生反应或电化学作用而引起的破坏称为腐蚀。

金属材料耐腐蚀性能的强弱直接与材料的化学成分、晶相组织等有关,还与构件的结构形式有关。不同的金属因其化学活性不同,耐腐蚀性能也大不相同。常用金属材料在酸、碱、盐介质中的耐腐蚀性能如表 4-1 所示。

表 4-1　常用金属材料在酸、碱、盐介质中的耐蚀性

材料	硝酸		硫酸		盐酸		氢氧化钠		硫酸铵		硫化氢	
	%	℃	%	℃	%	℃	%	℃	%	℃	%	℃
灰铸铁	×	×	70～100 (80～100)	20 70	×	×	(任)	(480)	×	×		
高硅铸铁 Si-15	≥40 <40	≤沸 <70	50～100	<120	(<30)	(30)	(34)	(100)	耐	耐	潮湿	100
碳钢	×	×	70～100 (80～100)	20 (70)	×	×	≤35 ≥70 100	120 260 480	×	×	80	200
18-8 型 不锈钢	<50 (60～80) 95	沸 (沸) 40	80～100 (<10)	<40 (<40)	×	×	≤70 (熔体)	100 (320)	(饱)	250		100
铝	(80～95) >95	(30) 60	×	×	×	×	×	×	10	20		100
铜	×	×	<50 (80～100)	60 (20)	(<27)	(55)	50	35	(10)	40	×	×
铅	×	×	<60 (<90)	<80 (90)	×	×	×	×	(浓)	(110)	干燥气	20
钛	任	沸	5	35	<10	<40	10	沸				

注:表中数据及文字为材料耐腐蚀的一般条件,其中,带括弧"（　）"者为尚耐腐蚀;"任"为任意浓度;"×"为不腐蚀;"沸"为沸点温度;"饱"为饱和温度;"熔体"为熔融体。

（2）高温抗氧化性

部分构件长期处于高温工况下,对这类构件而言,除了要求材料在高温下保持基本力学性能外,还要求材料具有一定的抗氧化性能。所谓高温抗氧化性是指材料在迅速氧化后,能在表面形成一层连续而且致密并与材料结合牢固的膜,从而阻止材料进一步氧化。

4.3.1.4 加工工艺性能

材料加工工艺性能的好坏,直接影响到构件制造的工艺方法、质量以及制造成本。所以,加工工艺性能是构件选材时必须考虑的因素之一。

(1) 铸造性

铸造性是指浇铸铸件时,材料能充满比较复杂的铸型并获得优质铸件的能力。

对金属材料而言,铸造性主要包括流动性、收缩率、偏析倾向等。流动性好、收缩率小、偏析倾向小的材料其铸造性较好。常用金属材料中,灰铸铁和锡青铜的铸造性较好。

(2) 可锻性

可锻性是指材料是否易于进行压力加工的性能。材料可锻性的好坏主要由它的塑性和变形能力来衡量。一般来说,低碳钢的可锻性比中碳钢和高碳钢好,碳素钢的可锻性比合金钢好,而一般铸铁则不能进行任何压力加工。

(3) 焊接性

焊接性是指材料是否易于焊接在一起并能保证焊缝质量的性能,常用焊接处出现各种缺陷的倾向来衡量。焊接性主要取决于材料的化学成分,低碳钢具有优良的焊接性能,而铸铁的焊接性很差。某些工程塑料也具有良好的焊接性,但其焊接构件及工艺方法与金属大不相同。

(4) 切削加工性

切削加工性是指材料是否易于切削加工的性能。它与材料的种类、成分、硬度、韧性、导热性及内部组织状态等许多因素相关。有利于切削加工的硬度范围为 $160 \sim 230\text{HBS}$,切削加工性能好的材料切削容易、刀具磨损小、加工表面光洁。灰铸铁和碳素钢都具有较好的切削加工性能。

4.3.2 材料的热处理

金属热处理是将固态金属或合金在一定介质中加热、保温和冷却,以改变其整体或表面组织,从而获得所需性能的一种工艺过程。通过热处理,材料的内部组织结构会发生变化,性能也随之改变,这种方法是改善金属材料力学性能和加工工艺性的一种非常重要的工艺方法。

热处理工艺不仅应用于钢材,也广泛地应用于其他金属材料。热处理工艺中有三大基本要素:加热、保温和冷却。其中加热是第一道工序,不同的材料其加热工艺和加热温度是不相同的。保温的目的是要保证构件烧透,同时防止脱碳、氧化等,保温时间与加热介质、构件尺寸和材料本身密切相关。冷却是热处理的最终工序,也是热处理最重要的工序,材料在不同冷却速度下可以转变为不同的组织。图 4-29 所示为金属材料热处理工艺曲线。

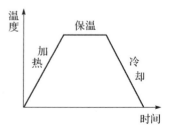

图 4-29 热处理工艺曲线

根据加热与冷却方式的不同,钢材热处理工艺一般可分为退火与正火、淬火与回火、表面淬火和化学热处理等。

① 退火与正火。退火是把构件加热到临界转变温度以上 $20 \sim 30\text{℃}$,保温一段时间,随炉

一起缓慢冷却下来的一种热处理工艺。退火的目的在于调整金相组织,细化晶粒,促进组织均匀化,改善力学性能;降低硬度,提高塑性,便于冷加工;消除部分内应力,防止构件变形。

而正火是将加热后的构件从炉中取出置于空气中进行冷却,它的冷却速度要比退火快,因而晶粒细化,韧性提高,可作为预备热处理,也可作为最终热处理工艺。铸件、锻件在切削加工前一般要进行退火或正火处理。

② 淬火与回火。淬火是将构件加热至淬火温度(临界转变温度以上 30 ～ 50℃),并保温一定时间,然后投入到淬火剂中冷却以得到马氏体组织的一种热处理工艺。为了保证良好的淬火效果,针对不同的钢种,可选择的淬火剂有空气、油、水和盐水,其冷却能力按上述顺序递增。碳素钢一般在水和盐水中淬火;合金钢导热性比碳素钢差,为防止产生过高应力,一般在油中淬火。淬火可以增加构件的硬度、强度和耐磨性。

回火一般是紧接淬火以后的一道必需的工艺。它是把经过淬火的构件加热到临界转变温度以下的某一温度保温后再冷却到室温的一种热处理工艺。

淬火后的构件处于较高的内应力状态,不能直接使用,必须及时回火,否则会有断裂的危险。淬火后回火的目的在于:降低或消除内应力,防止构件开裂和变形;减少或消除残留奥氏体,稳定构件尺寸;调整构件的内部组织和性能,以满足构件的使用要求。

根据加热温度的高低,回火通常可分为低温回火(150 ～ 250℃)、中温回火(350 ～ 500℃)和高温回火(500 ～ 650℃)。其中,淬火加高温回火的工艺又称调质处理,它使构件具有韧性、强度配合良好的综合力学性能,因而广泛地应用于各种重要的构件。同时含碳量在 0.3% ～ 0.5% 范围的钢材,也可以通过调质处理以改善其力学性能,通常将这类钢材称为调质钢。

③ 表面淬火。表面淬火是为了提高构件表层硬度和耐磨性而进行的一种热处理工艺。它是将构件表面快速加热到淬火温度,然后迅速冷却,仅使表层获得淬火组织,而芯部仍保持淬火前组织的热处理工艺。

④ 化学热处理。将构件放在某种化学介质中,通过加热、保温、冷却等过程,使介质中的某种元素渗入构件表面,以改变表面层的化学成分和组织结构,从而使构件表面具有某些性能的处理过程称化学热处理。按表面渗入元素的不同,化学热处理可分为渗碳、渗氮、碳氮共渗、渗铬、渗硅、渗铝等。其中,渗碳或碳氮共渗可提高构件的耐磨性;渗铝可提高高温抗氧化性;渗氮、渗铬可显著提高耐腐蚀性;渗硅可以提高耐腐蚀性等。

对构件进行合适的热处理工艺会增加构件的使用寿命,但热处理不当也会使构件产生质量问题。

① 过热。淬火温度过高和保温时间过长,会导致构件出现过热组织。过热组织中残留奥氏体增多,尺寸稳定性下降。由于淬火组织过热,钢的晶体粗大,会导致构件的韧性下降,抗冲击性能降低,构件的寿命也会降低。过热严重甚至会造成淬火裂纹。

② 欠热。淬火温度偏低或冷却不良则会在显微组织中产生超过标准规定的托氏体组织,称为欠热组织,它使材料硬度下降,耐磨性急剧降低,影响构件寿命。

③ 淬火裂纹。构件在淬火冷却过程中因内应力所形成的裂纹称淬火裂纹。造成这种裂纹的原因有:由于淬火加热温度过高或冷却太急,热应力和金属质量体积变化时的组织应力大于钢材的断裂强度;工作表面的原有缺陷(如表面微细裂纹或划痕)或是钢材内部缺陷(如夹渣、严重的非金属夹杂物、白点、缩孔残余等)在淬火时形成应力集中;严重的表面脱碳和碳

化物偏析;构件淬火后回火不足或未及时回火;前面工序造成的冷冲应力过大、锻造折叠、深的车削刀痕角等。总之,造成淬火裂纹的原因可能是上述因素的一种或多种,内应力的存在是形成淬火裂纹的主要原因。淬火裂纹深而细长,断口平直,破断面无氧化色。淬火裂纹的组织特征是裂纹两侧无脱碳现象,明显区别于锻造裂纹和材料裂纹。

④ 热处理变形。构件在热处理时,存在有热应力和组织应力,这种内应力能相互叠加或部分抵消,是复杂多变的,因为它能随着加热温度、加热速度、冷却方式、冷却速度、构件形状和大小的变化而变化,所以热处理变形是难免的。认识和掌握它的变化规律可以使构件的变形在可控的范围,有利于生产的进行。当然在热处理过程中的机械碰撞也会使构件产生变形,但这种变形是可以通过改进操作加以减少或避免的。

⑤ 表面脱碳。构件在热处理过程中,如果是在氧化性介质中加热,表面会发生氧化作用使构件表面碳的质量分数减少,造成表面脱碳。表面脱碳层的深度超过最后加工的余量就会使构件报废。表面脱碳层深度的测定在金相检验中可用金相法和显微硬度法。

⑥ 淬火软点。由于加热不足、冷却不良、淬火操作不当等原因造成构件表面局部硬度不够的现象称为淬火软点,它和表面脱碳一样可以造成构件表面耐磨性和疲劳强度的严重下降。

4.3.3 材料的腐蚀与防护

据我国2012年统计,一年中因腐蚀导致的事故所造成的经济损失就达到了25966亿元,相当于当年我国国民生产总值的5%;美国于1999年开展了第二次全国范围内的腐蚀损失调查,结果表明腐蚀造成的经济损失达到了全国GDP的3.5%左右,大于每年所有自然灾害造成损失的总和。目前,世界年腐蚀损失可达1.8万亿美元。腐蚀是影响金属构件使用寿命的主要因素之一。化工、石化、制药、轻工及能源领域,约有60%的构件失效与腐蚀有关。

4.3.3.1 电化学腐蚀与化学腐蚀
金属腐蚀的分类方法很多,按腐蚀的机理可分为电化学腐蚀和化学腐蚀。

(1)电化学腐蚀

电化学腐蚀指金属在电解质中,由于各部位电位不同,形成微电池,在电子交换过程中产生电流,作为负极的金属逐渐被溶解的一种过程。例如,碳素钢在水或潮湿环境中的腐蚀。金属及合金各相之间电位不同,即使纯度较高的材料,由于加工等因素,也会产生物理不均匀状态,这样就会形成电位差,如果再接触电解质或吸收空气中的二氧化碳、硫氧化物及水等,就会形成微电池,产生电流,使作为负极的金属溶解,即产生了电化学腐蚀。

(2)化学腐蚀

化学腐蚀指金属在介质中直接发生化学反应的腐蚀,腐蚀过程中不产生电流。

4.3.3.2 全面腐蚀与局部腐蚀
按照金属腐蚀的形貌特征,化学腐蚀又可以分为全面腐蚀和局部腐蚀。

(1)全面腐蚀

全面腐蚀指与腐蚀介质直接接触的全部或大部分金属表面发生比较均匀的大面积腐蚀,它会使构件壁厚均匀减薄,导致强度不足从而引发事故。选用耐腐蚀材料、采用衬里或喷涂保护层可以防止全面腐蚀。当腐蚀速率较小时,增加腐蚀裕量也可以消除腐蚀对构件强度的削弱。

（2）局部腐蚀

局部腐蚀指主要集中在金属表面局部区域的腐蚀，金属构件常见的腐蚀种类包括晶间腐蚀、小孔腐蚀及缝隙腐蚀。

① 晶间腐蚀。晶间腐蚀是一种常见的局部腐蚀，腐蚀沿晶粒边界和它的邻近区域产生和发展，而晶粒本身的腐蚀则很轻微。这是一种危害很大的局部腐蚀，因为材料产生这种腐蚀后，宏观上没有什么明显的变化，不易被察觉。例如，产生晶间腐蚀的奥氏体不锈钢表面依然可以十分光洁，但是材料的晶间结合力已经丧失，强度急剧下降，破坏往往突然发生。

引起晶间腐蚀的环境有电解质溶液、过热水蒸气、高温水和熔融盐等。晶间腐蚀必须在腐蚀环境中，并且晶界物质的物理化学状态与晶粒本体不同时才能产生。

对晶间腐蚀敏感的材料有铁素体、奥氏体不锈钢、铝合金、镁合金及铜合金等。为防止不锈钢的晶间腐蚀，可以采取在奥氏体不锈钢中加入稳定元素钛和铌，或采用超低碳钢等措施。

② 小孔腐蚀。又称孔蚀或点腐蚀，是从金属表面产生针状、点状、小孔状的局部腐蚀。大多数小孔腐蚀与卤素离子有关，影响最大的是氯化物、溴化物和次氯酸盐。小孔腐蚀常发生在静滞的液体中，提高流体流速可减轻小孔腐蚀。此外，在不锈钢中增加钼的含量和尽量降低介质中的卤素离子含量等，均可有效缓解小孔腐蚀。

③ 缝隙腐蚀。在构件连接处可能出现狭窄的缝隙，其缝宽（$0.025 \sim 0.1mm$）足以使电解质溶液进入，使缝内金属与缝外金属构成短路原电池，并且在缝内发生强烈的腐蚀，这种局部腐蚀称为缝隙腐蚀。结构设计时减少或避免缝隙是防止缝隙腐蚀的有效措施。

4.3.3.3　应力腐蚀

金属材料在特定介质环境中，在拉伸应力作用下，经过一定时间后会导致韧性材料迅速开裂或发生早期破坏。应力腐蚀与单纯由均匀腐蚀引起的破坏不同，往往由均匀腐蚀性极弱的介质引起；应力腐蚀与单纯由应力造成的破坏也不同，可以在低应力下发生破坏，这种破坏称为应力腐蚀。

（1）应力腐蚀断裂发生的条件与特征

① 特定的腐蚀介质与材料的组合。一定的材料只有在与特定的介质环境组合时才会发生应力腐蚀。例如，在氯化物溶液中，面心立方晶体的奥氏体不锈钢容易发生应力腐蚀（又称氯脆），而体心立方晶体的铁素体不锈钢，就不容易发生这种腐蚀。

② 拉应力的存在。拉应力是发生应力腐蚀的必要条件之一。拉应力可以是工作载荷引起的，也可以是装配应力或材料的残余应力引起的，压缩应力不会引起应力腐蚀破坏。

③ 材料的纯度和组织状态的影响。通常认为纯金属不会发生应力腐蚀，在存在极少杂质时，可能发生应力腐蚀。同时，材料的组织状态对应力腐蚀的敏感性影响很大，稳定的组织对应力腐蚀的敏感性较小。例如，在湿硫化氢环境中工作的碳素钢，当硬度 HBS 大于 250 时，明显存在应力腐蚀现象，硬度越高（即组织越不稳定），则材料对应力腐蚀越敏感。

④ 一般为延迟脆性断裂。应力腐蚀裂纹的形成、扩展需要一定的时间，断裂时没有明显的宏观变形，但断口可为晶间、穿晶或混合型断裂。

（2）常见的应力腐蚀

① 碱溶液。高浓度的 NaOH 溶液，在溶液沸点附近很容易使碳素钢产生应力腐蚀，铬镍

钼钢在 NaOH 溶液中也会发生应力腐蚀。

② 湿硫化氢。在以原油、天然气或煤为原料的金属构件中,湿硫化氢应力腐蚀是一个较普遍的现象。硫化氢浓度越高、溶液的 pH 值越低、钢的强度和硬度越高,就越容易产生硫化氢应力腐蚀。

③ 液氨。用于液氨储存和运输的金属构件,若在充装、排料及检修过程中,无水液氨受空气污染,溶入氧和二氧化碳,反应生成的氨基甲酸铵对碳钢有强烈的腐蚀作用。钢的强度越高,发生应力腐蚀开裂的倾向也越大。

(3) 应力腐蚀的预防措施

为预防应力腐蚀引起的金属构件失效,一般可采取以下措施:① 合理选择材料;② 降低或消除残余拉应力;③ 改善介质条件,设法减少、消除促进应力腐蚀的有害离子或成分,或在腐蚀性介质中添加缓蚀剂;④ 在与介质接触的表面施以保护层,避免介质与钢材直接接触;⑤ 消除结构中存在的缝隙等死角,特别是应力集中部位和高温区,以免介质浓缩。

4.3.4 常用工程材料

常用工程材料种类非常广泛,包括钢、铸铁、有色金属及其合金以及非金属材料等。其中,钢和铸铁是工程中应用最广泛、最重要的金属材料,它们由95%以上的铁和0.05% ~ 4.3%的碳及1%左右的杂质元素组成,又称"铁碳合金"。

4.3.4.1 铁碳合金的组织结构

在金相显微镜下看到的金属的晶粒,简称组织,如图4-30所示。而在电子显微镜下观察到的金属原子的各种规则排列,则称为金属的晶体结构,简称结构。

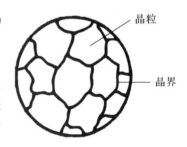

图 4-30 金属的显微组织

纯铁在不同温度下具有两种不同的晶格结构,即面心立方晶格与体心立方晶格,如图4-31所示。体心立方晶格的纯铁称为 α-Fe,面心立方晶格的纯铁称为 γ-Fe。α-Fe 的塑性要好于 γ-Fe,而 γ-Fe 的强度要高于 α-Fe。α-Fe 经加热可转变为 γ-Fe;反之高温下的 γ-Fe 冷却可转变为 α-Fe。

碳对铁碳合金性能的影响很大,铁中加入少量的碳,强度显著增加。这是由于碳引起了铁内部组织的变化,从而引起碳钢的力学性能的相应改变。碳在铁中的存在形式有固溶体(组成合金的元素互相溶解,形成一种与某一元素的晶体结构相同、并包含有其他元素的合金固相,称为固溶体)、化合物和混合物。这三种不同的存在形式形成了不同的基本组织。

(1) 铁素体

碳溶解在 α-Fe 中形成的间隙固溶体叫作铁素体。铁素体中碳溶解的能力极低,最大溶解度在727℃时,为0.0218%;室温时溶解度仅为0.0008%。所以铁素体强度和硬度低,但塑性和韧性很好。低碳钢是含铁素体的钢,具有软而韧的性能。

(2) 奥氏体

碳溶解在 γ-Fe 中形成的间隙固溶体叫作奥氏体。由于 γ-Fe 原子间隙较大,故碳在 γ-Fe 中的溶解度比 α-Fe 中大得多。如在727℃时的溶解度为0.77%,在1148℃时溶解度可达到最大值2.11%。由于奥氏体有较大的溶解度,所以塑性、韧性较好,且没有磁性。

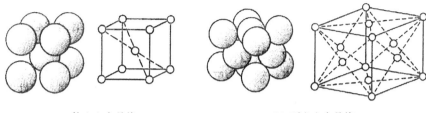

(a) 体心立方晶格　　　　　　　　　　(b) 面心立方晶格

图 4-31　纯铁的晶体结构

（3）渗碳体

铁和碳以化合物形态出现的碳化铁,称为渗碳体。其中铁原子与碳原子之比为 3∶1,即 Fe_3C。其中碳含量高达 6.67%。渗碳体的硬度很高,为 800HB,塑性和韧性很差,其性能特征为硬而脆。

渗碳体是一种亚稳定化合物,在一定条件下可分解为铁和碳,其中碳以石墨状态出现: $Fe_3C \rightarrow 3Fe + C$(石墨)。

铁碳合金中,当碳含量小于 2.11% 时,其组织是在铁素体中散布着渗碳体,这就是碳素钢;当碳含量大于 2.11% 时,部分碳就以石墨形式存在于铁碳合金中,这就是铸铁。石墨本身强度低,从强度观点分析,分布在铸铁中的石墨,相当于在合金中挖了许多孔洞,因而铸铁的抗拉强度和塑性都比钢低。但石墨的存在并不削弱抗压强度,并且使铸铁具有一定的消振能力。

（4）珠光体

珠光体是铁素体和渗碳体的机械混合物。碳素钢中珠光体组织的平均含碳量约为 0.8%。它的力学性能介于铁素体和渗碳体之间,即其强度、硬度比铁素体显著提高,塑性、韧性比铁素体低,但明显优于渗碳体。

（5）莱氏体

莱氏体是珠光体和初次渗碳体的共晶混合物。莱氏体具有较高的硬度,是一种较粗而硬的组织,存在于高碳钢和白口铁中。

（6）马氏体

马氏体是钢从高温奥氏体状态急冷(淬火)生成的一种组织。具有很高的硬度,但脆,延展性很低。同时马氏体由于过饱和,所以不稳定,加热后容易分解或转变为其他组织。

在铁碳合金中,含碳量在 0.0218% ～ 2.11% 者称为钢,大于 2.11% 者则为铸铁。当含碳量小于 0.0218% 时,称工业纯铁,但纯铁强度很低,故极少作为结构材料使用。而含碳量大于 4.3% 的铸铁极脆,没有实际应用价值。

钢又按其化学成分不同可分为碳素钢和合金钢。

4.3.4.2　碳素钢

碳素钢按含碳量多少可分为低碳钢(含碳量 ≤ 0.25%)、中碳钢(含碳量为 0.25% ～ 0.60%)和高碳钢(含碳量 > 0.60%)三大类。除碳以外,碳素钢中还含有少量的硫(S)、磷(P)、硅(Si)、氧(O)、氮(N)等,这些元素是通过矿石及冶炼过程中带入的,故称之为杂质元素。这些杂质元素对碳素钢的性能有一定的影响,如磷可引起钢材塑性、冲击韧性明显降低,尤其是在低温下,使材料显著变脆,发生"冷脆"现象;而硫能促进非金属夹杂物的形成,使材料塑性和韧性降低,产生"热脆"现象。因而,为保证钢材质量,必须严格控制各类钢中的杂质元素含量,并按钢中有害杂质硫、磷含量的多少,把碳素钢分为普通碳素钢和优质碳素钢。

(1)普通碳素钢

该类钢材的牌号以"Q+数字+字母1+字母2"表示。其中"Q"是钢材的屈服强度"屈"字的汉语拼音首字母,紧跟后面的"数字"是材料的屈服强度值,单位为 MPa,"字母1"代表质量等级符号(A、B、C、D),表示钢中的杂质含高低,C、D 级的杂质含量最低,质量较好;"字母2"代表脱氧方法符号,F、b、Z、TZ 依次表示沸腾钢、半镇静钢、镇静钢及特殊镇静钢,后两种钢牌号中的脱氧方法符号可以省略。如 Q235B 表示屈服强度值为 235MPa 的镇静钢,质量等级为 B。

普通碳素钢有 Q195、Q215、Q235、Q255 及 Q275 五个钢种。其中,屈服强度为 235MPa 的 Q235 有良好的塑性、韧性和加工工艺性,且价格便宜,应用较为广泛。

(2)优质碳素钢

优质钢含硫、磷等有害杂质元素较少,其冶炼工艺严格,钢材组织均匀、表面质量高,同时保证钢材的化学成分和力学性能。

优质碳素钢的牌号仅用两位数字表示,钢号顺序为 08、10、15、20、25 为优质低碳钢,30、35、40、45、50、55 为优质中碳钢,60、65、70、80 为优质高碳钢。钢号数字表示钢中平均含碳量的万分之几。如 45 钢表示钢中含碳量平均为 0.45%(0.42%～0.50%)。其中的优质低碳钢强度较低但塑性和焊接性能较好,常用于制造接管、法兰等。

4.3.4.3 合金钢

合金钢是为了得到或改善某些性能,在碳素钢中添加适量的一种或多种合金元素所制成的钢。

(1)合金钢的分类与编号

合金钢的种类较多,通常按合金元素总含量高低分为低合金钢(合金元素含量＜5%)、中合金钢(合金元素含量为 5%～10%)和高合金钢(合金元素含量＞10%);按用途分为合金结构钢、合金工具钢和特殊性能钢等。这类钢的牌号一般由"数字+(元素符号+数字)+(元素符号+数字)…"等几部分组成。前两位数字表示平均含碳量的万分之几,但不锈耐酸钢、耐热钢用千分数表示,平均含碳量＜0.08%用"0"表示,平均含碳量＜0.03%用"00"表示;合金元素以汉字或化学符号表示,合金元素后面的数字表示该元素的近似含量,单位是百分之几。如果合金元素平均质量分数低于 1.5% 时则不标明其含量;当平均质量分数大于或等于 1.5%～2.49% 时,则在元素后面标"2",依此类推。如 35CrMo 表示这种钢的含碳量平均为万分之三十五(或 0.35%),含 Cr、Mo 在 1.5% 以下。

(2)合金元素对钢性能的影响

目前在合金钢中常用的合金元素有:铬(Cr)、锰(Mn)、镍(Ni)、硅(Si)、铝(Al)、钼(Mo)、钒(V)、钛(Ti)和稀土元素等。

铬能提高钢的耐腐蚀性能和抗氧化性能,当其含量达到 13% 时,能使钢的耐腐蚀能力显著提高。铬还能提高钢的淬透性,显著提高钢的强度、硬度和耐磨性,但它使钢的塑性和韧性降低。

锰能提高钢的强度,同时对提高低温冲击韧性也有好处。

镍能提高钢的淬透性,使钢具有很高的强度,且保持良好的塑性和韧性,镍还能提高钢的耐腐蚀性和低温冲击韧性。镍基合金具有更高的热强性能,因此被广泛应用于不锈钢和耐热钢中。

硅能提高钢的强度、高温疲劳强度、耐热性及耐 H_2S 等介质的腐蚀性,但硅含量增加会降低钢的塑性和冲击韧性。

铝作为强脱氧剂,能显著细化钢的晶粒、提高冲击韧性、降低冷脆性。铝还能提高钢的抗氧化性和耐热性,对抵抗 H_2S 介质腐蚀有良好作用。铝的价格比较便宜,所以在耐热合金钢中常用它来代替铬。

钼能提高钢的高温强度、硬度、细化晶粒、防止回火脆性。含钼量小于 0.6% 时可提高钢的塑性,钼还能抗氢腐蚀。

钒能提高钢的高温强度、细化晶粒、提高淬透性。铬钢中加入少量钒,在保持钢的强度不变的情况下,可改善钢的塑性。

钛作为强脱氧剂,能提高钢的强度、细化晶粒、提高韧性、减小铸锭缩孔和焊接裂纹等倾向,在不锈钢中起稳定碳的作用,减少铬与碳化合的机会,防止晶间腐蚀。

稀土元素可提高钢的强度,改善钢的塑性、耐腐蚀性及焊接性能等。

（3）普通低合金高强度结构钢（简称低合金钢）

低合金钢是一种低碳低合金钢（碳含量通常小于 0.25%,合金元素总量一般不超过 3%）,具有优良的综合力学性能,其强度、韧性、耐腐蚀性、低温和高温性能等均优于相同含碳量的碳素钢。采用低合金钢,可以有效减薄构件的壁厚,减轻重量,节约钢材。16Mn 是较低级别低合金钢中,是最具代表性的钢种之一,它属于 350MPa 强度级,是 20 世纪 30 年代发展起来的世界第一种低合金高强度钢,也是目前我国产销量最大的一种低合金高强度钢。

（4）特殊行业专用钢

这类钢是指某些用于特殊用途的钢种,这类钢质地均匀、杂质含量低,在力学性能方面能满足某些特殊要求。

（5）不锈钢

不锈钢是不锈耐酸钢的简称,指在自然环境或一定工业介质（酸、碱、盐等）中具有高度化学稳定性、抵抗腐蚀的一类钢。有时,仅把能够抵抗大气腐蚀的钢统称为不锈钢,而在某些侵蚀性强烈的介质中抵抗腐蚀的钢统称为耐酸钢。

不锈钢种类繁多,性能各异,通常按钢的金相组织分为铁素体不锈钢、奥氏体不锈钢、马氏体不锈钢和奥氏体 - 铁素体双相不锈钢等。

① 马氏体不锈钢。其含碳量为 $0.1\% \sim 0.45\%$,含铬量为 $12\% \sim 14\%$,属于铬不锈钢,通常指 Cr13 型不锈钢。典型钢号有 1Cr13、2Cr13、3Cr13、4Cr13 等。这类钢具有良好的力学性能,但耐蚀性、塑性及焊接性能稍差,一般用于制作既承受载荷又需耐蚀的构件。

② 铁素体不锈钢。也是以铬为主要合金元素,一般含碳量 $\leqslant 0.15\%$,含铬量为 $12\% \sim 30\%$,同样属于铬不锈钢。典型钢号有 0Cr13、1Cr17、1Cr17Ti、1Cr28 等。由于该类型不锈钢碳含量较低,而铬含量较高,因此这类钢从室温加热到高温（$960 \sim 1100℃$）,其显微组织始终是单相铁素体组织。其耐蚀性、塑性、焊接性能均优于马氏体不锈钢,特别是对硝酸、磷酸有较高的耐蚀性,但强度比马氏体不锈钢低。

③ 奥氏体不锈钢。在含 Cr 量为 18% 的钢中加入 $8\% \sim 11\%$（质量分数）的 Ni 就可得到奥氏体不锈钢,典型钢号为 0Cr18Ni9（S30408）。常以其 Cr、Ni 平均含量"18-8"来表示这种奥

氏体钢的代号。将这类钢加热至 1100 ～ 1150℃，并在水中淬火后，常温下能得到单一的奥氏体组织，钢中的 C、Cr、Ni 全部固溶于奥氏体晶格中。经这种热处理（又称固溶处理）后的奥氏体 18-8 型不锈钢具有较高的抗拉强度、较低的屈服强度、极好的塑性、韧性和耐腐蚀性，它的冷热加工性和焊接性也很好，是目前应用最多的一类不锈钢，广泛用于阀门、管道等构件的制造。

然而 18-8 型不锈钢容易发生晶间腐蚀，当这类钢被加热到 400 ～ 800℃ 温度范围内，或自高温缓慢冷却（如焊接）时，碳元素会从过饱和的奥氏体中以 Cr23C6 的形式沿晶界析出，使奥氏体晶界附近的有效 Cr 的含量降低至不锈钢耐腐蚀所必需的最低含量(11.7%)以下，从而产生晶间腐蚀。在钢中加入与碳亲和力比 Cr 更强的 Ti、Nb 等元素可进一步降低钢中的碳含量，可防止晶间腐蚀并大大提高其耐蚀性，如 0Cr18Ni10Ti(S32168)、00Cr19Ni10(S30403) 等。

④ 双相不锈钢。在奥氏体不锈钢基础上提高铁素体形成元素 Cr、Mo、Si、Nb 等含量，降低奥氏体形成元素 Ni、C、Mn、N 的含量，就可得到铁素体—奥氏体双相组织，它兼有铁素体钢和奥氏体钢的性能特点。双相不锈钢不仅克服了奥氏体不锈钢耐应力腐蚀能力差的缺点，而且还显著提高了抗晶间腐蚀和孔蚀性能，适用于制造介质中含氯离子的构件。如 022Cr19Ni5Mo3Si2N(S21953)、022Cr22Ni5Mo3N(522253)、022Cr23Ni5Mo3N(522053) 等都属于双相不锈钢。

⑤ 耐热钢和高温合金。在原油加氢、裂解、催化等过程工业中，常需要能耐高温的阀门。而碳素钢在 350℃ 以上就会产生显著的蠕变，使材料强度大大下降。当温度达到 570℃ 以上时又会产生显著的氧化，并层层剥落。因此，从强度和抗氧化腐蚀两方面来考虑，普通碳素钢大多只能用于 400℃ 以下的温度，当使用温度更高时必须选用其他更耐热的钢种 —— 耐热钢或高温合金。

耐热钢是指在高温下具有较高的强度和良好的化学稳定性的合金钢，耐热钢按耐热要求的不同，可分为抗氧化钢与热强钢。

抗氧化钢主要能抗高温氧化，但强度并不高。常用作工作环境温度高但受力不大的零部件，常用的抗氧化钢有 Cr17Al4Si、Cr18Ni25Si2、3Cr18Mn12Si2N 等。

热强钢高温下有较好的抗氧化性和耐腐蚀能力，且有较高的强度，常用作高温下受力的零部件。常用的热强钢有 15CrMoR、14Cr1MoR、12Cr2Mo1R、12Cr1MoVR 等。

一般耐热钢的工作温度都在 700℃ 以下，如果工作温度在 700 ～ 1000℃ 范围内，耐热钢就不能胜任，必须采用高温合金。

高温合金有三个主要类型：铁基合金、镍基合金和钴基合金。铁基耐热合金的工作温度在 700℃ 以下，含有相当高的 Cr、Ni 成分和其他强化元素。镍基耐热合金是目前在 700 ～ 900℃ 范围内使用最广泛的一种高温合金，其含 Ni 量通常在 50% 以上。钴基耐热合金的高温强度主要靠固溶强化获得，但钴价格昂贵，一般在 1000℃ 以上才会使用。

4.3.4.3 铸铁

工业上常用的铸铁，其含碳量在 2.11% 以上，并含有 Si、Mn、S 和 P 等杂质。铸铁是脆性材料，抗拉强度较低，但具有良好的铸造性、耐磨性、减振性及切削加工性。在一些介质（如硫酸、醋酸、盐溶液、有机溶剂等）中具有良好的耐腐蚀性能。铸铁生产成本低廉，因此广泛地应用于阀门的制造中。

常用的铸铁有：① 灰铸铁，其牌号用 HT 和抗拉强度值表示，如 HT150 即表示抗拉强度为 150MPa 的灰铸铁。它可用于制造承受压应力及要求消振、耐磨的构件。② 球墨铸铁，其牌号用 QT、抗拉强度和断后伸长率表示，如 QT400-18，其中的 400 表示抗拉强度等于 400MPa，18 表示断后伸长率为 18%。球墨铸铁在强度、塑性和韧性方面大大超过灰铸铁，甚至接近钢材，常用来制造形状复杂的构件。③ 高硅铸铁，它是特殊性能铸铁中的一种，是往灰铸铁或球墨铸铁中加入定量的合金元素硅等熔炼而成的，具有优良的耐腐蚀性能，可用于制作各种耐酸阀门中的零部件。

4.3.4.4　有色金属及其合金

在金属材料领域，常把钢铁材料称为黑色金属，而把其他的金属材料统称为有色金属。相对于黑色金属，有色金属有许多优良的特性，是现代工业中不可缺少的材料，在国民经济中占有十分重要的地位。例如，铝、镁、钛等具有相对密度小、比强度高的特点，广泛应用于航空航天、汽车、船舶等行业；铜有优良的导电性和低温韧性；铅能防辐射、耐稀硫酸等多种介质的腐蚀，等等。常用有色金属及合金的代号列于表 4-2。

表 4-2　常用有色金属及合金的代号

名称	铜	黄铜	青铜	铝	铅	钛	镍
代号	T	H	Q	L	Pb	Ti	Ni

（1）铜及铜合金

纯铜呈紫红色，所以又称紫铜。纯铜的密度为 $8.9g/cm^3$，熔点为 1083℃。工业纯铜根据杂质含量的多少，可分为四种：T1、T2、T3、T4，编号越大，纯度越低。

铜（包括铜合金）具有很高的导热性、导电性和塑性。特别是在低温下能保持较高的塑性和冲击韧性，因而是制造深冷构件的良好材料。铜在大气、水及中性盐、苛性碱中都相当稳定；同时铜耐稀硫酸、亚硫酸、低浓度和中等浓度的盐酸、乙酸、氢氟酸及其他非氧化性酸等介质的腐蚀，但铜不耐各种浓度的硝酸、氨和铵盐溶液。纯铜的强度较低，尽管通过冷热变形加工可使其强度提高，但塑性却急剧下降，因此，不适用于作结构材料，较多地用作中、低压阀门和高压阀门的垫片。为满足制作结构件的需要，需对纯铜进行合金化，加入一些如 Zn、Al、Sn、Mn、Ni 等适宜的合金元素。

铜与锌组成的合金叫黄铜。黄铜铸造性能好，机械强度比纯铜高，价格便宜，耐腐蚀性也高于纯铜，但在中性、弱酸性介质中，因锌易溶解而被腐蚀。工业上常用的黄铜有 H62、H68、H80（H 后的数字代表铜的平均百分含量）等。H68、H80 的塑性好，可在常温下冲压成形；H62 在室温下塑性较差，机械强度较高，且价格低廉。

铜与镍组成的合金称为白铜。它是工业铜合金中耐腐蚀性能最优者，抗冲击腐蚀、应力腐蚀性能较好。

除黄铜、白铜外，其余的铜合金统称为青铜。其中，铜与锡的合金称为锡青铜；铜与铝、硅、铅、锰等组成的合金称为无锡青铜。锡青铜是我国历史上使用最早的有色合金，也是最常用的有色合金之一。其在大气、海水和无机盐类溶液中有极好的耐蚀性，同时还具有较高的耐磨性，广泛应用于耐磨部件的制造。

（2）铝及铝合金

纯铝是一种银白色的轻金属，它的密度约为钢的三分之一（$2.72g/cm^3$），质量轻，比强度高，具有良好的导电、导热性。纯铝在低温下，甚至在超低温下都具有良好的塑性和韧性。同时，纯铝的加工工艺性能也较好，易于铸造和切削，也可承受压力加工。

纯铝在氧化性介质中，其表面会形成一层 Al_2O_3 保护膜。因此，在干燥或潮湿的大气中、在氧化剂的盐溶液中、在浓硝酸以及过氧化氢、氨气等介质中，铝都具有良好的耐腐蚀性能。但含有卤素离子的盐类、氢氟酸以及碱溶液都会破坏铝表面的氧化膜，所以纯铝不宜在这些介质中使用。

工业纯铝的强度虽可经过加工硬化得到提高，但依然难以作为工程结构材料使用。但在铝中加入适量的合金元素，即可配制成各种成分的铝合金，并通过冷变形加工或热处理提高其力学性能。

铝合金种类很多，根据生产方法的不同可将其分为变形铝合金和铸造铝合金两大类。变形铝合金包括防锈铝合金、硬铝合金、超硬铝合金和锻铝合金。防锈铝合金为铝和锰、镁的合金，以代号"LF"表示，常用的牌号有 LF2、LF3、LF4、LF21 等。它的耐腐蚀性能好，有足够的塑性，强度比纯铝高得多，常用来制作与液体接触的构件和深冷构件及其零部件。

（3）铅

铅是重金属，密度为 $13.5g/cm^3$，硬度低、强度小，不宜单独作为结构材料，只适于用作构件的衬里。铅在许多介质，特别是硫酸（80% 的热硫酸及 92% 的冷硫酸）中具有很高的耐蚀性，所以化工上主要用于制作处理硫酸的构件。但铅有毒且价格较贵，因而实际应用较少。

（4）钛及钛合金

钛的密度小（$4.51g/cm^3$），比钢轻 43%，但钛的强度比铁高 1 倍、比纯铝几乎高 5 倍，相当于 20R 的强度。这种高强度与低密度的结合，加上其耐蚀性强、低温性能好、黏附力小等优点，使钛在现代工业尤其是航空航天中占有极其重要的地位。

按杂质含量多少，将工业纯钛分成四级：TA0、TA1、TA2、TA3，牌号顺序增大，材料的强度升高，但杂质含量增多，其塑性也同步降低。防腐蚀工程中主要采用 TA2，工业纯钛的牌号如不注明，一般指 TA2。

在钛中添加锰、铝或铬、钒等金属元素，能获得性能优异的钛合金，如钛钯合金、钛镍钼合金等。钛还是一种很好的耐热材料，但钛及其合金焊接性能较差、价格比较昂贵。

（5）镍和镍合金

镍是稀有贵重金属，密度为 $8.902g/cm^3$，具有较高的强度和塑性、良好的延展性和可锻性，其熔点较高，有较好的高温抗氧化性能。同时，镍在强腐蚀介质中比不锈钢有更好的耐腐蚀性，比耐热钢有更好的抗高温强度，最高使用温度可达 900℃，故镍主要应用于制碱工业，常用于制造处理碱介质的管路、阀门等构件。

在镍合金中，以牌号为 NiCu28-2.5-1.5（镍铜合金）的蒙乃尔合金应用最广。蒙乃尔合金能在 500℃ 时保持高的力学性能，能在 750℃ 以下抗氧化，在非氧化酸、盐和有机溶液中比纯镍、纯铜具有更优良的耐腐蚀性能。

4.3.4.5　非金属材料

非金属具有一些金属所不具备的性能和特点，如耐腐蚀、绝缘、消声、质轻、加工成形容易、生产率高、成本低等，所以非金属材料在工业中的应用日益广泛。例如，高分子材料常常取代金属材料用作化工管道、盐业泵构件、汽车结构件等;而古老的陶瓷材料也突破了传统的应用范围,成为高温结构材料和功能材料的重要组成部分。

非金属材料在阀门构件上有广阔的应用前景,它既可以单独用作结构材料,也可用作金属材料的保护衬里或涂层,还可以用作构件的密封材料、保温材料和耐火材料等。

非金属材料分为无机非金属材料、高分子材料和复合材料三大类。

（1）无机非金属材料

无机非金属材料包括陶瓷、搪瓷、耐火材料、玻璃等,其主要原料是硅酸盐矿物,又称硅酸盐材料。

① 化工陶瓷。其主要原料是黏土、瘠性材料和助熔剂,用水混合后经过干燥和高温焙烧,形成表面光滑、断面像细密石质的材料。化工陶瓷具有良好的耐腐蚀性能、足够的不透性、充分的耐热性和一定的机械强度。但陶瓷性脆易裂、导热性差。

在化工生产中,化工陶瓷应用越来越多。化工陶瓷产品有塔、容器、泵、阀门以及管件等。

② 化工搪瓷（又称搪玻璃）。化工搪瓷以二氧化硅为主体加上其他多种元素制成的玻璃质瓷釉,经 920 ～ 960℃ 多次高温烧结,使瓷釉牢固地密着于金属铁胎表面而制成。因此,它既具有类似玻璃的化学稳定性,又具有金属强度的双重优点,是一种优良的耐腐蚀材料,广泛地应用于化工、石油、冶金、医药等领域,常用以代替不锈钢和有色金属材料。它同时还有不粘、绝缘、隔离性和保鲜性好等优点,使用温度为 - 30 ～ 270℃。

③ 玻璃。玻璃耐蚀性好,除氢氟酸、盐酸和碱液等介质外,对大多数酸类、稀碱液和有机溶剂等而言,都具有良好的耐蚀性。其具有表面光滑、流动阻力小、容易清洗、质地透明、便于检查内部情况及价格低廉等优点,但同时具有质脆、耐温度急变性差、不耐冲击和振动等缺点。

（2）高分子材料

高分子材料按材料来源可分为天然高分子材料（蛋白、淀粉、纤维素等）和人工合成高分子材料（如塑料、合成橡胶、合成纤维等）。按性能和用途可分为塑料、橡胶、纤维、胶黏剂、涂料等。

① 塑料。塑料是在玻璃态下使用具有可塑性的高分子材料。按应用领域可分为通用塑料、工程塑料和特种塑料;按成型工艺性能可分为热固性塑料和热塑性塑料两大类。

通常,塑料具有密度小、比强度大、电绝缘性好、耐蚀性好和易加工变形等优点,但也具有不耐高温、强度差、易变形、热膨胀系数大、导热差、易老化等缺点。它可作为结构材料、耐蚀衬里材料、绝缘材料等使用,亦可制作多种型材（如管、板、棒等）以及各类制品（如泵、阀以及机械零部件等）。

常用的塑料有硬聚氯乙烯、聚乙烯、耐酸酚醛塑料、聚四氟乙烯塑料等。

A. 硬聚氯乙烯（PVC）塑料。PVC 塑料有良好的耐腐蚀性能,能耐稀硝酸、稀硫酸、盐酸、碱、盐等腐蚀,并具有一定的强度,加工成型方便,焊接性能好等特点。但 PVC 材料导热系数小、冲击韧性低、耐热性较差。使用温度为 - 15 ～ 60℃,当温度在 60 ～ 90℃ 时,强度显著下降。

B. 聚乙烯（PE）塑料。PE 塑料是以乙烯为单体聚合制得的高分子聚合物,有优良的电绝缘性、防水性、化学稳定性。在室温下,除硝酸外,对各种酸、碱、盐溶液均具有良好的耐蚀性,对氯氟酸特别稳定。

C. 耐酸酚醛(PF)塑料。PF 塑料是以酚醛树脂为基体,加入填料(石棉、石墨、玻璃纤维等)及助剂制成的一种热固性塑料。PF 塑料制品在常温下具有优良的尺寸稳定性,承载时变形较小,耐热性好,一般可在 150℃ 以下长期使用,有较高的机械强度、耐腐蚀性能好。可用于制作防腐蚀管道、阀门、泵等,也可用作构件衬里,目前在氯碱、染料、农药等工业中应用较多。但这种塑料较脆、冲击韧性低。

D. 聚四氟乙烯(PTFE)塑料。属于氟塑料的一种,具有很好的耐高、低温性能,优异的耐腐蚀性能。聚四氟乙烯几乎不受任何化学药品的腐蚀,它的化学稳定性超过了玻璃、陶瓷、不锈钢,甚至金、铂等贵金属,能耐强腐蚀性介质(硝酸、浓硫酸、王水、盐酸、苛性碱等)腐蚀,有"塑料王"之称,可在 $100 \sim 250℃$ 范围内长期使用。聚四氟乙烯塑料常用制作阀门的密封元件。

② 橡胶。按原料来源可分为天然橡胶和合成橡胶两大类;按应用范围又可分为通用橡胶和特种橡胶。橡胶是一种有机高分子材料,在很宽的温度范围内具有高弹性,在较小的应力作用下就能产生较大的弹性变形($200\% \sim 1000\%$)。橡胶还有较好的抗撕裂、耐疲劳特性,在使用中经多次弯曲、拉伸、剪切和压缩不受损伤,具有不透水、不透气、耐酸碱和绝缘等特性,广泛用作密封、防腐蚀、防渗漏、减振、耐磨以及绝缘等构件中。

③ 涂料。涂料就是通常所说的油漆,是一种有机高分子胶体的混合溶液,涂在构件表面能干结成膜。涂料主要有三大基本功能:一是保护功能,起着避免外力碰伤、摩擦、防止腐蚀的作用;二是装饰功能,起着使制品表面光亮美观的作用;三是特殊功能,可作为标志使用。

涂料由黏结剂、颜料溶剂和其他辅助材料组成。其中,黏结剂是主要的成膜物质,由油脂、天然或合成树脂制成,它决定了膜与基体层黏结的牢固程度。颜料也是涂膜的组成部分,它不仅使涂料着色,而且能提高涂膜的强度、耐磨性、耐久性和防锈能力等。溶剂是涂料的稀释剂,其作用是稀释涂料,以便于施工,干结后挥发。辅助材料通常有催干剂、增塑剂、固化剂和稳定剂等。

在阀门领域,涂料的主要功能是保护材料的内外表面,防止介质的腐蚀,常用的防腐涂料有带锈涂料、油基防锈涂酚醛树脂涂料、环氧树脂涂料、聚氨酯涂和塑料涂料等。塑料涂料有乙烯涂料、聚氟乙烯涂料等。

大多数情况下,防腐涂料主要用于涂刷阀门、管路的外表面,有时也用于构件内壁面的防腐涂层。

④ 不透性石墨。不透性石墨是由各种树脂浸渍石墨消除孔隙而得到的。它具有较高的化学稳定性和良好的导热性、热膨胀系数小、耐温度急变性好、不污染介质、能保证产品纯度、加工性能良好、相对密度较小等特点。其缺点是机械强度较低,性脆。

由于不透性石墨的耐腐蚀性能优良,导热性能良好,因此常用于制作腐蚀性强的介质的构件和零部件。

(3)复合材料

由于多数金属不耐腐蚀,无机非金属材料性脆,而高分子材料不耐高温,因此将上述两种或两种以上的不同的材料组合起来,使之相互弥补材料的不足从而形成复合材料。复合材料由基体材料和增强材料复合而成,基体材料有金属、塑料、陶瓷等,增强材料有各种纤维和无机化合物颗粒等。

按基体材料不同,复合材料可分为金属基复合材料、高分子基复合材料和陶瓷基复合材料三类。常用的复合材料有玻璃钢、碳纤维－金属复合材料等。

① 玻璃钢。玻璃纤维增强的塑料俗称为"玻璃钢"。它以合成树脂为黏结剂，以玻璃纤维为增强材料，按一定成型方法制作而成。玻璃钢是一种新型的非金属防腐材料，具有优良的耐腐蚀性能、较高的强度和良好的加工工艺性能等优点，在生产中应用日益广泛。

根据所用树脂的不同，玻璃钢性能差异很大。目前应用在防腐蚀方面的玻璃钢种类有环氧玻璃钢、酚醛玻璃钢（耐酸性好）、呋喃玻璃钢（耐腐蚀性好）、聚酯玻璃钢（施工方便）等。玻璃钢常用于制作泵、阀、管道等构件。

② 碳纤维－金属复合材料。碳纤维是有机纤维在惰性气体中，经高温碳化而制成的，其相对密度小、弹性模量高、高温性能及低温性能优良，在 2500℃ 以上的惰性气体中强度依然保持不变。

碳纤维－金属复合材料是由高强度、高模量的碳纤维与具有较高韧性及低屈服强度的金属组成。该材料密度低、强度高、耐高温，同时冲击韧性优良，是理想的航空航天材料。

4.4　材料选用

4.4.1　选材原则

构件材料的选用对构件的制造和使用有着重要的影响。材料选用正确合理，则构件性能达到使用要求、制造工艺简单、生产成本低、使用寿命长。反之，如果材料选取不得当，不但制造工艺复杂、构件达不到预期使用要求，有时甚至会造成重大事故。因此，材料的选用是一个重要的工作。要正确选用材料，首先应对构件的特点及工作条件进行充分分析，如构件尺寸、形状结构、精度要求、载荷形式、环境条件等。然后根据构件的使用要求、制造方法、材料的成本和供应情况，正确地选用材料。构件材料的选用，一般考虑以下三个原则：

（1）构件使用要求

对一般机械构件，主要是力学要求，其他性能方面，一般要求密度小、热膨胀小、具有电绝缘性、耐腐蚀等。

（2）制造工艺要求

不同结构形状的构件，采用不同的制造方法。选用构件材料时需考虑构件制造加工时的工艺性能，包括材料的铸造性能、锻造性能、热处理性能以及切削加工性能等。

（3）材料价格与供应情况

在满足使用要求与制造工艺要求的前提下，材料价格应尽量低且供应充足。

4.4.1.1　按构件使用要求选材

按构件使用要求选材有两种方式，一种是按构件工作条件选材；另一种是按构件失效形式选材。

（1）按构件工作条件选材

① 承受拉伸或压缩载荷。这类构件受力时整个截面应力分布均匀，要求材料具有较高的抗拉强度、屈服强度和屈强比，一般选用钢材。对屈强比指标的选择应恰当，高的屈强比可提

高许用应力,但安全性降低,一旦超载零部件可能断裂。屈强比低的材料可以提高安全性,但零部件截面面积增大,材料耗量增加。对于这类零部件,若载荷不大,可选用中碳优质碳素结构钢,如 45 号钢。其正火状态的屈服强度为 360MPa,经调质处理后,屈服强度可达 500MPa。对于载荷较大或截面尺寸较大的构件,所用材料除了具有更高的屈服强度之外,还应具有较高的淬透性,以便调质处理后整个截面具有均匀的性能,这就要求选用合金调质钢。各种调质钢经调质处理后的力学性能及淬透性可在相关手册中查得。

② 承受周期交变载荷。在阀门中,许多零部件会受到周期交变载荷,对于这类零部件所用材料首先应具有较高的弯曲疲劳强度,一般钢材的疲劳强度约为抗拉强度的 40% ~ 60%。构件的抗疲劳能力除了与材料的疲劳强度有关,还与构件尺寸、形状、表面质量有关。表面光亮、无形状突出、无微裂纹,都可提高构件的抗疲劳能力。构件经表面强化处理,如渗碳淬火、表面淬火、渗氮、喷丸处理等,亦可明显提高材料的疲劳强度。

③ 承受摩擦磨损载荷。在阀门实际运行过程中,总是不可避免出现摩擦载荷,如振动会引起阀门零部件之间的摩擦。为尽量减少阀门零部件的磨损,一般选用摩擦系数小的材料,且提供良好的润滑条件。选材时应将尺寸大、形状复杂、制造工艺复杂、制造成本高的构件,选用高一级的材料,并具有较高的硬度。配合件则选用摩擦系数小并且较低硬度的材料,以便在磨损后先更换配合件,保证主要零部件具有较长的寿命。

④ 专业用钢选用。随着机械制造业的发展,许多类型构件的用材已经专业化,选材时只要在专业用钢的材料中按构件具体要求选择合适的牌号即可,不必在通用材料中寻找,如阀门中的弹簧、垫片、衬里等构件。

(2) 按构件失效形式选材

构件丧失使用功能称为失效。设计构件时可通过对构件的失效形式的分析来选择材料。对失效形式的分析有两种方法:一种是在设计时先对构件可能发生的失效形式进行预测;另一种是对已经发生失效的构件进行检测,分析失效原因,根据与材料有关的因素,改选材料或改变处理方法。

① 构件失效形式。

A. 断裂失效。构件工作时发生断裂失效即完全破坏。阀门零部件断裂常常会引起十分严重的后果,许多重大的安全事故都是由于阀门零部件断裂失效引起的。断裂失效又分为三种形式。

a. 塑性断裂。塑性断裂是构件断裂前先发生塑性变形,此后应力迅速增大至超过强度极限,致使构件断裂。这种失效形式比较少见,因为断裂前发生塑性变形,机器将出现异常情况,操作人员可立即停机。有时构件发生塑性断裂是由于设计时构件的实际应力很接近材料的屈服强度,而且材料的屈服强度比较大,由于某些非正常因素使构件应力迅速增大并很快超过强度极限。只要选择屈服强度比较小的材料,并使实际工作应力低于材料的屈服强度,这种失效是可以避免的。

b. 脆性断裂。构件在脆性断裂时无明显塑性变形。这种失效有三种情况:一是高强度钢与灰铸铁等脆性材料。这些材料受力时无明显的屈服现象,以致在临断裂时无预兆。二是低温工作状态。有些材料在低温时(一般是室温以下)冲击韧性明显降低,受到冲击载荷时容易发生脆断。三是构件内部存在微小裂纹或类似裂纹的其他缺陷。当裂纹尖端应力超过材料的断裂韧性值(小于强度极限)时,裂纹迅速扩展而脆断。设计时降低构件工作应力,选用脆性转变温度低的材料和断裂韧性值高的材料,可以避免构件发生脆性断裂失效。

c.疲劳断裂。构件在周期性交变应力作用下发生断裂的现象称为疲劳断裂。疲劳断裂应力低于屈服强度,因此疲劳断裂亦属无预兆断裂。影响阀门疲劳可靠性的因素十分复杂,其不仅受外加交变载荷影响,阀门的振动以及气蚀现象也会加速阀门的疲劳破坏。为了防止阀门发生疲劳断裂失效,常常需要选择疲劳强度高的材料。由于疲劳断裂是构件表面的微裂纹在拉应力的作用下逐渐扩展引起的,因此提高构件表面质量和通过热处理或喷丸处理等工艺,使构件表面产生预压应力,也可以有效地提高构件抗疲劳断裂的能力。

B.过量变形。

a.塑性变形。除少数要求不高的拉杆和轴工作时允许微量塑性变形外,一般构件是不允许发生塑性变形的。因为塑性变形使构件失去原有的精度,严重时使构件的尺寸和形状发生变化。因此,构件发生塑性变形就被认为失效。防止这种失效的方法是使构件的工作应力低于材料的屈服强度。

b.弹性变形。任何构件承受载荷时都会发生弹性变形,尤其是在受拉伸、弯曲载荷时更为明显。在设计构件时都规定允许产生一定的弹性变形量,在允许的变形量之内,构件的工作是正常的,当构件的实际变形量超过允许的变形量时,则被视为弹性失效。

影响弹性变形的因素主要有以下两种:一是构件的截面面积和截面形状。增大构件截面面积可减少变形量,形状不同其变形量也不同。二是材料的弹性模量。弹性模量越大,在相同载荷下弹性变形越小。弹性模量主要取决于材料的性质,合金化或热处理对材料弹性模量影响不大。在钢铁材料中,碳素钢、低合金钢和铸铁的弹性模量相差不多。因此,对于单纯的弹性变形失效构件,可以选择碳素钢,以节约生产成本。

c.蠕变。构件在低于屈服强度的应力下,长时间承受载荷也会发生微量塑性变形,这种变形称为蠕变。当蠕变量超过某一数值时,构件被认为失效。蠕变量的大小与工作温度和承载时间有关。在高温状态下工作的构件,应选用蠕变强度高的材料。材料的蠕变强度与熔点有关,熔点高材料产生蠕变的温度也高。

在常用的工程材料中,陶瓷材料的蠕变温度最高,是极好的抗蠕变材料。钢约在600℃时发生蠕变。除陶瓷外,热强钢是最常用的抗蠕变材料。汽轮机叶片、内燃机排气阀、钢炉过热管道等构件都应选用热强钢。一般热强钢的工作温度都低于700℃,工作温度高于700℃的构件,应选用镍基合金或钼基合金。高分子材料的蠕变温度很低,不宜用于制作可能产生蠕变失效的构件。

C.磨损。构件表面由于摩擦作用而失去物质的现象称为磨损,构件在受到摩擦作用时就会产生磨损。磨损使构件的精度和表面质量降低,磨损量超过一定数值时即失效。磨损的主要形式有磨粒磨损、黏着磨损和表面接触疲劳磨损。

磨粒磨损是由于构件表层的硬物或外界嵌入的硬颗粒对摩擦副配对构件表面的切削作用而发生的,这一过程在摩擦副中是相互作用的。材料的摩擦系数低或提供了良好的润滑条件可以减小摩擦副的磨损率(单位时间磨损量)。对单个构件而言,提高硬度可减小磨损。

黏着磨损是两构件表面凸出处在摩擦热的作用下焊合,然后又撕开造成的。提高构件表面硬度、降低表面粗糙度、提供良好的润滑条件等都可以减小黏着磨损。

表面接触疲劳磨损是构件表面在周期性接触应力作用下,经过一定的循环周期,表面微裂纹扩大引起材料剥落的一种磨损形式。防止这种失效的方法是减少材料中的夹杂物,避免存在表面微裂纹(表面微裂纹容易在热处理时产生),使表层具有较高的硬度并具有一定的韧性。

D. 腐蚀。腐蚀失效与磨损失效同属表面破坏失效,但两者的过程与机理不同。腐蚀是材料在介质中由于化学或电化学作用而产生新物质的过程。上述介质包括水、大气、酸、碱、盐等。腐蚀产生的新物质大多数比母材疏松,自身强度低,与母材的黏着力小,容易自行脱落或者在流体的冲刷下脱落。脱落层至一定深度时,构件即失效。当然也有新生物质组织致密,与母材黏着力大,工程上可利用这一特征作为构件防腐的手段之一。防止腐蚀失效的方法有选用抗腐蚀性能好的材料、在构件与介质接触的表面涂上涂层或镀层。

E. 老化。老化一般只发生于高分子材料,金属与陶瓷不会出现这种形式的失效。高分子材料在长期使用过程中受氧、热、紫外线、机械力、水蒸气以及微生物的作用,力学与物理性能发生改变,出现龟裂、变脆、失去弹性、变软发黏等,构件失去使用功能,即为老化失效。产生老化的内在原因是高分子链发生裂解或交联。防止老化失效的方法是在材料中加入防老剂、紫外线吸收剂或进行改性。产生老化的外在原因是周围介质的影响,防止老化的方法是在构件表面涂保护层,使之与介质隔离。

② 构件失效原因分析。以上所述构件的各种失效形式,大多数与材料的性能有关。然而,并非所有构件失效都是由于材料的因素引起的,许多非材料因素仍然可以导致构件失效。因此,正确分析构件失效的原因对于防止构件的早期失效是非常重要的。凡属材料因素失效引起的,即改善材料性能或更换材料。但若非材料因素引起失效,误判为材料因素而更换材料,不但不能有效地防止失效,反而会造成意想不到的结果。以金属构件为例,构件失效原因分析的内容与步骤如下所示。

A. 收集原始资料。对构件失效分析的基本依据是失效构件残体,故必须收集和完整保护失效构件残体,尤其是失效的部位,如断裂口、变形段、磨损和腐蚀表面等,同时详细了解构件失效当时的环境条件与失效过程,如环境温度、介质性质等,了解失效是逐步发生的或是突发的,有无超速过载等现象。

B. 技术检测。

a. 宏观观察。宏观观察包括肉眼观察和使用放大镜或使用显微镜观察。通过对失效部位的观察,确定失效的形式和性质。例如对断裂口附近有无塑性变形,断口面有无平行作用力方向的纤维状结构,具有这些特征的为塑性断裂。若断口平整,并呈极细颗粒状,附近又无塑性变形现象,即为脆性断裂。还需观察断口面上有无微裂纹,微裂纹是否呈氧化状态,以确定裂纹存在的时间。还应观察断口有无疲劳断裂特征,从疲劳断裂的断口可明显地看到发源区、扩展区和折断区。对磨损表面,应观察两个对磨构件的磨损状况,以确定两个构件所用的材料和规格是否合适,还应观察整个磨损面属于正常均匀磨损还是由于外来硬颗粒擦伤,若是后者,即属于非材料因素失效。

b. 材料成分分析。材料成分分析是鉴别所用材料是不是规定号牌。有时设计者选材正确,制造时错误使用材料或购买材料有误。通过对材料成分分析即可得到纠正。分析时尽量在破坏处取样,以便真实地反映实际情况。

c. 显微分析。显微分析是失效构件重要的检测手段。金属材料的力学性能直接取决于组织,组织又取决于热处理工艺。材料与热处理工艺的正确配合,即可获得所要求的组织。因此通过显微分析,既可鉴别所用材料是否正确,又可判断热处理工艺是否正确。例如承受拉伸载荷的重要构件,应进行调质处理使整个断面组织基本相同。若这种构件断裂失效,显微分析发现中心部位的组织不是调质状态的组织,即可断定,所用材料的淬透性太小,应更换材料,或调质处理工艺不当,应改进工艺。又如对承受摩擦载荷的表面强化件,发生快速磨损失效。通过显微分析观察表面硬化层的结构与深度是否符合要求,即可判断失效的真实原因。

d. 力学性能测试。力学性能测试能直接取得具体数据,以判断构件失效时材料具有的性能指标。对过量塑性变形、拉伸断裂、疲劳断裂、冲击断裂等失效构件,在可能的情况下应取样制作试样,进行拉伸、疲劳和冲击试验。根据所得 σ_b、σ_s、σ_{-1} 和 A_K 值是否符合设计要求,可以判断是材料性能不达标,还是超载导致失效。对磨损失效构件,则可进行硬度测试。对拉断的调质构件,也可在断面上由中心沿半径方向测量硬度,以判断其调质效果。

以上对失效构件的几种检测方法是相互配合的,不能只做一种检测就对失效原因下结论。

③ 确定失效原因。根据以上测试结果,分析确定构件失效原因并提出改进措施。通常从如下几方面寻找失效原因。

A. 选材方面。首先分析构件失效是否由于材料因素所致。其中又包括选错材料和材料质量低劣两方面。例如承受均匀载荷、要求综合力学性能好的构件,选用的不是碳素调质钢或合金调质钢;表面承受强烈摩擦的构件,选用的不是表面强化钢;经受腐蚀的构件选用了普通碳钢或铸铁等,都属选材错误。对于选材正确,但因所用材料质量低劣而发生失效的情况,只要加强生产管理,严格执行检验制度即可避免。

B. 设计方面。设计错误也可能导致构件失效。一是计算错误,手册中材料的性能指标是在一定条件下测得的,构件的实际情况比较复杂,构件的形状、尺寸、加工、热处理等都会影响材料的性能。安全系数的选取也有很大影响。如果这些方面考虑不周,计算所得的尺寸承受不了实际载荷,就会发生过量变形或断裂。二是设计时对工况条件估计不足,如可能出现短时间超载、启动时有冲击等,都可能导致构件失效。

C. 制造工艺方面。构件制造工艺与失效的关系非常密切。工艺与材料应当正确配合,否则优良的材料也不能发挥作用,甚至导致失效。首先是毛坯不能有缺陷,铸件的缩孔、锻件和焊接件的裂纹等都是构件断裂的根源。在机械加工方面,若尺寸精度达不到要求,应该紧密配合的部位出现松动或卡死,就会加速构件失效。表面粗糙度过大,容易导致构件过早产生磨损失效。此外,热处理工序与机械加工的配合非常重要,如大而精密的构件,除锻造后进行退火或正火外,粗加工后应进行消除应力退火,甚至应多次进行,以防止使用时因应力松弛而变形。表面强化件不宜在最后磨去过多余量。特别像氮化这种渗层很薄的工艺,不应在热处理后进行大量磨削。以上这些情况处理不当,都可能会导致构件过早失效。

D. 使用方面。一台构件的使用寿命长短,除本身质量以外,与其实际使用情况也有着密切的联系。首先必须正确安装,若安装不当,使用前就已发生变形,构件存在很大的内应力,甚至不能实现正常的工作。此外,经常超载、超速或未定期维护保养,都会使构件过早失效。

从以上分析可以看出,构件失效的原因很多,但正确的选材、合理的设计、恰当的制造工艺和按规定使用都可以有效地延长构件的使用寿命。

4.4.1.2 按制造工艺要求选材

（1）常用材料的工艺性

材料的工艺性包括毛坯成型工艺、机械加工工艺、热处理及装饰性处理（抛光、电镀、涂覆）等。毛坯成型包括金属的铸造、锻造焊接、冲压以及粉末冶金、塑料的注塑、陶瓷的模压等。机械加工包括车削、铣削、刨削、磨削及特种加工等。

① 碳素钢和合金钢。碳素钢和合金钢在室温时为多相结构，加热至一定温度时呈单相组织，具有良好的塑性和较小的变形抗力，因此具有良好的锻造性能。随着含碳量增多，锻造温度范围缩小，锻件冷却时容易产生内应力，锻造性能变差。合金元素含量越多，锻造性能越差。

含碳量小于 0.2% 的碳素钢及一些低碳合金钢（如不锈钢），在室温时也具有良好的塑性和良好的冲压性能。含碳量越低，冲压性能越好。

低碳钢和低碳合金钢都具有良好的焊接性能。中、高碳钢和中、高碳合金钢焊接性能差，焊接时容易产生较大的内应力、裂纹以及夹渣、气孔等缺陷。

各类钢都可用锻造的方式成型，但由于其熔点高、流动性差、收缩大，对熔炼构件及铸造工艺要求严格，故其铸造性能并不如铸铁。

各类钢均可采用常规机械加工方法（车削、铣削、刨削、磨削）和采用大多数特种加工方法进行精加工。但含碳量很低和很高的碳素钢及高合金钢的切削加工性都不好。中碳钢经适当热处理后使其硬度为 200～220HBS 时，切削加工性能最好。

综上所述，碳素钢和合金钢既具有多种工艺性能，又有良好的力学性能，故在各类机械中被广泛应用。

② 铸铁、灰铸铁、球墨铸铁、可锻铸铁。铸铁、灰铸铁、球墨铸铁、可锻铸铁的含碳量都在状态图共晶成分附近，熔点较低，流动性好。由于石墨化作用，铸造收缩小（可锻铸铁除外）。故此类铸铁都具有良好的铸造性能，以灰铸铁为最佳，球墨铸铁和可锻铸铁稍差。

各类铸铁在室温时的组织是金属基体和石墨，塑性差。加热时也得不到单相组织，因而锻压性能和焊接性能极差。机械制造时不对其进行锻造、焊接加工。

铸铁的硬度适中，石墨具有自润滑作用，故可进行各种常规的切削加工，具有良好的切削加工性能。

对灰铸铁进行热处理强化只能改变其基体组织，不能改变石墨形态，故强化效果不明显。球墨铸铁制造的零部件可进行正火或表面淬火处理，以提高其强度及耐磨性。

③ 非铁合金。机械工程中常用的非铁合金主要是铜合金和铝合金。按工艺性能，两种合金又可分为两类：一类是合金元素含量较少，室温时呈单相组织，具有良好的塑性，锻压性能优良，称为变形合金。另一类是状态图中共晶成分附近的合金，具有良好的铸造性能，称为铸造合金。铸造合金的切削加工性比变形合金好。室温呈单相组织的合金不能热处理强化。室温时为两相组织，加热至一定温度呈单相组织的合金，可进行热处理强化。

④ 工程塑料。热固性塑料成型工艺性略差，一般采用压制成型。近年来也有些热固塑料采用注塑成型，但工艺要求严格。热塑性塑料有非常良好的成型工艺性，可采用注塑、挤塑、吹塑、吸塑等成型方式。另外热塑性材料还具有良好的焊接和黏接性能，大大提高了制品设计的灵活性和结构复杂性。塑料制品成型后一般不再进行切削加工，但必要时仍可进行加工。由于塑料的导热性差、轻度低，装夹时容易产生变形，因此加工方法和工艺参数都与金属

材料有所区别。

以上所述常用工程材料的工艺性能特点都是构件选材时的重要依据。

（2）生产方法、构件结构、构件材料三者的关系

生产方法、构件结构、构件材料三者之间存在相互依存又相互制约的关系。某一类构件结构可以有数种生产方法、数种材料可供选择。有时某种构件结构只有一种合理的生产方法，而某种生产方法只能适用于某一类材料。有时先确定构件的生产方法，再按生产工艺要求选择材料，并确定构件结构使之符合生产工艺要求。还可以先选定材料，后确定生产方法，最后再确定构件结构。不论哪一种情况，都要使三者实现最佳的统一。

4.4.1.3　按经济性原则选材

选用构件材料是否合理，对企业生产总成本有重大影响。选材的经济性原则就是通过合理选材使生产成本降至最低，获取最大利润。

（1）材料价格对成本的影响

选用材料首先考虑的是在满足使用要求的前提下选用价格最低的材料。在同类材料中价格低的材料常常某些性能较差。例如各类钢材中普通碳素结构钢是最便宜的，其强度也是最低的。有时选用价格较高的材料，如低合金高强度钢，因其强度高、构件截面面积减小、重量减轻，反而可能使材料费用降低。构件重量减轻还可以降低材料的运输成本、加工成本。因此根据价格选材时，应全方位地考虑成本与效益之间的联系。

（2）材料工艺性能对成本的影响

小批量或单件生产结构简单的构件，材料费在构件制造成本中所占的比例较大。而大批量生产、结构复杂、技术要求高、加工工序多的精密构件，加工费则是构件制造成本的主要部分。因此材料的工艺性能对成本的影响很大。工艺性能差的材料不仅加工困难，常常要采用许多技术措施才能达到要求，而且废品率高，使生产成本提高。如阀门的壳体，应采用灰铸铁而不选择铸钢。对无摩擦表面的构件表面、底座之类的铸件，则应选用强度级别较低的号牌，以降低铸件成本和机械加工费。对锻件材料，应尽量选用中、低碳的优质碳素结构钢，避免选用高碳钢或高合金钢。

材料的切削加工性能对构件的制造成本影响很大。灰铸铁和中碳结构钢的切削加工性能优良，而高碳钢、高强钢、不锈钢、热强钢等的切削加工性能都很差。这些材料允许的切削用量小，刀具磨损大，切削加工费用明显提高。

（3）构件使用寿命对成本的影响

构件的使用寿命实质上是对材料的疲劳强度、蠕变强度、耐磨性、耐蚀性和抗老化的反映。材料的上述性能差，达不到设计要求，则构件的使用寿命短。因此承受这类载荷的构件选材时不能只考虑材料价格，如处于腐蚀性介质的阀门的内部件需选用不锈钢而不能选用价格较便宜的碳钢。

（4）材料供应状况对成本的影响

选用材料应充分考虑材料的供应状况，尽可能选用产量较大、供应充足的材料。而且在同一产品中，选用材料的种类应尽量少，以减少采购运输及库存的费用。

总之，按经济性选材的原则是在满足设计需求同时，尽可能地降低生产成本。

4.4.2 通用阀门材料选用

阀门的材料应根据其使用参数和条件选用,各类材料的使用不仅应考虑其材料的温度—压力限制,同时应符合有关产品标准的规定。

4.4.2.1 灰铸铁制阀门材料的选用

灰铸铁制阀门主要应用于公称压力不大于 PN16,温度为 −10～100℃ 的油类、一般性质的液体介质,或公称压力不大于 PN10,温度为 −10～200℃ 的蒸汽、一般性质气体、煤气、氨气等介质。主要构件材料的选用如表 4-3 所示。

表 4-3 灰铸铁制阀门主要构件材料

构件名称	材料		
	名称	牌号	标准号
阀体、阀盖、启闭件、支架	灰铸铁	HT200、HT250、HT300、HT350	GB/T 12226—2005
阀杆、轴	铬不锈钢	1Cr13、2Cr13、3Cr13	GB/T 1220—2016
	优质碳素钢	35 表面氮化	GB/T 699—2015
	铝青铜	QAl9-2、QAl9-4	GB/T 4423—2007
	锰黄铜	HMn58-2	
轴套	铸铝青铜	ZCuAl9Mn2、ZCuAl9Fe4Ni4Mn2	GB/T 1176—2013
	铸锰黄铜	ZCuZn38Mn2Pb2	
摇杆	碳素铸钢	WCA、WCB、WCC	GB/T 12229—2005
	优质碳素钢	20、25、35	GB/T 699—2015
弹簧	弹簧钢	50CrVA	GB/T 1222—2016
		60Si2Mn、60Si2MnA	
阀座、启闭件的密封面	铸铝黄铜	ZCuZn25Al6Fe3Mn3	GB/T 1176—2013
	铸铝青铜	ZCuAl9Mn2、ZCuAl9Fe4Ni4Mn2	
	铸锰黄铜	ZCuZn38Mn2Pb2	
	不锈钢	1Cr13、2Cr13、3Cr13、1Cr18Ni9、1Cr18Ni9Ti	GB/T 1220—2016
	堆焊锡黄铜	丝 221	—
	增强聚四氟乙烯	SFBN-1、SFBN-2、SFBN-3	QB/T 3625—1999
	橡胶	—	—
阀杆螺母	铸铝黄铜	ZCuZn25Al6Fe3Mn3	GB/T 1176—2013
	铸铝青铜	ZCuAl9Mn2、ZCuAl9Fe4Ni4Mn2	
	铸锰黄铜	ZCuZn38Mn2Pb2	

续表

构件名称	材料		
	名称	牌号	标准号
填料	聚四氟乙烯	SFT-1、SFT-2、SFT-3	—
	橡胶	—	—
	聚四氟乙烯石棉绳	—	—
	柔性石墨	—	—
手轮	可锻铸铁	KTH330-08、KTH350-10	GB/T 9440—2010
	球墨铸铁	QT400-15、QT450-10	GB/T 12227—2005
	碳素钢	Q235	GB/T 700—2006

4.4.2.2 可锻铸铁制阀门材料的选用

可锻铸铁制阀门主要用于公称压力不大于 PN25,温度为－10～300℃的蒸汽、一般性质的气体和液体、油类等介质。主要构件材料的选用如表 4-4 所示。

表 4-4 可锻铸铁制阀门主要构件材料

构件名称	材料		
	名称	牌号	标准号
阀体、阀盖、启闭件、支架	可锻铸铁	KTH300、KTN330-08、KTH350-10	GB/T 9440—2010
阀杆、轴	铬不锈钢	1Cr13、2Cr13、3Cr13	GB/T 1220—2016
	铝青铜	QAl9-2、QAl9-4	GB/T 4423—2007
	锰黄铜	HMn58-2	
轴套	铸铝青铜	ZCuAl9Mn2、ZCuAl9Fe4Ni4Mn2	GB/T 1176—2013
	铸锰黄铜	ZCuZn38Mn2Pb2	
摇杆	碳素铸钢	WCA、WCB、WCC	GB/T 12229—2005
	优质碳素钢	20、25、35	GB/T 699—2015
弹簧	弹簧钢	50CrVA	GB/T 1222—2016
		60Si2Mn、60Si2MnA	
阀座、启闭件的密封面	铸铝黄铜	ZCuZn25Al6Fe3Mn3	GB/T 1176—2013
	铸铝青铜	ZCuAl9Mn2、ZCuAl9Fe4Ni4Mn2	
	铸锰黄铜	ZCuZn38Mn2Pb2	
	不锈钢	1Cr13、2Cr13、3Cr13、1Cr18Ni9Ti	GB/T 1220—2016
	增强聚四氟乙烯	SFBN-1、SFBN-2、SFBN-3	QB/T 3625—1999
	橡胶	—	—

续表

构件名称	材料		
	名称	牌号	标准号
阀杆螺母	铸铝黄铜	ZCuZn25Al6Fe3Mn3	GB/T 1176—2013
	铸铝青铜	ZCuAl9Mn2、ZCuAl10Fe4	
	铸锰黄铜	ZCuZn38Mn2Pb2	
填料	聚四氟乙烯	SFT-1、SFT-2、SFT-3	—
	橡胶	—	—
	柔性石墨	—	—
手轮	可锻铸铁	KTH330-08、KTH350-10	GB/T 9440—2010
	球墨铸铁	QT400-15、QT450-10	GB/T 12227—2005

第5章　阀门设计

5.1　阀门设计梗概

阀门是管道系统的重要组成部分,为了满足管道系统对阀门的要求,阀门设计除了需要考虑工作介质的压力、温度、流体特性、腐蚀性等条件,还要考虑操作、制造、安装、维修等过程中对阀门提出的全部要求。本节主要介绍了基于这些要求来设计阀门的基本流程。

阀门设计首先必须明确给定的技术数据,在"设计输入"的基础上进行后续相关设计。阀门"设计输入"中必需的基本数据包括:①阀门的用途或种类;②介质的工作压力;③介质的工作温度;④介质的物理、化学性能(包括腐蚀性、易燃易爆性、毒性、物态等);⑤公称通径;⑥结构长度;⑦阀门与管道的连接形式;⑧阀门的操作方式(包括手动、齿轮传动、电动、气动、液动等)。

在阀门技术设计和工作图绘制过程中,需要掌握的数据和考虑的技术要求包括:①阀门的流通能力和流体阻力系数;②阀门的启闭速度和启闭次数;③驱动装置的能源特性(交流电或直流电、电压、空气压力等);④阀门工作环境及其保养条件(是否防爆、是不是热带气候条件等);⑤外形尺寸的限制;⑥重量的限制;⑦抗地震要求。

阀门的设计程序又可分为以下七个步骤:

(1)设计和开发的策划:①规划设计和开发阶段的安排;②评估、验证和确认每个设计和开发阶段;③明确设计和开发的职责和权限。

(2)设计和开发的输入:①确定功能和性能要求;②明确相关的法律法规要求;③收集以前类似设计的相关信息;④了解设计和开发所必须满足的其他要求。

(3)设计和开发的输出:①满足设计和开发的输入要求;②给出采购、生产和服务提供的信息;③包含或引用产品的接收标准;④规定对产品的安全和正常使用所必须具备的产品特性。

(4)设计和开发的评估:①评价设计和开发的结果满足要求的能力;②识别存在的问题并提出解决方案。

(5)设计和开发的验证:①更改方法重新计算;②和已经验证的类似设计方案进行比较;③试验和演示。

(6)设计和开发的确认:以产品鉴定的方式进行确认。

(7)设计和开发的更改。

5.2 阀体设计

阀体通常占整个阀门总重量的70%左右,是阀门中最重要的零件之一。

阀体的主要功能有:①作为工作介质的流动通道;②承受工作介质的压力、温度、冲蚀和腐蚀;③在阀体内部形成一个空间,以容纳启闭件、阀杆等零件;④在阀体端部设置连接结构,满足阀门与管道的安装使用需求;⑤承受阀门因启闭而产生的载荷,以及在安装使用过程中因温度变化、振动、水击等所产生的附加载荷;⑥作为阀门整体装配的"基础"。

阀体设计的基本内容包括:①根据工作介质确定阀体材料;②根据阀门的总体设计、安装要求和材料的工艺性能,确定阀体的结构形式和制造方法;③根据阀门的公称通径和压力等级、结构长度、连接方式的有关标准,确定阀体的结构长度和连接尺寸;④根据阀门的流通能力和流体的阻力系数要求,确定合适的工作介质的流动通道;⑤设计与计算阀体的具体结构。

5.2.1 阀体结构形式的设计

由于阀门种类繁多,同类型的阀门又有多种结构形式,因此,阀体形状千变万化。尽管如此,由于受力情况和使用功能基本相似,所以阀体在结构上也有共性,在此将对阀门设计中具有代表性的阀体结构进行重点介绍。

5.2.1.1 截止阀阀体结构设计

阀体结构设计的原则适用于节流阀、调节阀、安全阀、减压阀及止回阀等。

阀体的流道可分为直通式、直角式和直流式三种,其设计原则如下:

①阀体端口为圆形,介质流道应尽可能设计成直线形或流线形,切勿突然改变介质的流动方向,同时应尽可能避免通道形状和截面面积的急剧变化,以降低流体阻力,降低腐蚀和冲蚀情况发生的可能性。

②在设计直通式阀体时,应保证通道喉部的流通面积不小于阀体端口的截面面积。

③阀座直径不得小于阀体的端口直径,即不得小于公称通径的90%。

④直流式阀体设计时,阀瓣启闭轴线即阀杆轴线与阀体流道出口端轴线的夹角 α 通常为 $45°\sim60°$。

阀体的结构由阀体与管道、阀体与阀盖的连接所决定,所以阀体的制造方法有铸造、锻造、锻焊、铸焊以及管板焊接等形式。下面简单介绍几种不同的制造方法对应的结构形式:

(1)铸造阀体

铸造阀体是目前应用最广的一种结构形式。通过铸件造型,既能达到所要求的几何形状(特别是流道形状),又可减少在重量方面的限制。

例如图 5-1 所示的铸造桶形阀体,常用于低压铜制、铸铁制以及钢制(多见于碳钢)阀门。

（2）锻造阀体

锻造阀体一般都用于小口径阀门,特别是公称通径不大于 DN50 的高温高压阀门。锻造阀体的表面质量较好,组织致密,能保证最基本的质量要求。但由于流道孔采用机械加工(钻孔)的方式制成,在孔与孔的过渡区会产生锐角过渡面,这部分的流阻较大,且容易产生紊流,介质会对阀体造成侵蚀;锻件的截面不如铸件截面那么均匀,在厚壁处产生较大热应力(特别是在高温情况下),常会在流道的锐角处发生开裂。此外,锻造阀体的材料利用率较低。

图 5-2 为锻造截止阀阀体示意图。

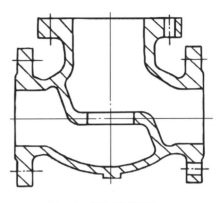

图 5-1　铸造桶形阀体

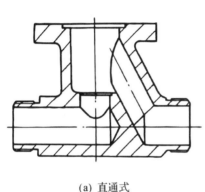

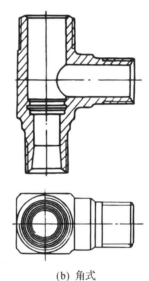

(a) 直通式　　　　　　　　　　(b) 角式

图 5-2　锻造截止阀的阀体

（3）锻焊与铸焊阀体

若锻造重量受到限制或由于工艺上的原因,可以考虑按照相应标准规定采用锻焊与铸焊阀体,图 5-3 为锻焊阀体示意图。

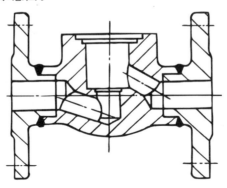

图 5-3　锻焊阀体

(4)焊接阀体

如图 5-4 所示的焊接阀体,既节省材料又能获得理想流道,其分为钢管焊接和钢板焊接两种。对于清洁度要求较高的大口径阀门,该结构也较为理想。其优点是重量轻,表面质量好,清洁度高,流阻小,结构简单,加工方便;缺点是焊缝多,焊接较困难。对于不锈钢焊接阀体,要防止或消除晶间腐蚀和焊接变形。因此,加工制造时应根据不同情况,在工艺上采取相应措施。

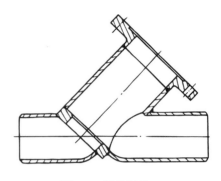

图 5-4　焊接阀体

5.2.1.2　闸阀阀体结构设计

闸阀阀体的流道按照孔径大小可分为全通径式和缩径式两种。若流道孔径与阀门的公称通径基本相同,则称为全通径式;若流通孔径比阀门公称通径小,则称为缩径式。缩径形式有均匀缩径和非均匀缩径两种。流道呈锥管形是非均匀缩径的一种形式,这类阀门入口端的孔径基本上等于公称通径,然后逐渐缩小,至阀座处缩至最小。

同一规格的阀门,若采用缩径式流道(无论是锥管形非均匀缩径或均匀缩径),则可以减小闸板的尺寸和启闭力与力矩;但会造成流阻增加,压降和能耗增大,所以缩孔不宜太大。对锥管形缩径来说,阀座的内径与公称通径之比通常取 0.8~0.95。公称通径小于 DN250 的缩径式阀门,其阀座内径一般比公称通径降低一档;公称通径等于或大于 DN300 的缩径式阀门,其阀座内径一般比公称通径降低两档。均匀缩径式通常应用于大口径中低压阀门或高压阀门中,缩径的大小应满足有关标准的规定。从经济性考虑,公称通径等于或大于 DN50 的阀门通常采用铸造,小于 DN50 的阀门通常采用锻造的方式。但是随着现代技术的发展,已经逐步突破这种尺寸的限制。锻造阀体已向大口径方向发展,而铸造阀体逐渐往小口径方向发展;任何一种闸阀阀体既可以锻造,也可以铸造,具体情况应根据用户要求以及制造厂的制造工艺而定。

管板焊接的阀体通常应用于大口径的中、低压阀门。针对闸阀,几种不同的制造方法对应的结构形式如下:

(1)铸造阀体

图 5-5 为阀体与阀盖采用法兰连接的铸造闸阀阀体结构示意图。非圆形的阀盖法兰(通常为椭圆形或方形)用于公称压力不大于 PN20(或 CL150)的阀门及通径不大于 DN65$\left(2\dfrac{1}{2}\text{in}\right)$的各压力级阀门;圆形的阀盖法兰用于公称压力不小于 PN25(或 CL300)的阀门。高温高压阀门的阀体与管道的连接端通常采用对接焊的形式。

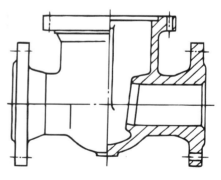

图 5-5　铸造闸阀阀体

阀体与阀盖采用内压自封式连接的铸造阀体(如图 5-6 所示),连接端也可采用法兰。这种阀体多用于公称压力不小于 PN150 的高压闸阀。

（2）锻造阀体

典型的小口径锻造阀体的连接端有内螺纹、承插焊、法兰（整锻或对接焊）以及对接焊四种形式。阀体与阀盖的连接也有螺纹、法兰、焊接和压力自紧式四种形式。

（3）锻焊或铸焊阀体

对于整体锻造工艺上存在困难，且用于重要场合（如核电站）的阀门，阀体可采用锻焊结构，如图 5-7 所示。

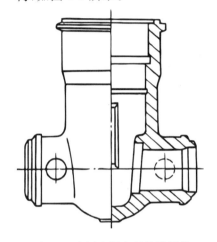

图 5-6　内压自紧密封铸造阀体

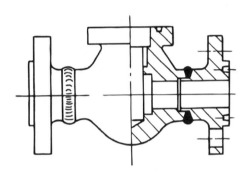

图 5-7　锻焊阀体

对于整体铸造无法满足使用要求的，可采用铸焊结构，如图 5-8 所示。

（4）管板焊接阀体

使用管板焊接结构的阀体一般适用于公称压力不大于 PN50（或 CL300）的阀门，如图 5-9所示。这种阀体重量轻，且内腔易于加工，但设计时应特别注意加强筋的布置，以防止体腔受内压后变形。

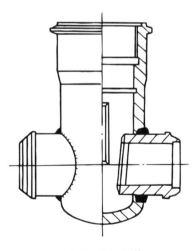

图 5-8　铸焊阀体

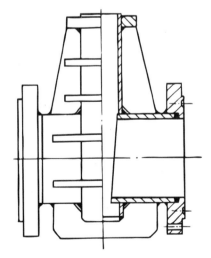

图 5-9　管板焊接阀体

推荐的闸阀阀体中腔尺寸如图 5-10 所示，其中椭圆长轴 A 与阀体公称尺寸 DN 之比，近似为抛物线；而短轴 B 与长轴 A 之比，呈相似的抛物线关系。

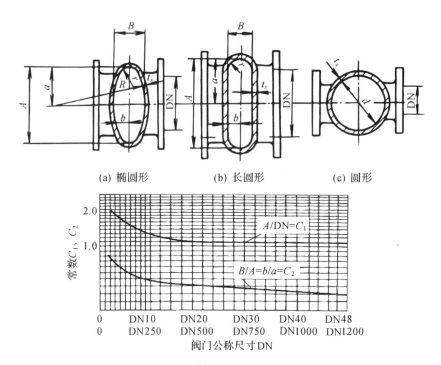

图 5-10 推荐的闸阀阀体中腔尺寸

$A/\mathrm{DN}=C_1 ; B/A=C_2$

因此只要确定了阀体的通径,即可确定闸阀椭圆形阀体的中腔尺寸。

表 5-1 为推荐的闸阀阀体中腔尺寸。

表 5-1 阀体中腔尺寸推荐

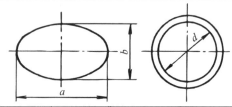

公称尺寸	PN20 (CL150)		PN50 (CL300)	PN100 (CL600)	公称尺寸	PN20 (CL150)		PN50 (CL300)	PN110 (CL600)
	a	b	d			a	b	d	
DN50	90	62	100	100	DN250	320	130	320	328
DN65	110	64	110	120	DN300	370	140	374	380
DN80	120	70	120	130	DN350	420	170	420	440
DN100	150	80	160	158	DN400	480	172	475	475
DN125	180	100	175	190	DN450	528	190	520	520
DN150	210	100	230	218	DN500	600	204	580	580
DN200	268	118	270	274	DN600	700	260	710	685

注:以上单位均为 mm。

5.2.1.3　旋启式止回阀阀体结构设计

铸钢旋启式止回阀主要尺寸(参考值)见表 5-2。

表 5-2　铸钢旋启式止回阀主要尺寸

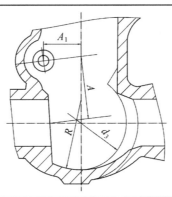

公称尺寸	CL150				CL300				CL600			
	A_1	A	R	d_3	A_1	A	R	d_3	A_1	A	R	d_3
DN50	38	53	100	100	38	53	100	100	38	53	100	100
DN65	41	62	120	110	41	62	120	110	41	62	120	110
DN80	50	75	130	130	50	75	130	130	50	75	130	130
DN100	56	70	140	175	56	70	140	175	56	70	140	175
DN125	65	110	140	200	110	65	140	200	110	65	—	—
DN150	76	122	220	220	76	122	220	220	76	122	220	220
DN200	112	170	260	300	112	170	260	300	112	170	260	300
DN250	132	190	350	350	132	190	350	350	132	190	350	350
DN300	160	230	420	420	160	230	420	420	160	230	420	420
DN350	190	260	480	480	190	260	480	480	190	260	480	480

注:以上单位均为 mm。

旋启式止回阀的阀体设计与截止阀的铸造阀体基本相似,有几点需特别注意:

①摇杆回转中心距,即摇杆销轴孔至阀座中心的距离,在整体尺寸允许的情况下要适当增加,从而增大以销轴孔为支点的阀瓣开启力矩。

②阀瓣应有适当的开启高度。

③阀瓣开启时,必须保证流道任意处的横截面面积不小于通道口的截面面积,因此要特别注意阀体腰鼓形桶体的横断面中心直径 d_3 及纵截面的半径 R 的尺寸。

5.2.1.4　升降式止回阀阀体结构设计

升降式止回阀阀体的公称通径不大于 DN50 时,常采用锻造阀体,它的结构形式、设计原则以及外形尺寸与锻造截止阀阀体相同。

5.2.1.5　对分式浮动球球阀阀体结构设计

因为球阀的种类较多,此处仅介绍应用最广的对分式浮动球球阀阀体的设计原则。

(1)密封调整垫的尺寸。对分式浮动球球阀的左右阀体通常采用法兰连接,可通过改变两体之间的密封调整垫尺寸来控制密封座的预紧比压。在设计时,密封调整垫垫槽的深度应比调整垫厚度小一些（一般取 0.5mm 左右）。

（2）左阀体与右阀体之间连接法兰的尺寸可按闸阀、截止阀的中法兰计算方法确定。

表 5-3 为日本 KTM 对分式浮动球球阀（DN15～DN200）左阀体及右阀体的主要尺寸设计参考值。

表 5-3 日本 KTM 对分式浮动球球阀阀体的主要尺寸

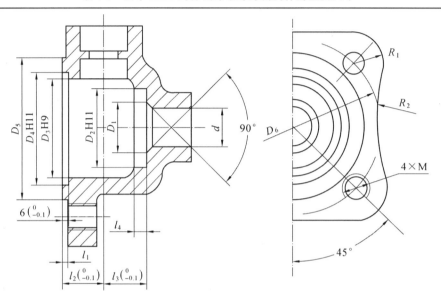

公称尺寸	D_1	D_2	h_1	h_2	h_3	h_4	l_1	l_2	B	R_1	R_2	M	C
DN15	12	20	10	13	40	10	30	50	32	10	10	8	1
DN20	12	20	10	13	40	10	30	50	32	10	10	8	1
DN25	14	22	11	14	45	12	35	55	34	10	10	8	1
DN32	16	26	12	17	55	13	40	60	38	10	10	8	1
DN40	18	28	12	17	60	13	40	60	40	10	12	10	1
DN50	20	32	15	23	80	13	40	68	45	15	12	12	1
DN65	24	36	16	32	95	14	50	75	50	15	12	12	1
DN80	28	44	16	31	105	15	55	85	60	20	12	12	1
DN100	32	48	20	37	130	15	55	100	65	20	16	16	1
DN125	44	64	28	55	170	16	60	105	85	20	18	18	2
DN150	44	64	28	55	190	17	60	105	85	20	18	18	2
DN200	50	70	2	75	250	17	70	110	90	20	18	18	2

注：以上单位均为 mm。

5.2.2 阀体最小壁厚的确定

阀体壁厚记为 t_B，最小值要求从接触流体的阀体内表面量起，直到阀盖填料密封部位，最小壁厚不包括衬里、镶衬或衬套的厚度。阀体壁厚的确定方法主要有查表法、插值法和计算法。

对于所设计的阀门,当设计任务书已明确给出该阀门所依据的设计标准时,首先从指定的设计标准中查到阀门的最小壁厚值。例如:国家标准 GB/T 12232—2005～GB/T 12240—2008,美国石油学会标准 API 600—2015,美国国家标准 ANSI B16.34—2017 等,都对阀体的最小壁厚值做出了明确规定。当设计这类标准阀门时,推荐采用"查表法"。

从表中查得的数据通常可直接使用,但必须注意以下两点:

①对于铸钢阀体,应考虑最小允许工艺壁厚;对于砂模铸造,通常工艺壁厚不小于 5.5mm,精密铸造的工艺壁厚不小于 4.5mm。如果最小壁厚小于上述值,应选最小允许的工艺壁厚。

②对于形状复杂的阀体如直流式 Y 形阀体或安装使用过程中存在应力集中的阀体,应将最小壁厚值适当增加,具体数值应视阀门的使用场合而定。

由"查表法"引申出来的"插值法",又称"线性插值法",适用于最小壁厚不能直接由标准中查到的情况,插值得到阀体壁厚后再进行圆整。这两种方法的使用前提是设计者能够准确地掌握和正确地选择设计相应的标准。

用计算法得到阀体壁厚,主要考虑下列因素:

①对于铸铁类材料,其力学性能应按脆性材料进行计算;对于钢类材料,应按塑性材料进行计算。针对脆性金属材料危险状态的判断,以产生裂纹(断裂)为标志,在计算阀体的强度时应以强度极限 σ_b 作为强度标准,按第一强度理论——最大拉应力理论进行计算;对于塑性金属材料危险状态的判断,是以产生过大的残余变形作为标志,在计算阀体的强度时应以屈服极限 σ_s 作为强度标准,按第四强度理论——能量强度理论进行计算。

②阀体形状可分为圆筒形、腰鼓形、球形、非圆筒形(椭圆形、扁圆形、矩形等)等基本形状,分别按不同的公式计算阀体壁厚。

③当阀体外径与内径之比小于 1.2 时,按薄壁容器的计算公式确定阀体结构尺寸;当比值大于 1.2 时,按厚壁容器的公式计算。

阀体通常都由中腔、进口管段和出口管段这三个部分组成,通常中腔部分的尺寸大于进口管段、出口管段,所以,阀体壁厚的计算一般只对中腔部分进行。

另外,阀体壁厚的计算除了强度之外,还需考虑其刚度,否则会因受力变形而破坏密封。通常当 DN>300mm 时,在阀体内腔或外部要增设加强肋,以增强其刚性,保证将腔体变形控制在 0.001DN 的范围内。必要时亦可设计成非均匀壁厚的阀体,即增大中腔的厚度,但应注意非均匀壁厚会造成铸造上的困难。

下面介绍几种常用的壁厚计算方法及公式。

5.2.2.1　不同形状阀体的壁厚计算式

(1)圆筒形及腰鼓形阀体

圆筒形及腰鼓形阀体结构如图 5-11 所示。对于这类圆筒形阀体,低压和中压阀门一般采用薄壁公式计算,而钢制高压阀门通常采用厚壁公式计算。

①薄壁阀体

对于用铸铁等脆性材料制造的阀体,其壁厚按第一强度理论计算:

$$t_B = \frac{p\text{DN}}{2[\sigma_L] - p} + c \tag{5-1}$$

式中:DN 是阀体中腔最大内径,根据结构需要选定,mm;p 是设计压力,取公称压力 PN,

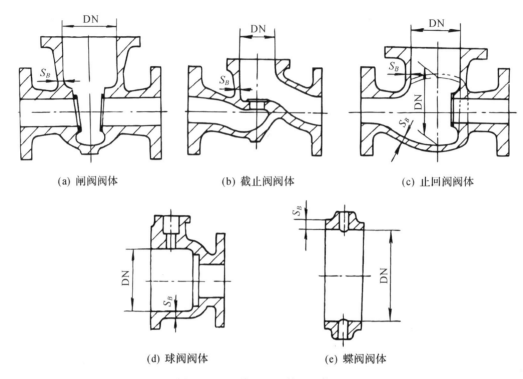

(a) 闸阀阀体   (b) 截止阀阀体   (c) 止回阀阀体

(d) 球阀阀体   (e) 蝶阀阀体

图 5-11 圆筒形及腰鼓形阀体结构

MPa;t_B 是考虑腐蚀裕量后阀体的壁厚,mm;$[\sigma_L]$ 是材料的许用拉应力,MPa;c 是考虑铸造偏差、工艺性和介质腐蚀等因素而附加的裕量,mm,可参考表 5-4 选取。

表 5-4 附加裕量 c 值(mm)

$t_B - c$	c	$t_B - c$	c
<5	5	21~30	2
6~10	4	>30	1
11~20	3	—	—

对于塑性材料,其阀体壁厚按第四强度理论进行计算:

$$t_B = \frac{p\mathrm{DN}}{2.3[\sigma_L] - p} + c \tag{5-2}$$

②厚壁阀体

对于钢制高压阀门的阀体壁厚,一般按厚壁容器公式进行计算:

$$t_B = \frac{\mathrm{DN}}{2}(K_0 - 1) + c \tag{5-3}$$

式中:K_0 是阀体外径与内径之比,可按 $K_0 = \sqrt{\dfrac{[\sigma]}{[\sigma] - \sqrt{3}\,p}}$ 计算;$[\sigma]$ 是材料的许用应力,取 $\dfrac{\sigma_b}{n_b}$ 和 $\dfrac{\sigma_s}{n_s}$ 中的较小值,MPa;σ_b 和 σ_s 分别为常温下材料的强度极限和屈服极限,MPa;n_b 是以 σ_b 为强度指标的安全系数,取 $n_b = 4.25$;n_s 是以 σ_s 为强度指标的安全系数,取 $n_s = 2.3$。

（2）球形阀体

①薄壁球形阀体

薄壁球形阀体的计算按下列公式：

$$t_B = \frac{pR}{2[\sigma_L]} + c \qquad (5-4)$$

式中：R 是球形的半径，按结构需要选定，mm。

②厚壁球形阀体

厚壁球形阀体的计算按下列公式：

$$t_B = \frac{pR}{2[\sigma_L] - p} + c \qquad (5-5)$$

式中：R 是球形的半径，mm。

③由两个圆弧半径组成的薄壁球形阀体

由两个圆弧半径组成的薄壁球形阀体，如图 5-12 所示。其应力计算应按下列公式计算：

$$\sigma_1 = \frac{pR_2}{2(t_B - c)} \qquad (5-6)$$

$$\sigma_2 = \frac{pR_2}{2(t_B - c)}\left(2 - \frac{R_2}{R_1}\right) \qquad (5-7)$$

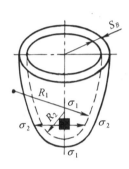

图 5-12　由两个圆弧半径组成的球形阀体

式中：σ_1、σ_2 均为应力，MPa，且 $\sigma_2 > \sigma_1$；同时 σ_2 应小于材料的许用拉应力$[\sigma_L]$。

（3）非圆筒形薄壁阀体

非圆筒形薄壁阀体在低压铸铁阀门中应用较多，如图 5-13 所示。

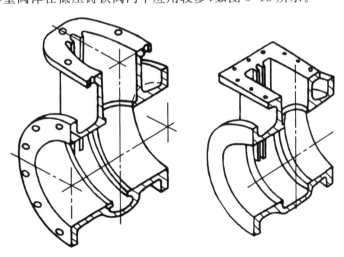

图 5-13　非圆筒形薄壁阀体

这类阀体的形状通常又可以分为椭圆形、扁圆形、矩形和近似椭圆形等多种，如图 5-14 所示。

从强度上考虑，需计算截面上 A 处和 B 处的合成应力来验算其壁厚。A 处和 B 处的合成应力应按照下列公式计算：

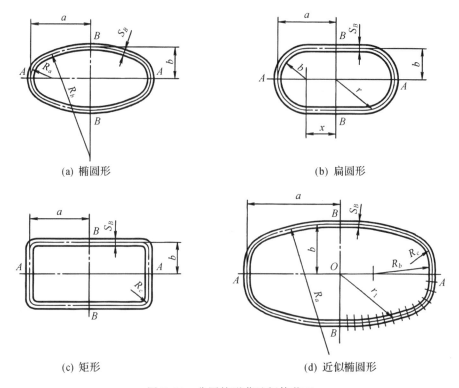

(a) 椭圆形　　　　　　　　　　　　　(b) 扁圆形

(c) 矩形　　　　　　　　　　　　　(d) 近似椭圆形

图 5-14　非圆筒形薄壁阀体截面

$$\sigma_A = \pm \frac{3p}{(t_B-c)^2}(K^2-a^2) + \frac{pa}{(t_B-c)} \tag{5-8}$$

$$\sigma_B = \pm \frac{3p}{(t_B-c)^2}(K^2-b^2) + \frac{pb}{(t_B-c)} \tag{5-9}$$

式中：σ_A 是 A 处的合成应力，MPa；σ_B 是 B 处的合成应力，MPa；a 是阀体横截面的长半轴，mm；b 是阀体横截面的短半轴，mm；K 是阀体对其轴线的极回转半径，mm。

①椭圆形截面

对于椭圆形截面，有 $K=f\dfrac{a+b}{2}$，且系数 f 可由表 5-5 查得。在实际应用过程中，当 $\dfrac{b}{a}$ ≥0.4 时，可以取 $f=1$。

表 5-5　系数 f 的值

b/a	0	0.1	0.2	0.3	0.4	0.5	0.6	0.7	0.8	0.9	1.0
f	1.154	1.074	1.034	1.015	1.006	1.002	1.001	1	1	1	1

②矩形截面

对于矩形截面，有 $K=\sqrt{\dfrac{(a+b)^2}{3}}$。

③扁圆形截面

对于扁圆形截面，有 $K=\sqrt{x^2+b^2+\dfrac{2}{3}\dfrac{x}{x+\dfrac{\pi b}{2}}(3b^2-x^2)}$。

④近似形截面

对于近似形截面,有

$$K = \sqrt{\sum_{i=1}^{n} \frac{r_i^2}{n}}$$

式中:r_i 是测量点的半径,mm;i 是测量点序号;n 是测量点数量,测量点越多,所求 K 值越精确;σ_A 和 σ_B 的计算值,正号表示拉应力,负号表示压应力;其绝对值应小于材料的许用弯曲应力 $[\sigma_w]$。

5.2.2.2　不同标准下阀体的壁厚计算式

(1)中国标准

根据标准 GB/T 12224—2015《钢制阀门　一般要求》,阀体通道处最小壁厚 t'_B 计算式为

$$t'_B = 1.5 \frac{6K \cdot PN \cdot d}{290S_o - 7.2K \cdot PN} + c_1 \tag{5-10}$$

式中:PN 为公称压力;d 为管路进口端最小内径,由设计给定,可取为 0.9DN,mm;K 为系数,具体数值可见表 5-6;S_o 为应力系数,考虑了材料的压力-温度额定值在相应的温度下的许用应力值而制定,可不进行高温核算,取 48.3;c_1 为附加裕量,按表 5-7 选取,mm;t_B 为实际壁厚,由设计选定,mm,当 $t_B \geqslant t'_B$ 时,设计合格。

表 5-6　系数 K 值

公称压力 PN	16	20	25	40	50	63	100、110	150、160	250、260	420
K	1.25	1.25	1.0	1.0	1.0	0.91	0.91	1.0	0.97	1.0

表 5-7　附加裕量 c₁ 值(mm)

DN	PN									
	16	20	25	40	50	63	100 110	150 160	250 260	420
50	4.85	4.79	4.89	4.69	4.65	4.40	3.01	3.07	2.48	3.05
65	4.66	4.54	4.64	4.49	4.26	4.53	2.70	3.01	2.51	1.94
80	4.56	4.30	4.80	4.60	4.46	4.86	2.68	3.14	2.05	1.73
100	4.90	4.77	4.97	4.67	4.60	5.30	2.92	2.95	2.66	3.21
125	4.98	5.07	5.37	4.82	4.48	4.45	2.73	3.84	2.85	3.39
150	4.85	4.66	5.06	4.86	4.75	4.70	2.53	4.22	3.04	3.46
200	5.10	4.64	5.24	4.85	4.60	4.60	2.45	4.20	3.51	3.72
250	4.85	4.53	5.23	4.74	4.45	4.71	2.66	4.48	3.19	3.97
300	5.20	4.82	5.62	4.82	4.30	4.81	3.07	5.15	3.37	4.13
350	5.35	5.00	6.00	4.51	4.95	5.31	2.48	5.63	3.75	4.08
400	5.30	4.89	5.99	5.30	4.80	7.41	2.89	6.20	3.93	4.34
450	5.35	4.87	6.17	5.49	4.95	5.61	2.80	6.18	3.91	5.09

续表

DN	PN									
	16	20	25	40	50	63	100 110	150 160	250 260	420
500	5.40	4.86	6.26	5.37	4.80	5.71	3.21	6.56	4.09	5.35
600	5.60	4.93	6.63	5.55	4.80	5.91	3.04	8.00	4.44	5.75
700	5.71	4.90	6.80	5.62	4.80	6.32	3.36	8.95	4.50	6.46
750	5.56	4.79	6.89	5.81	4.96	6.52	3.27	9.13	4.68	6.72
800	5.81	4.98	7.18	5.80	4.81	6.52	3.48	9.70	4.86	6.97
900	5.91	4.95	6.45	6.07	5.11	7.02	3.51	10.66	5.22	7.38

阀体中腔处最小壁厚 t'_{B1} 计算式为

$$t'_{B1} = 1.5 \frac{6K \cdot PN \cdot d''}{290S_o - 7.2K \cdot PN} + c_1 \tag{5-11}$$

式中：PN 为公称压力；d'' 为用于确定中腔壁厚的直径，d'' 取中腔最大内径 d' 的三分之二，d' 由设计给定，mm；K 为系数，见表 5-6；S_o 为应力系数，考虑了材料的压力-温度额定值在相应的温度下的许用应力值而制定，可不进行高温核算，取 48.3；c_1 为附加裕量，按表 5-7 选取，mm；t_{B1} 为实际壁厚，由设计选定，mm，当 $t_{B1} \geqslant t'_{B1}$ 时，设计合格。

在 $d' > 1.5d$ 的特殊场合，在整个直径为 d' 的阀体颈部长度内，壁厚需大于 t_{B1}；在阀体颈部远小于阀体通道直径，即 $d/d' \geqslant 4$ 的情况下（如蝶阀阀杆的贯穿孔），应从阀体外侧沿颈部方向量出 $L = t_B(1 + 1.1\sqrt{d/t_m})$ 的区段，该部分的最小局部壁厚为 t_{B1}，超出这部分的阀体颈部，应按 d'' 确定最小局部壁厚；在对阀体颈部壁上平行于阀体颈部轴线方向上钻孔或攻螺纹的场合，要求孔内侧和孔外侧的壁厚之和不小于 t_B 或 t_{B1}，孔的内侧与孔的底部壁厚不应小于 $0.25t_B$ 或 $0.25t_{B1}$。

(2) 美国标准

①美国机械工程师学会标准 ASME B16.34—2017《法兰、螺纹和焊接端连接的阀门》中，关于阀体通道处最小壁厚计算式为

$$t'_B = 1.5 \frac{p_c d}{2S - 1.2 p_c} + c_2 \tag{5-12}$$

式中：p_c 为设计给定的额定压力级（CL），CL150，$p_c = 150$；CL300，$p_c = 300$，psi；d 为流道最小内径，且不小于基本内径的 90%，in；S 为应力系数，取 7000，psi；c_2 为附加裕量，按表5-8读取，in；t_B 为实际壁厚，由设计选定，in，当 $t_B \geqslant t'_B$ 时，设计合格。

ASME B16.34—2017《法兰、螺纹和焊接端连接的阀门》中规定的钢制阀门的压力-温度额定值是根据材料相应温度下的许用应力制定的，所以无须进行高温核算。

表 5-8　附加裕量 c_2 值表（in）

DN	PN						
	150	300	600	900	1500	2500	4500
1							
$1\frac{1}{4}$							
$1\frac{1}{2}$							
2	0.11	0.183	0.12	0.121	0.10	0.12	
2.5	0.18	0.17	0.11	0.12	0.10	0.08	0.100
3	0.17	0.18	0.11	0.13	0.08	0.07	0.100
4	0.19	0.18	0.12	0.12	0.11	0.13	0.101
6	0.19	0.19	0.10	0.17	0.12	0.14	0.100
8	0.19	0.18	0.10	0.17	0.14	0.15	0.101
10	0.187	0.180	0.112	0.095	0.096	0.101	0.101
12	0.185	0.184	0.107	0.096	0.097	0.099	0.101
14	0.182	0.178	0.111	0.097	0.098	0.097	0.102
16	0.190	0.182	0.106	0.098	0.099	0.096	0.102
18	0.187	0.176	0.110	0.099	0.100	0.104	0.102
20	0.184	0.180	0.105	0.100	0.102	0.102	0.102
22	0.182	0.184	0.109	0.101	0.103	0.100	0.103
24	0.189	0.178	0.104	0.102	0.104	0.098	0.103
26	0.177	0.182	0.108	0.103	0.105	0.098	—
28	0.174	0.176	0.102	0.104	0.096	0.097	—
30	0.172	0.180	0.107	0.095	0.097	0.097	—
32	0.179	0.184	0.101	0.096	0.098	0.096	—
36	0.174	0.182	0.100	0.098	0.101	0.097	—
40	0.179	0.180	0.99	0.101	—	—	—
42	0.176	0.184	0.104	0.102	—	—	—
46	0.171	0.182	0.103	0.104	—	—	—
48	0.179	0.176	0.097	0.105	—	—	—
50	0.176	0.181	0.102	0.096	—	—	—

②美国机械工程师学会标准 ASME B16.34—2017《法兰、螺纹和焊接端连接的阀门》中，颈部最小壁厚计算式为

$$t'_{B1} = 1.5 \frac{p_c d''}{2S - 1.2 p_c} + c_2 \tag{5-13}$$

式中：p_c 为设计给定的额定压力级（CL），CL150，$p_c = 150$；CL300，$p_c = 300$，psi；d'' 为确定颈部壁厚的直径，取颈部最大内径 d' 的三分之二，in；S 为应力系数，取 7000，psi；c_2 为附加裕量，按表 5-8 读取，in；t_{B1} 为实际壁厚，由设计选定，in，当 $t_B \geqslant t'_B$ 时，设计合格。

式（5-13）只用于确定 CL150～CL2500 颈部最小壁厚，若 $2500 < CL \leqslant 4500$，取 $d'' = \frac{d'}{48}\left(27 + \frac{p_c}{500}\right)$。

（3）欧洲标准

① 欧洲标准 EN 12516-1（E）—2014《工业阀门壳体强度设计 第 1 部分：钢制阀门壳体的列表法》中，阀体通道处最小壁厚的计算式为

$$e'_{min} = 1.5 \frac{p_{c1} d}{2S_1 - 1.2 p_{c1}} + c_3 \tag{5-14}$$

式中：p_{c1} 为计算压力，见表 5-9，N/mm²；d 为流道最小内径，且不小于基本内径的 90%，mm；S_1 为应力系数，取 118，N/mm²；c_3 为附加裕量，按表 5-10 读取，mm；e_{min} 为实际壁厚，由设计选定，mm，当 $e_{min} \geqslant e'_{min}$ 时，设计合格。

欧洲标准 EN 12516-1（E）—2014《工业阀门壳体强度设计 第 1 部分：钢制阀门壳体的列表法》中规定的钢制阀门的压力-温度额定值是根据材料相应温度下的许用应力制定的，所以无须进行高温核算。

表 5-9　计算压力 p_{c1} 与 PN 和 CL 的关系

公称压力	PN2.5	PN6	PN10	PN16	PN20	PN25	PN40	CL300	PN63	PN100	CL600	CL900	CL1500	CL2500	CL4500
p_{c1}/(N/mm²)	0.33	0.78	1.30	2.08	2.60	3.00	4.40	5.06	6.30	10.00	10.11	15.17	25.29	42.14	75.86

表 5-10　计算压力附加裕量 c_3（mm）

计算内径 d/mm	公称压力							
	PN2.5～PN16	PN20	PN25	PN40	CL300	PN63	PN100	CL600～CL4500
0～19	2.5	2.5	2.5	2.5	2.5	2.5	2.5	2.5
20～29	3.2	3.2	3.2	3.2	3.2	3.2	3.2	3.2
30～84	3.8	3.8	3.8	3.8	3.8	3.8	3.2	3.2
85～124	4.5	4.5	4.5	4.5	4.5	3.8	2.5	2.5
125～1150	5.1	5.1	5.1	4.5	4.5	3.8	2.5	2.5

② 欧洲标准 EN 12516-1（E）—2014《工业阀门壳体强度设计 第 1 部分：钢制阀门壳体的列表法》中，阀体中腔最小壁厚的计算式为

$$e'_{1min} = 1.5 \frac{p_{c1} d''}{2S_1 - 1.2 p_{c1}} + c_3 \tag{5-15}$$

式中：p_{c1} 为计算压力，见表 5-9，N/mm²；d'' 为确定中腔壁厚的直径，取中腔最大内径 d' 的三分之二，mm；S_1 为应力系数，取 118 N/mm²；c_3 为附加裕量，按表 5-10 读取，mm；e_{1min} 为实际壁厚，由设计选定，mm，当 $e_{1min} \geqslant e'_{1min}$ 时，设计合格。

　　欧洲标准 EN 12516-1(E)—2014《工业阀门壳体强度设计 第 1 部分：钢制阀门壳体的列表法》中规定的钢制阀门的压力-温度额定值是根据材料相应温度下的许用应力制定的，所以无须进行高温核算。

　　除本节所列举的标准外，还有日本石油学会标准 JPI 7S-67—2008、美国 API 组织的 API 6D—2014 和国际标准化技术委员会的 ISO 14313—2007 等，都针对阀体壁厚提出了计算公式，在此就不一一列出。

5.3　阀盖设计

　　在阀门中，阀盖与阀体紧密连接，组成了阀内流体的压力边界。对于阀盖的设计，主要分为两个部分。首先，根据使用条件确定阀盖基本的结构形式；其次，从厚度与强度两个方面进行进一步的设计与校核。

5.3.1　阀盖结构形式的设计

5.3.1.1　整体式阀盖与分离式阀盖

　　一般而言，在阀盖之上设置有用于支承阀杆的支架，整体式阀盖与分离式阀盖的区别在于阀杆支架与阀盖是否相连。其中，整体式阀盖又可分为阀杆螺母上装式整体阀盖与阀杆螺母下装式整体阀盖。图 5-15 为整体式阀盖与分离式阀盖示意图。对于中小口径的阀门（如公称尺寸小于 DN125 的闸阀）往往采用整体式阀盖，即支架和阀盖是一体的。而对于大口径的阀门（如公称尺寸大于 DN125 的闸阀），往往采用分离式阀盖，即支架和阀盖是单独的两个零件。

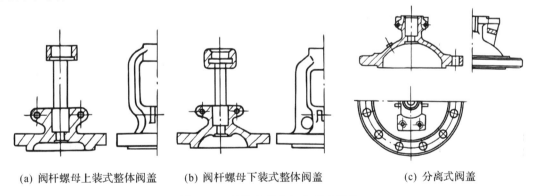

(a) 阀杆螺母上装式整体阀盖　　　(b) 阀杆螺母下装式整体阀盖　　　(c) 分离式阀盖

图 5-15　整体式阀盖与分离式阀盖

5.3.1.2　平板型阀盖和碟型阀盖

　　根据承压部分的形状，阀盖可分为平板型阀盖和碟型阀盖两类。

　　平板型阀盖一般用在压力不高的阀门上，可分为圆形平板阀盖与非圆形平板阀盖，常用的非圆形平板阀盖有椭圆形平板阀盖、长方形平板阀盖和正方形平板阀盖三种，如图 5-16 所示。

　　碟型阀盖如图 5-17 所示，其受力情况比平板型阀盖要好，一般用于公称尺寸较大和公称压力较高的阀门,根据阀盖顶部是否开孔又可细分为顶部无开孔碟型阀盖和顶部开孔碟型阀盖,前者适用于无阀杆的止回阀等,后者适用于有阀杆的截止阀、闸阀等。

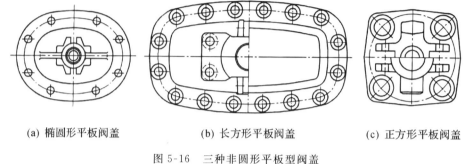

(a) 椭圆形平板阀盖　　　　(b) 长方形平板阀盖　　　　(c) 正方形平板阀盖

图 5-16　三种非圆形平板型阀盖

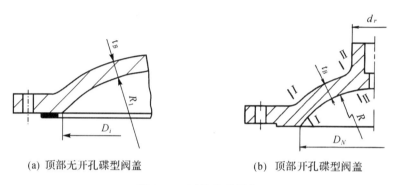

(a) 顶部无开孔碟型阀盖　　　　(b) 顶部开孔碟型阀盖

图 5-17　两种碟型阀盖

5.3.1.3　阀杆螺母式支架阀盖与整体式支架阀盖

支架用于支承阀杆。根据阀杆螺母与支架的不同安装方式,支架可分为:主要用于手轮操作阀门的阀杆螺母式支架,如图 5-18(a)所示;主要用于小口径阀门或低压阀门的立柱横梁式支架,如图 5-18(b)所示;主要用于安装各种操作机构(如蜗杆传动装置、电动装置、气动装置、液动装置等)大口径阀门的法兰连接式支架如图 5-18(c)所示。阀杆螺母式支架和法兰连接式支架也被统称为整体式支架。

5.3.2　阀盖最小厚度的确定

阀盖最小厚度的计算方法与阀盖的结构形式密切相关,承压部分形状不同的阀盖其最小厚度计算方法有较大的差别。

5.3.2.1　平板型阀盖最小厚度的确定

(1)圆形平板阀盖

圆形平板阀盖是使用最为广泛的平板阀盖,根据垫片的不同结构形式,可分为Ⅰ型圆形平板阀盖(平法兰垫片)、Ⅱ型圆形平板阀盖(榫槽法兰垫片)和Ⅲ型圆形平板阀盖(凹凸法兰垫片),如图 5-19 所示。

①Ⅰ型圆形平板阀盖最小厚度 t_B 的计算方法如下:

$$t_B = D_1 \sqrt{\frac{0.162p}{[\sigma_w]}} + c \tag{5-16}$$

式中:D_1 为螺栓孔中心圆直径,mm;p 为设计压力,取公称压力 PN 数值的 $1/10$,MPa;c 为

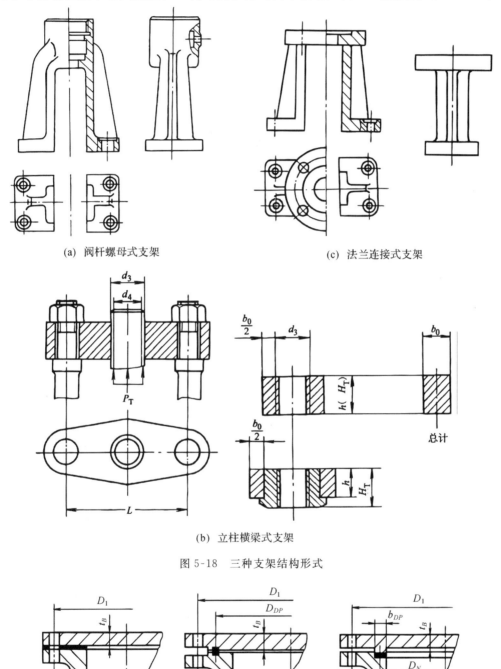

(a) 阀杆螺母式支架　　　　　　　(c) 法兰连接式支架

(b) 立柱横梁式支架

图 5-18　三种支架结构形式

(a) I型圆形平板阀盖　　(b) II型圆形平板阀盖　　(c) III型圆形平板阀盖
（平法兰垫片）　　　　（榫槽法兰垫片）　　　　（凹凸法兰垫片）

图 5-19　三种圆形平板阀盖

附加裕量,mm;$[\sigma_w]$为材料许用弯曲应力,MPa。

②Ⅱ型圆形平板阀盖和Ⅲ型圆形平板阀盖最小厚度 t_B 的计算方法相同,如下所示:

$$t_B = D_1\sqrt{\frac{K \cdot p}{[\sigma_w]}} + c \tag{5-17}$$

式中:K 为系数,由下式计算而得。

$$K = \begin{cases} 0.3 + \dfrac{1.4F_{LZ}l}{F_{DJ} \cdot D_{DP}} & \text{软垫片} \\[3mm] 0.3 + \dfrac{2F_{LZ}l}{F_{DJ} \cdot D_{DP}} & \text{金属垫片} \end{cases}$$

式中:F_{LZ} 为螺栓总作用力,N;F_{DJ} 为垫片处的介质静压力,N;D_{DP} 为垫片的平均直径,mm;$l = (D_1 - D_{DP})/2$ 为力臂长度,mm;

(2)椭圆形平板阀盖最小厚度 t_B 的计算方法如下:

$$t_B = 0.67b\sqrt{\left(\frac{20-a}{10}\right)\frac{p}{[\sigma_w]}} + c \tag{5-18}$$

式中:a 为螺栓孔中心椭圆长径,mm;b 为螺栓孔中心椭圆短径,mm。

(3)长方形平板阀盖最小厚度 t_B 的计算方法如下:

$$t_B = 0.87b\sqrt{\frac{p}{\left[1 + 1.61\left(\dfrac{b}{a}\right)^3\right] \cdot [\sigma_w]}} + c \tag{5-19}$$

同时应保证:

$$\frac{b}{a} \leqslant 1 \tag{5-20}$$

(4)正方形平板阀盖正方形平板阀盖最小厚度 t_B 的计算方法如下:

$$t_B = 0.53a\sqrt{\frac{p}{[\sigma_w]}} + c \tag{5-21}$$

式中:a 为螺栓孔中心边长,mm。

5.3.2.2　碟型阀盖最小厚度的确定

(1)顶部无开孔碟型阀盖

顶部无开孔碟型阀盖根据有无折边,可分为顶部无开孔有折边碟型阀盖(如图 5-20 所示)和顶部无开孔无折边碟型阀盖(如图 5-17(a)所示)。

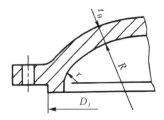

图 5-20　顶部无开孔有折边碟型阀盖

①顶部无开孔有折边碟型阀盖最小厚度 t_B 的计算方法如下:

$$t_B = \frac{MpR}{2[\sigma_w] - 0.5p} + c \tag{5-22}$$

式中:R 为阀盖内表面球面部分半径,mm;M 为形状系数,可由下式计算而得。

$$M=\frac{1}{4}\left(3+\sqrt{\frac{R}{r}}\right) \tag{5-23}$$

式中:r 为阀盖内表面球面部分与直边部分过渡圆角半径,mm。M 也可由表 5-11 查得。

表 5-11 形状系数 M 数值查询

R/r	1.0	1.25	1.50	1.75	2.0	2.25	2.50	2.75
M	1.00	1.03	1.06	1.08	1.10	1.13	1.15	1.17
R/r	3.0	3.25	3.50	4.0	4.5	5.0	5.5	6.0
M	1.18	1.20	1.22	1.25	1.28	1.31	1.34	1.36
R/r	6.5	7.0	7.5	8.0	8.5	9.0	9.5	10.0
M	1.39	1.41	1.44	1.46	1.48	1.50	1.52	1.54

②顶部无开孔无折边碟型阀盖最小厚度 t_B 的计算方法如下:

$$t_B=\frac{QpD_i}{2[\sigma_w]-p}+c \tag{5-24}$$

式中:D_i 为阀盖压紧面内直径,mm;Q 为系数,可由图 5-21 查得。

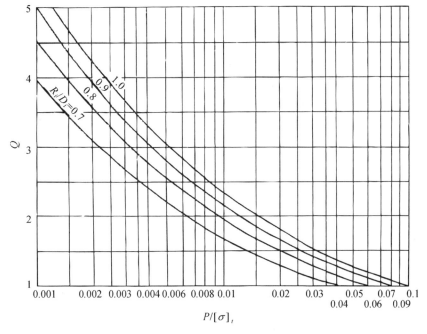

图 5-21 系数 Q 值查询

(2)顶部开孔碟型阀盖

顶部开孔碟型阀盖的基本厚度可按照顶部无开孔碟型阀盖计算而得,然后进行强度验算。若强度验算不通过,则增加阀盖厚度,直至强度验算通过。在进行强度验算时,通常应校核球面与法兰面交接处Ⅰ-Ⅰ断面的拉应力和球面与顶部开口交接处Ⅱ-Ⅱ断面的切应力,Ⅰ-Ⅰ断面和Ⅱ-Ⅱ断面位置见图 5-17(b)。

①对 Ⅰ-Ⅰ 断面的拉应力 σ_L 按照下式进行强度验算：

$$\sigma_L = \frac{pD_i}{4(t_B-c)} + \frac{F'_{FZ}}{\pi D_N(t_B-c)} \leqslant [\sigma_L] \tag{5-25}$$

式中：D_i 为压紧面的内径，mm；$[\sigma_L]$ 为材料许用拉应力；F'_{FZ} 为关闭时阀杆总轴向力，N。对于不同的阀门，F'_{FZ} 的计算方法有所不同，详见"5.4 阀杆设计"。

②对 Ⅱ-Ⅱ 断面的剪应力 τ 按照下式进行强度验算：

$$\frac{pd_r}{4(t_B-c)} + \frac{F_{LZ}}{\pi d_r(t_B-c)} \leqslant [\tau] \tag{5-26}$$

式中：d_r 为填料函外径，mm；F_{LZ} 为螺栓总作用力，N；$[\tau]$ 为材料许用剪切应力。

5.3.3 支架的设计

虽然不同类型的阀门所匹配的支架会有所不同，但差异不大，本节支架设计中只介绍应用最普遍，同时也最具代表性的截止阀与闸阀支架的设计。

5.3.3.1 立柱横梁式支架的设计

（1）截止阀支架

如图 5-18(b)所示，立柱顶端螺纹心部的截面面积按下式确定：

$$a_C = \frac{F'_{FZ}}{2[\sigma]} \tag{5-27}$$

式中：a_C 为立柱顶端螺纹心部的截面面积，mm²；F'_{FZ} 为阀门关闭时阀杆总轴向力，N；$[\sigma]$ 为材料的许用应力，MPa。

阀门在关闭过程中，两根立柱的顶端螺纹受拉；而在开启过程中，横梁下方的平直部分受压，这部分直径大小可不予计算，因为立柱中部的圆直径比顶部螺纹部分要大得多，其强度足够。

横梁由两根立柱支承，在中心最大轴向力 F_{FZ} 的作用下，它承受弯曲应力和切应力。确切来说，载荷并不通过"横梁"的几何中心，而是作用在驱动螺杆的外径 d_3 的圆周上，如果横梁上的螺母是镶套的，甚至还要偏远些。横梁的有效宽度按下式确定：

$$b_o = \frac{6F'_{FZ}L}{5[\sigma]h^2} \tag{5-28}$$

式中：b_o 为横梁的有效宽度，mm；L 为螺栓孔中心点之间的距离，mm；h 为横梁的厚度，由所需的螺纹啮合长度 H_T 确定，mm。

螺纹啮合长度 H_T 由下两式确定：

$$H_T = \frac{4F'_{FZ}t_S}{\pi[P_b](d_3^2-d_4^2)} \tag{5-29}$$

$$H_T \geqslant 1.5d_3 \tag{5-30}$$

式中：H_T 为螺纹啮合长度，mm；t_S 为螺纹的螺距，mm；$[P_b]$ 为螺纹螺旋啮合表面上的许用比压，MPa，一般推荐 $[P_b]=7$MPa；d_3 为螺纹外径，mm；d_4 为螺纹根部直径，mm。

无论螺纹是直接在横梁上还是在镶套上，H_T 均为螺纹啮合长度。假如是后者，则横梁厚度 h 小于 H_T。考虑反复使用后的磨损，H_T 的最小值不能小于 (d_3+6)mm。

（2）闸阀支架

图 5-22 展示了闸阀常用的立柱横梁式支架。立柱上部根径由下式确定：

$$d_{r0} = \sqrt{\frac{4 F'_{FZ}}{\pi n_P [\sigma]}} \tag{5-31}$$

式中：d_{r0} 为立柱上部根径，mm；n_P 为立柱数量，一般为两根，在高压大口径阀门中，有时采用 4 根立柱。

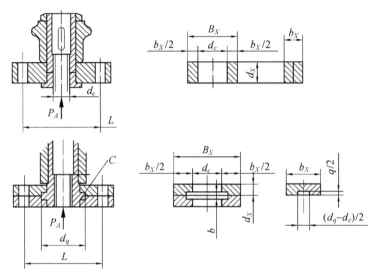

图 5-22　闸阀的立柱横梁式支架

横梁中心处的有效深度由下式确定：

$$d_X = \sqrt{\frac{6 F'_{FZ} L}{5 b_X [\sigma]}} \tag{5-32}$$

式中：d_X 为横梁中心处的有效深度，mm；L 为螺栓孔中心点之间的距离，mm；b_X 为横梁中心处的有效宽度，mm。

5.3.3.2　整体式支架的设计

整体式支架包括阀杆螺母式支架及法兰连接式支架，其受力情况比较复杂，可将其作为超静定的固定桁架，在其中间部分受到阀杆轴向力 F'_{FZ} 的作用来计算。

（1）截止阀整体式支架

截止阀整体式支架典型形状如图 5-23 所示，必须分别校核 Ⅰ-Ⅰ、Ⅱ-Ⅱ、Ⅲ-Ⅲ 和 Ⅳ-Ⅳ 截面处的应力。

①Ⅰ-Ⅰ截面的合成应力按下式校核，应注意以下计算公式中未注明的符号与闸阀整体式支架校核中的含义相同。

$$\sigma_{\sum I} = \sigma_{WI} + \sigma_{LI} + \sigma_{WI}^N \leqslant [\sigma_L] \tag{5-33}$$

式中：$\sigma_{\sum I}$ 为 Ⅰ-Ⅰ 截面处的合成应力，MPa；σ_{WI} 为 Ⅰ-Ⅰ 截面处的弯曲应力，MPa；σ_{LI} 为 Ⅰ-Ⅰ 截面处的拉应力，MPa；σ_{WI}^N 为扭力矩引起的弯曲应力，MPa；$[\sigma_L]$ 为材料的许用应力，MPa。

σ_{WI} 按下式计算：

$$\sigma_{WI} = \frac{M_I}{W_I^y} \tag{5-34}$$

式中:M_I 为弯曲力矩,N·mm。

M_I 按下式计算:

$$M_I = \frac{F'_{FZ}l_4}{8} \cdot \frac{1}{1+\frac{1}{2}\left(\frac{H}{l_4}\right)\frac{I_{III}^x}{I_I^y}} \tag{5-35}$$

σ_{L1} 按下式计算:

$$\sigma_{L1} = \frac{F'_{FZ}}{2A_1} \tag{5-36}$$

σ_{W1}^N 按下式计算:

$$\sigma_{W1}^N = \frac{M_I^N}{W_I^x} \tag{5-37}$$

式中:M_I^N 为扭力矩,N·mm。

M_I^N 按下式计算:

$$M_I^N = \frac{M_{FJ}H}{l_4} \tag{5-38}$$

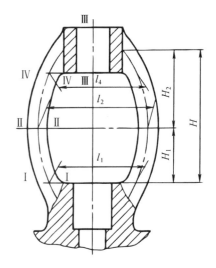

图 5-23　截止阀的整体式支架

式中:M_{FJ} 为阀杆螺母和支架间的摩擦力矩,N·mm;l_4 为 IV-IV 断面支架间距离,mm;H 为框架高度,mm。

②Ⅱ-Ⅱ截面的合成应力按下式校核:

$$\sigma_{\Sigma II} = \sigma_{WII} + \sigma_{LII} + \sigma_{WII}^N \leqslant [\sigma_L] \tag{5-39}$$

式中:σ_{WII} 为Ⅱ-Ⅱ截面处的弯曲应力,MPa;σ_{LII} 为Ⅱ-Ⅱ截面处的拉应力,MPa,计算方法与公式(5-36)类同;σ_{WII}^N 为Ⅱ-Ⅱ截面处由扭转应力引起的弯曲应力,MPa。

σ_{WII} 按下式计算:

$$\sigma_{WII} = \frac{M_{II}}{W_{II}^y} \tag{5-40}$$

式中:M_{II} 为Ⅱ-Ⅱ截面处的弯曲力矩,且 $M_{II}=M_I$,N·mm;W_{II}^y 为Ⅱ-Ⅱ截面对 y 轴的截面系数,mm³。

σ_{WII}^N 按下式计算:

$$\sigma_{WII}^N = \frac{M_{II}^N}{W_{II}^x} \tag{5-41}$$

式中:M_{II}^N 为Ⅱ-Ⅱ截面处的扭转力矩,N·mm;W_{II}^x 为Ⅱ-Ⅱ截面对 x 轴的截面系数,mm³。

M_{II}^N 按下式计算:

$$M_{II}^N = \frac{M_{FJ}H_2}{l_4} \tag{5-42}$$

式中:H_2 如图 5-23 所示,mm。

③Ⅲ-Ⅲ截面的弯曲应力按下式校核:

$$\sigma_{WIII} = \frac{M_{III}}{W_{III}^x} \leqslant [\sigma_W] \tag{5-43}$$

式中:M_{III} 为Ⅲ-Ⅲ截面处弯曲力矩,N·mm;W_{III}^x 为Ⅲ-Ⅲ截面对 x 轴的截面系数,mm³。

M_{III} 按照下式计算:

$$M_{III} = \frac{F'_{FZ}l_2}{4} - M_I \tag{5-44}$$

④Ⅳ-Ⅳ截面的合成应力按下式校核：

$$\sigma_{\Sigma\text{Ⅳ}} = \sigma_{w\text{Ⅳ}} + \sigma_{L\text{Ⅳ}} \leqslant [\sigma_L]$$ (5-45)

式中：$\sigma_{w\text{Ⅳ}}$ 为Ⅳ-Ⅳ截面处的弯曲应力，MPa；$\sigma_{L\text{Ⅳ}}$ 为Ⅳ-Ⅳ截面处的拉应力，MPa。

$\sigma_{w\text{Ⅳ}}$ 按下式计算：

$$\sigma_{w\text{Ⅳ}} = \frac{M_\text{Ⅳ}}{W_\text{Ⅳ}^y}$$ (5-46)

式中：$M_\text{Ⅳ}$ 为Ⅳ-Ⅳ截面处的弯曲力矩，N·mm；$W_\text{Ⅳ}^y$ 为Ⅳ-Ⅳ截面对 y 轴的截面系数。

$M_\text{Ⅳ}$ 按照下式计算：

$$M_\text{Ⅳ} = \frac{F'_{FZ}l_4}{8} \cdot \frac{1}{1 + \frac{1}{2}\frac{H}{l_4}\frac{I_\text{Ⅲ}^x}{I_\text{Ⅳ}^y}}$$ (5-47)

式中：l_4 为Ⅳ-Ⅳ截面支架间距离，mm；H 为支架高度，mm；$I_\text{Ⅲ}^x$ 为Ⅲ-Ⅲ截面对 x 轴的惯性矩，mm^4；$I_\text{Ⅳ}^y$ 为Ⅳ-Ⅳ截面对 y 轴的惯性矩，mm^4。

$\sigma_{L\text{Ⅳ}}$ 按照下式计算：

$$\sigma_{L\text{Ⅳ}} = \frac{F'_{FZ}}{2A_\text{Ⅳ}}$$ (5-48)

式中：$A_\text{Ⅳ}$ 为Ⅳ-Ⅳ截面的面积，mm^2。

（2）闸阀整体式支架

闸阀整体式支架的典型形状如图 5-24 所示，必须分别检验Ⅰ-Ⅰ、Ⅱ-Ⅱ和Ⅲ-Ⅲ截面处的应力。

①Ⅰ-Ⅰ截面处的合成应力按下式校核：

$$\sigma_{\Sigma\text{Ⅰ}} = \sigma_{w\text{Ⅰ}} + \sigma_{L\text{Ⅰ}} + \sigma_{w\text{Ⅰ}}^N \leqslant [\sigma_L]$$ (5-49)

式中：$\sigma_{\Sigma\text{Ⅰ}}$ 为Ⅰ-Ⅰ截面处的合成应力，MPa；$\sigma_{w\text{Ⅰ}}$ 为Ⅰ-Ⅰ截面处的弯曲应力，MPa；$\sigma_{L\text{Ⅰ}}$ 为Ⅰ-Ⅰ截面处的拉应力，MPa；$\sigma_{w\text{Ⅰ}}^N$ 为扭力矩引起的弯曲应力，MPa；$[\sigma_L]$ 为材料的许用应力。

$\sigma_{w\text{Ⅰ}}$ 按下式计算：

$$\sigma_{w\text{Ⅰ}} = \frac{M_\text{Ⅰ}}{W_\text{Ⅰ}^y}$$ (5-50)

式中：$M_\text{Ⅰ}$ 为弯曲力矩，N·mm；$W_\text{Ⅰ}^y$ 为Ⅰ-Ⅰ截面对 y 轴的截面系数，mm^3，按表 5-12 计算。

$M_\text{Ⅰ}$ 按下式计算：

$$M_\text{Ⅰ} = \frac{F'_{FZ}l}{8} \cdot \frac{1}{1 + \frac{1}{2}\left(\frac{H}{l}\right)\frac{I_\text{Ⅲ}^x}{I_\text{Ⅱ}^y}}$$ (5-51)

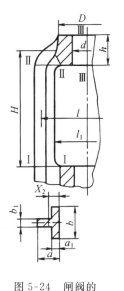

图 5-24　闸阀的整体式支架

式中：l 为框架两重心之间的距离，mm；$I_\text{Ⅲ}^x$、$I_\text{Ⅱ}^y$ 分别为Ⅲ-Ⅲ截面对 x 轴和Ⅱ-Ⅱ截面对 y 轴的惯性矩，mm^4，按表 5-12 计算；H 为框架高度。

l 按下式计算：

$$l = l_1 + 2x_2$$ (5-52)

式中：x_2 为框架形心位置，根据截面形状按表 5-12 计算。

表 5-12　断面的特性

符号	图形					
面积 A	$a \cdot b$	$\dfrac{\pi ab}{4}$	$b_1 a + a_1 b$	$\dfrac{R^2}{2}(2a' - \sin 2a)$	$a'(R^2 - r^2)$	—
形心位置 x_1	$\dfrac{a}{2}$	$\dfrac{a}{2}$	$a - x_2$	$R - \dfrac{4}{3}\dfrac{R\sin^3 a}{2a' - \sin 2a}$	$R - \dfrac{2}{3}\dfrac{(R^3 - r^3)}{(R^2 - r^2)}\dfrac{\sin a}{a'}$	—
形心位置 x_2	$\dfrac{a}{2}$	$\dfrac{a}{2}$	$\dfrac{1}{2}\left(\dfrac{b_1 a^2 + b_2 a_1^2}{b_1 a + b_2 a_1}\right)$	$a - x_1$	$\dfrac{2}{3}\dfrac{(R^3 - r^3)}{(R^2 - r^2)}\dfrac{\sin a}{a'} - \cos a$	—
形心位置 y_1	$\dfrac{b}{2}$	$\dfrac{b}{2}$	$\dfrac{b}{2}$	$\dfrac{b}{2}$	$\dfrac{b}{2}$	—
惯性矩 I_x	$\dfrac{ab^3}{12}$	$\dfrac{\pi ab^3}{64}$	$\dfrac{a_1 b_1^3}{12} + \dfrac{ab^3}{12}$	$\dfrac{AR^2}{4}\left[1 - \dfrac{2\sin^3 a \cos a}{3(a' - \sin a \cos a)}\right]$	$\dfrac{R^4 - r^4}{4}(a' - \sin a \cos a)$	$\dfrac{(D-d)b^3}{12}$
惯性矩 I_y	$\dfrac{a^3 b}{12}$	$\dfrac{\pi a^3 b}{64}$	$\dfrac{1}{3}(bx_2^3 - b_2 a_2^3 + b_1 x_1^3)$	$\dfrac{AR^2}{4}\left(1 + \dfrac{2\sin^3 a \cos a}{a' - \sin a \cos a}\right)$	$\dfrac{R^4 - r^4}{4}(a' + \sin a \cos a)$	—
截面系数 W_x	$\dfrac{ab^2}{6}$	$\dfrac{\pi ab^2}{32}$	$\dfrac{I_x}{x_1}$	$\dfrac{I_x}{x_1}$	$\dfrac{I_x}{x_1}$	$\dfrac{(D-d)b^2}{6}$
截面系数 W_y	$\dfrac{a^2 b}{6}$	$\dfrac{\pi a^2 b}{32}$	$\dfrac{I_y}{y_1}$	$\dfrac{I_y}{y_1}$	$\dfrac{I_y}{y_1}$	—

注：$a' = \dfrac{\pi a}{180}$，表示弧度

σ_{LI} 按下式计算：

$$\sigma_{LI}=\frac{F'_{FZ}}{2A_I} \tag{5-53}$$

式中：A_I 为 I - I 截面的面积，mm^2，按表 5-12 计算。

σ^N_{WI} 按下式计算：

$$\sigma^N_{WI}=\frac{M^N_{III}}{W^x_I} \tag{5-54}$$

式中：M^N_{III} 为扭力矩，$N\cdot mm$；W^x_I 为 I - I 截面对 x 轴的截面系数，mm^3，按表 5-12 计算。

M^N_{III} 按下式计算：

$$M^N_{III}=\frac{M_{FJ}H}{l} \tag{5-55}$$

式中：M_{FJ} 为阀杆螺母和支架间的摩擦力矩，$N\cdot mm$。

②II - II 截面的合成应力按下式校核：

$$\sigma_{\Sigma II}=\sigma_{WII}+\sigma_{LII}<[\sigma_L] \tag{5-56}$$

计算方法与 I - I 截面相同。

③III - III 截面的弯曲应力按下式校核：

$$\sigma_{WIII}=\frac{M_{III}}{W^x_{III}}\leqslant[\sigma_W] \tag{5-57}$$

式中：M_{III} 为 III - III 截面的弯曲力矩，$N\cdot mm$；W^x_{III} 为 III - III 截面对 x 轴的截面系数，按表 5-12 计算，mm^3。

M_{III} 按下式计算：

$$M_{III}=\frac{F'_{FZ}l}{4}-M_I \tag{5-58}$$

5.3.3.3　支架与驱动装置连接盘处强度验算

支架与驱动装置连接盘处结构如图 5-25 所示，其强度验算方法如表 5-13 所示。

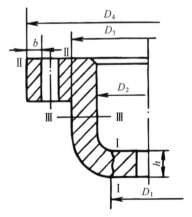

图 5-25　支架与驱动装置连接盘处结构

表 5-13　支架与驱动装置连接盘处强度验算流程

序号	名称	公式或说明
1	Ⅰ-Ⅰ截面处切应力 τ,MPa	$\dfrac{F_{MZ}}{\pi D_1 h} < [\tau]$
2	密封面上总作用力 F_{MZ},N	$F_{MJ} + F_{MF}$
3	密封面处介质作用力 F_{MJ},N	$\dfrac{\pi}{4}(D_{MN} + b_M)^2 p$
4	密封面内径 D_{MN},mm	设计给定
5	密封面宽度 b_M,mm	设计给定
6	设计压力 p,MPa	取公称压力 PN 数值的 1/10
7	密封面上密封力 F_{MF},N	$\pi(D_{MN} + b_M)b_M q_{MF}$
8	密封面必需比压 q_{MF},MPa	查表 5-36
9	Ⅰ-Ⅰ截面处直径 D_1,mm	设计给定
10	Ⅰ-Ⅰ截面处厚度 h,mm	设计给定
11	Ⅱ-Ⅱ截面处压应力 σ_Y,MPa	$\dfrac{F_{YJ}}{\pi(D_4 + b)b} < [\sigma_Y]$
12	必需预紧力 F_{YJ},N	$\pi D_{DP} b_1 q_{YJ}$
13	密封垫片处平均直径 D_{DP},mm	$\dfrac{1}{2}(D_4 + D_2)$
14	连接法兰外径 D_4,mm	设计给定
15	连接法兰外径 D_2,mm	设计给定
16	垫片有效密封宽度 b_1,mm	$\dfrac{1}{2}(D_4 - D_2)$
17	垫片预紧比压 q_{YJ},MPa	对标
18	图示 b,mm	设计给定
19	Ⅲ-Ⅲ截面处拉应力 σ_L,MPa	$\dfrac{F_{MZ}}{\dfrac{\pi}{4}(D_3^2 - D_2^2)} < [\sigma_L]$
20	图示 D_3,mm	设计给定
21	许用切应力 $[\tau]$,MPa	对标
22	许用压应力 $[\sigma_Y]$,MPa	对标
23	许用拉应力 $[\sigma_L]$,MPa	对标

注:同时满足 $\tau < [\tau]$,$\sigma_Y < [\sigma_Y]$,$\sigma_L < [\sigma_L]$,才为合格。

5.4　阀杆设计

阀杆是阀门中用于传动的重要部件,上接执行机构,下接阀内件。通过阀杆,执行机构带动阀内件轴向移动或周向转动,以实现阀门启闭或者调节作用。

阀杆的设计主要从强度的角度进行考量,即保证阀杆在载荷作用下不发生断裂。对于细长类阀杆,还应进行稳定性校核。阀杆所受载荷与阀内件的运动形式有直接关系:对球阀、旋塞阀、蝶阀等阀内件周向转动的阀门阀杆,主要考虑总力矩对阀杆的影响;对闸阀、截止阀等阀内件轴向移动的阀门阀杆,既要考虑总力矩对阀杆的影响,更要考虑总轴向力对阀杆的影响。通过强度校验可以确定阀杆计算最小直径,然后依据相关标准,向上确定阀杆标准最小直径。例如,对于钢制闸阀的阀杆直径,可依据 GB/T 12234—2019;对于钢制截止阀的阀杆直径,可依据 GB/T 12235—2007。此节仅介绍阀杆总轴向力与总力矩的计算,以及基于这两者对阀杆进行强度计算的方法。对于标准查询,本节不做介绍,读者可根据具体阀门类型查找。

同时应注意,阀杆总轴向力和总力矩的计算也是选用电动或气动装置的依据,不同的书籍与手册中的计算思路有所不同,本节仅介绍其中被广泛应用与认可的方法。此外还应注意,本节介绍的阀杆总轴向力与总力矩的计算方法仅针对常见的阀门。对于特殊的阀门,因结构形式异于常规,须自行归纳,然后经实测验证。

5.4.1　阀杆总轴向力

5.4.1.1　截止阀阀杆总轴向力

(1)旋转升降杆

①当介质从阀瓣下方流入时,阀杆最大轴向力在关闭时产生,按下式计算:

$$F'_{FZ} = F_{MF} + F_{MJ} + F_T \sin\alpha_L \tag{5-59}$$

式中:F'_{FZ} 为阀门关闭最终时的阀杆总轴向力,N;F_{MF} 为密封力,即在密封面上形成密封比压所需的轴向力,N;F_{MJ} 为关闭时作用在阀瓣上的介质力,N;F_T 为阀杆与填料间的摩擦力,N;α_L 为阀杆螺纹的升角,对于梯形螺纹,可按螺纹直径和螺距查表 5-14,也可按下式计算:

$$\alpha_L = \arctan \frac{S}{\pi d_{FP}} \tag{5-60}$$

式中:S 为螺距,mm;d_{FP} 为螺纹平均直径,mm。

表 5-14　梯形螺纹的升角 α_L

阀杆直径 d_F mm	螺纹			阀杆直径 d_F mm	螺纹		
	螺距 S mm	平均直径 d_{FP} mm	升角 α_L		螺距 S mm	平均直径 d_{FP} mm	升角 α_L
16	4	14.0	5°12′	44	8	40	3°38′
18		16.0	4°32′	48		44	3°18′
20		18.0	4°03′	50		46	3°10′
22	5	19.5	4°39′	55		51	2°51′
24		21.5	4°14′	60		56	2°36′
26		23.5	3°53′	65	10	60	3°02′
28		25.5	3°34′	70		65	2°48′

续表

阀杆直径 d_F mm	螺纹			阀杆直径 d_F mm	螺纹		
	螺距 S mm	平均直径 d_{FP} mm	升角 α_L		螺距 S mm	平均直径 d_{FP} mm	升角 α_L
30	6	27	4°02′	75	10	70	2°36′
32		29	3°46′	80		75	2°26′
36	6	33	3°19′	85	12	79	2°46′
				90		84	2°36′
40		37	2°57′	95		89	2°27′
				100		94	2°20′

A. 密封力 F_{MF} 的计算:

a. 对于平面密封,有

$$F_{MF} = \pi D_{mp} b_m q_{MF} \tag{5-61}$$

式中:D_{mp} 为阀座密封面的平均直径,mm;b_m 为阀座密封面的宽度,mm;q_{MF} 为密封必需比压,MPa,见表 5-36。

q_{MF} 亦可按以下公式计算:

$$\begin{cases} q_{MF} = 2p & \text{气体介质} \\ q_{MF} = 1.5p & \text{液体介质} \end{cases} \tag{5-62}$$

式中:p 为计算压力,MPa,设计时可取 $p = PN$。

b. 对于锥面密封,有

$$F_{MF} = \pi D_{mp} b_m \sin \left(1 + \frac{f_m}{\tan\alpha}\right) q_{MF} \tag{5-63}$$

式中:α 为半锥角,(°);f_m 为锥形密封面摩擦系数,见表 5-38。

c. 对于线接触密封(刀形密封),有

$$F_{MF} = \pi D_m q_{ml} \tag{5-64}$$

式中:D_m 为阀座密封线直径,mm;q_{ml} 为线密封比压,N/mm。

B. 关闭时作用在阀瓣上的介质力 F_{MJ} 按下式计算:

$$F_{MJ} = \frac{\pi}{4} D_{mp}^2 p \tag{5-65}$$

C. 阀杆与填料间的摩擦力 F_T 按下式计算:

$$F_T = \pi d_F h_T \mu_T p \tag{5-66}$$

式中:d_F 为阀杆直径,mm;h_T 为填料层总高度,mm;μ_T 为阀杆与填料间的摩擦系数,对石棉填料,$\mu_T = 0.15$。对聚四氟乙烯填料,μ_T 取 $0.05 \sim 0.1$。

② 当介质从阀瓣上方流入时,阀杆最大轴向力在开启瞬时产生,按下式计算:

$$F''_{FZ} = F_{MJ} + F_T \sin \alpha_L - F_P \tag{5-67}$$

式中:F_P 为介质作用于阀杆上的轴向力,N。

F_P 按照下式计算:

$$F_P = \frac{\pi}{4} d_F^2 p \qquad\qquad (5\text{-}68)$$

式中:d_F 为阀杆直径。

(2)升降杆

①介质从阀门下方流入时,阀杆最大轴向力在关闭最终时产生,按下式计算:

$$F'_{FZ} = F_{MF} + F_{MJ} + F_T + F'_J \qquad\qquad (5\text{-}69)$$

式中:F'_J 为关闭时导向键对阀杆的摩擦力,N。

F'_J 的计算按下式进行:

$$F'_J = \frac{F_{MF} + F_{MJ} + F_T}{\dfrac{R_J}{f_J R'_{FM}} - 1} \qquad\qquad (5\text{-}70)$$

式中:R_J 为导向键计算半径,mm,见图 5-26;f_J 为导向键与阀杆键槽间的摩擦系数,可取 $f_J = 0.2$;R'_{FM} 为关闭时阀杆螺纹的摩擦半径,mm,见表 5-15。

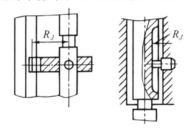

图 5-26　阀杆导向键结构

表 5-15　阀杆梯形螺纹的摩擦半径(mm)

螺纹直径及螺距	摩擦半径 $R'_{FM} = \dfrac{d_{FP}}{2}\tan(\alpha_L + \rho_L)$					摩擦半径 $R''_{FM} = \dfrac{d_{FP}}{2}\tan(\rho''_L - \alpha_L)$				
	$f_L=0.15$ $\rho_L=8°32'$	$f_L=0.17$ $\rho_L=9°39'$	$f_L=0.20$ $\rho_L=11°29'$	$f_L=0.25$ $\rho_L=14°2'$	$f_L=0.30$ $\rho_L=16°42'$	$f_L=0.25$ $\rho_L=14°2'$	$f_L=0.27$ $\rho_L=15°7'$	$f_L=0.30$ $\rho_L=16°42'$	$f_L=0.35$ $\rho_L=19°17'$	$f_L=0.40$ $\rho_L=21°48'$
T16×4	1.71	1.85	2.08	2.44	2.82	1.09	1.23	1.42	1.75	2.09
T18×4	1.86	2.03	2.27	2.69	3.11	1.34	1.50	1.73	2.10	2.49
T20×4	2.01	2.19	2.47	2.94	3.41	1.58	1.76	2.01	2.45	2.58
T22×5	2.29	2.49	2.79	3.30	3.81	1.61	1.80	2.08	2.55	3.01
T24×5	2.44	2.66	2.99	3.55	4.10	1.86	2.06	2.38	2.89	3.41
T26×5	2.59	2.83	3.19	3.80	4.40	2.11	2.34	2.67	3.24	3.80
T28×5	2.74	3.00	3.39	4.05	4.70	2.36	2.61	2.97	3.59	4.20
T30×6	3.01	3.28	3.71	4.41	5.11	2.38	2.64	3.04	3.68	4.32
T32×6	3.16	3.47	3.92	4.65	5.41	2.63	2.91	3.48	4.03	4.72
T36×6	3.46	4.80	4.31	5.15	6.00	3.12	3.45	3.82	4.72	5.51
T40×6	3.76	4.13	4.70	5.65	6.60	3.63	3.97	4.53	5.42	6.31
T44×8	4.32	4.73	5.35	6.38	7.40	3.67	4.06	4.64	5.60	6.56
T48×8	4.62	5.06	5.74	6.87	8.00	4.17	4.60	5.25	6.30	7.36
T50×8	4.76	5.23	5.94	7.12	8.30	4.42	4.86	5.54	6.65	7.75

续表

螺纹直径及螺距	摩擦半径$R'_{FM}=\dfrac{d_{FP}}{2}\tan(\alpha_L+\rho_L)$					摩擦半径$R''_{FM}=\dfrac{d_{FP}}{2}\tan(\rho''_L-\alpha_L)$				
	$f_L=0.15$ $\rho_L=8°32'$	$f_L=0.17$ $\rho_L=9°39'$	$f_L=0.20$ $\rho_L=11°29'$	$f_L=0.25$ $\rho_L=14°2'$	$f_L=0.30$ $\rho_L=16°42'$	$f_L=0.25$ $\rho_L=14°2'$	$f_L=0.27$ $\rho_L=15°7'$	$f_L=0.30$ $\rho_L=16°42'$	$f_L=0.35$ $\rho_L=19°17'$	$f_L=0.40$ $\rho_L=21°48'$
T55×8	5.14	5.66	6.45	7.73	9.05	5.04	5.55	6.29	7.52	8.75
T60×8	5.51	6.08	6.94	8.38	9.80	5.66	6.22	7.03	8.40	9.74
T65×10	6.15	6.72	7.68	9.20	10.77	5.83	6.43	7.29	8.75	10.20
T70×10	6.51	7.18	8.17	9.85	11.50	6.45	7.10	8.05	9.61	11.18
T75×10	6.89	7.60	8.67	10.45	12.25	7.07	7.77	8.80	10.48	12.18
T80×10	7.21	8.02	9.18	11.09	13.01	7.70	8.45	9.54	11.35	13.17
T85×12	7.90	8.70	9.91	12.00	13.95	7.88	8.65	9.81	11.70	13.60
T90×12	8.28	9.13	10.40	12.55	14.70	8.50	9.32	10.54	12.59	14.61
T95×12	8.65	9.55	10.90	13.19	15.45	9.12	10.00	11.29	13.48	15.60
T100×12	9.02	9.96	11.42	13.80	16.20	9.73	10.66	12.05	14.30	16.60

注:f_L 为阀杆螺纹的摩擦系数;ρ_L 为阀杆螺纹的摩擦面,$f_L=\tan\rho_L$。

②介质从阀瓣上方流入时,阀杆最大轴向力在开启瞬时产生,按下式计算:

$$F''_{FZ}=F_{MJ}+F_T+F''_J-F_P \tag{5-71}$$

式中:F''_{FZ} 为开启瞬时的阀杆总轴向力,N;F''_J 为开启时导向键对阀杆的摩擦力,N。

F''_J 按下式计算:

$$F''_J=\dfrac{F_{MJ}+F_T}{\dfrac{R_J}{f_J R''_{FM}}-1} \tag{5-72}$$

式中:R''_{FM} 为开启时阀杆螺纹的摩擦半径,mm,见表 5-15。

5.4.1.2 闸阀阀杆总轴向力

闸阀阀杆总轴向力在关闭的最终或开启的最初时其值最大,对于不同类型的闸阀或不同的密封要求,阀杆的总轴向力也不同。以下仅介绍明杆闸阀的阀杆总轴向力。对于明杆闸阀的阀杆总轴向力,闸阀关闭和开启时的阀杆总轴向力分别按下列两式计算:

$$F'_{FZ}=F'+F_P+F_T \tag{5-73}$$

$$F''_{FZ}=F''+F_P+F_T \tag{5-74}$$

式中:F_P 为介质作用于阀杆上的轴向力,N。对于双面强制密封的闸阀,$F_P=0$;F' 和 F'' 分别是关闭和开启时的阀杆密封力,即阀杆与闸板间的轴向作用力,N。

F' 和 F'' 的计算方法如下所示。

(1)自动密封时的阀杆密封力

自动密封是指完全靠介质对闸板的作用力来实现密封。

①对于平行单闸板闸阀:

$$F'=F_{MJ}f'_M-F_G \tag{5-75}$$

$$F''=F_{MJ}f''_M+F_G \tag{5-76}$$

式中:f'_M 为关闭时密封面间的摩擦系数,见表 5-16;f''_M 为开启时密封面间的摩擦系数,通常取 $f''_M=f'_M+1$,亦可见表 5-16;F_G 为闸板组件的重力,N。

表 5-16　闸板与阀座密封面间的摩擦系数

密封面材料	关闭时的摩擦系数 f'_M	开启时的摩擦系数 f''_M
铸铁或黄铜、青铜	0.25	0.35
碳钢或合金钢	0.30	0.40
耐酸钢(1Cr18Ni9Ti)	0.35	0.45
硬质合金	0.20	0.30
聚四氟乙烯	0.05	0.15

②对于楔式单闸板闸阀,有

$$F' = \frac{F_M f'_M}{\cos\varphi(1 - f'_M\tan\varphi)} - F_G \tag{5-77}$$

$$F'' = \frac{F_M f''_M}{\cos\varphi(1 - f''_M\tan\varphi)} + F_G \tag{5-78}$$

式中:φ 为楔式闸板的半楔角,(°),通常取 $\varphi = 2°52'$。温度较高时,取 $\varphi = 5°$。

(2)半自动密封时的阀杆密封力

半自动密封是指靠介质力与阀杆力对闸板的共同作用来实现密封。对楔式单闸板闸阀,阀杆密封力计算如下:

$$F' = 2F_{MF}\cos\varphi(\tan\varphi - \tan\rho') - F_{MJ}\cos\varphi\times[\tan(\rho'+\varphi)+\tan\varphi] - F_G \tag{5-79}$$

$$F'' = 2F_{MF}\cos\varphi(\tan\rho'' - \tan\varphi) - F_{MJ}\cos\varphi\times[\tan(\rho''-\varphi)-\tan\varphi] + F_G \tag{5-80}$$

式中:ρ'、ρ'' 是密封面的摩擦角,(°)。

$$\rho' = \arctan f'_M \tag{5-81}$$

$$\rho'' = \arctan f''_M \tag{5-82}$$

(3)单面强制密封时的阀杆密封力

单面强制密封是指靠阀杆力作用在闸阀的出口侧密封副实现密封。

①对于楔式单闸板闸阀,有

$$F' = 2(F_{MF} + F_{MJ})\cos\varphi(\tan\rho' + \tan\varphi) - F_{MJ}\cos\varphi\times[\tan(\rho'+\varphi)+\tan\varphi] - F_G \tag{5-83}$$

$$F'' = 2(F_{MF} + F_{MJ})\cos\varphi(\tan\rho'' - \tan\varphi) - F_{MJ}\cos\varphi\times[\tan(\rho''-\varphi)-\tan\varphi] + F_G \tag{5-84}$$

②对于下顶楔式平行双闸板闸阀,有

$$F' = F_{MJ}\tan\rho' + 2F_{MF}[\tan\rho' + \tan(\rho'_c + \alpha)] - F_G \tag{5-85}$$

$$F'' = F_{MJ}\tan\rho'' + 2F_{MF}[\tan\rho'' + \tan(\rho'_c - \alpha)] + F_G \tag{5-86}$$

式中:ρ'、ρ'' 分别是关闭和开启时顶楔与闸板接触面间的摩擦角,(°),通常取

$$\rho'_c = \arctan 0.3 = 16°42' \tag{5-87}$$

$$\rho''_c = \arctan 0.4 = 21°48' \tag{5-88}$$

③对于上顶楔式平行双闸板闸阀,有

$$F' = \frac{2F_{MF}\tan(\rho'_c + \alpha)}{1 - \tan\rho'_D\tan(\rho'_c + \alpha)} \tag{5-89}$$

$$F'' = \frac{2F_{MF}\tan(\rho''_c - \alpha)}{1 - \tan\rho''_D\tan(\rho''_c - \alpha)} \tag{5-90}$$

式中:ρ'_D、ρ''_D 分别为关闭和开启时闸板底面与阀体支撑面间的摩擦角,(°),通常取$\rho'_D=$ arctan0.3=16°42′,$\rho''_D=$arctan0.4=21°48′。

(4)双面强制密封时的阀杆密封力

双面强制密封是指靠阀杆对闸板的作用力,在闸阀的进口和出口两侧的密封副都实现密封。

①对于楔式单闸板闸阀,有

$$F'=2(F_{MF}+F_{MJ})(\tan\rho'+\tan\varphi)\cos\varphi-F_G \tag{5-91}$$

$$F''=2(F_{MF}+F_{MJ})(\tan\rho''-\tan\varphi)\cos\varphi+F_G \tag{5-92}$$

②对于下顶楔式平行双闸板闸阀,有

$$F'=2(F_{MF}+F_{MJ})[\tan\rho'+\tan(\rho'_c+\alpha)]-F_G \tag{5-93}$$

$$F''=2F_{MF}[\tan\rho''+\tan(\rho''_c-\alpha)]+F_{MJ}\times3\tan\rho''+4\tan(\rho''_c-\alpha)+F_G \tag{5-94}$$

5.4.2　阀杆总力矩

5.4.2.1　截止阀阀杆总力矩

(1)旋转升降杆

①当介质从阀瓣下方流入时,阀杆总力矩按下式计算:

$$M'_F=M'_{FL}+M_{FT}+M'_{FD} \tag{5-95}$$

式中:M'_F 为关闭时的阀杆总力矩,N·mm;M'_{FL} 为关闭时的阀杆螺纹摩擦力矩,N·mm;M_{FT} 为阀杆与填料间的摩擦力矩,N·mm;M'_{FD} 为关闭时阀杆头部与阀瓣接触面间的摩擦力矩,N·mm。

A. M'_{FL} 按下式计算:

$$M'_{FL}=F'_{FZ}R'_{FM} \tag{5-96}$$

式中:R'_{FM} 为关闭时阀杆螺纹的摩擦半径,mm。

B. M_{FT} 按下式计算:

$$M_{FT}=\frac{1}{2}F_T d_F\cos\alpha_L \tag{5-97}$$

式中:F_T 为阀杆与填料间的摩擦力。

C. M'_{FD} 按下式计算:

$$M'_{FD}=0.132\,F'_{FZ}\sqrt[3]{\frac{2\,F'_{FZ}R_o}{E}} \tag{5-98}$$

式中:R_o 为阀杆头部球面半径,mm;E 为阀杆材料的弹性模量,MPa。

②当介质从阀瓣上方流入时,阀杆总力矩按下式计算:

$$M''_F=M''_{FL}+M_{MF}+M_{FC} \tag{5-99}$$

式中:M''_F 为开启时的阀杆总力矩,N·mm;M''_{FL} 为开启时的阀杆螺纹摩擦力矩,N·mm;M_{FC} 为开启时阀杆头部上平面与阀瓣间的摩擦力矩,N·mm。

A. M''_{FL} 按下式计算:

$$M''_{FL}=F''_{FZ}R''_{FM} \tag{5-100}$$

式中:R''_{FM} 为开启时阀杆螺纹的摩擦半径,mm。

B. M_{FC} 按下式计算：

$$M_{FC} = \frac{1}{4}(F''_{FZ} - F_T \sin \alpha_L)(d_1 + d_2)f_c \tag{5-101}$$

式中：d_1 为阀杆头部小径，mm；d_2 为阀杆头部大径，mm；f_c 为接触面间的摩擦系数，取 $f_c = 0.15$。

（2）升降杆

①当介质从阀瓣下方流入时，阀杆总力矩按下式计算：

$$M'_F = M'_{FL} \tag{5-102}$$

阀门的驱动力矩按下式计算：

$$M'_Z = M'_{FL} + M'_{FJ} \tag{5-103}$$

式中：M'_Z 为关闭时阀门的驱动力矩，N·mm；M'_{FJ} 为关闭时阀杆螺母凸肩与支架间摩擦力矩，N·mm。

M'_{FJ} 按下式计算：

$$M'_{FJ} = \frac{1}{2}F'_{FZ}f_J d_p \tag{5-104}$$

式中：f_J 为凸肩与支架的摩擦系数，见表 5-17；d_p 为凸肩与支架间环形接触面的平均直径，mm，$d_p = (d_1 + d_2)/2$，如图 5-27 所示。

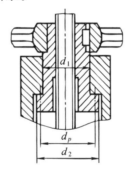

图 5-27　升降杆阀杆螺母与支架的接触面

表 5-17　阀杆螺母凸肩与支架间的摩擦系数 f_J

材料		f_J		
阀杆螺母	支架	良好润滑	一般润滑	无润滑
钢		0.05～0.1	0.1～0.2	0.15～0.30
铸铁	钢	0.06～0.12	0.12～0.2	0.16～0.32
钢		0.10～0.15	0.15～0.25	0.20～0.40

②当介质从阀瓣上方流入时，阀杆总力矩按下式计算：

$$M''_F = M''_{FL} \tag{5-105}$$

阀门的驱动力矩按下式计算：

$$M''_Z = M''_{FL} + M''_{FS} \tag{5-106}$$

式中：M''_Z 为开启时阀门的驱动力矩，N·mm；M''_{FL} 为开启时手轮与支架间的摩擦力矩,N・mm。

M''_{FS} 按下式计算:

$$M''_{FS} = \frac{1}{2} F''_{FZ} f_s d_p \qquad (5\text{-}107)$$

式中:f_s 为手轮与支架间摩擦系数,f_s 取 0.2~0.25。

5.4.2.2 闸阀阀杆总力矩

闸阀阀杆总力矩的计算式见表 5-18。

表 5-18　闸阀阀杆的力矩计算式

类型	推力轴承	状态	计算式
明杆闸阀	无	关闭	$M'_{FZ} = M'_{FL} + M'_{FJ}$
		开启	$M''_{FZ} = M''_{FL} + M''_{FS}$
	有	关闭	$M'_{FZ} = M'_{FL} + M'_g$
		开启	$M''_{FZ} = M''_{FL} + M''_g$
暗杆闸阀	—	关闭	$M'_{FZ} = M'_{FL} + M_{FT} + M'_{TJ}$
		开启	$M''_{FZ} = M''_{FL} + M_{FT} + M''_{TJ}$

表 5-18 中符号说明如下:

(1)M'_g 和M''_g 分别为关闭和开启时推力轴承的摩擦力矩,N・mm。

$$M'_g = \frac{1}{2} F'_{FZ} f_g D_{gP} \qquad (5\text{-}108)$$

$$M''_g = \frac{1}{2} F''_{FZ} f_g D_{gP} \qquad (5\text{-}109)$$

式中:f_g 为推力轴承的摩擦系数,f_g 取 0.005~0.01。

(2)M'_{TJ} 和M''_{TJ} 分别为关闭和开启时阀杆凸肩与支座间的摩擦力矩,N・mm。

$$M'_{TJ} = \frac{1}{2} F'_{FZ} f'_{TJ} d_{TJ} \qquad (5\text{-}110)$$

$$M''_{TJ} = \frac{1}{2} F''_{FZ} f''_{TJ} d_{TJ} \qquad (5\text{-}111)$$

式中:f'_{TJ} 和f''_{TJ} 分别为关闭和开启时阀杆凸肩与支座位面间的摩擦系数,一般取 $f''_{TJ} = f'_{TJ} + 0.1$,见表 5-19;d_{TJ} 为阀杆凸肩与支座环形接触面的平均直径,mm,$d_{TJ} = (d_1 + d_2)/2$,见图 5-28。

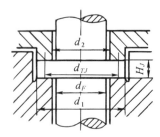

图 5-28　阀杆凸肩

表 5-19　阀杆凸肩与支座的摩擦系数

材料		f'_{TJ}	f''_{TJ}
阀杆	支座		
钢	青铜	0.20	0.30
	铸铁	0.22	0.32
	钢	0.30	0.40
黄铜	铸铁	0.20	0.30

5.4.2.3　旋塞阀阀杆总力矩

(1)无填料旋塞阀的阀杆总力矩按下式计算:

$$M = M_f + M_d + M_J \tag{5-112}$$

式中:M 为旋塞阀的阀杆总力矩,N·mm;M_f 为密封面间的摩擦力矩,N·mm;M_d 为垫圈处的摩擦力矩,N·mm;M_J 为介质作用力在塞子与阀体接触面上产生的摩擦力矩,N·mm。

①M_f 按下式计算:

$$M_f = \frac{F D_{MP} f_M}{2 \sin \alpha \left(1 + \dfrac{f_M}{\tan \alpha}\right)} \tag{5-113}$$

式中:F 为旋塞阀阀杆轴向力,N;D_{MP} 为塞子的平均直径,mm,$D_{MP} = (D_1 + D_2)/2$,见图 5-29;f_M 为塞子与阀体的摩擦系数,对有润滑的情况,$f_M = 0.08$,对无润滑的情况,f_M 为 0.12~0.18;α 为塞子的半锥角,通常 α 为 $4°5'$~$4°46'$。

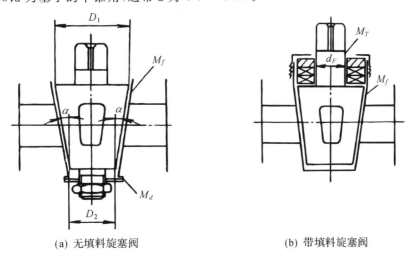

(a) 无填料旋塞阀　　　　　　　　　(b) 带填料旋塞阀

图 5-29　旋塞阀

F 按下式计算:

$$F = \frac{\pi}{4} q_{MF} (D_1^2 - D_2^2) \left(1 + \frac{f_M}{\tan \alpha}\right) \tag{5-114}$$

式中:q_{MF} 为旋塞阀的密封必需比压,MPa,通常取 $q_{MF} = 2(PN)$;D_1 为塞子大端的直径,mm;D_2 为塞子小端的直径,mm。

②M_d 按下式计算：

$$M_d = \frac{1}{2} F f_d d_1 \tag{5-115}$$

式中：f_d 为垫圈与阀体间的摩擦系数，f_d 为 $0.2 \sim 0.3$；d_1 为垫圈与阀体接触面的平均直径，mm。

③M_J 按下式计算：

$$M_J = \frac{\pi}{8} d^2 p f_M D_{MP} \tag{5-116}$$

式中：d 为阀体进出口的直径，mm，设计时可取 $d = DN$；p 为介质压力，MPa，设计时可取 $p = PN$。

（2）有填料旋塞阀的阀杆总力矩按下式计算：

$$M = M_f + M_T + M_J \tag{5-117}$$

式中：M_T 为填料与阀杆间的摩擦力矩，N·mm。

M_T 按下式计算，参见图 5-29：

$$M_T = \frac{1}{2} F_T d_s \tag{5-118}$$

式中：F_T 为填料与阀杆间的摩擦力，N；d_s 为阀杆直径，mm。

5.4.2.4　球阀阀杆总力矩

（1）浮动球球阀的阀杆总力矩按下式计算：

$$M_F = M_{QF} + M_{FT} + M_{FC} \tag{5-119}$$

式中：M_F 为球阀的阀杆总力矩，N·mm；M_{QF} 为浮动球球阀的球体与阀座密封面间的摩擦力矩，N·mm；M_{FT} 为填料与阀杆间的摩擦力矩，N·mm；M_{FC} 为阀杆头部的摩擦力矩，N·mm。

M_{QF} 的计算分两种情况，计算方法分别如下：

①对于一般的浮动球球阀，参见图 5-30，按下式计算：

$$M_{QF} = \frac{\pi D_{MP}^2 p f_M R (1 + \cos\varphi)}{8\cos\varphi} \tag{5-120}$$

式中：$D_{MP} = (D_{MW} + D_{MN})/2$ 为阀座密封面平均直径，mm；f_M 为球体与密封面的摩擦系数，对聚四氟乙烯密封面，$f_M = 0.05$，对卡普隆密封面，f_M 为 $0.1 \sim 0.15$；R 为球体半径，mm。

②对于有活动套筒的浮动球球阀，如图 5-31 所示，由于球阀进口端阀座在活动套筒上，因而可以实现进出口双阀座密封，M_{QF} 的计算如下：

$$M_{QF} = M_{QF1} + M_{QF2} \tag{5-121}$$

式中：M_{QF1} 为进口端阀座密封面与球体间的摩擦力矩，N·mm；M_{QF2} 为球体与出口阀阀座密封面间的摩擦力矩，N·mm。

A. M_{QF1} 按下式计算：

$$M_{QF1} = M'_{QF1} + M''_{QF1} \tag{5-122}$$

式中：M'_{QF1} 为进口阀座对球体的预紧力而产生的摩擦力矩，N·mm；M''_{QF1} 为介质对进口阀座的作用力而产生的摩擦力矩，N·mm。

a. M'_{QF1} 按下式计算：

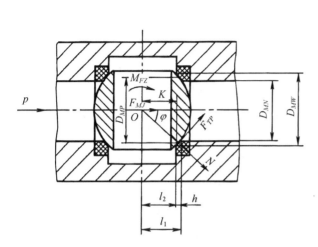

图 5-30　浮动球球阀

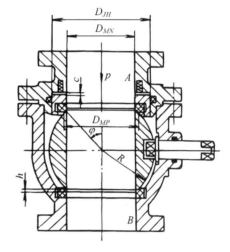

图 5-31　有活动套筒的浮动球球阀

$$M'_{QF1} = \frac{\pi}{8} q_M f_M R (D_{JH}^2 - D_{MN}^2)(1+\cos\varphi) \tag{5-123}$$

式中：$q_M = 0.1p$ 为球阀最小预紧比压，MPa，且不小于 2MPa；对聚四氟乙烯或卡普隆密封圈，$q_M > 1$MPa。

b. M''_{QF1} 按下式计算：

$$M''_{QF1} = \frac{\pi p f_M R}{8\cos\varphi}(D_{JH}^2 - 0.5 D_{MW}^2 - 0.5 D_{MN}^2) \cdot (1+\cos\varphi) \tag{5-124}$$

B. M_{QF2} 按下式计算：

$$M_{QF2} = \frac{\pi D_{JH}^2 p f_M R}{8\cos\varphi}(1+\cos\varphi) \tag{5-125}$$

(2)固定球球阀(见图 5-32)的阀杆总力矩按下式计算：

$$M_F = M_{QG} + M_{FT} + M_{ZC} \tag{5-126}$$

式中：M_{QG} 为固定球球阀的球体与阀座密封面间的摩擦力矩，N·mm；M_{ZC} 为轴承中的摩擦力矩，N·mm。

①M_{QG}(见图 5-32)按下式计算：

$$M_{QG} = M_{QG1} + M_{QG2} \tag{5-127}$$

式中：M_{QG1} 为由阀座对球体的预紧力产生的摩擦力矩，N·mm；M_{QG2} 为由介质工作压力产生的摩擦力矩，N·mm。

A. M_{QG1} 按下式计算：

$$M_{QG1} = \frac{\pi}{4}(D_{MW}^2 - D_{MN}^2)(1+\cos\varphi) q_M f_M R \tag{5-128}$$

B. M_{QG2} 按下式计算：

$$M_{QG2} = \frac{\pi p f_M R}{8\cos\varphi}(D_{JH}^2 - 0.5 D_{MN}^2 - 0.5 D_{MW}^2) \tag{5-129}$$

②M_{ZC} 按下式计算：

$$M_{ZC} = \frac{\pi}{8} D_{JH}^2 p f_Z d_{QJ} \tag{5-130}$$

式中:f_Z 为轴承摩擦系数,对用聚四氟乙烯制的滑动轴承,f_Z 为 $0.05\sim0.1$;对滚动轴承,$f_Z=0.002$。

5.4.2.5 蝶阀阀杆总力矩

蝶阀阀杆总力矩按下式计算:

$$M_D=M_M+M_C+M_T+M_J+M_d$$

$$(5-131)$$

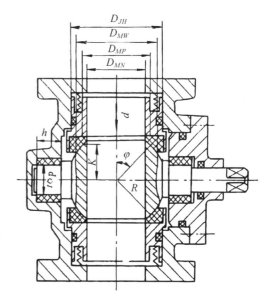

图 5-32　固定球球阀

式中:M_D 为蝶阀阀杆总力矩,N・mm;M_M 为密封面间摩擦力矩,N・mm;M_C 为阀杆轴承的摩擦力矩,N・mm;M_T 为密封填料的摩擦力矩,N・mm;M_J 为静水力矩,N・mm,当阀杆垂直安装时,$M_J=0$;M_d 为动水力矩,N・mm。

蝶阀在启闭过程中的总力矩是变化的,在刚开始开启时为静水力矩、密封面摩擦力矩、密封填料的摩擦力矩、阀杆轴承的摩擦力矩之和;在开启过程中,静水力矩逐渐转变为动水力矩,密封面的摩擦力矩逐渐减小。在关闭过程中,密封面摩擦力矩逐渐增大,直至完全关闭后产生密封比压,此时动水力矩消失,转变为静水力矩。蝶阀总力矩的变化可更为简洁地表示为:计算蝶阀在关闭或开启过程中的阀杆力矩时,$M_M=0$,$M_J=0$;对于关闭过程,M_d 为正值;对于开启过程,M_d 为负值;计算蝶阀在关闭最终或开启最初时的阀杆力矩时,$M_d=0$。

(1)M_M 的计算分两种情况,计算方法分别如下:

①对于中心对称蝶板,M_M 按下式计算:

$$M_M=4q_Mb_Mf_MR^2$$

$$(5-132)$$

式中:q_M 为密封比压,MPa,对橡胶密封圈,$q_M=\dfrac{0.5+0.6p}{\sqrt{b_M}}$;$b_M$ 为密封面的接触宽度,mm;f_M 为密封面的摩擦系数,对橡胶密封圈,f_M 为 $0.8\sim1.0$;R 为蝶板的密封半径。

②对偏置蝶板,M_M 按下式计算:

$$M_M\approx4q_MRb_Mf_M\sqrt{h^2+R^2}$$

$$(5-133)$$

式中:h 为阀杆与蝶板中心的偏心距,mm。

(2)M_C 的计算按下式进行:

$$M_C=\frac{1}{2}F_Cf_Cd_F$$

$$(5-134)$$

式中:F_C 为作用在阀杆轴承上的载荷,N;f_C 为轴承的摩擦系数;d_F 为阀杆直径或轴承内径,mm。

F_C 的计算方法对于不同状态下的蝶阀不同,如下所示。

①当蝶阀处于密封状态时,F_C 按下式计算:

$$F_C=\frac{\pi}{4}D^2p$$

$$(5-135)$$

式中:D 为蝶板直径。

②当蝶阀处于启闭过程时,F_C 按下式计算:

$$F_C=F_d=\frac{2\times10^{-8}g\lambda_a HD^2}{\zeta_a-\zeta_0+\frac{2gH}{V_0^2}}\qquad(5\text{-}136)$$

式中:F_d 为动水作用力,N;g 为重力加速度,$g=9810$ mm/s²;λ_a 为蝶板开度为 α 角时的动水力系数,见表 5-20;H 为计算升压在内的最大静水压头,mm;ζ_a 为蝶板开度为 α 角时的流阻系数,见表 5-20;ζ_0 为蝶板全开时的流阻系数,见表 5-20;V_0 为全开时介质的流速,mm/s。

A. H 的计算按下式进行:

$$H=9.8\times10^4(p+\Delta p)\qquad(5\text{-}137)$$

式中:Δp 为由于水锤作用在阀前产生的压力升值,MPa。

B. Δp 的计算按下式计算:

$$\Delta p=\frac{0.04Q}{At}\qquad(5\text{-}138)$$

式中:Q 为流量,m³/h;A 为管子截面面积,m²;t 为关阀时间,s。

(3)M_d 的计算

M_d 的计算按下式进行:

$$M_d=\frac{2\times10^{-9}g\mu_a HD^3}{\zeta_a-\zeta_0+\frac{2gH}{V_0^2}}\qquad(5\text{-}139)$$

式中:μ_a 为蝶板开度为 α 角时的动水力矩系数,见表 5-20。M_d 的最大值通常在 α 为 60°~80°范围内取得。

表 5-20 ζ_a、λ_a、μ_a 值查询表

b/D	α									
	0	10	20	30	40	50	60	70	80	90
	ζ_a									
0.05	0.031	0.26	1.15	3.18	9.00	27.0	74.0	332	3620	∞
0.10	0.044	0.25	1.09	3.02	8.25	24.0	68.0	332	3620	∞
0.15	0.065	0.25	1.02	2.96	7.82	23.0	66.0	332	3620	∞
0.20	0.096	0.28	1.00	2.96	7.82	22.4	65.8	332	3620	∞
0.25	0.147	0.36	1.07	3.05	8.22	24.0	71.5	332	3620	∞
0.30	0.222	0.45	1.18	3.25	9.27	26.8	79.2	332	3620	∞
b/D	λ_a									
0.05	1.236	36.9	95.4	220.5	515	1357	3357	13960	146200	∞
0.10	1.253	36.6	92.8	210.0	477	1213	3113	13960	146200	∞
0.15	1.278	36.6	89.6	207.0	455	1162	2997	13960	146200	∞
0.20	1.315	37.5	88.8	270.0	455	1134	2990	13960	146200	∞
0.25	1.376	39.8	91.8	211.5	475	1213	3243	13960	146200	∞

续表

b/D	α									
	0	10	20	30	40	50	60	70	80	90
	ζ_α									
0.30	1.466	42.5	96.7	222.0	530	1350	3589	13960	146200	∞
b/D	μ_α									
0.05	0	6.53	8.67	11.4	16.1	25	28.6	84.7	615	—
0.10	0	6.47	9.50	12.1	16.9	24.4	32.5	84.7	615	—
0.15	0	6.26	10.30	13.1	17.2	25.5	31.3	84.7	615	—
0.20	0	6.09	11.00	14.8	18.7	25.8	34.0	84.7	615	—
0.25	0	6.18	11.50	16.0	20.9	27.6	37.0	84.7	615	—
0.30	0	6.90	10.20	17.7	24.4	31.8	40.9	84.7	615	—

5.4.3　阀杆的强度计算

5.4.3.1　截止阀阀杆的强度计算

旋转升降杆及升降杆的受力及力矩沿阀杆轴向的分布如图 5-33、图 5-34 所示。对于图 5-33 中Ⅰ-Ⅰ、Ⅱ-Ⅱ、Ⅲ-Ⅲ及图 5-34 中Ⅰ-Ⅰ等危险截面,应分别进行拉压、扭转及合成应力的校核。对升降杆,其端部(见图 5-35)应额外进行剪切校核。

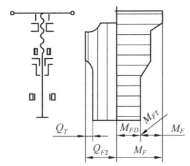 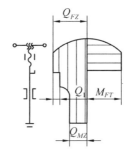 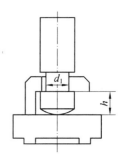

图 5-33　旋转升降杆的载荷分布　　图 5-34　升降杆的载荷分布　　图 5-35　升降杆端部细节图

当介质从阀瓣下方流入时,最大载荷出现在关闭最终时,这时阀杆受压;当介质从阀瓣上方流入时,最大载荷出现在开启最初,这时阀杆受拉。

(1)拉压应力按下式校核:

$$\sigma = \frac{F_{FZ}}{F} \leqslant [\sigma] \tag{5-140}$$

式中:σ 为阀杆所受的拉压应力,MPa;F_{FZ} 为阀杆总轴向力,N;F 为阀杆的最小截面面积,一般为螺纹根部或退刀槽的面积,mm^2;$[\sigma]$ 为材料的许用拉应力或许用压应力,MPa。

（2）扭转剪切应力按下式校核：

$$\tau_N = \frac{M}{\omega} \leqslant [\tau_N] \tag{5-141}$$

式中：τ_N 为阀杆所受的扭转剪切应力，MPa；M 为计算截面处的力矩，N·mm；ω 为计算截面的抗扭截面系数，mm^3，对圆形截面，$\omega = 0.2d^3$。

（3）合成应力按下式校核：

$$\sigma_\Sigma = \sqrt{\sigma^2 + 4\tau_N^2} \leqslant [\sigma_\Sigma] \tag{5-142}$$

式中：σ_Σ 为阀杆所受的合成应力，MPa；$[\sigma_\Sigma]$ 为材料的许用合成应力，MPa。上式中的 σ 和 τ_N 应取同一截面上的值。

（4）升降杆端部剪切应力按下式校核：

$$\tau = \frac{F_{MZ}}{\pi d_1 h} \leqslant [\tau] \tag{5-143}$$

式中：τ 为升降杆端部所受的剪切应力，MPa；F_{MZ} 为阀杆端部所受的轴向力，N；$[\tau]$ 为材料的许用剪切应力，MPa。

F_{MZ} 按下式计算：

$$F_{MZ} = F''_{FZ} - F_T - F''_J \tag{5-144}$$

式中：F''_{FZ} 为开启瞬间的阀杆总轴向力，N；F_T 为阀杆与填料间的摩擦力，N；F''_J 为开启时导向键对阀杆的摩擦力，N。F''_{FZ}、F_T 及 F''_J 的计算见"5.4.1 阀杆总轴向力"。

5.4.3.2　闸阀阀杆的强度计算

（1）阀杆直径的估算

对暗杆闸阀及 DN＜400mm 的明杆闸阀，其有效直径可按下式计算：

$$d_F = (1.25 \sim 1.35)\sqrt{\frac{4F}{\pi[\sigma]}} \tag{5-145}$$

式中：d_F 为阀杆直径，mm；F 为阀杆轴向力，取 F' 与 F'' 中数值大者。

对 DN＞500mm，PN＜0.1MPa 的明杆闸阀，考虑阀杆稳定性的影响，阀杆直径可按下式计算：

$$d_F = 0.00145\sqrt{6.5D_{MN}L_F} \tag{5-146}$$

式中：D_{MN} 为阀座密封面内径，mm；L_F 为阀杆计算长度，mm；$L_F = (2.2 \sim 2.5)D_{MN} + 500$。

闸阀的阀杆螺纹直径及螺距见标准 JB/T 1691—1992。阀杆端部尺寸见标准 JB/T 6498—1992。

（2）阀杆的强度计算

明杆闸阀关闭和开启时的受力及力矩分布见图 5-36 及图 5-37。暗杆闸阀关闭和开启时阀杆的受力及力矩分布见图 5-38 和图 5-39。

根据阀杆上的载荷分布状况，对危险截面分别进行拉压强度、扭转剪切强度及合成应力的校核，其计算式与截止阀相同。

（3）明杆闸阀阀杆端部的强度计算

阀杆端部尺寸见图 5-40，剪切应力按下式校核：

$$\tau = \frac{F'' - F_T}{2Bh} \leqslant [\tau] \tag{5-147}$$

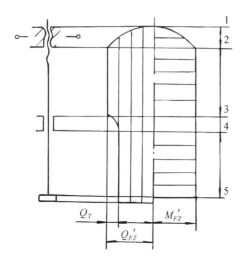

图 5-36　明杆闸阀关闭时阀杆的载荷分布

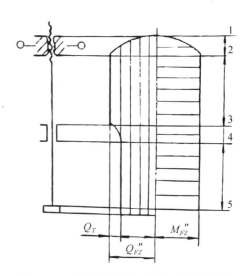

图 5-37　明杆闸阀开启时阀杆的载荷分布

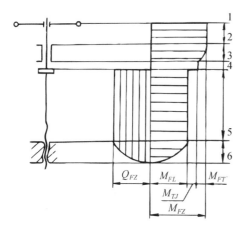

图 5-38　暗杆闸阀关闭时阀杆的载荷分布

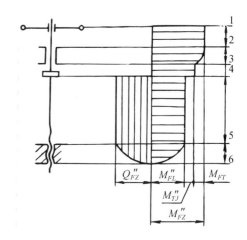

图 5-39　暗杆闸阀开启时阀杆的载荷分布

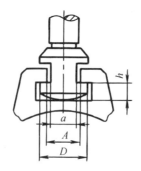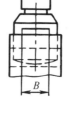

图 5-40　明杆闸阀阀杆端部尺寸

式中：F'' 的计算方法见"5.4.1 阀杆总轴向力"。

弯曲应力按下式校核：

$$\sigma_w \approx \frac{3(F''-F_T)(D+A-2a)}{4Bh^2} \leqslant [\sigma_w] \tag{5-148}$$

（4）暗杆闸阀阀杆凸肩的强度校核

暗杆凸肩的结构见图 5-28。

①剪切强度按下式校核：

$$\tau=\frac{F_{FZ}}{\pi d_F H_J}\leqslant[\tau] \tag{5-149}$$

式中：F_{FZ} 为阀杆总轴向力，N，取 F'_{FZ} 与 F''_{FZ} 中数值大者，F'_{FZ} 与 F''_{FZ} 的计算方法见"5.4.1 阀杆总轴向力"。

②弯曲强度按下式校核：

$$\sigma_w=\frac{3F_{FZ}\left(\dfrac{d_1+d_2}{2}-d_F\right)}{\pi d_F H_J}\leqslant[\sigma_w] \tag{5-150}$$

式中：d_1 和 d_2 分别是凸肩外径和内径，mm。

③挤压强度按下式校核：

$$\sigma_{CY}=\frac{4F_{FZ}}{\pi(d_1^2-d_2^2)}\leqslant[\sigma_{CY}] \tag{5-151}$$

式中：σ_{CY} 为阀杆凸肩的挤压应力，MPa；$[\sigma_{CY}]$ 为材料的许用挤压应力，MPa。

5.4.3.3 旋塞阀阀杆的强度计算

阀杆受力矩作用，最大扭转切应力 τ 出现在阀杆根部。常见的旋塞阀阀杆截面为正方形。

$$\tau=\frac{M}{\overline{W}}\leqslant[\tau] \tag{5-152}$$

式中：$\overline{W}$ 为方形截面的抗扭断面系数，mm^3。

$$\overline{W}=0.208l^3$$

式中：l 为板口方的边长，mm。

5.4.3.4 球阀阀杆的强度计算

阀杆端头扭转剪切应力按下式校核：

$$\tau_N=\frac{M_F}{\omega_S}\leqslant[\tau_N] \tag{5-153}$$

式中：M_F 为阀杆端头所受的扭转剪切应力，

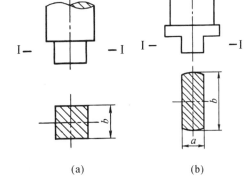

图 5-41　球阀阀杆端头的截面

MPa；$\overline{\omega}_S$ 为 I-I 截面的抗扭转截面系数，mm^3，见图 5-41，对于正方形截面，$\overline{\omega}_S=\dfrac{b^3}{4.8}$；对于矩形截面 $\overline{\omega}_S=\beta a^3$，$\beta$ 值见表 5-21。

表 5-21　系数 β 值

b/a	1.0	1.2	1.5	2.0	2.5	3.0	4.0
β	0.208	0.263	0.346	0.493	0.645	0.801	1.150

5.4.3.5 蝶阀的阀杆强度计算

蝶阀阀杆的强度校核应按照下式：

$$\tau=\frac{1.35M_D}{W}=\frac{1.35M_D}{0.2d_f^3}\leqslant[\tau] \tag{5-154}$$

式中:W 为断面系数,mm^3;d_f 为阀杆直径,mm;$[\tau]$ 为许用应力,MPa;M_D 为蝶阀阀杆所受总力矩,N·mm。

5.4.4 阀杆的稳定性计算

对于细长杆类的阀门,除了要满足强度条件外,还应校验其平衡稳定性。

5.4.4.1 阀杆的柔度

阀杆的柔度按下式计算:

$$\lambda = \frac{\mu l_F}{i} \tag{5-155}$$

式中:λ 为阀杆的柔度;l_F 为阀杆的计算长度,mm,即阀杆螺母至阀杆端部和阀杆凸肩至下端阀杆螺母间的长度,见图 5-42;应注意,升降杆和旋转升降杆对应于截止阀或闸阀等阀内件沿阀杆轴向移动的阀门,旋转杆对应于球阀、旋塞阀等沿阀杆轴向转动的阀门;i 为阀杆的惯性半径,mm,对于圆形截面,$i = d_F/4$;μ 为与阀杆两端支承状况有关的长度系数,对于无中间支承的阀杆,其 μ 值见表 5-22。

阀门的填料函对阀杆有一定的支承作用,但考虑到阀门的密封性要求,阀杆的失稳将造成密封性的破坏,因此不宜将填料函作为中间支承来计算。

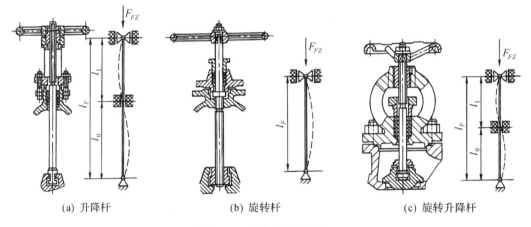

(a) 升降杆　　　　　　　(b) 旋转杆　　　　　　　(c) 旋转升降杆

图 5-42　阀杆的计算长度

5.4.4.2 阀杆的上临界柔度和下临界柔度

常见材料阀杆的上临界柔度 λ_2 和下临界柔度 λ_1 值见表 5-23。

5.4.4.3 阀杆稳定性校核

(1)当 $\lambda < \lambda_1$ 时,阀杆稳定,不需进行稳定性校核;

(2)$\lambda_1 < \lambda < \lambda_2$ 时,如满足下式条件,则阀杆稳定:

$$\sigma_Y \leqslant \frac{a - b\lambda}{n} \tag{5-156}$$

式中:σ_Y 为阀杆的压应力,MPa;a、b 为与材料性质有关的系数,MPa,见表 5-24;n 为稳定安全系数,取 $n = 2.5$。

σ_Y 按下式计算:

$$\sigma_Y = \frac{F'_{FZ}}{0.785 d_F^2} \tag{5-157}$$

式中:F'_{FZ} 为关闭时阀杆总轴向力,N。

(3)当 $\lambda > \lambda_2$ 时,如满足下式条件,则阀杆稳定:

$$\sigma_Y \leqslant \frac{\pi^2 E}{n\lambda^2} \tag{5-158}$$

式中:E 为阀杆材料的弹性模量,MPa。

表 5-22　无中间支承阀杆的 μ 值

支承状况	μ
两端铰支	1
一端固支、一端铰支	0.7
两端固定	0.5
一端固定、一端自由	2
一端固定、一端可线位移但不能角位移	1
一端铰支、一端可线位移但不能角位移	2

表 5-23　阀杆材料的 λ_1 和 λ_2 值

材料	A5	35	40Cr	38CrMoAlA 38CrMoVAl	25Cr2MoVA	Cr17Ni2
λ_1	60.0	60.0	30.0	30.0	30.0	35.0
λ_2	91.5	81.8	58.0	55.0	57.8	63.8

材料	2Cr13	3Cr13	1Cr18Ni9Ti	Cr18Ni12Mo2Ti Cr18Ni12Mo3Ti	4Cr14Ni14W2Mo	—
λ_1	40.0	40.0	70.0	60.0	60.0	—
λ_2	78.2	76.4	117.5	115.0	79.5	—

表 5-24　系数 a、b 值

材料	A5	35	40Cr	38CrMoAlA 38CrMoVAl	25Cr2MoVA	Cr17Ni2
a	337	347.5	971	1078	971	718
b	0.952	0.459	5.71	7.60	5.71	6.66

材料	2Cr13	3Cr13	1Cr18Ni9Ti	Cr18Ni12Mo2Ti Cr18Ni12Mo3Ti	4Cr14Ni14W2Mo	—
a	544.2	632	282.5	186.7	370.8	—
b	2.36	3.30	1.18	0.666	0.513	—

5.5 阀内件设计

通常,阀内件泛指阀门阀体与阀盖组成的压力边界之内的所有零部件。但应注意,本节仅介绍常见阀门内直接影响功能的主要阀内件设计,原因有三:①任一阀门内均包含数量不等的阀内件,难以尽述;②不同类型的阀门阀内件千差万别,限于篇幅不能一一列举;③某些特殊功用阀门的阀内件还没有形成统一的设计方法。

5.5.1 截止阀阀内件设计

5.5.1.1 截止阀阀座设计

截止阀阀座密封面有两种形式:一种是锥面形式的,另一种是平面形式的。对于这两种密封面形式,阀座密封面都窄于阀瓣密封面,并且硬度都低于阀瓣密封面,这两点是截止阀阀座设计的基本要素。特殊情况下不符合这两点也是允许的,但宽的密封面的硬度必须大于窄的密封面。对于软密封结构,更应关注这一点,否则四氟乙烯或橡胶一方会被剪切破坏。

(1)截止阀整体式阀座结构见表 5-25;截止阀分离式阀座结构见表 5-26。

(2)截止阀阀座的推荐尺寸见表 5-27。

表 5-25 截止阀整体式阀座结构

简图	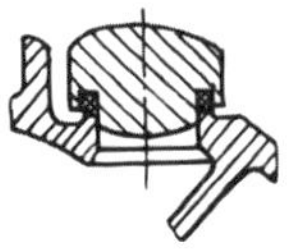	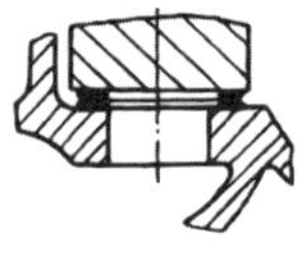	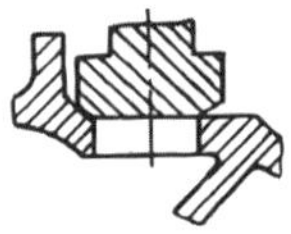	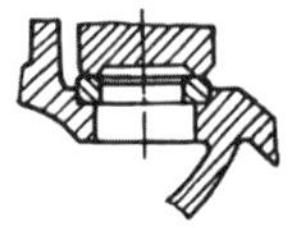
结构特点	阀瓣密封圈压入或浇注形成,阀体的密封面直接加工制成	阀瓣和阀体的密封面堆焊制成	阀瓣和阀体的密封面堆焊制成或在阀体或阀瓣上直接加工而成	阀瓣密封面直接加工制成,阀体的密封圈用摩擦焊固定
材料	密封圈为氟塑料或巴氏合金,阀体为铸铁	密封面堆焊铬不锈钢,阀体为钢	密封面堆焊硬质合金,阀体为钢、不锈钢	密封圈为铬不锈钢、阀体为锻钢
应用范围	氨阀	高、中压阀门	高温、高压合金钢与不锈钢阀门	高、中压小口径阀门

表 5-26　截止阀分离式阀座结构

简图	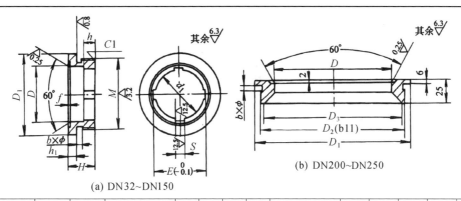			
结构特点	阀瓣密封圈用螺钉固定,阀体密封面直接加工制成,或压入密封圈	阀瓣密封面直接加工制成,阀体的密封圈用螺纹旋入	阀瓣的密封圈压入燕尾槽中,阀体的密封圈压入斜口	阀瓣密封面直接加工制成,阀体的密封圈压入斜口
材料	密封圈为橡胶、塑料、皮革或铜合金,阀体为铸铁	密封圈为铬不锈钢,阀体为可锻铸铁或碳钢	密封圈为铜合金,阀体和阀瓣为铸铁	密封圈和阀瓣为铜合金、铬不锈钢,阀体为铸铁或锻钢
应用范围	低压小口径阀门	中压小口径阀门	低压阀门	小口径阀门

表 5-27　截止阀阀座的推荐尺寸

(a) DN32~DN150

(b) DN200~DN250

公称通径		D	D_1	M-7g6g	d_1	H	h_1	f	$b \times \Phi$	h	E	B	c	重量
mm	in													（kg）
32	$1\frac{1}{4}$	32	45	M39×1.5	28			0.5	2.5×36.7		31			0.10
40	$1\frac{1}{2}$	40	55	M48×1.5	35	15	5		2.5×45.7	6	38	5	1.5	0.13
50	2	50	68	M60×1.5	44				2.5×57.7		48			0.15
65	$2\frac{1}{2}$	65	84	M76×1.5	59			1	2.5×73.7		63			0.20
80	3	80	98	M90×2	74	25	8		3.5×87	10	78	8	2	0.38
100	4	100	118	M110×3	94				3.5×107		98			0.66
150	6	150	180	M170×3	142	32	10	2	4.5×165.6	12	148	10	2.5	1.71

续表

公称通径		D	D_1	D_2(h11)	D_3	$b×\Phi$	重量(kg)
mm	in						
200	8	200	240	230	226	$4×\Phi229.5$	1.99
250	10	250	290	280	276	$4×\Phi279.5$	2.45

阀座母体材料	堆焊层材料	热处理
25		—
0Cr18Ni9	堆 EDCoCrA	母体为固溶化状态,并按 GB 1223—75
0Cr18Ni12Mo2Ti		中"丁"法作晶间腐蚀检查

注:堆焊槽结构及尺寸由工艺决定,但加工后堆焊层厚度不小于 2mm;堆焊后热处理消除应力,堆焊层硬度 HRC>40。

5.5.1.2 截止阀阀瓣设计

阀瓣的推荐尺寸见表 5-28 至表 5-35。

表 5-28 小型锻钢截止阀阀瓣的推荐尺寸(mm)

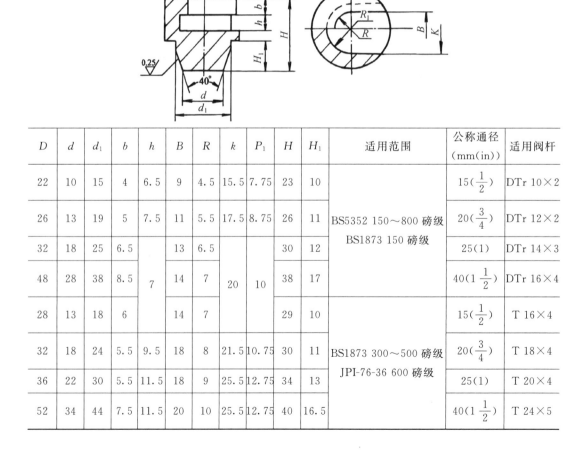

D	d	d_1	b	h	B	R	k	P_1	H	H_1	适用范围	公称通径(mm(in))	适用阀杆
22	10	15	4	6.5	9	4.5	15.5	7.75	23	10		$15(\frac{1}{2})$	DTr 10×2
26	13	19	5	7.5	11	5.5	17.5	8.75	26	11	BS5352 150~800 磅级 BS1873 150 磅级	$20(\frac{3}{4})$	DTr 12×2
32	18	25	6.5	7	13	6.5	20	10	30	12		25(1)	DTr 14×3
48	28	38	8.5		14	7			38	17		$40(1\frac{1}{2})$	DTr 16×4
28	13	18	6		14	7			29	10		$15(\frac{1}{2})$	T 16×4
32	18	24	5.5	9.5	18	8	21.5	10.75	30	11	BS1873 300~500 磅级 JPI-76-36 600 磅级	$20(\frac{3}{4})$	T 18×4
36	22	30	5.5	11.5	18	9	25.5	12.75	34	13		25(1)	T 20×4
52	34	44	7.5	11.5	20	10	25.5	12.75	40	16.5		$40(1\frac{1}{2})$	T 24×5

表 5-29 PN＜10MPa 铸钢截止阀阀瓣的推荐尺寸(mm)

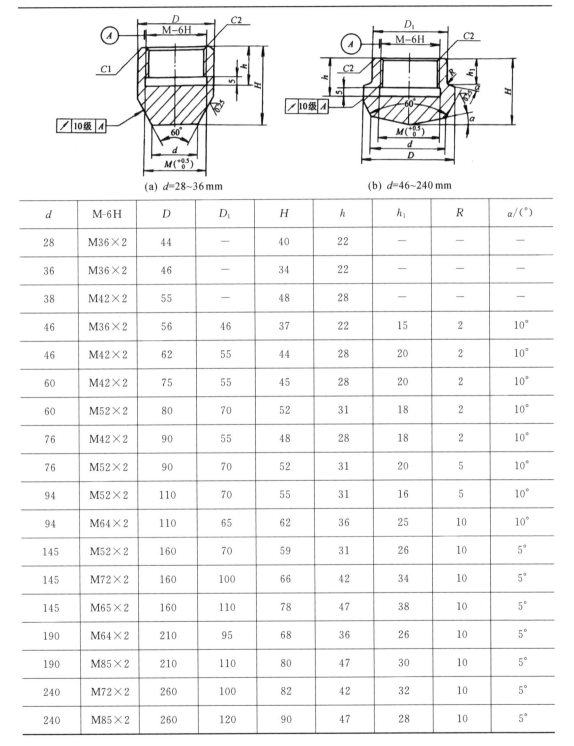

(a) d=28~36mm   (b) d=46~240mm

d	M-6H	D	D_1	H	h	h_1	R	$\alpha/(°)$
28	M36×2	44	—	40	22	—	—	—
36	M36×2	46	—	34	22	—	—	—
38	M42×2	55	—	48	28	—	—	—
46	M36×2	56	46	37	22	15	2	10°
46	M42×2	62	55	44	28	20	2	10°
60	M42×2	75	55	45	28	20	2	10°
60	M52×2	80	70	52	31	18	2	10°
76	M42×2	90	55	48	28	18	2	10°
76	M52×2	90	70	52	31	20	5	10°
94	M52×2	110	70	55	31	16	5	10°
94	M64×2	110	65	62	36	25	10	10°
145	M52×2	160	70	59	31	26	10	5°
145	M72×2	160	100	66	42	34	10	5°
145	M65×2	160	110	78	47	38	10	5°
190	M64×2	210	95	68	36	26	10	5°
190	M85×2	210	110	80	47	30	10	5°
240	M72×2	260	100	82	42	32	10	5°
240	M85×2	260	120	90	47	28	10	5°

表 5-30   PN<10MPa 铸钢截止阀阀瓣的推荐尺寸（堆焊）（mm）

(a) d=28~36 mm   (b) d=46~240 mm

d	M-6H	D	D_1	H	h	h_1	b	R	$\alpha/°$
28	M36×2	44	—	40	22	—	11	—	—
35	M36×2	46	—	34	22	—	—	—	—
38	M42×2	55	—	48	28	—	9	—	—
46	M36×2	56	46	37	22	15	—	2	10°
48	M42×2	62	55	44	28	20	9	2	10°
60	M42×2	75	55	45	28	20	9	2	10°
60	M52×2	80	70	52	31	18	11	2	10°
76	M42×2	90	55	48	28	18	—	2	10°
76	M52×2	90	70	52	31	20	—	2	10°
94	M52×2	110	70	55	31	16	—	5	10°
94	M64×2	110	85	62	36	25	—	5	10°
145	M52×2	160	70	58	31	26	—	10	5°
145	M72×2	160	100	68	42	34	—	10	5°
145	M85×2	160	110	78	47	38	—	10	5°
190	M64×2	210	85	68	36	26	—	10	5°
190	M85×2	210	110	80	47	30	—	10	5°
240	M72×2	260	100	82	42	32	—	10	5°
240	M95×2	260	120	90	47	28	—	10	5°

表 5-31　PN2.5MPa 氨阀阀瓣的推荐尺寸（mm）

DN10~DN32　　DN40~DN150

公称通径 DN	阀杆螺纹直径	d	d_1	d_2	d_3	d_0	D	D_1	D_2	H	H_1	h	h_1	h_2	h_3	h_4	b	b_1	r	C	重量 (kg≈)
10	M14	20	21.5	—	—	—	8	18	26	15	—	9	3	4	—	—	2	—	0.5	0.5	0.03
15	M16	22	23.5	—	—	—	12	22	28	16	—	9	3	4	—	—	2	—	0.5	0.5	0.05
20	M18	25	26.5	—	—	—	18	28	32	18	—	10	3.5	5	—	—	2	—	1.0	1.0	0.07
25	22	26	—	—	—	—	23	33	38	18	—	10	3.5	5	—	—	2	—	1.0	1.0	0.12
32	22	26	—	—	—	—	30	40	46	18	—	10	3.5	5	—	—	2	—	1.0	1.0	0.20
40	T28×5	32	—	45	40	4.5	40	50	56	40	34	24	5	9	14	5	—	3	1.0	1.0	0.47
50	T28×5	32	—	45	40	4.5	50	60	66	40	34	24	5	9	14	5	—	3	1.0	1.0	0.65
65	T36×6	42	—	52	47	5.5	65	75	85	55	46	32	6	10	20	7	—	4	1.0	1.0	1.47
80	T36×6	42	—	52	47	5.5	80	90	100	55	46	32	6	10	20	7	—	4	1.0	1.5	2.09
100	T40×6	46	—	62	56	8.5	100	114	125	62	50	37	6	14	22	8	—	4	1.5	1.5	3.17
125	T40×6	46	—	62	56	8.5	125	140	152	66	54	40	6	15	25	8	—	4	1.5	1.5	5.05
150	T40×6	46	—	70	64	10.5	150	165	178	75	60	40	7	15	25	10	—	4	1.5	1.5	8.22

表 5-32　短型阀瓣盖的推荐尺寸(mm)

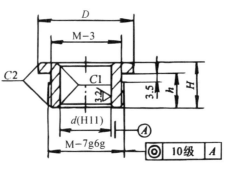

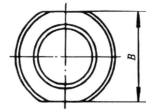

d	M-7g6g	D	H	h	B	适用阀杆直径
22	M36×2	44	20	15.5	39	18
25						20
30	M42×2	55	25	19.5	48	24
32						26
38	M52×2	70	26	20	60	30
40						32
45	M64×2	85			74	36
48						40
50	M72×2	100	30	23	85	42
55						48
65	M85×2	110	32	24	95	52
75	M85×2	120			105	60

表 5-33 长型阀瓣盖的推荐尺寸(mm)

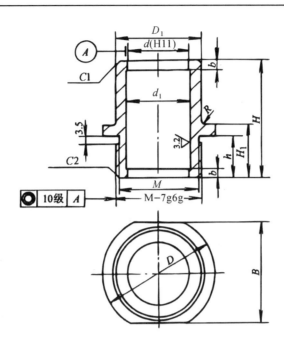

d	M-7g6g	D	D_1	d_1	h	H_1	H	B	b	R	适用阀杆直径
22	M36×2	44	36	23	15.5	20	45	38	4	2	18
25				26							20
30	M42×2	55	42	30	18.5	25	55	48			24
32				33			60				26
38	M52×2	70	52	38	20	26	70	60	6	2.5	30
40				41							32
45	M64×2	85	64	46				74			36
48				48			80				40
50	M72×2	100	72	51	23	30		85	8	3	42
55				56			100				46
65	M85×2	110	85	66	24	32	110	95			52
75	M85×2	120	95	76			120	105			60

表 5-34　阀瓣盖式阀瓣连接槽的推荐尺寸(mm)

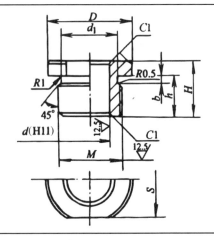

阀杆螺纹直径	d	d_1	d_2	D	M	H	h	h_1	h_2	h_3	S	c
T18×4	18	30.3	28	48	M30×2	25	20	16	3		41	1
T20×4	20	33.4	30		M33×2	30	24	20		15	41	
T24×5	24	36.4	33	52	M36×2	30	24	20		15	46	
T28×5	28	42.4	39	58	M42×2	35	26	20	5		50	
T32×6	32	48.4	45	65	M48×2	35	26	20	5		55	1.5
T36×6	36	52.4	49	70	M52×2	40	30	22			60	
T40×6	40	60.4	57	82	M60×2	45	32	24		20	70	
T44×8	44	64.4	61	88	M64×2	50	36	26		20	75	

表 5-35　PN1.6～10MPa 阀瓣盖推荐尺寸(mm)

阀杆螺纹直径	d	D	M	d_1	S	H	h	b	c
T18×4	18	38	M30×2	27.8	32	20	14		
T20×4	20	42	M33×2	30	36	22			
T24×5	24	45	M36×2	33	38		16		
T28×5	28	52	M42×2	39	46	24		4	1.5
T32×6	32	58	M48×2	45	50				
T36×6	36	65	M52×2	49	55	26	18		
T40×6	40	70	M60×2	57	60	30	20		
T44×8	44	75	M64×2	61	65	32	22		

5.5.1.3　截止阀密封面比压验算

对截止阀、闸阀、球阀以及止回阀来说,若设计的密封面尺寸小于各表所列的推荐尺寸,则应对密封面宽度进行比压验算。验算合格的条件见下式:

$$q_{MF} < q < [q] \tag{5-159}$$

式中:q_{MF} 为密封面上必需的比压,见表 5-36;$[q]$ 为密封面的许用比压,见表 5-37;q 为验算的实际比压,MPa。

表 5-36　必需比压 q_{MF}

材料	铸铁　青铜　黄铜										
密封面宽度 b_m/mm	公称压力 PN										
	0.25	0.40	0.60	1.00	1.60	2.50	4.00	6.40	8.00	10.00	16.00
0.5	14.0	15.0	16.0	18.0	20.0	25.0	—	—	—	—	—
1.0	10.0	11.0	11.5	12.5	14.5	17.5	22.8	30.0	—	—	—
1.5	8.5	9.0	9.5	10.0	12.0	14.0	18.0	24.0	28.0	—	—
2.0	7.5	8.0	8.5	9.0	10.0	12.0	16.0	21.0	25.0	29.0	—
2.5	6.5	7.0	7.5	8.0	9.0	11.0	14.0	19.0	22.0	26.0	—
3.0	6.0	6.5	7.0	7.5	8.0	10.0	13.0	17.0	20.0	24.0	—
3.5	5.5	6.0	6.5	7.0	8.0	9.0	12.0	16.0	19.0	22.0	—
4.0	5.0	5.5	6.0	6.5	7.5	9.0	11.0	15.0	17.5	20.0	30.0
4.5	5.0	5.0	5.5	6.0	7.0	8.0	10.0	14.0	16.0	19.5	28.5
5.0	4.5	5.0	5.0	6.0	6.5	8.0	10.0	13.0	16.0	18.5	27.0
5.5	4.5	5.0	5.0	5.5	6.0	7.5	9.5	12.5	15.0	17.5	26.0
6.0	4.0	4.5	4.5	5.0	6.0	7.0	9.0	12.0	14.0	17.0	24.5

续表

材料	铸铁　青铜　黄铜										
密封面宽度	公称压力 PN										
b_m/mm	0.25	0.40	0.60	1.00	1.60	2.50	4.00	6.40	8.00	10.00	16.00
6.5	4.0	4.0	4.5	5.0	6.0	7.0	9.0	12.0	14.0	16.0	24.0
7.0	4.0	4.0	4.5	5.0	5.5	6.5	8.5	11.0	13.0	15.5	23.0
7.5	4.0	4.0	4.0	4.5	5.0	6.5	8.0	11.0	12.5	15.0	22.0
8.0	3.5	4.0	4.0	4.5	5.0	6.0	7.5	10.5	12.0	14.5	21.5
9.0	3.5	3.5	4.0	4.5	5.0	6.0	7.5	10.0	12.0	14.0	20.0
10	3.2	3.4	3.6	4.0	4.6	5.5	7.0	9.5	11.0	13.0	19.0
12	3.0	3.1	3.3	3.7	4.2	5.0	6.4	8.5	10.0	12.0	—
14	2.7	2.9	3.0	3.4	3.9	4.6	6.0	8.0	9.2	—	—
16	2.6	2.7	2.8	3.2	3.5	4.2	5.5	7.5	—	—	—
18	2.4	2.5	2.7	3.0	3.5	4.0	5.2	7.0	—	—	—
20~25	2.3	2.4	2.5	2.8	3.2	4.0	5.0	6.5	—	—	—

钢硬质合金

公称压力 PN

0.6	1.0	1.6	2.5	4.0	6.4	8.0	10.0	16.0	22.5	25.0	32.0	40.0
18.5	20.0	23.0	27.0	33.5	44.0	51.5	60.0	—	—	—	—	—
13.0	14.0	16.0	19.0	24.0	31.0	36.0	42.0	61.0	—	—	—	—
10.5	11.5	13.0	15.5	19.5	25.5	30.0	35.0	50.0	67.0	73.5	—	—
9.0	10.0	11.5	13.0	17.0	22.0	26.0	30.0	44.0	58.0	64.0	80.0	—
8.0	9.0	10.0	12.0	15.0	20.0	23.0	27.5	39.0	52.0	57.0	71.0	—
7.5	8.0	9.0	11.0	14.0	18.0	21.0	24.5	35.5	47.5	52.0	65.0	80.0
7.0	7.5	8.5	10.0	13.0	17.0	19.0	23.0	33.0	44.0	48.0	60.0	74.0
6.5	7.0	8.0	9.5	12.0	15.5	18.0	21.0	31.0	41.0	45.0	56.0	69.0
6.0	7.0	7.5	9.0	11.0	15.0	17.0	20.0	29.0	39.0	42.5	53.0	65.0
5.5	6.5	7.0	8.5	10.5	14.0	16.0	19.0	27.5	37.0	40.0	50.0	62.0
5.5	6.0	7.0	8.0	10.0	13.5	15.5	18.0	26.5	35.0	38.5	48.0	59.0
5.5	5.8	6.5	8.0	10.0	13.0	15.0	17.5	25.0	33.5	37.0	46.0	56.0

续表

钢硬质合金												
公称压力 PN												
5.0	5.5	6.0	7.5	9.0	12.5	14.0	17.0	24.0	32.0	35.5	44.0	54.0
5.0	5.5	6.0	7.5	9.0	12.0	14.0	16.0	23.0	31.0	34.0	42.5	52.0
5.0	5.0	6.0	7.0	9.0	11.5	13.0	15.5	22.5	30.0	33.0	41.0	50.0
4.5	5.0	5.5	6.5	8.5	11.0	13.0	15.0	22.0	29.0	32.0	40.0	48.5
4.3	4.7	5.4	6.3	8.0	10.5	12.0	14.2	20.6	27.4	30.0	—	—
4.0	4.5	5.0	6.0	7.5	10.0	11.5	13.5	19.5	—	—	—	—
3.7	4.1	4.7	5.5	6.8	9.0	—	—	—	—	—	—	—
3.5	3.8	4.3	5.1	6.3	8.4	—	—	—	—	—	—	—
3.2	3.6	4.0	4.7	6.0	—	—	—	—	—	—	—	—
3.1	3.4	3.8	4.5	5.6	—	—	—	—	—	—	—	—
2.8	3.2	3.6	4.2	5.3	—	—	—	—	—	—	—	—

注:1. q_{MF} 值适用于温度低于100℃的,除汽油、煤油的所有液体介质;

　　2. 气体介质,低于100℃的汽油、煤油,高于100℃的所有液体介质,比压增加0.4倍。

表 5-37　密封面材料的许用比压[q]

密封面材料		材料硬度	[q](MPa)	
			密封面间无滑动	密封面间有滑动
黄铜	HPb59-1、HMn58-2-2、H62	HB80~95	80	20
	HSi80-3	HB 95~110	100	25
青铜	QA19-4	HB>110	80	25
	QA110-3-1.5、AQ110-4-4	HB 120~170	100	35
奥氏体不锈钢	1Cr18Ni9Ti、1Cr18Ni12Mo2Ti	HB 140~170	150	15
马氏体不锈钢	2Cr13、3Cr13、1Cr17Ni2	HB 200~300	250	25
		HRC 35~40		45
氮化钢	35CrMoAlA、38CrMoAlA	HV 800~1000	300	80
堆焊合金	TDCoCr-1	HRC 40~45	250	80
	TDCr-Ni(含硅)	HB 280~320	250	80
铸铁	HT 200~350 及其他	HB 170~220	30	20
中硬橡胶		—	5	—
聚四氟乙烯		—	20	15
尼龙		—	—	30

截止阀密封面比压按下式计算:

$$q = \frac{F_{MZ}}{\pi (d + b_m) b_m} \tag{5-160}$$

式中：$F_{MZ} = F_{MF} + F_{MJ}$，为阀座密封面上的总作用力，N；F_{MF} 为介质密封力，N；F_{MJ} 为阀座密封面上的介质力，N。

F_{MF} 计算如下：

(1)对于平面密封(见图 5-43)：

$$F_{MF} = \pi (d + b_m) b_m q_{MF} \tag{5-161}$$

式中：b_m 为阀座密封面宽度，mm；d 为阀座密封面内径，mm。

(2)对于锥面密封(见图 5-44)：

$$F_{MF} = \pi (d + b_m) b_m \sin\alpha \left(1 + \frac{f_m}{\tan\alpha}\right) q_{MF} \tag{5-162}$$

式中：α 为半锥角，(°)；f_m 为锥形密封面摩擦系数，见表 5-38。

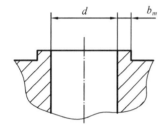

图 5-43　平面密封

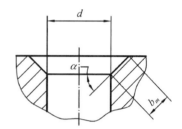

图 5-44　锥面密封

表 5-38　锥形密封面摩擦系数

密封面材料	介质	f_m
铸铁	煤气	0.15
铜	水	0.20
合金钢	水	0.15
	蒸汽	0.20

F_{MJ} 按下式计算：

$$F_{MJ} = \frac{\pi}{4} (d + b_m)^2 p \tag{5-163}$$

式中：p 为介质压力，MPa，设计时取 $p = PN$。

5.5.1.4　截止阀阀瓣强度校核

常见的截止阀阀瓣形式如图 5-45 所示。阀瓣最大载荷在关闭的最终时刻出现，这时阀瓣受到阀杆力、介质作用力和密封面间摩擦力以及阀座支反力的作用，应对图中 I-I 断面的剪切应力和 II-II 断面的弯曲应力进行校核。对于不同形式、不同介质流向的截止阀阀瓣，强度校核方法大致相同，这里以介质从阀瓣下方流入的旋转升降杆阀瓣为例，其应力校核应按以下两式进行：

$$\tau_1 = \frac{F'_{FZ} - F_T \sin\alpha_c}{\pi d (S_B - C)} \leqslant [\tau] \tag{5-164}$$

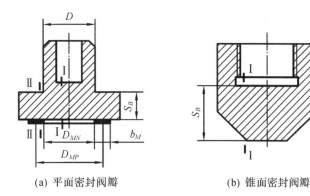

(a) 平面密封阀瓣　　　　　　　　(b) 锥面密封阀瓣

图 5-45　截止阀阀瓣

$$\sigma_{w2} = \frac{K(F'_{FZ} - F_T \sin \alpha_c)}{(S_B - C)^2} \leqslant [\sigma_w] \tag{5-165}$$

式中：τ_1 为 I-I 断面的剪切应力，MPa；σ_{w2} 为 II-II 断面的弯曲应力，MPa；S_B 为阀瓣厚度，mm；C 为阀瓣厚度附加量，mm；K 为系数，见表 5-39；F'_{FZ} 为关闭时阀杆的总轴向力，N；F_T 为阀杆与填料间的摩擦力，N；α_c 为阀杆螺纹的升角，(°)；$[\tau]$ 为许用剪切应力，MPa；$[\sigma_w]$ 为许用弯曲应力，MPa。

表 5-39　系数 *K* 值

D_{mp}/D	1.25	1.5	2	3	4	5
K	0.227	0.428	0.753	1.205	1.514	1.745

5.5.2　闸阀阀内件设计

5.5.2.1　闸阀阀座设计

(1)阀座的结构形式

①整体式阀座。整体式阀座是在阀体上直接加工出来的，其常用结构形式见表 5-40。

表 5-40　闸阀整体式阀座结构形式

简图	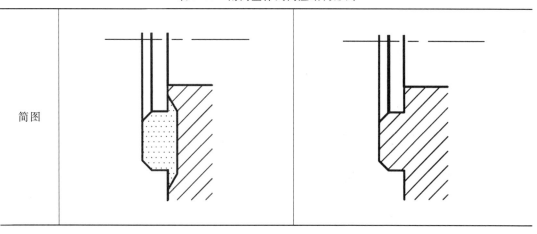

续表

加工方法	无圈结构的堆焊或喷焊					直接加工制成		
材料	密封面	铜合金	铬不锈钢、硬质合金、18-8钢	硬质合金	铜合金	铸铁	不锈钢(奥氏体)	蒙乃尔
	基体	铸铁	钢	不锈钢	铜合金	铸铁	不锈钢(奥氏体)	蒙乃尔
应用范围	低压阀门的闸板	高、中压阀门的阀体、闸板			中、低压阀门的阀体、闸板			

②分离式阀座。由于结构、尺寸、加工工艺或密封面材料的限制,不能在阀体上直接加工或堆焊出阀座时,均可采用分离式阀座。常见的结构形式见表 5-41。应该指出,当介质工作温度超过 400℃时,螺纹固定的座圈应施以密封焊或定位搭焊,以防热变形引起阀座的泄漏;介质温度超过 560℃时,应采用堆焊的整体式阀座。

表 5-41 闸阀分离式阀座结构形式

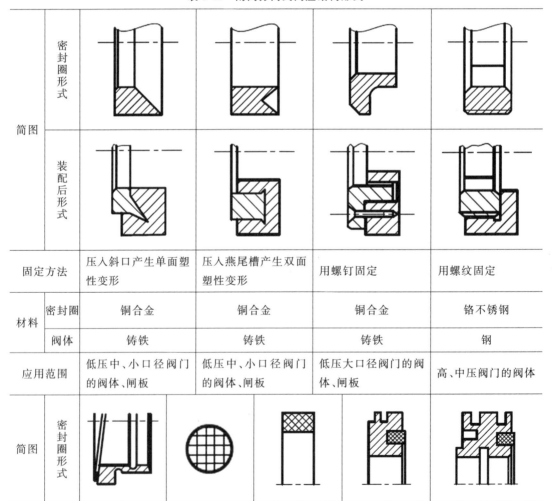

简图	密封圈形式				
	装配后形式				
固定方法		压入斜口产生单面塑性变形	压入燕尾槽产生双面塑性变形	用螺钉固定	用螺纹固定
材料	密封圈	铜合金	铜合金	铜合金	铬不锈钢
	阀体	铸铁	铸铁	铸铁	钢
应用范围		低压中、小口径阀门的阀体、闸板	低压中、小口径阀门的阀体、闸板	低压大口径阀门的阀体、闸板	高、中压阀门的阀体
简图	密封圈形式				

简图	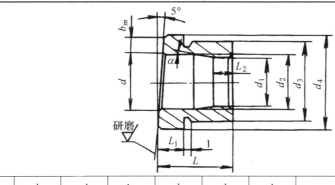				
固定方法	压入后焊死	密封圈压入燕尾槽中	压入	用 O 形圈配合装入	用 O 形圈弹簧组合装入
材料　密封圈	碳钢圈上堆焊铬不锈钢、18-8 钢硬质合金	塑料、橡胶	聚四氟乙烯	聚四氟乙烯＋钢	聚四氟乙烯＋钢
材料　阀体	钢	铸铁、钢	钢	钢	钢
应用范围	高、中压阀门的阀体	中、低压阀门的闸板	高、中压平行闸阀	高、中压平行闸阀	高、中压平行闸阀

（2）阀座尺寸的确定

阀座密封面的内径一般应与阀座的内径相等。堆焊的密封面，由于工艺上的要求，密封面内径通常大于阀座的内径 2～3mm。

密封面宽度 $b_m=(1/20\sim1/50)$DN。密封面宽度通常不小于 2～3mm。

表 5-42、表 5-43 为推荐使用的阀座尺寸。

表 5-42　PN2.0～15.0MPa（150～800 磅级）锻钢闸阀胀圈阀座推荐尺寸（mm）

DN	d_2	d	b_m	d_1	d_3	d_4	α	L	L_1	L_2
10	9.6	11	3	8.4	13.6	18	8°32′	14	7	4
15	12.7	14	3	11.4	16.7	21	9°14′	18	10	4
20	18.5	20	3	17	22.5	27	10°37′	18	10	4
25	23.5	25	4	22	28.5	34	8°32′	24	14	5
32	29	30	4	27.5	34	39	8°32′	24	14	5
40	34.5	36	4	33	39.5	45	8°32′	26	16	5

表 5-43　铸钢闸阀焊接式阀座的推荐尺寸(mm)

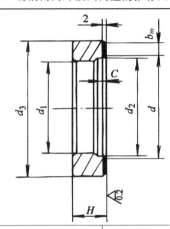

公称通径 DN	PN2.0MPa(150 磅级)							PN5.0MPa(300 磅级)						
	d_1	$d_3(f_o)$	d	d_2	b_m	C	H	d_1	$d_3(f_o)$	d	d_2	b_m	C	H
50	51	64	54	53	3.5	1.5	16	51	64	54	53	3.5	1.5	16
65	64	83	70	66			16	64	83	70	66			16
80	76	95	82	78	4.5	4	16	76	95	82	78	4.5	4	16
100	102	122	108	104			20	102	122	108	104			20
125	127	148	134	130			20	127	148	134	130			20
150	152	175	160	155	5		20	152	175	160	155	5		20
200	203	230	211	206	6		24	203	230	211	206	6		24
250	254	283	262	257	7	4.5	24	254	283	262	257	8	4.5	24
300	305	336	313	308	8		24	305	336	313	308	9		24
350	337	370	345	340	9		24	337	370	345	340	—		24
400	387	422	395	390	10		26	387	422	395	390	—		26
450	438	475	446	441	11		28	432	470	440	435	11		28
500	489	529	497	492	12		30	483	523	491	486	12		30
550	540	582	548	543	13	5	32	533	575	541	536	13	—	32
600	591	637	599	531	14		34	584	630	592	587	14		34
公称通径 DN	PN6.4MPa(400 磅级)							PN10.0MPa(600 磅级)						
	d_1	$d_3(f_o)$	d	d_2	b_m	C	H	d_1	$d_3(f_o)$	d	d_2	b_m	C	H
50	51	64	54	53	3.5	1.5	16	51	68	56	53	4.5		16
65	64	83	70	66	4.5	4	16	64	83	70	66	4.5	4	16
80	76	95	82	78			16	76	95	82	78	4.5		16

续表

公称通径 DN	PN6.4MPa(400 磅级)							PN10.0MPa(600 磅级)						
	d_1	$d_3(f_o)$	d	d_2	b_m	C	H	d_1	$d_3(f_o)$	d	d_2	b_m	C	H
100	102	122	108	104			20	102	122	108	104	5		20
125	127	148	134	130			20	127	150	134	130	6		20
150	152	175	160	155	5		20	152	176	160	155	7		20
200	203	230	211	206	6		24	200	228	208	203	8		24
250	254	283	262	257	7		24	248	278	256	251	9		24
300	305	336	313	308	8	4.5	24	298	330	306	301	10	4.5	24
350	333	368	341	336	10		24	327	362	335	330	11		24
400	381	418	389	384	11		26	375	415	384	379	12		26
450	432	472	440	435	12		28	419	460	428	423	13		28
500	479	522	487	482	13	5	30	464	506	472	466	14		30
550	527	572	535	530	14	—	—	—	—	—	—	—	5	—
600	575	623	583	528	15	5	32	559	608	568	562	15		34

5.5.2.2　闸阀闸板设计

(1)常见的闸板结构形式及其特点见表 5-44。

表 5-44　闸板的结构形式

种类	楔式单闸板	楔式单闸板	楔式单闸板
结构			
特点	结构简单、尺寸小、制造方便、配合精度高。温度变化容易引起比压局部增大造成擦伤	结构简单、尺寸小,但配合精度要求较高,温度变化容易引起比压局部增大造成擦伤	
应用范围	适用小口径闸阀,闸板上部与阀体配合,起导向作用	常温、中温,各种介质和压力	适用于大口径闸阀或安装空间受限制的场合
种类	弹性闸板	弹性闸板	弹性闸板
结构			

续表

特点	具有微变补偿作用,容易密封,温度变化不易造成擦伤,楔角精度要求较高,阀上应有限位机构,防止力矩过大使闸板失去弹性		
应用范围	各种温度、压力、中小口径闸阀,介质的固体杂质要少		各种温度、压力,大口径闸阀,介质的固体杂质要少
种类	楔式弹性闸板	楔式弹性闸板	平行式浮动闸板
结构	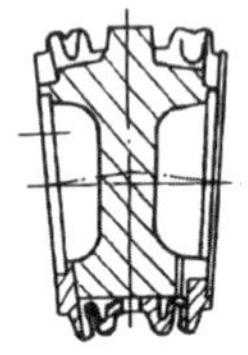	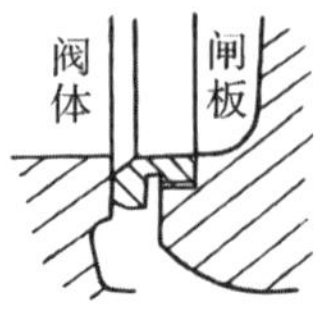	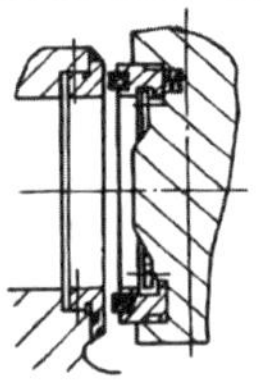
特点	波纹管式弹性阀座焊在楔式闸板上,密封面堆焊硬质合金	将弹性阀座用螺纹拧紧在闸板上,变形槽车在阀座柱面上	将密封圈、O形圈和弹簧组合装入闸板,形成浮动闸板
应用范围	适用于中低压、非腐蚀介质	适用于中低压、中小口径闸阀	各种压力、口径的平行式闸阀
种类	楔式双闸板	楔式双闸板	楔式双闸板
结构	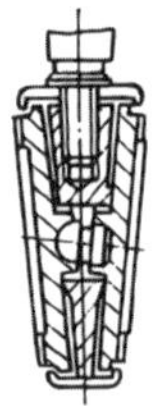	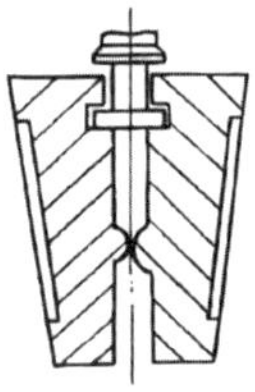	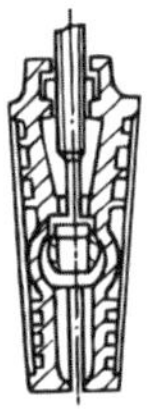
特点	楔角精度要求低,容易密封,温度变化不易造成擦伤,密封面磨损后维修方便,结构复杂,零件数较多,阀门的结构复杂、重量大	楔角精度要求低,容易密封,结构简单,密封面磨损后维修方便	楔角精度要求低,容易密封,结构较复杂
应用范围	不适用于黏性大和含有固体杂质的介质,常用于电站阀	低中压、大中口径的腐蚀性介质	低压、大口径和非腐蚀性介质
种类	平行式单闸板	平行式双闸板	平行式双闸板
结构			放大间隙

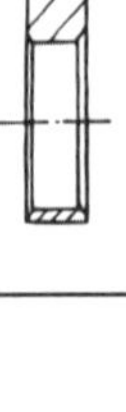

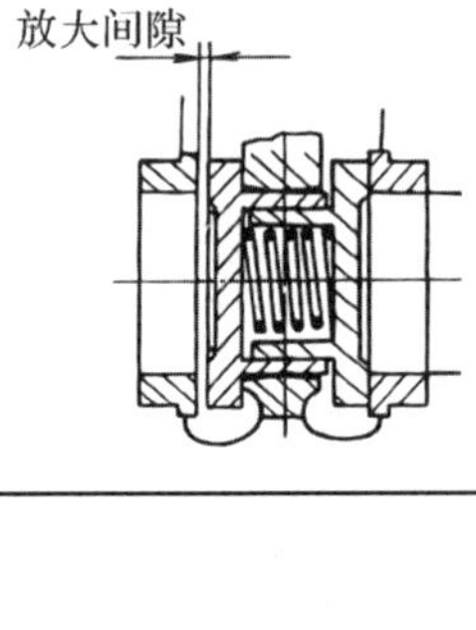

续表

特点	阀座密封采用固定或浮动的软密封,结构简单,制造容易,磨损较小,密封性好,但体形高,不能强制密封	通过顶楔产生密封力,密封面间相对移动小,不易擦伤。制造、维修方便,结构较复杂	依靠介质的压力把闸板压向出口侧阀座密封面,达到单面密封的目的,介质压力小,阀门启闭时密封面易被擦伤和磨损
应用范围	中低压、大中口径闸阀,适用于油类和天然气等介质	多用于低压、中小口径闸阀	中高压、大中口径闸阀

(2)闸板尺寸设计

①闸板密封面的宽度 b'_m 为

$$b'_m = k b_m \tag{5-166}$$

式中:k 取 1.5～2.5。上式中确定的 b'_m 应保证阀门设计标准中规定的最小磨损余量。表 5-45 是 GB 12232—2015、GB 12234—2007 及 API 600—2015 标准规定的最小磨损余量值。

闸板密封面与阀座密封面的平均直径应相等,故闸板密封面内径 D'_1 为

$$D'_1 = d - (b'_m - b_m) \tag{5-167}$$

②闸板各部分的推荐尺寸见表 5-45 至表 5-48。

表 5-45　闸板密封面最小磨损余量(mm)

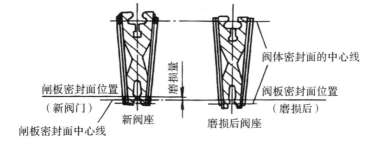

DN	最小磨损余量
25～50	2.3
65～150	3.3
200～300	6.4
350～450	9.7
500～600	12.7

表 5-46 小型锻钢闸阀楔式闸板的推荐尺寸(mm)

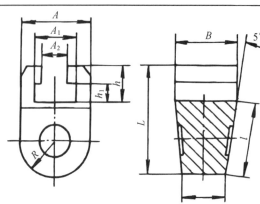

DN	S	B	L	l	R	A	A_1	A_2	h	h_1	适用范围
10	12	15	29	17	10	20	11	6	11	6	
15	14	17.5	32	20	11	22	12	7	11	6	
20	14	17.5	32	22.5	11	22	12	7	11	6	PN<15.0 MPa
25	16	21	43	28.5	14	28	15.5	8	13	6.5	
32	18	24.5	53	36	17.5	35	17.5	10	15	7.5	
40	20	27.4	61	42	20	40	19	11	18	10	

表 5-47 铸钢闸阀(DN50~100)楔式弹性闸板推荐尺寸(mm)

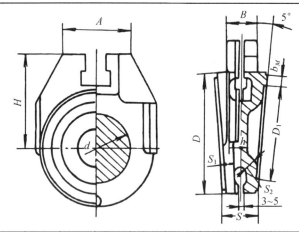

DN	S	S_1	S_2	h	d	H	A	B	D	D_1	b_m	适用范围
50	28	12	10	16	40	62	40	28	71	49	8.5	PN2.0MPa, PN5.0MPa (150 磅级, 300 磅级)
65	32	13	11	16	48	70	55	35	90	66	9.5	
80	34	14	12	18	55	86	60	35	102	76	10.5	
100	38	15	13	18	72	100	82	38	130	102	10.5	

DN	S	S_1	S_2	h	d	H	A	B	D	D_1	b_m	适用范围
50	40	15	12	18	40	65	42	35	75	51	9.5	PN10.0MPa （600 磅级）
65	40	15	12	18	50	82	58	40	92	64	10.5	
80	42	17	13	20	52	88	60	40	104	76	10.5	
100	48	19	16	20	72	108	80	48	133	102	11	

表 5-48　铸钢闸阀楔式弹性闸板推荐尺寸（mm）

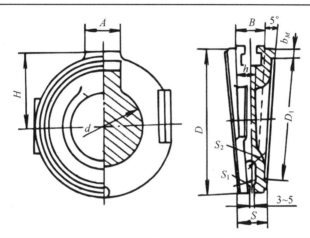

DN	S	S_1	S_2	h	d	H	A	B	D	D_1	b_m	适用范围
125	48	17	14.5	18	85	82	60	55	155	128	10.5	PN2.0MPa PN5.0MPa （150 磅级、 300 磅级）
150	48	15	12	18	100	94	60	55	185	154	12	
200	50	19	13	20	140	122	60	60	240	202	15	
250	50	20	14	22	180	150	80	60	295	253	16	
300	52	20	16	24	210	175	80	80	346	304	17	
350	76	30	26	35	215	200	100	100	385	332	22	
400	80	30	26	40	250	225	100	100	438	382	23	
450	80	32	27	40	285	248	110	110	492	433	24	
500	86	33	28	45	300	275	120	130	547	481	28	
600	120	42	35	70	360	335	150	160	655	583	30	

续表

DN	S	S_1	S_2	h	d	H	A	B	D	D_1	b_m	适用范围
125	62	20	18	28	80	94	55	60	160	128	12	
150	64	22	19.5	28	100	100	65	65	188	154	13	
200	76	28	26	38	130	128	70	70	200	199	17	
250	78	32	29	40	170	155	80	80	295	297	18	
300	88	35	32	40	200	180	80	80	348	297	19	PN10.0MPa
350	100	39	36	48	220	210	90	100	385	322	24	(600 磅级)
400	108	42	39	50	235	220	120	130	435	371	25	
450	118	45	42	60	260	245	120	140	482	4.5	26	
500	130	48	45	70	290	270	140	160	532	456	30	
600	150	55	52	80	350	320	150	200	632	552	32	

5.5.2.3 闸阀密封面比压验算

闸阀密封面比压按下式计算：

$$q = \frac{F_{MZ}}{\pi(d+b_m)b_m} \tag{5-168}$$

式中：d 为阀座密封面内径，mm；b_m 为阀座密封面宽度，mm；q 为密封面比压，MPa；F_{MZ} 为出口端阀座密封面上的总作用力，N，按表 5-49 计算。

表 5-49　闸阀密封面上总作用力 F_{MZ}

密封类型	闸阀类型	F_{MZ} 计算式
自动密封	平行式闸阀	$F_{MZ} = F_{MJ}$
	楔式闸阀	$F_{MZ} = \dfrac{F_{MJ}}{1 - f'_m \tan\varphi}$
单面强制密封	平行式闸阀	$F_{MZ} = F_{MF} + F_{MJ}$
	楔式闸阀	
双面强制密封	平行式闸阀	$F_{MZ} = F_{MF} + 2F_{MJ}$
	楔式闸阀	$F_{MZ} = F_{MF} + \left(1 + \dfrac{1}{1 - f'_m \tan\varphi}\right)F_{MJ}$

符号说明：φ 为楔半角，$2°52'$ 或 $5°$；f'_m 为关闭时密封面间摩擦系数，见表 5-50；F_{MJ} 为作用在出口密封面上的介质静压力，N，$F_{MJ} = 0.785(d+b_m)^2 p$；$F_{MF}$ 为密封面上达到必需比压时的作用力，N，$F_{MF} = \pi(d+b_m)b_m q_{MF}$。

表 5-50　关闭时密封面间摩擦系数 f'_m

密封面材料	f'_m
铸铁、青铜、黄铜	0.25
碳钢、合金钢	0.30
18-8 奥氏体不锈钢	0.35
硬质合金	0.20
聚四氟乙烯	0.05

5.5.2.4　闸阀闸板厚度校核

闸阀闸板的厚度校核见表 5-51。

表 5-51　闸板厚度 S_B 的校核

楔式单闸板		$S_B = \dfrac{d_B}{2}\sqrt{\dfrac{0.5\mathrm{PN}}{[\sigma_w]}} + c$
弹性闸板	单面强制密封	$\sigma_w = \dfrac{K_1}{(S_B-c)^2}\left[\dfrac{\pi}{4}d^2\cdot\mathrm{PN}+\left(F_{MF}-F_{MJ}\dfrac{f'_m\tan\varphi}{1-f'_m\tan\varphi}\right)\cos\varphi\right]+\dfrac{K_2}{\pi(S_B-c)^2}F_{MJ}\leqslant[\sigma_w]$
	双面强制密封	$\sigma_w = K_1\dfrac{(F_{MF}+2F_{MJ})\cos\varphi}{(S_B-c)^2}\leqslant[\sigma_w]$
楔式双闸板单板厚度		$S_B = R_{mp}\sqrt{\dfrac{K_4\cdot\mathrm{PN}}{[\sigma_w]}+\dfrac{\sqrt{K_8 F_{MF}}}{[\sigma_w]}}+c$

符号说明：S_B 为闸板厚度，mm；PN 为公称压力，MPa；$[\sigma_w]$ 许用弯曲应力，MPa；c 为附加余量，见表 5-52；σ_w 为弯曲应力，MPa；F_{MJ} 为密封面上介质静压作用力，N；F_{MF} 为密封面上达到必需比压时的作用力，N；f'_m 为关闭时密封面间摩擦系数，见表 5-50；K_1、K_2、K_4、K_8 为系数，表 5-53；R_{mp} 为密封面平均半径，mm；φ 为楔角，(°)；d_B 见表 5-44。

表 5-52　附加裕量 C 值（mm）

S_B-C	<5	6～10	11～20	21～30	>30
C	5	4	3	2	1

表 5-53　圆板系数值

R_{mp}/r	K_1	K_2	K_3	K_4	K_5	K_6	K_7	K_8	K
1.25	1.10	0.115	0.227	0.66	0.09	0.135	0.122	0.592	自由周边：钢1.24 铁1.22 固定周边：0.75
1.50	1.26	0.220	0.428	1.19	0.273	0.41	0.336	0.976	
2.00	1.48	0.405	0.733	2.04	0.71	1.04	0.74	0.44	
3.00	1.88	0.703	1.205	3.34	1.54	2.15	1.21	1.88	
4.00	2.17	0.933	1.514	4.30	2.23	2.99	1.45	2.08	
5.00	2.34	1.130	1.745	5.10	2.8	3.69	1.59	2.19	

5.5.3 球阀阀内件设计

5.5.3.1 球阀密封面结构

浮动球球阀和固定球球阀的密封面结构分别见表 5-54 及表 5-55。

表 5-54 浮动球球阀的密封面结构

简图	密封位置	说明
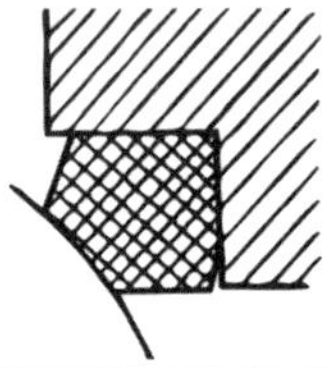	出口端密封	靠压差在出口端密封、低压时不易密封
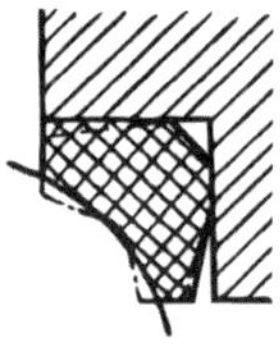	出口端密封	靠压差在出口端密封。密封圈有弹性、密封性好
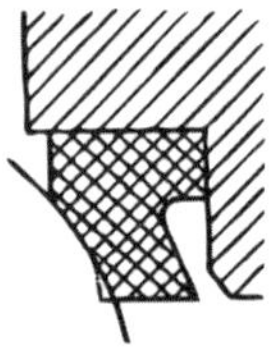	进、出口端密封	密封圈弹性好,低压时进口端可以密封,压力增高后,以出口端为主要密封
	出口端密封	密封圈和球为不锈钢表面堆焊或喷焊硬质合金,适用于高温
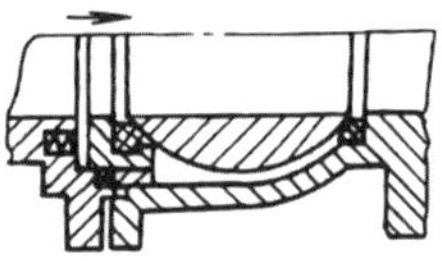	进、出口端密封	靠弹簧力预紧,压力增高后,进、出口端都密封,适用于密封要求高的场合
	密封位置由结构决定,油脂起辅助密封作用	适用于固定式球阀,多用于气体介质
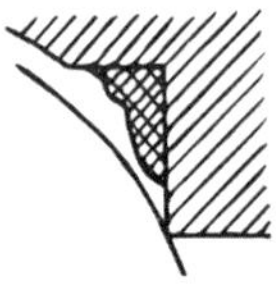	出口端	用于要求防火的浮动式球阀上。在塑料密封圈被烧失效后,可以依靠介质力使球与金属座接触达到密封

表 5-55　固定球球阀的密封面结构

简图	密封位置	说明
	进口端密封	由于 $d_1 > d_m$，靠介质压力作用在 d_1 和 d_m 之间环面上的力使进口端密封。关闭时，体腔内不会形成高压，轴承受力较大
	出口端密封	由于 $d_2 < d_m$，进口端不能密封，介质进入体腔内，靠作用在出口端 d_m 和 d_2 之间环面上的力，使出口端密封。关闭时，体腔内有压力，轴承受力较小，适用于高压
	进、出口端密封	由于 $d_1 > d_m$，$d_m > d_2$，$p_j > p_0 > p_c$，不管压力高低，都能保证进、出口端密封，适用于密封要求高的场合

5.5.3.2　球体设计

(1)球体流道直径 d 的确定。通常来说：

通孔球阀，$d = DN$；

缩孔球阀，$d = 0.78DN$。具体尺寸由各设计标准确定。

(2)球体半径 R 由下式确定：

$$R = \frac{\sqrt{2}}{2}(DN + W) \tag{5-169}$$

式中：R 为球体半径，mm；DN 为公称尺寸；W 为密封面宽度，mm。

密封面宽度 W 由下式确定：

$$W = \frac{pDN}{4[\sigma_{ZY}] - p} \tag{5-170}$$

(3)球体面积 L 由下式确定：

$$L < \sqrt{D^2 - d^2} \tag{5-171}$$

式中：D 为球体直径。

(4)球体的尺寸。表 5-56、表 5-57、表 5-58 和表 5-59 分别给出了各种不同球体的推荐尺寸。

表 5-56　JB1744 浮动球球阀球体的尺寸(mm)

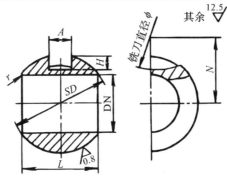

续表

公称通径 DN	球 D		L	A	N≈	H	铣刀直径 Φ	r	重量 (kg≈)
	尺寸	偏差							
10	22	+0.084	19	6	33	3	50		0.03
15	32		27	8	42		63	0.5	0.09
20	40	+0.10	33	9	46	5			0.16
25	48		39	10	55	6	75		0.27
32	60	+0.12	48	12	66	8	90		0.51
40	72		57	14	80	10	110	1	0.86
50	88	+0.14	70	18	96	12			1.51
65	110		86		107		130		2.79
80	130	+0.16	99	22	114	15		2	4.27
100	160		122	24	136		150		7.77
125	200	+0.185	125	28	156	18			15.33
150	240		182	32	184	22	175	3	26.49

表 5-57 浮动球球阀球体的推荐尺寸(mm)

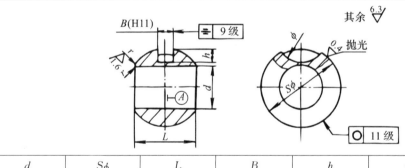

d	Sφ	L	B	h	r	Φ
15	37	30	6	6	0.5	25.5
20	37	30	6	6	0.5	25.5
25	44	34	8	7	0.5	29
32	54	40	10	7	0.5	35
40	64	48	12	9	0.5	42
50	84	64	14	10	1	63
65	105	79	18	11	1	80
80	127	95	18	15	1	100
100	160	122	24	18	1	125
125	200	152	28	23	2	125
150	240	182	28	23	2	160

表 5-58　三通球阀球体的推荐尺寸(mm)

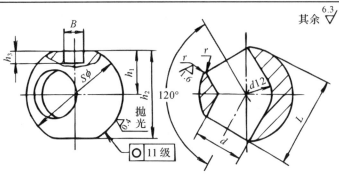

d	$S\phi$	L	B	h_1	h_2	h_3	r
20	44	40.5	8	20	40	6	0.5
25	48	44	10	22	44	6.5	0.5
40	72	64	12	33	66	9	0.5
50	84	73	14	40	75	11	1
80	127	110	20	60	113	15	1
100	160	141	24	78	143	20	1
150	240	210	28	117	232	24	2

表 5-59　滑动阀座球阀球体的推荐尺寸(mm)

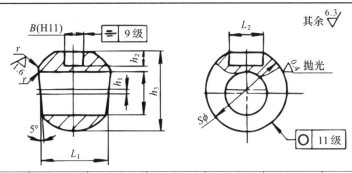

d	$S\phi$	L_1	B	h_1	h_2	h_3	r	L_2
15	35	30	8	1.38	7	32.5	0.5	24
19	38	31	8	1.40	7	36	0.5	24
23	46	37	8	1.70	7	43	0.5	24
38	70	56	12	2.56	10	64	0.5	32
49	88	70	14	3.19	12	80	0.5	30
62	110	88	16	3.90	15	101	0.5	47
75	125	97	20	4.35	15	119	0.5	52
102	170	132	30	5.90	17	160	1	70
122	202	157	35	7.00	17	193	1	70

5.5.3.3　阀座设计

球阀阀座的推荐尺寸见表 5-60、表 5-61 和表 5-62。

表 5-60　弹性阀座的推荐尺寸(mm)

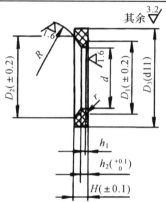

球孔直径	d	D_1	D_2	D_3	R	H	$h_1 = r$	h_2
15	20	24	28.7	32	18.5	6	1	3
20								
25	25	30	33.5	40	22	6	1	3
32	32	37	42.2	50	27	7	1	3
40	40	45	51.5	60	32	8	1	3
50	50	55	64	70	42	9	1	3.5
65	65	70	79	90	52.5	10	1	4
80	80	85	96.5	105	63.5	12	2	5
100	105	110	124.5	130	80	14	2	5
125	130	136	152	160	100	16	2	6
150	155	162	181.4	190	120	18	2	6
200	205	212	236	250	159	20	2	6

表 5-61　固定球球阀阀座的推荐尺寸(mm)

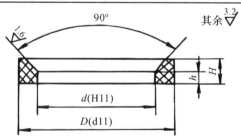

球孔直径	d	D	H	h
200	220	240	16	10
250	270	290	20	14
300	320	340	20	14
350	370	390	20	14

表 5-62　碳石墨阀座的推荐尺寸(mm)

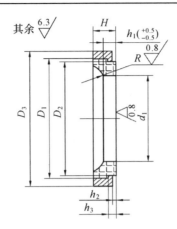

球孔直径	d	D_1	D_2	D_3	R	H	h_1	h_2	h_3
15	17	26	25	30	17.5	6	4.3	0.5	2
19	21	31	30	36	19	6	3.5	0.5	2
23	25	37	36	43	23	6	3	0.5	2
38	41	56	54	64	35	8.5	4.1	0.5	2.5
49	52	70	68	80	44	10	4.5	0.5	2.5
62	65.5	89	87	99	55	12	4.5	0.5	5
75	79	105	103	118	62.5	14	7	0.5	5
102	107	140	136	155	85	16	7	1	5
122	128	163	159	185	101	17.5	7	1	5

注：由这种材料制成的阀座圈适用温度为$-200\sim500℃$。

5.5.3.4　球阀密封面比压

球阀密封比压 q 按表 5-64 计算。由表 5-37 可以查到,用聚四氟乙烯制成的球阀密封座,其许用比压$[q]=20MPa$。在实际使用中,该数值是偏高的。事实上,聚四氟乙烯的抗压能力受其冷流性的限制,因而应以产生冷流的应力作为聚四氟乙烯的假屈服极限。假屈服极限的数值与温度有关(见表 5-63)。聚四氟乙烯的许用压应力由$[q]=\dfrac{2}{3}\sigma_p$ 确定,其中 σ_p 为假屈服极限。对下填充的聚四氟乙烯,其$[q]$值可适当地提高。

表 5-63　聚四氟乙烯的假屈服极限 σ_p

$t(℃)$	25	50	75	100	150	200	250
$\sigma_p(MPa)$	14.3	10.7	8.4	6.7	4.7	3.5	2.9

表 5-64　球阀密封比压 q 的计算

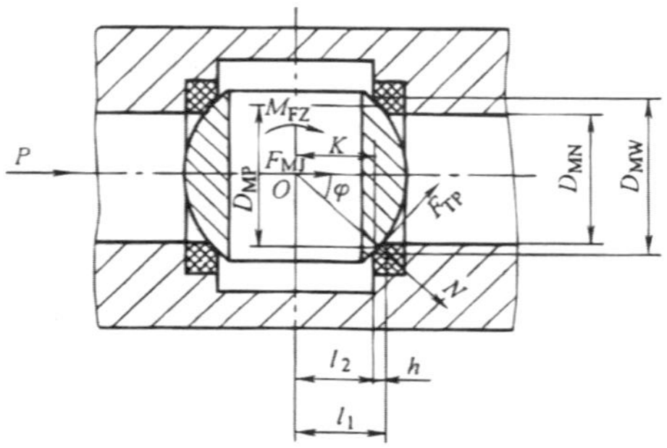 浮动球球阀	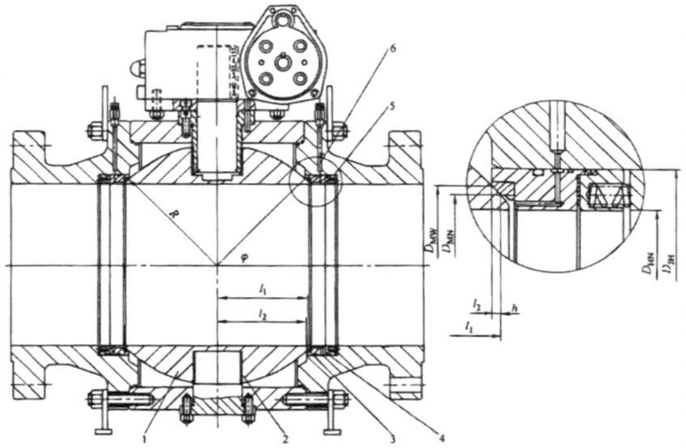 单向密封固定球球阀	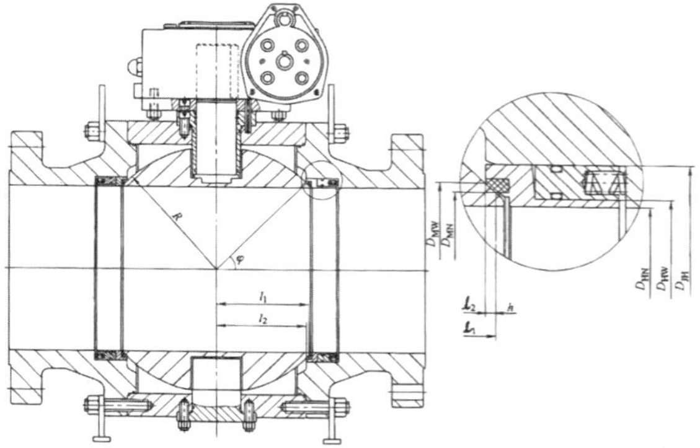 双阀座双向密封球阀
$$q = \frac{(D_{MW} + D_{MN}) \cdot (7.4 D_{MW} - 5.4 D_{MN}) p}{4(D_{MW}^2 - D_{MN}^2)}$$	$$\begin{aligned} q = & [8\sqrt{b'_m}/10 \cdot \cos\varphi \cdot R \cdot (l_1 - l_2)]^{-1} \cdot \\ & \{\sqrt{b'_m}/10 \cdot [p(D_{JH}^2 - D_{MN}^2)] + \\ & q_{MY\min} \cdot (D_{MW}^2 - D_{MN}^2)\} + \\ & 1.6 D_{JH} \cdot b'_m \cdot Z \cdot f \} \end{aligned}$$	$$\begin{aligned} q = & [8\sqrt{b'_m}/10 \cdot \cos\varphi \cdot R \cdot (l_1 - l_2)]^{-1} \cdot \\ & \{\sqrt{b'_m}/10 \cdot [p(D_{MW}^2 - D_{HW}^2)] + \\ & q_{MY\min} \cdot (D_{MW}^2 - D_{MN}^2)\} + \\ & 1.6 D_{HW} \cdot b'_m \cdot Z \cdot f \} \end{aligned}$$

符号说明：(1)D_{MW} 为阀座密封面外径,mm;(2)D_{MN} 为阀座密封面内径,mm;(3)p 为设计压力,MPa;(4)b'_m 为 O 形圈内径距离,mm;(5)φ 为球体中心与阀座密封面中心夹角,(°);(6)R 为球体半径,mm;(7)$l_2 = (R^2 - D_{MW}^2)^{\frac{1}{2}}/2$;$l_1 = (R^2 - D_{MN}^2)^{\frac{1}{2}}/2$ 为球体中心到阀座密封面内孔的接触宽度,mm;为球体中心到阀座密封面外径距离,mm;(8)D_{JH} 为活动套筒外径,mm;(9)$q_{MY\min}$ 为阀座预紧密封最小比压,MPa;(10)Z 为 O 形圈个数;(11)f 为 O 形圈与阀体孔的摩擦因数;(12)D_{HW} 为阀座支承圈与 O 形圈配合外径,mm。

5.5.4　止回阀阀内件设计

5.5.4.1　止回阀阀座设计

止回阀阀座设计与截止阀基本相同,但是密封面上只有介质压力的作用而无强制密封力的作用。因此,止回阀的密封性能通常较截止阀差。止回阀的阀座推荐尺寸见表5-65。

表 5-65　钢制旋启式止回阀焊接阀座的推荐尺寸(mm)

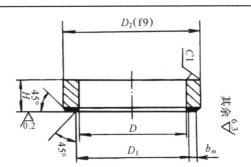

阀门公称通径		D	D_1	$D_2(f_9)$	b_m	H	重量(kg)
mm	in						
50	2	51	54	$64\begin{pmatrix}-0.030\\-0.104\end{pmatrix}$	2.5	$150^0_{-0.1}$	0.23
65	$2\frac{1}{2}$	64	67	$78\begin{pmatrix}-0.030\\-0.104\end{pmatrix}$	3	$16^0_{-0.12}$	0.28
80	3	76	80	$90\begin{pmatrix}-0.036\\-0.123\end{pmatrix}$	3		0.34
100	4	102	107	$120\begin{pmatrix}-0.036\\-0.123\end{pmatrix}$	4	$20^0_{-0.15}$	0.58
125	5	127	132	$145\begin{pmatrix}-0.043\\-0.143\end{pmatrix}$	5		0.72
150	6	152	157	$172\begin{pmatrix}-0.043\\-0.143\end{pmatrix}$	6		0.90
200	8	203	208	$226\begin{pmatrix}-0.050\\-0.165\end{pmatrix}$	8	$24^0_{-0.2}$	1.60
250	10	254	260	$282\begin{pmatrix}-0.056\\-0.186\end{pmatrix}$	10		2.10
300	12	305	311	$335\begin{pmatrix}-0.062\\-0.202\end{pmatrix}$	11	$24^0_{-0.2}$	2.58
350	14	337	343	$370\begin{pmatrix}-0.062\\-0.202\end{pmatrix}$	12		3.40

5.5.4.2　止回阀阀瓣设计

钢制旋启式止回阀阀瓣及其相应的摇杆、销轴、阀瓣盖的推荐尺寸,分别见表5-66、表5-67、表5-68和表5-69。

表 5-66　钢制旋启式止回阀阀瓣的推荐尺寸

(a) DN200~DN350

(b) DN50~DN150

公称通径 mm	in	D	D₁	D₂	D₃(d11)	D₄	b_m	L 1.5~5.3 MPa	L 10.5 MPa	L₁	L₂ 1.5~5.3 MPa	L₂ 10.5 MPa	L₃	r₁	r₂	-7h6hM-6H	b×Φ	d	M1-6H	L₄	C	重量 1.5~5.3 MPa	重量 10.5 MPa
50	2	52	65	25	16	13	4.5	36		12			6		8	M10	2.5×Φ7.7	2.5	—	—	1.5	0.28	
65	2½	65	78	30	18	15	5	44		14			7	3	9	M12	2.5×Φ9.4	2.5	—	—	2	0.62	
80	3	77	93	34	22	18	6	49		17			8.5	3	11	M12	2.5×Φ9.4	2.5	—	—	2	0.96	
100	4	104	122	42	28	23	7	59		20	21		10		14	M16	3.5×Φ13		—	—	2.5	1.86	
125	5	128	150	50	34	29	9	71	76	24	22	27	12	5	17	M24	4.5×Φ19.6	3	—	—	2.5	2.8	3.6
150	6	153	178	60	40	35	10	82	90	28	25	32	14	5	20	M30	4.5×Φ25	4	—	—	3	4.5	5.8
200	8	204	232	76	50	45	12	65	75	25	30	40	19	8	25	M27×2	5×Φ27.5	—	M5	10	2	8.3	12.7
250	10	256	288	94	62	56	14	74	86	30	36	48	20	8	31	M33×2	5×Φ33.5	—	M6	12	2	17.1	23.1
300	12	307	342	110	75	70	15	84	100	38	42	58	22.5	12	38	M42×3	7×Φ42.5	—	M8	16	2.5	28.3	40
350	14	338	376	125	90	82	16	94	112	44	46	64	25	12	45	M52×3	7×Φ52.5	—	M10	20	2.5	39	53

表 5-67　钢制旋启式止回阀摇杆的推荐尺寸 (mm)

公称通径		d(H11)	D	d₁(H11)	D₁	a (1.5~5.3 MPa)	a (10.5 MPa)	b	c	A	h	r	R	f	H	L	G	s	e	重量 (kg)
mm	in																			
50	2	$16\left(^{+0.11}_{0}\right)$	26	$10\left(^{+0.09}_{0}\right)$	22	12		4	2	53	26	10	38	8	10	22	18	6	12	0.5
65	$2\frac{1}{2}$	$18\left(^{+0.11}_{0}\right)$	28	$14\left(^{+0.11}_{0}\right)$	25	16		5	3	62	30	10	50	8	12	26	22	7	14	0.7
80	3	$22\left(^{+0.13}_{0}\right)$	34	$16\left(^{+0.11}_{0}\right)$	30	18		6	5	75	34	15	58	10	15	40	30	8	16	1.0
100	4	$28\left(^{+0.13}_{0}\right)$	40	$18\left(^{+0.11}_{0}\right)$	35	21		7	7	90	44	15	66	12	18	40	32	9	18	1.2

续表

公称通径 mm	公称通径 in	d (H11)	D	d₁ (H11)	D₁	a 1.5~5.3 MPa	a 10.5 MPa	b	c	A	h	r	R	f	H	L	G	s	e	重量 (kg)
125	5	$34\left(^{+0.16}_{0}\right)$	48	$20\left(^{+0.13}_{0}\right)$		22	27	8	10	110	54	20	72	15	22		36	10	20	1.8
150	6	$40\left(^{+0.16}_{0}\right)$	56	$22\left(^{+0.13}_{0}\right)$	38	25	32	8	13	122	63	20	80	18	26	50	42	12	24	2.4
200	8	$50\left(^{+0.16}_{0}\right)$	70	$25\left(^{+0.13}_{0}\right)$	50	30	40	10	19	170	82	28	98	24	33	60	50	14	28	3.5
250	10	$62\left(^{+0.19}_{0}\right)$	84	$32\left(^{+0.16}_{0}\right)$		36	48	12	20	180	100	28	118	26	36	80	70	16	32	4.8
300	12	$76\left(^{+0.19}_{0}\right)$	102	$36\left(^{+0.16}_{0}\right)$	60	42	58	15	21	230	118	36	130	28	40	100	85	18	36	6.0
350	14	$90\left(^{+0.22}_{0}\right)$	120			46	64	18	24	260	134	36	150	32	46			20	45	7.8

表 5-68 钢制旋启式止回阀销轴的推荐尺寸(mm)

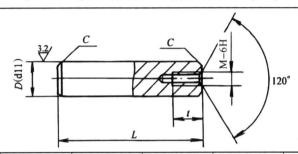

公称通径		D(d11)	L	l	M-611	c	重量
mm	in						(kg)
50	2	$10\begin{pmatrix}-0.04\\-0.13\end{pmatrix}$	58	8	M6	1.0	0.04
65	$2\frac{1}{2}$	$14\begin{pmatrix}-0.05\\-0.16\end{pmatrix}$	65	10	M8	1.5	0.08
80	3	$16\begin{pmatrix}-0.05\\-0.16\end{pmatrix}$	80		M10		0.13
100	4	$18\begin{pmatrix}-0.05\\-0.16\end{pmatrix}$	100	12	M12	2.0	0.20
125	5	$20\begin{pmatrix}-0.065\\-0.195\end{pmatrix}$					0.24
150	6	$22\begin{pmatrix}-0.065\\-0.195\end{pmatrix}$	130				0.38
200	8	$25\begin{pmatrix}-0.065\\-0.195\end{pmatrix}$	155	15	M16		0.60
250	10		180				0.70
300	12	$32\begin{pmatrix}-0.08\\-0.24\end{pmatrix}$	220			2.5	1.27
350	14	$36\begin{pmatrix}-0.08\\-0.24\end{pmatrix}$	250	20			2.05

表 5-69 钢制旋启式止回阀阀瓣的推荐尺寸(mm)

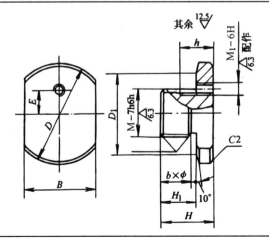

续表

阀门公称通径 mm	阀门公称通径 in	M-7h6h	D	D_1	B	H	H_1	$b \times \Phi$	M_1-6H	h	E	C	重量（kg）
200	8	M27×2	80	70	70	34	24	3.5×Φ24	M5	24	13	2.0	0.5
250	10	M33×2	96	84	84	43	28	3.5×Φ30	M6	28	16	2.0	1.0
300	12	M42×3	116	102	102	56	36	4.5×Φ37.6	M8	36	20	2.5	2.0
350	14	M52×3	138	120	120	67	42	4.5×Φ47.6	M10	42	25	2.5	3.5

5.5.4.3 止回阀密封比压计算

止回阀密封面比压按下式计算：

$$q = \frac{D_{MN} + b_M}{4b_M} p \tag{5-172}$$

式中：p 为设计压力，MPa；D_{MN} 为阀座密封面内径，mm；b_M 为阀座密封面宽度，mm。

5.5.4.4 止回阀阀瓣厚度校核

止回阀阀瓣厚度按表 5-70 校核。

表 5-70 止回阀阀瓣厚度校核

简图	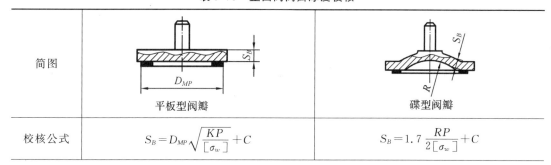
	平板型阀瓣　　　　　　　　　碟型阀瓣
校核公式	$S_B = D_{MP} \sqrt{\dfrac{KP}{[\sigma_w]}} + C$ ⎪ $S_B = 1.7 \dfrac{RP}{2[\sigma_w]} + C$

符号说明：D_{MP} 为密封面平均直径，mm；K 为结构特征系数，$K = 0.3$；P 为介质工作压力，MPa，取 $P =$ PN；$[\sigma_w]$ 为许用弯曲应力，MPa；C 为附加裕量，mm；R 为球面半径；S_B 为阀瓣厚度，mm。

5.5.5 蝶阀阀内件设计

5.5.5.1 蝶阀密封副的结构形式

（1）强制密封蝶阀

强制密封是指蝶阀关闭时，靠一定的过盈量在阀座与蝶板密封面间造成密封比压。表 5-71 所示为非金属密封副的结构形式，表 5-72 所示为金属密封副的结构形式。

表 5-71　强制密封蝶阀非金属密封副的结构形式

序号	1	2	3
简图	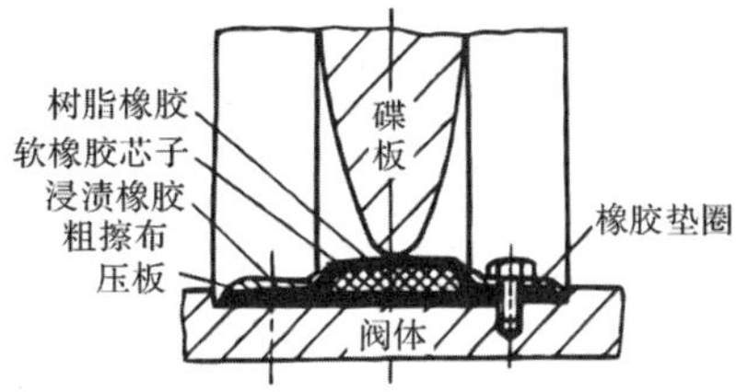 树脂橡胶 软橡胶芯子 浸渍橡胶 粗擦布 压板 碟板 橡胶垫圈 阀体	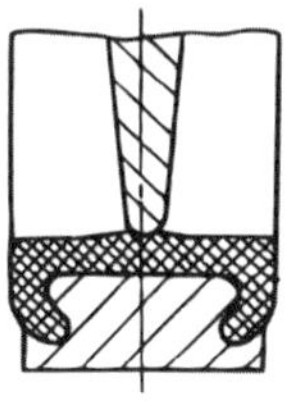	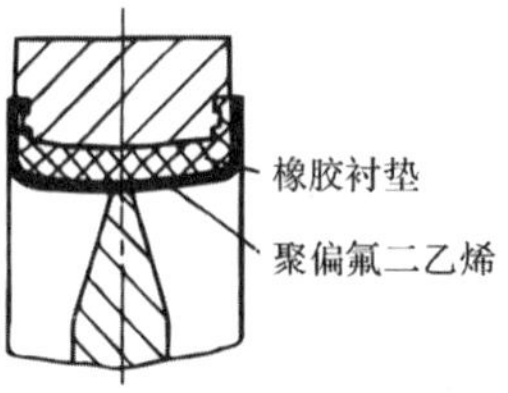 橡胶衬垫 聚偏氟二乙烯
结构特点	复合式橡胶座阀座安装在阀体内腔凹槽处、用压板螺栓和橡胶圈固定,回弹性好,密封可靠	巴式橡胶阀座,阀体内腔硫化一层橡胶衬或包一层橡胶衬,有平立形和凸起形两种,凸起形如图所示,其内径比蝶板外径小	巴式复合阀座,外层为PVDF(聚偏氟乙烯),内层为橡胶衬垫,蝶板用聚四氟乙烯制造
应用范围	一般性介质的截断和调节	工作压力小于 1.0MPa 的一般性介质的截断和调节	工作压力等于 0.7MPa 腐蚀性介质的截断和调节
序号	4	5	6
简图	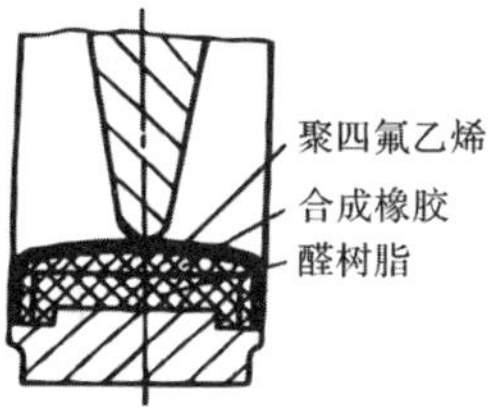 聚四氟乙烯 合成橡胶 醛树脂	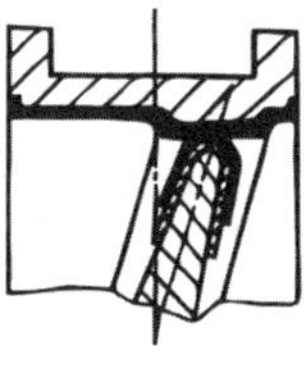	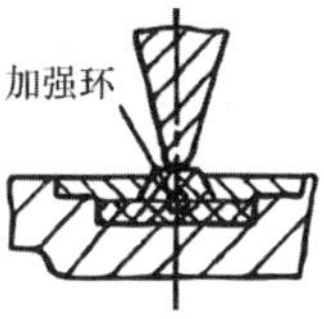 加强环
结构特点	巴式复合阀座,外层 PTFE,中层为合成橡胶,里层为苯酚树脂	复合密封副阀体和蝶板先硫化或粘贴一层橡胶,然后外包一层 PTFE	圆弧形接触密封副,这种密封副的结构形式很多,特点是蝶板与密封圈接触,二者之一必须是圆弧形的
应用范围	工作压力为 0.7MPa,−40~130℃ 的医药、食品等高度纯洁的工业管道	腐蚀性介质的截断和调节	工作压力为 1.8~4.0MPa 工业介质的截断和调节
序号	7	8	9
简图	 碟板 阀体	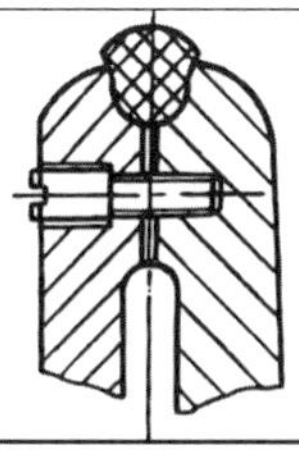	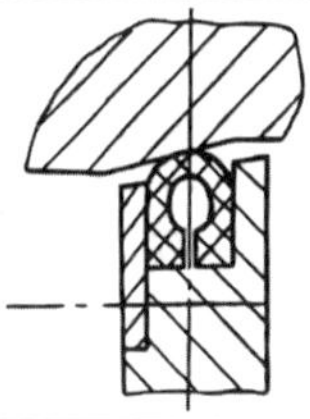

续表

结构特点	圆形高弹性密封圈,密封圈为泡沫塑料包橡胶,具有极高的弹性和柔性,压弹量可以通过压板调节	扇形弹性密封圈,用压板和紧固螺栓固定,密封副的配合可用螺栓调节	Ω 形高弹性密封圈,用压板压住,并用螺栓固定,内部镶嵌金属钢丝索加强环,有柔性,能防止密封圈径向胀缩
应用范围	通风、煤气和水等低压管道	工作压力为 1.0MPa 的管道	高、中压管路系统
序号	10	11	12	13
简图	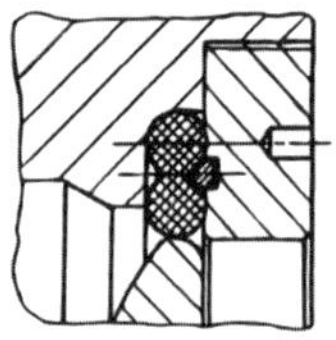	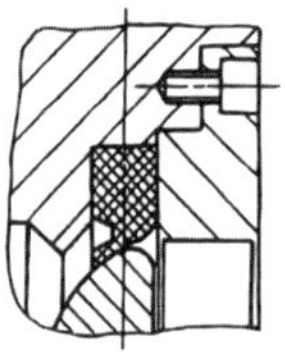	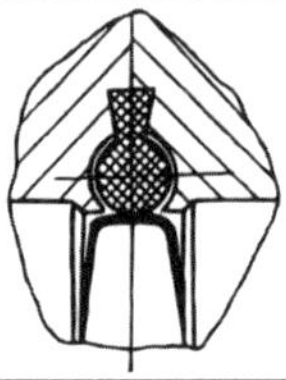	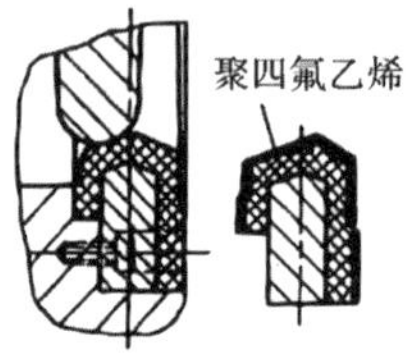 聚四氟乙烯
结构特点	哑铃形橡胶密封圈,用 O 形固定环对密封圈进行限制,阻止密封圈滑出沟槽,密封性能非常好,寿命特长	鸭形密封圈,用压板压住。具有高弹性,密封性能好	葫芦形橡胶密封圈,侧向用压紧衬套压住,并用螺栓固定,蝶板密封面镀硬铬	J 形橡胶密封圈。密封圈由金属母材外包特种橡胶硫化层组成。拆装方便,能承受压力高。橡胶厚度通常为 7～12mm
应用范围	－30～100℃ 管路系统	－200～200℃ 管路系统	工作压力 2.5MPa 的管路系统	高、中压管路系统

表 5-72　强制密封蝶阀金属密封副结构形式

序号	1	2	3
简图	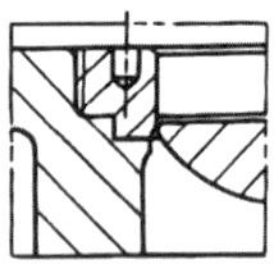	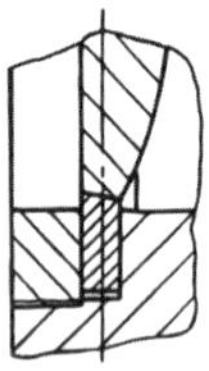	 阀体 不锈钢 密封环 可调螺钉 蝶板
结构特点	金属对金属刚性密封副,阀座为螺纹施入式或在阀体上直接加工或堆焊。蝶板的倾斜角度为 15°	金属膨胀密封圈,蝶板和密封圈受热后可径向自由膨胀,密封圈径向膨胀后,使蝶板有轴向位移	金属环可调节的密封副,用可调螺钉调节蝶板与阀座的配合
应用范围	排气、通风、水力发电等泄漏要求不高的管路系统	高温、高压管路系统	高温、高压管路系统

续表

序号	4	5	6
简图	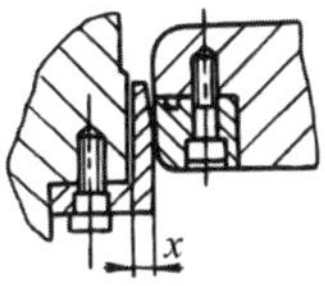	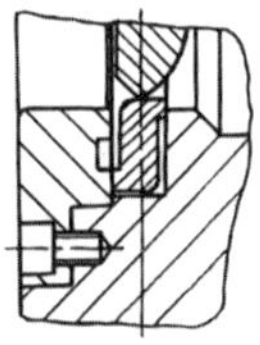	
结构特点	L 形金属密封圈,该密封圈具有弹性。蝶板密封材料为钴基合金	S 形柔性金属密封圈,密封圈由耐低温不锈钢制成	金属弹性密封圈
应用范围	工作压力 0.6MPa,400℃高温管路系统	低温管路系统	高温(600℃)高压管路系统

（2）充压密封蝶阀

充压密封蝶阀的密封副结构见图 5-46。它的工作原理是当蝶板旋转至关闭位置后,向设置于阀座或蝶板上的弹性密封元件内充压,使密封副紧密接触形成密封。在弹性密封元件充压前,蝶板与阀座密封面间存在间隙或微量过盈,因而大大降低了蝶板的关闭力矩。

（3）自动密封蝶阀

图 5-47 所示为自动密封蝶阀的密封副结构。这种密封形式,当蝶板在关闭位置时,密封副间有一定的过盈量,以保证初始密封。其密封作用主要是靠介质的压力使蝶板或阀座上的密封副产生弹性变形,从而形成足够的密封比压。

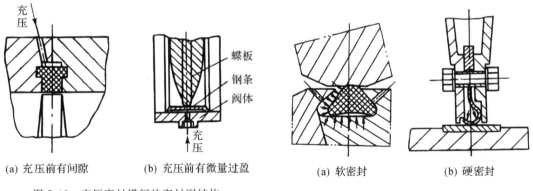

（a）充压前有间隙　　（b）充压前有微量过盈

图 5-46　充压密封蝶阀的密封副结构

（a）软密封　　（b）硬密封

图 5-47　自动密封蝶阀的密封副结构

5.5.5.2　蝶板的设计

（1）蝶板厚度由下式确定：

$$\frac{b}{D}=0.054\sqrt[3]{H} \tag{5-173}$$

式中：b 为蝶板中心处的厚度,mm；D 为蝶阀流道直径,mm,b/D 称为蝶板的相对厚度,通常取 b/D 为 0.15～0.25；H 为考虑到水击升压的介质最大静压水头,m。

$$H=100(PN+\Delta p) \tag{5-174}$$

式中：Δp 为由于蝶板的快速关闭,在管路中产生的水击升压值,MPa。

Δp 可近似按下式计算：

$$\Delta p = \frac{400Q}{At} \tag{5-175}$$

式中：Q 为体积流量，m^3/h；A 为阀座通道截面面积，mm^2；t 为蝶板从全开至全关所经历的时间，s。

（2）蝶板与连接管道内壁间的最小间隙 δ 如图 5-48 所示。规定最小间隙，是为了防止蝶板在启闭过程中与管壁发生碰撞。δ 值可参照表 5-73 选取。

（3）阀座最小通径 D_{min} 见表 5-74。JIS B2032—2013 规定，对于中心对称转轴的蝶阀 $D_{min} = 0.9DN$；对于偏心转轴蝶阀 $D_{min} = 0.85DN$。

（4）如图 5-49 所示，蝶板在强度校核时应对蝶板的 A-A 截面和 B-B 截面进行强度校核。

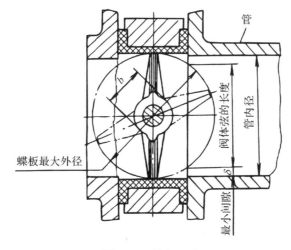

图 5-48　蝶板尺寸

表 5-73　蝶板与接管内壁间的最小间隙 δ 值（mm）

DN	API 607—2016	JIS B2032—2013
<150	1.5	2
200~500	3	3
600	6.4	3

表 5-74　蝶阀阀座的最小通径 D_{min}（GB 12238）（mm）

公称通径 DN	阀座最小通径	公称通径 DN	阀座最小通径
40	34	450	425
50	44	500	475
65	59	600	575
80	74	700	670
100	94	800	770
125	119	900	870

续表

公称通径 DN	阀座最小通径	公称通径 DN	阀座最小通径
150	144	1000	970
200	190	1200	1160
250	230	1400	1360
300	280	1600	1560
350	325	1800	1760
400	375	2000	1960

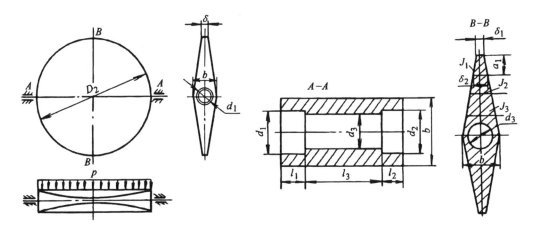

图 5-49 蝶板尺寸

①A-A 截面的强度校核。A-A 截面的弯应力按下式校核：

$$\sigma_{WA} = \frac{M_A}{W_A} \leqslant [\sigma_W] \tag{5-176}$$

式中：σ_{WA} 为 A-A 截面的弯应力，MPa；M_A 为 A-A 截面的弯矩，N·mm；W_A 为 A-A 截面的抗弯截面系数，mm³。

M_A 按下式计算：

$$M_A = \frac{pD_2^3}{12} \tag{5-177}$$

式中：p 为介质压力，MPa，设计时可取 $p = $ PN。

W_A 按下式计算：

$$W_A = \frac{2J_A}{b} \tag{5-178}$$

式中：J_A 为 A-A 截面的惯性矩，mm⁴。

$$J_A = \frac{l_1}{12}(b^3 - d_1^3) + \frac{l_2}{12}(b^3 - d_2^3) + \frac{l_3}{12}(b^3 - d_3^3) \tag{5-179}$$

②B-B 截面的强度校核。B-B 截面的弯应力按下式校核：

$$\sigma_{WB} = \frac{M_B}{W_B} \leqslant [\sigma_W] \tag{5-180}$$

式中:σ_{WB} 为 B-B 截面的弯应力,MPa;M_B 为 B-B 截面的弯矩,N·mm;W_B 为 B-B 截面的抗弯截面系数,mm^3。

M_B 按下式计算:

$$M_B = \frac{F_J}{2}\left(\frac{D_2}{2} - \frac{2D_2}{3\pi}\right) = 0.113pD_2^3 \tag{5-181}$$

W_B 按下式计算:

$$W_B = \frac{2J_B}{b} \tag{5-182}$$

式中:J_B 为 B-B 截面的惯性矩,mm^4。

$$J_B = \sum J_i = J_1 + J_2 + J_3 + \cdots + J_n \tag{5-183}$$

式中:$J_i = \dfrac{a_i\delta^3}{12}$,$\delta = \dfrac{\delta_1 + \delta_2}{2}$。

(5)蝶板密封圈的设计

软密封蝶阀的蝶板密封圈,一般都采用橡胶材料,用压环固定在蝶板外缘的环形槽内,通常调节压环的紧定螺栓,可以在一定范围内调节密封面的比压。橡胶密封圈的厚度应在 $7\sim12$mm 范围内。当厚度过大时,会使关闭后密封圈内的应力分布不均匀,从而影响密封性。

设计时,橡胶圈截面的压缩比应控制在 $15\%\sim20\%$。对于硬度为 HS65 的橡胶圈,其压缩量与比压的关系可见表 5-75。

表 5-75 橡胶密封圈压缩量与比压的关系

压缩量/mm	1.4	1.8	2.2
比压/MPa	0.8	1.6	2.0

5.5.6 旋塞阀阀内件设计

5.5.6.1 旋塞的结构

旋塞阀是靠旋塞与阀体间的密切接触和压紧实现密封的。图 5-50 为几种常见的旋塞结构,其中图(a)为整定式旋塞;图(b)所示旋塞结构多用于压力较高的旋塞阀;图(c)为等壁厚的结构,用于压力较低的旋塞阀;图(d)为倒旋塞结构,用于高压工况。

5.5.6.2 旋塞设计

(1)旋塞锥度应保证旋塞与阀体间的自锁,因而旋塞的半锥角 φ 应满足 $\varphi < \rho$,ρ 为旋塞与阀体间的摩擦角,$\rho = \arctan f_m$,f_m 为摩擦系数。

对于铸铁对铸铁、铸铁对黄铜、铸铁对青铜以及钢对钢的硬密封副,当其中表面粗糙度 $R_a = 0.2\mu$m 时,$f_m = 0.08$,对应摩擦角 $\rho = 4°34'$,故通常取 φ 为 $3°30'\sim4°30'$。

对于钢对聚四氟乙烯的软密封副,当其表面粗糙度 $R_a = 0.2\mu$m 时,$f_m = 0.04$,对应摩擦角 $\rho = 2°17'$,故取 $\varphi = 2°$。

(2)旋塞通道的纵截面通常为梯形,参见图 5-50。通道的面积 S(mm^2)可按下式确定:

$$S = Bh = \frac{\pi}{4}d^2\eta \tag{5-184}$$

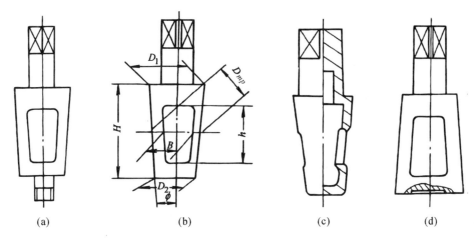

图 5-50　旋塞的结构

其中, B 为旋塞通道的平均宽度,mm。一般 $B=h/2.5$,故 $B=0.56d\eta^{1/2}$; d 为通道直径,mm,取 $d=DN$; h 为旋塞通道的高,mm; η 为旋塞的缩孔系数。

(3)密封面宽度 b_m 可按下式确定:

$$b_m = \frac{C\pi}{36}\eta d \tag{5-185}$$

式中: C 为密封面宽度系数, C 取 $1\sim2$。

当旋塞无缩孔, $\eta=1$,则 $b_m=0.087Cd$。表 5-76 给出了旋塞密封面宽度的经验值。

表 5-76　旋塞密封面宽度经验值(mm)

公称通径 DN	10	15	20	25	32	40	65	80	100	125	150	200
密封面宽度 b_m	2.5	3	3	3.5	4	4.5	5	6	7	8	10	12

塞体的高度 H 的确定,应考虑到密封面磨损后,塞体位置会发生下移,故取 $H>h+2b_m$。

(4)塞体的平均直径由下式确定:

$$D_{mp} = \frac{4}{\pi}(b_m + B) \tag{5-186}$$

5.5.7　隔膜阀阀内件设计

5.5.7.1　隔膜的材料

隔膜阀常用于腐蚀性介质,其主要密封件为隔膜,隔膜的材料大多为橡胶或塑料。为了抗腐蚀,隔膜阀的阀体也常用橡胶或塑料衬里。

5.5.7.2　隔膜设计

(1)图 5-51 所示为堰式隔膜阀的隔膜,隔膜的厚度 δ 是关键尺寸, δ 过小,在介质作用下易产生局部鼓胀; δ 过大,将使关闭力增加。

对于橡胶隔膜,其厚度 δ 可按下式计算:

$$\delta = \frac{r_0}{16} + c \tag{5-187}$$

式中：c 为常数，mm，c 取 $3\sim5$；r_0 见图 5-51，按下式计算：

$$r_0 = \sqrt{\frac{D^2}{2} + \frac{B^2}{\pi} + \frac{B}{\pi}} \tag{5-188}$$

式中：D 为隔膜外径，见图 5-51，mm；$B = \frac{DN}{8} + C_1$，C_1 取 $6\sim8$mm。

隔膜的启闭行程可按下式计算：

$$t = \frac{17}{32} DN \tag{5-189}$$

式中：t 为隔膜行程，mm。

（2）密封面的挤压应力按下式校核：

$$q = \frac{\frac{\pi}{4} D_{mp}^2 (PN) + D_{mp} b_m q_m F}{D_{mp} b_m} \leqslant [q] \tag{5-190}$$

式中：q 为密封面的挤压应力，MPa；D_{mp} 为密封面的平均直径，mm；b_m 为密封面宽度，mm；q_m 为密封面的必需比压，MPa；$[q]$ 为密封面的许用比压，MPa。

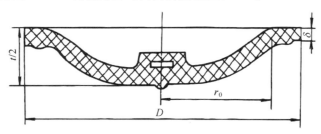

图 5-51　堰式隔膜阀的隔膜

5.6　阀门驱动装置的设计

5.6.1　阀门驱动装置的选择

5.6.1.1　阀门驱动装置的分类
根据驱动机构的运动方式，可将其分为直行程和角行程两类。总的说来，根据驱动的原理不同，阀门驱动装置的分类如图 5-52 所示。

5.6.1.2　阀门驱动装置的特点
电动、气动和液动装置分别有各自的优缺点，应结合具体使用环境进行选择。

电动装置适用性较强，不受环境温度的影响；输出转矩范围广；控制方便，可以自由地采用直流、交流、短波、脉冲等各种信号，所以适合放大、记忆、逻辑判断和计算等工作；可实现超小型化；具有机械自锁性；安装方便；维护检修也很方便。但同时，相比其他装置，结构较为复杂；机械效率低，一般只有 $25\%\sim60\%$；输出转速也达不到很高或是很低；还容易受到电

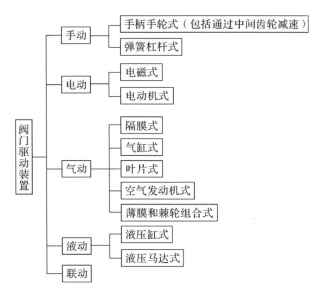

图 5-52 阀门驱动装置的分类

源电压、频率变化的影响。

液动装置结构简单、紧凑,体积小;输出力大;容易获得低速或高速效果,可以无级变速;能实现远距离自动控制;因为液压油的黏性而提高了效率,还有自润滑性能和防锈性能。但同时,液压油温度会引起黏度的变化;液压元件和管道易渗漏;装配管道、维修并不方便;也不适合对信号进行各种运算。

气动装置结构简单;气源易获得;能得到较高的开关速度;可安装调速器,使开关速度按需要进行调整;气体压缩性大,关闭时有弹性。和液动装置相比,气动装置的结构较大,不适合大口径高压力的阀门;同时,气体的可压缩性导致使用时不容易实现匀速。

与其他阀门驱动装置相比,电动装置具有动力源广泛、操作迅速、使用方便等优点,并且容易满足各种控制要求。因此,在阀门驱动装置中,电动装置占据主导地位。

5.6.1.3 阀门驱动装置的选择

选择阀门的驱动方式,主要依据是:①阀门的类型、规格与结构;②阀门的启闭力矩(管线压力、阀门的最大压差)、推力;③最高环境温度与流体温度;④使用方式与使用次数;⑤启闭速度与时间;⑥阀杆直径、螺距、旋转方向;⑦连接方式;⑧动力源参数,包括:电动的电源电压、相数、频率;气动的气源压力;液动的介质压力;⑨特殊考虑:如低温、防腐、防爆、防水、防火、防辐照等。

5.6.2 阀门电动装置

5.6.2.1 电动装置的分类

阀门电动装置按输出方式可分为多回转型(Z 型)和部分回转型(Q 型)两种,前者用于升降类阀门,包括闸阀、截止阀、节流阀、隔膜阀等;后者用于回转杆类阀门,包括球阀、旋塞阀、蝶阀等,通常在 90°范围内启闭。

阀门电动装置按防护类型有普通型和特殊防护型两大类。

普通型电动装置一般用于以下环境：①环境温度在−25～40℃范围内；②25℃时环境相对湿度小于90%；③海拔低于1000m；④工作环境要求不含有腐蚀性、易燃、易爆的介质。

如果阀门的工作环境条件超过普通型电动装置的能力，则需采用特殊防护型产品。根据其所处工作环境，又有不同类型可供选择，表5-77给出了一些类型的主要技术特性。表5-78给出了部分防护型产品的代号。

表 5-77 特殊防护型电动装置的主要技术特性

类型	主要特性
户外型	环境温度−40～+40℃ 最大降雨量50mm/10min 最大太阳辐射强度1.4J/(cm² · min) 有砂、雪、霜、露
高温型	最高环境温度可达80℃
低温型	最低环境温度可至−55℃
防腐型	有一种或一种以上含一定浓度化学腐蚀性介质的环境
高速型	阀杆转速达70r/min
防爆型	能在具有爆炸性介质的环境中工作
船舶型	适用于轮船上有海水或盐雾存在的环境中
耐火型	能在发生火灾（如温度达1300℃）的环境中，在一定时间（如15min）范围内仍能正常开启或关闭
双速型	双速变化范围达60∶1
浅水型	耐水Ⅰ型适用于短时浸水工作环境(10m、72h)；耐水Ⅱ型适用于长期浸泡的工作环境，水深可在10m以下
防辐射型	适用于核电站等有特殊要求的场合

表 5-78 防护型代号

代号	防护类型
B	防爆型
R	耐热型
BWF	户外、防腐、隔爆型

5.6.2.2 型号编制方法

阀门电动装置的型号编制方法如下：

代号说明：

1——以汉语拼音字母表示电动装置的类型，Z为多回转型，Q为部分回转型；

2——以数字表示电动装置额定输出力矩(N·m)；

3——以数字表示电动装置额定输出转速(r/min)或开关

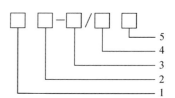

旋转 90°的额定输出时间(s/90°);

　　4——输出轴最大转圈数(部分回转型不标注);

　　5——防护类型,普通型不标注。

　　举例说明:如 Z100－18/80B 表示输出力矩 100N·m(10kgf·m),输出转速 18r/min,最大输出转圈数为 80 的防爆型多回转的阀门电动装置。

5.6.2.3　阀门电动装置的结构

　　阀门电动装置的结构主要包括:箱体;传动机构;行程控制机构;力矩控制机构;开度指示机构;手电动机构;电动机。

　　箱体设计决定了它的防护性能,可用于户外、防爆、防火等。电动装置的传动机构起到减速器的作用,将专用电机的速度降低为阀门的操作速度,传动部分均采用齿轮传动机构。行程控制机构的种类有凸轮式、丝杠螺母式等,最普遍采用的还是计数器式。力矩控制机构可用于强制密封式阀门,控制阀门的关闭位置;也能在电动装置出现过力矩故障时,及时切断电源,对装置起到保护作用。电动装置的开度指示机构分为装置本体上的现场开度指示和遥控时电气控制箱面板上的开度指示。现场开度指示、遥控开度指示必须调整到与阀门的实际开度一致。阀门电动装置手电动切换以半自动为主,即由电动操作改变为手动操作时辅以人工操作进行切换;而由手工操作改变为电动操作则是全程自动进行的。阀门用电机的特点是高启动转矩、低惯量、短时工作制,选用时要考虑一定的裕量。

5.6.2.4　电动装置的选择

　　(1)操作力矩

　　操作力矩是选择阀门电动装置的最主要参数。电动装置的输出力矩应大于阀门操作过程中所需的最大力矩。一般前者应等于后者的 1.2～1.5 倍。因此,准确地掌握阀门所需的力矩是选择阀门电动装置的关键。然而,由于实际情况的复杂性,计算所得到的阀门力矩,误差往往都比较大;采用试验方法实测阀门的最大操作力矩时,又受到试验系统条件和设备的限制,也受到阀门本身结构形式多样性的限制,很难取得典型的数据。从目前情况来看,可以采用计算或实测的方法取得近似结果,然后,在选用电动装置时留有适当的裕度。

　　(2)操作推力

　　阀门电动装置的主机结构,一种直接输出力矩,该结构不配置推力盘,适用于回转式阀芯的阀门,如球阀、蝶阀、旋塞阀等;一种配置推力盘,输出力矩通过推力盘中的阀杆螺母转换为输出推力,适用于直线运动式阀门,如闸阀、截止阀等。为了将输出力矩换算成输出推力,需引入阀杆系数的概念,将输出力矩与输出推力之比称为阀杆系数。阀杆螺母的梯形螺纹确定以后,按以下公式计算阀杆系数:

　　关阀时:　$\lambda = \dfrac{d_p(f + \cos\beta\tan\alpha)}{2(\cos\beta - f\tan\alpha)}$　　　　　　　　　　　　　　　(5-191)

　　开阀时:　$\lambda' = \dfrac{d_p(f' - \cos\beta\tan\alpha)}{2(\cos\beta - f'\tan\alpha)}$　　　　　　　　　　　　　　(5-192)

式中:λ 为关阀时的阀杆系数,m;λ' 为开阀时的阀杆系数,m;d_p 为梯形螺纹的平均直径,m;f 为阀杆螺纹摩擦系数;f' 为开阀时的阀杆螺纹摩擦系数,取 $f' = f + 1$;α 为梯形螺纹升角,(°);2β 为梯形螺纹的牙型角,(°)。

（3）输出轴转动圈数

电动装置输出轴的转动圈数与阀门的口径、阀杆螺距、螺纹头数有关，具体可按以下公式计算：

$$M = \frac{H}{ZS} \tag{5-193}$$

式中：M 为电动装置应满足的输出轴总转动圈数；H 为阀门的开启高度，即阀门启闭件的全行程，mm；Z 为阀杆螺纹头数；S 为阀杆螺纹的螺距，mm。

（4）输出轴直径

对于多回转类的明杆阀门来说，如果电动装置允许通过的最大阀杆直径不能超过所配阀门的阀杆，此时不能组装成电动阀门，因此，电动装置空心输出轴的内径必须大于明杆阀门的阀杆外径。对于部分回转阀门以及多回转阀门中的暗杆阀门，虽不用考虑阀杆直径的通过问题，但在选配阀杆时也要充分考虑到阀杆直径与键及键槽的尺寸，使之装配后能正常工作。

（5）输出转速

阀门的操作速度快，对工业生产过程是有利的，但操作速度过快容易产生水击现象，因此应根据不同的使用条件选择合适的操作速度。几种阀门避免水击现象的操作速度范围已在表 5-79 中列出。

表 5-79　避免水击现象的阀门操作速度范围

阀类	公称通径 DN(mm)	阀杆螺距 S(mm)	操作时间 t(s)	阀杆转速 n(r/min)	操作速度 v(mm/s)	转周数
闸阀	100～150	5～6	＞30～40	＜40～60	＜4～5	＜16
	1000～2000	10～12	＞140～200	＜20～30	＜4～5	＜160
截止阀	＜100	4～6	＞10	＜10～25	＜1～1.7	＜16
蝶阀	—	—	—	＜0.5～4	＜0.5～1rad/s	—

5.6.2.5　阀门电动装置的功能

阀门电动装置主要有控制功能、显示功能、操作功能和保护功能。

控制功能包括整体控制和开启、关闭控制功能，前者不仅能够实现现场控制，还能实现远程控制；后者包括力矩控制、行程控制以及行程和力矩配合控制。

显示功能包括电源显示、开度显示、开关阀位显示、事故显示和开关动作显示（闪光）。

操作功能能够实现电动操作和手动操作。

保护功能包括过力矩保护和电气故障保护。

阀门启闭的常用定位方式可见表 5-80。

表 5-80　阀门启闭的常用定位方式

阀门的结构类型	全开位置	全闭位置
楔式闸阀	行程控制	转矩限制
平行式闸阀	行程控制	行程控制和转矩限制
平行式单闸板闸阀	行程控制和转矩限制	行程控制和转矩限制

续表

阀门的结构类型	全开位置	全闭位置
楔式双闸板闸阀	转矩限制	转矩限制
截止阀	行程控制	转矩限制
带密封的截止阀	转矩限制	转矩限制
密封蝶阀	行程控制	转矩限制
普通蝶阀或调节挡板	行程控制	行程控制和转矩限制
球阀	行程控制和转矩限制	行程控制和转矩限制
旋塞	行程控制和转矩限制	行程控制和转矩限制

5.6.2.6　防护型阀门电动装置

（1）隔爆型阀门电动装置

当电动阀门在含有爆炸性混合物的环境中使用时,需要选用隔爆型的阀门电动装置,按照隔爆有关规定条件设计并制造,用以保证其电气部分不会引起周围爆炸性混合物的爆炸。

隔爆型阀门电动装置采用隔爆型形式,即电气部分的外壳具有承受内部爆炸性气体混合物的爆炸压力,同时阻止内部的爆炸向外壳周围爆炸性混合物传播的能力。

①隔爆标志与等级代号。例如,$E_x d II BT4$,表示 B 级第 II 类最高表面温度为第 4 组的防爆电动装置。

②隔爆类别。隔爆类别分为两类:I 类是煤矿井下使用;II 类是工厂用。

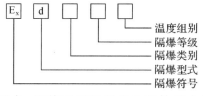

③隔爆级别。II 类电气设备,按其适用于爆炸性气体混合物最大试验安全间隙或最小点燃电流分为 A、B、C 三级,以 C 级要求最高,可见表 5-81。

④最高表面温度。II 类电气设备的允许最高表面温度须符合表 5-82 的规定。

表 5-81　隔爆级别

类别	级别	最小点燃能量/mJ
I		0.28
II	A	0.20
	B	0.06
	C	0.019

表 5-82　最高表面温度

温度组别	允许最高表面温度/℃
T1	450
T2	300
T3	200
T4	135
T5	100
T6	85

（2）户外型阀门电动装置

①户外条件。环境温度:-25～40℃;空气最大相对湿度:90%（25℃时）;最大降水量:50mm/10min;最大太阳辐射强度:5862J/（cm² · min）;其他:有砂、尘、冰、雪、霜、露等。

②设计的防护措施。

A. 外壳采用圆形结合面,由 O 形密封圈密封。

B. 动力和控制回路的导线最好由一根电缆进入,电缆进口按防爆要求密封。

C. 在 220V 的控制回路中串入电阻加热器,以降低电气箱内昼夜的温差,从而减少凝露。加热器可视电气箱体积大小在功率为 5～15W 范围选取。

D. 外露紧固件应采用内六角螺钉,端部用 211 号丁基橡胶封泥填封。

E. 材料选择和表面防护要求:

a. 全部 O 形密封圈(垫)都采用丁腈橡胶,以提高耐寒、耐热、抗老化和抗轻微腐蚀的能力。

b. 在减速箱体内选用耐寒、耐热、耐腐蚀、承载能力高的半流体锂基润滑脂润滑;不能油浸润滑的部位,选用 3 号或 5 号锂基润滑脂。

c. 铭牌、铭牌铆钉选用黄铜时,表面电镀 Ni/Cr,最小镀层厚度为 $0.3～9\mu m$,后经抛光处理,并涂一层聚氰脂清漆。

d. 一般构件、紧固件和弹性零件的选材和防护处理方法见表 5-83。

表 5-83　一般构件、紧固件和弹性零件的选材和防护处理方法

材料	零件类别		镀层	后处理	镀层最小厚度/μm
碳钢	一般构件	外露	铜/镍/铬	抛光	24/12/0.3
		内部	锌	钝化	24
	紧固件	≥M14	锌	钝化	12
		M8～M12	锌	钝化	9
		≤M6	锌	钝化	6
65Mn	弹性零件		锌	驱氢+钝化	12

e. 外壳表面应涂漆防护,涂两层环氧铁红底漆,一层聚氨酯绉纹面漆;外壳内表面涂一层磷化底漆,一层环氧铁红与 1504 环氧清漆以 1:4 混合的面漆。表面涂漆要求漆膜均匀光滑,厚度在规定的范围内,无脱漆、发皱、喷漏等现象;漆面不得有可见的颗粒存在。

③轻微防腐。经以上措施设计的电动装置具有轻微防腐的能力,适用于空气中经常或不定期地存在有一种或一种以上的化学腐蚀介质,其允许质量分数可见表 5-84。

表 5-84　化学腐蚀性介质的允许含量

序号	化学腐蚀性介质的允许含量	允许含量/(mg/m^3)	备注
1	氯气	0.25	
2	氯化氢	2.00	
3	二氧化硫、三氧化硫	3.00	折算为二氧化硫浓度
4	氮的氧化物	1.50	折算为五氯化二氮浓度
5	硫化氢	4.50	
6	氨气	5.00	
7	酸雾、碱雾	少数	

（3）防辐射型阀门电动装置

防辐射型阀门的电动装置是指用于核电站电动阀门上的电动装置，HN1 型安装于安全壳内，失水事故发生后仍能进行操作；HN2 型安装于安全壳内，在最大主蒸汽管道破裂后仍能进行操作；HY1 型安装于安全壳外，在经受失水事故的蒸汽侵袭后仍能进行操作；HY2 型在发生失水事故的情况下，不承受蒸汽侵袭和温度及辐射的突变。电动装置的正常使用条件可见表 5-85。

表 5-85　防辐射型阀门电动装置的正常使用条件

环境条件	型号	
	HN1 HN2	HY1，HY2
压力/MPa	0～0.14	0
温度/℃	40～60	＜40
相对湿度/%	80～100[②]	55～95[②]
辐射累计剂量/cy[①]	$7×10^5$	$2×10^4$
地震加速度/g	水平≤5 垂直≤5	水平≤5 垂直≤5
地震频率范围/Hz	0.2～33	0.2～33

注：①辐射累计剂量按寿期 40 年计算，若少于 40 年可适当降低。
　　②为短期最大值。

电动装置事故工况下的使用条件可见表 5-86。

表 5-86　防辐射型阀门电动装置在事故工况下的使用条件

环境条件	型号		
	HN1	HN2	HY1
压力/MPa	0.53	0.78	0.034～0.1
温度/℃	185	256	108
相对湿度/%	100	100	100
辐射累计剂量/cy	$1.2×10^6$	$3×10^5$	$2×10^4$

5.6.3　阀门手动装置

手动驱动装置是一种最基本的阀门操作机构。由于一个人用手操作施加力是有限的，所以小阀门可以直接手动操作，而对于比较大的阀门，则要在手轮和阀门间加一个齿轮箱，用低于 360N 的轮缘力操作阀门。手动装置的手轮大多数安装在低、中压截止阀和闸阀上，手柄则用于高压和超高压截止阀、球阀及旋塞阀等阀类。

5.6.3.1　手轮

（1）手轮材料

手轮可采用可锻铸铁、球墨铸铁或钢，也可采用铝合金或塑料等材料。

(2)手轮直径

手轮直径可按以下公式计算：

$$D_5 = \frac{2\sum M}{F} \tag{5-194}$$

式中：D_5 为手轮直径，mm；$\sum M$ 为阀杆上的最大力矩，N·mm；F 为手轮上的圆周力，N。

图 5-53 表示手轮直径与圆周力的关系。

(3)手轮旋向

关阀时顺时针旋转；开阀时逆时针旋转。

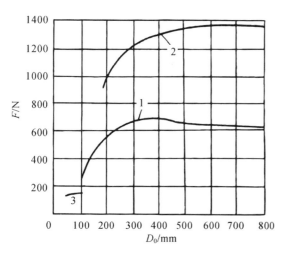

曲线 1：一个人用双手操作的力
曲线 2：两个人操作的力
曲线 3：一个人用单手操作的力
图 5-53 手轮直径与圆周力的关系

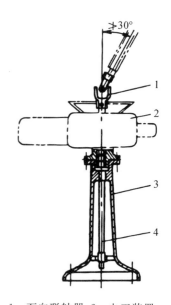

1—万向联轴器；2—电工装置；
3—支架；4—传动轴。
图 5-54 带电动装置落地安装
的远距离操纵手动装置

5.6.3.2 远距离操纵手动装置

远距离操纵手动装置是用机械手段克服由于阀门安装位置的限制所带来的操作不便的一种装置，可配合手动阀门安装，也可配合电动阀门安装，通常在阀杆顶部采用万向联轴节进行过渡。

图 5-54 是一种带电动装置落地安装的远距离操纵手动装置；图 5-55 是侧向安装机架的手动装置；图 5-56 是远距离操作用装置的部件。

5.6.3.3 齿轮传动手动装置

齿轮传动手动装置分两种，一种是在阀门支架上设置齿轮减速机构，一种是齿轮减速箱式手动装置。前者大多为一级齿轮减速，如图 5-57 所示；后者又可分为多回转手动装置与部分回转手动装置，分别如图 5-58 和图 5-59 所示。

减速箱式手动装置设有开度指示和调整机构，手动装置与阀门的连接可以与电动驱动装置一致。

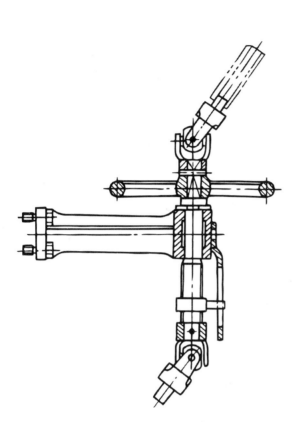

图 5-55　侧向安装机架的手动装置

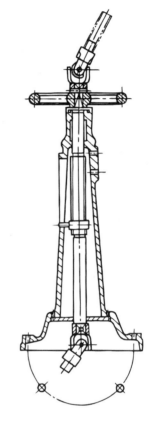

图 5-56　远距离操作用装置的部件

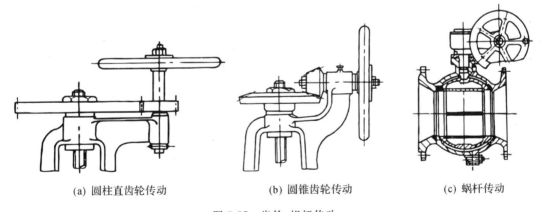

(a) 圆柱直齿轮传动　　　　　(b) 圆锥齿轮传动　　　　　(c) 蜗杆传动

图 5-57　齿轮、蜗杆传动

5.6.4　阀门气动装置

　　阀门气动驱动装置安全、可靠、成本低,使用维修方便,是阀门驱动机构中的一大分支,目前气动装置在具有防爆要求的场合应用较广。气动技术采用的工作压力较低,通常不大于 0.82MPa,又因为结构尺寸不宜过大,所以气动装置的总推力不可能很大。

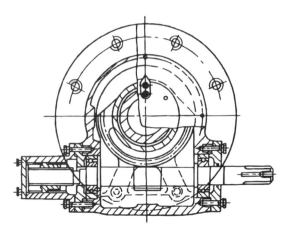

图 5-58 多回转手动装置

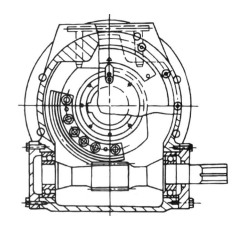

图 5-59 部分回转手动装置

5.6.4.1 气动装置适用条件

气动装置的适用条件可见表 5-87。

表 5-87 气动装置的适用条件

气源工作压力	环境温度和介质温度	活塞工作速度和叶片外径线速度	电磁控制输入信号电流
0.4～0.7MPa	5～60℃	10～500mm/s	4～20mA

5.6.4.2 气动装置的分类和结构特点

阀门气动装置按其结构特点分为三种:薄膜式气动装置、气缸式气动装置、摆动式气动装置。此外,还有气动马达式气动装置。

各类气动装置的构成如图 5-60 所示。

薄膜式气动驱动装置见图 5-61 所示;气缸式气动驱动装置结构如图 5-62 至图 5-64 所示;摆动式气动驱动装置如图 5-65 所示;气动马达式气动驱动装置结构如图 5-66 所示。

各类气动驱动装置的结构特点如下:

薄膜式气动驱动装置:行程短,一般小于 40mm,结构紧凑、灵活,无手动机构。

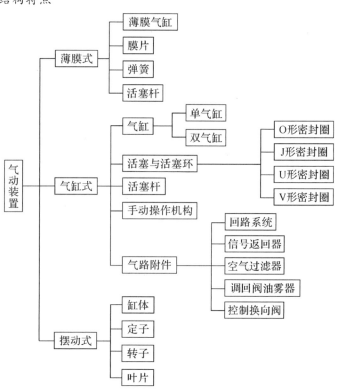

图 5-60 各类气动装置的构成

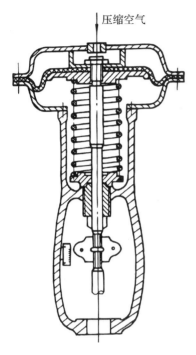

图 5-61 薄膜式气动驱动装置

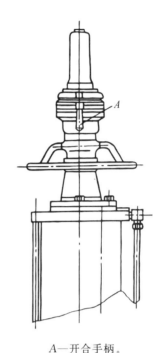

A—开合手柄。

图 5-62 气缸式开合螺母手动机构

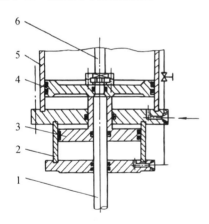

1—活塞杆;2—副气缸;3—副活塞;
4—主活塞;5—主气缸;6—手动阀杆。

图 5-63 双气缸式气动驱动装置结构

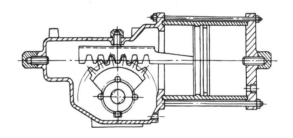

图 5-64 单气缸式气动驱动装置结构

气缸式气动驱动装置:行程长,必要时需加缓冲机构,出力不够采用双气缸结构,有手动和气动切换机构。

摆动式气动驱动装置:结构简单,成本低,将往复运动直接变成旋转运动。

气动马达式驱动装置:可以直接代替阀门电动装置的电动机而成为气动装置,因而具有电动装置的力矩控制等功能,但结构复杂。

气动驱动装置主要零件缸体内径与气动驱动装置缓冲行程长度的关系见表 5-88。

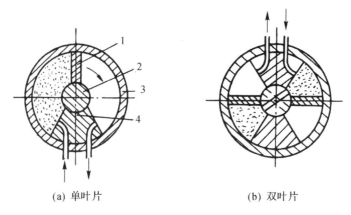

(a) 单叶片   (b) 双叶片

1—叶片;2—转子;3—缸体;4—定子。

图 5-65   摆动式气动驱动装置气缸结构

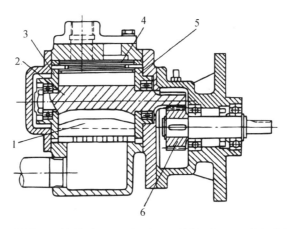

1—叶片;2—转子;3—挡板(左);4—气腔;5—挡板(右);6—中间齿轮。

图 5-66   气动马达式气动驱动装置结构

表 5-88   气动驱动装置缸体内径与缓冲行程长度的关系

缸体内径/mm	缓冲行程长度/mm
<55	15~20
80~125	20~30
>125	30~40

5.6.4.3　气动装置的设计计算

（1）薄膜式气动驱动装置的设计计算

活塞杆上的推力按以下公式计算:

$$F_T = \frac{\pi}{12}(D^2 + Dd + d^2)p_s \times 10^6 - F_f \tag{5-195}$$

式中:F_T 为活塞杆上的推力,N;D 为气缸直径,m;d 为薄膜直径,m;p_s 为气源压力,MPa;F_f 为压缩弹簧的作用反力,N。

活塞杆上的有效直径按以下公式计算:

$$D_2 = \sqrt{\frac{1}{3}(D^2 - Dd + d^2)} \tag{5-196}$$

（2）气缸式气动驱动装置的设计计算

①单气缸

普通单向作用气缸，压缩空气仅从气缸的一端进入气缸，推动活塞前进；返回时活塞借助弹簧力。单向作用缸的输出推力按以下公式计算：

$$F = \frac{\pi}{4}D^2 p_s \eta - F_f \tag{5-197}$$

式中：F 为活塞杆输出推力，N；D 为活塞直径，mm；p_s 为气源压力，MPa；η 为考虑摩擦阻力的影响而引入的系数，取为 0.80；F_f 为压缩弹簧的反作用力，N。

弹簧的反作用力公式可按以下公式计算：

$$F_f = (S+L)\frac{Gd_1^4}{8(D_1 - d_1)^3 n} \tag{5-198}$$

式中：L 为弹簧的预压缩量，mm；S 为活塞行程，mm；G 为弹簧材料的抗剪模量，MPa；d_1 为弹簧的钢丝直径，mm；D_1 为弹簧的外圈直径，mm；n 为弹簧工作圈数。

②双气缸

A. 单活塞缸双作用气缸

活塞的推力 F_T 和拉力 F_L 分别按以下公式计算：

$$F_T = \frac{\pi}{4}D^2 p_s \eta \tag{5-199}$$

$$F_L = \frac{\pi}{4}(D^2 - d^2)p_s \tag{5-200}$$

式中：F_T 为活塞的推力，N；F_L 为活塞的拉力，N；d 为活塞杆直径，mm；D 为活塞直径，mm；p_s 为气源压力，MPa；η 为考虑摩擦阻力的影响而引入的系数，取为 0.80。

B. 双活塞缸双作用气缸

串联式气缸的输出力按以下公式计算：

$$F = \frac{\pi}{4}D^2 p_s \eta + \frac{\pi}{4}(D^2 - d^2)p_s \eta = \frac{\pi}{4}(2D^2 - d^2)p_s \eta \tag{5-201}$$

式中符号意义同上。

（3）摆动式气动装置

摆动式气动装置的输出转矩按以下公式计算：

$$M = 0.09 p_s b(D^2 - d^2) \tag{5-202}$$

式中：M 为叶片产生的转矩，N·mm；b 为叶片轴向长度，mm；d 为输出轴直径，mm；D 为气缸内径，mm；p_s 为气源压力，MPa。

5.6.5　阀门液动装置

5.6.5.1　阀门液动装置的特点

（1）优点

①结构简单、紧凑、体积小；

②传动平稳可靠;

③可以获得很大的输出力矩;

④输出力矩可以通过定压溢流阀得到精确的调整,包括开启和关闭力矩的调整,甚至可以通过液压仪直接反映出来;

⑤速度调节方便;

⑥在突然发生事故动力中断时,仍可以利用蓄能器进行一次或数次动力操作。这对长输管线自动紧急切断阀和井口喷放阀有特殊意义。

(2)缺点

①油温受环境温度影响较大,油温变化引起油的黏度变化,影响操作;

②配管麻烦,易产生渗漏;

③不适于对信号产生各种运算(如信号放大、记忆、逻辑判断等运算)的场合。

(3)液动与气动装置的性能比较

以闸阀为例,液动与气动装置的性能比较可见表 5-89。

表 5-89 液动闸阀与气动闸阀性能比较

技术性能指标	气动闸阀	液动闸阀
阀门工作压力	≤PN25	≤PN200
阀门驱动源	压缩空气(低压)	中高压油
阀门驱动压力	≤PN7	PN25、PN63、PN100、PN160、PN320
驱动压力设备	空气压缩机投资费用大	齿轮泵、叶片泵、柱塞泵等投资费用小
工作环境	−4℃以下气源易结冰,能防爆	采用不同液压油,可在−45～+120℃温度范围内工作、能防爆
阀门规格	≤DN250	任何规格
阀门启闭平稳性	有冲击现象	有缓冲,无撞击现象
阀门应急装置	备有手动操作机构	液压源备有蓄能装置
自动化程度	信号控制操作	可程序控制、微机控制等
阀门价格		略低于气动阀

5.6.5.2 阀门液动装置的构成

阀门液动装置由动力、控制和执行机构三大部分组成。动力部分将电动或气动马达旋转轴上的有效功率转变为液压传动的流体压力能。它由电动机或气动马达、液压泵、油箱等部件组成。控制部分由控制阀,如压力控制阀、流量控制阀、方向控制阀等和电气控制系统组成。执行机构分两种:一种是液压缸执行机构,实现往复直线运动;另一种是液压马达执行机构,实现回转运动。

5.7　连接设计

5.7.1　阀体与阀盖的连接设计

阀体与阀盖的连接形式可归纳为五类,包括螺纹连接、法兰连接、夹箍连接、焊接连接和自紧式密封结构的连接,如表 5-90 所示。

①螺纹连接可分为内螺纹连接和外螺纹连接两种,结构简单紧凑,但也存在螺纹易锈蚀且锈蚀后拆卸困难的缺点,适用于低压、较小口径的阀门。

②法兰连接通常与壳体制成一体,虽然结构的尺寸较大,但具有拆卸方便、密封可靠的优点,能够适用于各种压力、不同大小口径的阀门。

③夹箍连接是一种不带法兰的连接,所需要用到的螺栓仅有两个,所以装卸方便,可实现快速装卸。与法兰连接相比,具有结构紧凑的优点,但结构更复杂、加工起来难度更高,所以这种形式较少被采用,适用于中高压、中大口径的阀门。

④焊接连接不可拆卸,具有密封可靠的优点。但是如果阀门内件发生损坏,会导致内漏,此时无法拆卸进行维修。适用于对密封性要求严格,且不需要经常拆卸的场合。

⑤自紧式密封结构的连接是利用介质自身压力来实现密封的,因此介质压力越高,则密封效果越好,这种连接方式适用于高温、高压阀门。

表 5-90　阀体与阀盖的连接方式

连接方式	螺纹连接	法兰连接	夹箍连接	焊接连接	自紧式密封结构的连接
示意图	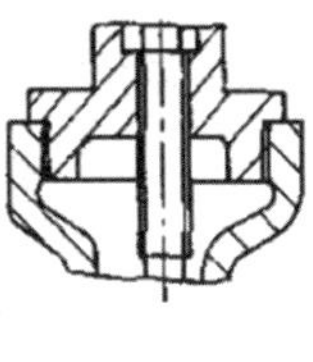	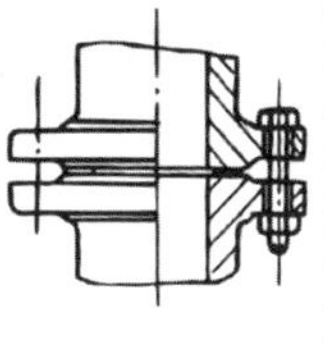	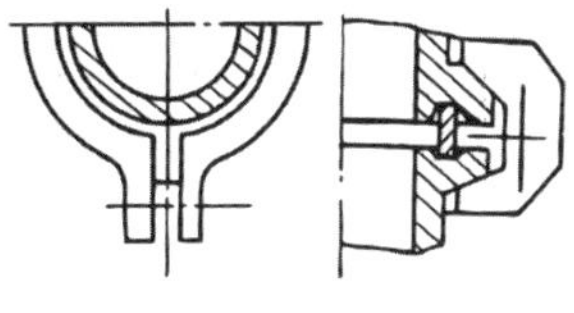	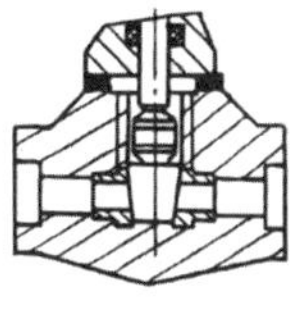	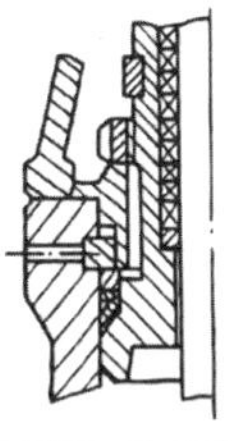

此处重点介绍螺纹连接和法兰连接两种,根据具体使用情况而选择,适用于不同的介质、压力和温度条件。

5.7.1.1　螺纹连接

用螺纹连接的阀体和阀盖组件,不直接承受管道负荷。阀盖依靠旋紧螺纹的过程来压紧垫片,从而保证在给定的工作温度和工作压力下具有足够的密封性能。因此,由垫片或其他密封件的有效周边所限定的面积和螺纹总抗剪应力有效面积的比值,应该满足使用需要。

根据 GB/T 12224—2015 的标准要求,螺纹的总抗剪切面积应满足如下要求:

$$6K \cdot PN \cdot \frac{A_g}{A_s} \leqslant 4200 \tag{5-203}$$

$$CL \cdot \frac{A_g}{A_s} \leqslant 4200 \tag{5-204}$$

式中：PN 为公称压力；K 为系数,具体数值可见表 5-91；A_g 为垫片或其他密封件的有效周边所限定的面积,mm^2,由设计给定；A_s 为螺纹总抗剪有效面积,mm^2,由设计给定；CL 为公称压力级,由设计给定。

表 5-91 系数 K 值

公称压力	16		25	40		63	100	160		320	
PN		20			50	67	110	150	260		420
CL	125	150	175	250	300	400	600	900	1500	1900	2500
K	1.3	1.25	1.16	1.04	1.0	1.0	0.91	1.0	0.97	1.0	1.0

用螺纹连接的阀体组件,是承受管道机械负荷的,同时要考虑管道系统的温度变化、压力波动等原因产生的机械力的作用。所以,螺纹的总抗剪切面积应满足如下要求：

$$6K \cdot PN \cdot \frac{A_g}{A_s} \leqslant 3300 \tag{5-205}$$

$$CL \cdot \frac{A_g}{A_s} \leqslant 3300 \tag{5-206}$$

式中：PN 为公称压力；K 为系数,具体数值可见表 5-91；A_g 为垫片或其他密封件的有效周边所限定的面积,mm^2,由设计给定；A_s 为螺纹总抗剪有效面积,mm^2,由设计给定；CL 为公称压力级,由设计给定。

5.7.1.2 法兰连接

法兰连接包括法兰、螺栓和垫片,零件的物理力学性能会影响法兰连接的使用效果。因为温度变化和介质压力造成的影响比较大,设计中法兰需要保证在给定的工作温度和工作压力下,阀门具有足够的强度和密封性能。而法兰连接的密封性能是通过拧紧连接螺栓的螺母来保证的,所以计算时应确保：在阀门承受的工作温度和工作压力下,由垫片或其他密封件的有效周边所限定的面积和螺栓总抗拉应力的有效面积的比值,满足标准要求。

连接阀体和阀盖时,连接螺栓的总截面面积应符合

$$6K \cdot PN \cdot \frac{A_g}{A_b} \leqslant 65.26 S_a \leqslant 9000 \tag{5-207}$$

$$CL \cdot \frac{A_g}{A_b} \leqslant 65.26 S_a \leqslant 9000 \tag{5-208}$$

式中：PN 为公称压力；K 为系数,具体数值可见表 5-91；A_g 为垫片或其他密封件的有效周边所限定的面积,mm^2,由设计给定；A_b 为螺纹总抗拉应力的有效面积,mm^2,由设计给定；S_a 为螺栓在 38℃时的许用应力,超过 138MPa 时,取 138MPa；CL 为公称压力级,由设计给定。

连接阀体组件时,连接螺栓的横截面面积应符合下列公式：

$$6K \cdot PN \cdot \frac{A_g}{A_b} \leqslant 50.76 S_a \leqslant 7000 \tag{5-209}$$

$$CL \cdot \frac{A_g}{A_b} \leqslant 50.76 S_a \leqslant 7000 \tag{5-210}$$

式中:PN 为公称压力;K 为系数,具体数值可见表 5-91;A_g 为垫片或其他密封件的有效周边所限定的面积,mm^2,由设计给定;A_b 为螺纹总抗拉应力的有效面积,mm^2,由设计给定;S_a 为螺栓在 38℃时的许用应力,超过 138MPa 时,取 138MPa;CL 为公称压力级,由设计给定。

在阀体中法兰设计与计算需要同时注意以下几点:

①法兰强度和刚度会对法兰连接的安全性和密封性造成直接的影响,必须确保法兰尺寸能够承受由于流体压力和其他载荷引起的应力。

②螺栓应力的确定及密封垫片比压值的选取,需考虑为了保证垫片的密封效果拧紧螺栓而引起的法兰中的应力。

③在阀门使用过程中温度变化、振动、水击以及管路传递载荷引起的法兰中的应力。

④材料的高温力学性能。

总之,在设计与计算法兰的过程中,应将法兰、螺栓、垫片和管件视为一个整体受压元件,同时加以考虑。设计的主要内容包括:确定法兰形式和密封面形式;选择垫片(包括材料、形式和尺寸);确定螺栓直径、数量和材料;确定法兰颈部尺寸、法兰宽度和厚度尺寸等。

确定阀体中法兰尺寸的方法,与确定阀体壁厚的方法相似,包括标准法兰参照法(简称参照法)和计算法。由于已有国家标准 GB/T 9112—2010 ～GB/T 9131—2000《钢制管法兰》标准体系,所以采用标准法兰参照法是简便且可靠的。根据阀门公称通径、介质流道以及启闭件、导向件尺寸等条件,初步确定阀体中腔尺寸和中法兰密封面形式。然后,根据中腔内径尺寸,将公称通径与阀体中腔内径相等(或相近)的标准法兰尺寸作为阀体中法兰的设计尺寸。只有两者在法兰结构形式与法兰密封面形式相同的情况下,才能参照采用。

(1)圆形中法兰的设计与计算

圆形中法兰的计算包括如下内容:①确定垫片材料、形式及尺寸;②确定螺栓材料、规格及数量;③确定法兰材料、密封面形式及结构尺寸;④进行应力校核(计算中所有尺寸均不包括腐蚀裕量)。

表 5-92 是计算过程中涉及的符号说明。

表 5-92　法兰设计符号说明

符号	物理意义	单位
A_a	预紧状态下,需要的最小螺栓总截面面积,取螺纹小径或无螺纹部分最小直径中的较小值计算,取最小者	mm^2
A_b	实际使用的螺栓总截面面积,取螺纹小径或无螺纹部分最小直径中的较小值计算	mm^2
A_m	需要的螺栓总截面面积,取 A_p 与 A_a 中的较大值	mm^2
A_p	操作状态下,需要的最小螺栓总截面面积,取螺纹小径或无螺纹部分最小直径中的较小值计算,取小者	mm^2
b	垫片有效密封宽度	mm
b_o	垫片基本密封宽度	mm
D_b	螺栓中心圆直径	mm
d_B	螺栓公称直径	mm

续表

符号	物理意义	单位
d_b	螺栓孔直径	mm
D_G	垫片压紧力作用中心圆直径	mm
D_i	法兰内直径,当 $D_i < 20\delta_1$ 时,法兰轴向应力计算中,以 D_{i1} 代替 D_i。对其余端部结构,D_i 等于阀体端部内直径	mm
D_{i1}	计算直径,对 $f<1$ 的法兰,$D_{i1}=D_i+\sigma_1$;对 $f>1$ 的法兰,$D_{i1}=D_i+\sigma_0$	mm
d_1	参数,按表 5-96 选择	
D_o	法兰外直径	mm
D_2	阀体端部密封面外径	mm
E	在设计温度下,法兰材料的弹性模量	MPa
e	参数,按表 5-96 选择	
F	流体静压总轴向力,$F=0.758D_G^2 p$	N
f	整体法兰颈部应力校正系数,由图查得或按表计算,当 $f<1$ 时,取 $f=1$	
F_D	作用于法兰内径截面上的流体静压轴向力,$F_D=0.758D_i^2 p$	N
F_1	整体法兰系数,由图 5-69 查得	
F_p	操作状态下,需要的最小垫片压紧力,$F_p=6.28D_G bmp$	N
F_T	流体静压总轴向力与作用于法兰内径截面上的流体静压轴向力之差,$F_T=F-F_D$	N
h	法兰颈部高度	mm
h_o	参数,$h_o=\sqrt{D_i\delta_o}$	mm
K	法兰外径与法兰内径之比值,$K=D_o/D_i$	
M	作用于阀体端部纵向截面的弯矩	N·mm
m	垫片系数	
M_a	法兰预紧力矩	N·mm
M_o	法兰设计力矩,取 M_a 与 M_p 的较大值	N·mm
M_p	法兰操作力矩	N·mm
N	垫片接触宽度,按表 5-94 确定	mm
n	螺栓数量	
N_{min}	最小垫片宽度	mm
p	设计压力	MPa
S	螺栓中心至法兰颈部与法兰背部交点的径向距离	mm
S_D	螺栓中心至 F_D 作用位置处的径向距离	mm
S_G	螺栓中心至 F_G 作用位置处的径向距离	mm
S_T	螺栓中心至 F_T 作用位置处的径向距离	mm

续表

符号	物理意义	单位
T	系数,由图 5-72 查得	
U	系数,由图 5-72 查得	
V_1	整体法兰系数,由图 5-71 查得	
W	螺栓设计载荷	N
W_a	预紧状态下,需要的最小螺栓载荷即最小垫片压紧力	N
W_p	操作状态下,需要的最小螺栓载荷	N
Y	系数,由图 5-72 查得	
y	垫片比压,由表 5-93 查得	MPa
Z	系数,由图 5-72 查得	
δ_f	法兰有效厚度	mm
δ_1	法兰颈部大端有效厚度	mm
δ_o	法兰颈部小端有效厚度	mm
λ	参数,按表 5-96 计算	
σ_H	法兰颈部轴向应力	MPa
σ_R	法兰环的径向应力	MPa
σ_T	法兰环的切向应力	MPa
$[\sigma]_b$	常温下螺栓材料的许用应力	MPa
$[\sigma]_b^t$	设计温度下螺栓材料的许用应力	MPa
$[\sigma]_f$	常温下法兰材料的许用应力	MPa
$[\sigma]_f^t$	设计温度下法兰材料的许用应力	MPa

①垫片材料、形式及尺寸的确定。典型的法兰及其载荷作用位置见图 5-67。

在法兰连接中,最常见的失效形式是泄漏,而影响法兰接头泄漏最核心的组件是垫片。工业上使用的平垫片一般由密封元件及内、外加强环组成,密封元件(或称垫片本体)是阻止泄漏的关键部分。其常用的材料有非金属材料,如柔性石墨、聚四氟乙烯、纤维增强橡胶基复合板等;也可以是刚性或柔性的金属,通常用于压力和温度较高的场合。垫片的密封性能参数在法兰计算中起着非常重要的作用,各种常用垫片的特性参数包括垫片系数 m、垫片比压 y,按表 5-93 选取。

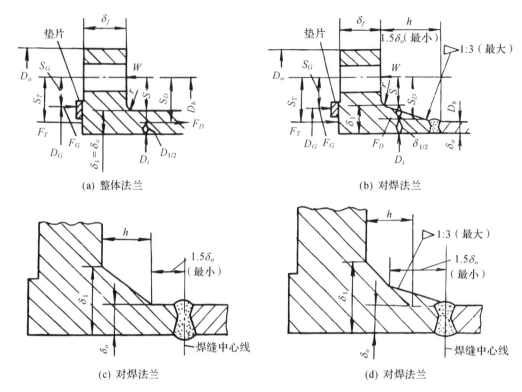

(a) 整体法兰　　　　　　　　　　(b) 对焊法兰

(c) 对焊法兰　　　　　　　　　　(d) 对焊法兰

图 5-67　法兰连接

表 5-93　垫片系数说明

尺寸 N_{min} (mm)	垫片材料	垫片系数 m	比压 y (MPa)	简图	列号
10	O 形圈、金属、合成橡胶及其他自紧密封的垫片类型	0	0		
	无织品或无高含量石棉纤维的合成橡胶,硬度<75HS 硬度>75HS	0.50 1.00	0 1.4		
	石棉,具有适当加固物(石棉橡胶板)厚度 {3mm 1.5mm 0.75mm	2.00 2.75 3.50	11 25.5 44.8		
	内有棉纤维的橡胶	1.25	2.8		Ⅱ
	内有棉纤维的橡胶,具有金属加强丝或不具有金属加强丝 {3层 2层 1层	2.25 2.50 2.75	15.2 20 25.5		

续表

尺寸 N_{min} (mm)	垫片材料		垫片系数 m	比压 y (MPa)	简图	列号
10	植物纤维		1.75	7.6		
	缠绕式金属垫片内填石棉	碳钢	2.50	69		
		不锈钢 或蒙乃尔	3.00	69		
	波纹状金属内填石棉 或波纹状金属夹壳内填石棉	软铝软铜 或黄铜铁 或软钢蒙乃尔 或 4%～6%铬钢不锈钢	2.50	20		
			2.75	26		
			3.00	31		
			3.25	38		
			3.50	44.8		
	波纹状金属	软铝软铜 或黄铜铁 或软钢蒙乃尔 或 4%～6%铬钢不锈钢	2.75	25.5		Ⅱ
			3.00	31		
			3.25	33		
			3.50	44.8		
			3.75	52.4		
	平金属夹壳填石棉垫片（金属包垫片）	软铝软铜 或黄铜铁 或软钢蒙乃尔 或 4%～6%铬钢不锈钢	3.25	38		
			3.50	44.8		
			3.75	52.4		
			3.50	55.2		
			3.75	62.1		
			3.75	62.1		
	槽形金属	软铝软铜 或黄铜铁 或软钢蒙乃尔 或 4%～6%铬钢不锈钢	3.25	38		
			3.50	44.8		
			3.75	52.4		
			3.75	62.1		
			4.25	69.6		
6	实心金属平垫片	软铝软铜 或黄铜铁 或软钢蒙乃尔 或 4%～6%铬钢不锈钢	4.00	60.7		Ⅰ
			4.75	89.6		
			5.50	124.1		
			6.00	150.3		
			6.50	179.3		
	圆环	铁 或软钢蒙乃尔 或 4%～6%铬钢不锈钢	5.50	124.1		
			6.00	150.3		
			6.50	179.3		

注：列号见表 5-94。

表 5-94　垫片基本密封宽度

序号	压紧面形状(简图)	垫片基本密封宽度 b_o	
		I	II
1		$\dfrac{N}{2}$	$\dfrac{N}{2}$
2			
3	$\omega < N$	$\dfrac{\omega+\delta g}{2}$ $\left(\dfrac{\omega+N}{4}最大\right)$	$\dfrac{\omega+\delta g}{2}$ $\left(\dfrac{\omega+N}{4}最大\right)$
4	$\omega < N$		
5	$\omega < N/2$	$\dfrac{\omega+N}{4}$	$\dfrac{\omega+3N}{8}$
6	$\omega < N/2$	$\dfrac{N}{4}$	$\dfrac{3N}{8}$
7		$\dfrac{3N}{8}$	$\dfrac{7N}{16}$
8		$\dfrac{N}{4}$	$\dfrac{3N}{8}$
9		$\dfrac{\omega}{8}$	—

注:当锯齿深度不超过 0.4mm,齿距不超过 0.8mm 时,应采用 2 或 4 的压紧面形状。

选定垫片尺寸后,按表 5-94 确定垫片接触宽度 N 和基本密封宽度 b_o,然后按以下规定计算垫片有效密封厚度 b:

当 $b_o < 6.4\text{mm}$ 时,$b = b_o$

当 $b_o > 6.4\text{mm}$ 时,$b = 2.53\sqrt{b_o}$。

垫片压紧力作用中心圆按下述规定计算：

当 $b_o < 6.4\text{mm}$ 时，$D_G =$ 垫片接触面的平均直径；

当 $b_o < 6.4\text{mm}$ 时，$D_G =$ 垫片接触面外直径 $-2b$。

垫片压紧力的计算：

A. 预紧状态下需要的最小垫片压紧力按以下公式计算：

$$F_G = 3.14 D_G b y \tag{5-211}$$

B. 操作状态下需要的最小垫片压紧力按以下公式计算：

$$F_F = 6.28 D_G b m p \tag{5-212}$$

垫片在预紧状态下受到最大螺栓载荷的作用，可能因压紧过度而失去密封效果，所以垫片必须保证足够的厚度 $N_{\min}$，其值按下列公式进行校核：

$$N_{\min} = \frac{A_b [\sigma]_b}{6.28 D_G y} < N \tag{5-213}$$

②螺栓材料、规格及数量的确定

A. 螺栓的间距。螺栓的最小间距应满足扳手操作空间的要求，如图 5-68 所示。

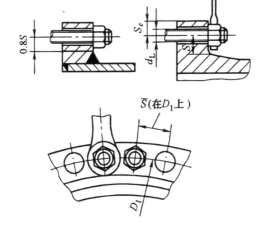

图 5-68　螺栓间距与螺栓直径的关系

推荐的螺栓最小间距 $\overline{S}$ 和法兰的径向尺寸 S、S_e 按表 5-95 来确定。

表 5-95　螺栓的布置

螺栓公称直径 d_B	S	S_e	螺栓最小间距 $\overline{S}$	螺栓公称直径 d_B	S	S_e	螺栓最小间距 $\overline{S}$
12	20	16	32	30	44	30	70
16	24	18	38	36	48	36	80
20	30	20	46	42	56	42	90
22	32	24	52	48	60	48	102
24	34	26	56	56	70	55	116
27	38	28	62				

推荐的螺栓最大间距按下式计算：

$$\overline{S} = 2d_s + \frac{6\delta_f}{(m+0.5)} \qquad (5\text{-}214)$$

B. 螺栓载荷计算

a. 预紧状态下需要的最小螺栓载荷按下式计算：

$$W_a = 3.14 D_G by \qquad (5\text{-}215)$$

b. 操作状态下需要的最小螺栓载荷按下式计算：

$$W_p = F + F_p = 0.785 D_G^2 p + 6.28 D_G bmp \qquad (5\text{-}216)$$

C. 螺栓面积计算

a. 预紧状态下需要的最小螺栓面积按下式计算：

$$A_a = \frac{W_a}{[\sigma]_b} \qquad (5\text{-}217)$$

b. 操作状态下需要的最小螺栓面积按下式计算：

$$A_p = \frac{W_p}{[\sigma]_b^t} \qquad (5\text{-}218)$$

需要的螺栓面积 A_m 取 A_a 与 A_p 中的较大值。实际螺栓面积 A_b 应不小于需要的螺栓面积 A_m。

D. 螺栓设计载荷计算

a. 预紧状态螺栓设计载荷按下式计算：

$$W = \frac{A_m + A_b}{2}[\sigma]_b \qquad (5\text{-}219)$$

b. 操作状态螺栓设计载荷按下式计算：

$$W = W_p \qquad (5\text{-}220)$$

③法兰材料、密封面形式及结构尺寸确定

A. 法兰力矩计算

a. 法兰预紧力矩按下式计算：

$$M_a = WS_G \qquad (5\text{-}221)$$

b. 法兰操作力矩按下式计算：

$$M_p = F_D S_D + F_T S_T + F_G S_G \qquad (5\text{-}222)$$

式中：$S_D = S + 0.5\delta_t$；

$$S_T = \frac{S + \delta_1 + S_G}{2};$$

$$S_G = \frac{D_t - D_G}{2}。$$

法兰设计力矩 M_o 取两者中的较大值：

$$M_o = \max\{M_a \frac{[\sigma]_f^t}{[\sigma]_f},\ M_p\} \qquad (5\text{-}223)$$

B. 法兰应力计算

a. 轴向设计应力应按下式计算：

$$\sigma_H = \frac{fM_o}{\lambda\delta_1^2 D_i} \qquad (5\text{-}224)$$

b. 环向应力按下式计算：

$$\sigma_T = \frac{YM_o}{\delta_f^2 D_i} - Z\sigma_R \qquad (5\text{-}225)$$

c. 径向应力按下式计算:

$$\sigma_R = \frac{1.33\delta_f e + 1}{\lambda \delta_f^2 D_i} \qquad (5\text{-}226)$$

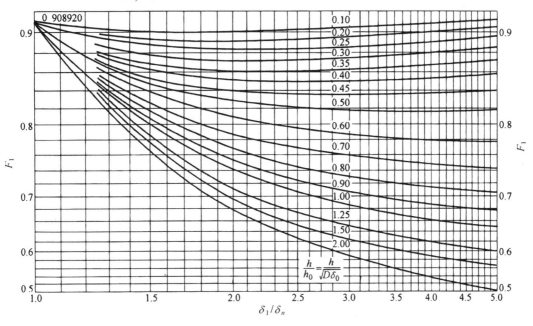

图 5-69 F_1 值图

④应力校核

a. 轴向应力

对图 5-67(a)所示的整体法兰:

$$\sigma_H \leqslant 1.5[\sigma]_f^t \qquad (5\text{-}227)$$

对图 5-67(a)以外的其他整体法兰:

$$\sigma_H \leqslant 1.5[\sigma]_f^t \text{ 与 } 2.5[\sigma]_b^t \text{ 两者中的较小值}$$

b. 环向应力

$$\sigma_T \leqslant [\sigma]_f^t \qquad (5\text{-}228)$$

c. 径向应力

$$\sigma_R \leqslant [\sigma]_f^t \qquad (5\text{-}229)$$

d. 组合应力

$$\frac{\sigma_H + \sigma_T}{2} \text{ 及 } \frac{\sigma_H + \sigma_R}{2} \leqslant [\sigma]_f^t \qquad (5\text{-}230)$$

$$T = \frac{K^2(1 + 8.55246\log K) - 1}{(1.04720 + 1.9448K^2)(K-1)}$$

$$U = \frac{K^2(1 + 8.55246\log K) - 1}{1.36136(K^2-1)(K-1)}$$

$$Y = \frac{1}{(K-1)}\left(0.66845 + 5.71690\frac{K^2\log K}{K^2-1}\right)$$

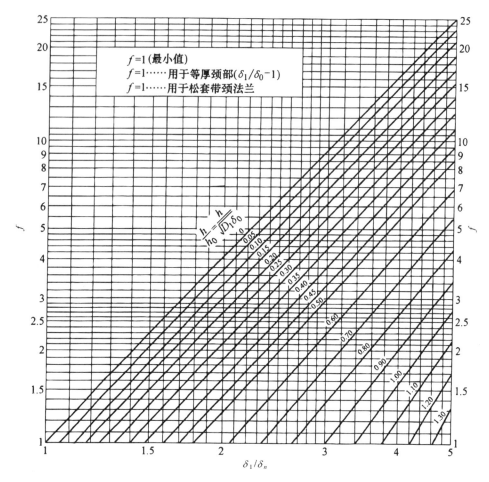

图 5-70 f 值图

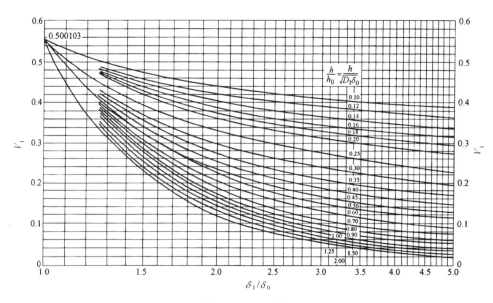

图 5-71 V_1 值图

$$Z=\frac{K^2+1}{K^2-1}$$

$$K=\frac{D_o}{D_i}$$

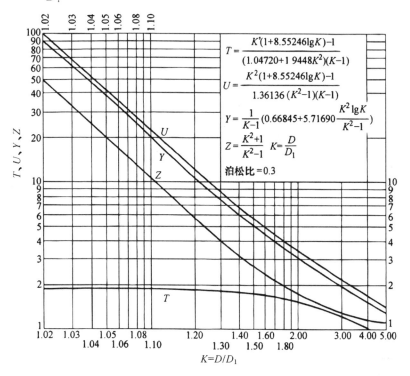

图 5-72　T、U、Y、Z 值

表 5-96　阀门圆形中法兰计算表

<table>
<tr><td colspan="10" align="center">阀体中法兰</td></tr>
<tr><td colspan="2">设计压力</td><td>MPa</td><td colspan="2" rowspan="2">垫片详图</td><td colspan="2" rowspan="2"></td><td colspan="3">N</td></tr>
<tr><td colspan="2">设计温度</td><td>℃</td><td colspan="3">当 $b_o<6.4$mm 时,$b=b_o$</td><td colspan="2">b_o</td></tr>
<tr><td colspan="2">法兰材料</td><td></td><td colspan="2" rowspan="2">法兰面详图垫片外径</td><td colspan="3">当 $b_o>6.4$mm 时,$b=2.53\sqrt{b_o}$</td><td>b</td></tr>
<tr><td colspan="2">螺栓材料</td><td></td><td colspan="4"></td><td>y</td></tr>
<tr><td colspan="2">腐蚀裕量</td><td>mm</td><td colspan="5">$W_a=3.14bD_Gy$</td><td>m</td></tr>
<tr><td rowspan="2">螺栓许用应力</td><td>设计温度</td><td>$[\sigma]_b^t$</td><td>MPa</td><td colspan="6">$F_p=6.28D_Gmp=$ （N）</td></tr>
<tr><td>常温</td><td>$[\sigma]_b$</td><td>MPa</td><td colspan="6">$F=0.785D_G^2p=$ （N）　$F_p+F=$ （N）</td></tr>
<tr><td rowspan="2">法兰许用应力</td><td>设计温度</td><td>$[\sigma]^t$</td><td>MPa</td><td colspan="6">$A_m=\dfrac{W_o}{[\sigma]_b}$ 或 $\dfrac{F_p+F}{[\sigma]_b^t}$ 两者中的较大值= （mm²）</td></tr>
<tr><td>常温</td><td>$[\sigma]_b$</td><td>MPa</td><td colspan="6">$A_b=$ （mm²）</td></tr>
<tr><td colspan="4">所有尺寸均不包括腐蚀裕量</td><td colspan="6">$W=0.5(A_m+A_b)[\sigma]_b=$ （N）
垫片宽度校核 $N_{\min}=\dfrac{A_b\times[\sigma]_b}{6.28yD_G}=$ （mm）</td></tr>
</table>

续表

操作情况					
$F_D = 0.785 D_t^2 P =$	（N）	$S_D = S + 0.5\delta_1 =$	（mm）	$F_D S_D =$	（N·mm）
$F_G = F_p =$	（N）	$S_G = 0.5(D_b - D_G) =$	（mm）	$F_G S_G =$	（N·mm）
$F_T = F - F_D =$	（N）	$S_T = 0.5(S + \delta_t + S_G) =$	（mm）	$F_T S_T =$	（N·mm）
$M_p = F_D S_D + F_G S_G + F_T S_T =$	（N·mm）				

螺栓预紧情况					
$F_G = W =$	（N）	$S_G = 0.5(D_b - D_G) =$	（mm）	$M_a = F_G S_G =$	（N·mm）

$M_o = M_p$ 或 $M_a \times \dfrac{[\sigma]_f^t}{[\sigma]_f}$ 两者中的较大值 $=$ （N·mm）

形状常数

	$h_o = \sqrt{D_i \delta_o} =$		$\dfrac{h}{h_o} =$	
	$k = \dfrac{D_o}{D_i} =$		$\dfrac{\delta_1}{\delta_o} =$	

查图 5-72	$T =$	查图 5-69	$F_1 =$
	$Z =$	查图 5-71	$V_1 =$
	$Y =$	查图 5-70	$f =$
	$U =$	$e = \dfrac{F_1}{h_o} =$	

$d_1 = \dfrac{U}{V_1} h_o \delta_1^2$

δ_f（假设）

$\varphi = \delta_f e + 1$

$\beta = \dfrac{4}{3} \delta_f e + 1$

$\gamma = \dfrac{\psi}{T}$

$\eta = \dfrac{\sigma_f^2}{d_1}$

$\lambda = \gamma + \eta$

许用值	应力计算
$1.5[\sigma]_f^t =$	轴向应力 $\sigma_H = \dfrac{f M_o}{\lambda \delta_1^2 D_i}$ （MPa）
$[\sigma]_f^t =$	径向应力 $\sigma_R \leqslant [\sigma]_f^t$ （MPa）
$[\sigma]_f^t =$	切向应力 $\sigma_T \leqslant [\sigma]_f^t$ （MPa）
$[\sigma]_f^t =$	$0.5(\sigma_H + \sigma_T)$ 或 $0.5(\sigma_H + \sigma_R)$ 两者中取较大值（MPa）

(2)椭圆形法兰的设计与计算

公称压力小于或等于 2.0MPa(150 磅级)的闸阀、中法兰通常为椭圆形,设计这种法兰时先要确定螺栓的尺寸和数量,再确定法兰的厚度。计算模型见图 5-73。

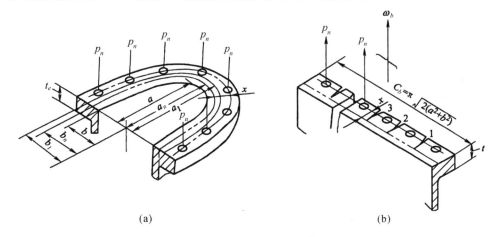

图 5-73　椭圆形法兰计算模型

①螺栓数量 n

螺栓数量应使用"试凑法"逐步计算。先假定螺栓数量,然后计算螺栓的应力。在假定螺栓数量时,应遵循以下原则:

A.阀体与阀盖的连接至少有 4 个全螺纹螺栓或双头螺栓。其最小尺寸如表 5-97 所示。

表 5-97　中法兰螺栓最小尺寸

阀门通径 DN/mm	螺栓最小尺寸（名义直径）
25～65	M10
80～200	M14
＞250	M16

B.螺栓数量应为 4 的整数倍。

C.阀盖螺栓的螺纹根部总截面面积所承受的拉应力,在阀门公称压力作用于垫片有效周边面积时(对密封环连接用中径计算有效作用面积),不应超过 62MPa;如用户指定的螺栓材料屈服强度小于等于 210MPa,则拉应力减小到 48MPa。因此

$$p_n n = p(A + d_f m) \tag{5-231}$$

式中:p 是管道压力,通常可取公称压力,MPa;p_n 是作用在单个螺栓上的载荷,N;n 是螺纹或双头螺纹数;A 是通道截面面积,满足 $A = \pi ab$;d_f 是连接面或垫片的接触面积,$d_f = (\pi a_1 b_1 - ab)$;m 是垫片系数,见表 5-93。

以上求得的 p_n 还应加上关闭阀门所需的并通过凸肩和膝盖传到螺栓上的轴间力 p_c,因此,单个螺栓上的总负荷为

$$p_b = p_n + p_t/n \tag{5-232}$$

螺栓的合力为

$$W_b = p_b n \tag{5-233}$$

其弯矩为

$$M_b = W_b t \tag{5-234}$$

②最小弦距 p_m 的确定

螺栓间的最小弦距 p_m 可采用下列公式进行计算：

对套筒扳手：　　$p_m = 2d_b + 6$ (5-235)

对开口扳手：　　$p_m = 2.75d_b$ (5-236)

式中：d_b 是螺栓或双头螺栓的名义直径，mm。

③法兰厚度

法兰厚度按以下公式计算：

$$t_c = \sqrt{\frac{1.35 W_b x}{[\sigma]\sqrt{a_n^2 + b_n^2}}} \tag{5-237}$$

式中：t_c 是计算的法兰厚度，mm；W_b 是螺栓的合力，N；x 是螺栓中心圆到法兰根部的距离，mm；$[\sigma_1]$ 是材料径向许用弯曲应力，MPa；a_n 是垫片压紧力作用中心长轴半径，mm；b_n 是垫片压紧力作用中心短轴半径，mm。

此处应注意，实际法兰厚度应不小于计算法兰厚度，同时也不小于相应工作压力的管道法兰厚度（可查相应标准）。

当阀门的公称压力或压力等级达到 2.5MPa（300 磅级）时，推荐采用圆形法兰。

（3）法兰密封面形式

法兰密封面的形式可分为光滑式、凹凸式、榫槽式、梯形槽式、透镜式等形式，分别采用平垫、齿形垫、椭圆形垫、透镜垫等密封，具体可见表 5-98。

表 5-98　法兰密封面形式

密封面形式	简图	常用垫片	应用范围
光滑式	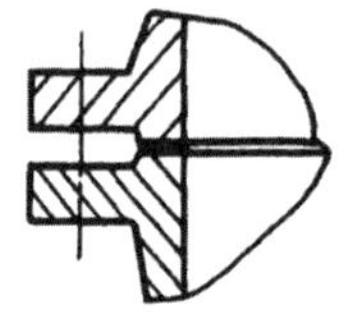	橡胶石棉板、聚四氟乙烯包嵌石棉板、铝板	适用于较低压力的阀门
凹凸式	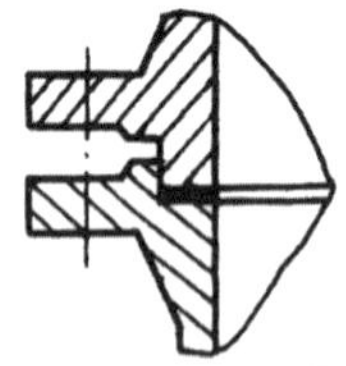	橡胶石棉板、缠绕式垫片	适用于各种压力的阀门
榫槽式	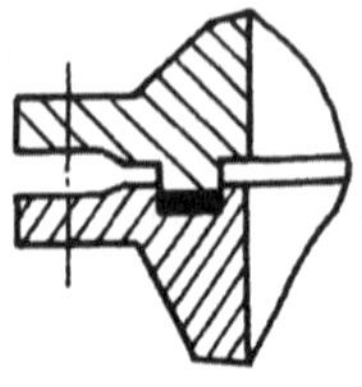	氟塑料板、缠绕式垫片、金属色石棉垫片、铜板	使用能够塑性变形的垫片和腐蚀性较强、密封性要求严格的阀门

续表

密封面形式	简图	常用垫片	应用范围
梯形槽式	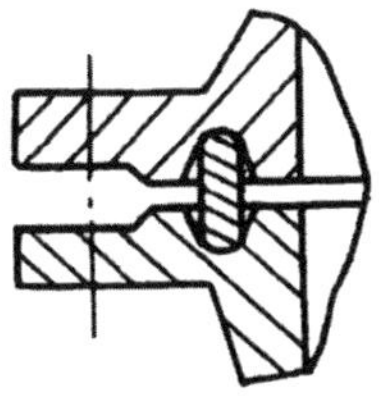	金属椭圆形垫、金属八角形垫	主要用于高温高压阀门
透镜式	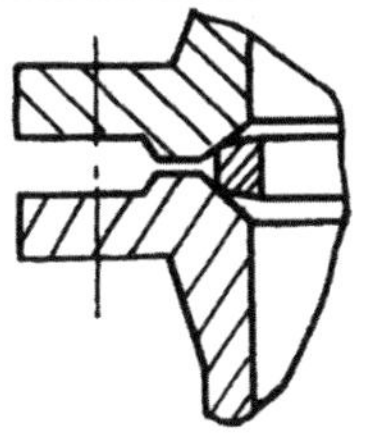	金属透镜垫	主要用于高温高压阀门

5.7.2　阀门与管道的连接设计

阀门与管道的连接形式主要有法兰连接、焊接连接、对夹连接、螺纹连接、卡箍连接、卡套连接等。

5.7.2.1　法兰连接

如上一节所提到的,法兰连接是指由法兰、垫片及螺栓三者相互连接作为一组组合密封结构的可拆连接(见图 5-74)。管道法兰是指管道装置中配管用的法兰,用在设备上是指设备的进出口法兰。法兰连接使用方便,能够承受较大的压力。

法兰连接可适用于各种公称尺寸、公称压力的阀门,但对使用温度有一定的限制,在高温工况时,由于法兰的连接螺栓易产生蠕变现象而造成泄漏问题,一般情况下法兰连接推荐在 350℃以下温度使用。

使用的法兰的结构形式包括:整体法兰(IF)、承插焊法兰(SW)、螺纹法兰(Th)、带颈对焊法兰(WN)、带颈平焊法兰(SO)、板式平焊法兰(PL)、平焊环松套法兰(PJ/RJ)、对焊环松套法兰(PJ/SE)、法兰盖(BL)等。法兰的密封面形式在上一节已经提过,在此不做赘述。

使用法兰连接阀门与管道时,有一些注意事项:

①法兰螺栓支承面及螺栓孔的位置

GB/T 9124—2019 中规定:法兰的螺栓支承面应进行机加工或锪孔,锪孔尺寸按 GB/T 152.4—1988 的有关规定,加工后的法兰应保证符合规定的极限偏差要求。所有螺栓孔应均等地分布在螺栓孔中心圆直径上,对于整体式法兰,其螺栓孔应与管道主轴线或铅垂线跨中布置。

②法兰密封面的密纹水线

HG 20603—1997 中规定:≤PN40 的突面法兰采用非金属平垫片、聚四氟乙烯包覆垫和柔性石墨复合垫时,可车制密水纹线,密封面代号为 RF(A),密封面粗糙度为 $Ra6.3\sim12.5$,水线的深度为 0.05mm,水线节距为 0.8mm,加工刀具圆角为 1.6mm。

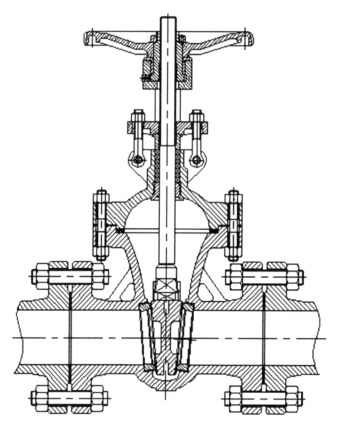

图 5-74 法兰连接

GB/T 9124—2019 中规定:当使用非金属软垫片时,突面法兰密封面上允许加工水线,但应在订货合同中注明。突面法兰的密封面允许按 $f\times45°$ 倒角。密封面粗糙度为 $Ra3.2\sim12.5$,水线的深度为 0.05mm,水线节距为 0.8mm,加工刀具圆角为 1.6mm。

ASME B 16.5—2017 标准中 6.4.5.3 规定:应提供同心圆式或螺旋式的细齿表面,其综合表面平均粗糙度为 $Ra\ 3.2\sim6.3$,切削刀具应为 1.5mm(0.06in)或更大半径,每 mm 的细齿数为 1.8~2.2 个(每英寸的细齿数为 45~55)。

5.7.2.2 焊接连接

阀门焊接连接是指阀门阀体带有焊接坡口,通过焊接方式与管道系统相连的一种连接形式。

GB/T 12224—2015、API 600—2015、ASME B 16.34—2017 等标准对焊接坡口做出了规定,其焊接坡口形式如图 5-75 所示。

阀门与管道的焊接连接分为对焊连接(BW)与承插焊连接(SW),如图 5-76 和图 5-77 所示。承插焊端应符合 JB/T 1751—1992 的规定。对焊连接(BW)可适用于各种尺寸、各种压力以及高温的工况,承插焊连接(SW)一般适用于≤DN 50 的阀门。

5.7.2.3 对夹连接

对夹连接指阀门两侧的管道法兰,通过螺栓夹紧使阀门与管道系统相连的一种连接方式,如图 5-78 所示。

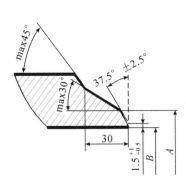
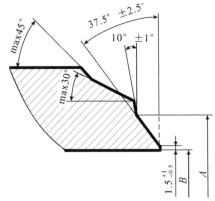

(a) 管子壁厚 $t \leqslant 22mm$ 的焊接端　　　　　(b) 管子壁厚 $t > 22mm$ 的焊接端

图 5-75　焊接坡口形式

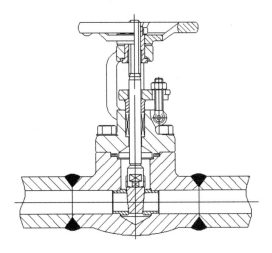

图 5-76　对焊连接

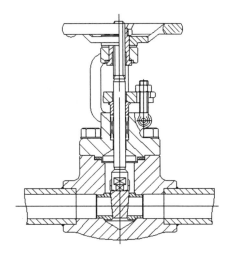

图 5-77　承插焊连接

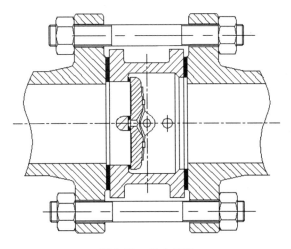

图 5-78　对夹连接

5.7.2.4　螺纹连接

螺纹连接指阀体上带有内螺纹或外螺纹,通过螺纹与管道系统相连的一种连接方式。螺纹连接分两种情况:

(1)直接密封

内外螺纹直接起密封作用即为直接密封。为了确保连接处不漏,往往用铅油、线麻和聚四氟乙烯生料带填充。其中聚四氟乙烯生料带,使用日见广泛。因为这种材料耐腐蚀性能很好,密封效果极佳,使用和保存方便,拆卸时可以完整地将其取下。它是一层无黏性的薄膜,比铅油、线麻性能优越得多。

(2)间接密封

间接密封依靠螺纹旋紧的力量,传递给两平面间的垫圈,让垫圈起密封作用。常用的螺纹有五大类:米制普通螺纹;英制普通螺纹;螺纹密封管螺纹;非螺纹密封管螺纹;美国标准管螺纹。概括介绍如下:

①国际标准 ISO 228/1—2016、DIN 259—2001,为内外平行螺纹,代号 G 或 PF(BSP.F);

②德国标准 ISO 7/1—1994、DIN 2999—1983、BS 21—1985,为外牙锥形、内牙平行螺纹,代号 BSP.P 或 RP/PS;

③英国标准 ISO 7/1—1974、BS 21—1985,内外锥形螺纹,代号 PT 或 BSP.Tr 或 Rc;

④美国标准 ANSI B21—1994,内外锥形螺纹,代号 NPT G (PF)、RP (PS)、Rc (PT) (N:美国国家标准;P:管子;T:锥形),牙型角均为 55°,NPT 牙型角为 60°,BSP.F、BSP.P 及 BSP.Tr 统称为 BSP 牙。美国标准管螺纹包括五种:一般用途的锥管螺纹(NPT),管接头用直管内螺纹(NPSC),导杆连接用锥管螺纹(NPTR),机械连接用直管螺纹 NPSM(自由配合的机械连接)和 NPSL(带锁紧螺母的松配合机械连接)。

5.7.2.5　卡箍连接

卡箍连接是指阀体上带有夹口,通过卡箍与管道系统相连的一种连接方式,如图 5-79所示。

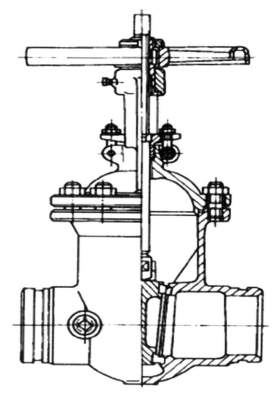

图 5-79　卡箍连接

5.7.3　阀门与驱动装置的连接设计

5.7.3.1　多回转阀门驱动装置的连接

多回转阀门驱动装置是指对阀门产生直行程的驱动装置。该驱动装置和阀门连接的法兰尺寸和法兰代号与其相对应的最大转矩及最大推力和驱动件的结构形式和尺寸,应按照

GB/T 12222—2005《多回转阀门驱动装置的连接》,可见表 5-99。

表 5-99　驱动装置与阀门相连接的法兰尺寸

法兰代号	尺寸/mm						螺柱或螺栓数/个
	d_1	d_2(f8)	d_3	d_4	h_{max}	h_{1min}	
F07	90	55	70	M8	3	12	4
F10	125	70	102	M10	3	15	
F12	150	85	125	M12	3	18	
F14	175	100	140	M16	4	24	
F16	210	130	165	M20	5	30	
F25	300	200	254	M16	5	24	8
F30	350	230	298	M20	5	30	
F35	415	260	356	M30	5	45	
F40	475	300	406	M36	8	54	

注:1.法兰的大小用字母 F 加两位阿拉伯数字表示,该数字为 d_3 除以 10 后圆整得到的数值。

2.f8 为基本偏差和公差等级代号。

驱动装置与阀门的连接示意图见图 5-80。

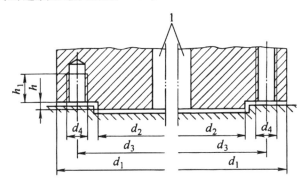

图 5-80　驱动装置与阀门的连接

既能传递力矩又能承受推力的驱动件尺寸,其尺寸规定见表 5-100,结构示意图见图 5-81。

表 5-100　既传递力矩又承受推力的驱动件尺寸　　　　　　单位:mm

尺寸	法兰代号								
	F07	F10	F12	F14	F16	F25	F30	F35	F40
d_6	20	28	32	36	44	60	80	100	120
d_x	26	40	48	55	75	85	100	150	175
l_{min}	25	40	48	55	70	90	110	150	180
h_{max}	60	80	95	110	135	150	175	250	325

注:当有特殊需要时,驱动件的尺寸 d_6 也可采用 d_x 值。

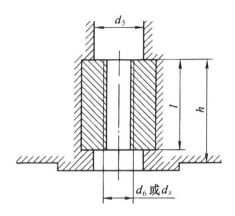

图 5-81　既传递转矩又能承受推力驱动件的结构

仅传递力矩的驱动件的尺寸见表 5-101 和图 5-82。

表 5-101　仅传递转矩的驱动件尺寸

尺寸	法兰代号								
	F07	F10	F12	F14	F16	F25	F30	F35	F40
d_{5min}	22	30	35	40	50	65	85	110	130
d_7(H9)	28	42	50	60	80	100	120	160	180
d_{10}(H9)	16	20	25	30	40	50	60	80	100
d_{ymax}	25	35	40	45	60	75	90	120	160
h_{1max}	3	3	3	4	5	5	5	5	8
l_{1min}	35	45	55	65	80	110	130	180	200

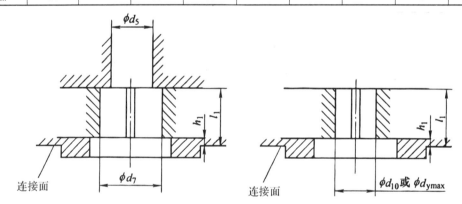

图 5-82　仅传递转矩的驱动件结构

通过多回转驱动装置,连接法兰和驱动件能同时传递的最大力矩和最大推力见表 5-102
和图 5-83。

表 5-102　多回转驱动装置连接法兰和驱动件同时传递的最大力矩和最大推力

指标	法兰代号								
	F07	F10	F12	F14	F16	F25	F30	F35	F40
转矩/N·m	40	100	250	400	700	1200	2500	5000	10000
推力/kN	20	40	70	100	150	200	325	700	1100

注:表中的力矩和推力根据以下假定:

1. 螺栓的力学性能等级为 8.8 级, 屈服强度为 $628N/mm^2$, 许用应力为 $200N/m^2$。
2. 螺栓只承受拉力, 不考虑拧紧螺栓时引起的附加应力。
3. 法兰面之间的摩擦系数取 0.3。
4. 以上计算参数的变化会导致可传递力矩和推力值的变化。
5. 具体应用时, 法兰代号的选择应考虑因惯性或其他类似因素而在阀杆上产生的附加转矩。

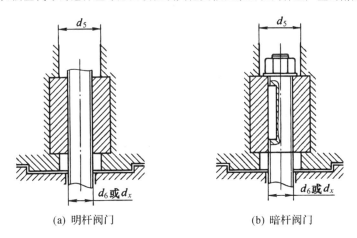

(a) 明杆阀门	(b) 暗杆阀门

图 5-83 多回转驱动装置和阀门的连接

5.7.3.2 部分回转阀门驱动装置的连接

部分回转阀门驱动装置是指对阀门产生角行程的驱动装置, 该驱动装置和阀门连接的法兰尺寸和法兰代号与其相对应的最大转矩及最大推力和驱动件的结构形式和尺寸, 应按照 GB/T 12223—2005《部分回转阀门驱动装置的连接》, 可见表 5-103。

表 5-103 驱动装置与阀门相连接的法兰尺寸

法兰代号	尺寸/mm						螺柱或螺栓数/个
	d_1	d_2(f8)	d_3	d_4	h_{max}	h_{2min}	
F03	46	25	36	M5	3	8	4
F04	54	30	42	M5	3	8	
F05	65	35	50	M6	3	9	
F07	90	55	70	M8	3	12	
F10	125	70	102	M10	3	15	
F12	150	85	125	M12	3	18	
F14	175	100	140	M16	4	24	
F16	210	130	165	M20	5	30	
F25	300	200	254	M16	5	24	8
F30	350	230	298	M20	5	30	
F35	415	260	356	M30	5	45	
F40	475	300	406	M36	8	54	

续表

法兰代号	尺寸/mm						螺柱或螺栓数/个
	d_1	d_2(f8)	d_3	d_4	h_{max}	h_{2min}	
F48	560	370	483	M36	8	54	12
F60	686	470	603	M36	8	54	20

部分回转驱动装置和阀门的连接示意图见图 5-84 和图 5-85。

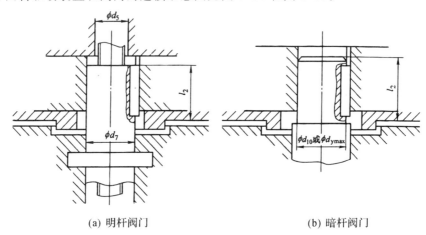

(a) 明杆阀门　　　　　　　　(b) 暗杆阀门

图 5-84　部分回转驱动装置和阀门的连接

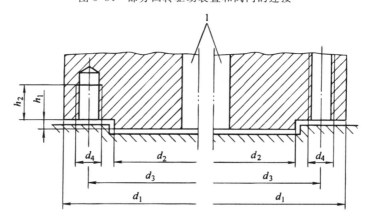

图 5-85　部分回转驱动装置连接尺寸

阀杆为键连接的驱动件尺寸按表 5-104 和图 5-86 的规定。

表 5-104　驱动装置与阀门相连接的法兰尺寸

尺寸	法兰代号										
	F05	F07	F10	F12	F14	F16	F25	F30	F35	F40	F48
d_{7max}(H9)	22	28	42	50	60	80	100	120	160	180	220
h_{1max}	3	3	3	3	4	5	5	5	5	8	8
l_{1min}	30	35	45	55	65	80	110	130	180	200	250

注:H9 为基本偏差和公差等级代号。

当阀门处于关闭位置时(顺时针转动为关闭),驱动件与被驱动件的连接键的位置如图5-87 所示。

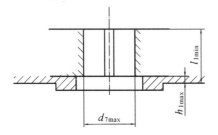

图 5-86 键传动的驱动件尺寸

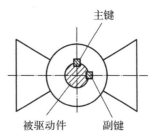

图 5-87 阀门关闭时连接键的位置

方头或扁头阀杆连接的驱动件尺寸根据表 5-105 和图 5-88 的规定。

表 5-105 方头或扁头阀杆连接的驱动件尺寸

尺寸	法兰代号														
	F30		F03		F04		F05		F07			F10	F12	F14	F16	F25
$S(H11)$	9	10	11	12	14	16	17	19	22	24	27	32	36	46	60	75
d_{7min}	12	13	14	16	18	20	22	25	28	32	36	42	48	60	80	100
l_{1min}	135	15	16.5	18	21	24	25.5	28.5	33	36	40.5	48	54	69	90	112.5
h_{1max}	—		—		3							4		5		

注:H11 为基本偏差和公差等级代号。

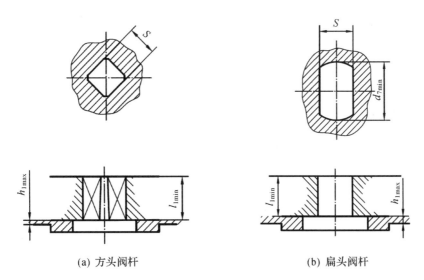

(a) 方头阀杆   (b) 扁头阀杆

图 5-88 方头或扁头阀杆连接的驱动件尺寸

当阀门关闭时,阀杆头部两平面的位置应如图 5-89 所示。

部分回转驱动装置和阀门的连接见图 5-90,连接法兰和驱动件能够传递的最大力矩见表 5-106。

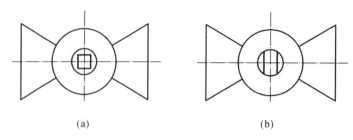

(a)　　　　　　　　　　　　(b)

图 5-89　阀门关闭时阀杆头部的位置

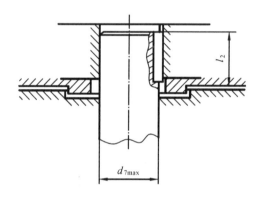

图 5-90　部分回转驱动装置和阀门连接

表 5-106　部分回转驱动装置连接法兰和驱动件传递的最大力矩

法兰代号	F03	F04	F05	F07	F10	F12	F14	F16	F25	F30	F35	F40	F48
力矩/N·m	32	63	125	250	500	1000	2000	4000	8000	16000	32000	63000	125000

注:表中的力矩根据以下假定:

1. 螺栓的力学性能等级为 8.8 级,屈服强度为 $628N/mm^2$,许用应力为 $200N/m^2$。

2. 螺栓只承受拉力,不考虑拧紧螺栓时引起的附加应力。

3. 法兰面之间的摩擦系数取 0.3。

5.7.3.3　阀门电动装置常用连接结构

多回转阀门电动装置目前常用的连接结构见图 5-91,部分回转阀门电动装置目前常用的连接结构见图 5-92。

5.7.3.4　阀门电动装置的安装方式

阀门电动装置的安装方式有垂直安装、水平安装和落地安装,具体连接方式如图 5-93 所示。

5.8　特殊功用阀门设计

阀门最基本的功能是控制流体的通断。在此基础上,阀门还可实现一些特殊的功能,如调节流量的大小,控制管路或设备内的最高压力,调节管路或设备内的压力大小,排除管路或设备内的蒸汽凝结水及不凝气体等。这些具有特殊功能的阀门可以被称作特殊功用阀

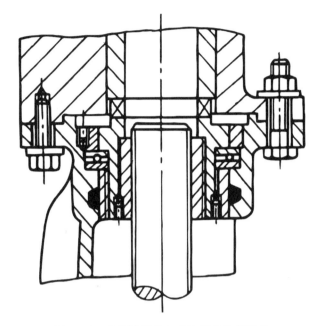

图 5-91　多回转阀门电动装置的连接结构

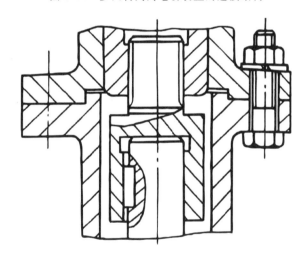

图 5-92　部分回转阀门电动装置的连接结构

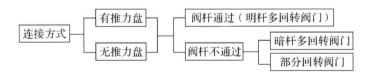

图 5-93　阀门电动装置安装的连接方式

门。为了实现这些特殊的功能,特殊功用阀门的设计在一般阀门的设计基础上还需要添加额外的考量。特殊功用阀门种类繁多,设计方法也没有统一的标准。本节仅对四种典型的、常见的特殊功用阀门,即流量调节阀、安全阀、减压阀和蒸汽疏水阀,进行设计方法的介绍,供读者参考。应注意的是,本节要点不是介绍特殊功用阀门完整的设计流程,而是介绍特殊功用阀门设计中有别于一般阀门设计的内容及相对于一般阀门设计的额外设计考量。

5.8.1 流量调节阀的设计与计算

流量调节阀是过程系统中用动力操作改变流体流量的装置。从字面上理解,流量调节阀即是通过调节阀门开度来控制通过阀门的介质流量大小的阀门。然而,除了实现调节流量大小的功能外,流量调节阀更为核心的目标是使阀门开度变化的过程中,流量的变化趋势符合一定的规律,从而满足下游的工艺需求。随着阀门开度变化,通过流量调节阀的介质流量变化的规律称为流量调节阀的流量特性。

5.8.1.1 流量调节阀的流量特性曲线

流量调节阀的流量特性一般用相对流量与相对位移(控制阀的相对开度)之间的关系表示,数学表达式如下:

$$\frac{Q}{Q_{max}} = f\left(\frac{l}{L}\right) \tag{5-238}$$

式中:$\frac{Q}{Q_{max}}$ 为相对流量,即流量调节阀在某一开度时的流量 Q 与全开时的流量 Q_{max} 之比;$\frac{l}{L}$ 为相对位移,即流量调节阀在某一开度时阀芯位移 l 与全开时的位移 L 之比。

一般来说,改变流量调节阀的阀芯与阀座之间的流通截面积,便可以达到控制流量的目的。但实际上,由于多种因素的影响,如在节流面积变化时,还同时发生阀前、阀后的压差变化,而压差变化又将引起流量的变化。为了便于分析,先假定阀前、阀后的压差不变,然后再引申到真实情况进行研究,前者称为理想流量特性,后者称为工作流量特性。

理想流量特性又称为固有流量特性,它不同于阀的结构特性,阀的结构特性是指阀芯位移与流体通过的截面面积之间的关系,纯粹由阀芯大小和几何形状所决定,不考虑流阻;而理想流量特性在结构特性的基础上考虑了几何形状对流阻的影响。

理想流量特性主要有直线、等百分比(对数)、抛物线及快开四种。

(1)直线流量特性是指流量调节阀的相对流量与相对位移成直线关系,即单位位移的变化所引起的流量变化是常数,用数学表达式表示为

$$\frac{d\left(\frac{Q}{Q_{max}}\right)}{d\left(\frac{l}{L}\right)} = K \tag{5-239}$$

式中:K 为常数,即为流量调节阀的放大系数。

积分可得

$$\frac{Q}{Q_{max}} = K\frac{l}{L} + C \tag{5-240}$$

式中:C 为积分常数。结合实际,$l=0$ 时,$Q=Q_{min}$,则 $C=Q_{min}/Q_{max}=1/R$,R 为流量调节阀的可调比。

不同的行程的线性流量特性流量调节阀,行程变化相同时,引起的流量变化相同,但相对流量变化不同。因此,线性流量特性的流量调节阀在小开度时,流量小,但流量相对变化量大,灵敏度高,行程稍有变化就会引起流量的较大变化。由此,在小开度时容易发生振荡。在大开度时,流量大,但流量相对变化小,灵敏度很低,行程要有较大变化才能够使流量有所

变化。由此,在大开度时控制呆滞,调节不及时,容易超调,使过渡过程变慢。

(2)等百分比流量特性也称对数流量特性,它是指单位相对位移变化所引起的相对流量变化与此点的相对流量成正比关系,即流量调节阀的放大系数是变化的,它随相对流量的增大而增大,用数学表达式表示为

$$\frac{\mathrm{d}\left(\dfrac{Q}{Q_{\max}}\right)}{\mathrm{d}\left(\dfrac{l}{L}\right)} = K\frac{Q}{Q_{\max}} \tag{5-241}$$

积分,并整理可得

$$\frac{Q}{Q_{\max}} = C\mathrm{e}^{K\frac{l}{L}} \tag{5-242}$$

结合实际,$l=0$ 时,$Q=Q_{\min}$,则 $C=Q_{\min}/Q_{\max}=1/R$。

等百分比流量特性的流量调节阀在不同开度下,相同的行程变化所引起的相对流量变化是相等的。因此,等百分比流量特性流量调节阀在全行程范围内具有相同的调节精度。等百分比流量特性流量调节阀在小开度时,放大系数较小,因此调节平稳;在大开度时,放大系数较大,能有效进行调节,使调节及时。等百分比流量特性流量调节阀在自动控制系统中应用最为广泛。理想的等百分比流量特性曲线在线性流量特性曲线的下部,表示同样的相对行程时,等百分比流量特性流量调节阀流过的相对流量要比线性流量特性流量调节阀少。反之,在同样的相对流量下,等百分比流量特性流量调节阀的开度要大。因此,为满足相同的流通能力,通常选用的等百分比流量特性流量调节阀的公称尺寸 DN 要比线性流量特性要大。

(3)抛物线流量特性是指单位相对位移的变化所引起的相对流量变化与此点的相对流量值的平方根成正比关系,其数学表达式为

$$\frac{\mathrm{d}\left(\dfrac{Q}{Q_{\max}}\right)}{\mathrm{d}\left(\dfrac{l}{L}\right)} = K\sqrt{\frac{Q}{Q_{\max}}} \tag{5-243}$$

积分可得

$$\frac{Q}{Q_{\max}} = \left(\frac{K}{2} \cdot \frac{l}{L}\right) + C \tag{5-244}$$

结合实际,$l=0$ 时,$Q=Q_{\min}$,则 $C=Q_{\min}/Q_{\max}=1/R$。

抛物线流量特性介于线性流量特性与等百分比流量特性之间,主要用于三通控制阀及其他特殊场合。

(4)快开流量特性在开度小时就有较大的相对流量,随着相对开度的增大,相对流量很快就达到最大,此后再增加相对开度,相对流量变化很小,其数学表达式为

$$\frac{\mathrm{d}\left(\dfrac{Q}{Q_{\max}}\right)}{\mathrm{d}\left(\dfrac{l}{L}\right)} = K\left(\frac{Q}{Q_{\max}}\right) \tag{5-245}$$

积分可得

$$\frac{Q}{Q_{\max}} = \sqrt{2K\frac{l}{L}} + C \tag{5-246}$$

结合实际,$l=0$ 时,$Q=Q_{\min}$,则 $C=Q_{\min}/Q_{\max}=1/R$。

快开流量特性的阀芯形式是平板形,它的有效位移一般为阀座直径的 $1/4$,当位移再增大时,阀的流通面积就不再增大,失去调节作用,快开流量特性的流量调节阀适用于快速启闭的切断阀或双位调节系统。

依据以上数学表达式,假设不同理想流量特曲线对应的 K 与 C(及 R)相同,则可得如图 5-94 所示的不同理想流量特性曲线。

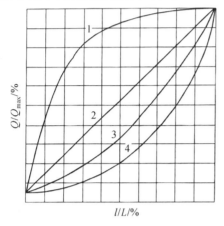

1. 快开流量特性曲线;2. 线性流量特性曲线;
3. 抛物线流量特性曲线;4. 等百分比流量特性曲线。

图 5-94 调节阀的理想流量特性

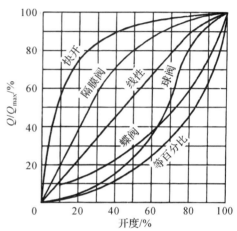

图 5-95 各种阀门的流量特性

各类可控开度的阀门均可用作流量调节阀,但由于结构本身的限制,大部分阀门的流量特性是一定的,一般较难也较少通过结构变化实现不同的流量特性,如图 5-95 所示,隔膜阀的流量特性接近快开特性,蝶阀和球阀的流量特性接近等百分比特性。而对于柱塞型阀瓣及套筒型阀瓣来说,通过对阀瓣或套筒窗口进行形面设计则能相对容易地实现流量特性的改变,如表 5-107 所示。应注意到,调节阀类别中的单座阀与截止阀较为类似,可认为用作流量调节的截止阀。

表 5-107 柱塞型阀瓣与套筒型阀瓣阀瓣形式与流量特性的对应关系

阀瓣类型	流量特性		
	快开	线性	等百分比
柱塞型阀瓣			
套筒型阀瓣			

5.8.1.2　阀瓣形面的绘制与计算

总的来说,阀瓣形面的绘制与计算流程如下:①根据设计需求确定理想流量特性曲线;②计算不同阀瓣位移 l 时所对应的阀门流量 Q_l;③计算不同阀瓣位移 l 所对应的阀座开启截面面积 A_l;④计算、绘制阀瓣形面。详细流程如下。

(1)阀座开启截面面积 A_l 的计算

可以发现,阀门的全开流量 Q_{max} 与不同阀瓣位移 l 时所对应的阀门流量 Q_l,阀瓣全开位移 L 与不同的阀瓣位移 l 均为绝对值,而绘制理想流量特性曲线时,往往采用 Q/Q_{max} 与 l/L 这两个相对值表示。为了统一与计算方便,在计算不同阀瓣位移 l 时所对应的阀座开启截面面积 A_l 的过程中,往往将其表示为阀门通道孔面积 A_y 的相对值,即

$$\overline{A}_l = A_l/A_y$$

式中:$\overline{A}_l$ 即以相对值表示的阀座开启截面面积,记作阀座相对开启面积。

①当流量的绝对值为已知数时,阀座开启截面面积 A_l 的计算如下所示:

A. 根据设计需求确定理想流量特性曲线,即流量值与阀瓣开启高度的关系式;

B. 基于理想流量特性曲线与阀门流量的最大值,确定阀瓣在不同开启位置下的流量;

C. 根据阀瓣在不同开启位置下的流量、阀门通道孔面积确定阀门在不同开度下的流阻系数,流量与流阻系数的关系式如下:

$$\zeta_l = \left(5.04 \frac{A_y}{Q_l}\right)^2 \Delta p \rho \tag{5-247}$$

式中:Δp 为阀门进出口压差,MPa;ρ 为介质密度,kg/m³;下标 l 表示不同的开度。一定条件下,阀门进出口压差 Δp 与介质密度 ρ 为已知量。

D. 根据给定的阀门形式和尺寸,确定流阻系数因开启高度变化而变化的曲线。经证明,阀瓣在一定开度时的流阻系数基本上由阀体流道几何结构决定,而与阀瓣形面关系较小。因此,对于较为通用的阀门结构,各厂商通过测试获取的流阻系数因开启高度变化而变化的曲线可用于计算各种不同阀瓣形面调节阀的阻力系数。以一种双座式调节阀为例,图 5-96 展示了调节阀随开启高度变化的流阻系数曲线图。值得注意的是,为便于计算,图中用阀座相对开启面积 $\overline{A}_l$ 的变化表示阀门开度的变化;

E. 根据计算所得的阀门在不同开度下的流阻系数和调节阀随开启高度变化的阻力系数曲线,确定阀门在不同开度下的阀座相对开启面积 $\overline{A}_l$;

F. 根据以下关系式,由阀座相对开启面积 $\overline{A}_l$ 和阀门通道孔面积 A_y,计算得到不同开度下阀座开启截面面积 A_l:

$$A_l = \overline{A}_l A_y \tag{5-248}$$

②当流量的绝对值为未知数,但可以用曲线图或公式形式绘出相对值 Q/Q_{max} 时,则阀座开启截面面积按下列程序计算:

A. 根据阀体结构形式和尺寸,确定调节阀行程范围内阀门的阀门最大开启高度相应的阻力系数值 ζ_M;

B. 确定 ζ_l 和 ζ_M 之间的关系式,并计算阀瓣在不同位置下的 ζ_l 值;

C. 利用图 5-96,确定与求出的 ζ_l 值相对应的 $\overline{A}_l$ 值;

D. 根据以下关系式,由阀座相对开启面积 $\overline{A}_l$ 和阀门通道孔面积 A_y,计算得到不同开度下阀座开启截面面积 A_l。

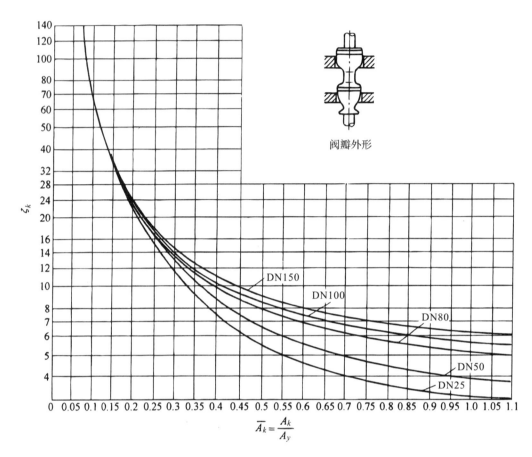

阀瓣外形

图 5-96　一种双座式调节阀随开启高度变化的阻力系数曲线

下面列举在恒定压力损失下，按流量值计算开启截面面积的例题。

例　在全开启时，调节阀的阻力系数 $\zeta_M = 8.0$，试求 DN80 的线性特性曲线的双座式调节阀阀座的开启截面面积。

解　对于所研究的双座式调节阀，阀门通孔 A_y 计算如下：

$$A_y = \pi D^2/4 = 0.785 \times 8^2 = 50.24 \, (\text{cm}^2)$$

假设所考虑的调节阀阀瓣具有线性流量特性，且流量调节阀的放大系数 $K=1$，$Q_{\min}=0$，即 $R=0$，则有关系式：

$$\frac{Q_l}{Q_{\max}} = \frac{l}{L} \tag{1}$$

流量与流阻系数的关系式如下：

$$\zeta_l = \left(5.04 \frac{A_y}{Q_l}\right)^2 \Delta p \rho$$

变形得到

$$Q_l = \frac{5.04 A_y}{\sqrt{\zeta_l}} \sqrt{\Delta p \rho}$$

当阀门全开时，则有

$$Q_{\max} = \frac{5.04A_y}{\sqrt{\zeta_M}}\sqrt{\Delta p \rho}$$

将以上两式相除,得

$$\frac{Q_l}{Q_{\max}} = \sqrt{\frac{\zeta_M}{\zeta_l}}$$

将上式与式(1)联立,得

$$\zeta_l = \left(\frac{L}{l}\right)^2 \zeta_M$$

计算十个行程下的 ζ_l 值,即令 (l/L) 分别等于 0.1、0.2、0.3、0.4、0.5、0.6、0.7、0.8、0.9、1.0,然后代入上式,分别求得对应的 ζ_l 值。

利用图 5-96,确定相应于各个 ζ_l 值时的阀座相对开启面积 $\overline{A}_l$。计算得到不同开度下阀座开启截面面积 A_l:

$$A_l = \overline{A}_l A_y$$

计算数据列于表 5-108。

表 5-108　$\left(\dfrac{L}{l}\right)^2$, ξ_l, $\overline{A}_l$, A_l 和 $A'k$ 的计算值

序号	参数 $\left(\dfrac{L}{l}\right)^2$	阻力系数 $\zeta_l = \left(\dfrac{L}{l}\right)^2 \zeta_M$	阀座相对开启面积 $\overline{A}_l$	总阀座开启截面面积 $A_l = \overline{A}_l A_y$, cm²	每个阀瓣对应的阀座开启截面面积 A_k
1	100	800.0	0.031	1.56	0.78
2	25	200.0	0.056	2.82	1.41
3	11.1	88.8	0.088	4.43	2.21
4	6.25	50.0	0.12	6.04	3.02
5	4.00	32.0	0.16	8.05	4.02
6	2.78	22.21	0.21	10.45	5.22
7	2.04	16.32	0.26	13.10	6.55
8	1.56	12.50	0.32	16.10	8.05
9	1.23	9.85	0.40	20.10	10.05
10	1.00	8.00	0.51	25.64	12.82

(2)阀瓣的形面绘制

应明确,阀瓣相对于阀座处于不同的开启位置(即不同的开度)时,与开启面积相关的介质流量也就不同。在绘制阀瓣形面时,其任务是根据所计算出的阀座开启截面面积 A_l 数值,规定阀瓣各截面相应的开启截面面积的尺寸。对于不同类型的阀瓣,基于不同开度下阀座开启截面面积 A_l 绘制阀瓣形面的方法不同。

①柱塞型阀瓣。图 5-97 为流体在阀瓣与阀座之间的流动示意图。首先应明确,A-A 平面上的阀瓣与阀座之间的环形截面面积,不是起限制作用的面积,更不是最窄的截面,对介质不能起到完全的节流作用。起到完全的节流作用的阀座开启截面面积 A_l 是截锥体

MNN_1M_1 的侧表面面积,此截锥体的母线 MN 是位于阀座上靠近于阀瓣的一点至阀瓣侧面的垂直线。采用具有等值面积的侧表面的截椎体所形成的曲线,来绘制阀瓣形面的方法是最常用的方法。为了简便起见,以下将这些曲线简称为等值面积曲线。

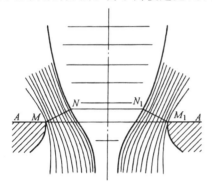

图 5-97　流体在阀瓣与阀座之间的流动

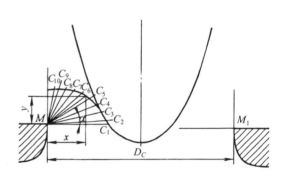

图 5-98　按 x 和 y 坐标系绘制等值面积曲线

如图 5-98 所示,当给定阀瓣位移时,要保证阀座开启截面面积 A_l,就意味着要使介质通过最窄处的面积等于 A_l。自 M 点以各种不同角度 α 引若干射线,假如这些射线为锥体的母线,且锥体的侧表面积分别等于阀瓣不同开度时的阀座开启截面面积 A_l,则在这些射线上,可分别得出截距 MC_1、MC_2、MC_3 等。连接 C_1、C_2、C_3 等点,得出其值等于 A_l 的侧表面积的截锥体母线。流束在阀瓣与阀座之间通过时,将绕过 M 点。因此,在阀瓣与阀座之间,间隙最窄处向下的一段,所绘制的阀瓣形面,应该与等值面积母线的曲线相交,母线上的一点,应与阀瓣的形面重合,而且此形面在此点与等值面积的曲线相切。

等值面积母线可按下列数据绘制:截锥体侧表面面积应等于阀瓣开启截面面积,即

$$A_l = \frac{\pi l(D+d)}{2} \tag{5-249}$$

式中:l 为母线长度,$l=MC$;D 为下遮盖直径,$D=D_c$;d 为上遮盖直径,$d=D_c-2l\cos\alpha$。所述数值代入上式可得

$$A_l = \pi l D_c - \pi l^2 \cos\alpha \tag{5-250}$$

为了绘制等值面积母线曲线,确定以 M 点为坐标原点,则

$$l = \sqrt{x^2 + y^2} \tag{5-251}$$

$$\cos\alpha = \frac{x}{\sqrt{x^2+y^2}} \tag{5-252}$$

因此,将上两式代入式(5-250)可得

$$A_l = \pi \sqrt{x^2 + y^2}(D_c - x) \tag{5-253}$$

$$y^2 = \left(\frac{A_l}{\pi}\right)^2 \frac{1}{(D_c-x)^2} - x^2 \tag{5-254}$$

利用方程来绘制如图 5-99 所示的等值面积曲线,用 x 和 R 坐标绘制等值面积曲线。x 为横坐标,R 为距计算原点的距离。绘制时,在横坐标 x 上作垂线,并在原点上以 R 为半径截取高度:

$$R = \frac{A_l}{\pi(D_c - x)} \tag{5-255}$$

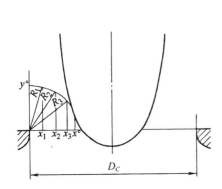

图 5-99 按 x 与 R 坐标绘制的等值面积曲线

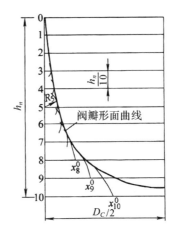

图 5-100 等值面积曲线与圆弧曲线的交界区分布

由于流量系数随开启截面面积的变化而变化,所以等值面积母线可能出现一根等值面积曲线越出公用包络线的情况,也就是说可能出现无法绘制出全部等值面积曲线的公用包络线的情况。为了保证绘制全部等值面积曲线公用包络线的可能,必须满足下列条件:

$$h_n \geqslant n\{y_{(i-1)}[x^0_{(i-2)}] - y_i[x^0_{(i-2)}]\} \tag{5-256}$$

式中:n 为等值面积曲线数;$y_{(i-1)}[x^0_{(i-2)}]$ 为当位于序号 $(i-2)$ 曲线上横坐标等于 x_0 时,在序号 $(i-1)$ 曲线上的纵坐标;$y_i[x^0_{(i-2)}]$ 为当位于序号 $(i-2)$ 曲线上的横坐标 x_0 时,序号 $(i-1)$ 曲线上的纵坐标。

在校验是否满足给定条件时,通常只需要校验这些曲线中的最后几根曲线。如果是绘制阀瓣形面曲线,通常取十根等值面积曲线即可,如图 5-100 所示,则

$$h_n \geqslant \frac{10x^0_8}{A_8}\sqrt{A^2_{10}-A^2_8} - \sqrt{A^2_9-A^2_8}$$

$$= \frac{10}{A_8}\left(\frac{D_C}{2}-\sqrt{\frac{A_C-A_B}{\pi}}\right)\left(\sqrt{A^2_{10}-A^2_8} - \sqrt{A^2_9-A^2_8}\right) \tag{5-257}$$

式中:A_C 为阀座孔面积;x^0 如图 5-99 所示;A_8、A_9、A_{10} 为当 $l/L=0.8$、0.9、1.0 时,阀瓣的开启截面面积。

以上述计算为基础,按以下步骤绘制阀瓣的形面,如图 5-101 所示。

A. 选定绘制阀瓣形面的比例(通常为 10:1),并引出阀瓣的纵坐标轴,在轴的两侧再以相当于 $D_C/2$ 的距离绘出两条线(按选定的比例);

B. 量取阀瓣行程,并将它划分成 n 个开度,一般取 $n=10$;

C. 分别求出 1~10 开度下,每个开度对应的阀座开启截面面积 A_l;

D. 绘出每一开度的等值面积母线的曲线;

E. 画出已绘出曲线的包络线。阀瓣的最下部分的外形轮廓可任意绘出。但是阀瓣的形面任何地方也不应相交于以 A_l 绘出的等值面积母线的曲线。

为了简化计算程序,对于 $\frac{y^0}{x^0} \geqslant 0.9$($y^0$ 为 $x=0$ 时的纵坐标;x^0 为 $y=0$ 时的横坐标),可用圆弧代替曲线。这对于实际应用,精确度已足够。确定 $\frac{y^0}{x^0} \geqslant 0.9$ 的截面的初步数目后,可

以不绘制这些曲线,因为

$$y = \left(\frac{A_l}{\pi}\right)^2 \frac{1}{(D_C - x)^2} - x^2 \qquad (5\text{-}258)$$

则当 $x = 0$ 时,

$$y^0 = \frac{A_l}{\pi D_C} \qquad (5\text{-}259)$$

当 $y = 0$ 时,

$$x^0 = \frac{D_C}{2} \pm \sqrt{\frac{D_C^2}{2} - \frac{A_l}{\pi}} \qquad (5\text{-}260)$$

利用形面的一侧:

$$x^0 = \frac{D_C}{2} - \sqrt{\frac{D_C^2}{4} - \frac{A_l}{\pi}} \qquad (5\text{-}261)$$

根据求出的数据得到不等式:

$$\frac{A_l}{\pi D_C} \geqslant 0.9 \left(\frac{D_C}{4} - \sqrt{\frac{D_C^2}{4} - \frac{A_l}{\pi}}\right) \qquad (5\text{-}262)$$

经适当整理后,可得

$$A_l \leqslant 0.09 \pi D_C^2 \text{ 或 } A_l \leqslant 0.36 A_C \qquad (5\text{-}263)$$

式中:$A_C = \pi D_C^2 / 4$

因此,对于 $A_l / A_C \leqslant 0.36$ 的截面的等值面积曲线,可以用圆弧代替。下面用案例进一步阐释阀瓣形面绘制的流程。

例 绘制 DN50,调节阀行程 $L = 65\text{mm}$,具有线性流量特性的单座式调节阀的阀瓣形面,阀门的压力损失恒定,A_l 值参照表 5-109 的数据。

解 分别计算 10 个开度下的阀座开启截面面积 $A_l (l = 1 \sim 10)$,方法如前述。基于十个开度下的阀座开启截面面积 $A_l (l = 1 \sim 10)$,计算对应的等值面积曲线方程。计算方法有两种,如下所示。

A. 直角坐标系法

$$y^2 = \left(\frac{A_l}{\pi}\right)^2 \frac{1}{(D_C - x)^2} - x^2$$

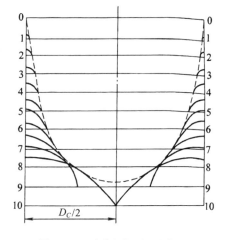

图 5-101 阀瓣形面的形成

列出方程,计算每一开度所对应的截面 x^0 在 $y = 0$ 时的 x 值与 y^0 在 $x = 0$ 时的 y 值。对于那些曲线形状接近于圆弧的截面不绘制曲线,而绘制半径为 $R = (x^0 + y^0)/2$ 的圆弧。这种做法适用于 $y^0 / x^0 \geqslant 0.9$ 的截面(表 5-110,截面自 $l/L = 0.1$ 至 $l/L = 0.6$)。此方案通常用于截面 $A_l = 0.36 A_C$ 的场合。

绘制曲线时,可以限制在曲线与阀瓣形面预计切点附近的线段,如图 5-102 所示。

B. x 与 R 坐标系法

$$R = \frac{A_l}{\pi (D_C - x)}$$

对于 $A_l \leqslant 0.36 A_C$ 的截面,其公式改为

$$R = \frac{0.327 A_l}{D_C}$$

计算结果列于表 5-111,绘制曲线于 x_{k-1}^0 到 x_k^0 的范围(x_k^0 为当 $y=0$ 时的横坐标)。x_k^0 值按下式求得:

$$x_k^0 = \frac{D_C}{2} - \sqrt{\frac{A_C - A_l}{\pi}}$$

阀瓣的形面是绘制出的全部曲线和圆弧的包络线。包络线一般用图解法绘制,也可以用解析法计算。前面已指出,阀瓣最下面部分的外形轮廓可以任意做出,然而阀瓣形面的任何部位都不应与 A_{10} 的等值面积曲线相交。阀瓣形面绘出后,再计算标注在阀瓣形面绘制图上每一开度对应的截面的直径。首先确定阀瓣上部(其母线为直线)的锥形段,然后确定锥形段下面的异形段。计算多少开度对应的截面,与所要求的形面精确度及曲率有关,一般计算十个开度即可。为了将异形段形面曲线修正圆滑,应当将等距截面前一段的阀瓣直径增大,后一段减小。

②套筒形阀瓣。对于套筒形阀瓣,介质通过贯穿套筒壁面的窗口所形成的截面。套筒阀瓣的窗口可以是方形或异形。

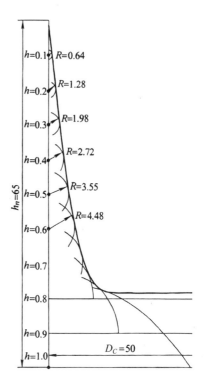

图 5-102　柱塞形阀瓣形面的绘制

绘制异形窗口时,首先做出以直线线段组成近似的形面,然后绘制出窗口的最终形面的曲线,具体流程如下。

由直线线段组成的近似形面按下列公式绘制:

$$w_l = \frac{2(A_l - A_{l-1})}{Zh} - w_{l-1} \tag{5-264}$$

式中:w_l 为所要求的截面内的窗口宽度,cm;w_{l-1} 为前一截面内的窗口宽度,cm;A_l 为所计算的截面内阀瓣窗口的开启面积,cm²;A_{l-1} 为前一截面内的窗口开启面积,cm²;h 为窗口之间的距离,cm;Z 为窗口数目。

当流量系数变化平缓时,$A_l - A_{l-1}$ 也逐渐增加,比较容易用圆滑曲线直接绘制近似形面。当流量系数按复杂曲线变化时,$A_l - A_{l-1}$ 的变化很大,所得到的形面与齿形相似。在这种情况下,必须增加复杂曲线段的截面数目,以减小 h 值。

初始形面可用矩形法绘制,如图 5-103(b)所示。此时:

$$w_l = \frac{A_l - A_{l-1}}{Zh} \tag{5-265}$$

形面的精确度,很大程度上取决于计算截面的数目。因此,在条件允许时,计算截面应尽可能地选得多一些。

③扇形阀瓣。在扇形阀瓣内,介质所通过的开启截面是阀座与阀瓣表面之间,在断面 A-A 的垂直面上所形成的圆扇形孔,如图 5-104 所示。

开启截面面积可按下两式计算:

表 5-109 利用总流量系数 K_v 的近似值计算单座式调节阀阀座开启载面面积

截面 l 的序号	有效面积 $K_{sh} \cdot A_l$	原始数据 $\bar{A}_l = A_l/A_y$	原始数据 K_{sh}	第一近似值 K_{sh}	第一近似值 K_l	第一近似值 $\bar{A}_l$	第二近似值 K_{sh}	第二近似值 K_l	第二近似值 $\bar{A}_l$	第三近似值 K_{sh}	第三近似值 K_l	第三近似值 $\bar{A}_l$	第四近似值 K_{sh}	第四近似值 K_l	第四近似值 $\bar{A}_l$	第五近似值 K_{sh}	第五近似值 K_l	第五近似值 $\bar{A}_l$	选取值 K_{sh}	选取值 A_l/cm^2
1	0.825	0.1	0.80	0.75	1.10	0.056	0.80	1.03	0.051	0.80	—	—	—	—	—	—	—	—	0.80	1.03
2	1.650	0.2	0.80	0.80	2.06	0.105	0.80	—	—	—	—	—	—	—	—	—	—	—	0.80	2.06
3	2.475	0.3	0.78	0.80	3.09	0.157	0.80	—	—	—	—	—	—	—	—	—	—	—	0.80	3.09
4	3.300	0.4	0.73	0.80	4.13	0.210	0.80	—	—	—	—	—	—	—	—	—	—	—	0.80	4.13
5	4.125	0.5	0.66	0.80	5.16	0.262	0.79	5.22	0.266	0.79	—	—	—	—	—	—	—	—	0.79	5.22
6	4.950	0.6	0.59	0.79	6.76	0.319	0.77	6.44	0.328	0.76	—	—	—	—	—	—	—	—	0.77	6.44
7	5.775	0.7	0.53	0.76	7.60	0.387	0.74	7.80	0.397	0.73	7.92	0.403	—	—	—	—	—	—	0.73	7.92
8	6.600	0.8	0.48	0.73	9.05	0.460	0.69	9.57	0.487	0.67	9.85	0.502	0.66	10.00	0.510	0.65	10.15	0.517	0.65	10.20
9	7.425	0.9	0.45	0.56	13.33	0.680	0.55	13.60	0.693	0.54	13.90	0.710	0.53	14.00	0.714	0.52	14.05	0.695	0.53	14.05
10	8.250	1.0	0.42	0.42	19.63	—	—	—	—	—	—	—	—	—	—	—	—	—	0.42	19.63

表 5-110 在直角坐标系中用于绘制阀瓣形面的计算数据

截面 l 的序号	阀瓣的相对开度 l/L	等截面曲线方程式	坐标	坐标 x 和 y 的数值,mm	坐标比 y₀/x₀	圆弧半径 R
0	0	$x=0$ $y=0$	—	—	—	—
1	0.1	$y^2=\dfrac{978}{(50-x)^2}-x^2$	x y	x: 0, … , 0.65 y: 0.63, … , 0	0.972	0.64
2	0.2	$y^2=\dfrac{4000}{(50-x)^2}-x^2$	x y	x: 0, … , 1.30 y: 1.26, … , 0	0.972	1.28
3	0.3	$y^2=\dfrac{9250}{(50-x)^2}-x^2$	x y	x: 0, … , 2.0 y: 1.94, … , 0	0.971	1.98
4	0.4	$y^2=\dfrac{17390}{(50-x)^2}-x^2$	x y	x: 0, … , 2.8 y: 2.65, … , 0	0.945	2.72
5	0.5	$y^2=\dfrac{29000}{(50-x)^2}-x^2$	x y	x: 0, … , 3.7 y: 3.40, … , 0	0.920	3.55
6	0.6	$y^2=\dfrac{45400}{(50-x)^2}-x^2$	x y	x: 0, … , 4.7 y: 4.26, … , 0	0.907	4.48
7	0.7	$y^2=\dfrac{69100}{(50-x)^2}-x^2$	x y	x: 0, 2, 3, 4, 5, 5.5, 6.0 y: 5.26, 5.11, 4.73, 4.06, 3.21, 2.16, 0	0.879	
8	0.8	$y^2=\dfrac{106000}{(50-x)^2}-x^2$	x y	x: 0, 3, 4, 5, 6, 7, 7.7 y: 6.51, 6.25, 5.84, 5.24, 4.32, 2.88, 0	0.845	按坐标作出曲线
9	0.9	$y^2=\dfrac{177000}{(50-x)^2}-x^2$	x y	x: 0, 6, 7, 8, 9, 10, 10.7 y: 8.41, 7.45, 6.84, 6.05, 4.92, 3.28, 0	0.785	
10	1.0	$y^2=\dfrac{390600}{(50-x)^2}-x^2$	x y	x: 0, 2, 3, 4, 5, 6, 7, 8, 9, 10, 11, 12, 13, 14, 15, 16, 17, 18, 19, 20, 25.0 y: 12.5, 12.53, 12.20, 12.0, 12.0, 11.66, 11.22, 10.82, 10.25, 9.69, 9.06, 8.40, 7.58, 6.78, 5.83, … , 0	0.500	

表 5-111 在 x 和 R 坐标系中用于绘制阀瓣形面的计算数据

截面 l 的序号	阀瓣的相对开度 l/L	开启截面面积 A_l,mm²	开启截面面积的相对值 $\bar{A}_l=A_l/A_y$	等截面曲线方程式
0	0	0	0	$R_0=0$
1	0.1	103	0.051	$R_1=\dfrac{0.327\times103}{50}=0.67$
2	0.2	206	0.105	$R_2=\dfrac{0.327\times206}{50}=1.34$
3	0.3	309	0.157	$R_3=\dfrac{0.327\times309}{50}=2.02$
4	0.4	413	0.210	$R_4=\dfrac{0.327\times413}{50}=2.70$
5	0.5	522	0.266	$R_5=\dfrac{0.327\times522}{50}=3.41$
6	0.6	644	0.328	$R_6=\dfrac{0.327\times644}{50}=4.21$

截面 l 的序号	阀瓣的相对开度 l/L	开启截面面积 A_l,mm²	开启截面面积的相对值 $\bar{A}_l=A_l/A_y$	等截面曲线方程式
7	0.7	792	0.403	$R_7=\dfrac{792}{\pi(50-x)}$
8	0.8	1020	0.502	$R_8=\dfrac{1020}{\pi(50-x)}$
9	0.9	1450	0.710	$R_9=\dfrac{1450}{\pi(50-x)}$
10	1.0	1963	1.00	$R_{10}=\dfrac{1963}{\pi(50-x)}$

截面 l 的序号	开启截面面积 A_l	等截面曲线方程式
7	792	$x^0=\left(25-\sqrt{\dfrac{1963-792}{3.14}}\right)=5.7$
8	1020	$x^0=\left(25-\sqrt{\dfrac{1963-1020}{3.14}}\right)=7.7$
9	1450	$x^0=\left(25-\sqrt{\dfrac{1963-1405}{3.14}}\right)=11.4$
10	1963	$x^0=25$
10		$x^0=25$

半径 R 的计算值,mm

x	0	2	3	4	5	—	—	—	—	
R_7	5.04	5.25	5.36	5.48	5.60					
x	0	3	4	5	6	7	—	—	—	
R_8	6.50	6.92	7.07	7.22	7.39	7.56				
x	0	6	7	8	9	10	11	—	—	
R_9	8.95	10.1	10.4	10.6	10.9	11.2	11.5			
x	0	8	9	10	11	12	13	—	—	
R_{10}	12.5	14.8	15.2	15.6	16.0	16.4	16.9			
x	14	15	16	17	18	19	20	25	25	
R_{10}	17.4	17.8	18.4	18.9	19.5	20.1	20.9			

$$A_l = \frac{1}{2}\left[w_r - a(r-h)\cos\varphi\right] \tag{5-266}$$

$$A_l = \frac{r^2}{2}\left(\frac{\pi\alpha}{180} - \sin\alpha\right)\cos\varphi \tag{5-267}$$

在阀瓣上制作一个或几个切口的扇形阀瓣,仅适用于通过能力很小的小规格的调节阀。

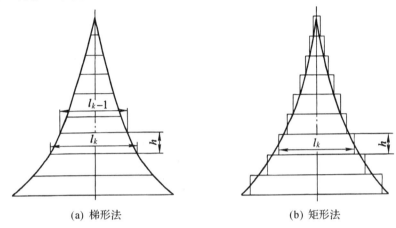

(a) 梯形法　　　　　　　(b) 矩形法

图 5-103　套筒形阀瓣窗口形面的绘制

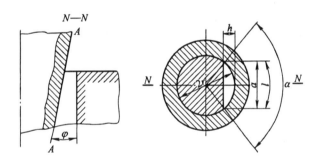

图 5-104　扇形阀瓣形面的绘制

5.8.2　安全阀的设计与计算

安全阀是一种用于控制压力管路或设备最高压力的特殊阀门。在外力作用下,安全阀的启闭件处于常闭状态。当压力管路或设备内的介质压力升高并超过安全阀规定值时,安全阀启闭件动作,安全阀打开并向系统外排放介质,从而使管路压力或设备内的介质压力迅速下降至安全阀规定值以下。安全阀属于自动阀类,对设备运行及人身安全起重要的保护作用。

5.8.2.1　安全阀的排量计算及流道尺寸和公称通径的确定

(1)对于给定规格的安全阀,应通过排量计算确定其排量或额定排量。安全阀的额定排量应大于并尽可能接近必要的排放量(即安全泄放量),以确保承压设备的安全运行。

安全阀的额定排量计算如下:

①介质为气体,阀出口绝对压力与进口绝对压力之比 σ 小于或等于临界压力比 σ^*。

$$W_r = 10K_{dr}CAp_{dr}\sqrt{\frac{M}{ZT}} \tag{5-268}$$

式中:W_r 为额定排量,kg/h;K_{dr} 为额定排量系数,见表 5-113;C 为气体特性系数,为绝热指数 κ 的函数;$A = \pi d_0^2/4$,为流道面积;d_0 为喉径,mm;p_{dr} 为绝对额定排放压力,MPa;M 为气体分子量,kg/kmol;T 为排放时阀进口绝对温度,K;Z 为气体压缩系数,根据介质的对比压力和对比温度确定,见图 5-105。

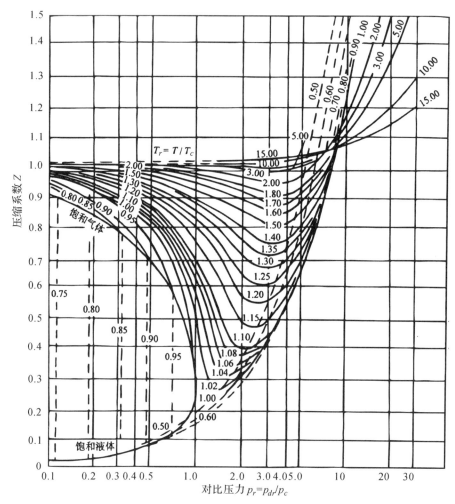

图 5-105 压缩系数与对比压力 p_r 和对比温度 T_r 的关系

注:p_c 为介质临界点绝对压力,MPa;T_c 为介质临界点绝对温度,K。

A. C 按下式计算:

$$C = 3.948\sqrt{\kappa\left(\frac{2}{\kappa+1}\right)^{\frac{\kappa+1}{\kappa-1}}} \tag{5-269}$$

式中:κ 为绝热指数。

B. p_{dr} 通常按下式计算:

$$p_{dr} = 1.1p_s + 0.1 \tag{5-270}$$

式中:p_s 为整定压力,MPa。

C. 临界压力比 σ^* 按下式计算:

$$\sigma^* = \left(\frac{2}{\kappa+1}\right)^{\frac{\kappa}{\kappa-1}} \tag{5-271}$$

式中:σ^* 为临界压力比。

D. 当 $\sigma > \sigma^*$ 时,计算额定排定排量应乘以排量的背压修正系数 K_b。K_b 按下式计算:

$$K_b = \sqrt{\frac{\frac{2\kappa}{\kappa-1}\left[\left(\frac{p_b}{p_{dr}}\right)^{\frac{2}{\kappa}} - \left(\frac{p_b}{p_{dr}}\right)^{\frac{\kappa+1}{\kappa}}\right]}{\kappa\left(\frac{2}{\kappa+1}\right)^{\frac{\kappa+1}{\kappa-1}}}} \tag{5-272}$$

②介质为蒸汽,阀出口绝对压力与进口绝对压力之比 σ 小于或等于临界压力比 σ^*。

A. 当 $p_{dr} < 11\text{MPa}$ 时:

$$W_r = 5.25/K_{dr}Ap_{dr}K_{sh} \tag{5-273}$$

B. 当 $11\text{MPa} < p_{dr} < 22\text{MPa}$ 时:

$$W_r = 5.25K_{dr}Ap_{dr}\left(\frac{27.644p_{dr}-1000}{33.242p_{dr}-1061}\right)K_{sh} \tag{5-274}$$

式中:p_{dr} 为绝对额定排放压力,MPa,通常取 $p_{dr} = 1.03p_s + 0.1$;K_{sh} 为过热修正系数,见表 5-112。应注意,表 5-112 仅列出部分,其余可查找化学化工物性手册。

③介质为液体

$$W_r = K_{dr}A\frac{\sqrt{\Delta p\rho}}{0.1964} \tag{5-275}$$

式中:Δp 为阀前后压差,MPa;ρ 为介质密度,kg/m^3。

Δp 按下式计算:

$$\Delta p = p_{dr} - p_b \tag{5-276}$$

式中:p_{dr} 为额定排放压力,MPa,通常取 $p_{dr} = 1.2p_s$;p_b 为阀门出口压力,MPa。

上述各式中的安全阀额定排量系数 K_{dr} 与阀的结构、开启高度、流体排放通道部分的形状和尺寸等诸多因素有关,其精确值应在阀门制成后通过试验测定。在设计阶段,可参照以往类似结构阀门确定,或按表 5-113 选用。

表 5-113　安全阀额定排量系数

安全阀类型	全启式安全阀	微启式安全阀	
		开启高度 $\geqslant d_0/40$	开启高度 $\geqslant d_0/20$
额定排量系数 K_{dr}	0.7~0.8	0.07~0.08	0.14~0.16

(2)安全阀流道尺寸及公称通径的确定。在"5.8.2.1　安全阀的排量计算"中,令额定排量等于被保护设备的安全泄放量,即可计算出安全阀所需的流道面积 A。安全阀的流道直径 d_0 可按下式计算:

$$d_0 = \sqrt{\frac{4A}{\pi}} \tag{5-277}$$

式中:d_0 为流道直径,mm。

表 5-112　K_{sh} 过热修正系数（部分）

绝对压力 /MPa	饱和温度 /℃	进口温度/℃																
		150	160	170	180	190	200	210	220	230	240	250	260	270	280	290	300	310
		过热修正系数 K_{sh}																
0.2	120	1.00	1.00	1.00	1.00	1.00	0.99	0.98	0.97	0.99	0.95	0.94	0.93	0.92	0.91	0.90	0.90	0.89
0.3	131	1.00	1.00	1.00	1.00	1.00	0.99	0.98	0.97	0.96	0.95	0.94	0.93	0.92	0.91	0.90	0.89	0.89
0.4	144	1.00	1.00	1.00	1.00	1.00	0.99	0.98	0.97	0.96	0.95	0.94	0.93	0.92	0.91	0.90	0.90	0.89
0.5	157	1.00	1.00	1.00	1.00	1.00	0.99	0.98	0.97	0.96	0.95	0.94	0.93	0.92	0.91	0.90	0.90	0.89
0.6	169		1.00	1.00	1.00	1.00	0.99	0.99	0.98	0.98	0.95	0.94	0.93	0.92	0.92	0.91	0.90	0.89
0.7	165			1.00	1.00	1.00	0.99	0.99	0.98	0.97	0.96	0.95	0.94	0.93	0.92	0.92	0.90	0.89
0.8	170			1.00	1.00	1.00	1.00	0.99	0.98	0.97	0.96	0.95	0.94	0.93	0.92	0.92	0.90	0.89
0.9	175				1.00	1.00	1.00	0.99	0.98	0.97	0.96	0.95	0.94	0.93	0.92	0.92	0.90	0.89
10	180				1.00	1.00	1.00	0.99	0.98	0.97	0.96	0.95	0.94	0.93	0.92	0.92	0.90	0.89
11	184					1.00	1.00	0.98	0.99	0.97	0.96	0.95	0.94	0.93	0.92	0.92	0.90	0.89
12	188					1.00	1.00	0.99	0.99	0.98	0.97	0.95	0.94	0.93	0.92	0.92	0.90	0.90
13	182						1.00	1.00	0.99	0.98	0.97	0.96	0.94	0.90	0.92	0.92	0.91	0.90

然后可按表 5-114 选取稍大而又接近计算值的流道直径标准值；根据实际使用需要，也可选用非标准的 d_0 值。

流道直径 d_0 确定后，即可按表 5-114 或按其他相关标准中规定的对应关系确定安全阀的公称通径 DN。

表 5-114　安全阀公称尺寸 DN 与流道直径 d_0

DN		15	20	25	32	40	50	65	80	100	150	200
d_0 mm	全启式	—	—	—	20	25	32	40	50	65	100	125
	微启式	12	16	20	25	32	40	50	65	80	—	—

5.8.2.2　弹簧式安全阀动作特性计算及弹簧刚度的确定

弹簧式安全阀是最常用的一种安全阀，其通过预紧弹簧对安全阀启闭件施加闭合力，使启闭件处于常闭状态，只有当作用于启闭件上的介质压力大于启闭件重力与弹簧预紧力的合力时，启闭件才会开启，安全阀才会打开。弹簧式安全阀的动作特性，即排放压力、开启高度、回座压力等性能，取决于阀门开启和关闭（回座）过程中流体对阀瓣作用的升力与弹簧载荷力的共同作用。上述两力在阀门动作过程中都是变化的。

阀瓣升力的变化情况可用升力系数 ρ 来表示。升力系数 ρ 是阀瓣升力 F_s 与介质静压力作用在等于流道面积的阀瓣面积上产生的作用力的比值，即

$$\rho = \frac{F_s}{\frac{\pi}{4} d_0^2 p} \tag{5-278}$$

式中：ρ 为升力系数；F_s 为阀瓣升力，即流体作用在阀瓣上总的向上合力，N；p 为阀进口介质静压力，MPa；d_0 为流道直径，mm。

升力系数 ρ 取决于阀门结构以及影响介质流动的各零件的形状和尺寸，并且随开启高度、调节圈位置和介质的不同而变化，通常只能借助试验来确定。图 5-106 所示为安全阀阀瓣升力系数曲线的具体实例。

弹簧载荷力的变化取决于弹簧刚度。为了获得要求的动作性能，应根据升力系数来确定弹簧刚度。其主要方法有下列两种：

（1）计算法

为达到规定的开启高度 h，在开启高度 h 下的阀瓣升力应大于或等于此时的弹簧力。据此确定弹簧刚度的最大值为

$$\lambda = \frac{0.9}{h} \left(\frac{\pi}{4} d_0^2 p_{dr} \rho_h - \frac{\pi}{4} D_m^2 p_s \right) \tag{5-279}$$

式中：λ 为弹簧计算刚度，N/mm；h 为阀门开启高度，mm；d_0 为流道直径，mm；D_m 为关闭件密封面平均直径，mm；p_{dr} 为额定排放压力，MPa；p_s 为整定压力，MPa；ρ_h 为开启高度为 h 时的阀瓣升力系数。

计算法的缺点是没有考虑开启的全过程，仅仅考虑了达到规定高度，而且没有考虑回座过程。

（2）图解法

为保证安全阀在压力不高于额定排放压力时达到规定开启高度，并在压力不低于规定

回座压力时回座,在开启高度为零到规定升高范围内的弹簧力曲线应位于额定排放压力和回座压力下的阀瓣升力曲线之间。

图 5-107 是用作图法确定弹簧刚度的示例,图中曲线Ⅰ是阀进口整定压力为 p_s 时的升力曲线(将如图 5-106 所示的升力系数 ρ 的曲线图的纵坐标乘以 $\frac{\pi}{4}d_0 p_s$,就得到曲线Ⅰ),即

$$F_{S\mathrm{I}} = \frac{\pi}{4}d_0^2 p_s \rho \tag{5-280}$$

曲线Ⅱ是阀进口压力为额定排放压力 p_{dr} 时的升力曲线(将 $F_{S\mathrm{I}}$ 按比例 p_{dr}/p_s 放大,即得 $F_{S\mathrm{II}}$),即

$$F_{S\mathrm{II}} = \frac{\pi}{4}d_0^2 p_{dr} \rho \tag{5-281}$$

曲线Ⅲ为阀进口压力为回座压力 p_r 时的升力曲线(将 $F_{S\mathrm{I}}$ 按比例 p_r/p_s 缩小,即得 $F_{S\mathrm{III}}$),即

$$F_{S\mathrm{III}} = \frac{\pi}{4}d_0^2 p_r \rho \tag{5-282}$$

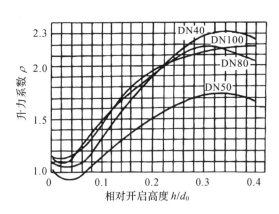

图 5-106 A42Y-16C 型全启式安全阀升力系数

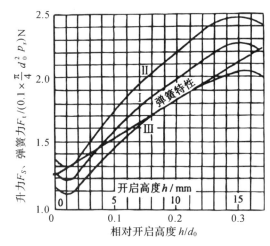

图 5-107 图解法确定弹簧刚度

5.8.2.3 安全阀排气反作用力的计算

安全阀排放时,大量气体或蒸汽以音速或亚音速排出,给予阀门巨大的反作用力,对阀门与设备连接处产生很大的力矩。计算安全阀与设备连接部分的强度时,必须考虑到上述排气反作用力。

设安全阀通过排放管向大气排放(见图 5-108),排放管道出口截面处压力可按下式计算:

$$p_c = \frac{K_{dr}Ap}{0.9A_c}\left(\frac{2}{\kappa+1}\right)^{\frac{\kappa}{\kappa+1}}\sqrt{\frac{1}{Z}} \tag{5-283}$$

式中:p_c 为排放管出口截面处绝对压力,Pa;p 为排放时阀进口绝对压力,Pa;K_{dr} 为安全阀额定流量系数;A 为安全阀流道面积,m^2;A_c 为排放管出口截面面积,m^2;κ 为气体绝热指数;Z 为气体压缩系数。

(1)若 p_c 大于或等于大气压力,则排气速度为音速。此时,排放反作用力按下式计算:

$$F_{pf} = (1+\kappa)\left[\frac{K_{dr}}{0.9}Ap\left(\frac{2}{\kappa+1}\right)^{\frac{\kappa}{\kappa-1}}\sqrt{\frac{1}{Z}}\right] \tag{5-284}$$

（2）若 p_c 小于大气压力，则排气速度为亚音速。此时，排气反作用力按下式计算：

$$F_{pf} = \frac{(K_{dr}Ap)}{0.81A_c p_A Z}\kappa\left(\frac{2}{\kappa+1}\right)^{\frac{2\kappa}{\kappa-1}} \tag{5-285}$$

式中：F_{pf} 为排放反作用力，N；p_A 为大气压力，$p_A=1.013\times10^5$ Pa。

考虑到安全阀排气反作用力具有冲击载荷的性质，通常还需对计算得出的排气反作用力 F_{pf} 乘以动载系数 ζ_d。动载系数 ζ_d 的计算程序如下。

①安全阀装置周期按下式计算：

$$T = 0.1846\sqrt{\frac{WL}{EI}} \tag{5-286}$$

式中：T 为安全阀装置周期，s；W 为安全阀、安装管道、法兰、附件等的重量，N；L 为从被保护设备到安全阀出口管中心线的距离，mm；E 为安全阀进口管在设计温度下的杨氏模量，MPa；I 为进口管惯性矩，mm^4。

②计算比值 t_k/T。此处，t_k 为安全阀开启时间，即安全阀从关闭状态到全开启的动作时间，s。

③根据比值 t_k/T 从图 5-109 查得动载系数 ζ_d，动载系数 ζ_d 的值为 1.1～2.0。

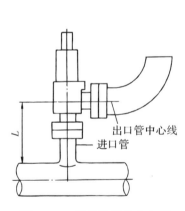

图 5-108　带排放管的安全阀

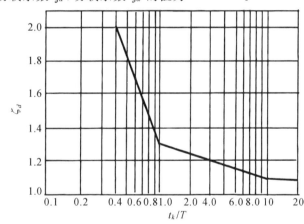

图 5-109　动载系数

5.8.3　减压阀的设计与计算

减压阀是通过阀门启闭件动作，将进口压力减至某一需要的出口压力，并依靠介质本身的能量，使出口压力自动保持稳定的阀门。从流体力学的观点看，减压阀是一个局部阻力可以变化的节流元件，即通过改变节流面积，使流速及流体的动能改变，造成不同的压力损失，从而达到减压的目的，然后依靠控制与调节系统的调节，使阀后压力的波动与弹簧力相平衡，使阀后压力在一定的误差范围内保持恒定。减压阀的种类虽多，但它们的动作原理基本相同，在设计计算的方法和步骤上亦有共性。现以先导活塞式减压阀为例叙述减压阀的设计和计算方法。

图 5-110 所示为一种典型的先导活塞式减压
阀。先导活塞式减压阀的工作原理可分为以下几个
步骤：

（1）副阀瓣运动。减压阀出厂时，调节弹簧处于
放松状态，此时主阀瓣和副阀瓣都处于关闭状态。
使用时，转动调节螺钉，压缩调节弹簧，弹簧下座推
动膜片向下运动，克服副阀瓣弹簧阻力打开副阀瓣。

（2）主阀瓣运动。介质通过阀前控制气路，经过
副阀瓣，进入活塞上方气腔形成一定压力。活塞在
介质压力的作用下向下移动，克服活塞环与气缸壁
的摩擦阻力、主阀瓣弹簧被压缩、介质对主阀瓣的压
力推动主阀瓣离开主阀座，使介质流向阀后。

（3）减压状态。阀后部分介质通过阀后控制气
路进入膜片下方气腔，对膜片形成向上的推力，当阀
后压力升高到一定程度时，这个推力与预调的弹簧
力平衡。阀门的开启程度确定，介质经过阀门节流
后流向阀后形成一定的压力。

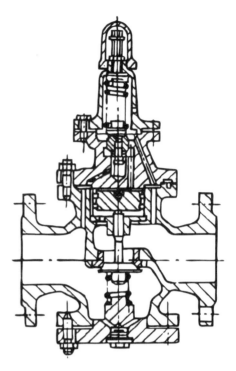

图 5-110　一种典型的先导活塞式减压阀

5.8.3.1　主阀流通面积及主阀瓣开启高度的计算

（1）主阀流通面积的计算

①液体介质

对于不可压缩的流体，如水和其他液体介质，根据流量的基本方程可得出主阀的流通面
积为

$$A_Z = \frac{707W}{\mu \sqrt{\Delta p_Z \rho}} = \frac{707Q}{\mu \sqrt{\dfrac{\Delta p_Z}{\rho}}} \tag{5-287}$$

式中：A_Z 为主阀的流通面积，mm^2；μ 为流量系数，参见表 5-115；Δp_Z 为减压阀进口和出口
的压差，MPa；W 为质量流量，kg/s；Q 为体积流量，m^3/s。Δp_Z 按下式计算：

$$\Delta p_Z = p_j - p_c \tag{5-288}$$

式中：p_j 为减压阀进口压力，MPa；p_c 为减压阀出口压力，MPa。

表 5-115　流量系数

介质	水	空气	煤气	蒸汽
μ	0.5	0.7	0.6	0.8

②理想气体

当 $\sigma \leqslant \sigma^*$ 时，主阀的流通面积为

$$A_Z = \frac{3.13 \times 10^3 W}{\mu \sqrt{g\kappa \left(\dfrac{2}{\kappa+1}\right)^{\frac{\kappa+1}{\kappa-1}} \dfrac{P_j}{\nu_j}}} \tag{5-289}$$

式中：σ 为减压阀的减压比，$\sigma=\dfrac{p_c}{p_j}$；σ^* 为临界减压比，$\sigma^*=\left(\dfrac{2}{\kappa+1}\right)^{\frac{\kappa}{\kappa-1}}$；$\kappa$ 为绝热系数，$\kappa=\dfrac{C_p}{C_v}$，见表 5-116；C_p 为定压比热容；C_v 为定容比热容；g 为重力加速度，m/s²；v_j 为进口处流体在 p_j 绝对压力下的比容，m³/kg。

当 $\sigma>\sigma^*$ 时，主阀的流通面积为

$$A_Z=\dfrac{3.13\times10^3 W}{\mu\sqrt{2g\dfrac{\kappa}{\kappa-1}\left(\dfrac{p_j}{v_j}\right)\left[\left(\dfrac{p_c}{p_j}\right)^{\frac{2}{n}}-\left(\dfrac{p_c}{p_j}\right)^{\frac{n+1}{n}}\right]}} \tag{5-290}$$

③干饱和蒸汽 $\sigma<\sigma^*$

当 $p_j<11\text{MPa}$ 时，主阀的流通面积为

$$A_Z=685.7\dfrac{W}{\mu p_j} \tag{5-291}$$

当 $11\text{MPa}<p_j<22\text{MPa}$ 时，主阀的流通面积为

$$A_Z=685.7\dfrac{W}{\mu p_j}\left(\dfrac{33.242p_j-1061}{27.644p_j-1000}\right) \tag{5-292}$$

④空气或其他真实气体

当 $\sigma\leqslant\sigma^*$ 时，主阀的流通面积为

$$A_Z=\dfrac{91.2W}{\mu p_j\sqrt{\kappa\left(\dfrac{2}{\kappa+1}\right)^{\frac{\kappa+1}{\kappa-1}}\dfrac{M}{2T}}} \tag{5-293}$$

式中：M 为气体分子量，kg/kmol；T 为减压阀进口绝对温度，K；Z，压缩系数，见图 5-111，对于通常试验条件下的空气，$Z=1$。

表 5-116　σ^*、κ 等数值表

介质	σ^*	κ	$\sqrt{2g\dfrac{\kappa}{\kappa-1}}$	$\sqrt{g\kappa\left(\dfrac{2}{\kappa+1}\right)^{\frac{\kappa+1}{\kappa-1}}}$
饱和蒸汽	0.577	1.135	12.84	1.99
过热蒸汽及三原子气体	0.546	1.3	9.22	2.09
双原子气体（空气、煤气）	0.528	1.4	8.29	2.15
单原子气体	0.498	1.667	7.00	2.27

以上所计算的流通面积仅是理论值。实际上，为了改善调节性能，选用的流通面积比理论计算值大 2~4 倍，主阀的实际流通面积为

$$A'_z=\dfrac{\pi}{4}D_T^2 \tag{5-294}$$

式中：A'_z 为主阀的实际流通面积，mm²；D_T 为主阀的通道直径，mm。

为了满足上述要求，通常根据不同介质按经验选取主阀的通道直径：液体介质为 $D_T=$ DN；蒸汽介质为 $D_T=0.8\text{DN}$；空气介质为 $D_T=0.6\text{DN}$。GB 12246—2006 标准规定，先导

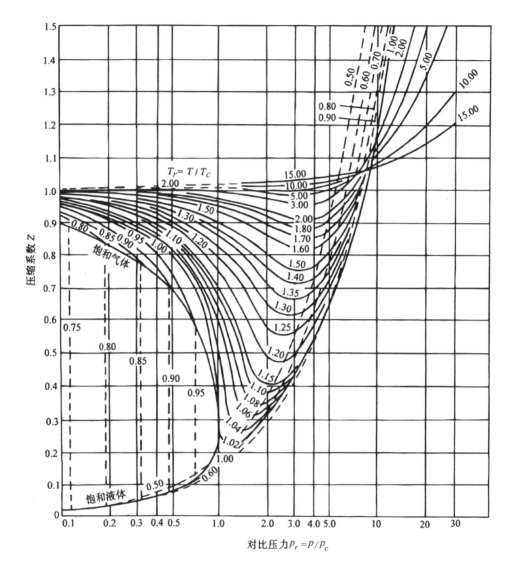

图 5-111 压缩系数 Z 与对比压力 p_r 和对比温度 T_r 的关系

注：p_c 为介质临界点绝对压力，MPa；T_c 为介质临界点绝对温度，K；p 为减压阀进口处介质的绝对压力，MPa。

式减压阀主阀的通道直径一般不小于 $0.8DN$。

（2）主阀瓣开启高度的计算

主阀瓣开启后，与阀座形成一个环形面积，此面积应大于或等于主阀瓣的流通面积。对于不同形式的阀瓣采用不同的方法计算主阀瓣的开启高度。

①平面密封阀瓣

如图 5-112 所示，理论开启高度为

$$H_z = \frac{A_z}{\pi D_T} \tag{5-295}$$

式中：H_z 为主阀瓣的理论开启高度，mm。

选定实际开启高度时，应大大超过理论开启高度 H_z 值，一般可取

$$H'_z = \frac{D_T}{4} > H_z \qquad (5\text{-}296)$$

式中:H'_z 为主阀瓣的实际开启高度,mm。

②锥面密封阀瓣

如图 5-113 所示,理论开启高度为

$$H_z = \frac{H_{Z1}}{\sin \frac{\alpha}{2}} \qquad (5\text{-}297)$$

式中:α 为锥角,(°);H_{Z1} 为主阀锥面的垂直开启高度,mm。

$$H_{Z1} = \frac{\pi D_T - \sqrt{(\pi D_T)^2 - 4\pi A_z \cos \frac{\alpha}{2}}}{2\pi \cos \frac{\alpha}{2}} \approx \frac{A_z}{\pi D_T} \qquad (5\text{-}298)$$

选定实际开启高度 H'_z 时,应使 $H'_z > H_z$。

③双阀瓣密封结构

如图 5-114 所示,双阀瓣密封结构往往在大口径(DN>150mm)的减压阀上采用。计算时,应首先求出总的节流面积,然后再计算大阀瓣、小阀瓣的节流面积以及它们的开启高度。

从结构上分析,可能产生的最大有效开启高度为

$$H'_z = \sqrt{\left[\frac{(D_T^2 - d^2)}{4(D_T + 2b - a)} \right]^2 - a^2} + a \qquad (5\text{-}299)$$

大阀瓣的最大开启高度为(当 $H_z > 2a$ 时):

$$H_D = \sqrt{\left[\frac{A_D}{\pi(D_T + 2b - a)} \right]^2 - a^2} + a \qquad (5\text{-}300)$$

式中:H_D 为大阀瓣的开启高度,mm;A_D 为大阀瓣的节流面积,mm²。

A_D 按下式计算:

$$A_D = A_z - A_C \qquad (5\text{-}301)$$

式中:$A_C = \frac{\pi}{\sqrt{2}} H_C \left(D_t - \frac{H_C}{2} \right)$,为小阀瓣的节流面积,mm²;$D_t$ 为小阀瓣节流孔直径,mm²;H_C 为小阀瓣开启高度。

H_C 可根据流量的最小范围由设计选定。设计时,应使最大有效开启高度 $H'_z > H_D$

而总的开启高度为

$$H_z = H_D + H_C \qquad (5\text{-}302)$$

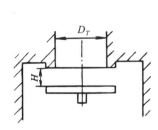

图 5-112　平面密封阀瓣

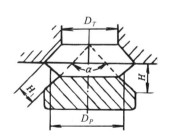

图 5-113　锥面密封阀瓣

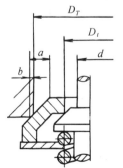

图 5-114　双阀瓣密封结构

374 阀门设计与选用基础

5.8.3.2　副阀流通面积及副阀瓣开启高度的计算

(1)副阀泄漏量

计算副阀瓣流通面积之前,必须首先确定副阀的泄漏量(即副阀的流量)。当流体从阀前流经副阀时,一部分通过副阀阀杆,另一部分通过活塞环与气缸的间隙向低压端泄漏,同时亦依靠这种不断的流体消耗而使副阀腔体和活塞上腔保持所需的压力 p_h,否则无法进行正常的减压工作。

副阀的泄漏量由通过活塞环的泄漏量和副阀阀杆的泄漏量两部分组成。即

$$W_f = W_{f1} + W_{f2} \qquad (5-303)$$

式中:W_f 为通过副阀的泄漏量,kg/s;W_{f1} 为通过活塞环的泄漏量,kg/s;W_{f2} 为通过副阀阀杆的泄漏量,kg/s。

对于活塞环和副阀阀杆,它们的进口压力均为 p_n,出口压力均为 p_c。出口压力 p_c 的临界值 p_L 按下式计算:

$$p_L = \frac{0.85 p_h}{\sqrt{Z_1 + 1.5}} \qquad (5-304)$$

式中:p_L 为临界压力,MPa;p_h 为作用于活塞上腔的绝对压力,MPa;Z_1 为活塞环数。

①p_h 可根据图 5-115 所示的受力情况按下式计算:

$$p_h = p_c + \frac{(p_j - p_c)A_T + F_m - F_{Z1} - F_h}{A_h} \qquad (5-305)$$

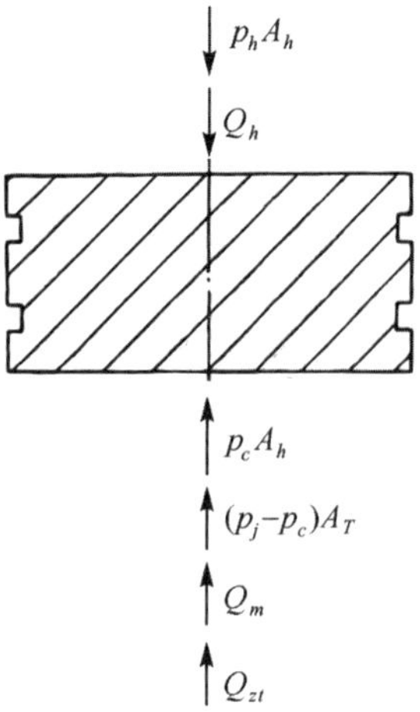

式中:A_T 为主阀瓣通道面积,mm^2,$A_T = \frac{\pi}{4}D_T^2$;F_m 为活塞环的摩擦力,N;F_{1t} 为主阀瓣弹簧作用力,N;F_h 为活塞和主阀瓣的重力,N;A_h 为活塞面积,mm^2。

A. F_m 按下式计算:

$$F_m = f_1 F_1 \qquad (5-306)$$

式中:f_1 为摩擦系数,取 $f_1 = 0.2$;Q_1 为活塞环对气缸壁的作用力,N。

F_1 按下式计算:

$$F_1 = qB_1 \qquad (5-307)$$

式中:q 为活塞环对气缸壁的比压,MPa;B_1 为活塞环和气缸的接触面积,mm^2。

q 按下式计算:

$$q = \frac{\frac{\Delta}{h}E}{7.08 \frac{D_h}{h}\left(\frac{D_h}{h} - 1\right)^3} \qquad (5-308)$$

式中:Δ 为活塞环处于自由状态和工作状态时缝隙之差,mm;h 为活塞环的径向厚度,mm;E 为活塞环的弹性模数,MPa。当采用铸铁时,可取 $E = 1 \times 10^5$;D_h 为活塞直径,mm,一般取 $D_h = 1.5D_T$。

B_1 按下式计算:

$$B_1 = \pi D_h b Z_1 \qquad (5-309)$$

图 5-115　作用在活塞上的力

式中:b 为活塞环的宽度,mm。

B. F_{Z1} 按下式计算:

$$F_{Z1} = \lambda_1 H + F_\sigma \tag{5-310}$$

式中:λ_1 为主阀瓣弹簧的刚度,N/mm;H 为主阀瓣开启高度,mm;F_σ 为主阀瓣弹簧安装负荷,N,取 $F_\sigma \approx 1.2 F_h$。

A_h 按下式计算:

$$A_h = \frac{\pi}{4} D_h^2 \tag{5-311}$$

②有时对作用于活塞上腔的压力 p_h 亦可按经验取进、出口压力的平均值,即

$$p_h = (p_j + p_c)/2 \tag{5-312}$$

泄漏量按两种情况分别如下计算。

A. 当出口压力大于临界压力,即 $p_c > p_L$ 时:

$$W_{f1} = 3.13 \times 10^{-3} \mu A_1 \sqrt{\frac{g(p_h^2 - p_c^2)}{Z_1 p_h \nu_h}} \tag{5-313}$$

$$W_{f2} = 3.13 \times 10^{-3} \mu A_2 \sqrt{\frac{g(p_h^2 - p_c^2)}{Z_2 p_h \nu_h}} \tag{5-314}$$

式中:μ 为流量系数,见表 5-115;A_1 为活塞环与气缸之间的间隙面积,mm^2;ν_h 为流体在 p_h 绝对压力下的比容,mm^3/kg;A_2 为副阀阀杆与阀座之间的最大间隙面积,mm^2,按配合公差计算;Z_2 为副阀阀杆上的迷宫槽数。

A_1 按下式计算:

$$A_1 = \pi D_h \delta \tag{5-315}$$

式中:δ 为活塞环与气缸之间的间隙,mm,一般取 $\delta = 0.03$。

B. 当出口压力小于或等于临界压力,即 $p_c \leqslant p_L$ 时:

$$W_{f1} = 3.13 \times 10^{-3} \mu A_1 \sqrt{\frac{g p_h}{(Z_1 + 1.5) \nu_h}} \tag{5-316}$$

$$W_{f2} = 3.13 \times 10^{-3} \mu A_2 \sqrt{\frac{g p_h}{(Z_2 + 1.5) \nu_h}} \tag{5-317}$$

(2)副阀流通面积

副阀的泄漏量(即其流量)确定后,便可以进行流通面积的计算,计算原理与主阀瓣相同。

①液体介质

$$A_f = \frac{707 W_f}{\mu \sqrt{\Delta p_f \rho}} = \frac{707 Q_f}{\mu \sqrt{\dfrac{\Delta p_f}{\rho}}} \tag{5-318}$$

式中:A_f 为副阀的流通面积,mm^2;Δp_f 为副阀的压力差,MPa,$\Delta p_f = p_h - p_c$;Q_f 为副阀的体积泄漏量,m^3/s。

②理想气体

当 $\sigma_f < \sigma^*$ 时,副阀的流通面积为

$$A_f = \frac{3.13 \times 10^3 W_f}{\mu \sqrt{g k \left(\dfrac{2}{\kappa+1}\right)^{\frac{\kappa+1}{\kappa-1}} \dfrac{p_h}{\nu_h}}} \tag{5-319}$$

式中：σ_f 为副阀的减压比，$\sigma_f = p_c / p_h$。

当 $\sigma_f < \sigma^*$ 时，副阀的流通面积为

$$A_f = \frac{3.13 \times 10^3 W_f}{\mu \sqrt{2g \frac{\kappa}{\kappa-1} \frac{p_h}{\nu_h} \left[\left(\frac{p_c}{p_h}\right)^{\frac{2}{\kappa}} - \left(\frac{p_c}{p_h}\right)^{\frac{\kappa+1}{\kappa}} \right]}} \tag{5-320}$$

③干饱和蒸汽，$\sigma_f < \sigma^*$

当 $p_h < 11\mathrm{MPa}$ 时，副阀的流通面积为

$$A_f = 685.7 \frac{W_f}{\mu p_h} \tag{5-321}$$

当 $11\mathrm{MPa} \leqslant p_h \leqslant 22\mathrm{MPa}$ 时，副阀的流通面积为

$$A_f = 685.7 \frac{W_f}{\mu p_h} \left(\frac{33.242 p_h - 1061}{27.644 p_h - 1000}\right) \tag{5-322}$$

④空气或其他真实气体

当 $\sigma_f < \sigma^*$ 时，副阀的流通面积为

$$A_f = \frac{91.2 W_f}{\mu p_h \sqrt{\kappa \left(\frac{2}{\kappa+1}\right)^{\frac{\kappa+1}{\kappa-1}} \frac{M}{ZT}}} \tag{5-323}$$

用上式计算的流通面积仅是理论值，实际流通面积为

$$A'_f = \frac{\pi}{4} d_f^2 \tag{5-324}$$

式中：d_f 为副阀阀座直径，mm，由设计给定。

实际取值时，应该 $A'_f > A_f$。

(3)副阀瓣开启高度

副阀瓣通常采用锥面密封，开启高度可按下式计算：

$$H_f = \frac{H_{f1}}{\sin \frac{\alpha}{2}} \tag{5-325}$$

式中：H_f 为副阀瓣开启高度，mm；H_{f1} 为副阀瓣开启后密封锥面间的垂直距离，mm。

H_{f1} 用下式计算：

$$H_{f1} = \frac{\pi d_f - \sqrt{(\pi d_f)^2 - 4\pi A_f \cos \frac{\alpha}{2}}}{2\pi \cos \frac{\alpha}{2}} \approx \frac{A_f}{\pi d_1} \tag{5-326}$$

在结构设计时，应使实际开启高度 $H'_f > H_f$。

5.8.3.3 弹簧的计算

减压阀弹簧主要包括主阀瓣弹簧、副阀瓣弹簧和调节弹簧等。计算时，应首先确定弹簧的最大工作负荷，据此再确定弹簧钢丝的直径。亦可以根据结构情况先选定标准弹簧，然后进行核算。有关弹簧的基本计算公式和数据见 GB/T 1239—2009《普通圆柱螺旋弹簧》。

(1)从力的平衡关系可以得出调节弹簧的负荷为

$$F_1 = p_c \left(A_m - \frac{\pi}{4} d_f^2\right) + p_j \frac{\pi}{4} d_f^2 + F_{fa} + \lambda_f H_f \tag{5-327}$$

式中:F_1 为调节弹簧的负荷,N;F_{fa} 为副阀瓣弹簧的安装负荷,N,取副阀瓣重力的 1.2 倍;λ_f 为副阀弹簧的刚度,N/mm;A_m 为受压膜片的有效面积,mm^2。

A_m 按下式计算:

$$A_m = 0.262(D_m^2 + D_m d_m + d_m^2) \tag{5-328}$$

式中:D_m 为膜片有效直径,mm;d_m 为调节弹簧垫块直径,mm。

(2)调节弹簧的负荷确定后,可根据 GB/T 1239—2009《冷卷圆柱螺旋弹簧技术条件》来计算和选定弹簧的钢丝直径/圈数、刚度、间距、自由长度等,并验算材料的剪切应力。

5.8.3.4　膜片的计算

减压阀的膜片(薄膜)通常一侧受介质出口压力 p_c 的作用,另一侧受调节弹簧力的作用,两者保持平衡,如图 5-116 所示,膜片材料可根据介质的特性选择金属(钢、不锈钢等)和橡胶等。

有关金属和橡胶膜片强度的计算,推荐下述方法。

(1)金属膜片

对于中间无夹持圆板的金属膜片,其应力可参考以下公式计算:

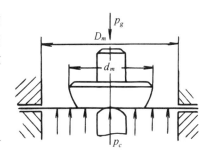

图 5-116　膜片的受力

$$\sigma_m = 0.423 \sqrt[3]{E p_c^2 \frac{D_m}{\delta_m}} \tag{5-329}$$

式中:σ_m 为金属膜片的应力,MPa;E 为材料的弹性模数,MPa。对于钢,$E=2.2\times10^5$。对于黄铜,$E=1.2\times10^5$;D_m 为膜片直径,mm;δ_m 为膜片的厚度,mm,当材料为 1Cr18Ni9Ti,D_m 为 25～60mm 时,一般取 δ_m 为 0.1～0.3mm。

(2)橡胶膜片

橡胶膜片的厚度可参考以下公式计算:

$$\delta_m = \frac{0.7 p_c A_{mZ}}{\pi D_m [\tau]} \tag{5-330}$$

式中:A_{mZ} 为膜片的自由面积,mm;$[\tau]$ 为橡胶材料的许用剪切应力,MPa,可参照表 5-117 选取。

表 5-117　橡胶的许用剪切应力$[\tau]$ (MPa)

材料	扯断强度	最大厚度	2.7	5	7
带夹层的橡胶	5	许用剪切应力$[\tau]$	3	2.4	2.1
氯丁橡胶	10～12	许用剪切应力$[\tau]$		4～5	

5.8.3.5　减压阀静态特性偏差值的验算

先导式减压阀的性能主要取决于副阀的性能,实际上是把副阀当作反作用式减压阀来考虑。

(1)流量特性偏差值

稳定流动状态下,当进口压力一定时,减压阀流量变化所引起的出口压力变化值即为流量特性变化值,其值按下式验算:

$$\Delta p_{cL} = \frac{\lambda_f - \lambda_t}{A_m - A_f} \Delta H_f \tag{5-331}$$

式中：Δp_{cL} 为流量特性偏差的计算值，MPa；λ_t 为调节弹簧刚度，N/mm；ΔH_f 为由于流量改变而引起的副阀瓣开启高度变化值，mm。

对于先导式减压阀，GB/T 12246—2006《先导式减压阀》标准要求的流量特性负偏差值见表5-118。经验算法的流量特性偏差值应小于或等于标准规定的偏差值。

表 5-118　GB/T 12246—2006 规定的流量特性负偏差值（MPa）

出口压力 p_c	偏差值
<1.0	0.10
$1.0 \sim 1.6$	0.15
$1.6 \sim 3.0$	0.20

（2）压力特性偏差值

出口流量一定，进口压力改变时，出口压力的变化值即为压力特性偏差值，其值按下式验算：

$$\Delta p_{cy} = -\frac{A_f}{A_m - A_f} \Delta p_j \tag{5-332}$$

式中：Δp_{cy} 为压力特性偏差的计算值，MPa；Δp_j 为进口压力的变化值，MPa。对于先导式减压阀，GB/T 12246—2006《先导式减压阀》标准要求的压力特性偏差值见表 5-119。

表 5-119　GB/T 12246—2006 规定的压力特性偏差值（MPa）

出口压力 p_c	偏差值
<1.0	± 0.05
$1.0 \sim 1.6$	± 0.06
$1.6 \sim 3.0$	± 0.10

5.8.4　蒸汽疏水阀的设计与计算

蒸汽疏水阀(以下简称疏水阀)用于输汽管路和用汽管路中，开启时排除凝结水，关闭时阻止蒸汽泄漏。相较于其他阀门，疏水阀有三个明显的特点：

a. 利用介质即水的液、汽两相不同的物理性质来启闭阀门，实现自动控制。

b. 疏水阀的工作压力与工作温度有着内在的联系。因为疏水阀的工作介质(水和蒸汽)具有饱和温度，而且工作介质(水和蒸汽)的饱和温度随压力的增高而增高，二者具有对应关系。因此，对于疏水阀的最高工作压力与工作温度，二者只需定义其一即可。而普通阀门不同，由于普通阀门的工作温度与工作压力没有对应关系，因此必须同时定义。

c. 疏水阀的公称通径与其凝结水排量没有必然联系。因此，某一种工作特性的疏水阀可以设计成不同的公称通径。

5.8.4.1　疏水阀的结构形式

疏水阀的结构形式是指疏水阀启闭件的驱动形式，由此可将疏水阀分为三类：机械型、热静力型和热动力型。每种类型又可细分为不同的形式。不同类型的疏水阀具有不同的性能特点,在设计时应根据用汽设备凝结水的产生速率及排放特征来选择。例如:要求热效率较高,且不积存任何温度的凝结水的用汽设备应选择机械型中的自由浮球式疏水阀。因为自由浮球式疏水阀的启闭动作只取决于疏水阀内介质的液位高度,而与介质温度无关。

疏水阀排除凝结水的温度与相应压力下的饱和温度之差称为过冷度。热动力型疏水阀有不同的过冷度区段,其中最小的可接近 $2\sim8℃$,最大的可达到 $20\sim50℃$,甚至更大。这里给出的温度区段的始值和终值分别为关阀过冷度和开阀过冷度。

此外,热动力型疏水阀的过冷度与使用压力有关,同一产品的使用压力越高其过冷度越小;反之亦然。

热静力型疏水阀的过冷度范围极大,且连续可调,它的过冷度最小为 $6℃$ 左右,最大可超过 $100℃$,如温调阀。但并不是每一种产品都有如此大的过冷度范围,同热动力型一样,任一种定型产品都有其确定的温度范围。但热静力型疏水阀在其温度范围内还可连续调节成不同的温度区段。

在设计中要根据用汽设备的要求和疏水阀的上述特点来确定其结构形式。

5.8.4.2　各种形式疏水阀的工作原理和临界开启的力平衡方程

疏水阀的形式多样,常见的有杠杆浮球式、双阀瓣杠杆浮球式、自由浮球式、浮桶式杠杆浮桶式、杠杆倒吊桶式、自由半浮球式、膜盒式、隔膜式、波纹管式、双金属片式、脉冲式、圆盘式和波纹管脉冲式。不同形式疏水阀所基于的工作原理不同,临界开启的力平衡方程也有所不同,这里限于篇幅,仅介绍较为典型的杠杆浮球式疏水阀、膜盒式疏水阀、波纹管式疏水阀、双金属片式疏水阀与脉冲式疏水阀。

(1)杠杆浮球式疏水阀的启闭件形式和受力图见图 5-117,其动作原理为:浮球是液位敏感元件,阀瓣是执行元件。液位上升时浮球通过杠杆带动阀瓣使阀开启;液位下降,浮球通过杠杆使阀瓣到位,阀瓣在介质压力 $\left(\frac{1}{4}\pi d^2 p\right)$ 的作用下使阀关闭并密封。

临界开启时的力平衡方程(背压为零)为

$$(F-W)(a+b)=\left(\frac{1}{4}\pi d^2 p-W_1\right)a \tag{5-333}$$

式中:F 为浮球所受浮力,N;W 为浮球和杠杆的重量折合在球心的等效力,N;W_1 为阀瓣重力,N;p 为介质压力,MPa;d 为阀瓣密封面的作用直径,mm;a、b 为力臂,mm。

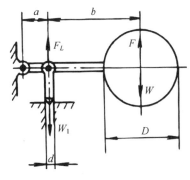

图 5-117　杠杆浮球式疏水阀

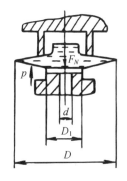

图 5-118　膜盒式疏水阀

(2)膜盒式疏水阀的启闭件形式和受力图如图 5-118 所示,其动作原理为:膜盒式疏水阀是以低沸点液体为热敏材料,靠低沸点液体的蒸汽压力驱动阀瓣做启闭动作。蒸汽或接近饱和温度的凝结水的温度能使膜盒内液体的饱和蒸汽压力作用于膜片内的力大于介质作用于膜片外的力,膜盒膨胀,推动阀瓣关闭阀座孔。当低温的凝结水不足以维持膜盒内的压力时,膜片回缩使阀瓣开启。阀瓣即将开启时的力平衡方程(背压为零)为

$$F_B + F_y = F_N \tag{5-334}$$

式中:F_B 为使膜盒变形所需要的力,N,其值取决于膜片材料;F_y 为介质压力 p 作用于膜盒外的力,N;F_N 为低沸点液体的饱和蒸汽作用于膜盒内的力,N。

(3)波纹管式疏水阀的启闭件形式和受力图见图 5-119,其动作原理为:波纹管内冲入低沸点的填充液,高温凝结液使波纹管伸长,推动阀瓣关闭阀座孔。低温凝结水使波纹管内没有足够的压力,波纹管收缩并开启阀瓣,其临界开启时的力平衡方程(背压为零)为

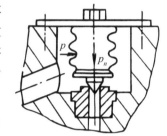

$$\frac{\pi}{4}D^2 p_n = \frac{\pi}{4}(D^2 - d^2)p + LK \tag{5-335}$$

图 5-119 波纹管式疏水阀

式中:p_n 为波纹管内填充液压力,MPa;L 为波纹管恢复自由状态的距离,mm;D 为波纹管有效直径,mm;K 为波纹管刚度,N/mm。

(4)双金属片式疏水阀的启闭件形式和受力图见图 5-120,其动作原理为:双金属片式疏水阀利用双金属片的感温变形来开启和关闭阀瓣。调整每组双金属片的片数,可增加热拉力以适应高压条件下的工作。调整双金属片的组数,可增加有效变形量,以提高疏水阀的温度敏感性。

双金属片可制作成许多形状,一些基本形状的双金属片在临界开启时的力平衡方程(背压为零)有:

①悬臂梁式

$$\frac{\pi}{4}d^2 p = \frac{K(T - T_o)EBS^2}{4L}n \tag{5-336}$$

②简支梁式

$$\frac{\pi}{4}d^2 p = \frac{K(T - T_o)EBS^2}{L}n \tag{5-337}$$

③环形

$$\frac{\pi}{4}d^2 p = K(T - T_o)ES^2 n \tag{5-338}$$

式中:K 为双金属片比弯曲;$T - T_o$ 为温度差,K;S 为双金属片厚度,mm;B 为双金属片宽度,mm;E 为双金属片弹性模量,MPa;n 为每组双金属片的片数。

在确定阀瓣和阀座的冷间隙时,还要涉及双金属片的其他性能。由于双金属片的热特性仅与介质温度有关(与介质压力无关),所以,上述形状的双金属片仅适用于制造排放指定温度的凝结水的疏水阀。

设计一些不同形状或不同组合的双金属片可适当弥补上述缺点,如菱形、星形、爪形等,这些形状的双金属片在工作中较长部位首先变形参与工作,其余部位随着温度升高而依次参加工作;或同形状不同尺寸(如矩形)的双金属片的有序组合,使它们在工作中依次参与工

作。这些形式都能使双金属片的热特性不同程度地逼近蒸汽的稳压曲线。图 5-120(d)是爪形双金属片热特性示意图。图中温度坐标的起点是 100℃;弧线表示蒸汽温、压特性;双金属片的各爪依次参加工作,使温、压特性曲线由直线变成了折线。

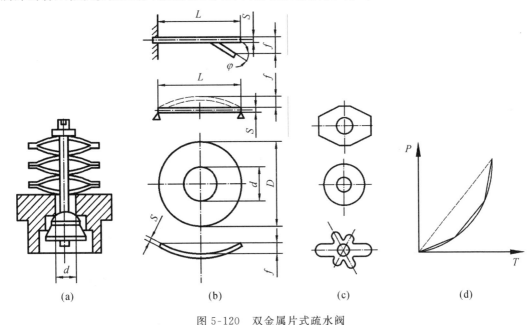

图 5-120　双金属片式疏水阀

(5)脉冲式疏水阀的启闭件形式和受力图见图 5-121,其动作原理为:脉冲式疏水阀的动作原理是靠凝结水和蒸汽通过二级节流孔时的不同热力学性质开启和关闭阀瓣,疏水阀处于关闭状态时的力平衡方程(背压为零)为

$$\frac{\pi}{4}(D^2 - d^2)p_A + W = \frac{\pi}{4}(D^2 - d_1^2)p_1 \qquad (5\text{-}339)$$

式中:p_A 为中间室压力,MPa;p_1 为入口介质压力,MPa;W 为阀瓣重力,N。

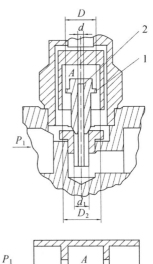

不同温度的凝结水或蒸汽通过二级节流孔(节流孔 1 和节流孔 2)在中间室 A 产生的压力 p_A 也不同。p_A 随介质温度的增高而增大,特别是在接近饱和温度时,其变化更大。

当蒸汽通过二级节流孔板时,中间室的压力 p_A 作用于阀瓣上方的力大于 p_1 作用于阀瓣下方的力,此时阀瓣向下关闭阀座孔 ϕd_1,但仍有一定量的蒸汽通过节流孔 2 排出,这是设计允许的。

当一定过冷度的凝结水通过二级孔板时,中间室压力减小。当作用在阀瓣上方的力(包括阀瓣重力)小于作用在阀瓣下方的力时阀瓣开启。

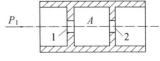

1,2—节流孔。

图 5-121　脉冲式疏水阀

将控制缸制成上大下小的锥形,可随阀瓣的起、落自动调节节流孔 1 的过流面积 F_1(它实际上是一个圆环),进而调节了中间室的压力 p_A。这个调节过程是随着通过孔板的介质

状态的变化而自动进行的。

$$F_1 = \frac{\pi}{4}(D_2^2 - D^2) \tag{5-340}$$

在特殊的情况下,当接近饱和温度的凝结水或汽、液两相流同时通过二级节流孔时,阀瓣可以随时自动调整位置而悬浮着。

精确地计算用汽设备的凝结水产生量,使之与二级节流孔的孔径相配合,完全可能使通过 ϕd 孔损失的蒸汽减少到最小,以至小于疏水阀最大排量的 1%。

5.9　阀门附件设计

5.9.1　阀门限位开关

阀门限位开关又称为回讯器,是自控系统中用于阀门位置显示和信号反馈的一种仪表,用以将阀门的开启或关闭位置以开关量(触电)的信号输出,通过现场指示灯指示或被程控器接收或计算机寻访采样,显示阀门的开启和关闭位置,确认后执行下一程序。具体地说,阀门限位开关的主要功能是检测与阀门开启或关闭状态直接相关的"目标"(如阀杆)在预定距离内的存在或不存在。当目标进入阀门限位开关的预定距离内时,阀门限位开关向系统发送信号,传达执行编制功能的需要。当目标离开阀门限位开关的预定距离时,阀门限位开关发出信号表明系统应停止执行该预编制功能或切换到新功能。同时,阀门限位开关也可作为自控系统中重要的阀门连锁保护及远程报警指示之用。一般而言,阀门限位开关安装在执行器的顶部,如图 5-122 所示。由于只能显示开、关两种状态,阀门限位开关一般用于切断类阀门。

图 5-122　阀门限位开关

阀门限位开关主要有机械式、弹簧式、感应式和极限式四类,各具特点,以下将一一介绍。为了更好地理解不同类型的阀门限位开关的差别,有必要先了解大多数阀门限位开关制造商使用的常用术语。

a.感应范围:从感应面到激活开关的目标的距离;

b.滞后:开关的激活点和释放点之间的距离;

c.重复性:开关在开关寿命期间在同一范围内重复监测相同目标的能力;

d.响应时间:检测目标和生成输出信号之间的时间量。

(1)机械式限位开关

机械式限位开关通过和目标的直接接触来检测位置的机电装置。它们不需要电源操作,可以处理大电流负载。由于机械式限位开关使用干触点,因此它们不具有极性或电压敏感性,并且免受许多电噪声、射频干扰、漏电流和电压降的影响。这些开关通常包括可能需要维护的多个移动部件(杠杆臂、按钮、主体、基座、头部、触点、端子等)。由于机械式限位开关通过与目标进行物理接触来操作,因此其重复性可能很差,因为物理接触会导致杠杆臂,甚至目标本身的磨损。此外,机械式限位开关存在对水分、灰尘和腐蚀防护不良的未密封开口。由于这个问题,密封触点和危险区域认定的成本显著增加。

(2)弹簧式限位开关

弹簧式限位开关是通过吸引目标的磁场来检测磁性目标位置的机电装置。开关内部是两个小金属插脚,气体密封在玻璃管中,被称为"簧片元件"。簧片元件是磁敏感的,并且当磁性目标靠近时激活。弹簧限位开关几乎具有机械开关的所有优点,并且通过不依赖于来自目标的物理接触来操作从而避免磨损问题。应注意,在使用弹簧式限位开关时,应配合使用磁性靶。簧片元件中,玻璃管非常脆弱,小金属尖头容易发生弯曲疲劳,这两个问题使弹簧式限位开关可靠性较低。同时,由于接触压力低,弹簧式限位开关应用于高振动环境时,容易引发接触颤振并发出假信号。

(3)感应式限位开关

感应式限位开关是通过对能量场的干扰来检测金属目标位置的机电装置。其不需要物理接触,并且没有移动部件,不会发生移动部件的阻塞、磨损和断裂,也不会受到灰尘和污垢的影响,因此需要的后期维护相对较少。感应式限位开关需要外部电源工作,并且不能处理大电流负载。此外,感应式限位开关易受电噪声、射频干扰、漏电流和电压降的影响,还会受到极端温度波动和水分侵入造成的不利影响。

(4)极限式限位开关

极限式限位开关使用独特的混合技术通过电磁场检测含铁目标的位置,坚固耐用,寿命长,不需要物理接触或外部电源,在各种恶劣环境中的可靠性较高。与机械开关一样,它们不具有极性或电压敏感性,并且不受电噪声、射频干扰、漏电流和电压降的影响。极限式限位开关不受灰尘、污垢、湿气、物理接触或大多数腐蚀性化学品影响,具有较宽的工作温度范围。凭借其密封触点和全金属外壳,极限式限位开关是防爆和防水应用场合中的理想选择。

5.9.2　阀位变送器

阀位变送器也是一种用于阀门位置显示和信号反馈的仪表。与阀门限位开关不同的是,阀位变送器将阀门的位置(沿阀杆的轴向位移和周向位移)转换为连续的模拟信号,传递到控制室进行显示,或参与系统的连锁动作。从原理上来看,阀门限位开关可以理解为特殊的阀位变送器,其只显示开度为 0(即闭合)与开度为 1(即全开)两种情况。传感器是既有检测能力,又有响应输出能力的仪器。而变送器基于传感器发展而来,凡是能输出标准信号的传感器即为变送器。标准信号是物理量形式和数值范围均符合国际标准的信号,例如 $4\sim 20$ mA 的直流信号和 $20\sim 100$kPa 的空气压力。变送器输出统一、标准的信号形式和数值范围,有利于将变送器和其他仪器组成测量系统,并提高变送器的兼容性和互换性。根据位置检测中所基于的传感器原理,可将位移传感器分为电阻式、电容式、差动变压器式、电涡流式、霍尔元件式、激光测量式、光栅式等。由于霍尔元件式传感器结构牢固,体积小,寿命长,安装方便,重量轻,无触点,功耗低,频率高,耐震动,不受灰尘、油污、水气及盐雾等污染或腐蚀,能适应恶劣的环境,因此具体到阀位变送器中,一般多采用霍尔元件式。

顾名思义,霍尔元件式阀位变送器是一种基于霍尔效应的位移传感器。所谓的霍尔效应,是指当电流垂直于外磁场方向通过导电体时,在垂直于电流和磁场的方向,物体两侧会产生电位差的现象。在如图 5-123 所示的半导体薄片 x 方向上通控制电流 I_C,在厚度 z 方向上施加磁场 B,则在 y 方向上产生电动势 U_H 的现象称为霍尔效应。U_H 称为霍尔电势,其大小可表示为

$$U_H = \frac{R_H}{d} \cdot I_C \cdot B \tag{5-341}$$

式中:R_H 为霍尔系数,由半导体材料的性质决定;d 为半导体的厚度。令 $K_H = R_H/d$,K_H 称为灵敏度系数,则上式转变为

$$U_H = K_H \cdot I_C \cdot B \tag{5-342}$$

由此可见,霍尔输出电压与控制电流和磁场强度成正比。

图 5-124 所示为一个使用线性霍尔传感器测量线性位置的典型方案。传感器的背面正对条形磁铁的 S 极,且与磁铁的 S 极面平行。传感器的位移轨迹平行于 S 极且沿直线远离或靠近磁铁。传感器远离磁铁时,所接受的磁场强度下降,因此产生的霍尔电压减小;传感器靠近磁铁时,所接受的磁场强度上升,因此产生的霍尔电压增大。确定了磁场强度变化与磁铁、传感器之间相对距离的函数关系,即可通过检测霍尔电压大小计算磁铁、传感器之间相对距离。常用的霍尔式阀位变送器原理类似于此。

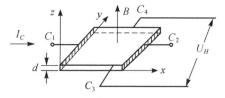

图 5-123 霍尔效应原理

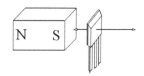

图 5-124 典型霍尔传感器原理

5.9.3 阀门定位器

阀门定位器(见图 5-125)是气动调节阀的主要附件之一,其技术发展是随着过程控制技术的要求而发展的。最初的单参数调节采用自力式调节阀,对调节参数要求不高,不设置定位器。由于调节阀的静态特性(如非线性偏差、回差、死区、阀杆与填料摩擦力)及动态特性(阀芯受不平衡力影响),阀杆位移会产生变量或偏离反馈量(引发被控变量扰动),从而打破信号与阀位之间的平衡,使得调节误差较大,最大误差甚至会超过 $\pm 15\%$。随着现代工业的发展,高精度过程控制的重要性愈发突出。为了解决调节阀调节误差较大的问题,阀门定位

器应运而生。它以阀杆位移信号作为输入的反馈测量信号,以控制器输出信号作为设定信号,将两者进行比较,当两者存在偏差时,改变其到执行机构的输出信号,使执行机构动作,从而建立阀杆位移量与控制器输出信号之间的对应关系。

阀门定位器按结构可分为气动阀门定位器、电/气阀门定位器和智能电气阀门定位器。(1)气动阀门定位器的输入信号是标准气信号,例如 20~100kPa 气信号,其输出信号也是标准气信号。(2)电/气阀门定位器的输入信号是标准电流或电压信号,例如 4~20mA 电流信号或 1~5V 电压信号等,在电气阀门定位器内部将电信号转换为气信号,然后输出。电/气阀门定位器是把电信号直接转换成执行器位移信号,其实质是电/气转换器与气动定位器的组合仪表。目前市场上,电/气阀门定位器应用较为广泛。(3)智

图 5-125　阀门定位器

能电/气阀门定位器也属于电/气阀门定位器,但其智能化程度比电/气阀门定位器高,包含微处理器,不需要人工调校,可以自动检测所带调节阀零点、满程、摩擦系数,自动设置控制参数。它依据调节阀作用时阀杆摩擦力等不平衡力,使阀口开度和控制器输出的电信号相一致,而且可以进行智能化控制和组态设置,从而对调节阀进行自动控制。应注意的是,从气动阀门定位器到电气阀门定位器,再到智能电气阀门定位器,也代表了阀门定位器的发展历程。自 20 世纪 90 年代后,定位器智能化是阀门定位器领域发展的主流方向,智能电气阀门定位器也必将在不久之后取代电气阀门定位器成为阀门定位器的主流产品。

5.9.4　气动继动器

气动继动器本质上是一种气动放大器。它与气动膜片式或气动活塞式执行机构配套使用,以提高执行机构的动作速度。当仪表远距离传送压力信号或执行机构气室的容量很大时,会产生较明显的传递时间滞后。此时,使用气动继动器能显著提高执行机构的响应特性。

图 5-126 展示了一种典型的气动继动器的结构,它以力平衡原理工作。当由阀门定位器来的控制信号压力输入到气室 A 时,在膜片组件 1 上产生一个向下的推力,膜片组件向下移动,打开阀芯 2。此时,气源压力由阀芯、阀座之间的间隙传递到反馈气室 B,同时经由输出端被传递到执行机构。当膜片的上、下两侧所产生的作用力相平衡时,输入信号与输出信号将保持一定的比例关系。如果设 p 为信号压力,膜片组件上膜片的有效面积为 A_1,下膜片的有效面积为 A_2,输出压力为 p_{out},则有下列的平衡关系:

$$pA_1 = p_{out}A_2 \tag{5-343}$$

上式中,A_1、A_2 均为常数,如果在结构设计时 $A_1 = A_2$,则 $p_{out} = p$,即输出压力与信号压力成 1∶1 的关系。如果 $A_1 = 2A_2$,那么输出压力就是信号压力的 2 倍。当 p 变化时,p_{out} 就有相应的变化。

图 5-126 中的针型阀 3 用于改善继动器的动特性,适用于不同容量的执行机构。当配用小尺寸的执行机构时,如果继动器流量大,会使执行机构产生振荡,所以应使针型阀开度大一些,这样可使阀芯开度变化缓慢一些,以达到输出稳定的目的。而当继动器与大尺寸执行机构相配时,为了得到足够的动作速度,应让针型阀开度关小一些,这样继动器就可输出

很大的流量。

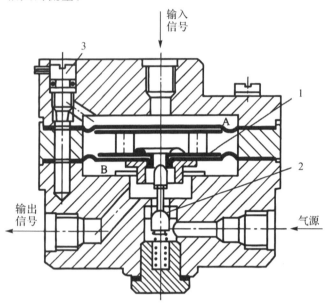

1—膜片组件;2—阀芯;3—针形阀。

图 5-126　一种典型的气动继动器结构

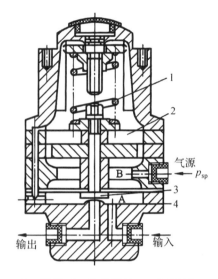

1—弹簧;2—比较部件;3—平板阀;
4—喷嘴。

图 5-127　典型气动保位阀的结构原理

5.9.5　气动保位阀

气动保位阀是阀位保护装置。当仪表的气源压力中断或气源供给系统发生故障时,气动保位阀能够自动切断调节器与调节阀气室或定位器输出与调节阀气室之间的通道,使调节阀的阀位保持原来的位置,以保证调节回路中工艺参数不变。故障消除后,气动保位阀立刻恢复正常位置。

图 5-127 展示了一个典型气动保位阀的结构原理。当气源信号进入气室 B 时,作用在比较部件 2 上的力与弹簧 1 的作用力相比较。正常状态时,膜片比较部件的推力大于给定弹簧力。此时平板阀 3 抬起,喷嘴 4 打开,通道处于正常工作状态。当气源发生故障而供气中断时,B 室压力下降,在弹簧力作用下,平板阀芯盖住喷嘴,切断了气室 A 与输出口的通道,也就是将气动执行机构的气室密封住,使调节阀的工作位置保持在原来的位置上,起到保持阀位的作用。

5.9.6　空气过滤减压器

空气过滤减压器是由空气过滤器和减压阀两部分组成的,用于对仪表用空气进行过滤和减压。过滤的目的是除去压缩空气夹带的水分、油雾、粉尘,使过滤后的空气满足气动仪表的要求。由于空气要远距离传送到需要压缩空气的仪表处,因此若直接采用仪表所需压力进行传送,压缩空气的管线必须用较粗的管径以减小沿程损失,这将大大增加设备的体积。为此,仪表用压缩空气管线一般采用较高的压力和较小的管径。减压阀的作用就是将气体压力从较高的传输压力降低至较低的工作压力。另外,减压阀还具有一定的稳压功能。为了使设备集成化和小型化,空气过滤器和减压阀往往被联合设计。

图 5-128 展示了一种典型的空气过滤减压器结构。压缩空气经由总管和分管后,进入到安装在仪表附近的空气过滤器入口。压缩空气首先经过旋风盘产生旋转运动,使粉尘和大的水滴、油滴被甩脱;接着经过滤件,脱除水、油雾和微小粉尘。经过过滤的洁净空气进入膜片下部,在膜片上形成向上的推力,与膜片上部的弹簧力平衡,并作为减压后的压缩空气供气动仪表使用。如果输出压力不足,则膜片下移,带动阀芯,使流路截面面积增大,膜片下部压力随之增大,直至与膜片上部的弹簧力相平衡为止。调节手轮可改变弹簧力。

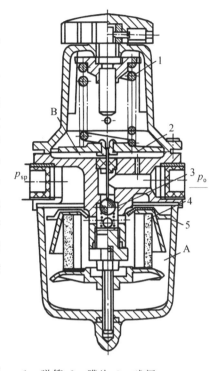

1—弹簧;2—膜片;3—球阀;
4—过滤件;5—旋风盘;A、B—气室。
图 5-128 一种典型的空气过滤减压器结构

5.9.7 气动/液动/电动转换器

电信号(一般是直流电,mA)经过转换器的处理按比例输出成其他信号,传递给阀门,这些转换器通常又被称为 I/P 转换器。电/气转换器把电信号转换成气压信号,通过气动定位器或直接与执行器相连接,是信息转换的核心元件。根据工作原理不同,转换器主要分为机械式、电子式及智能式三种类别。

(1)机械式

传统的电/气转换器是基于力矩平衡原理、力平衡原理设计和工作的,如图 5-129 所示是典型的电流/压力转换器。

在转换器内部有一线圈,来自变送器的标准电流信号通过线圈,将铁芯磁化,在永久磁场作用下,产生一个电磁力矩,使铁芯绕支点发生逆时针转动。从而使挡板靠近喷嘴,喷嘴背压升高,挡板喷嘴间微小的位移变化被转换成气压信号,气压信号经过功率放大器放大,放大后的压力一路作为转换器的输出,另一路送到反馈波纹管。此压力反馈到波纹管,使铁芯的另一端产生一个反馈力矩,构成闭环系统,从而使输出压力与输入电信号成一一对应的比例关系。

当输入信号从 4mA·DC 改变到 20mA·DC 时,转换器的输出压力在 0.02～0.1MPa 范围内发生变化,实现了将电流信号转换成气动信号的过程。图中的调零机构,用来调节转换器的零位,反馈波纹管起到反馈作用。

电气转换器接受集散控制系统(DCS)给出的 4～20mA 直流信号,然后按比例进行转换并输出 20～100kPa 的气动信号,作为气动薄膜调节阀、气动阀门定位器的气动控制信号和其他气动仪表的气源,它在电动仪表与气动仪表之间起到信号转换的作用。

由于这种转换器或定位器具有价格低廉、使用安全、防燃、防爆等优点,目前在我国传统

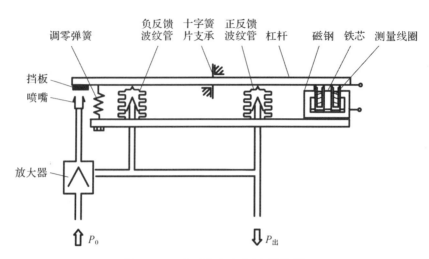

图 5-129　典型的电流/压力转换器

企业中仍然在使用。但这种转换器零部件容易磨损,抗振动冲击性差,使用寿命短;气压信号传递速度慢,传输速度短,存在较大的惯性和弹性滞后;调节环节多,机构复杂,故障率高,维护困难,手动调整时还需要中断控制回路,等等,同样有很多缺陷。

(2)电子式

如今,电/气转换器也出现了集成的电子化装置,美国 Rosemount 公司开发出了一种通用的电子化的电/气转换器 Type846,转换装置结构如图 5-130 所示。

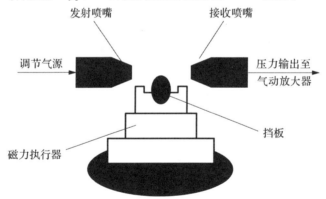

图 5-130　Type846 电/气转换装置结构

磁力执行器由永磁铁和线圈组成,其电流由电路提供,在电路的控制下改变位移,带动挡板一起运动。挡板部分是一个圆柱体,当它靠近发射喷嘴和接收喷嘴时,气流被遮挡,输出气压随之降低;反之,输出气压升高。接收喷嘴的压力随着圆柱体的移动而发生变化,电/气转换器整体形成一个闭环电子控制系统。其控制原理完全不同于机械力平衡原理,减少了中间传递环节,消除了力传递和转换过程中的一些问题,提高了抗干扰能力。

(3)智能式

随着多种微处理器及微型计算机的发展,智能技术已广泛应用于各种测量控制仪表,电/气转换器也必然要向智能化方向发展,以便适应将来的全数字化工业控制。

（4）新型转换装置的研究

随着材料科学的深入研究,电/气转换元件的发展也有了新的方向,图 5-131 是利用超磁致伸缩材料（Giant Magnetostrictive Material,GMM）进行新型电/气转换器的实验研究的系统。GMM 在外磁场作用下产生较大的伸缩应变,带动输出杆产生位移,起到挡板的作用,输出压力与输入信号之间有良好的线性关系。

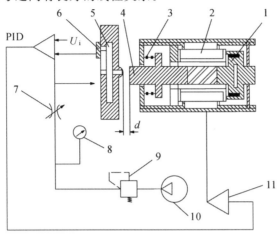

1—热补偿机构;2—偏置和激励线圈;3—预压弹簧;4—输出杆;5—控制腔;6—传感器;
7—节流阀;8—压力表;9—减压阀;10—气源;11—功率放大器。

图 5-131　新型转换器结构和实验系统

5.9.8　阀门泄漏检测装置

对绝大多数阀门来说,泄漏是其最主要的破坏形式,也是影响阀门安全运行的首要问题。由于密封性差或密封寿命短而产生流体的外漏或内漏,不仅造成系统的压力损失和流体的浪费,对于腐蚀性、易燃易爆性和有毒性流体的泄漏还会带来灾难性的后果。因此,及时发现阀门泄漏,并采取有效的维修和控制措施,对于预防因阀门泄漏所引发的事故和减少能量损失非常重要。

阀门的泄漏可分为内漏和外漏。

阀门关闭不严形成的泄漏为内漏,常发生在阀座与关闭件的接触面上。阀门内漏产生的原因主要有:①阀门的设计和制造工艺存在问题,造成阀门密封不严而导致介质的泄漏,多为渗漏或小流量连续排放;②阀板或密封面在阀门的制造、运输、检验、安装和使用等过程中发生了变形、磨损造成密封不严,从而引起介质的泄漏,一般也为渗漏或小流量连续排放;③介质内含有固体杂质造成阀门关闭不严,从而引起介质泄漏,这种泄漏可能是小流量的渗漏,也可能流量较大。

阀门外漏是指阀内介质直接漏到环境中,主要发生在阀杆填料部位、中法兰垫片部位及阀体因铸件缺陷造成的缺陷。相较于内漏,阀门外漏引发的事故更多,对环境造成的危害更大,导致的能量损失也更严重。

阀门泄漏检测装置根据原理不同,主要有以下几种。

（1）气泡检漏装置

基于气泡检漏装置的方法是将阀门接入管道系统中，然后浸入液体中，保持出口密封，从进口不断通入气体，通过对由阀门表面漏出的气泡进行计数，并比照某一类型阀门密封试验泄漏量标准定义该阀门的泄漏质量等级。该方法简单易行，但是需要大量的劳动力和工作时间，效率低下。在不同的试验条件下，气泡有大有小，得出的判断可能会出现偏差。该装置主要应用于阀门的外漏检测中，同时该方法必须停工检测，不能在线检测。

（2）气压检漏装置

基于气压检漏装置的方法是将阀门接入管道系统中，保持出口密封，从进口不断通入气体加压，对内部压力变化进行分析从而判断阀门是否泄漏以及泄漏的等级。该装置主要应用于阀门的外漏检测中，优缺点与气泡检漏装置类同。

（3）质谱仪

基于质谱仪的方法是将阀门的内腔抽成高真空后用测试气体加入充满，对测试气体进行电场加速，通过对被测气体的分布来间接计算出阀门的泄漏量。质谱仪的检测精度很高，但是使用代价也很高，同时由于使用质谱仪时的高真空需要，要求阀门在结构上必须有足够的强度和刚度。同样的，该装置主要应用于阀门的外漏检测中，也没有办法在线检测外漏。

（4）浓度（化学气体）检测器

浓度（化学气体）检测器是一种将某种气体体积分数转化成对应电信号的转换器，通过分析对应气体体积分数的大小确定是否泄漏以及泄漏的等级。该装置主要用于阀门外漏检测，既可以离线使用，也可以在线使用。

（5）超声波检测仪

利用超声波检测仪，结合声振原理检测阀门泄漏，如图 5-132 所示。当流体（气体或液体均可）从高压端经阀门通往低压端时，一旦出现泄漏，流体流经泄漏点时，就会产生湍流。湍流会产生强烈的超声波信号，即使在噪声环境下也可采用超声波检测仪检测出来。超声波检测仪灵敏度高，可用于阀门的弱泄漏检测中，既能用于外漏检测也能用于内漏检测，且目前是内漏检测的主要手段，可在线使用。但该装置只能针对结构较简单的泄漏孔口，当泄漏孔口的结构太复杂时超声波检测仪的效果不太明显。同时，泄漏量太大时，超声波检测仪

图 5-132　利用超声波检测仪检测阀门泄漏

的效果也不太明显。

(6)声发射检漏仪器

声发射检漏仪器是近年来新发展的阀门检漏装置。在物理学上,物体在受到力的作用而发生形变时,会释放出一种瞬间应力波。阀门的泄漏是流体通过阀门泄漏孔口逸散出去的现象,在阀门内部介质通过泄漏孔口发生泄漏时,会发生一种高速湍流噪声,产生的噪声信号的应力波会沿着阀门的阀体等部件进行传播,与此同时,只需要利用声发射检测传感器对这个应力波进行检测,分析该应力波的变化就可以确定阀门是否发生泄漏以及泄漏的等级。该装置既能用于外漏检测也能用于内漏检测,可在线使用。但现在对于阀门泄漏过程中的声学理论研究还不够成熟,并且检测过程中采用声发射信号,而该信号极易受到外界噪声的干扰,极小部分噪声也会对最终检测结果产生很大影响,这对检测传感器的灵敏度要求极高,很难实现噪声检测。

第6章　阀门的选用

6.1　阀门选用概述

正确选用阀门,对保证装置安全生产,提高阀门使用寿命,满足装置长周期运行是至关重要的。许多阀门事故的主要原因是阀门选用不当,如在严寒地区使用铸铁阀门时,若有含水介质积存于阀体中,阀内很容易结冰从而冻裂阀门。在一些泵体出口阀门中,由于某些原因,所需流程较低而配用泵功率较大的场合,常常采用调小闸阀开度来调节流量的办法来实现。然而,在操作时,由于闸阀阀板被打开,产生振动,加速了闸板与阀座密封表面的磨损,很容易造成阀门的泄漏。另外,阀门质量的好坏对生产使用也有很大影响。

6.1.1　阀门选用原则

阀门选用应遵循以下原则:

(1)可靠性。设备或工艺管道要求连续、平稳、长周期运行。因此,要求采用的阀门应有较高的可靠性和较大的安全系数,不能因为阀门故障造成重大生产安全及人员伤亡事故;满足装置长周期运行的要求,长周期连续生产就是效益;另外,减少或避免由于阀门引起的"跑""冒""滴""漏"等现象。

(2)满足工艺生产要求。阀门应满足操作介质、压力温度、用途等方面的要求,这也是阀门选用最基本的要求。例如需要阀门起超压保护作用、排放多余介质时,应选用安全阀、溢流阀;需要防止操作过程中介质回流时,应采用止回阀;需要自动排除蒸汽管道和设备中不断产生的冷凝水、空气及其他不可冷凝性气体,同时又要阻止蒸汽逸出时,应选用疏水阀。另外,当阀内介质为腐蚀介质时,阀体材料应选用耐腐蚀材料等。

(3)满足操作、安装要求。阀门安装好后,应能使操作人员正确识别阀门方向、开度标志、指示信号等,便于及时果断地处理各种应急故障。同时,所选阀门类型结构应尽量简单,安装、检(维)修方便。

(4)经济性。注意节约投资,降低装置成本。因此,国产阀门能满足使用要求的,应选用国产阀门;几种不同阀门类型都能满足使用要求的,应选用价格低廉、结构简单的阀门;普通材质能满足使用要求的,不应选用较高等级的材质,如 Cr-Mo 钢、不锈钢、巴氏合金等。

6.1.2　阀门选用步骤

选用阀门的步骤大体如下。

(1)明确阀门在装置或设备管道中的用途。确定阀门的工况,例如适用介质、工作压力、工作温度等。

(2)确定阀门与管道的连接方式。由操作工况条件确定阀门端面与管道的连接方式,如采用法兰、螺纹或焊接等方式。

(3)确定阀门的公称参数。阀门的公称压力、公称直径的确定应与安装的工艺管道相匹配。

阀门一般安装在工艺管道上,因此其操作工况应与工艺管道的设计相一致。管道采用的标准体系及管道压力等级确定后,所采用阀门的公称压力、公称直径、阀门标准就可确定下来。对于自动阀门,根据不同需要先确定允许流阻、排放能力、背压等,再确定管道的公称通径和阀座孔的直径。

(4)根据阀门的用途确定阀门的种类。如启闭用阀门、调节用阀门、安全用阀门、液压用阀门等。

(5)确定阀门的形式。根据用途及操作工况要求,确定阀门类型为闸阀、截止阀、球阀、蝶阀、安全阀、疏水阀、旋塞阀等。

(6)确定阀门的结构类型。根据工作环境、操作要求以及选用原则等,确定某一类阀门的具体结构类型。

(7)确定阀门材质。根据管线输送的介质、工作压力、工作温度等确定所选用阀门的材料,如铸铁、可锻铸铁、球墨铸铁、碳素钢、铸钢、合金钢、不锈钢等材料。

(8)利用阀门现有的资料,如阀门产品目录、阀门产品样本等选择合适的阀门产品。

(9)确定所选阀门的几何参数,如结构长度、法兰连接形式及尺寸、启闭时阀门高度、连接的螺栓孔尺寸及数量、整个阀门的外形尺寸及重量等。

6.1.3　阀门选用注意事项

6.1.3.1　常规阀门选用需注意的事项

(1)阀门的使用要求

①普通闸阀、球阀、截止阀按其结构特征是严禁作调节用的,但在工艺设计中,普遍将其用于调节介质工艺参数,导致阀门密封件长期处于节流状态,油品中杂质冲刷密封件,损伤密封面,造成关闭不严或因操作人员为了使已经损伤的密封面达到密封要求而造成阀门的过关、过开现象。

②阀门的安装要符合规范,当使用介质含有杂质,而且没有在其前端安装过滤器或过滤网时,杂质会进入阀门内部,造成密封面损伤,或者杂质沉积于阀底部,引起阀门关闭不严而产生泄漏。

(2)从工艺要求角度考虑

①对腐蚀性介质而言,如果温度和压力不高,应该尽量采用非金属阀门;如果温度和压

力较高,可用衬里阀门,以节约贵重金属的用量。在选择非金属阀门时,仍应考虑经济合理性。对于黏度较大的介质,要求有较小的流阻,应采用直流式截止阀、闸阀、球阀、旋塞阀等流阻小的阀门,以降低能耗;当介质为氧气或氨等特殊性介质时,应选用相应的氧气专用阀或氨用阀等。

②双流向的管线不宜选用有方向性的阀门,应选用无方向性的阀门。例如炼油厂重质油管线停止运行后,要用蒸汽反向吹扫管线,以防重油凝固堵塞管线,这里就不宜采用截止阀,因为介质反向流入,容易冲蚀截止阀密封面,影响阀门的性能,此时应选用闸阀。

③对某些有析晶或含有沉淀物的介质,不宜选用截止阀和闸阀,因为它们的密封面容易被析晶或沉淀物磨损。因此,选用球阀或旋塞阀较合适,也可选平板闸阀,但最好采用夹套阀。

④在闸阀的选型上,明杆单闸板比暗杆双闸板更适应腐蚀性介质;单闸板适用于黏度大的介质;楔式双闸板对高温和密封面变形的适应性比楔式单闸板要好,不会出现因温度变化而产生卡阻的现象。

⑤一般水、蒸汽管道上的阀门,可采用铸铁阀门,但在室外蒸汽管道上,一旦停汽可能会造成凝结水结冰现象,从而冻坏阀门。所以在寒冷地区,阀门材料采用铸钢、低温钢或阀门加以有效的保温措施为宜。

⑥对危险性很大的剧毒介质或其他有害介质,应采用波纹管结构的阀门,防止介质从填料中泄漏。

⑦闸阀、截止阀和球阀是阀门中使用量最大的阀门,选用时应综合考虑。闸阀流通能力强,输送介质的能耗少,但所需安装空间较大;截止阀结构简单,维修方便,但流阻较大;球阀具有低流阻、快速启闭的特点,但使用温度范围受限制。在石油产品等黏度较大的介质中,考虑到闸阀流通能力强,大多选用闸阀;而在水和蒸汽类管路上,压力降不大,应选用截止阀;在使用工况允许的条件下,以上两种情况皆可选用球阀。

(3)从操作方便角度考虑

①对于大直径阀门且要求远距离、高空、高温、高压的场合,应选用电动和气动阀门。对易燃易爆场合,要采用防爆装置,为了安全可靠,应用液动和气动装置。

②对需要快开、快关的阀门,应根据需要选用蝶阀、球阀、旋塞阀或快开闸阀等阀门,不宜选用一般的闸阀、截止阀。在操作空间受限的场合,不宜采用明杆闸阀,选用暗杆闸阀更为合适,但最好选用蝶阀。

(4)从调节流量的准确性考虑

当需要准确调节流量时,应选用调节阀;当需要确保小流量调节的准确性时,应采用针形阀或节流阀。当需要降低阀后压力时,应采用减压阀;当要保持阀后压力的稳定性时,应采用稳压阀。

(5)从耐温耐压能力考虑

高温高压介质常采用铸件的铬钼钢及铬钼钒钢,对于超高温高压介质应考虑选用其相应的锻件,锻件的综合性能优于铸件,耐温耐压能力也优于铸件。

(6)从可洁净性考虑

在食品和生物工程生产运输中,工艺管线上对阀门的要求需要考虑介质的洁净性,一般的闸阀和截止阀都无法保证。从可洁净性考虑,选用隔膜阀最为合适。

①隔膜阀。广泛应用于食品和生物工程领域,而且也适用于一些难以输送和危险的介质。隔膜阀具有以下优点:仅有阀体和隔膜与输送介质接触,其他部分全部隔离,可用蒸汽对阀门进行彻底灭菌;具有自身排净能力;可在线维修。

②底阀。在对灭菌要求严格的情况下,储罐底部的放料阀选用底阀最为合适。底阀在设备制造时直接焊在储罐的底部封头上,与通常采用的在罐底部做一管口,再在管口上连接阀门的做法有较大区别。该阀关闭时,其阀芯与储罐的内底相平,故可以有效地消除罐内死角,使罐内的液体在发酵过程中都能充分混合,再加上特有的蒸汽密封系统,大大降低了产品染菌的可能性。

6.1.3.2　专用阀门选用需注意事项

应用于加工工业中的大多数流体介质涉及不同腐蚀性级别的油气流。这些包括介质流在内的流动工况被认为要么是干净的、要么是污秽的、要么是磨损的(泥浆工况中),其区别主要在于导致阀门堵塞或腐蚀破坏的固体悬浮颗粒的数量和类型。除此之外,含有硫和其混合物的介质流在与高温结合时将更容易形成腐蚀环境。对于这样的介质流需通过选择合适的材料来保证阀门有足够的使用寿命。

(1)炼油加氢裂化、焦化装置专用阀。炼油延迟焦化装置可实现将减压渣油经深度热裂化生成气体、轻质馏分油及焦炭的加工过程,是炼油厂提高轻质油回收率和生产石油焦的重要手段。加热炉和焦炭塔的进出口用四通阀连接,四通阀是切换加热炉进入焦炭塔的重要通道,它属于特殊阀门,用于高温场合,其质量的好坏直接影响到装置的生产能力,国内大多采用进口四通旋塞阀,但价格昂贵。而国产四通阀,一般存在结构不合理、质量不稳定、易发生故障等问题。

炼油厂加氢裂化是主要的原油炼制工艺之一,由于加氢裂化装置在高温高压下操作,介质为易燃易爆的氢气和烃类,工况特殊,所以密封必须可靠。因此对阀门的设计和结构提出了较高的要求。目前国内大部分选用不锈钢楔式闸阀及直流式截止阀。

(2)油气专用阀。为了实现对油气流的控制,油气专用阀应具备以下基本性能:密封性、耐压强度、安全性、可调节性、流体通流性及开关灵活性。对于高压、易燃、易爆的油气介质,首先要解决密封性问题,还要考虑油气专用阀特殊工况要求:

①在含硫化氢及二氧化碳气体的湿天然气中,对阀体材质提出了特殊要求;

②在井口装置及集输系统中存在着卤水、残酸及其他腐蚀介质,对阀体材料的选择及防腐提出了要求;

③粉尘及固体颗粒加快了阀门关闭件的冲刷、磨损,使密封副很快失效;

④在高原、沙漠及高寒地区的室外,阀门材料的低温脆变、弯曲变形等;

⑤用于长距离输送管道上的油气专用阀,要求与管道同等寿命,几十年不换。

这些都说明油气专用阀有别于普通阀门,在恶劣条件下必须满足高可靠性、高强度和不泄漏的要求。

(3)含氯工况。含氯工况阀门的选用应该参照美国氯气学会编写的《干氯气管道系统》。含氯气或液氯的工况是高腐蚀工况,特别是当这种工况中含有水时。氯与水混合形成的HCl(盐酸)将会腐蚀阀体和内件。由于氯气具有高的热膨胀系数,如果液氯封存于阀门中腔,将导致阀门中腔的压力快速增加。使用于该种工况的阀门应该具有可靠的中腔泄压功能。

（4）冷冻（低温）工况。虽然用于低温工况的阀门基于 ASME B16.34 标准和 API 标准设计，但是这些阀门也带有其他设计功能，进而确保其在低温工况中具有一定的操作可靠性。这样的阀门也可能包含阀盖延长设计即延长填料和操作机构与低温流体的距离，从而允许在一个较高的温度上对阀杆填料进行操作及确保在使用中阀门操作装置不会被冻住。MSSSP-134 提供了包含阀盖延长设计的一些细节。

（5）含氢氟酸工况。用于氢氟酸工况中的阀门，应该仅局限于已经在使用中论证过的或在测试中能成功处理这种工况的阀门类型，通常为不容易造成固体物质堆积的阀门。对于这些阀门（典型的带有特殊蒙乃尔内件或实心蒙乃尔内件的碳钢阀门）的设计和材料要求及内部几何体的细节是非常详细的，这种阀门应该被设计为具有耐氢氟酸腐蚀的特殊结构。在含氢氟酸工况中，阀门的检验和试验应高于典型的过程阀门所用的标准。

（6）含氢工况。这种工况中使用的阀门相比于常规铸造用品往往规定其具有很高的铸造质量。氢气是一种极具渗透性的流体，压力等级大于或等于 600 磅级的焊接连接阀门在使用中可减少潜在泄漏源。APJ941 包含氢工况中材料的选择和使用范围。

（7）含氧工况。含氧工况中使用的阀门应该遵循美国压缩燃气协会标准 CGA G4.4—2012《氧气管道系统》。用于这种工况的阀门应该是完全脱脂的、干净的和在干净条件下安装以及恰当的包装和密封的，因为油和脂在氧气存在下是极易燃的。有关的指南在 CGA G4.1"氧工况的清洗设备"中给出，安装之前有必要对介质进行适当的处理和储存。

适合于含氧工况的青铜或蒙乃尔阀体和内件材料经常用来防止由于高能的机械碰撞产生火花和明火。有特殊配制的硅基润滑脂用于含氧工况中，因为在氧气存在下标准烃润滑油不应使用。

（8）脉动或不稳定流动。用于脉动或不稳定流动中的止回阀，其选用应特殊考虑，例如用于往复式压缩机中的止回阀，可能会随着流量的变化被快速打开和关闭，这可能会导致锤击和阀门的损坏。关于脉动和不稳定流动中使用的阀门类型可能会存在不同的意见，但是通常推荐使用蝶形止回阀、斜盘式止回阀和轴流式止回阀。

（9）含酸工况（湿 H_2S 工况）。含酸工况中阀门材料使用应该遵循 NACE MR0103—2012 标准。这个针对下游烃加工工业的标准限制了所有钢的硬度；要求奥氏体钢固溶退火；禁止承压件（包括阀杆）使用某些材料；以及对螺栓连接、焊接阀门等提出了特殊的要求。

应该注意在 NACE MR0103—2012 中用户的责任，其规定用户应详细地说明是否将螺栓暴露于含 H_2S 环境中。除非用户已有规定，否则未在阀门内部的螺栓如阀盖连接螺栓往往遵循产品标准，含硫工况未包括在此标准中。如果螺栓连接用材料没有直接承受过程流体，那么阀体-阀盖栓接不需要满足 NACE 的要求。如果含硫油品的任何硫泄漏不能排除或蒸发（例如隔断阀门），那么螺栓连接应该服从 NACE 标准。

如果 NACE 允许的材料被认为是不需要的，那么螺栓连接材料应该给予特别关注。这种强加的硬度要求将会导致强度的降低，阀盖连接螺栓的强度降低可能不适合于按标准螺栓连接材料的相同的设计条件。

（10）黏性或固化工况。用于黏性或固化流体工况中的阀门，例如液态硫或重油，为使阀门具有可操作性，经常需要蒸汽伴热或蒸汽套管来维持足够的操作温度。因为止回阀的滞后反应会引起操作问题，对其应给予特别关注。

6.2　闸　阀

闸阀是指启闭件(闸板)沿管路轴线的垂直方向移动的阀门,在管路上主要作为切断介质用,即全开或全关使用。一般地,闸阀不可作为调节流量使用。它可以适用于低温低压,也可以适用于高温高压,并可根据阀门的不同材质用于各种不同介质的工况中。但闸阀一般不用于输送泥浆等介质的管路中。

闸阀具有如下优点:

(1)流体阻力小。闸阀阀体内部介质通道是直通的,介质流经闸阀时不改变流动方向,因而流体阻力较小。

(2)启、闭所需力矩较小。启闭时闸板运动方向与介质流动方向垂直,而截止阀阀瓣通常在关闭时的运动方向与阀座处介质运动方向相反,因而必须克服介质作用力。所以与截止阀相比,闸阀的启闭较为省力。

(3)介质的流向不受限制。介质可以从闸阀两侧任意方向流过闸阀,均能达到接通或截断的目的。便于安装,适用于介质流动方向可能改变的管路中。

(4)结构长度较短。由于阀盘呈圆盘状,是垂直置于阀体内的,而截止阀阀瓣是平行置于阀体内的,与截止阀相比,其结构长度较短。

(5)全开时,密封面受工作介质的冲蚀很小。

(6)形体结构比较简单,制造工艺性较好。

闸阀使用范围很广,通常在 DN≥50mm 的管路中作为切断介质的装置都选用闸阀,甚至在某些小口径的管路中(如 DN15~40mm)目前仍保留了一部分闸阀。同时,闸阀也存在一些缺点:

(1)外形尺寸和开启高度都较大,所需安装的空间亦较大。

(2)密封面易产生磨损。启闭时,闸板与阀座相接触的两密封面之间有相对滑动,在介质推力作用下易产生磨损,从而破坏密封性能,影响使用寿命。

(3)一般闸阀都有两个密封副,给加工、研磨和维修增加了困难。

(4)操作行程大,启闭时间长。由于开启时需将闸板完全提升到阀座通道上方,关闭时又需将闸板全部落下阻断阀座通道,所以阀板的启闭行程很大,启闭时间较长。

6.2.1　典型结构

闸阀有多种结构形式,其主要区别是所采用的密封元件结构形式不同。根据密封元件的结构,常常把闸阀分成几种不同的类型。根据阀板结构形式的不同,可分为平板闸阀和楔式闸阀;根据阀杆的结构,还可分为升降杆(明杆)闸阀和旋转杆(暗杆)闸阀。

6.2.1.1　平板闸阀

平板闸阀是一种关闭件为平行闸板的滑动阀。其关闭件可以是单闸板也可以是其间带有撑开机构的双闸板。闸板向阀座的压紧力是由作用于浮动闸板或浮动阀座的介质压力来控制的。如果是双闸板平板闸阀,则两闸板间的撑开机构可以补充这一压紧力。

平板闸阀的优点是流阻小,不缩口的平板闸阀其流阻与短直管的流阻相仿。带导流孔的平板闸阀安装在管路上还可直接用清管器进行清管。由于闸板是在两阀座面上滑动,因此平板闸阀也能适用于带悬浮颗粒的介质,平板闸阀的密封面实际上是自动定位的。阀座密封面不会受到阀体热变形的损坏,即使阀门在冷状态下关闭,阀杆的热伸长也不会使密封面受到过载。同时当阀门关闭时,无导流孔的平板闸阀亦不要求闸板的关闭位置有较高的精度,因此电动平板阀可用行程来控制启闭位置。

平板闸阀的缺点是当介质压力低时,金属密封面的密封力不足以达到理想的密封效果。相反当介质压力高时,如果密封面不用系统介质或外来介质润滑,经常启闭就可能使密封面磨损过大。另一个不足是,在圆形流道上横向运动的圆形闸板只有当它处于阀门关闭位置的50%时,这种阀门对流量的控制才较敏感。而且,闸板在切断高速和高密度介质流时,会产生剧烈振动。如果将阀座做成 V 形通口并和闸板紧密的导向,则它也可用作节流。

(1)刀形平板闸阀

如图 6-1 所示为刀形平板闸阀,该阀用于泥浆和纤维材料等介质中。这种阀门靠可以切割纤维材料的刀刃形闸板来切断这些介质,阀体实际上不存在腔室,闸板在侧面导向槽内升降,并由底部的凸耳紧压在阀座上,当需要达到较高的介质密封性时,也可使用 O 形密封圈阀座。

(2)双闸板无导流孔平板闸阀

如图 6-2 和图 6-3 所示为双闸板无导流孔平板闸阀的两种形式。图 6-2 所示的结构依靠楔面撑开两块闸板,使之与阀座很好地密封。阀座与阀体的连接有两种形式,一种为撑开式,靠胀开的力固接;一种为焊接式,把阀座焊接在阀体上。该种阀门带有上密封结构,保证在开启状态下填料不受介质压力。在阀杆螺母处装有推力轴承,使开启或关闭时省力。该阀有法兰连接和对接焊连接两种连接形式,尺寸和

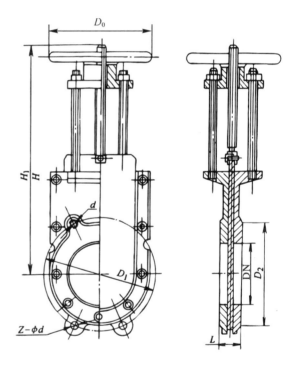

图 6-1　刀形平板闸阀

压力系列与标准闸阀相同。图 6-3 所示的结构为依靠弹簧把两闸板沿水平方向撑开,和固定的阀座保证阀门的密封,阀座用焊接方法牢固地焊接在阀体上。该阀门带有上密封结构,使开启状态时填料不承受介质压力。阀杆螺母处安装有推力轴承,使启闭省力。该阀有法兰连接和对接焊连接两种连接形式。

(3)单闸板无导流孔平板闸阀

如图 6-4 所示为单闸板无导流孔平板闸阀,该阀采用阀座顺流浮动,弹簧预紧自动密封结构,启闭力小。工作压力越高、密封性能越好,闸板与阀座的密封有金属密封和软、硬双重密封两种,金属密封设有自动注入密封脂机构,介质可双向流动。主要零件材料为碳素钢、不锈耐酸钢、合金钢。连接形式为法兰连接,法兰连接尺寸可按 JB/T 79—2015、GB/T

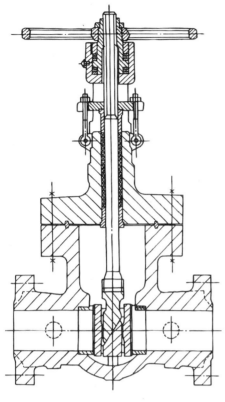

图 6-2　手动楔式双闸板平板闸阀

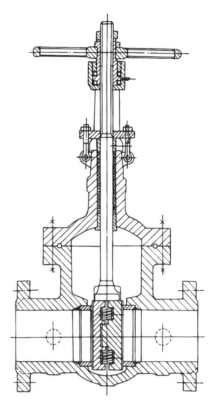

图 6-3　手动弹簧撑开式双闸板平板闸阀

9113—2010、ASME B16.5a—2017 确定。本阀适用于石油、石油产品、天然气、煤气、化工、环保等输送管线及放空系统和油、气储存设备上作启闭装置。

（4）双闸板有导流孔平板闸阀

如图 6-5 所示为手动双闸板带导流孔平板闸阀。它依靠固定在阀体上的阀座和两块楔形的闸板保持密封。在整个启闭过程中闸板始终不脱离阀座密封面,使介质不会掉入阀体下腔内,吹扫管可清除阀体内的脏物。两块楔式闸板依靠其上的三个销钉和挂钩连接在一起,该阀的阀座靠压合固定在阀体上。本阀门的连接形式为法兰连接,法兰连接尺寸可按JB/T 79—2015、GB/T 9113—2010 选取。本阀门可适用于石油、天然气管上,可在全开状态下清扫管线。

（5）单闸板有导流孔平板闸阀

如图 6-6 所示为有导流孔单闸板平板闸阀的结构,该种平板闸阀的阀座是浮动的,阀座有两种不同的材料,一种是高弹性体的合成橡胶或聚四氟乙烯,另一种是不锈钢。闸板采用不锈钢制成,闸板的下部有一个和公称通径相等的圆孔。当阀门全启时,闸板上的圆孔就与阀座孔相合,这样闸板就密封了阀体的腔室以防止固体颗粒进入。浮动阀座的密封作用亦可用于双重截断与泄放。如果阀座密封在使用中失效,则可向密封面注入密封脂进行暂时密封。在阀体的下部有的还设有端盖,打开端盖可以清除体腔内的污垢,填料部分可以通入密封脂,这样既可以保证阀杆的可靠密封,又增加了阀杆的润滑度。该阀门密封性能良好,操作方便、灵活、省力,流阻系数小,便于清扫管道,使用寿命长。本类阀门适用于石油、石油

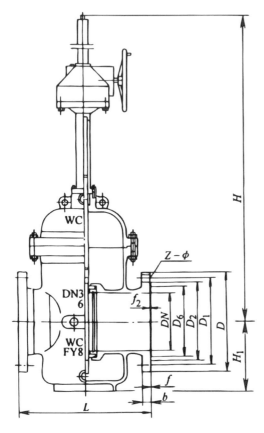

图 6-4　单闸板无导流孔平板闸阀

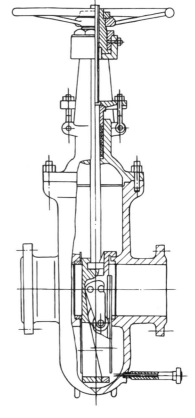

图 6-5　手动双闸板带导流孔平板闸阀

产品、天然气、煤气、水等介质,抗硫型符合 SY/T 0599—2018 的规定。

　　(6)单闸板旋转杆有导流孔平板闸阀

　　如图 6-7 所示为单闸板旋转杆有导流孔平板闸阀。该阀门的设计符合 API 6A—2018 标准。阀体与阀盖采用金属与金属密封。闸板和阀座可根据用户需要采用金属密封或非金属密封。阀杆和阀盖设有上密封元件,使阀门开启后填料不承受介质压力。平行闸板和弹簧预加载阀座的存在,使其具有可靠的密封性。闸板上有导流孔,开启后便于清扫管线。本阀适用于石油、天然气的井口装置等。

　　6.2.1.2　楔式闸阀

　　楔式闸阀的关闭件闸板是楔形的。使用楔形闸板的目的是提高辅助密封载荷,使金属密封的楔式闸阀既能保证当介质压力高时的密封效果,也能对压力低的介质进行密封。这样,金属密封的楔式闸阀所能达到的潜在密封程度就比普通的金属密封平板闸阀高。但是,金属密封的楔式闸阀由楔入作用所产生的进口端密封载荷往往不足以达到使进口端密封的效果。

　　楔式闸阀的阀体上设有导向机构,可防止闸板在开启或关闭时旋转,从而保证密封面相互对准,并使闸板在未达到关闭位置之前不与阀座摩擦,从而减少密封面的磨损。

　　其缺点是楔式闸阀不能像带导流孔的平板闸阀那样能设置导流孔,阀杆的热膨胀也会使密封面过载,而且楔式闸阀的密封面比平板闸阀更容易夹杂流动介质所带的固体颗粒。

但如图 6-12 所示的橡胶密封的楔式闸阀能对带微小颗粒
的介质进行密封。和平板闸阀一样,楔式闸阀也不适用
于对工作介质进行节流,主要是用于开关次数较少的场
合。与平板闸阀相比,楔式闸阀使用的电动驱动装置较
为复杂,因为电动驱动装置限制的不是行程,而是转矩。
楔式闸阀必须有足够大的关闭力矩,才能在阀门关闭时,
使闸板楔入阀座达到密封。为了能在全压差下开启,并
允许因阀门零部件的热膨胀而增加的启闭力矩,驱动装
置必须有足够的力矩裕量。

(1)单闸板明杆楔式闸阀

如图 6-8 所示,闸板为楔形单闸板,阀杆的一端带有
梯形传动螺纹,阀杆与阀板通过 T 形槽挂连在一起。在
阀盖的上部固定有阀杆螺母,阀杆螺母外部装有手轮。
逆时针旋转手轮,阀杆带动闸板上升,阀门开启;顺时针
旋转手轮,阀杆下降,最终楔紧闸阀,阀门关闭。

(2)单闸板暗杆楔式闸阀

如图 6-9 所示,楔形闸阀中间有一通孔,通过非密封
面两侧的导向槽与阀体上的导向筋相配合组成导向装
置。闸板上部的凹槽内装有带梯形螺纹的阀杆螺母,与
阀杆下端的梯形螺纹组成传动副,通过装在阀杆顶端的
手轮操作,旋转手轮带动阀杆转动及闸板上下移动,实现
阀门的启闭。该阀门的阀杆在阀门开启或关闭时,只做
回转运动,而不升降,所以阀杆的高度尺寸不大,有利于
阀杆填料的密封。为了确定闸板的启闭位置,可采用专

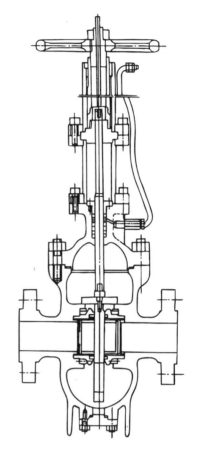

图 6-6 带浮动阀座有导流孔
单闸板平板闸阀

门的指示器。单闸板楔式闸阀在结构上比较简单,内部没有易磨损的零件,但该阀门的楔形
密封面的加工和维修都比较复杂。一般使用于温度在 250℃ 以下的介质中,温度较高时,由
于阀门本体和闸板受到不均匀热膨胀的影响,楔式闸阀有卡住的危险。如果密封面经过高
度精密的加工和仔细的研合调整,也可适用于较高的工作温度。

(3)双闸板明杆楔式闸阀

如图 6-10 所示,阀体内装有两个圆盘闸板,依靠中间部位的半球芯组合在一起。两密
封面之间的角度可以根据两阀座间的夹角浮动楔合,从而消除两密封面间因加工误差、阀体
变形等引起的不利因素,更好地实现密封。双闸板闸阀只允许安装在水平管路上,并保证阀
杆垂直向上安装,但许多管路中的双闸板闸阀阀杆却是水平安装的,这致使半球芯不是落向
阀门底部而是落向阀体,不仅使半球芯不能正常发挥作用,还会导致阀门关闭不严和启闭
困难。

(4)双闸板暗杆楔式闸阀

如图 6-11 所示,与单闸板闸阀相比,双闸板楔式闸阀的优点是闸板与阀座楔形密封面
的配合更好、更严格,加工更方便。另外,当阀门在受到高温高压影响,阀体发生变形时,双
闸板两密封面能在阀板楔紧力的作用下,随阀体一起变动,从而保证了密封的可靠性,闸板

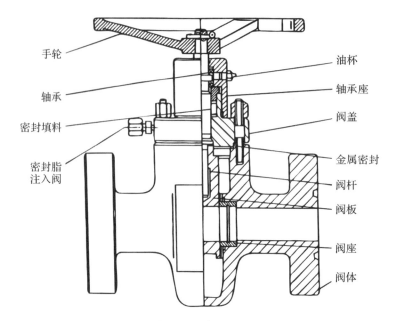

手轮
轴承
密封填料
密封脂
注入阀

油杯
轴承座
阀盖
金属密封
阀杆
阀板
阀座
阀体

图 6-7 有导流孔旋转杆平板闸阀

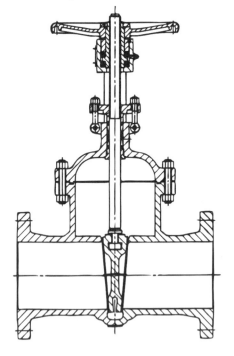

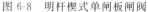

图 6-8 明杆楔式单闸板闸阀

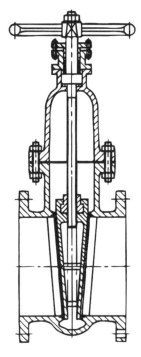

图 6-9 暗杆楔式单闸板闸阀

卡死的概率也相对较低。

（5）软密封闸阀

如图 6-12 所示为碳钢制或铁制软密封楔式闸阀的结构。这种闸阀的阀体通道下部圆滑,无沟槽,如同一段管道,靠闸板表面包覆的橡胶和阀体下部的圆形管道接触挤压密封。该阀具备了流道面积大、流阻系数小的优点,且阀体下部绝不藏污垢。闸板密封件整体包覆

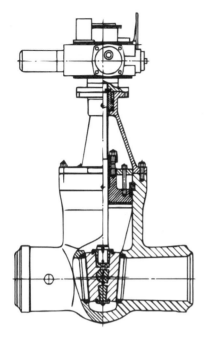

图 6-10　明杆楔式双闸板闸阀

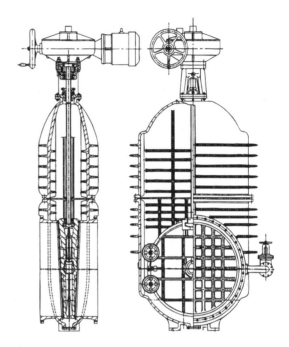

图 6-11　暗杆楔式双闸板闸阀

橡胶,从而有效地隔绝了金属与介质的直接接触,避免了介质流经阀门时阀门内件锈蚀而产生的污染。该阀还可以通过改变闸板表面的包覆层、阀体内腔涂层或包覆材料,使阀门具有耐各种腐蚀性介质的能力。

(6)低温明杆楔式单闸板闸阀

图 6-13 所示为低温明杆楔式单闸板闸阀的结构。该阀的特点主要为长颈阀盖,保证填料部位的温度在摄氏零度以上,阀体与阀盖的连接为法兰连接,连接端为对接焊连接和法兰连接。闸板为弹性闸板,但进口端必须开平衡孔。

6.2.2　适用场合与选用原则

在各种类型的阀门中,闸阀是应用最广泛的一种。它一般只适用于全开或全闭工况,不能作调节和节流使用。在闸阀的具体选用时,可参照表 6-1 及表 6-2,基本的选用过程如下。

首先,总体上从最基本的结构形式进行选择,决定选用平板闸阀还是楔式闸阀。两者主要区别在于适用介质、压力及密封性能。由于密封形式的不同,平板闸阀相对只适用于中高压场合,而楔式闸阀则不存在压力限制。楔式闸阀的密封性能总体上要高于平板闸阀,依据以上内容可从基本结构形式上选择平板闸阀或楔式闸阀。

其次,在选定基本结构形式后,参照表 6-1 或表 6-2,根据密封性、安装场合及是否需要清扫管线,确定采用双闸板还是单闸板形式,双闸板结构密封性能优于单闸板;确定采用明杆还是暗杆结构以及是否采用有导流孔结构,其中楔式闸阀没有导流孔结构,只适用于无须清扫管线的场合。根据以上内容,可基本确定闸阀的具体结构形式。

最后,根据选定的具体结构形式,参照产品样本,按照适用温度、压力等性能指标选定具体型号的闸阀。

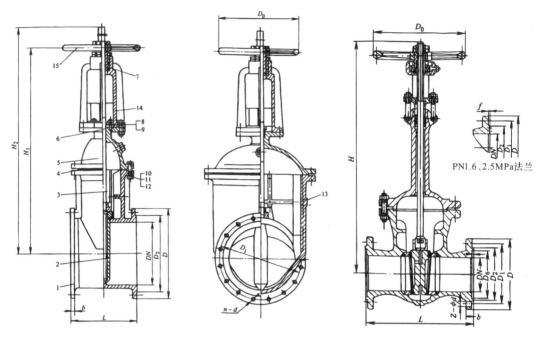

1—阀体;2—闸板;3—阀杆;4—中法兰垫片;5—阀盖;6—填料;
7—阀杆螺母;8—螺栓;9—螺母;10—螺栓;12—垫圈;13—标牌;
14—支架;15—导轮。

图 6-13 低温明杆楔式单闸板闸阀

图 6-12 软密封楔式闸阀

表 6-1 平板闸阀的选用

结构形式		介质	压力	温度	通径	密封要求	安装场合	是否清扫管线	应用场合
平板闸阀	刀形平板闸阀	泥浆、纤维、粉末及颗粒状介质				一般			含悬浮颗粒介质的管道
	双闸板无导流孔平板闸阀					高		无须清扫管线	石油、天然气、成品油输送管线、城市自来水输运管线、城市煤气输运管线（软密封）
	单闸阀无导流孔平板闸阀		中、高压	——	≥50mm	一般	安装高度不限		
	双闸板有导流孔平板闸阀	气体、液体、含悬浮颗粒的流体				高		需清扫管线	石油、天然气、成品输送管线
	单闸板有导流孔平板闸阀					一般			
	单闸板旋转杆有导流孔平板闸阀					一般			石油、天然气的开采井口装置

表 6-2　楔式闸阀的选用

结构形式		介质	压力	温度	通径	密封要求	安装场合	是否清扫管线	应用场合
楔式闸阀	单闸板明杆楔式闸阀	气体、液体如石油、天然气、煤气、自来水等介质	高压如高压蒸汽、油品；低压如自来水、污水处理等	高温如蒸汽、高温油品等、低温如液氮、液氢、液氧等	≥50mm	较高	安装高度不限	无须清扫管线	电力工业、石油炼制、石油化工、海洋石油、城市建设中的自来水工程和污水处理工程
	单闸板暗杆楔式闸阀					较高	安装高度受限		
	双闸板明杆楔式闸阀					最高	安装高度不限		
	双闸板暗杆楔式闸阀					最高	安装高度受限		
	低温单闸板暗杆楔式闸阀			低温如液氮等		较高	安装高度受限		
	软密封闸阀		含有悬浮颗粒的流体				安装高度不限		城市煤气输运管线

注：表中密封要求程度排列为最高、较高、高、一般。

6.3　蝶　阀

蝶阀是用圆盘式启闭件往复回转 90°左右来开启、关闭和调节流体通道的一种阀门。

蝶阀不仅结构简单，体积小，重量轻、材料耗用少，安装尺寸小，驱动力矩小，操作简便、迅速，并且还可同时具有良好的流量调节功能和关闭密封特性，是近十几年来发展最快的阀门品种之一。特别是在美、日、德、法、意等工业发达国家，蝶阀的使用非常广泛，其品种和使用数量仍在继续扩大，并向高温、高压、大口径、高密封性、长寿命、优良的调节特性以及一阀多功能方向发展，其可靠性及其他性能指标均达到较高水平，并已部分取代截止阀、闸阀和球阀。随着蝶阀技术的进步，在可以预见的时间内，特别是在大中型口径、中低压力的场合中，蝶阀将会成为主导的阀门形式。

原始的蝶阀是一种简单且关闭不严的挡板阀，通常在水管路系统中作为流量调节阀和阻尼阀使用。随着防化学腐蚀的合成橡胶在蝶阀上的应用，蝶阀的性能得以提高。由于合成橡胶具有耐腐蚀、抗冲蚀、尺寸稳定、回弹性好、易于成形、成本低廉等特点，并可根据不同的使用要求选择不同性能的合成橡胶，以满足蝶阀的使用工况条件，因而被广泛用于制造蝶阀的衬里和弹性阀座。

由于聚四氯乙烯（PTFE）具有耐腐蚀性强、性能稳定、不易老化、摩擦系数低、易于成形、尺寸稳定等特点，并且还可通过填充、添加适当材料以改善其综合性能，得到强度更好、摩擦系数更低的蝶阀密封材料，克服了合成橡胶的部分局限性，因而以聚四氯乙烯为代表的高分子聚合材料及其填充改性材料在蝶阀上得到了广泛的应用，从而使蝶阀的性能得到进一步提高,出现了工作温度、压力范围更广,密封性能更好,使用寿命更长的蝶阀。

为满足高低温度、强冲蚀、长寿命等工业应用的使用要求,近十几年来,金属密封蝶阀得到了很大的发展。随着耐高温、耐低温、耐强腐蚀、耐强冲蚀、高强度合金材料在蝶阀中的应用,金属密封蝶阀在高低温度、强冲蚀、长寿命等工况得到了广泛的应用,出现了大口径(9750mm)、高压力(22MPa)、宽温度范围($-102\sim606℃$)的蝶阀,从而使蝶阀的技术达到一个全新的高度。

蝶阀在完全开启时,具有较小的流阻。当开启在大约15°至70°之间时,又能进行灵敏的流量控制,因而在大口径的调节领域,蝶阀的应用非常普遍,并将逐步成为主导阀型。由于蝶阀阀板的运动带有擦拭性,故大多数蝶阀可用于带悬浮固体颗粒的介质,依据密封件的强度也可用于粉状和颗粒状介质。

6.3.1　典型结构

蝶阀的种类很多,按照不同的结构形式可以分为中线密封、单偏心密封、双偏心密封和三偏心密封等多种结构形式;蝶阀的密封形式可以分为强制密封、充压密封和自动密封三种。其中强制密封蝶阀又可分为弹性密封和外加转矩两种密封形式。按照密封面材质的不同,蝶阀可以分为软密封和金属硬密封两种,其中软密封蝶阀主要是密封副由非金属软质材料对非金属软质材料构成,而金属硬密封蝶阀的密封副是由金属硬质材料对金属硬质材料构成。蝶阀与管道有多种连接方式,包括对夹式、法兰式、支耳式和焊接式。根据以上结构形式、密封形式、密封副材质以及与管道连接方式的不同,下面具体介绍几种典型结构的蝶阀。

(1)中线密封蝶阀

如图6-14所示,阀板的回转中心位于阀体的中心线上,且与阀板密封截面重合。阀板加工时保证其密封面具有合适的表面粗糙度值,合成橡胶阀座在模压成形时,形成密封面合适的表面粗糙度值。阀门关闭时,通过阀板的转动,阀板的外圆密封面挤压合成橡胶阀座,使合成橡胶阀座产生弹性变形而形成弹性力作为密封比压保证阀门的密封。阀座材料除了采用合成橡胶外,还可采用聚四氟乙烯、合成橡胶构成复合材料,合成橡胶提供密封所需的弹性力,同时利用聚四氟乙烯的摩擦系数低、不易磨损、不易老化等特性,提高蝶阀寿命;阀座还可采用聚四氟乙烯、合成橡胶和酚醛树脂复合构成,提高阀座强度。另外,阀板也可以采用聚四氟乙烯进行包覆,使蝶阀具有抗腐蚀性。

(2)单偏心密封蝶阀

如图6-15所示,阀板的回转中心位于阀体的中心线上,且与阀板密封截面形成一个尺寸为a的偏置。当单偏心密封蝶阀完全开启时,其阀板密封面会完全脱离阀座密封面,在阀板密封面与阀座密封面之间形成一个间隙x,该类蝶阀从0°~90°开启时,阀板的密封面会逐渐脱离阀座的密封面,从而使蝶阀启闭过程中,阀板与阀座的密封面之间的相对机械磨损、挤压变形大为降低,密封性能得以提高。蝶阀关闭时,通过阀板的转动,阀板的外圆密封面逐渐接近并挤压聚四氟乙烯阀座,使聚四氟乙烯阀座产生弹性变形而形成弹性力作为密封比压保证蝶阀的密封。该类蝶阀的阀座也可采用聚四氟乙烯、合成橡胶复合构成,保证密封效果的同时,提高阀门的寿命。单偏心密封蝶阀的特点是:结构较中线密封蝶阀复杂,成本较高;密封性能较中线密封蝶阀更好;使用寿命较中线密封蝶阀更长,使用压力也较高。

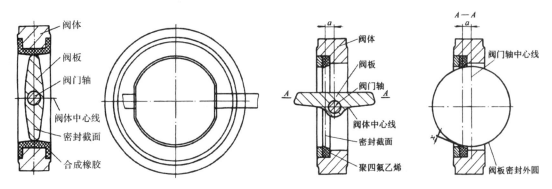

图 6-14　中线密封蝶阀　　　　　　　　　图 6-15　单偏心密封蝶阀

（3）双偏心密封蝶阀

如图 6-16 所示，阀板回转中心与阀板密封截面形成一个尺寸为 a 的偏置，并与阀体中心线形成一个尺寸为 b 的偏置。当双偏心密封蝶阀完全开启时，其阀板密封面会完全脱离阀座密封面，并且在阀板密封面与阀座密封面之间形成一个比单偏心蝶阀中间隙 x 更大的间隙 y。该类蝶阀的阀板从 $0°\sim90°$ 开启时，阀板的密封面会比单偏心密封蝶阀更快地脱离阀座密封面。在通常的设计中，当阀板从 $0°$ 转动到 $8°\sim12°$ 时阀板密封面即可完全脱离阀座密封面，从而使蝶阀在启闭过程中，阀板与阀座的密封面之间相对机械磨损、挤压转角行程更短，从而使机械磨损、挤压变形更低，蝶阀的密封性能更高。当关闭蝶阀时，通过阀板的转动，阀板的外圆密封面逐渐接近并挤压聚四氟乙烯、弹性钢丝复合阀座，使其产生弹性变形而形成弹性力作为密封压比保证蝶阀密封。其中采用弹簧钢丝缠绕聚四氟乙烯的作用在于使阀座具有更大、更好的弹性。该类蝶阀的密封阀座可采用聚四氟乙烯、不锈钢制开口金属 O 形圈、不锈钢金属 U 形圈、聚甲醛、双不锈钢等密封材料。双偏心密封蝶阀的特点：结构较单偏心蝶阀复杂，成本稍高；密封性能较单偏心蝶阀更好；使用寿命较单偏心密封蝶阀更长，使用压力也较高。

（4）三偏心密封蝶阀

如图 6-17 所示，阀板回转中心与阀板密封面形成一个尺寸为 a 的偏置，并与阀体中心线形成一个尺寸为 b 的偏置；阀体密封中心线与阀座中心线形成一个 β 的角偏置。当三偏心密封蝶阀处于完全开启状态时，其阀板密封面会完全脱离阀座密封面，并且在阀板密封面与阀体密封面之间形成一个与双偏心密封蝶阀相同的间隙 y，而且由于角偏置 β 的形成会使阀板启闭时阀板密封面相对阀座密封面渐出脱离和渐入压紧，从而彻底消除阀板启闭时蝶阀密封副两密封面之间的机械磨损和擦伤。该类蝶阀从 $0°\sim90°$ 开启时，阀板的密封面会在开启的瞬间立即脱离阀座密封面，在其 $90°\sim0°$ 关闭时，只有在关闭的瞬间，其阀板密封面才会接触并压紧阀座密封面；同时两密封面之间额定密封比压可以由常规蝶阀的阀座弹性产生改为外加于阀门轴的驱动转矩产生，不仅消除了常规蝶阀中由于弹性阀座材料老化、冷流、弹性失效等因素造成的密封副密封面之间的密封比压降低和消失，而且可以通过外加驱动转矩的改变来任意调整密封比压。三偏心密封蝶阀主要有以下特点：密封副设计复杂，制造难度大，成本高；密封性能非常好，使用寿命特别长，使用压力高。

（5）充压密封蝶阀

如图 6-18 所示，密封比压由阀座或阀板上的弹性密封元件充压产生。该阀门在阀座或

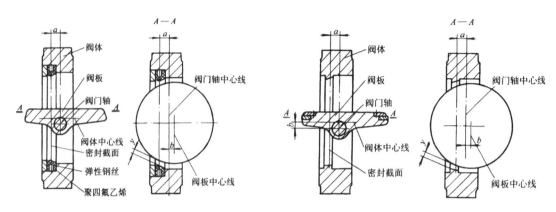

图 6-16　双偏心密封蝶阀　　　　　图 6-17　三偏心密封蝶阀

阀板上设有外部介质充压腔,在外部介质压力的作用下,阀座或阀板上的密封元件可产生弹性变形,在向密封元件充压之前,阀板密封面与阀座密封面之间存在少量间隙或微量过盈。当阀板转动至关闭位置后,向设置于阀座或阀板上的密封元件充压,使密封副紧密接触并形成密封比压,保证蝶阀密封。在蝶阀开启之前,卸去对密封元件的充压,因而大大降低了蝶阀的启闭力矩,其操作轻便、灵活,密封性能好,使用寿命长,使用压力也较高。但是,由于对密封元件的充压、卸压应与蝶阀的启闭状态实现连锁,因而结构复杂、成本高。

(6)自动密封蝶阀

如图 6-19 所示,密封比压由介质压力自动产生。其结构特点为:当阀座或阀板上的密封元件设计时,保证阀板处于关闭位置后,密封元件在介质压力的作用下可产生弹性变形;在阀板处于关闭位置后,密封副两密封面间有少量的过盈。当阀板转动至关闭状态时,阀板少量挤压阀座,使密封副两密封面间建立起初始密封比压;由于介质压力的作用,使阀座或阀板上的弹性密封元件产生弹性变形并在密封副两密封面间形成足够的密封比压,以保证蝶阀的密封。相比充压密封蝶阀,自动密封蝶阀结构简单,成本高;密封性能受介质压力变化影响较大;当介质压力降低时,很难密封;可根据使用需要设计成单向或双向密封。

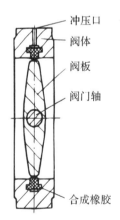

图 6-18　充压密封蝶阀

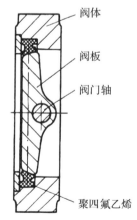

图 6-19　自动密封蝶阀

6.3.2 适用场合与选用原则

蝶阀适用于工作压力从真空到 100MPa 以上的超高压、工作温度 −100～450℃ 以上的工作场合。在选用时需根据实际工况,选择适用于不同工作压力及温度的蝶阀。在蝶阀选用时,首先根据密封要求的不同,可参照表 6-3 选用不同密封形式的蝶阀。不同密封形式的蝶阀使用介质、压力、温度、口径方面区别不大,主要区别在于密封性能的差别。其次根据介质、温度、压力的不同,参照表 6-4 选用不同的密封材料。

表 6-3 蝶阀的选用——按照密封形式

蝶阀类型		压力损失要求	启闭速度要求	介质	压力	温度	口径	密封要求	寿命
强制密封蝶阀	中线密封蝶阀	低	较快	淡水、污水、海水、盐水、蒸汽、天然气、食品、药品、油品和各种酸碱	PN40 以下	300℃ 以下	各种口径,大口径(DN1000 以上)	一般	一般
	单偏心密封蝶阀							高	长
	双偏心密封蝶阀							较高	较长
	三偏心密封蝶阀							最高	最长
充压密封蝶阀								可控	较长
自动密封蝶阀								介质压力相关	较长

表 6-4 蝶阀的选用——按照密封材料

蝶阀类型		介质	温度	密封要求	应用场合
软密封蝶阀	软密封偏心蝶阀	水、煤气	低温常温	高	通风除尘管路的双向启闭及调节、冶金、轻工、电力、石油化工系统的煤气管道及水道等
金属硬密封蝶阀	双偏心金属密封蝶阀	水、蒸汽、煤气、油品、酸碱	高温	较高	城市供热、供汽、供水及煤气、油品、酸碱等管路
	三偏心金属密封蝶阀	气、液	高温	最高	大型变压吸附(PSA)气体分离装置程序控制阀、石化、化工、冶金、电力等领域

注:表中密封要求为相对比较的结果,按照从高到低排列为最高、较高、高、一般。

6.4 球 阀

球阀是由旋塞阀演变而来的,它的启闭件为一个球体,利用球体绕阀杆的轴线旋转 90° 实现开启和关闭的效果。球阀在管道上主要用于切断、分配和改变介质流动方向。设计成 V 形开口的球阀还具有良好的流量调节功能。

球阀不仅结构简单、密封性好,而且在一定的公称通径范围内体积较小、重量轻、材料耗用少、安装尺寸小,并且驱动力矩小,操作简便、易实现快速启闭,是近十几年来发展最快的阀门品种之一。特别是在美、日、德、法、意、西、英等工业发达国家,球阀的使用非常广泛,使用品种和数量仍在继续扩大,并向高温、高压、大口径、高密封性、长寿命、优良的调节性能以及一阀多功能方向发展。其可靠性及其他性能指标均达到较高水平,并已部分取代闸阀、截止阀、节流阀。随着球阀的技术进步,在可以预见的短时间内,特别是在石油天然气管线、炼油裂解装置以及核工业上将有更广泛的应用。此外,在其他工业中的大中型口径、中低压力场合,球阀也将会成为主导的阀门类型之一。

球阀具有以下优点:

(1)流阻较低(实际上为零)。

(2)适用于腐蚀性介质和低沸点液体。

(3)在较大的压力和温度范围内,能实现完全密封。

(4)可实现快速启闭,某些结构的启闭时间仅为 0.05~0.1s,以保证能用于试验台的自动化系统中。快速启闭阀门时,操作无冲击。

(5)球形关闭件能在边界位置上自动定位。

(6)工作介质在双面上密封可靠。

(7)在全开和全闭时,球体和阀座的密封面与介质隔离,因此高速通过阀门的介质不会引起密封面的侵蚀。

(8)结构紧凑、重量轻,可以认为它是用于低温介质系统的最理想的阀门结构。

(9)阀体对称,尤其是焊接阀体结构,能很好地承受来自管道的应力。

(10)关闭件能承受关闭时的高压差。

(11)全焊接阀体的球阀,可以直接埋于地下,使阀门内件不受侵蚀,最高使用寿命可达30年,是石油、天然气管线最理想的阀门。

由于球阀具有上述优点,所以适用范围很广,球阀可适用于公称通径从 8mm 到1200mm、公称压力从真空到 42MPa、工作温度从−204℃到815℃的场合。

球阀最主要的阀座密封圈材料是聚四氟乙烯(PTFF),它对几乎所有的化学物质都是惰性的,且具有摩擦系数小、性能稳定、不易老化、温度适用范围广和密封性能优良的综合性能特点,但聚四氟乙烯的物理特性,包括较高的膨胀系数,对冷流的敏感性和不良的热传导性,要求阀座密封的设计必须围绕这些特性进行。阀座密封的塑性材料也包括填充聚四氟乙烯、尼龙和其他许多材料。但是,当密封材料变硬时,密封的可靠性就要受到破坏,特别是在低压差的情况下。此外,像丁腈橡胶这样的合成橡胶也可用作阀座密封材料,但它所适用的介质和使用的温度范围要受到限制。另外,如果介质不润滑,使用合成橡胶容易卡住球体。

为了满足高温、高压、强冲蚀、长寿命等工业应用的使用要求,近十几年来,金属密封球阀得到了很大的发展。尤其在工业发达国家,如美国、意大利、德国、西班牙、荷兰等,对球阀的结构不断改进,出现全焊接阀体直埋式球阀、升降杆式球阀等,使球阀在长输管线、炼油装置等工业领域的应用越来越广泛,出现了大口径(3050mm)、高压力(70MPa)、宽温度范围(−196~815℃)的球阀,从而使球阀的技术达到一个全新的水平。

球阀在完全开启时,流阻很小,实际等于零,由于容易清扫管线,因此等径球阀广泛应用于石油天然气管线中。由于球阀的球体在启闭过程中带有擦拭性,故大多数球阀可用于带悬浮固体颗粒的介质中,依据密封圈的材料也可用于粉状和颗粒状的介质。

6.4.1　典型结构

球阀的种类繁多,按照结构形式不同可以分为浮动球球阀、固定球球阀、带浮动球和弹性活动套筒阀座的球阀、升降杆式球阀、变孔径球阀和气动 V 形球调节阀。按照密封副的材质不同,可以分为软密封球阀和金属密封球阀,其中软密封球阀密封副由金属材料对非金属软质材料构成,金属密封球阀密封副由金属材料对金属材料构成。球阀与管道之间有多种连接形式,包括法兰式、螺纹式、对夹式、卡套式、夹箍式和焊接连接。以下主要介绍几种典型结构形式的球阀。

（1）浮动球球阀

如图 6-20 所示,浮动球球阀的阀体内有两个阀座密封圈,在它们之间有一个夹紧的球体,球体上有通孔,称全径球阀;通孔的直径略小于管道的内径,称缩颈球阀,球体借助于阀杆可以自由地在阀座密封圈中旋转。在开启时,球孔与管道孔径对准,以保证管道工作介质阻力最小。当阀杆转动 1/4 圈时,球孔垂直于阀门的通道,靠加给两阀座密封圈的预紧力和介质压力将球体紧紧压在出口端的阀座密封圈上,从而保证阀门完全密封。

（2）固定球球阀

如图 6-21 所示,固定球球阀主要使用于高压大口径的管路中,在正确选择密封元件的条件下,这种形式的球阀还能保证在两个方向上完全密封。根据阀座密封圈的安装不同,这种球阀可以有两种结构:球体前密封的阀座和球体后密封的阀座。

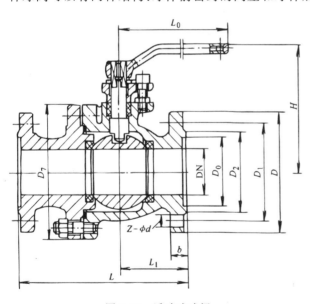

图 6-20　浮动球球阀

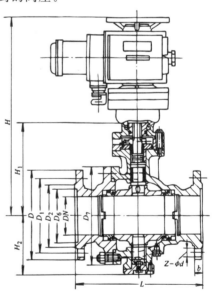

图 6-21　固定球球阀

球体前密封的球阀,其优点在于关闭时,填料和大部分阀体不受内压,关闭时,在加压一侧不形成积液区。这个特点对有腐蚀性和低温液体的工作系统尤其重要。这种球阀的缺点是球体转动时所需要的转矩大。另外,压力作用的有效面积增加,也会使固定轴承上的载荷变大。

球体后密封的球阀,这种球阀关闭件的根本特点在于,在关闭时密封是由安装在介质运动方向的球体后阀座来实现的。这种结构可以减少球体支承轴承的载荷。当在关闭状态加压时,因为介质压力使前阀座离开球体,故前阀座不起密封作用。相反,由于介质压力,球后阀座把球体压紧,则保证了球体完全密封。球体后密封的球阀有以下优点:大大地减少了固定轴上的载荷;减少了球阀中的总摩擦力矩。这种球阀的缺点在于,通道截面面积较小。此外,在该球阀处于关闭状态时,填料和阀体内腔都处于工作介质压力的作用下。

(3)带浮动球和弹性活动套筒阀座的球阀

如图 6-22 所示。

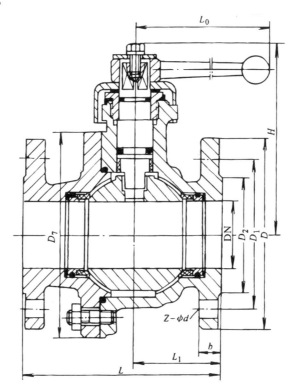

图 6-22 带浮动球和弹性活动套筒阀座的球阀

(4)升降杆式球阀

如图 6-23 所示,这种球阀的优点是:

①启闭无磨损现象。这种球阀在开启和关闭时,球体先偏离阀座然后再转动,消除了球体与阀座的摩擦,解决了传统球阀、闸阀、旋塞阀的阀座磨损问题。

②可注入密封脂,在运行中进行补漏。将阀杆密封脂从填料附件注入,可完全控制挥发性、放射性泄漏问题。

③单阀座设计。升降杆式球阀的静态单阀座能保证双向零泄漏,避免了双阀座球阀的内腔压力升高问题。

④抗磨球体硬质密封面。球体表面堆焊了一层硬质密封面材料,并经抛光处理,能满足在非常苛刻场合下的密封性。

⑤球体顶装式设计。在系统卸压后,可在管线上检查和维修,使维护简单化。

⑥操作转矩低。除非特大口径,其余均可配小手轮,并无须配备齿轮箱。因为升降杆式

球阀密封面间无摩擦,转动特别容易。

⑦最佳流动特性。全通径和标准通径球阀都有很高的 C_v 值,增强了泵的系统效率,并使磨蚀问题降到最低。

⑧双阀杆导向销。硬性阀杆导槽与导销控制阀杆的升降与转动。

⑨自清洗。当球体倾离阀座时,介质沿密封面 360° 将一些外来杂物冲洗干净。

⑩机械楔形密封。关闭时,阀杆下端的凸轮斜面提供一个机械的楔紧力,以保证持续的紧密封。

⑪寿命长。升降杆式球阀可替代易出故障的普通球阀、闸阀、截止阀和旋塞阀,球阀的独特性能将减少装置停车,降低企业成本。

⑫工作温度高。可承受温度到 427℃,解决了传统球阀不能用于高温介质的问题。

(5)变孔径球阀

如图 6-24 所示。

(6)气动 V 形球调节球阀

如图 6-25 所示,V 形开口球球阀属固定球球

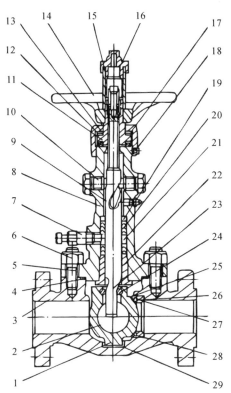

1—耳轴堆焊层;2—阀芯;3—阀体;

4—垫片;5—螺栓;6—螺母;7—填料注入件;

8—阀盖;9—阀杆;10—阀杆导销;

11—阀杆螺母;12—轴承;13—轴承座;

14—手轮;15—阀杆保护套;

16—开关位置指示器(1/4 转)

17—阀盖帽;18—紧定螺钉;19—填料箱;

20—密封填料;21—可注入式填料;

22—阀杆导向套;23—支撑销钉;

24—阀芯销钉;25—O 形圈;26—阀座基体;

27—阀座密封环;28—阀芯密封面;

29—耳轴衬套。

图 6-23　升降杆式球阀

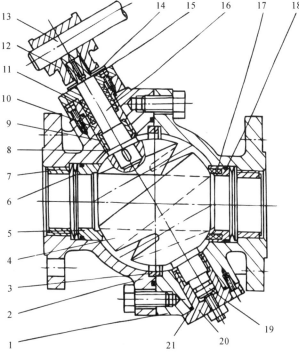

1—右阀体;2—左阀体;3—定位环;4—球体;5—左阀座;

6—蝶形弹簧;7—调整套;8—调整垫;9—轴套;10—上轴套;

11—调料;12—填料压盖;13—手柄;14—指针;15—刻度盘;

16—上阀杆;17—密封圈;18—右阀座;19—下阀杆;

20—下轴套;21—密封垫。

图 6-24　变孔径球阀

阀,也属单阀座密封球阀,调节性能是球阀中最佳的,其他类型的球阀基本不作调节用。其密封原理和固定球球阀球体后密封阀座类似,不过采用了板弹簧加预紧力的可动阀座结构。

这种球阀的特点是:

①阀座与球体之间不会产生卡阻或脱离等问题,密封可靠、使用寿命长。

②V形切口的球体与金属阀座之间具有剪切作用,特别适用于含纤维、微小固体颗粒、料浆等介质。

③全开时流通能力大,压力损失小,且介质不会沉积在阀体中腔。

④蜗轮传动V形开口球球阀还具有精确调节并可靠定位的功能。流量特性为近似等百分比,可调范围大,最大可调比为100∶1。

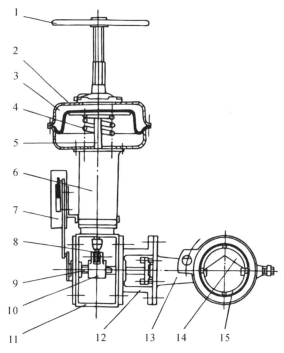

1—手轮;2—缸体;3—薄膜;4—弹簧;5—连接杆;6—弹簧套筒;7—定位器;8—万向联轴器;
9—阀杆;10—驱动轴;11—箱体;12—连接支架;13—阀体;14—球体;15—阀座。

图 6-25　气动 V 形球调节球阀

6.4.2　适用场合与选用原则

由于球阀通常用橡胶、尼龙和聚四氟乙烯作为阀座密封圈材料,因此它的使用温度受阀座密封圈材料的限制。球阀的截止作用是靠金属球体在介质的作用下,与塑料阀座之间相互压紧来完成的(浮动球球阀)。阀座密封圈在一定的接触压力作用下,局部区域发生弹塑性变形。这一变形可以补偿球体的制造精度和表面粗糙度,保证球阀的密封性能。

又由于球阀的阀座密封圈通常采用塑料制成,故在选择球阀的结构和性能上,要考虑球阀的耐火和防火性能,特别是在石油、化工、冶金等领域,在易燃、易爆介质的设备和管路系统中使用球阀,更应注意耐火和防火。具体选用时,可参照表 6-5,主要按照使用功能、介质、压力、温度、通径及密封材料等条件进行选用。

表 6-5　球阀的选用

球阀类型		功能	介质	压力	温度	通径	应用场合举例
软密封球阀	浮动球球阀	截断为主	水、蒸汽、油品、腐蚀性介质、低沸点液体	CL150、CL300、CL600	≤200℃	DN200 以下	城市煤气、天然气管路
	固定球球阀			CL2500 以下	≤200℃	DN1500 以下	石油、天然气管线、冶金系统的氧气管路
	升降杆式球阀				≤427℃		炼油催化裂化装置的管路
金属密封球阀	V 形球调节球阀	流量调节	含纤维微小固体颗粒、料浆等	CL150、CL300	≤450℃	DN25～400	需要流量调节的场合
	金属密封球阀	截断为主	水、蒸汽、油品、腐蚀性介质		≥200℃		冶金、电力、石化、城市供热系统中的高温介质管路

6.5　截止阀

截止阀是指启闭件(阀瓣)沿阀座中心线移动的阀门。由于阀瓣的这种移动形式,阀座通口的变化与阀瓣行程成正比例关系。由于该类阀门的阀杆开启或关闭行程相对较短,而且具有非常可靠的切断功能,又由于阀座通口的变化与阀瓣的行程成正比例关系,非常适合于对流量的调节。因此,这种类型的阀门非常适合用于切断或调节以及节流。

截止阀的阀瓣一旦从关闭位置移开,它的阀座和阀瓣密封面之间就不再有接触,因而它的密封面机械磨损很小,故其具有优良的密封性能。缺点是密封面间可能会夹住流动介质中的颗粒。但是,如果把阀瓣做成钢球或瓷球,这个问题亦可避免。由于大部分截止阀的阀座和阀瓣比较容易修理或更换,而且在修理或更换密封元件时无须把整个阀门从管线上拆卸下来,这在阀门和管线焊成一体的场合是非常适用的。

由于介质通过此类阀门时的流动方向发生了变化,因此截止阀的最小流阻也高于大多数其他类型的阀门。然而,根据阀体结构和阀杆相对于进、出口通道的布局,这种状况可以得到改善。同时,由于截止阀阀瓣开与关之间行程小,密封面又能承受多次启闭,因此它很适用于需要频繁开关的场合。

截止阀可用于大部分介质流程系统中。已研制出满足石化、电力、冶金、城建、化工等领域各种用途的多种形式的截止阀。

截止阀的使用极为普遍,但由于开启和关闭力矩较大、结构长度较长,通常公称通径都限制在 250mm 以下,也有到 400mm 的。选用时需特别注意进出口方向。一般 150mm 以下的截止阀介质大都从阀瓣的下方流入,而 200mm 以上的截止阀介质大都从阀瓣的上方流入,这是考虑到阀门的关闭力矩所致。为了减小开启或关闭力矩,一般 200mm 以上的截止阀都设内旁通或外旁通阀门。

截止阀最明显的优点是:在开启和关闭过程中,由于阀瓣与阀体密封面间的摩擦力比闸阀小,因而耐磨;开启高度一般仅为阀座通道直径的 1/4,比闸阀小得多;通常在阀体和阀瓣上只有一个密封面,因而制造工艺性比较好,便于维修。但是,截止阀的缺点也是不容忽视的。其缺点主要是流阻系数比较大,因此造成压力损失较大,特别是在液压装置中,这种压力损失尤为明显。

6.5.1 典型结构

截止阀的种类很多,按照螺纹阀杆位置不同,可以分为上螺纹阀杆截止阀和下螺纹阀杆截止阀;按照流通流道的不同形式可以分为直通式截止阀、角式截止阀、直流式截止阀、三通截止阀、柱塞式截止阀和针形截止阀。如图 6-26 所示,截止阀的密封形式包括平面密封、锥面密封和球面密封三种。其中平面密封是阀体密封面与阀瓣密封面均由平面构成。这种密封副便于机械加工,制造工艺简单。锥面密封是阀体密封面与阀瓣密封面均制成圆锥形。这种密封副密封省力、亦可靠,介质中的杂物不易落在密封面上。球面密封是阀体密封面制成很小的圆锥面,而阀瓣是可以灵活转动的、硬度较高的球体。这种密封副适用于高温、高压场合,密封省力且密封可靠、寿命长,但只适用于较小口径的阀门。密封面材质可以分为非金属密封材料和金属密封材料。其中非金属密封材料可分为软密封和硬密封两种,软密封材料包括聚四氟乙烯、橡胶、尼龙、对位聚苯、柔性石墨等软质材料,硬密封材料采用氧化铝、氧化锆等陶瓷材料。按照截止阀与管道的不同连接方式,截止阀也可分为法兰连接、内螺纹连接、外螺纹连接、焊接连接、夹箍连接和卡套连接等多种连接形式的截止阀。以下介绍几种典型结构形式的截止阀。

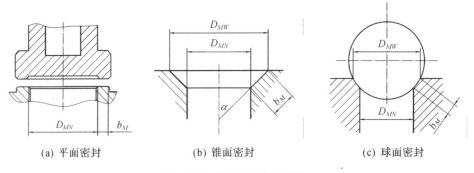

(a) 平面密封   (b) 锥面密封   (c) 球面密封

图 6-26 截止阀的密封形式

(1)上螺纹阀杆截止阀

如图 6-27 所示,这种截止阀的应用比较普遍。它的阀杆螺纹在阀体的外面,不与工作介质直接接触,这样可以使阀杆螺纹不受介质的侵蚀,同时也便于润滑、操作省力。根据阀体材料、密封副材料、填料材料、阀杆材料的不同,上螺纹阀杆截止阀可适用于不同的工况。若阀体、阀盖材料为碳素钢,密封副材料为合金钢,填料为柔性石墨,阀杆材料为 Cr13 系不锈钢,则适用于水、蒸汽、油品管路;若阀体和阀盖材料为 1Cr18Ni9 或 0Cr18Ni9,密封副材料为阀体本身材料或硬质合金,填料为聚四氟乙烯,阀杆材料为 Cr17Ni2,则适用于以硝酸为基的腐蚀性介质管路上;若阀体阀盖材料为 1Cr18Ni12Mo2Ti 或 0Cr18Ni12Mo2Ti,密封副材料为阀体本身材料或硬质合金,填料为聚四氟乙烯,阀杆材料为 1Cr18Ni12Mo2Ti,则适用于以醋酸为基的腐蚀性介质管路。该类截止阀的最大公称通径为 200mm,200mm 以上的截止阀要设旁通阀或在设计上设置内旁通结构。一般,DN≥200mm 的截止阀的进口端都在阀瓣的上方,即高进低出,这是为了防止关闭时太费力和阀杆过粗的缘故。

(2)下螺纹阀杆截止阀

如图 6-28 所示,这种截止阀的阀杆螺纹在阀体内部,与介质直接接触,不仅无法润滑,而且易受介质侵蚀。此种结构的截止阀多用在公称通径比较小和介质工作温度不高的场合中,公称通径一般在 6～50mm 范围,大部分用在仪表阀和取样阀。

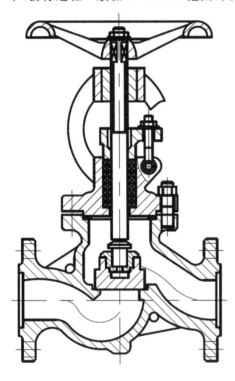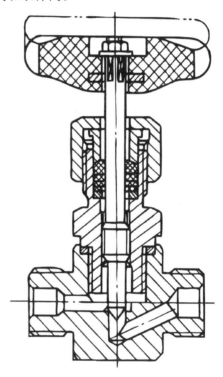

图 6-27　上螺纹阀杆截止阀　　　　　　　　图 6-28　下螺纹阀杆截止阀

(3)角式截止阀

如图 6-29 所示,该截止阀的进出口通道成 90°直角。这种形式的截止阀使通过阀门的介质流向改变,因此会产生一定的压力降。角式截止阀的最大优点是可以把阀门安装在管路系统的拐角处,这样既节约了 90°弯头,又便于操作。这类阀门在合成氨生产系统、制冷系统中应用较多。

(4)三通截止阀

如图 6-30 所示,该截止阀具有三个通道。通常用于改变介质流动方向和分配介质。

(5)直流式截止阀

如图 6-31 所示,阀杆和通道成一定角度的截止阀,其阀座密封面与进出口通道有一定角度,阀体可制成整体式,也可制成分体式。阀体分体式的截止阀用两阀体把阀座夹在中间,既便于制造又便于维修。这类截止阀几乎不改变流体流向,是截止阀中流阻最小的一

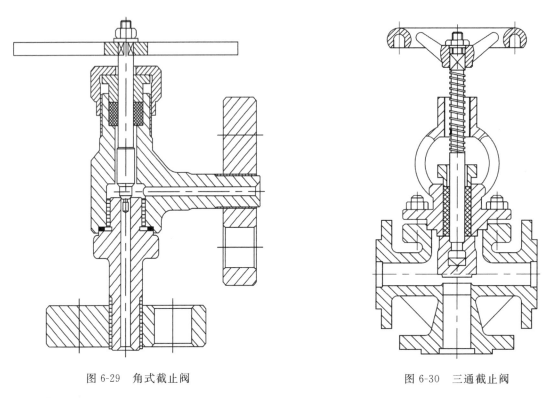

图 6-29　角式截止阀　　　　　　　　　　图 6-30　三通截止阀

类。阀座和阀瓣密封面可堆焊硬质合金,可使整个阀门更耐冲刷和腐蚀,非常适用于氧化铝生产工艺流程中的管路控制,同时也适用于有结焦和固体颗粒的管路。

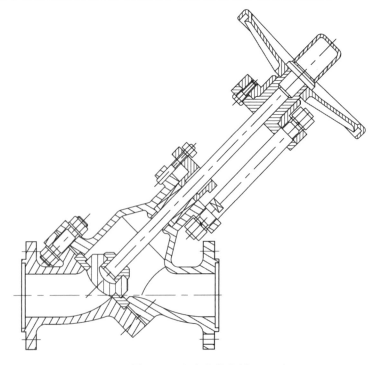

图 6-31　直流式截止阀

（6）柱塞式截止阀

如图 6-32 所示，柱塞式截止阀是常规截止阀的变形。在柱塞阀中，阀瓣和阀座是按柱塞的原理设计的。把阀瓣设计成柱塞，阀座设计成套环，依靠柱塞和套环的配合实现密封。这种阀门的制造工艺简单，套环可以用柔性石墨或聚四氟乙烯制成，密封性好，高低温介质均可使用，该阀主要作开启或关闭用。但是，设计成特殊形的柱塞和套环也可以用于流量调节。这种阀的缺点是启、闭速度慢。该阀的材料组合为壳体用碳钢、柱塞用 Cr13 不锈钢、密封圈用柔性石墨，可用于水、蒸汽、油品的管路；若壳体用不锈耐酸钢，柱塞用不锈耐酸钢，密封圈用聚四氟乙烯，则适用于酸、碱类腐蚀性介质。该阀的优点是密封可靠，寿命比较长，维修简便，缺点是启闭速度慢。该类阀门广泛应用于城建系统、城市供热系统中的水、蒸汽管路。

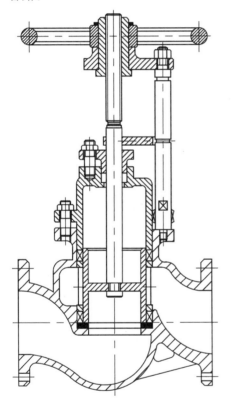

图 6-32 柱塞式截止阀

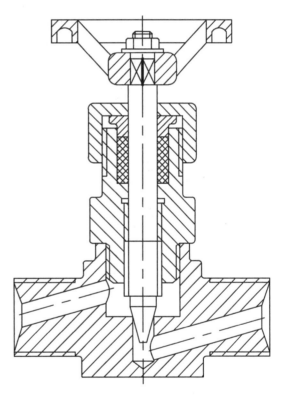

图 6-33 针形截止阀

（7）针形截止阀

如图 6-33 所示，针形截止阀是作为精确的流量控制使用的，通常仅限用于小口径，一般阀座孔的直径比公称通径小。阀瓣通常与阀杆做成一体，它有一个与阀座配合、精度非常高的针状头部。而且针形截止阀阀杆螺纹的螺距比一般截止阀的阀杆螺纹螺距要小，在通常情况下，针形截止阀阀座孔的尺寸比管道尺寸小。因此，它通常只限于在公称通径小的管线中使用，更多地作为取样阀使用。

（8）内压自封式阀盖截止阀

如图 6-34 所示,主要适用于高温高压的管路系统中,阀体内腔中压力越高阀盖的密封性越好。阀体与管路的连接形式为对接焊连接,阀体材料多采用铬钼钢或铬钼钒钢,密封面大都堆焊硬质合金。因此,该类阀门耐高温高压、抗热性好,密封面耐磨损、耐擦伤、耐腐蚀、密封性能好、寿命长。最适用于火电工业、石油化工及冶金工业等的高温高压水、蒸汽、油品、过热蒸汽管路。

（9）螺纹焊接式阀盖截止阀

如图 6-35 所示,这种截止阀的阀体与阀盖为螺纹连接,然后再用焊接密封,保证阀体与阀盖的连接处绝无外漏。该种结构多使用于 AP1602、CL800、CL1500,公称通径 15～50mm 的锻钢阀门,主要应用于石化和电力行业。

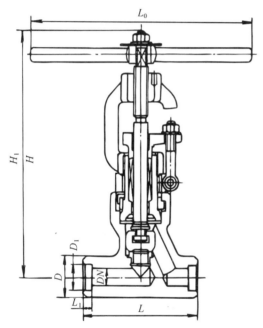

图 6-34　内压自封式阀盖截止阀

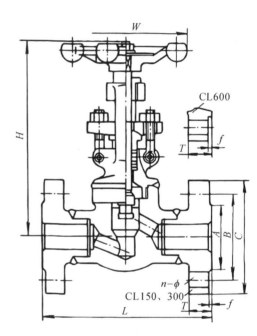

图 6-35　螺纹焊接式阀盖截止阀

6.5.2　适用场合与选用原则

截止阀适用于工作压力从真空到 100MPa 以上、工作温度−100℃到 450℃以上的工作场合,在选用时需根据实际工况,选择适用于不同压力及温度的截止阀。截止阀的应用非常广泛,但是不同结构形式的截止阀所适用的场合也不同。截止阀是应用最广的阀类之一,随着球阀和蝶阀的发展,截止阀应用的场合被部分取代,但从截止阀本身的特点来看,球阀、蝶阀是不能替代的,在具体选用时,可参照表 6-6,主要根据使用功能、调节精度、介质、温度、压力、通径及材料等要求进行选用。

表 6-6　截止阀的选用

类型	功能	调节精度要求	介质	压力温度	公称通径	阀体、密封副、填料及阀杆材料	应用举例
上螺纹阀杆截止阀	截断及压力流量调节	不高	水、蒸汽、油品	≤200mm		碳素钢、合金钢、柔性石墨、Cr13 不锈钢	
			硝酸基介质			1Cr18Ni9、硬质合金、聚四氟乙烯、Cr17Ni2	
			醋酸基介质			1Cr18Ni12Mo2Ti、硬质合金、聚四氟乙烯、1Cr18Ni12Mo2Ti	
下螺纹阀杆截止阀				常温低温	6～50mm		仪表阀、取样阀
角式截止阀				16MPa 32MPa			合成氨、制冷系统
直流式截止阀						硬质合金	氧化铝生产、易结焦管路
针形截止阀		较高			6～50mm		取样阀
内压自封式截止阀		不高	水、蒸汽、油品、过热蒸汽	高温高压	15～50mm	铬钼钢、铬钼钒钢;硬质合金	火电石化冶金行业
螺纹焊接式阀盖截止阀		不高		CL800 CL1500		锻钢	石化、电力行业
柱塞式截止阀	截断	——	水、蒸汽、油品		≤150mm	碳钢、Cr13 不锈钢、柔性石墨	城市供水、供热工程
			酸、碱类腐蚀			不锈耐酸钢、聚四氟乙烯	
三通截止阀	换向	——					

6.6　旋塞阀

旋塞阀是启闭件成柱塞形的旋转阀,通过旋转 90°使阀塞上的通道口与阀体上的通道口相通或分开,实现开启或关闭的一种阀门。阀塞的形状可成圆柱形,如图 6-36 所示;或圆锥形,如图 6-37 所示。

在圆柱形阀塞中,通道一般成矩形;而在圆锥形阀塞中,通道成梯形。这些形状使旋塞阀的结构变得轻巧,但同时也会产生一定的压力损失。

旋塞阀最适合作为切断和接通介质以及分流使用,但是依据工作介质的性质和密封面的耐冲蚀性,有时也可用于节流。由于旋塞阀密封面之间运动带有擦拭作用,而在全开时可完全防止与流动介质的接触,故它通常也能够用于带悬浮颗粒的介质。

旋塞阀的另一个重要特性是它易于适应多通道结构,以致一个阀可以获得两个、三个,甚至四个不同的流道。这样可以简化管道系统的设计,减少阀门用量以及设备中需要的一

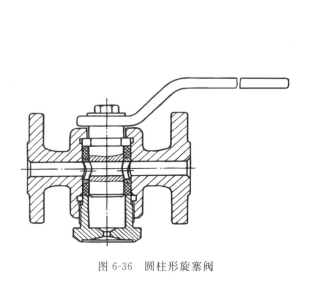

图 6-36　圆柱形旋塞阀

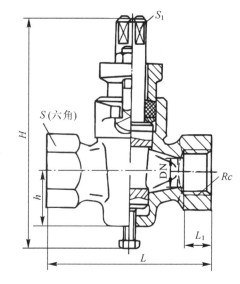

图 6-37　圆锥形旋塞阀

些连接配件。旋塞阀广泛地应用于油田开采、输送和精炼设备中,同时也广泛用于石油化工、化工、煤气、天然气、液化石油气、暖通行业以及一般工业。

6.6.1　典型结构

旋塞阀的种类很多,按照结构形式不同,主要可以分为圆柱形旋塞阀和圆锥形旋塞阀两种。按照密封材质的不同,可以分为非金属密封材料旋塞阀、金属密封材料旋塞阀和油膜密封旋塞阀三种。其中非金属密封材料可采用聚四氟乙烯、橡胶、尼龙、对位聚苯、柔性石墨等软质材料,金属密封材料旋塞阀密封副由金属对金属制成,油膜密封旋塞阀主要靠密封副之间压入的密封脂来实现密封。按照与管道的连接形式不同,可以分为法兰连接、内螺纹、外螺纹、焊接、夹箍连接和卡套连接等多种形式的旋塞阀。下面介绍几种典型结构的旋塞阀。

（1）圆柱形旋塞阀

如图 6-36 所示,圆柱形旋塞阀的使用在一定程度上取决于阀塞与阀体之间产生密封的情况。一般圆柱形旋塞阀经常使用四种密封方法,即使用密封剂、阀塞膨胀、O 形密封圈和偏心旋塞楔入阀座密封圈。圆柱形润滑旋塞阀的密封靠阀塞和阀体之间的密封剂来实现。密封剂是用螺栓或注射枪经阀塞杆注入密封面的。因此当阀门在使用时,就可通过注射补充的密封剂来有效地弥补其密封的不足。由于密封面在全开位置时被保护而不与流动介质接触,所以润滑式旋塞阀特别适用于磨蚀性介质。但润滑式旋塞阀不宜用于节流,这是因为节流时流体会从露出的密封面上冲掉密封剂,这样阀门每次关闭时,都要对阀座的密封进行恢复。

该阀的缺点是对密封剂的添加常常需人工来完成。采用自动注射虽能克服这一缺点,但需增加添装设备的费用。一旦由于缺乏保养或密封剂选用不当,在密封面之间产生了结晶及阀塞在阀体中不能转动时,就必须对阀门进行清理或维修。图 6-36 所示的圆柱形旋塞阀,在阀体内装有一个聚四氟乙烯套筒和阀塞密封,用压紧螺帽压紧在阀体内,靠阀塞对聚四氟乙烯套筒的膨胀力来达到密封。

（2）圆锥形旋塞阀

圆锥形旋塞阀密封副之间的泄漏间隙可通过用力将阀塞更深地压入阀座来调整。当阀塞与阀体紧密接触时，阀塞仍可旋转，或在旋转前从阀座提起旋转 90°,而后再压入密封。

①紧定式圆锥形旋塞阀。如图 6-38 所示,旋塞阀不带填料,阀塞与阀体密封面间的密封依靠拧紧旋塞下面的螺母来实现,一般用于 PN≤0.6MPa 的场合。

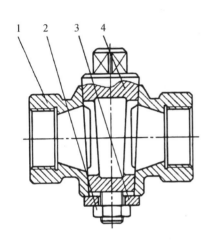

1—阀体;2—紧固螺母;3—垫圈;
4—旋塞。

图 6-38　紧定式圆锥形旋塞阀

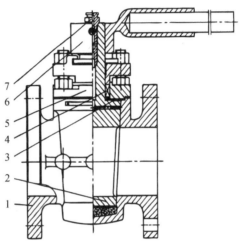

1—阀体;2—旋塞;3—垫片;4—填料;5—阀盖;6—手柄;
7—注脂阀。

图 6-39　油封式圆锥形旋塞阀

②填料式圆锥形旋塞阀。如图 6-37 所示,填料式圆锥形旋塞阀阀体内带有填料,通过压紧填料来实现阀塞和阀体密封面之间的密封。这种填料式圆锥形旋塞阀的密封性能较好,大量用于公称压力 1.0~1.6MPa 的场合。阀体下面的螺钉起调节阀塞和阀体之间配合松紧的作用。

③油封式圆锥形旋塞阀。如图 6-39 所示,油封式圆锥形旋塞阀由于采用了强制润滑,用油枪把密封脂强制注入阀塞和阀体内的油槽,使阀塞和阀体的密封面间形成一层油膜,从而提高旋塞阀的密封性能,并且使开启和关闭阀门时省力,同时亦可防止密封面受到损伤,起到保护密封面的作用。所用润滑脂的成分,可根据工作介质的性质和工作温度确定。该类旋塞阀的公称压力为 CL150~CL300,公称通径为 15~300mm,广泛应用于输油和输气管线。

④压力平衡式倒圆锥形旋塞阀。如图 6-40 所示,压力平衡式倒圆锥形旋塞阀的阀塞和阀体之间的密封,主要依靠密封脂和介质本身的压力来实现。其公称压力为 CL150~CL2500,公称通径为 15~900mm,主要用于石油、天然气的输送管线。

⑤聚四氟乙烯套筒密封圆锥形旋塞阀。为了克服润滑旋塞阀的保养难题,研制出如图 6-41 所示的圆锥形旋塞阀。在该阀中,阀塞于镶在阀体内的聚四氟乙烯套筒内旋转,聚四氟乙烯套筒避免了阀塞的黏滞。不过由于密封面积大和密封应力高,操作力矩仍较大。但另一方面,由于密封面积大,即使在密封表面上有某些损坏仍能较好地防止泄漏。正因为如此,这种阀坚固耐用。由于使用聚四氟乙烯套筒,也可将阀门应用在由于密封面相互接触会

产生黏滞的贵重材料的场合中。此外,这种阀很容易在现场进行维修,阀塞也无须进行研磨。

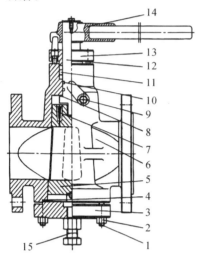

图 6-40 压力平衡式倒圆锥形旋塞阀

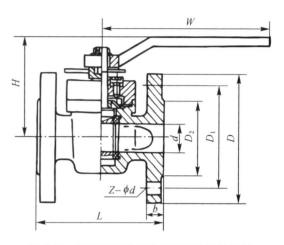

图 6-41 聚四氟乙烯套筒密封圆锥形旋塞阀

⑥三通式或四通式圆锥形旋塞阀。如图 6-42 所示,三通式或四通式圆锥形旋塞阀多为填料式或油封式圆锥形旋塞阀,多用于需分配介质的场合。

⑦高温耐磨旋塞阀。如图 6-43 所示,该类旋塞阀的阀体、阀盖用铬镍钛耐热钢制成,其阀塞用铬钼合金钢制成,其阀座密封圈用铬镍钛耐热钢堆焊硬质合金制成。在开启或关闭时,先用杠杆手柄微微抬起阀塞,然后再用手轮旋转阀 $90°$,达到开启或关闭旋塞阀的目的。该阀的公称压力为 1.6MPa,公称通径为 $50\sim100$mm,工作温度为 580℃,适用介质为含砂重油。

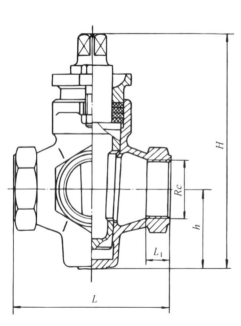

图 6-42 三通或四通式圆锥形旋塞阀

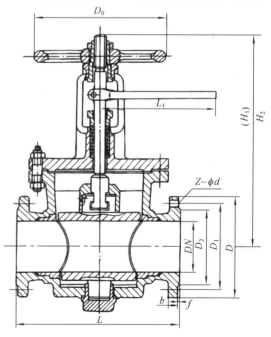

图 6-43 高温耐磨旋塞阀

6.6.2　适用场合与选用原则

旋塞阀适用于工作压力从真空到 80MPa 高压、工作温度－100℃到450℃以上的工作场合，在选用时需根据实际工况，选择适用于不同压力及温度的旋塞阀。具体选用时，可参照表 6-7，主要根据使用功能、介质、压力、温度、通径、材料等条件进行选用。

表 6-7　旋塞阀的选用

类型	功能	介质	公称压力	工作温度	公称通径	阀体材料	应用场合
圆柱形旋塞阀	截断	非腐蚀性				奥氏体不锈钢	食品及制药工业等的设备和管路
紧定式圆锥形旋塞阀			≤0.6MPa				
填料式圆锥形旋塞阀			≤1MPa		≤200mm		煤气、天然气、暖通系统的管路
油封式圆锥形旋塞阀			≤0.5MPa	≤340℃	≤300mm		油气开采、输运的管路和设备
压力平衡式倒圆锥形旋塞阀			≤4.2MPa	≤340℃	≤900mm		油气开采、输运的管路和设备
聚四氟乙烯套筒密封圆锥形旋塞阀		硝酸基腐蚀性				1Cr18Ni9 不锈钢	化学工业的设备和管路
		醋酸基腐蚀性				Cr18Ni12Mo2Ti	
高温耐磨旋塞阀		含砂重油	≤1.6MPa	580℃	50~100mm		含砂重油管路
多通路旋塞阀	分配换向	非腐蚀性介质	≤1.6MPa	≤300℃	≤300mm		

6.7　隔膜阀

隔膜阀在其阀体和阀盖内装有一挠性隔膜或组合隔膜，其关闭件是与隔膜相连接的一种压缩装置，阀座可以是如图 6-44 所示的堰形，也可以是如图 6-45 所示的成为直通流道的管壁。

隔膜阀的优点是其操纵机构与介质通路隔开，不但保证了工作介质的纯净，同时也防止管路中介质冲击操纵机构工作部件的可能性。此外，阀杆处不需要采用任何形式的单独密封，除非在控制有害介质中作为安全设施使用。

隔膜阀中，由于工作介质接触的仅仅是隔膜和阀体，两者均可以采用多种材料，因此该阀能理想地控制多种工作介质，尤其适合带有化学腐蚀性或悬浮颗粒的介质。

隔膜阀的工作温度通常受隔膜和阀体衬里所使用材料的限制，它的工作温度范围大约为－50~175℃。隔膜阀结构简单，只由阀体、隔膜和阀盖组合件三个主要部件构成。该阀易于快速拆卸和维修，更换隔膜可以在现场及短时间内完成。操纵机构和介质通路隔开，使隔膜阀不仅适用于食品和医药卫生工业生产，而且也适用于一些难以输送的和危险的介质。

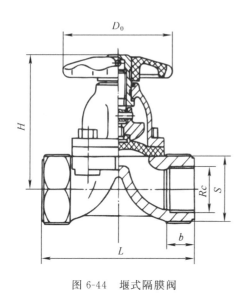

图 6-44　堰式隔膜阀

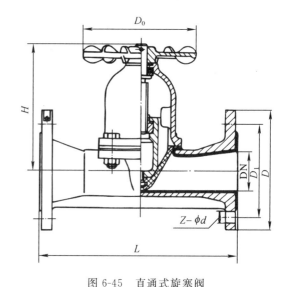

图 6-45　直通式旋塞阀

人造合成橡胶和工程塑料的应用,以及阀体衬里材料的广泛选择性,使隔膜阀在现代工业的各个领域都得到广泛应用。

6.7.1　典型结构

隔膜阀的种类很多,按照结构形式不同可以分为堰式隔膜阀和直通式隔膜阀两种。按照密封副材质的不同,可以分为以下 4 种:阀体衬耐酸搪瓷,隔膜用氯丁橡胶及聚四氟乙烯的隔膜阀;阀体衬聚四氟乙烯,隔膜用氯丁橡胶及聚四氟乙烯的隔膜阀;阀体不加衬,阀体材料为铸铁、铸钢、不锈钢、纯钛,隔膜用氯丁橡胶或耐酸碱橡胶的隔膜阀;阀体衬多种橡胶,隔膜用氯丁橡胶的隔膜阀。按照与管道的连接方式不同,可以分为法兰连接、内螺纹连接和外螺纹连接三种连接方式的隔膜阀。下面针对隔膜阀的两种典型结构形式进行介绍。

(1)堰式隔膜阀

如图 6-44 所示,只需用较小的操作力和较短的隔膜行程即可启闭阀门,因此减少了隔膜的挠变量、延长了隔膜的寿命、减少了维修和停机时间、降低了生产成本,这种隔膜阀使用最为广泛。

隔膜的材料可以是人造合成橡胶或者带有合成橡胶衬里的聚四氟乙烯。隔膜与承压套相连,承压套再与带螺纹的阀杆相连,关闭阀门时,隔膜被压下,与阀体堰形构造密封,或者与阀门内腔轮廓密封,或者与阀体内的某一部位密封,这取决于阀门的内部结构设计。

标准的堰式隔膜阀也可以用于高真空中,不过用于高真空时,隔膜必须特殊增强。堰式隔膜阀在关闭至接近 2/3 开启位置时,也可以用于流量控制。但是,为了防止密封面受到腐蚀物质和在液体介质中引起气蚀损害,应尽量避免在接近关闭位置时进行流量控制。

(2)直通式隔膜阀

如图 6-45 所示,这种结构的隔膜阀由于没有堰,流体在阀门内腔直流。基于该阀的这一特点,它特别适用于某些黏性流体、水泥浆以及沉淀性流体。直通式隔膜阀相对于堰式隔膜阀来说,隔膜的行程较长,因此,这种结构使隔膜选择合成橡胶材料的范围受到了限制。

6.7.2 适用场合与选用原则

隔膜阀适用于工作压力低于 1.6MPa、工作温度 −100～120℃ 等低温(常温)低压工作场合,在选用时需根据实际工况的工作压力及温度,选择适用于不同工作压力及温度的隔膜阀。直通式隔膜阀与堰式隔膜阀的工况对比见表 6-8。

表 6-8 隔膜阀的选用

类型	介质	工作温度	公称压力	公称通径	应用场合
直通式隔膜阀	腐蚀性、研磨颗粒性介质	≤180℃	≤1.6MPa	≤200mm	食品、医药卫生工业生产的设备和管路
堰式隔膜阀	腐蚀性、黏性流体、水泥浆以及沉淀性介质	≤180℃	≤1.6MPa	≤200mm	食品、医药卫生工业生产的设备和管路

在选用隔膜阀时主要根据以下原则进行:

(1)根据实际工况(主要为温度和介质)选用隔膜阀的阀体衬里材料及隔膜材料。由于隔膜阀的使用温度、适用介质受阀体衬里材料和隔膜材料的限制,阀体衬里材料推荐使用的温度和适用的介质见表 6-9;隔膜材料推荐使用的温度和适用的介质见表 6-10。

表 6-9 隔膜阀阀体衬里材料的使用温度和适用介质

衬里材料(代号)	使用温度/℃	适用介质
硬橡胶(NR)	−10～85	盐酸、30%硫酸、50%氢氟酸、80%磷酸、碱、盐类、镀金属溶液、氢氧化钠、氢氧化钾、中性盐水溶液、10%次氯酸钠、湿氯气、氨水、大部分醇类、有机酸及醛类等
软橡胶(BR)	−10～85	水泥、黏土、煤渣灰、颗粒状化肥及磨损性较强的固态流体、各种浓度稠黏液等
氯丁胶(CR)	−10～85	动植物油类、润滑剂及 pH 值变化范围很大的腐蚀性泥浆等
丁基胶(ⅡR)	−10～120	有机酸、碱和氢氧化合物、无机盐及无机酸、元素气体、醇类、醛类、醚类、酮类、酯类等
聚全氟乙丙烯塑料(FEP)	≤150	除熔融碱金属、元素氟及芳香烃类外的盐酸、硫酸、王水、有机酸、强氧化剂、浓稀酸交替、酸碱交替和各种有机溶剂等
聚偏氟乙烯塑料(PVDF)	≤100	
聚四氟乙烯和乙烯共聚物(ETFE)	≤120	
可熔性聚四氟塑料(PFA)	≤180	
聚三氟氯乙烯塑料(PCTFE)	≤120	
搪瓷	≤100 切忌温差急变	除氢氯酸、浓磷酸及强碱外的其他低度耐蚀性介质

续表

衬里材料(代号)	使用温度/℃	适用介质
铸铁无衬里	使用温度按隔膜材料定	非腐蚀性介质
不锈钢无衬里		一般腐蚀性介质

表 6-10　隔膜阀隔膜材料的使用温度和适用介质

隔膜材料(代号)	使用温度/℃	适 用 介 质
氯丁胶(CR)	$-10\sim85$	动植物油类、润滑剂及 pH 值变化范围很大的腐蚀性泥浆等
天然胶(Q 级)	$-10\sim100$	无机盐、净化水、污水、无机稀酸类
丁基胶(B 级)	$-10\sim120$	有机酸、碱和氢氧化合物、无机盐及无机酸、元素气体、醇类、醛类、醚类、酮类、酯类等
乙丙胶(FPDM)	$\leqslant120$	盐水、40%硼水、5%～15%硝酸及氢氧化钠等
丁腈胶(NBR)	$\leqslant120$	水、油品、废气及治污废液等
聚全氟乙丙烯塑料(FEP)	$-10\sim85$	除熔融碱金属、元素氟及芳香烃类外的盐酸、硫酸、王水、有机酸、强氧化剂、浓稀酸交替和各类有机溶剂
可熔性聚四氟乙烯塑料(PFA)	$\leqslant180$	
氟橡胶(FPM)	$-10\sim150$	耐介质腐蚀性高于其他橡胶,适用于无机酸、碱、油品、合成润滑油及臭氧等

(2)根据工况所需流量特性,选择隔膜阀的具体结构形式。堰式隔膜阀及直通式隔膜阀的流量特性曲线见图 6-46 及图 6-47。

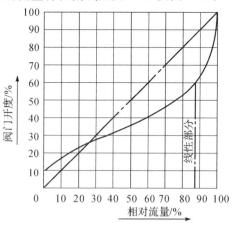

图 6-46　堰式隔膜阀流量特性曲线

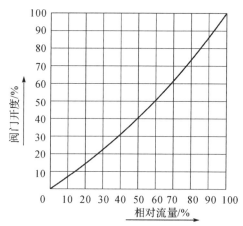

图 6-47　直通式隔膜阀流量特性曲线

(3)根据温度、压力及通径选择隔膜阀的公称尺寸等级。堰式隔膜阀及直通式隔膜阀压力、温度等级如图 6-48 及图 6-49 所示。衬氟隔膜阀及衬胶隔膜阀的温度、压力等级如图 6-50及图 6-51 所示。

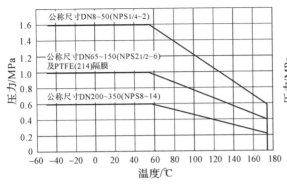

图 6-48　堰式隔膜阀压力与温度的关系

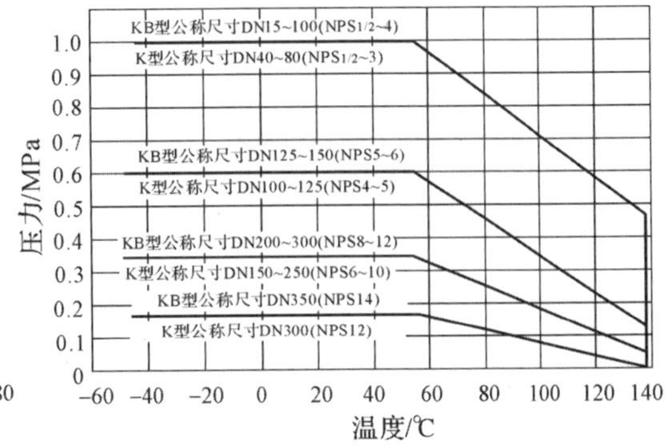

图 6-49　直通式隔膜阀压力与温度的关系

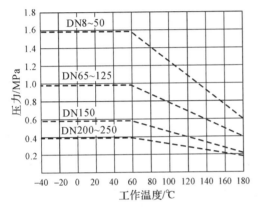

图 6-50　衬氟隔膜阀工作温度与压力的关系

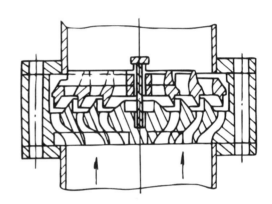

图 6-51　衬胶隔膜阀工作温度与压力的关系

6.8　止回阀

　　止回阀是指启闭件(阀瓣)借助介质作用力自动阻止介质逆流的阀门,又称逆流阀、逆止阀、背压阀和单向阀。这类阀门是靠管路中介质流动产生的力而自动开启和关闭的,属于一种自动阀门。管路系统中,止回阀的主要作用是防止介质倒流、防止泵及其驱动电机反转以及容器内介质的泄放。除此之外,还可用于给压力可能升至超过主系统压力的辅助系统提供补给的管路上。止回阀根据材质的不同,可以适用于各种介质的管路中。

　　止回阀的工作特点是载荷变化大,启闭频率小,一旦处于关闭或开启状态,其使用周期便很长,且不要求运动部件转动。由于止回阀具有快速关闭的特点,导致其阀瓣启闭过程受所处的瞬态流动状态的影响,反过来阀瓣的关闭特性又对流体流动状态产生反作用。

6.8.1　典型结构

　　按结构形式来分,止回阀可分为升降式、旋启式和蝶式三种。其中,升降式和旋启式为止回阀的主流品种。在管路系统中多采用螺纹连接和法兰连接,少数型号采用焊接连接。

6.8.1.1 升降式止回阀

升降式止回阀是指启闭件(阀瓣)沿其密封面轴线做升降运动的止回阀。阀体内阀座密封面上的阀瓣在流体的作用下,可以沿阀体垂直中心线自由升降移动。在流体压力作用下,阀瓣从阀座密封面上升起,此时流道打开;当介质回流时,阀瓣回落到阀座上,此时流道关闭。在高压小口径止回阀中,阀瓣可采用圆球。

不同形式的升降式止回阀有着不同的应用,见表 6-11。

表 6-11 不同形式的升降式止回阀的结构特点

类型		特点
直通升降式止回阀	直通升降式止回阀	如图 6-52 所示为最常用的升降式止回阀形式,也称为直通式升降式止回阀或卧式升降式止回阀
	球形阀瓣升降式止回阀	图 6-53 所示的球形阀瓣升降式止回阀,在球形阀瓣与其导轨之间存在较大的间隙,因而适用于流体内混有脏物的场合,即使脏物进入关闭件的运动导轨,关闭件也不会卡死或关闭缓慢
	水泵底阀	如图 6-54 所示为专门用于泵吸入管底部的升降式止回阀
立式升降式止回阀	弹簧载荷环形阀瓣升降式止回阀	如图 6-55 所示,它与通常结构的升降式止回阀相比,阀瓣行程更小,加之弹簧载荷的作用,使阀门关闭迅速,关闭力大,因此更利于降低水锤压力
	角式升降式止回阀	如图 6-56 所示的阀门是特别设计,用于介质倒流十分迅速的系统,采用了减速阻尼装置,在关闭的最后阶段起作用,另外还采用了一定形状的启闭件,因而这种止回阀的冲击压力很小
水平垂直两用止回阀	倾斜式柱塞阀瓣升降式止回阀	如图 6-57 和图 6-58 所示为兼用于水平管道和垂直管道的升降式止回阀。其启闭件可以在升起的阀杆上自由升降,因此既可用作止回阀,也可用作截止阀
多环形流道止回阀		如图 6-59 和图 6-60 所示,该类止回阀具有最小的阀瓣行程,因此关闭更为迅速
高压系统用升降式止回阀		如图 6-61 所示为用于高压系统的内压自紧密封式阀盖的升降式止回阀。它主要用于高压系统,压力越高,阀盖的密封性能越好

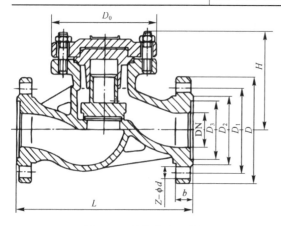

图 6-52 升降式止回阀

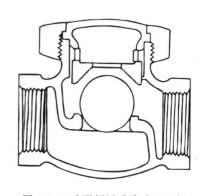

图 6-53 球形阀瓣升降式止回阀

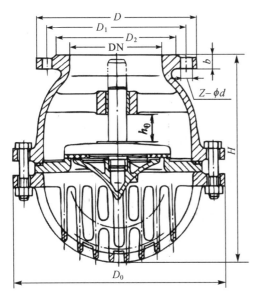

图 6-54　水泵底阀

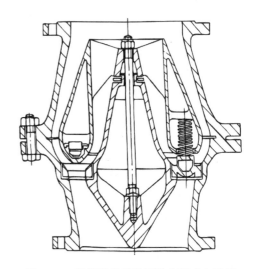

图 6-55　弹簧载荷环形阀瓣升降式止回阀

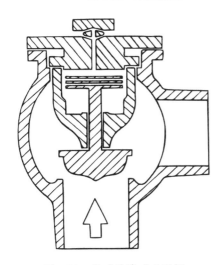

图 6-56　角式升降式止回阀

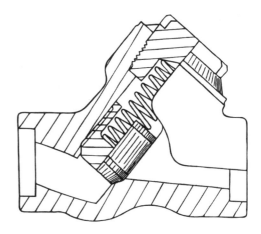

图 6-57　倾斜式柱塞阀瓣升降式止回阀

6.8.1.2　旋启式止回阀

旋启式止回阀是指阀瓣绕体腔内销轴做旋转运动的止回阀,图 6-62 所示为常用旋启式止回阀的典型结构,其安装位置不受限制,通常安装于水平管路,但也可以安装于垂直管路或倾斜管路上,因而应用最为广泛。根据阀瓣的数目,旋启式止回阀可分为单瓣旋启式、双瓣旋启式及多瓣旋启式,根据《阀门术语》(GB/T 21465—2008)的规定,具有两个以上阀瓣的旋启式止回阀,即称为多瓣旋启式止回阀。

6.8.1.3　蝶式止回阀

蝶式止回阀是阀瓣围绕阀座内的销轴旋转的止回阀,其结构较简单,只能安装在水平管道上,密封性较差。适用于低流速和流动方式不常变化的大口径场合,不宜用于脉动流场合。

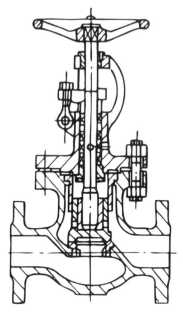

图 6-58 止回截止阀

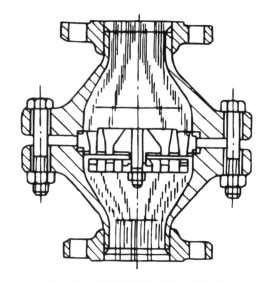

图 6-59 多环形流道升降式止回阀

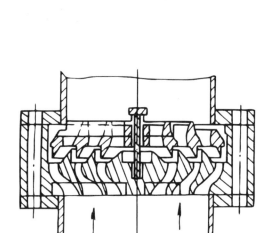

图 6-60 多环形流道对夹式止回阀

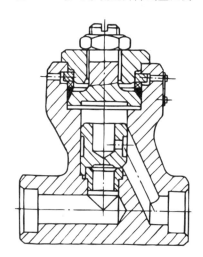

图 6-61 内压自紧密封式阀盖升降式止回阀

图 6-63 所示的蝶式止回阀的蝶板为两个半圆,在流体的压力作用下,开启后的状态呈 V 字形。当介质停止流动或发生倒流时,蝶板在弹簧力作用下强制复位,密封面常用本体堆焊耐磨材料或橡胶。

蝶式止回阀的结构形式有很多种,常见形式如下。

阀瓣呈圆盘状,绕阀座通道的转轴做旋转运动的蝶式止回阀,其阀内通道成流线型,流动阻力较小,适用于低流速和流动不常变化的大口径场合,但不宜用于脉动流场合。

阀瓣沿着阀体垂直中心线滑动的蝶式止回阀,其只能安装在水平管道上,在高压小口径止回阀上阀瓣可采用圆球。这种蝶式止回阀的阀体形状与截止阀一样(可与截止阀通用),因此它的流体阻力系数较大。

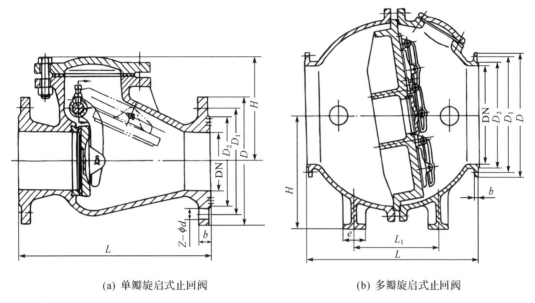

(a) 单瓣旋启式止回阀　　　　　　　(b) 多瓣旋启式止回阀

图 6-62　旋启式止回阀

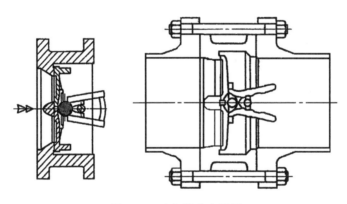

图 6-63　对夹蝶式止回阀

升降式止回阀、旋启式止回阀和蝶式止回阀的性能比较见表 6-12。

表 6-12　升降式止回阀、旋启式止回阀和蝶式止回阀性能比较

名称	机构原理	性能对比		
		密封性	流阻	安装角度
升降式止回阀	启闭件沿阀座中心线移动	最好	最大	水平
旋启式止回阀	启闭件在阀体内绕固定轴转动	较好	最小	任意方向
蝶式止回阀	启闭件绕阀座内的销轴旋转	最差	一般	水平

6.8.1.4　轴流式止回阀

轴流式止回阀如图 6-64 所示,阀体内腔表面、导流罩、阀瓣等过流表面均设计成流线型,且前圆后尖。流体流过时为层流状态,很少或没有湍流。因此此类阀门具有运行平稳、流动阻力小、水击压力小、流态好、对介质压力变化响应快速、低噪声和密封性好等优点。

按阀瓣结构形式的不同,轴流式止回阀可分为套筒型、圆盘型和环盘型等,其结构特点及适用场合见表 6-13。

表 6-13 轴流式止回阀结构特点及适用场合

类型	优点	缺点	适用场合
套筒型	阀瓣重量轻,动作灵敏,行程较短;结构长度短,可低压密封和低压开启;关闭无冲击,无噪声;寿命长	缺点是有两个密封面,给加工、研磨和维修增加了困难,同时有一定的压力损失	—
圆盘型	动作灵敏,行程较短,关闭无冲击,无噪声;流体阻力小,反应迅速,制造方便	—	一般用在长输管线或空压机出口等大口径管路的介质出口;可水平或垂直安装
环盘型	行程很短,加之弹簧载荷的作用,使其关闭迅速;更利于降低水击压力	结构较复杂,通过阻力较大	一般用于垂直管道

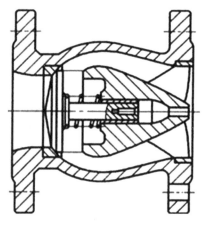

图 6-64 轴流式止回阀

6.8.1.5 几种特殊型止回阀

按照《阀门 术语》(GB/T 21465—2008)的规定,止回阀的主要形式为以上四种,但市场上的止回阀却有几十种之多,以下介绍几种特殊类型的止回阀,见表 6-14。

表 6-14 几种特殊类型止回阀结构特点及适用场合

类型	结构特点	适用场合
带缓闭装置的角式升降式止回阀(图 6-56)	大大减小水击压力	适用于介质逆流十分迅速的系统
管道式止回阀(图 6-65)	体积小,重最轻,加工工艺好,但流体阻力系数比旋启式止回阀略大	—
卧立两用球面止回阀(图 6-66)	密封圈材质为复合石墨	多用于工业管道上

续表

类型		结构特点	适用场合
滑道滚球式止回阀(图 6-67)		密封性能好,消声式关闭,不产生水锤,阀体采用全水流通道,流量最大,阻力小,水头损失比旋启式小50%,水平或垂直安装均可	可用于冷水、热水、工业及生活污水等管网的水泵出口,防止介质逆流,更适合用于潜水排污泵,适用介质温度 0~80℃
空排止回阀(图 6-68)		—	用于锅炉给水泵的出口,以防介质逆流及空排作用
隔膜式止回阀(图 6-69)	锥形隔膜式	对夹在管道两法兰之间,关闭极为迅速	—
	环形编织隔膜式	采用了褶皱的环状橡胶隔膜,关闭速度极快;使用范围通常受压差($<$1MPa)和温度($t<70$℃)的限制	
	梭形隔膜式	关闭件是一个一端为扁平形的弹性套管,当介质逆流时,套管的扁平端闭合	
无磨损球形止回阀(图 6-70)		是依靠腔体内的(橡胶)球实现开启和关闭的,该类阀门的水击值仅为旋启式阀门的 45%	适用于水击值要求严格的场合

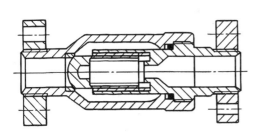

图 6-65　管道式止回阀

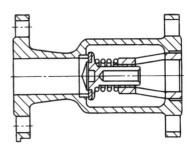

图 6-66　卧立两用球面止回阀

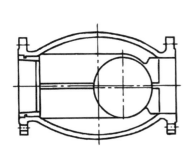

图 6-67　滑道滚球式止回阀结构

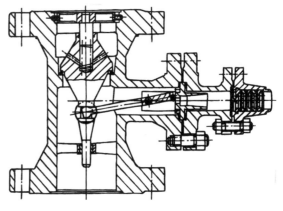

图 6-68　空排止回阀

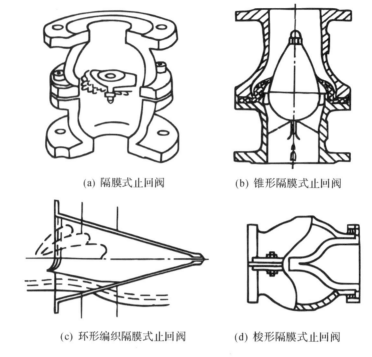

(a) 隔膜式止回阀　　　　(b) 锥形隔膜式止回阀

(c) 环形编织隔膜式止回阀　　　　(d) 梭形隔膜式止回阀

图 6-69　隔膜式止回阀

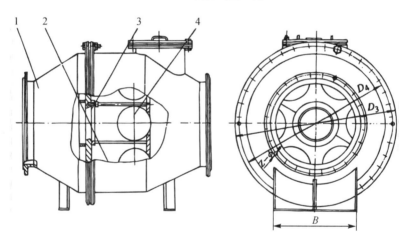

图 6-70　无磨损球形止回阀

6.8.2　适用场合与选用原则

　　止回阀的选择需考虑多种因素,如安装方式、介质要求、操作工况等,具体可从以下两方面考虑。一是可根据安装角度、介质要求和操作工况(如工作温度、接管尺寸、公称压力)选择止回阀的几何类型(见表 6-15)。二是可根据接管尺寸、公称压力等级来选择止回阀(见表 6-16)。

表 6-15　止回阀按结构分类选型

结构类型		安装角度	介质要求	工作温度	公称通径	公称压力
升降式止回阀	立式	水平管路	自上而下流动	—	50mm	—
	直通式	水平、垂直均可	—	—	—	—
	水泵底阀	垂直管路	自上而下流动	—	—	—
旋启式止回阀	单瓣式	水平、垂直均可	水、蒸汽、气体、腐蚀介质、油品、食品、药品等	−196～800℃	50～500mm	42MPa
	双(多)瓣式	水平、垂直均可	水、蒸汽、气体、腐蚀介质、油品、食品、药品等	−196～800℃	600～2000mm	42MPa
蝶式止回阀	对夹式	安装在管路的两法兰之间			最高可达2000mm以上	6.4MPa
隔膜止回阀	—	—	—	−20～120℃	最高可达2000mm以上	<1.6MPa
无磨损球型止回阀	—	—	一般腐蚀性介质	−101～150℃	200～1200mm	4.0MPa

表 6-16　按公称通径和压力等级止回阀选型推荐

公称通径 DN/mm	压力等级	阀门选用
DN<50	高中压	立式升降式止回阀或直通式升降式止回阀
	低压	蝶式止回阀、立式升降式止回阀或隔膜式止回阀
50<DN<600	高中压	旋启式止回阀
200<DN<1200	中低压	无磨损球形止回阀
50<DN<2000	低压	蝶式止回阀或者隔膜式止回阀

注:止回阀按公称压力分类如下:

真空止回阀:公称压力低于标准大气压的止回阀;

低压止回阀:公称压力 1.6MPa 的止回阀;

中压止回阀:公称压力 2.5～6.4MPa 的止回阀;

高压止回阀:公称压力 10.0～80.0MPa 的止回阀;

超高压止回阀:公称压力 100MPa 的止回阀。

6.9　蒸汽疏水阀

蒸汽疏水阀是一种自动排除蒸汽设备中凝结水的疏水器,也叫作阻汽排水阀,是一种自动阀门,应用于蒸汽供热设备、蒸汽输送管线和蒸汽使用装置上。蒸汽疏水阀是依靠某种方法,自动操作,准确判别出蒸汽和水,同时进行闭、开动作的阀门。其最基本的原理是利用蒸汽和水的重量差和温度差来实现疏水的目的。

为了选择和安装理想的蒸汽疏水阀,应考虑蒸汽使用设备的构造和种类、使用条件和目的,以及设备的配套安装情况。

由于蒸汽疏水阀在结构和性能参数上与通用阀门有许多不同之处,特别是有些专用名词术语易于混淆,为了使选用者更清楚地了解蒸汽疏水阀并能正确地选用,以下将一些主要名词术语予以说明,见表 6-17。

表 6-17　蒸汽疏水阀主要名词术语

术语	符号	单位	定义
工作背压	POB	MPa	在工作条件下蒸汽疏水阀出口端的压力
排水温度	T	℃	蒸汽疏水阀能连续排放热凝结水的温度
冷凝结排水量	QC	kg/h	在给定压差和20℃条件下,蒸汽疏水阀1h内能排出凝结水的最大重量
热凝结排水量	QH	kg/h	在给定压差和温度下,蒸汽疏水阀1h内能排出热凝结水的最大重量
漏汽量	—	kg/h	单位时间内蒸汽疏水阀漏出新鲜蒸汽的量
无负荷漏汽量	Qns	kg/h	蒸汽疏水阀处于完全饱和蒸汽条件下的漏汽量
有负荷漏汽量	Qs	kg/h	给定负荷率下,蒸汽疏水阀的漏汽量
无负荷漏汽率	RSN	%	无负荷漏汽量与相应压力下最大热凝结水排量的百分比
有负荷漏汽率	RSL	%	有负荷漏汽量与试验时间内实际热凝结水排量的百分比
负荷率	RL	%	试验时间内的实际热凝结水排量与试验压力下最大热凝结水排量的百分比

6.9.1　典型结构

蒸汽疏水阀按结构不同,可分成机械型、热静力型、热动力型和复合型四种。

6.9.1.1　机械型蒸汽疏水阀

(1)敞口向上浮子式蒸汽疏水阀

桶状浮子的敞口朝上设置。如图 6-71 所示是一般常用的敞口向上浮子式蒸汽疏水阀,液面敏感件开口向上(浮筒),靠浮力变化驱动阀门启闭,凝结水出口置于阀的上方。如图 6-72 所示是杠杆敞口向上浮子式蒸汽疏水阀,较敞口向上浮子式增设了杠杆,增大了阀瓣的启闭力。如图 6-73 所示是活塞敞口向上浮子式蒸汽疏水阀,在敞口向上浮子式的基础上,增设了先导阀,先导阀开启后,再借助介质压力开启主阀。

(2)敞口向下浮子式蒸汽疏水阀

桶状浮子的敞口朝下设置,倒吊桶的形状正好呈吊钟形,也称为钟形浮子式。如图 6-74 所示是杠杆敞口向下浮子式蒸汽疏水阀。(a)式较自由半浮球式增设了杠杆,增大了阀的启闭力;(b)式原理与(a)式相同,阀的出入口在同一竖直线上。如图 6-75 所示是活塞杠杆敞口向下浮子式蒸汽疏水阀,较上述杠杆敞口向下浮子式增设了先导阀,其作用与活塞浮子式相同。

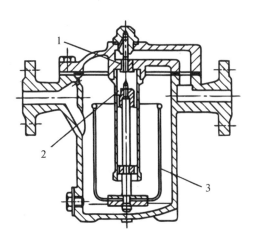

1—阀座；2—阀瓣；3—浮子。

图 6-71　敞口向上浮子式蒸汽疏水阀

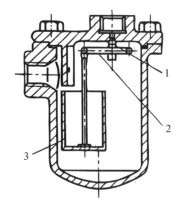

1—阀瓣；2—杠杆；3—浮子。

图 6-72　杠杆敞口向上浮子式蒸汽疏水阀

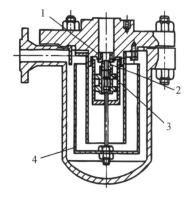

1—阀座；2—主阀瓣；3—导阀瓣；4—浮球。

图 6-73　活塞敞口向上浮子式蒸汽疏水阀

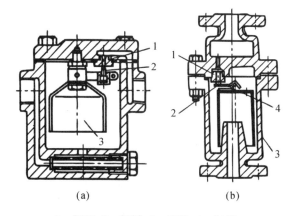

(a)　　　　(b)

1—阀座；2—阀瓣；3—浮子；4—杠杆。

图 6-74　杠杆敞口向下浮子式蒸汽疏水阀

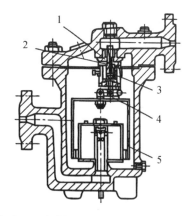

1—阀座；2—阀瓣；3—活塞；4—杠杆；5—浮子。

图 6-75　活塞杠杆敞口向下浮子式蒸汽疏水阀

(3)自由半浮球式蒸汽疏水阀

自由半浮球式蒸汽疏水阀如图 6-76 所示，液面敏感件开口向下(半浮球)，同时也是动作执行件(阀瓣)。半浮球浮起时可自由靠近阀座。热敏双金属元件起自动排除空气作用。这种蒸汽疏水阀兼有敞口向下浮子式和自由浮球式的优点。

半浮球式蒸汽疏水阀的动作原理几乎和一般的倒吊桶式的原理相同,在流入凝结水量很少的时候,就零星地排放;当流入的凝结水量中等时,就间歇排放;当流入大量凝结水时,就进行最大限度的连续排放。

在半浮球式蒸汽疏水阀中,半浮球的真球状部分能完全起到阀瓣的作用,其动作部分只是半浮球,而发射管和发射台只是支持半浮球的必要部件,因此具有结构简单、便于维修的优点。

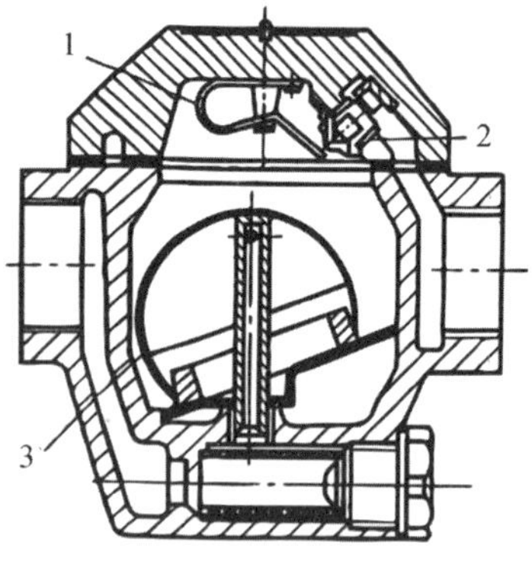

(4)浮球式蒸汽疏水阀

球形密闭浮子(浮球)既是启闭件,又是液面敏感件。当液面上升时,浮球上升,阀门开启;当液面下降时,浮球下降,浮球又随介质逼近阀座,关闭阀门。疏水阀顶部装有自动排气阀。如图 6-77 所示是自动放气自由浮球式,其自动排气阀置于凝结水出口处。如图 6-78 所示是手动放气自由浮球式,浮球阀顶部装有手动排气阀。如图 6-79 所示是自由浮球式蒸汽疏水阀,自动排气阀简化为一热双金属元件。其广泛用于蒸汽加热设备、蒸汽管网凝结水回收系统,它能迅速、自动、连续地排除凝结水,有效地阻止蒸汽泄漏。

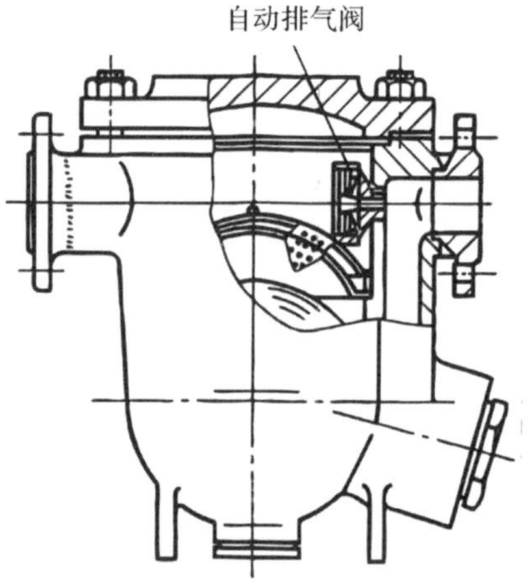

(5)杠杆浮球式蒸汽疏水阀

这类蒸汽疏水阀有单阀座式和双阀座式两种。双阀座杠杆浮球式蒸汽疏水阀如图 6-80 所示,双

1—双金属;2—阀座;3—半浮球。

图 6-76　自由半浮球式蒸汽疏水阀

图 6-77　自动放气自由浮球式蒸汽疏水阀

瓣的设置抵消了介质的作用力,使阀瓣的启闭不受介质压力的影响。自动排气阀置于阀的出口一侧。随着疏水阀内凝结水量的变化,浮球位置发生相应变化,依靠浮球杠杆的增幅装置

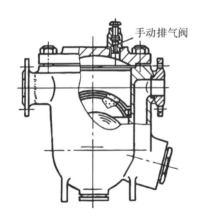

图 6-78　手动放气自由浮球式蒸汽疏水阀

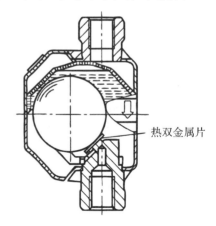

图 6-79　自由浮球式蒸汽疏水阀

来开、关排水阀瓣,同时控制其开度大小。

　　单阀座杠杆浮球式蒸汽疏水阀如图 6-81 所示,液面敏感件、动作传递件和动作执行件分别为浮球、杠杆和阀瓣,杠杆的设置增加了阀瓣的启闭力。它与双阀座杠杆浮球式相比,由于只有一个阀座,为了加大排放凝结水的能力,必须增大阀座面积,因此开阀所需要的力也要增加,所以必须加大浮球的尺寸,这就会使疏水阀的体积增加。

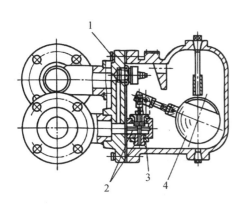
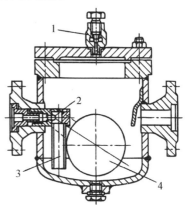

1—自动排气阀;2—阀瓣;3—阀座;4—浮球。

图 6-80　双阀座杠杆浮球式蒸汽疏水阀

1—手动排气阀;2—阀瓣;3—杠杆;4—浮球。

图 6-81　单阀座杠杆浮球式蒸汽疏水阀

6.9.1.2　热静力型蒸汽疏水阀

（1）膜盒式蒸汽疏水阀

　　膜盒式蒸汽疏水阀如图 6-82 所示,主要元件是金属膜盒,膜盒内根据不同工况选用不同的光感温液体。在周围不同温度的蒸汽和凝结水作用下,膜盒内光感温液发生液-汽之间的相变,出现压力上升或下降,使膜片带动阀瓣做往复运动,实现阀门的开启和关闭,从而达到排水阻汽的目的。

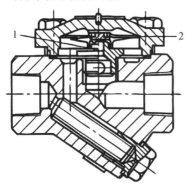
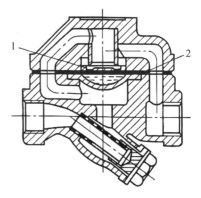

1—阀座;2—膜盒。

图 6-82　膜盒式蒸汽疏水阀

1—阀瓣;2—隔膜。

图 6-83　隔膜式蒸汽疏水阀

（2）隔膜式蒸汽疏水阀

　　隔膜式蒸汽疏水阀如图 6-83 所示,该阀的下体和上盖之间设有耐高温的膜片,膜片下的碗形体中充满感温液,根据不同的工况选用不同的感温液。其原理与图 6-82 所示膜盒式蒸汽疏水阀相同。

（3）波纹管式蒸汽疏水阀

波纹管式蒸汽疏水阀如图 6-84 所示,波纹管为动作热敏元件,当温度变化时,波纹管内感温液体的蒸汽压力也随之变化,使波纹管伸长或收缩,驱使与波纹管连接的阀瓣动作。波纹管随温度的变化其形状发生显著的变化(应变),当温度升高时,封闭的液体蒸发成蒸汽,靠蒸汽的压力使波纹管膨胀;当温度降低时,蒸汽又凝结,还原成液体,使得波纹管收缩。波纹管固定安装在疏水阀阀盖的上端,其下端与阀瓣连接。

（4）双金属片式蒸汽疏水阀

这类疏水阀的感温元件为双金属。双金属片式蒸汽疏水阀由受热后膨胀程度差异较大的两种金属(特殊合金)薄板黏合在一起制成,所以一旦温度变化,两种金属的伸缩程度差异较大,使这种黏合的金属薄板产生较大的弯曲。

感温元件双金属有四种不同的金属片组合形式。如图 6-85 所示是由一组菱形的双金属片组合在一起的简支梁双金属片式疏水阀,双金属片随着温度的变化而弯曲或伸直,以推动阀瓣动作。该种双金属片的变形曲线和饱和蒸汽曲线相似,是比较理想的。如图 6-86 所示是悬臂梁双金属片式蒸汽疏水阀,由数枚长方形的双金属片组合在一起,以悬臂梁形式安装。如图 6-87 所示是单片双金属片式蒸汽疏水阀,以呈 C 字形的一片双金属作为热敏元件。如图 6-88 所示是数个圆形的双金属片组合在一起,形成圆板双金属片式蒸汽疏水阀。

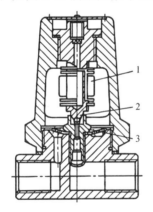

1—波纹管;2—阀瓣;3—阀座。

图 6-84　波纹管式蒸汽疏水阀

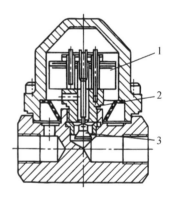

1—双金属片;2—阀座;3—阀瓣。

图 6-85　简支梁双金属片式蒸汽疏水阀

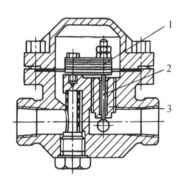

1—双金属片;2—阀瓣;3—阀座。

图 6-86　悬臂梁双金属片式蒸汽疏水阀

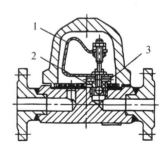

1—双金属片;2—阀瓣;3—阀座。

图 6-87　单片双金属片式蒸汽疏水阀

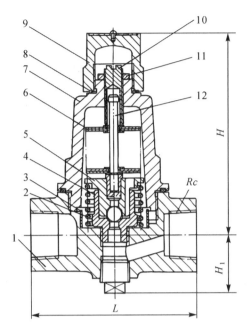

1—阀体;2—弹簧;3—过滤网;4—阀座;5—阀瓣组件(阀瓣、密封钢球);6—双金属片;
7—阀盖;8—密封垫片;9—阀罩;10—调节螺栓;11—锁紧螺母;12—心杆。

图 6-88　圆板双金属片式蒸汽疏水阀

6.9.1.3　热动力型蒸汽疏水阀

（1）圆盘式

圆盘式蒸汽疏水阀如图 6-89 所示。图 6-89(a)的阀片既是敏感件又是动作执行件,靠蒸汽和凝结水通过时的不同热力驱动其启闭,内外阀盖间空气保温。阀门可水平或竖直安装;图 6-89(b)原理与图 6-89(a)相同,内外阀盖间介质保温;图 6-89(c)原理与图 6-89(a)、图 6-89(b)相同,增设的双金属环有利于排除冷空气。

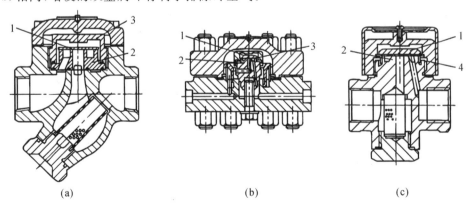

(a)　　　　　　　　　　(b)　　　　　　　　　　(c)

1—阀片;2—阀座;3—内阀盖;4—双金属环。

图 6-89　圆盘式蒸汽疏水阀

（2）贮销槽圆盘式

贮销槽圆盘式蒸汽疏水阀如图 6-90 所示,其原理与图 6-89 所示圆盘式相同,贮销槽用以减缓调节压力室内的压力变化。

（3）脉冲式

脉冲式蒸汽疏水阀如图 6-91 所示,其阀瓣较长,阀瓣上设置了孔板,且置于圆柱体内,并有一定间隙,称为第一流孔。阀瓣上端凸缘处有一通孔,称为第二流孔。这种结构的疏水阀即使在关闭状态,其进出口通过两个节流孔始终流通,使疏水阀一直处于不完全断流状态。此种蒸汽疏水阀有如下特点:借助于孔板的作用可以自动排除空气,从而可防止空气气堵;同样,由于孔板的作用,可以防止蒸汽汽锁;体积非常小;负荷小时,会泄漏蒸汽;由于是用小而精密的零件组装而成,容易产生故障。

（4）孔板式

孔板式蒸汽疏水阀如图 6-92 所示,其结构简单,可根据不同的凝结水排量,选择不同的孔径规格的孔板,但选择不当会增大漏汽量。

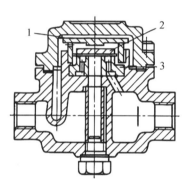

1—内阀盖;2—阀片;3—阀座。

图 6-90　贮销槽圆盘式蒸汽疏水阀

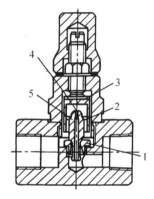

1—阀座;2—第一节流间隙;3—控制缸;
4—第二节流孔;5—阀瓣。

图 6-91　脉冲式蒸汽疏水阀

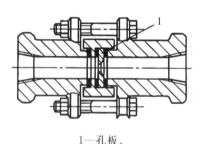

1—孔板。

图 6-92　孔板式蒸汽疏水阀

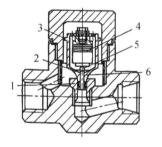

1—阀座;2—二次节流孔;3——次节流间隙;
4—波纹管;5—副阀瓣;6—主阀瓣。

图 6-93　波纹管脉冲式蒸汽疏水阀

6.9.1.4　复合型蒸汽疏水阀

（1）波纹管脉冲式

波纹管脉冲式蒸汽疏水阀如图 6-93 所示,即在脉冲式的基础上增设了先导阀,先导阀靠热敏元件(波纹管)驱动。先导阀的设置减少了蒸汽的泄漏。

（2）波纹管杠杆浮球式

波纹管杠杆浮球式蒸汽疏水阀如图 6-94 所示,在杠杆浮球的基础上增设了波纹管,使杠杆的支点随波纹管的伸缩而移动,有利于排除冷空气。

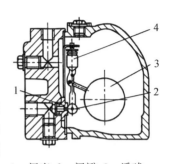

1—阀座;2—阀瓣;3—浮球;
4—波纹管。
图 6-94　波纹管杠杆浮球式

6.9.2　适用场合与选用原则

选用蒸汽疏水阀时,必须按照蒸汽使用装置的种类和使用条件选择最适用的阀门类型。为此,必须正确掌握蒸汽使用装置的特性和使用条件。在确定蒸汽疏水阀的结构形式时,必须详细了解以下要求,才能选择出符合使用要求的蒸汽疏水阀。

①蒸汽使用装置的凝结水负荷以及凝结水的负荷特性;

②蒸汽条件:压力、温度、饱和蒸汽或过热蒸汽;

③背压条件:向大气排放或回收凝结水(背压值);

④阀体材料;

⑤连接形式;

⑥安全率;

⑦其他:凝结水的腐蚀性;产生水击的可能性;是否会产生冻结;对噪声及环境污染有无明确要求;维修、检查的难易程度等。

6.9.2.1　蒸汽疏水阀选用要求

(1)确定蒸汽疏水阀入口与出口的压差

根据实际使用工况确定蒸汽疏水阀入口与出口的压差,当排入大气时,实际压差按蒸汽疏水阀入口压力决定。

①入口压力(p_1)。疏水阀入口压力是指疏水阀入口处的压力,它比蒸汽压力低 $0.05\sim$ 0.1MPa。疏水阀的公称压力按工程设计规定的管道等级选用。

②出口压力(p_2)。蒸汽疏水阀的出口压力也称背压,由疏水阀后的系统压力决定,若凝结水不回收,就地排放时,出口压力为零;当凝结水经过管网收集回收时,疏水阀的出口压力是管道系统的压力降、位差及凝结水槽或界区要求压力的总和。见下式:

$$p_2 = \frac{H}{96.8} + p_3 + L\Delta p_e \tag{6-1}$$

式中:H 为疏水阀与凝结水槽之间的位差,或疏水阀与出口最高管系之间的位差(两者取最大值),m;p_3 为凝结水槽内的压力或界区要求的压力,MPa;L 为管道长度及各管件当量长度之和,m;Δp_e 为每米管道的摩擦阻力,MPa/m。

③疏水阀的工作压差:

$$\Delta p = p_1 - p_2 \tag{6-2}$$

(2)计算蒸汽疏水阀的容量

根据蒸汽供热设备在正常工作时可能产生的凝结水量,乘以选用修正系数 K(安全率),然后对照蒸汽疏水阀的排水量进行选择。即:

蒸汽疏水阀的容量=蒸汽使用设备的容量(凝结水产生量)×安全率

安全率,是在确定蒸汽疏水阀容量时,蒸汽使用设备实际的凝结水产生量与所标出容量有误差存在时,为了确保蒸汽疏水阀能正常工作而估计的安全系数。安全率推荐值见表6-18。

表 6-18 安全率推荐值

使用场合	使用要求		选用倍率
分气缸下部	在各种压力下应能迅速排除凝结水		3
蒸汽主管	每 100m 管路或控制阀前、管路转弯、主管末端等处应设疏水阀点		3
支管	支管长度大于或等于 5m 处的各种控制阀前应设疏水阀点		3
蒸汽分离器	在汽水分离器的下部疏水		3
伴热管	一般伴热管 DN 为 15m,在小于或等于 50m 处设疏水阀点		2
暖风机	压力不变时		3
	压力可调时	<0.1MPa	2
		0.1~0.2MPa	2
		0.2~0.6MPa	3
单路盘管加热液体	快速加热		3
	不需快速加热		2
多路并联盘管加热液体			2
烘干室(箱)	压力不变时		2
	压力可调时		3
溴化锂制冷设备蒸发器	单效,压力 0.1MPa		2
	双效,压力 1MPa		3
浸在液体中的加热盘管	压力不变时		2
	压力可调时	0.1~0.2MPa	2
		>0.2MPa	3
	虹吸排水		5
列管式换热器	压力不变时		2
	压力可调时	<0.1MPa	2
		0.1~0.2MPa	2
		>0.2MPa	3
夹套锅	必须在夹套锅上方设排空气阀		3
单效多效蒸发器	凝结水量	<21t/h	3
		>20t/h	2
层压机	应分层疏水		3
消毒柜	柜上方设排气阀		3

续表

使用场合	使用要求		选用倍率
回转干燥圆桶	表面线速度	<30m/s	5
		30~80m/s	8
		80~100m/s	10
二次蒸汽罐	罐体直径应保证二次蒸汽速度 5m/s,且罐体上部要设排空气阀		3

(3)凝结水量

①管线运行时产生的凝结水量:

$$Q = q_0 L\left(1 - \frac{Z}{100}\right) \tag{6-3}$$

式中:Q 为凝结水量,kg/h;q_0 为光管产生的凝结水量,kg/(m·h);L 为疏水点间的距离,m;Z 为保温效率,%。

②加热设备运行时产生的凝结水量:

$$Q = \frac{V\rho\Delta T}{Ht} \tag{6-4}$$

式中:Q 为凝结水量,kg/h;V 为被加热液体的体积,m³;ρ 为液体的密度,kg/m³;ΔT 为液体温升,℃;H 为蒸汽潜热,J/kg;t 为加热时间,h。

6.9.2.2 蒸汽疏水阀选型

选择疏水阀类型时,可根据各类蒸汽疏水阀的性能及优缺点进行合理选择(见表 6-19 和表 6-20)。

表 6-19 蒸汽疏水阀的主要特性

特性		分类						
		机械型			热静力型			热动力型
		浮球	浮桶	倒吊桶	膜盒	双金属	波纹管	圆盘	脉冲
排放方式		连续排出	间歇排出		间歇排出			间歇排除	接近间歇排出
启闭速度	开启	快	较快		慢			较快	
	关闭							快	
排水温度		接近饱和温度			接近饱和温度,过冷度一般为 10~30℃			稍低于饱和温度,过冷度一般为 6~8℃	
最高应许背压		高,不低于进口压力的 80%			较低,不低于进口压力的 30%			中,不低于进口压力的 50%	低,不低于进口压力的 25%
排空气能力		要设置排空气装置	有自动排空气能力		有自动排空气能力			高压时要设置排空气装置	有自动排空气能力
蒸汽损失		易损失蒸汽	不易损失蒸汽		不易损失蒸汽			易损失蒸汽	
凝结排水量		大			中			小	

续表

特性	分类							
	机械型			热静力型			热动力型	
	浮球	浮桶	倒吊桶	膜盒	双金属	波纹管	圆盘	脉冲
耐水锤性能	不耐水锤	耐水锤		不耐水锤	耐水锤	不耐水锤	耐水锤	耐水锤
冻结情况	易冻结,要有防冻措施			不易冻结	安装在垂直管路上,要有防冻措施	不易冻结	安装在垂直管路上,要有防冻措施	不易冻结
安装角度	只限水平安装			只限水平安装	水平或垂直安装	只限水平安装	水平或垂直安装	只限水平安装
耐用性	不耐用	耐用		不耐用	耐用	不耐用	不耐用	
凝结水显热利用	不能利用			可以利用			可以利用	
体积	大			小			小	
节能效果	一般			一般		很好	较差	
耐磨损	一般			一般		耐磨	不耐磨	耐磨

注:水锤是指在密闭管路系统内,由于流体流量急剧变化而引起较大的压力波动并造成振动的现象。

表 6-20 蒸汽疏水阀的主要优缺点

类型		优点	缺点
机械型	敞口向上浮子式	动作准确,排放量大,不泄漏蒸汽,抗水击能力强	排除空气能力差,体积大,有冻结可能,疏水阀内的蒸汽层有热力损失
	敞口向下浮子式	排除空气能力强,没有空气气堵和蒸汽汽锁现象,排量大,抗水击能力强	体积大,有冻结可能
	杠杆浮球式	排放量大,排除空气性能好,能连续(按比例动作)排除凝结水	体积大,抗水击能力差,疏水阀内蒸汽层有热损失,排除凝结水时有蒸汽卷入
	自由浮球式	排放量大,排除空气性能好,能连续(按比例动作)排除凝结水,体积小,结构简单	抗水击能力差,疏水阀内蒸汽层有热损失,排除凝结水时有蒸汽卷入
热静力型	波纹管	排放量大,排除空气性能好,不泄漏蒸汽,不会冻结,可控制凝结水温度,体积小	反应滞后,不能适应负荷突变及蒸汽压力的变化,不能用于过热蒸汽,抗水击能力差,只适用低压场合
	圆板双金属片式	排放量大,排除空气性能好,不泄漏蒸汽,不会冻结,动作噪声小,无阀瓣堵塞事故,抗水击能力强,可利用凝结水的显热	难以适应负荷突变,不适应蒸汽压力变化大的场合,使用过程中双金属的特性有变化
	圆板双金属温调式	凝结水显热利用好,节省蒸汽,不泄漏蒸汽,动作噪声小,随蒸汽压力变化而变动性能好	不适用于大排量

续表

类型		优点	缺点
热动力型	孔板式	体积小，重量轻，排除空气性能好，不易冻结，可用于过热蒸汽	不适用于大排量，泄漏蒸汽，易发生故障，背压容许度低（背压限制在30%）
	圆盘式	结构简单，体积小，重量轻，不易冻结，维修简单，可用于过热蒸汽，安装角度自由，抗水击能力强，可排饱和温度的凝结水	空气流入后不能动作，空气气堵多，动作噪声大，背压容许度较低（背压限制在50%），不能在低压（0.03MPa以下）下使用，阀片有空打现象，蒸汽有泄漏，不适合于大排量

除此之外，根据各种蒸汽供热设备推荐采用的蒸汽疏水阀类型见表 6-21。

表 6-21　蒸汽供热设备蒸汽疏水阀选用推荐

蒸汽供热设备		推荐采用的蒸汽疏水阀类型
蒸汽主管、伴热管、蒸汽夹套		圆盘式、浮球式
汽水分离器		浮球式
暖风机、热风机组		浮球式
采暖用散热器		波纹管、双金属片式、膜盒式
换热器	蒸汽进口装有温度调节阀	浮球式
	蒸汽进口不装温度调节阀	双金属片式、浮球式
蒸发器		浮球式、敞口向下浮子式
夹套锅		双金属片式
浸在液槽中加热盘管	蒸汽进口装有温度调节阀	浮球式
	蒸汽进口不装温度调节阀	双金属片式、膜盒式
滚筒烘干机		浮球式（带防汽锁装置）、双金属片式
熨平机		圆盘式、双金属片式、膜盒式
平洗机		浮球式
烘干室（箱）		浮球式
消毒室		波纹管式、双金属片式
硫化机		浮球式、敞口向下浮子式
层压机		圆盘式、双金属片式
低于大气压力的蒸汽供热设备		泵式疏水阀

6.10　安全阀

安全阀是一种自动阀门，它不需要借助外力而是利用介质本身的压力来排出额定数量的流体,在设备、装置和管路上起安全保护的作用。当设备压力升高超过允许值时,阀门开启,继而全量排放,以防止设备压力继续升高;当压力降低到规定值时,阀门及时关闭,从而保护设备安全运行。

正确选用安全阀涉及两个方面的问题。一方面是被保护设备或系统的工作条件,例如工作压力、允许超压限度、防止超压所必需的排放量、工作介质的特性、工作温度等;另一方面则是安全阀本身的动作特性和参数指标。

由于安全阀是一种自动阀门,在结构和性能参数方面与通用阀门有许多不同之处,特别是有些专用名词术语易于混淆。为了使选用者更清楚地了解安全阀,并能正确选用,特将一些主要名词术语予以说明,见表 6-22。

表 6-22　安全阀主要名词术语

术语	定义
开启压力	安全阀在运行条件下开始开启的预定压力,是在阀门进口处测量的表压力
排放压力	阀瓣达到规定开启高度时的进口压力,排放压力的上限需服从国家有关标准或规范的要求
超过压力	超过安全阀整定压力的压力增量,即排放压力与开启压力之差,通常用开启压力的百分数来表示
启闭压差	开启压力与回座压力之差,通常用开启压力的百分数来表示,只有当开启压力很低时才用"MPa"表示
背压力	安全阀出口处压力,它是排放背压和附加背压的总和
额定排放压力	标准规定排放压力的上限值
密封试验压力	进行密封试验的进口压力,在该压力下测量通过关闭件密封面的泄漏率
开启高度	阀瓣离开关闭位置的实际升程
流道面积	指阀进口端和关闭件密封面之间流道的最小截面面积,用来计算无任何阻力影响时的理论排量
流道直径	对应于流道面积的直径
排放面积	阀门排放时流体通道的最小截面面积
额定排量	实际排量中允许作为安全阀使用基准的那一部分

6.10.1　典型结构

安全阀按阀体构造来分,可分为封闭式和不封闭式两种;按结构形式来分,可分为弹簧式、先导式、垂锤式和杠杆式等,以弹簧式应用最为广泛。下面介绍安全阀主要的结构形式。

(1)微启式安全阀

此类安全阀的阀瓣的开启高度为阀座通径的 $1/20 \sim 1/40$,即安全阀的阀瓣开启高度很小,适用于液体介质和排量不大的场合。由于液体介质是不可压缩的,少量排除即可使压力下降。如图 6-95 所示是带调节圈微启式安全阀,其动作特性为比例作用式,利用调节圈可对排放压力及启闭压差进行调节。如图 6-96 所示是不带调节圈微启式安全阀,其动作特性

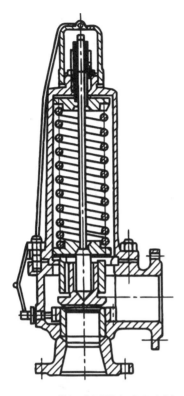

图 6-95 带调节圈微启式安全阀

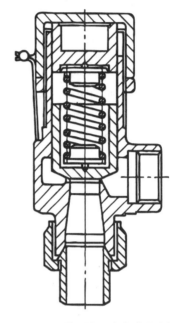

图 6-96 不带调节圈微启式安全阀

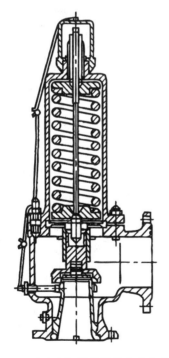

图 6-97 反冲盘加调节圈微启式安全阀

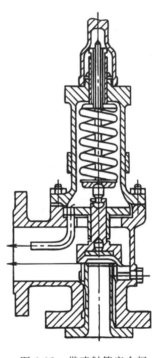

图 6-98 带喷射管安全阀

为比例作用式。如图 6-97 所示是反冲盘加调节圈微启式安全阀,利用反冲盘使喷出气流折转而获得较大的阀瓣升力,达到全启高度。借助调节圈可对排放压力及启闭压差进行调节。动作特性为两段作用式。

(2)带喷射管安全阀

带喷射管安全阀如图 6-98 所示,可对排放压力及启闭压差进行调节,并设置了喷射管,利用排放气流的抽吸作用减小阀瓣上腔压力,有利于阀门开启,并获得更大升力。

(3)全启式安全阀

此类安全阀的阀瓣的开启高度为阀座通径的 1/4～1/3。在安全阀的阀瓣处设有反冲盘,借助气体介质的膨胀冲力,使阀瓣开启到足够高度,从而到达排放量要求。如图 6-99 所示是带双调节圈全启式安全阀,在导向套和阀座上各设置一个调节圈(称上、下调节圈),上调节圈主要用于调节启闭压差,下调节圈主要用于调节排放压力。

(4)带背压控制套安全阀

带背压控制套安全阀如图 6-100 所示,除带有上、下调节圈外,在阀杆上还设置了一个背压控制套。当阀门开启时,控制套随阀杆上升,控制套外锥面与阀壳之间环形通道面积增大,使阀瓣上腔背压减小,有利于阀门开启;当阀门关闭时,控制套下降,与阀壳之间环形通道面积减小,使阀瓣上腔背压增大,促使阀门回座。

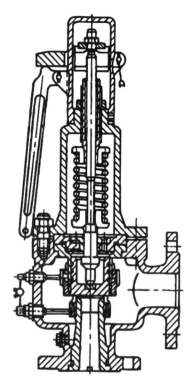

图 6-99　带双调节圈全启式安全阀

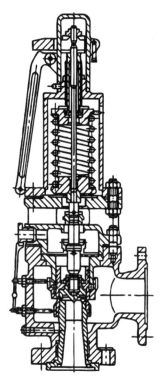

图 6-100　带背压控制套安全阀

(5)波纹管背压平衡式安全阀

波纹管背压平衡式安全阀如图 6-101 所示,波纹管的有效直径等于关闭件密封面平均直径,附加背压对阀瓣的合力为零,所以附加背压的变化不会影响阀的开启压力。

（6）带隔膜安全阀

带隔膜安全阀如图 6-102 所示，在阀体中部设置了隔膜，使弹簧、腔室与排放的介质隔离，从而使弹簧受到保护，不受腐蚀性介质的作用。

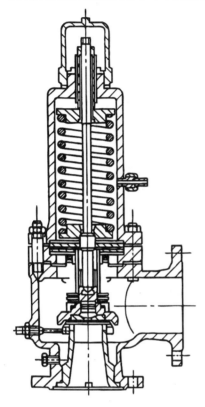

图 6-101　波纹管背压平衡式安全阀

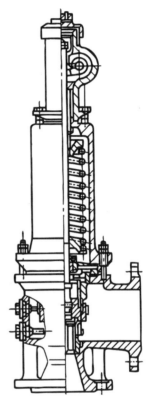

图 6-102　带隔膜安全阀

（7）带散热套安全阀

带散热套安全阀如图 6-103 所示，在阀体与弹簧腔室之间加散热套可降低弹簧腔室内的温度，并防止排放介质直接冲蚀弹簧，适用于高温场合。

（8）平衡式安全阀

平衡式安全阀如图 6-104 所示，阀瓣在上、下两个方向同时承受介质压力的作用，弹簧载荷仅与这两个方向上的介质作用力差值有关，故可以在高压工况下采用较小的弹簧。

（9）介质作用在阀瓣外围的安全阀

介质作用在阀瓣外围的安全阀如图 6-105 所示，其介质作用在阀瓣外围。承受介质压力的元件是面积比阀瓣密封面大得多的膜片（也可能是活塞或波纹管），以起到放大介质作用力的效果，因而能增加密封面的比压力，提高密封性，并提高阀门动作的灵敏程度。

（10）内装式安全阀

内装式安全阀如图 6-106 所示，用于液化气槽车，由于阀门伸出液化气罐外的尺寸受到限制，因此需将阀门的一部分置于罐内。

（11）杠杆重锤式安全阀

重锤式安全阀如图 6-107 所示，通过杠杆将重锤的作用力放大后加载到阀瓣，并通过调

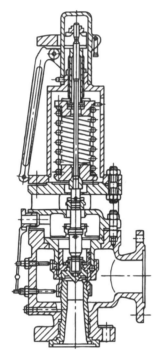

图 6-103　带散热套安全阀

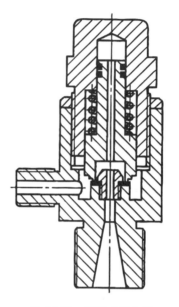

图 6-104　平衡式安全阀

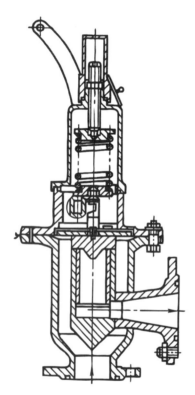

图 6-105　介质作用在阀瓣外围的安全阀

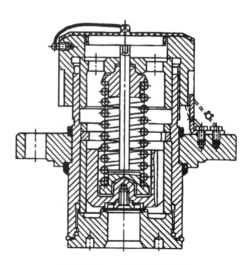

图 6-106　内装式安全阀

试后固定,在阀门开启和关闭过程中,荷载的大小不变。此类阀门对振动较敏感,且回座性能较差。此结构的安全阀只能用在固定设备上,重锤的重量一般不超过 60kg,以免操作困难。

（12）先导式安全阀

先导式安全阀由一个主阀和一个先导阀组成。主阀是真正的安全阀,而先导阀的作用是感受压力系统的压力并使主阀开启或关闭。先导式安全阀根据主阀阀瓣的关闭载荷由谁提供,可分为无限荷载式和有限荷载式。如图 6-108 所示为无限荷载式,即加于主阀阀瓣的关闭载荷由工作介质压力提供,其大小是不予限制的。在先导阀动作而对主阀驱动活塞加载之前,主阀不能开启,其特点是主阀密封性好。如图 6-109 所示为有限荷载式,即加于主阀阀瓣

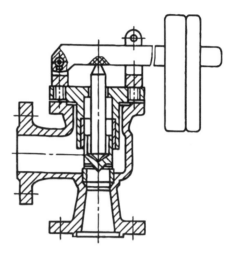

图 6-107　杠杆重锤式安全阀

的关闭载荷由弹簧提供,其大小是受到限制的。即使先导阀未能起作用,主阀也能在允许的超压范围内开启,其主阀密封性不如无限荷载先导式安全阀好。

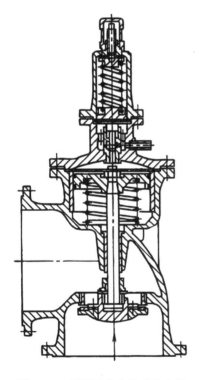

图 6-108　无限荷载先导式安全阀

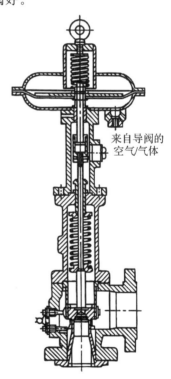

来自导阀的空气/气体

图 6-109　有限荷载先导式安全阀

6.10.2　适用场合与选用原则

安全阀的结构选择需要考虑到温度、介质、工作压力、背压等诸多方面因素的影响。

6.10.2.1　安全阀通径的确定

(1)公称压力的确定

在 GB/T 1048—2019《管道元件公称压力》中规定了阀门的公称压力。在同一公称压力下,当工作温度提高时,其最大工作压即相应降低。在选用安全阀时,应根据阀门材料、工作温度和最大工作压力等条件,按升温压降表确定阀门的公称压力,表 6-23 和表 6-24 为部分材料升温降压表。

表 6-23　碳素钢制阀门

公称压力 PN/MPa	试验压力 (用低于 100℃的水) p_c/MPa	介质最高工作温度/℃						
		200	250	300	350	400	425	450
		最大工作压力 P/MPa						
		p_{20}	p_{25}	p_{30}	p_{35}	p_{40}	p_{42}	p_{45}
0.1	0.2	0.1	0.1	0.1	0.07	0.06	0.06	0.05
0.25	0.4	0.25	0.23	0.2	0.18	0.16	0.14	0.11
0.4	0.6	0.4	0.37	0.33	0.29	0.26	0.23	0.18
0.6	0.9	0.6	0.55	0.5	0.44	0.38	0.35	0.27
1.0	1.5	1.0	0.92	0.82	0.73	0.64	0.58	0.45
1.5	2.4	1.6	1.5	1.3	1.2	1.0	0.9	0.7
2.5	3.8	2.5	2.3	2.0	1.8	1.6	1.4	1.1
4.0	6.0	4.0	3.7	3.3	3.0	2.8	2.3	1.8
6.4	9.6	6.4	5.9	5.2	4.7	4.1	3.7	2.9
10.0	15.0	10.0	14.7	13.1	11.7	10.2	9.3	7.2
16.0	24.0	16.0	14.7	13.1	11.7	10.2	9.3	7.2
20.0	30.0	20.0	18.4	16.4	14.6	12.8	11.6	9.0
25.0	35.0	25.0	23.0	20.5	18.2	16.0	14.5	11.2
32.0	43.0	32.0	29.4	26.2	23.4	20.5	18.5	14.4

表 6-24　含钼不少于 0.4% 钼钢及铬钼钢制阀门

公称压力 PN/MPa	试验压力 (用低于 100℃的水) p_c/MPa	介质最高工作温度/℃								
		350	400	425	450	475	500	510	520	530
		最大工作压力 P/MPa								
		p_{35}	p_{40}	p_{42}	p_{45}	p_{47}	p_{50}	p_{51}	p_{52}	p_{53}
0.1	0.2	0.1	0.09	0.09	0.08	0.07	0.06	0.05	0.04	0.04
0.25	0.4	0.25	0.23	0.21	0.2	0.18	0.14	0.12	0.11	0.09
0.4	0.6	0.4	0.36	0.34	0.32	0.28	0.22	0.2	0.17	0.14
0.6	0.9	0.6	0.55	0.51	0.48	0.43	0.33	0.3	0.26	0.22

公称压力 PN/MPa	试验压力 （用低于 100℃的水） p_c/MPa	介质最高工作温度/℃								
		至 350	400	425	450	475	500	510	520	530
		最大工作压力 P/MPa								
		p_{35}	p_{40}	p_{42}	p_{45}	p_{47}	p_{50}	p_{51}	p_{52}	p_{53}
1.0	1.5	1.0	0.91	0.86	0.81	0.71	0.55	0.5	0.43	0.36
1.5	2.4	1.6	1.5	1.4	1.3	1.1	0.9	0.5	0.7	0.6
2.5	3.8	2.5	2.3	2.1	2.0	1.8	1.4	1.2	1.1	0.9
4.0	6.0	4.0	3.6	3.4	3.2	2.8	2.2	2.0	1.7	1.4
6.4	9.6	6.4	5.8	5.5	5.2	4.5	3.5	3.2	2.8	2.3
10.0	15.0	10.0	9.1	8.6	8.1	7.1	5.5	5.0	4.3	3.6
16.0	24.0	16.0	14.5	13.7	13.0	11.4	8.8	8.0	6.9	5.7
20.0	30.0	20.0	18.2	17.2	16.2	14.2	11.0	10.0	8.6	7.2
25.0	35.0	25.0	22.7	21.5	20.2	17.7	13.7	12.5	10.8	9.0
32	43.0	32.0	29.1	27.5	25.9	22.7	17.6	16.0	13.7	11.5

（2）工作压力等级的确定

同一公称压力的阀门按照弹簧设计的开启压力调整范围来划分不同的工作压力等级，如表 6-25 所列。选用安全阀时，应根据所需开启压力值确定阀门工作压力等级。

表 6-25　安全阀工作压力等级　　（单位：MPa）

公称压力	工作压力级									
1.6	>0.06~0.1	>0.1~0.16	>0.16~0.25	>0.25~0.4	>0.4~0.5	>0.5~0.6	>0.6~0.8	>0.8~1.0	>1.0~1.3	>1.3~1.6
2.5	>1.3~1.6	>1.6~2.0	>2.0~2.5	—	—	—	—	—	—	—
4.0	>1.3~1.6	>1.6~2.0	>2.0~2.5	>2.5~3.2	>3.2~4.0	①	—	—	—	—
		>1.6~2.0	>2.0~2.5	>2.5~3.2	>3.2~4.0	②	—	—	—	—
6.4	>2.5~3.2	>3.2~4.0	>4.0~5.0	>5.0~6.4	—	—	—	—	—	—
10.0	>4.0~5.0	>5.0~6.4	>6.4~8.0	>8.0~10.0	—	—	—	—	—	—
16.0	>10.0~13.0	>13.0~16.0	—	—	—	—	—	—	—	—
32.0	>16.0~19.0	>19.0~22.0	>22.0~25.0	>25.0~29.0	>29.0~32.0	—	—	—	—	—

注：①有 PN25 系列时，采用本行；
　　②无 PN25 系列时，采用本行。

（3）通径的选取

根据工艺参数或工艺条件，按照相应规范或者标准提供的公式，计算安全阀所需的排放面积，然后从安全阀产品的实际流道面积中，选择大于这个数值的临近流道尺寸的规格。计算过程见第 5 章 5.8.2.1 小节。

6.10.2.2　安全阀选用步骤

①明确安全阀所处的工况（工艺参数）。包括连接方式与密封要求；进出口压力级；介质状态、物理量等；工作温度和排放温度；操作压力、整定压力和允许超压；背压、泄放量等。

②安全阀的通径计算。

③确定流道面积。

④安全阀材料的选取。

⑤确定安全阀的类型。

⑥确定安全阀帽类型。

⑦确定规格、型号。

6.10.2.3　安全阀选用时考虑的工况

(1)温度对安全阀选择的影响

①一般先导式安全阀内部存在非金属材料的零件,故其使用温度范围限制在$-29\sim$260℃,然而,若在结构上采取措施和选取合适的零件材料,则先导式安全阀也可以用在低温和高温工况($-196\sim427$℃)中。

②当温度范围在$-196\sim-29$℃或者300℃以上时,可以采用带有冷却腔或者散热片的弹簧载荷式安全阀。

(2)介质对安全阀选择的影响

介质因素的影响可整理成表2-26。

表6-26　按介质因素选择安全阀类型

介质因素	选用安全阀类型
液体介质	比例作用式安全阀
气体介质或必需的排放量较大	两段作用全启式安全阀
介质的腐蚀性较强	平衡波纹管式安全阀
气体等可压缩介质(如储气罐、气体管道等)	封闭式全启式安全阀
水等不可压缩介质	微启式安全阀或安全泄放阀
介质黏稠或在排放过程中容易出现结晶、凝结现象	保温夹套平衡波纹管式安全阀
介质可以释放到周围环境中,介质温度较高	开放式安全阀
不允许介质向周围环境逸出或需要回收排放的介质	封闭式安全阀
排放有毒或者可燃性介质时	封闭式安全阀或含非流动型导阀的先导式安全阀
介质温度很高	带散热套的安全阀

(3)工作压力对安全阀选用的影响

①当工作压力值不大于90%整定压力时,可以选用弹簧载荷式安全阀。

②当工作压力值大于90%整定压力,而不大于95%整定压力时,通常可以选用先导式安全阀,若选用弹簧载荷式安全阀时应采用弹性密封或软密封结构,同时提高密封试验压力以检验在工作压力下的密封性能。

(4)背压力对安全阀选择的影响

背压力对安全阀结构的选择起着至关重要的作用,背压力包括附加背压力和排放背压力,附加背压力可能是恒定的也可能是变动的。

①当附加背压力是恒定的或相对于整定压力变动不大(小于整定压力的极限偏差)时,

可以选用常规式安全阀。

②选用常规式安全阀且允许超压不大于 10％时,排放背压力不能超过整定压力的 10％,如果允许超压大于 10％,最大允许的排放背压力可以提高,但是不能超过允许的超过压力。

③当背压力对于常规安全阀来说太高且不大于 50％整定压力时,应选用平衡波纹管式安全阀。

④当背压力大于 50％整定压力时,应选用先导式安全阀。

6.10.2.4 安全阀选用其他推荐

按使用条件选择安全阀的推荐选择见表 6-27。

表 6-27 按使用条件选择安全阀推荐表

使用条件	选用安全阀类型
热水锅炉	不封闭带扳手全启式安全阀
蒸汽锅炉和蒸汽管道	不封闭带扳手全启式安全阀
高压给水(如高压给水加热器、换热器等)	封闭全启式安全阀
E 级锅炉(出水温度≤95℃)	0.1MPa 以下静重式安全阀
大口径、大排量及高压系统(如减温减压装置、电站锅炉等)	脉冲式安全阀
运送液化气的火车槽车、汽车槽车、储罐等	内装式安全阀
油罐顶部	液压安全阀(并与呼吸阀配合使用)
石油天然气行业井下排水或天然气管道	先导式安全阀
液化石油气站罐泵出口的液相回流管道	安全回流阀
工况为负压或操作过程中可能会产生负压的系统	真空负压安全阀
背压波动较大和有毒易燃的容器或管道系统	波纹管安全阀
介质凝固点较低的系统	保温夹套式安全阀
附加背压为大气压,为固定值或其变化较大(相对于开启压力而言)	常规式安全阀
附加背压是变化的,且变化量较大(相对于开启压力而言)	背压平衡式安全阀
要求排量很大,或者口径和压力都较大,密封要求高	先导式安全阀
要求反应迅速	直径作用式安全阀
密封要求高,且开启压力和工作压力接近	带补充载荷式安全阀
移动式或受震动的受压设备	弹簧式安全阀

6.11 减压阀

减压阀是通过调节将进口压力减至某一需要的出口压力,并依靠介质本身的能量使出口压力自动保持稳定的阀门。

从流体力学的观点看,减压阀是一个局部阻力可以变化的节流元件,即通过改变节流面积使流体的流速及动能改变,造成不同的压力损失,从而达到减压的目的。然后依靠控制与调节系统的调节,使阀后压力的波动与弹簧力相平衡,使阀后压力在一定的误差范围内保持恒定。

减压阀的工作介质主要有蒸汽、空气和水。蒸汽和压缩空气管道采用较高的压力时,可以使建造和运行成本更低,但到达使用地点以前,必须将压力减低至需要的压力范围。在高层建筑中,由于水的静压很高,必须按要求进行竖向压力分区,以便使各区最低的用水设备和器件不致超压,消火栓或自动灭火喷头不致因水压过高而过快地将建筑造物预贮的消防用水用完。

6.11.1 典型结构

减压阀的结构特点包括了动作特性、作用原理、开启高度等,根据结构特点可将减压阀分为以下几类。

(1)直接作用薄膜式减压阀

直接作用薄膜式减压阀如图 6-110 所示,此类减压阀采用薄膜作为敏感元件来带动阀瓣运动,达到减压、稳压的目的。薄膜式减压阀普遍用在工作温度与压力不高的装置和管路上。

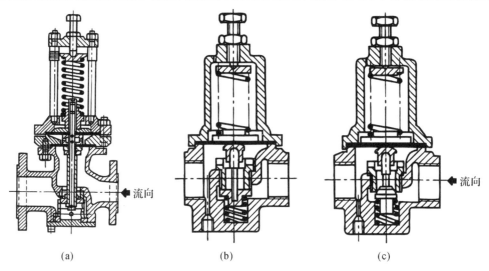

(a) (b) (c)

图 6-110 直接作用薄膜式减压阀

(a)灵敏型(或双室控制型)空气(或煤气)减压阀;(b)适用于空气、煤气、水等一般液体的简单小口径减压阀;(c)适用于蒸汽和其他气体的简单小口径减压阀

(2)直接作用波纹管式减压阀

直接作用波纹管式减压阀如图 6-111 所示,减压阀内的薄膜由波纹管代替。与薄膜式减压阀相比,由于没有活塞的摩擦力,波纹管的行程比较大,且不易损坏。波纹管一般采用奥氏体不锈钢制造,可用在工作温度和工作压力较高的装置和管路上。但波纹管的制造工艺比较复杂,价格比薄膜式减压阀高。

(3)先导活塞式减压阀

先导活塞式减压阀如图 6-112 所示,它通过活塞来平衡压力带动阀瓣运动,从而实现减压的目的。

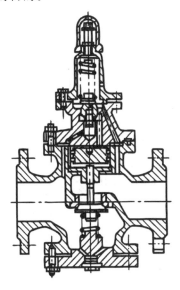

图 6-111　直接作用波纹管式减压阀

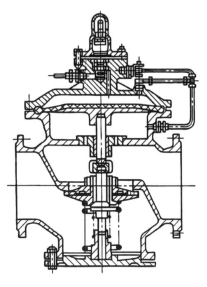

图 6-112　先导活塞式减压阀

（4）先导薄膜式减压阀

先导薄膜式减压阀如图 6-113 所示,其原理与直接作用薄膜式减压阀相同,只不过在薄膜上腔的压力不是由弹簧来控制,而是由旁路调节阀控制,其动作敏感度较高。

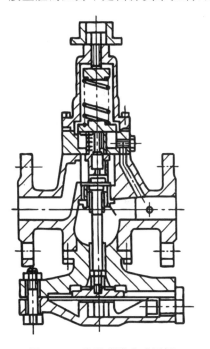

图 6-113　先导薄膜式减压阀

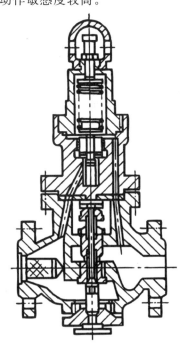

图 6-114　先导波纹管式减压阀

（5）先导波纹管式减压阀

先导波纹管式减压阀如图 6-114 所示,其结构原理与先导薄膜式减压阀相同,只不过是先导阀的膜片换成了波纹管。

(6)杠杆式减压阀

杠杆式减压阀如图 6-115 所示,此类减压阀是通过杠杆上的重锤进行平衡的,在进口压力作用下,向上推开阀瓣,出口端形成压力,通过杠杆上的平衡重锤调整重量以达到出口所需压力。当出口压力超过给定压力时,由于介质压力作用于上阀座上的力比作用于下阀座上的力大,故形成一定压差,使阀瓣向下移动,减小节流面积,出口压力也随之下降,随后达到新的平衡,反之亦然。

(7)气泡式减压阀

如图 6-116 所示。它是依靠阀后介质进入气泡内的压力来平衡压力的减压阀。气泡式减压阀一般用于常温空气管道,其结构比较简单,与先导薄膜式减压阀有相同的特点,灵敏度较好。但由于充气阀和其他连接部件在长期使用过程中难免有泄漏现象,直接影响了减压阀阀后的压力,使其难以保持稳定状态。

(8)组合式减压阀

如图 6-117 所示。组合式减压阀由主阀、先导阀、截止阀组成。主阀是薄膜式减压阀,先导阀也是薄膜式减压阀。组合式减压阀具有薄膜式减压阀的一切特点。

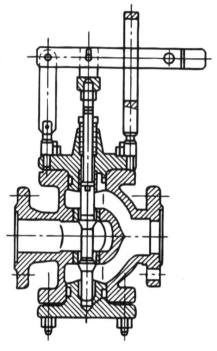

图 6-115　杠杆式减压阀

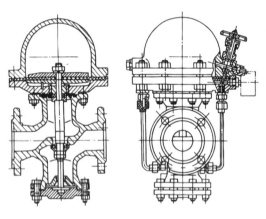

图 6-116　气泡式减压阀

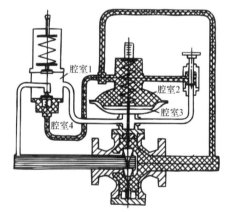

图 6-117　组合式减压阀

6.11.2　适用场合与选用原则

减压阀选用时,要对工作压力、介质、温度等情况先有深入的分析,然后根据各类减压阀的不同结构特点、工作原理、优缺点等进行选择。

(1)根据各类减压阀的特点选择性能较好、成本较低的减压阀门。各类减压阀的特点对比见表 6-28。

表 6-28　各类减压阀的特点对比

类　　型		精度	流通能力	密闭性能	灵敏性	成本
直接作用式	波纹管	低	中	中	中	中
	薄膜	中	小	好①	高	低
先导式	活塞	高	大	中	低	高
	波纹管	高	大	中	中	高
	薄膜	高	中	中	高	较高

注:①采用非金属材料,如聚四氟乙烯、橡胶等。

(2)根据减压阀的操作环境等选择合理的减压阀类型(见表 6-29 和表 6-30)。

表 6-29　各类减压阀的适用场合

类　　型		操作压力	公称通径	工作介质	操作温度
直接作用式	波纹管	低压	中小口径	蒸汽	—
	薄膜	低压	中小口径	空气、水	—
先导式	活塞	不限	不限	蒸汽、空气、水①	不限
	波纹管	低压	中小口径	蒸汽、空气	—
	薄膜	低压	中小口径	蒸汽、水	—

注:①若用不锈钢耐酸钢制造,可适用于各种腐蚀介质。

表 6-30　根据介质选择减压阀

介质要求	减压阀类型选择
在介质工作温度较高的场合	先导活塞式减压阀或先导波纹管式加压阀
当介质为空气或水(液体)时	直接作用薄膜式减压阀或先导薄膜式减压阀
当介质为蒸汽时	先导活塞式减压阀或先导波纹式减压阀

6.12　液压阀

液压阀是液压系统的重要组成元件,通过控制阀口开口的大小或通断,可以实现液压系统中油液的流动方向、压力和流量等参数的控制和调节,从而满足工作机能的要求。

液压阀的基本性能要求如下:

(1)动作灵敏、可靠,工作时冲击、振动小,使用寿命长。

(2)油液流经阀时压力损失小,密封性好,内泄小,无外泄。

(3)结构简单紧凑,安装、维护、调整方便,通用性能好。

液压阀的工作能力由阀的性能参数决定,液压阀的基本参数与液压元件的种类有关,不同的液压元件具有不同的性能参数,其共性的参数与压力和流量相关。

(1)公称压力

液压阀的公称压力指液压阀在额定工作状态下的名义压力,是标志液压阀承载能力大小的参数。液压阀公称压力的单位为 MPa。液压阀的公称压力要大于液压系统最高工作压力。

(2)公称流量和公称通径

流量是标志液压阀通流性能的参数,与流量有关的参数主要有公称流量和公称通径。

①液压阀的公称流量。国产中低压液压阀(≤6.3MPa)常用公称流量来表示元件的通流能力。公称流量是指液压阀在额定工作状态下通过的名义流量,单位为 L/min。公称流量对于液压阀无实际使用意义,仅供在选购产品时,作为与动力元件配套的参考。液压元件厂商在样本上给出液压阀在各种流量值时的特性曲线,此曲线对于元件的选择、了解元件在各种工作参数下的工作状态具有更直接的实用价值。

②液压阀的公称通径。液压阀的公称通径是表征阀规格大小的性能参数,常用于中高压阀。阀的通径一旦确定,所配套的管道规格也就随之选定。液压阀通径仅表示该阀的通流能力和所配管道的尺寸规格,并不表示该阀实际的进出口尺寸。

6.12.1 典型结构

液压阀主要用于控制液压系统中油液的流动方向或调节其压力和流量,因此从功能角度可分为压力控制阀、流量控制阀和方向控制阀三大类。在这三大类中,按照具体功能的不同,压力控制阀又可分为溢流阀、卸荷溢流阀、顺序阀、平衡阀和减压阀等;流量控制阀又可分为节流阀、行程节流阀、调速阀及溢流节流阀等;而方向控制也可分为单向阀、充液阀、换向阀及其他方向阀等。在具体选用时,按照上述不同功能的分类,依据实际工况和性能要求,就可以进行正确的选用。

6.12.1.1 压力控制阀

(1)溢流阀

溢流阀在液压系统中有多种用途,其基本功能有两种:当系统压力超过或等于溢流阀的调定压力时,系统的液体通过阀口溢出一部分,保证液压系统压力基本稳定,实现稳压、调压或限压的作用,这种功能常用于定量泵系统中,与节流阀配合使用;过载时溢流,系统正常工作时,溢流阀阀口关闭,当系统压力超过调定压力时,阀口开启进行溢流,对系统起过载安全保护作用。溢流阀按其结构原理可分为直动式和先导式两种基本结构,统称为普通溢流阀,将电磁换向阀或单向阀等和普通溢流阀组合,还可构成电磁溢流阀或卸荷阀等复合阀。

①直动式溢流阀。如图 6-118 所示是一种低压直动式滑阀型溢流阀,P 是进油口,T 是回油口,进口压力油经阀芯 4 中间的阻尼孔 g 作用在阀芯的底部端面上。当进油压力较小时,阀芯在弹簧 2 的作用下处于下端位置,将 P 和 T 两油口隔开。当油压力升高时,在阀芯下端所产生的作用超过弹簧的压紧力。此时,阀芯上升,阀口被打开,将多余的油液排回油箱,阀芯上额定阻尼孔 g 用来对阀芯的动作产生阻尼,以提高阀的工作平衡性。调整螺母 1 可以改变弹簧的压紧力,这样也就调整了溢流阀进口处的油液压力。这种低压直动式溢流阀一般用于压力小于 2.5MPa 的小流量场合。根据阀芯结构的不同,直动式溢流阀还包括锥阀式和球阀式结构。

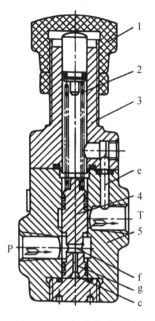

图 6-118　直动式溢流阀

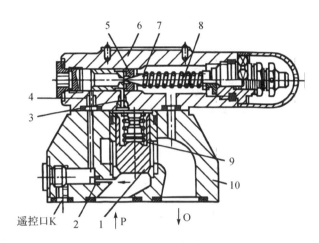

图 6-119　二级同心先导式溢流阀

②先导式溢流阀。如图 6-119 所示为二级同心先导式溢流阀,其主阀芯为带有圆柱面的锥阀。为使主阀关闭时有良好的密封性,要求主阀芯的圆柱导向面和圆锥面与阀套配合良好,两处的同轴度要求较高,故称二级同心。主阀芯上没有阻尼孔,而将三个阻尼孔 2、3、4 分别设在阀体 10 和先导阀体 6 上。其工作原理与三级同心先导式溢流阀相同,只不过油液从主阀下腔到主阀上腔,需经过 2、3、4 三个阻尼孔。先导阀回油不经过主阀中心孔,而经先导阀弹簧孔与回油口 O 之间的小孔。阻尼孔 2 和 4 使主阀下腔与先导阀前腔产生压力差,再通过阻尼孔 3 作用于主阀上腔,从而控制主阀芯开启。阻尼孔 3 还用于提高主阀芯的稳定性。除此之外,先导式溢流阀还包括一级同心结构和三级同心结构。

(2)顺序阀

顺序阀是以压力为控制信号,自动接通或断开液压系统中某一支路的液压阀,当阀的进口压力或系统中某处的压力达到或超过弹簧力调定压力值时,阀门开启,进出口压力相同;而当进口压力低于设定值时,阀关闭,进出口压力不同。因此应用该阀可在系统中实现执行元件的顺序动作。一般情况下,顺序阀可视为用压力来控制油路通断的二位二通换向阀,与普通二位二通换向阀不同的是,顺序阀的启闭压力可用弹簧调节设定,在压力达到或低于设定值时,阀可自动启闭,而二位二通换向阀则需外力操作。

①直动式顺序阀。如图 6-120 所示,直动式顺序阀由调节螺钉、调压弹簧、阀盖、阀体、阀芯、控制活塞、端盖等零件组成,当其进油口的油压低于调压弹簧的调定压力时,控制活塞下端油液向上的推力较小,阀芯在调压弹簧力的作用下处于最下端位置,阀口关闭,油液不能通过顺序阀的出口流出。当进油口 P_1 的油压达到调压弹簧的调定压力时,阀芯上升,阀口开启,压力油即可从顺序阀的出口流出,使阀后的油路进行工作。这种利用其进油口压力控制阀的开启和关闭的顺序阀,称为普通顺序阀,也称内控式顺序阀。直动式顺序阀设置活塞的目的是缩小阀芯受油压作用的面积,以便采用较软的弹簧来提高阀的压力-流量特性。

该阀结构简单、动作灵敏,但由于弹簧设计的限制,虽采用小直径测压柱塞结构,弹簧刚度仍较大,因此调压偏差大且限制了压力的提高,一般调压范围小于 8MPa。较高压力时宜采用先导式顺序阀。

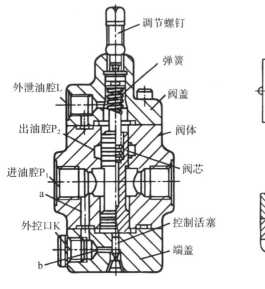

图 6-120　直动式顺序阀

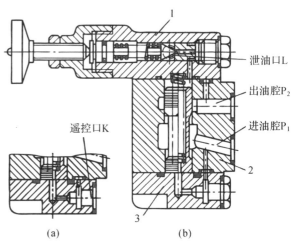

图 6-121　先导式顺序阀

②先导式顺序阀。如图 6-121 所示,先导式顺序阀的工作原理与先导式溢流阀的工作原理相似,主要差异在于:溢流阀出油口为溢流口接油箱,顺序阀出油口接执行元件的二次油路;溢流阀导阀泄漏油并入溢流口,顺序阀泄漏油直回油箱。对于先导式顺序阀,其主阀弹簧的刚度可以很小,故可省去阀芯下面的控制活塞,主阀面积可增大。该阀门不仅启闭特性好,而且工作压力也可大大提高。

(3)平衡阀

平衡阀的工作原理与内泄式单向顺序阀相同。平衡阀除应具备内泄单向顺序阀的功能外,还应有较高的平衡精度,因而其内泄量应尽可能小,因此,常用锥阀结构。如图 6-122所示为具有安全阀功能的外控直动式平衡阀。外控油压通过下盖阻尼孔作用在阀芯柱塞上,达到设定的压力时,阀芯向上开启,所接油缸下腔油液由 C 口往上流向 P 口(活塞下降)。阀芯为锥阀结构,泄漏量很小,活塞能被锁定在停止位置,它有时又被称为锁定阀。阀座的面积比阀芯的端面积稍大,即差动式。当 C 口压力超过一定值时,阀芯自动开启,起过载保护作用,故此阀兼具安全阀功能,安全设定压力可调。

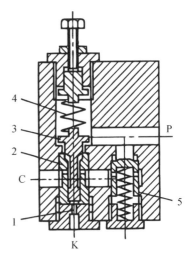

1—阻尼孔;2—阀座;3—阀芯;
4—调压弹簧;5—单向阀。
图 6-122　具有安全阀功能的
外控直动式平衡阀

(4)减压阀

减压阀用于降低液压系统中某一部分回路上的压力,使回路得到比液压泵供油压力更低的稳定压力,常用于系统的夹紧装置和润滑装置。根据实现功能的不同,减压阀分为定值减压阀、定差减压阀和定比减压阀三种。

①定值减压阀。定值减压阀的作用是在不同工况（不同的进口压力或流量）时，保持其进口压力基本不变。当液压系统如机床的定位、夹紧装置，要求得到一个比主油路压力低的恒定压力时，采用定值减压阀是一种节省费用的选择。直动式定值减压阀如图 6-123 所示，稳态时，弹簧力与阀芯底部作用的出口二次压力及液动力相平衡。当进口一次压力或负载流量发生变化时，上述力平衡关系将被破坏，阀芯产生位移，自动调整阀口大小，建立新的平衡关系，使出口压力基本保持恒定。调节螺钉位置可以改变弹簧力，从而改变出口压力，实现对二次压力的调节。由此可见，减压阀能利用出口压力的反馈作用，自动调节阀口开度，保证出口压力基本为弹簧调定的压力。

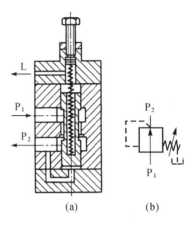

图 6-123　直动式定值减压阀

②定差减压阀。如图 6-124 所示，定差减压阀的作用是使其一次和二次压力（即进口与出口压力）之差保持恒定。定差减压阀可与其他阀组成复合阀，如调速阀、定差型电液比例方向和流量阀等，实现节流阀口两端压差补偿并输出恒定能量。定差减压阀通常是滑阀式，一般与一个可变或固定节流孔串联，滑阀两端受节流孔两端压差影响。忽略液动力等的影响，此压差与预调弹簧力相平衡，通过定差减压阀的可变节流阀口的补偿调节作用，使节流孔两端压差及通过流量基本保持恒定。定差减压阀的主要用途是与节流阀串联组成调速阀。调速阀中定差减压阀可置于节流阀前也可置于节流阀后。在节流调速系统中，当负载力或油源压力变化时，由于定差减压阀的补偿作用，节流阀两端压差和流量基本保持不变，从而得到很高的调速刚性。定差减压阀也可与比例方向阀组成压差补偿型比例方向流量阀。

③定比减压阀。定比减压阀的作用是使二次压力与一次压力固定成比例，这种阀可用于降低中高压双作用叶片泵在低压区时叶片底部的压力，以减少叶片与定子曲面间的磨损。如图 6-125 所示，该阀的弹簧主要用于复位，其输入不是弹簧力而是进口压力。若忽略液动力变化和弹簧力的影响，无论进出口压力或通过流量如何发生变化，通过定比减压阀可变节

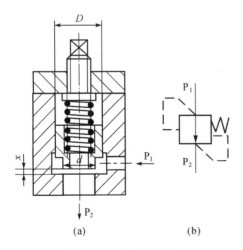

图 6-124　定差减压阀

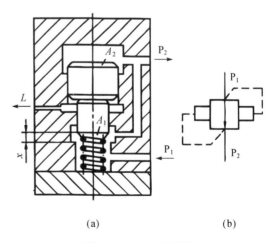

图 6-125　定比减压阀

流口的调节作用,其减压比基本保持不变,选择不同的阀芯作用面积 A_1、A_2,便可得到所要求的压力比。

6.12.1.2 流量控制阀

(1)节流阀

节流阀是一种可以在较大范围内通过改变液阻来调节流量的元件。通过调节阀口流道,即节流口的通流截面面积或流道长短来改变液阻,从而调节流量是节流阀等流量阀最基本的原理。节流阀一般可以双向节流。如图 6-126 所示为几种典型的节流口形式,图(a)所示为针阀式节流口,其通道长、湿周大、易堵塞、流量受油温影响较大,一般适用于对性能要求不高的场合。图(b)所示为偏心槽式节流口,其性能与针阀式节流口相同,但更容易制造,其缺点是阀芯上的径向力不平衡,旋转阀芯时较费力,一般用于压力较低、流量较大和流量稳定性要求不高的场合。图(c)所示为轴向三角槽式节流口,其结构简单,水力直径中等,可得到较小的稳定流量,且调节范围较大,但节流通道有一定的长度,油温变化对流量有一定的影响,目前被广泛应用。图(d)所示为周向缝隙式节流口,沿阀芯周向开有一条宽度不等的狭槽,转动阀芯就可以改变开口大小。阀口做成薄刃形,通道短,水力直径大,不易堵塞,油温变化对流量影响小,因此其性能接近于薄壁小孔,适用于低压小流量场合。图(e)所示为轴向缝隙式节流口,在阀孔的衬套上加工出薄壁阀口,阀芯做轴向移动即可改变阀口大小,其性能与周向缝隙式节流口相似。为保证流量稳定,节流口的形式以薄壁小孔较为理想。

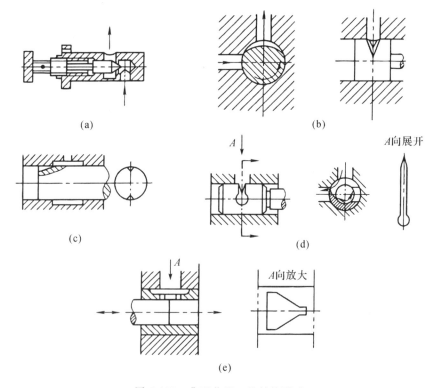

图 6-126 典型节流口的结构形式

①普通板式节流阀。如图 6-127 所示,它的节流通道为轴向三角槽式。压力油从进油

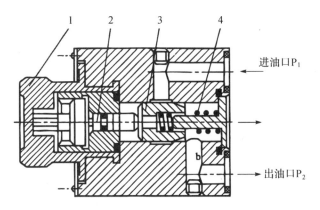

1—调节手柄;2—推杆;3—阀芯;4—弹簧。

图 6-127　板式节流阀

口 P_1 流入过渡孔道和阀芯 3 右端的三角槽进入孔道 b,再从出油口 P_2 流出。调节手柄 1,可通过推杆式阀芯做轴向移动,以改变节流口的通流截面面积,从而调节通过阀的流量。阀芯在弹簧的作用下始终紧贴在推杆上,这种节流阀的进出油口可互换。

②管式轴向三角槽式节流阀。如图 6-128 所示,压力油从进油口 P_1 流入,经节流口从 P_2 流出。节流口的形式为轴向三角沟槽式。作用于节流阀芯上的力是平衡的,因而调节力矩较小,便于在高压下进行调节。当调节节流阀的手轮时,可通过顶杆推动节流阀芯向下移动,节流阀芯的复位靠弹簧力来实现。节流阀芯的上下移动改变着节流口的开口量,从而实现对流体流量的调节。

③具有螺旋曲线开口和薄刃式结构的精密节流阀。阀套上开有节流窗口,阀芯 2 与阀

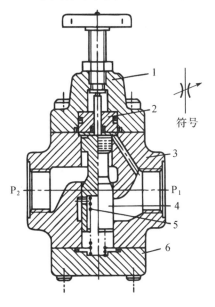

1—顶盖;2—导套;3—阀体;4—阀芯
5—弹簧;6—底盖。

图 6-128　管式轴向三角槽式节流阀

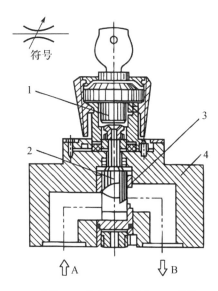

1—手轮;2—阀芯;3—阀套;4—阀体。

图 6-129　螺旋曲线开口式节流阀

套 3 上的窗口匹配后,构成了具有某种形状的薄刃式节流孔口。转动手轮 1 和节流阀阀芯后,螺旋曲线相对套筒窗口升高或降低,改变节流面积,即可实现对流量的调节,因而其调节流量受温度变化的影响较小。节流阀阀芯上的小孔对阀芯两端的液压力有一定的平衡作用,故该阀的调节力矩较小。

(2)行程节流阀

行程节流阀与普通节流阀的区别在于:普通节流阀流量是通过螺纹等预先调定的,而行程阀是由执行机构的行程挡块或凸轮等在运行过程中克服弹簧力,压下阀芯以调节节流口面积,改变通过流量而实现减速。行程挡块或凸轮的作用结束之后,弹簧复位。

行程节流阀按阀芯初始位置的不同又分为常通型节流阀和常闭型节流阀。如图 6-130 所示,(a)为常通型,又称 H 型,初始时进油腔 P_1 与出油腔 P_2 相通,阀芯遇行程挡块或凸轮压下时,由于节流口的作用,通流面积趋于减少,通流量降低,执行元件动作趋缓;行程挡块或凸轮的压下释放后,弹簧复位,使阀芯上移,通流面积恢复。(b)为常闭型,又称为 O 型,初始时进油腔 P_1 与出油腔 P_2 不通,阀芯遇行程挡块或凸轮压下时,由于节流口的作用,通流面积趋于增大,通流量提高,执行元件动作趋快;行程挡块或凸轮的压下释放后弹簧复位,使阀芯上移,通流面积恢复。改变行程挡块或凸轮的结构形状,可以使行程节流阀获得不同的流量变化规律,从而使执行元件实现不同的动作速度。将单向阀与行程节流阀并联,可以组成单向行程节流阀。P_1 到 P_2,节流阀作用;P_2 到 P_1,单向阀作用。单向阀压力损失很小。行程节流阀的节流口形状多采用轴向三角槽式和轴向斜面式,如图 6-131 所示。

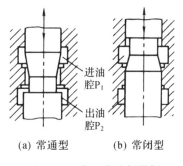

(a) 常通型　　(b) 常闭型

图 6-130　行程节流阀滑阀

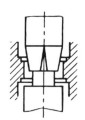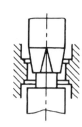

(a) 轴向三角槽式　(b) 轴向斜面式

图 6-131　行程节流阀节流口的形状

①管式行程节流阀。如图 6-132 所示,节流口形状采用轴向斜面式,常开型与常闭型的差异在于阀芯节流斜面的方向。图中左半边所示为常闭式阀芯,常态下阀芯节流斜面不到出油口区域,进出油口不通,只有当撞块压下滚轮时,阀芯节流斜面连通了进出油口,进出油口才通油,滚轮压下越多,节流口开度越大,通流量也就越大。图中右边所示为常开式阀芯,常态下进出油口全通,当撞块压下滚轮时,滚轮压下越多,节流口开度越小,直至关闭。

②板式单向行程节流阀。如图 6-133 所示,行程节流阀部分结构同上文所示管式行程节流阀,单向阀与节流阀并联。反向进油时,单向阀打开,成了通流主体,通过额定流量。

③板式行程节流阀。如图 6-134 所示,节流口形状采用轴向三角槽式。

(3)调速阀

普通节流阀由于刚性差,在节流口开口一定的条件下,通过它的工作流量受工作负载(亦即其出口压力)变化的影响,不能保持执行元件运动速度的稳定,因此只适用于工作负载变化不大和速度稳定性要求不高的场合。而对于工作负载变化较大和速度稳定性要求较高

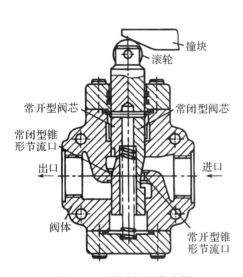

图 6-132 管式行程节流阀

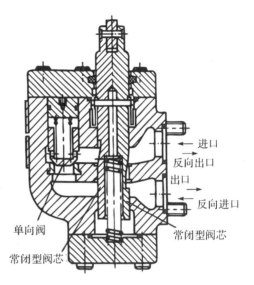

图 6-133 板式单向行程节流阀

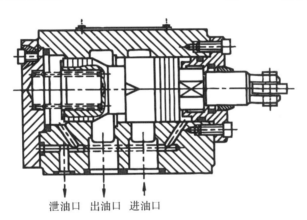

泄油口 出油口 进油口

图 6-134 板式行程节流阀

的场合,就要用到调速阀。调速阀利用负载压力补偿原理,补偿由于负载变化而引起的进出口压差的变化,使压差基本趋于常数,压力补偿元件通常是定差减压阀或定差溢流阀,因而调速阀分别称为定差减压调速阀或定差溢流调速阀。

①压力补偿调速阀。如图 6-135 所示,调速阀是在节流阀 2 前串接一个定差减压阀 1 组合而成。调速阀的进口压力 p_1 由溢流阀调整基本保持不变,而调速阀的出口压力 p_3 则由液压缸负载 F 决定。油液先经减压阀产生一次压力降,将压力降到 p_2,p_2 经通道 e、f 作用到减压阀的 d 腔和 c 腔;节流阀的出口压力 p_3 又经反馈通道 a 作用到减压阀的上腔 b,当减压阀的阀芯在弹簧力 F_s、油液压力 p_2 和 p_3 作用下处于某一平衡位置时(忽略摩擦力和液动力等),则有

$$p_2 A_1 + p_2 A_2 = p_3 A + F_s$$

式中:A、A_1 和 A_2 分别为 b 腔、c 腔和 d 腔内压力油作用于阀芯的有效面积,且 $A = A_1 + A_2$。

故 $p_2 - p_3 = F_s / A$

因为弹簧刚度较低,且工作过程中减压阀阀芯位移很小,可认为 F_s 基本保持不变,故节

流阀两端压力差(p_2-p_3)即 Δp 也基本保持不变。另外一旦调定,节流阀通流面积 A_t 不变。由公式 $q=KA\Delta p^m$ 知,两条件稳定,就保证了通过节流阀的流量稳定。

②温度补偿调速阀。普通调速阀的流量虽然已能基本上不受外部负载变化的影响,但当流量较小时,节流口的通流面积小,这时节流口的长度与通流截面水力直径的比值相对地增大,因而油液黏度变化对流量的影响也增大,所以当油温升高后油的黏度变小时,流量仍会增大。为了减少温度对流量的影响,可以采用温度补偿调速阀。这种阀采用热膨胀系数大的聚氯乙烯塑料推杆,当温度升高时其受热伸长使阀口关小,以补偿因油变稀、流量变大造成的流量增加,维持其流量基本不变。如图 6-136 所示为温度补偿调速阀结构,其主要结构与普通节流阀基本相似,不同的是在阀芯上增加了一个温度补偿的调节杆 2,

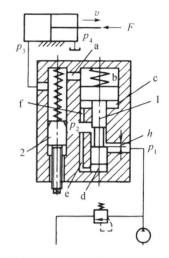

图 6-135 压力补偿调速阀结构

一般用聚氯乙烯制造。工作时,主要利用聚氯乙烯温度膨胀系数较大的特点。当温度升高,油液的黏度降低,流量增大,但调节杆自身的膨胀引起阀芯轴向移动,以关小节流口,达到补偿温度升高对流量的影响的目的。

③单向调速阀。将调速阀与单向阀并联就组成了单向调速阀,如图 6-137 所示为压力和温度补偿单向调速阀,该调速阀带有压力补偿减压阀和温度补偿杆 5,由节流阀调定的流量不受负载压力和油温变化的影响。正向流动时,起调速阀作用;反向流动时,油液经单向阀 2 自由通过,调速阀不起作用。

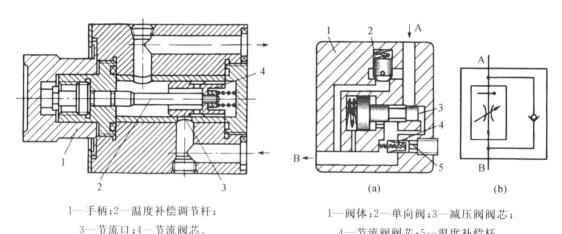

1—手柄;2—温度补偿调节杆;
3—节流口;4—节流阀阀芯。

图 6-136 温度补偿调速阀结构

1—阀体;2—单向阀;3—减压阀阀芯;
4—节流阀阀芯;5—温度补偿杆。

图 6-137 压力和温度补偿单向调速阀

(4)溢流节流阀

溢流节流阀由压差式溢流阀 3 与节流阀 2 并联组成,如图 6-138 所示。溢流节流阀的工作原理是:进油口 P_1 的高压油一部分经节流阀从出油口 P_2 进入执行机构,而另一部分经溢流阀溢流至油箱,而溢流阀的上、下端与节流口的前后端相通。当负载增大引起出油压力 p_2 增大时,溢流阀阀芯也随之下移,溢流阀开口减小,p_1 随之增大,使得节流阀两端压差保持不变,保证了通过节流阀油液的流量不变。

溢流节流阀同调速阀相比,性能不一样,但起的作用一样,对于调速阀,泵输出的压力是一定的,它等于溢流阀的调整压力,因此,泵消耗功率始终很大。而溢流节流阀的泵供油压力是随工作载荷变化而变化的,功率损失小,但流量是全流的,阀芯尺寸大、弹簧刚度大、流量稳定性不如调速阀,适用于速度稳定性要求较低、功率较大的系统。

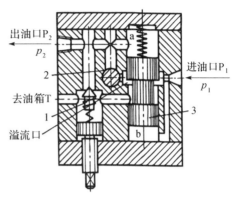

图 6-138 溢流节流阀

6.12.1.3 方向控制阀

(1)单向阀

只允许流体向一个方向流动的阀称为单向阀。单向阀的作用是在液压系统中只允许流体向一个方向流动,反方向流动被截止。按照出口流道的布置形式,单向阀可分为直通式和直角式两种。直通式单向阀进口和出口流道在同一轴线上;直角式单向阀进出口流道则成直角布置。

①直通式单向阀。按照阀芯的结构形式,单向阀又可分为钢球式和锥阀式两种,如图6-139所示。钢球式单向阀结构简单,制造方便,但密封性能较锥阀式单向阀差。由于钢球没有导向部分,反复开启和关闭时,钢球容易发生滚动,导致阀芯移位,在阀芯和阀座之间形成细缝,增加了反向截止时的泄漏,并且在工作时容易产生振动,所以钢球式单向阀一般仅用于小流量场合。由于锥阀式单向阀芯导向性好,密封性能好,因此目前使用的单向阀大多数是锥阀式单向阀。直通式单向阀一般为管式安装。

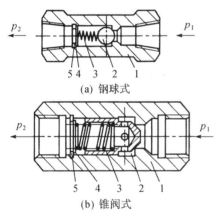

(a) 钢球式

(b) 锥阀式

1—阀体;2—阀芯;3—弹簧;
4,5—挡圈。

图 6-139 直通式单向阀

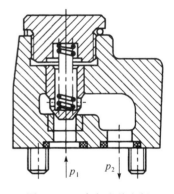

图 6-140 直角式单向阀

②直角式单向阀。与直通式单向阀不同的是,它的进出口流道设计成直角形式,一般为板式安装,阀芯也是锥阀式结构,如图6-140所示。管式安装的单向阀尺寸小、结构紧凑、易于安装。而板式安装的单向阀在回路中的装拆比较方便。管式锥阀阀芯的直通式单向阀由于油液要流过阀芯上的过流孔,所以它的流动阻力损失要大于直角式单向阀。直角式单向阀更换弹簧比直通式单向阀方便。

（2）液控单向阀

液控单向阀是允许流体向一个方向流动，反向流通则必须通过液压控制来实现的单向阀。液控单向阀有带卸荷阀芯和不带卸荷阀芯两种结构形式，这两种结构形式按照其控制活塞处的泄油方式，又均有内泄式和外泄式之分。

①内泄式液控单向阀。如图 6-141 所示，它的结构较为简单，但由于其控制活塞上腔与 A 腔直接相通，反向开启时的控制压力较大，因而仅用于反向压力较低的场合。当 A 腔压力较高时，一般采用外泄式结构，如图 6-142 所示，即将 A 腔与控制活塞的背压隔开或仅靠间隙沟通，而在背压腔增设外泄口与油箱连通，这样反向开启时就可以减小 A 腔压力对控制压力的影响，从而减小控制压力。在高压系统中，液控单向阀反向开启前 B 腔压力往往很高，而且当控制活塞推开单向阀芯时，高压封闭回路内油液压力将突然释放，这时会产生很大的冲击，并伴随很响的释压声。为了避免这种现象，目前大多采用带有卸荷阀芯的结构形式。

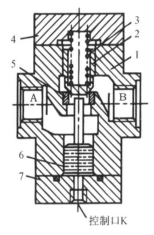

1—阀体；2—阀芯；3—弹簧；4—上盖；
5—阀座；6—控制活塞；7—下盖。

图 6-141　内泄式液控单向阀

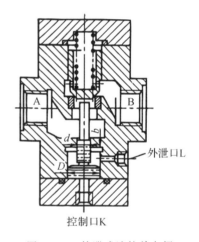

图 6-142　外泄式液控单向阀

②带卸荷阀芯的内泄式液控单向阀和带卸荷阀芯的外泄式液控单向阀。如图 6-143、图 6-144 所示，这两种结构均带有卸荷阀芯。当控制油推动控制活塞上移时，首先将卸荷阀芯顶开，使 A 腔和 B 腔之间产生缝隙流动，待 B 腔压力降低到一定程度后，控制活塞再将单向阀芯推开，从而实现反向流动。上述过程实际上是一个分级释压过程，不仅可以缓和用于高压封闭回路中液控单向阀工作时的冲击，降低噪声，而且还可使控制压力得到明显的降低。

（3）电磁换向阀

电磁换向阀的品种繁多，按其工作位置数和通路数的多少可分为二位二通、二位三通、二位四通、三位四通等；按其复位和定位形式可分为弹簧复位（对中）式、钢球定位式、无复位弹簧式；按其阀芯切换油路的台肩数可分为两台肩式和三台肩式；按其阀体内沉割槽数可分为三槽式和五槽式；按其阀体与电磁铁的连接形式可分为法兰连接和螺纹连接；按其所配电磁铁的结构形成可分为干式和湿式两类，每一类又有交流、直流、本整等形式，而且所需电源电压又有多种，因而在其结构上存在着很多差别。

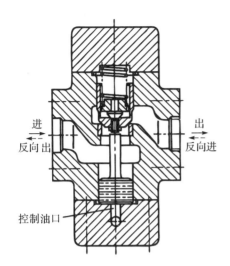 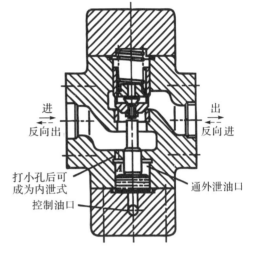

图 6-143　带卸荷阀芯的内泄式液控单向阀　　　　图 6-144　带卸荷阀芯的外泄式液控单向阀

①二位二通电磁换向阀。如图 6-145 所示，此阀采用弹簧复位，电磁铁为干式电磁铁。该阀机能为常开式，即当电磁铁不通电时，阀芯 2 在右端复位弹簧 4 的作用下处于左侧，P 口与 A 口相通，油液可以自由流动。当电磁铁通电时，电磁铁推力经过推杆 8 将阀芯移至右侧，切断 P 与 A 间通路。由于该阀使用干式电磁铁，通过阀芯 2 与阀体 1 配合间隙泄漏到弹簧腔的油液必须单独通过泄油口 L 和外接油管接回油箱。

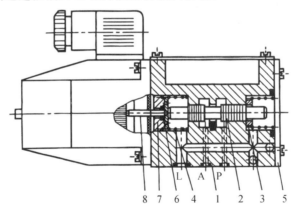

1—阀体；2—阀芯；3—弹簧座；4—弹簧；5—盖板；6—挡片；7—O 形圈；8—推杆。

图 6-145　二位二通弹簧复位式电磁换向阀

②三位四通电磁换向阀。如图 6-146 所示是一种三位四通弹簧复位式电磁换向阀，采用弹簧复位，三个工作位置（三位）：初始位置（中间位置）、左换向位置和右换向位置，有 P、A、B、T 四个油口（四通），该阀为 O 型中位机能。当左右两个电磁铁均断电时，阀芯在复位弹簧作用下处于中位，4 个油口由阀芯台肩隔开而互不相通。当左电磁铁通电，右电磁铁断电时，阀芯在电磁铁推力作用下向右移动，P 口与 B 口相通，A 口与 T 口相通。当右电磁铁通电，左电磁铁断电时，阀芯向左移动，P 口与 A 口相通，而 B 口与 T 口相通。

③无复位弹簧式二位四通电磁换向阀。如图 6-147 所示，两端都有电磁铁，当左端电磁铁通电吸合时，阀芯右移，使 P 口与 B 口相通，A 口与 T 口相通。但当左端电磁铁断电时，

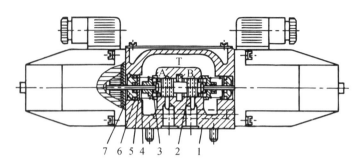

1—阀体;2—阀芯;3—弹簧座;4—推杆;5—弹簧;6—挡板;7—O形圈座。

图 6-146　三位四通弹簧复位式电磁换向阀

因无复位弹簧,故不能使阀芯复位,必须依靠右端电磁铁通电吸合,才能将阀芯推回原位,使 P 口与 A 口相通,B 口与 T 口相通。该阀两端的弹簧刚度较小,仅起支承 O 形圈座的作用,不能起复位作用,在使用时,必须始终保持一个电磁铁通电,以免发生误动作。但是,由于弹簧力较小,可以使绝大部分作用力用于克服阀芯运动阻力,阀换向更为可靠。

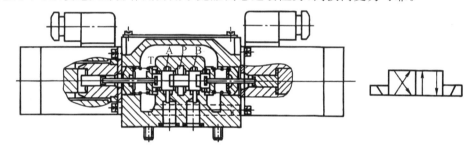

图 6-147　无复位弹簧定位的二位四通双电磁铁电磁换向阀

④常开式二位三通电磁球阀。如图 6-148 所示,当电磁铁断电时,弹簧 3 的推力作用在复位杆上将钢球 6 压在左阀座 8 上,切断 A 腔和 T 腔的通路,使 P 腔和 A 腔沟通。当电磁铁通电时,电磁铁的推力通过杠杆 13、钢球 12 和推杆 16 作用在钢球 6 上,使钢球压紧在右阀座 5 上,并使 A 腔与 T 腔相通,P 腔封闭。

(4)液动换向阀

液动换向阀是用控制油路中的压力油推动阀芯运动而变换流体方向的控制阀,推力较大,适用于压力大、流量大、阀芯位置长的场合。如图 6-149 所示为三位四通液动换向阀。其阀芯结构与电磁换向阀一样,不同的中位机能也可以通过改变阀芯结构来实现,图中所示为 O 型中位机能。与电磁换向阀不同的是阀芯驱动力不来自电磁铁,而来自控制油路中的压力油。K′和

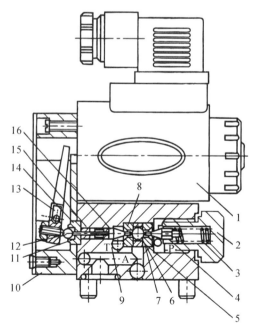

图 6-148　常开式二位三通电磁球阀

K″是控制压力油的油口。当两个控制口都没有控制油进入时,阀芯在两端弹簧作用下保持中位,四个油口 P、T、A、B 互不相通。当控制油从 K′进入时,阀芯在压力油的驱动下向右移动,使得 P 口与 B 口相通,T 口与 A 口相通。当压力油从 K″进入时,阀芯在压力油的作用下向左移动,使得 P 口与 A 口相通,而 T 口与 B 口相通。

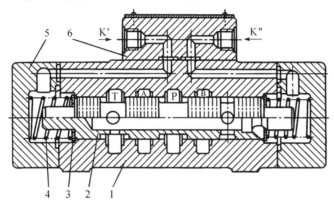

1—阀体;2—阀芯;3—挡圈;4—弹簧;5—端盖;6—盖板。

图 6-149　三位四通液动换向阀

(5)电液换向阀

电液换向阀是由电磁换向阀和液动换向阀组成的复合阀。电磁换向阀为先导阀,用以改变控制油路的方向。液动换向阀为主阀,以阀芯位置变化改变主油路上油流方向。这种阀的优点是用反应灵敏的小规格电磁阀方便地控制大流量的液动换向阀。

①二位三通电液换向阀。如图 6-150 所示,该阀的先导阀是一个弹簧复位的二位四通电磁换向阀,主阀是一个二位三通的液动换向阀。当电磁铁不通电时,先导电磁阀阀芯在其弹簧力的作用下处于初始位置,控制油由 K₁ 口进入,经电磁阀作用在主阀芯的左端,主阀芯的右端油腔经电磁阀连通油箱,主阀芯右移,液动阀的 P 口与 B 口连通,A 口封闭。当电磁铁通电时,先导电磁阀换向,主阀芯则左移,使 P 口与 A 口连通,B 口封闭。

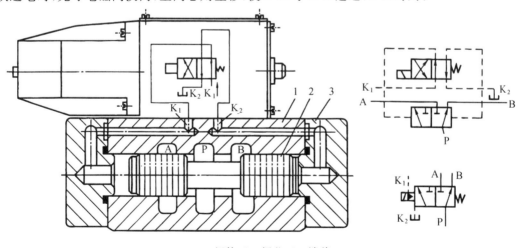

1—阀体;2—阀芯;3—端盖

图 6-150　二位三通电液换向阀

　　②弹簧对中型三位四通电液换向阀。如图 6-151 所示,其先导阀是三位四通 Y 型滑阀机能的电磁阀。当两个电磁阀均不通电时,主阀芯两端的容腔都经电磁阀与油箱相通,主阀芯在两端弹簧力的作用下停留在中间位置,图示的液动主阀为 O 型滑阀机能,在中间位置时,P、A、B、T 四油口相互封闭。当左端电磁铁通电时,控制油液推动主阀芯左移,使 P、A 相通,B、T 相通。当右端电磁铁通电时,主阀芯右移,使 P、B 相通,A、T 相通。一般来说,主阀体是不变的,配用不同的主阀芯可以得到具有不同滑阀机能的电液换向阀。

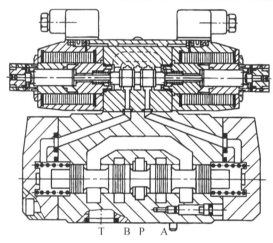

图 6-151　弹簧对中型三位四通电液换向阀

　　③液压对中型三位四通电液换向阀。如图 6-152 所示,该阀由先导电磁阀和液控主阀两部分组成。先导电磁阀是三位四通 P 型机能的电磁换向阀,液控主阀的阀体和阀芯与弹簧对中型相同,但增加了中盖、缸套和柱塞等零件。当先导阀的两个电磁铁均不通电时,控制油经电磁阀通到主阀两端的容腔中。控制油作用在缸套 2 上向右的推力大于主阀芯向左的推力,因而缸套右端面将会紧压在阀体的定位面 X 上,而主阀芯左端的台肩也将会紧

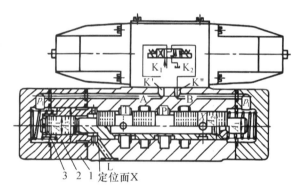

图 6-152　液压对中型三位四通电液换向阀

压在缸套的右端面上,此时主阀芯就牢靠地停留在中间位置上。当磁铁中有一个通电时,与弹簧对中型三位四通电液换向阀一样,将使主阀芯左右移动。主阀芯两端的弹簧仅是保证装配时主阀芯能处在中间位置,而不是为主阀芯复位而设置的。

　　(6)手动换向阀

　　手动换向阀是依靠手动杠杆的作用力驱动阀芯运动来实现油路通断或切换的方向控制阀。手动换向阀在液压系统中所起的作用与电磁换向阀和电液换向阀相同。由于它操作简单,工作可靠,又能在没有电力的场合使用,因而在行走机械液压系统中得到了广泛应用。但在复杂系统中,尤其在各执行元件的动作需要联动、互锁或工作节拍需要严格控制的场合就不宜采用手动换向阀。

①钢球定位式三位四通手动换向阀。如图 6-153 所示,其中位机能为 O 型,当手柄处于图示中位时,油口 P、T、A、B 互不相通。当向右推动手柄时,阀芯向左运动,使 P 与 A 相通,B 与 T 相通。若向左推动手柄,阀芯向右运动,则 P 与 B 相通,而 A 与 T 相通。阀芯的工作位置依靠钢球定位。定位套上开有 3 条定位槽,槽间距即为阀芯行程。当阀芯移动到位后,定位球就卡在相应的定位槽中,此时即便松开手柄,也即去除手柄的操作力后,阀芯仍能保持在工作位置上。

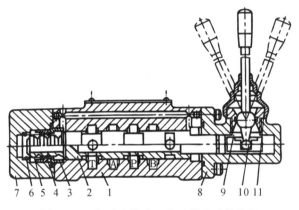

图 6-153　钢球定位式三位四通手动换向阀

②弹簧复位式三位四通换向阀。如图 6-154 所示,其与钢球定位式的差别仅在于它的定位方式上,当施加在手柄上的操作力被去除后,阀芯依靠复位弹簧的作用自动弹回到中位。与钢球定位式相比,弹簧复位式的阀芯移动距离可以由手柄调节,从而调节各油口的开口量,使流向负载的流量得到调节。这种阀适用于动作频繁、工作持续时间短、必须由人操作的场合,例如工程机械的液压系统。

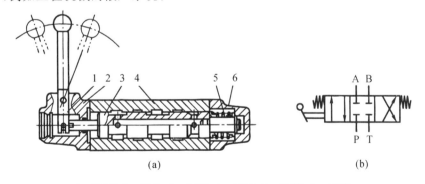

1—手柄;2—前盖;3—阀芯;4—阀体;5—弹簧;6—后盖。

图 6-154　弹簧复位式三位四通手动换向阀

③二位四通手动换向转阀。转阀式换向阀通过旋转阀芯,改变其与阀体的相对位置,接通或关闭油路实现换向。由于操作时要使阀芯旋转,这种阀一般采用手动或机动操纵控制方式。图 6-155 所示的二位四通手动换向转阀,阀体上的油口 A 与 B 相差 90°。在图示位置,P 口与 A 口通过阀芯上的轴向槽相通,B 口与 T 口通过阀芯上的径向槽相通。操作手柄转过 90°后,P 口将与 B 口相通,T 口与 A 口相通。阀芯转动后的定位由钢球实现。转阀式换向阀结构简单紧凑,但密封性差,且阀芯径向力不平衡,不同油液通路的压力差会使阀芯

一侧压向阀体内壁,使得操纵转矩很大,操作困难。转阀式换向阀工作压力较低,允许通过的流量较小,一般在中低压系统,特别是在金属切削机床的液压系统中,作先导阀或作小型换向阀使用。

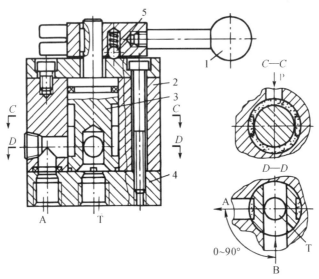

1—操纵手柄;2—阀体;3—旋转阀芯;4—底板;5—定位钢球。

图 6-155　二位四通手动换向转阀

(7)机动换向阀

机动换向阀也叫行程换向阀,通过安装在执行机构上的挡块或凸轮,推动阀芯来改变液流方向。它可以采用与普通电磁换向阀相同的滑阀阀芯,所不同的是驱动力。机动换向阀一般只有二位型,即初始工作位置和一个换向工作位置。当挡铁或凸轮脱开阀芯端部的滚轮后,阀芯都是靠弹簧自动复位,所控制的阀可以是二通、三通、四通、五通等。

①二位二通机动换向阀。如图 6-156 所示,当挡块或凸轮接触滚轮并将阀芯压向右端时,阀处于换向位置,P、A 相通。当挡块或凸轮脱离滚轮时,阀芯在复位弹簧的作用下回到初始位置,P、A 互相封闭。

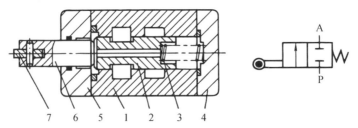

1—阀体;2—阀芯;3—弹簧;4—后盖;5—前盖;6—顶杆;7—滚轮。

图 6-156　二位二通机动换向阀

②二位四通机动换向阀。如图 6-157 所示,它的工作原理与二位二通机动换向阀相同,不同的是它有 P、A、B、T 四个工作油口。

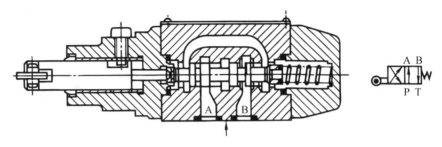

图 6-157 二位四通机动换向阀

（8）充液阀

充液阀是用于液压缸充液的一种特殊的液控方向阀。其主要作用是从油箱（或充液油箱）向液压缸或系统补充油液，以免出现吸空现象。带控制的充液阀还能起快速排油作用。

①常闭式不可控充液阀。如图 6-158 所示，该阀由阀芯、导向套、复位弹簧、阀体、连接法兰等主要零件组成，阀芯呈蘑菇状，结构较紧凑、流阻损失小、阀芯重量轻、惯性小、动作灵敏。

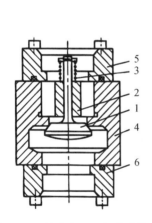

1—阀芯；2—导向套；3—复位弹簧；
4—阀体；5、6—连接法兰。

图 6-158 常闭式不可控充液阀

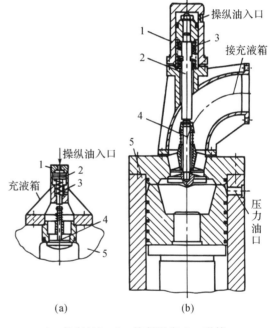

1—控制油缸；2—控制活塞；3—弹簧；
4—阀芯；5—液压缸。

图 6-159 常闭式可控充液阀

②常闭式可控充液阀。如图 6-159 所示，控制油通入控制缸的上腔，控制活塞就可使阀芯开启。控制缸上腔接油箱时，控制活塞在弹簧的作用下复位。控制缸下腔与充液油箱是相通的。这两种结构的充液阀都直接安装在液压缸的端部，安装方便，节省了与液压缸连接的管道。其中（a）为浸入式结构，结构很紧凑，流阻损失很小，但充液油箱必须安装在液压缸的底部，还要解决充液油箱与液压缸缸底之间的密封问题，检修不太方便。（b）为管道连接式结构，即通过管道和法兰与充液油箱相连。与浸入式相比，结构尺寸较大，流阻损失也稍

大,但充液油箱的位置布置比较灵活,检修也较方便。

③常开式充液阀。如图 6-160 所示,其优点在于充液过程不需要克服弹簧力,从而减少了吸油阻力,但结构较复杂,制造要求也较高。阀芯在弹簧的作用下停在阀的上部,充液阀处于开启状态。当转入工作行程中时,先在充液阀控制口通入压力油液,阀芯下行,充液阀关闭。由于阀芯上部的面积略大于其下部的面积,故随着液压缸油压的升高,充液阀越关越紧。当活塞回程时,液压缸先行卸压,且充液阀的控制口与油箱连通,充液阀可自动开启,使液压缸中的油液大量排回充液油箱。

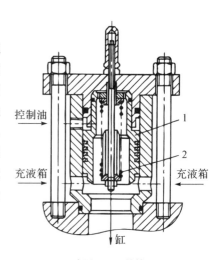

1—阀芯;2—弹簧。

图 6-160　常开式充液阀

6.12.2　适用场合与选用原则

在液压系统中,液压阀主要用于控制和调节油液的压力、流量和方向,其选型的正确与否直接关系到整个液压系统的性能,其基本的选用原则如下:

(1)根据液压阀应用场合及性能要求,合理选择液压阀中位机能的类型和型号;

(2)所选液压阀要能与液压系统动力元件等配套;

(3)优先选用已有标准系列的产品,尽量避免自行设计;

(4)液压阀的工作压力要低于其额定压力,通过液压阀的实际流量要小于其额定流量;

(5)对于电气控制液压元件,要注意其额定电压和交直流的匹配关系;

(6)选用液压阀时,要综合考虑液压阀的连接方式、操纵方式、经济性和可靠性等因素。

在具体选用时可参照表 6-31、表 6-32 及表 6-33。首先,从最基本的功能上进行判断,所需功能是压力控制、流量控制还是方向控制。其次,根据最基本的功能分别参照表 6-31、表 6-32 及表 6-33,在表中,将每种液压阀按照功能、结构原理及应用场合进行总结。以表 6-31 为例,根据具体功能的不同,选择溢流阀、顺序阀还是平衡阀、减压阀,在选定具体功能后,根据结构原理及应用场合选择具体结构形式的阀门,例如溢流阀的两种典型结构形式,直动式和先导式分别适合不同的压力、流量场合,高压、大流量适合先导式,低压、小流量适合直动式。最后,根据选用的具体结构形式,参照产品样本、具体适用温度、压力等性能指标选定具体型号的液压阀,由于篇幅所限,这里不做展开。

表 6-31　压力控制阀的选用

类型			功能	结构、原理	应用场合
压力阀	溢流阀	直动式溢流阀	1.溢流稳压、限压 2.溢流过载安全保护	直接通过油压控制阀门的启闭、溢流	压力小于 2.5MPa、小流量场合
		先导式溢流阀		通过导阀上的油压间接控制主阀的启闭、溢流	高压、大流量场合

类型			功能	结构、原理	应用场合
压力阀	顺序阀	直动式顺序阀	实现液压系统中执行元件的顺序操作	以压力为控制信号，实现阀门的自动启闭	低压场合
		先导式顺序阀			高压场合
	平衡阀		1. 单向顺序阀功能 2. 过载保护功能		
	减压阀	定值减压阀	维持不同工况下的进口压力保持恒定	负载变化时，通过自动调整阀口大小，使出口压力保持恒定	液压系统如机床的定位、夹紧装置
		定差减压阀	维持进、出口压力差保持恒定	利用可变节流阀口的补偿调节作用，使节流孔两端压差及通过流量保持恒定	节流调速系统中，与节流阀串联组成调速阀
		定比减压阀	维持进、出口压力比保持恒定	利用进出口阀芯不同作用面积，实现特定的压力比	用于降低中高压双作用叶片泵在低压区时叶片底部的压力

表 6-32　流量控制阀的选用

类型		功能	结构、原理	应用场合
流量阀	节流阀	板式节流阀	调节管路的流量大小、可双向节流	调节阀口的通流截面积或流道长短来改变液阻，从而调节流量	稳定小流量、温度变化不大的场合
		管式节流阀			高压
		精密节流阀			低压、小流量、调节精度高的场合
	行程节流阀	管式行程节流阀	改变通过流量而实现减速	由执行机构的行程挡块或凸轮克服弹簧力，压下阀芯以调节节流口面积，改变通流量	需要主动调速的场合
		板式单向行程节流阀	反向进油以额定流量通过		
		板式行程节流阀	改变通过流量而实现减速		
	调速阀	压力补偿调速阀	维持负载变化时系统流量稳定和执行元件速度稳定	通过串接定差减压阀维持压差稳定	工作负载变化较大和速度稳定性要求较高的场合
		温度补偿调速阀	维持油温变化时系统流量稳定和执行元件速度稳定	通过聚氯乙烯温度补偿杆在温度变化时形变调节节流口	温度变化较大和速度稳定性要求较高的场合
		单向调速阀	反向进油时，调速阀不起作用	通过调速阀与单向阀并联，实现反向通油	需要实现正向调速、反向通流功能的场合
	溢流节流阀		维持负载变化时通过阀门的流体流量保持不变	将溢流阀与节流阀并联，通过溢流阀的调压作用维持节流阀两端压力，从而维持流量	适用于速度稳定性要求较低、功率较大的系统场合

表 6-33 方向控制阀的选用

类型			功能	结构、原理	应用场合
方向阀	单向阀	直通式单向阀	只允许流体单向流通、反方向流动被截止	正向流动，流体压力推开阀芯，反向流动，阀芯被压紧在阀座上	单向流通、流阻大
		直角式单向阀			单向流通、流阻小
		内泄式液动单向阀	单向正常通流，反向流通则通过液压来控制	正向流动，流体压力推开阀芯，反向流动通过液压控制阀芯开启	反向压力较低的场合
		外泄式液动单向阀			反向压力较高的场合
	换向阀	电磁换向阀	流体换向、分流，按照不同的功能要求可分为二位二通、二位三通、二位四通和三位四通等形式	电磁铁推动阀芯运动调节油路	
		液动换向阀		通过控制油路中的压力油推动阀芯运动	压力高、流量大、阀芯位置长的场合
		电液换向阀		电磁换向阀为先导阀，改变控制油路的方向；液动换向阀为主阀，以阀芯位置变化改变主油路上油流方向	调节灵敏度高、流量大的场合
		手动换向阀		通过手动杠杆的作用力驱动阀芯运动来实现油路通断或切换	中低压、小流量、动作频繁、工作持续时间短的场合如工程机械的液压系统、没有电力的场合如行走机械的液压系统等
		机动换向阀	流体换向，只有二位型	通过执行机构上的挡铁或凸轮，推动阀芯来改变液流方向	
	充液阀	常闭式不可控充液阀	从油箱（或充液油箱）向液压缸或系统补充油液，以免出现吸空现象	通过油液压力或控制油压力控制充液阀启闭，向液压系统充油	灵敏度高、流阻损失小
		常闭式可控充液阀			流阻损失小、密封要求高
		常开式充液阀			吸油阻力小

第7章 阀门的优化改进与应用拓展

7.1 阀门结构优化

7.1.1 球阀的优化

图 7-1(a) 是一个传统手动浮动球球阀的纵向剖面图,将阀体 1 通道的中心线设为 x 轴;将阀杆 4 的轴线 G 设为 z 轴,其与 x 轴垂直交于原点 O;在垂直于 z 轴且过 O 点的截面(水平面)上,设有 y 轴且其垂直于 x 轴,如图 7-1(b) 所示。在图 7-1(b) 中,球阀处于关闭状态,球心 Q 与原点 O 重合,阀体上的阀座内部是一个内圆锥体,球体与阀座之间的接触是球面与内圆锥侧面的接触:图中内圆锥锥顶 J 处于 x 轴上,球心 Q 与内圆锥锥顶 J 的连线 QJ (即密封面中心线)与阀体通道中心线 x 轴是重合的,$\triangle QAJ$ 的 $\angle QAJ = 90°$,半锥角 φ 与球面和阀座接触夹角 θ 之和为 $90°$。

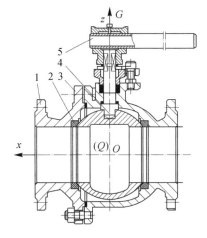

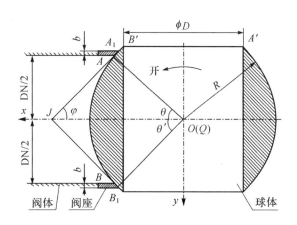

1—阀体;2—阀座;3—球体;4—阀杆;5—手柄。 Q—球心;J—内圆锥锥顶;O—三位直角坐标原点。

(a) 正向剖视图   (b) 横截面示意图

图 7-1 手动浮动球球阀

由图 7-1 可知,锥顶 J 和球心 Q 的连线 QJ 与通道中心线 x 轴重合,球心 Q 位于 O 点,也处于阀杆轴线 G 上,形成"三合一"结构状态。在阀门开启或关闭时,在较大密封压力下球体在与阀座的接触面上进行摩擦回转运动,并受到较大摩擦力矩。这一特点使球阀密封面间产生较大磨损,实际运行使用寿命缩短,同时也限制了硬密封在球阀中的应用。为了改善这一问题,目前主要朝两个方向进行改进,其一是将"三合一"结构球阀改为"偏心"结构球阀;其二是采用在球阀开或关的过程中,让球体与阀座脱离接触后再回转的轨道式球阀。

7.1.1.1　偏心球阀

（1）偏心球阀类型

①单偏心球阀

图 7-2 为单偏心半球阀,图 7-2(b)是图 7-2(a)的横截面示意图。由图可知,球阀关闭时,球体的球心 Q 仍在原点 O,阀杆轴线 G 沿 y 轴方向偏离 x 轴距离 e,与球心 Q 也偏离相同距离 e,即形成所谓的"单偏心"。其特点如下:

单偏心回转使球体密封面脱离摩擦运动:由图 7-2(b)可知,在球阀开启时(半球体逆时针方向回转),由于阀杆轴线 G 偏离 x 轴及球心 Q,球体的球面逐渐远离阀座密封面,与密封面间实现无摩擦运动。在阀杆带动球体旋转 90° 后,球心 Q 也偏离 x 轴距离 e,并位于 y 轴左侧。

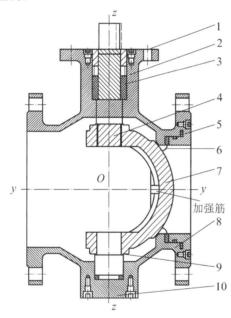

1—压盖;2—填料;3—防飞环;4—阀杆;
5—端盖;6—U 形圈;7—半球体;8—阀体;
9—调整垫片;10—底盖。

（a）正向剖视图

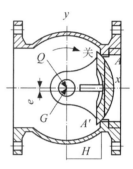

阀门处于关闭状态

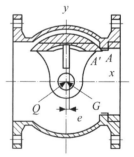

（b）阀门处于开启状态

图 7-2　单偏心半球阀

阀杆可施加密封所需的推力:球阀处于如图 7-2(b)中的关闭状态时,由阀杆施加顺时针方向的旋转力矩。由扭矩产生的密封推力经球心 Q 沿 x 轴方向均匀传递到球面与阀座的密封面上,该力矩的大小根据球阀密封需要进行调节。在施力完成后,由阀杆控制机构锁死并保持不变。

半球体结构:由图 7-2(b)可知,当球阀处于开启状态(球体逆时针旋转 90°)时,由于偏心旋转作用,球心 Q 处于 x 轴下方和 y 轴左侧,球面密封点 A' 低于阀座密封点 A。此时流体经阀体通道流过时,球体将部分通道遮挡,降低了阀门流量或减小了流量系数。为保持所需的阀门流量或增大流量系数,扩大阀内通流面积,常采用图 7-2(a)中的半球体结构。

半球体结构(图 7-2(a))与传统整体式球体结构(图 7-1(a))相比,刚度显著降低。为保持半球体结构所需的结构刚性,如图 7-2(a)所示,在半球体腔内侧增加加强筋,增强半球体结构刚性。但添加加强筋往往导致流体通流阻力增大,所以此时再通过增大半球体的方法来增加通流能力是较为合适的选择。

②双偏心球阀

双偏心球阀的特点包括如下几个方面:

双偏心回转使球面和阀座密封面之间更易脱离摩擦运动。图 7-3(a)为双偏心半球阀示意图,图 7-3(b)是图 7-3(a)的横截面图。图中球阀处于关闭状态,半球体中心 Q 位于原点 O 处。阀杆轴线 G 偏离 x 轴距离 b,偏离 y 轴距离 a,由此形成"双偏心"结构。当阀杆绕轴心逆时针旋转时,由于"双偏心"作用,在阀座 A 点处可见到球面 A 点的回转轨迹(图中虚线)的切线 AA_1 与阀座内圆锥面的切线 AA_0 之间形成一个离开角度 α,从图 7-3(b)中虚线构成的三角形 $\triangle AGQ$ 可知,AQ 垂直于 AA_0,AG 垂直于 AA_1,因而 $\alpha = \angle GAQ$。由于 $GQ^2 = a^2 + b^2$,GQ 值增大,$\angle GAQ$ 增大,则角 α 也增大,在阀杆逆时针旋转时更易使密封面脱离,实现无摩擦(或少摩擦)运动。

双偏心球阀中常采用浮动结构阀座施加密封推力。由图 7-3(b)可知,$\angle GQJ$ 为锐角,不可能像单偏心球阀利用阀杆旋转对密封面施加均匀的密封压力。图 7-3 所示双偏心半球阀阀杆在球体旋转到关闭位置后起定位作用,密封面上的密封压力主要来自浮动结构的阀座(与传统球阀相似)沿 x 轴方向作用的密封所需推力。

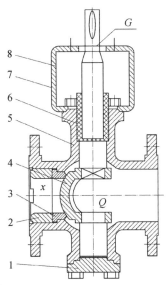

1—底盖;2—护圈;3—阀座;4—半球体;
5—阀体;6—填料;7—支架;8—轴。

(a)正向剖视图

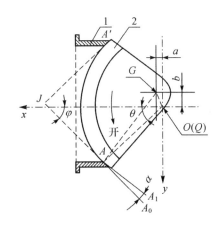

1—阀座;2—半球体。

(b)横截面图

图 7-3　双偏心半球阀

半球体结构:基于与单偏心球阀同样的原因,双偏心球阀也采用半球体结构。

③三偏心球阀

图 7-4 是三偏心球阀在工作状态下的立体模型图,具有弹性的金属密封环嵌入球体密封面,与球体相接触的阀座安装于阀体上,它的结构特点如下:

阀杆相对于密封中心在 x 轴方向以及 y 轴方向均有偏移(如图 7-5 所示)。在阀杆回转过程中球体起到双偏心凸轮回转作用。当球体密封面接近阀座时,由于球体的中心偏离阀体通道轴线(第三个偏心),并按球面与内圆锥面接触密封要求,密封面中心线相对阀体通道轴线偏转一个相应角度,实现无摩擦接触与脱离。

密封压力主要由阀杆在回转过程中施加扭矩,将密封所需推力沿图 7-5 中 QJ 线方向传递,并均匀作用于密封面来实现。

由图 7-4 中可以发现三偏心球阀阀芯使用整体式球体,使球体内通道与阀体通道对接。这既满足了阀门的通流能力要求,又提高了球体结构刚性,使得球体可以承受较高的工作压力。

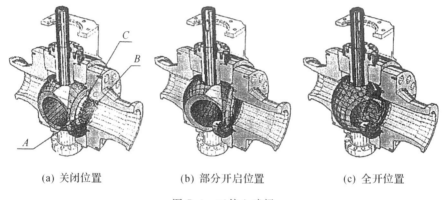

(a) 关闭位置   (b) 部分开启位置   (c) 全开位置

图 7-4　三偏心球阀

图 7-5 是三偏心球阀关闭状态时,垂直于阀杆并沿阀体通道轴线的横截面几何关系示意图。x 轴与阀体通道轴线重合,y 轴经球心 Q 与 x 轴垂直交于 O 点,z 轴经 O 点垂直于图面。图 7-5 中,阀杆轴心 G 不在原点 O 上,而是偏离 y 轴 e_1 距离并偏离 x 轴 e_2 距离,球心 Q 沿 y 轴向上偏移 e_3 距离,按照球面与内圆锥面接触的密封原理,密封推力沿球心与锥顶连线 QJ 方向施加,球体无摩擦接近或离开阀座也沿 QJ 方向进行。因此,要求阀杆与球心连线 GQ 与 QJ 垂直,使得 QJ 相对于 x 轴偏转 β 角,QJ(密封中心线)与 x 轴的交点为 M,它也是密封副的中心,这就形成"三偏心"的几何结构。图 7-5 中,QA、QB 均为球体半径 R,$R = k\mathrm{DN}$,其中系数 $k = 0.75 \sim 0.9$,偏心位移量 $e_1 = m_1\mathrm{DN}$,$e_2 = m_2\mathrm{DN}$,$e_3 = m_3\mathrm{DN}$,其中系数 m_1、m_2、m_3 在结构设计中确定。球心 Q 坐标 $Q(O, e_3)$,回转 90°后到 Q' 点,其坐标为 $[-(e_1 + e_2 + e_3), -(e_2 - e_1)]$;阀杆轴心 G 坐标为 $(-e_1, -e_2)$。

图 7-5 中,应用偏心回转(又称凸轮作用)实现球体沿 QJ 线方向无摩擦接近或脱离阀座。当阀杆沿逆时针方向旋转时,密封面接触于 A 点,由于线段 GA 垂直于线段 AA_0,QA 垂直于 JA,线段 AA_0 与 JA 的夹角 α_A 就是回转时点 A 处的接触脱离角,该角等于三角形 $\triangle GAQ$ 中的角 $\angle GAQ$,简称 $\alpha_A = \angle A$;同理在 $\triangle GBQ$ 中,接触脱离角 $\alpha_B = \angle B$;在 $\triangle GCQ$ 中也得到 $\alpha_C = \angle C$。

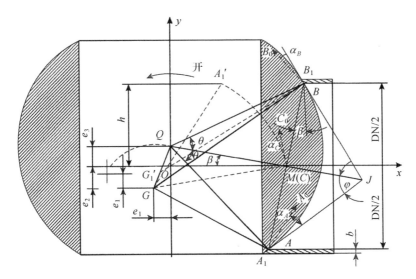

图 7-5　三偏心球阀横截面几何关系

由图 7-5 可见,三角形 $\triangle GAQ$ 和 $\triangle GBQ$ 具有同一线段 GQ,并且线段 $QA=QB=R$,同时可见线段 $GB>GA$,因而可以判断 $\angle A>\angle B$;在 $\triangle GAQ$ 和 $\triangle GCQ$ 中,具有同一线段 GQ,而 $QA=R>QC=R\cos\theta$,线段 $GA=GC$,可以判断 $\angle C>\angle A$。由上述知,在密封面上出现最小接触脱离角的是 B 点处,只要控制 $\angle B=\alpha_B\geqslant[\alpha]$ 许用脱离角,就可以实现球阀无摩擦开启或关闭。

在三角形 $\triangle GBQ$ 中应用三角形余弦定理,可得

$$\cos B=\frac{QB^2+GB^2-GQ^2}{2QB\cdot GB}$$

$$=\frac{2k^2+2m_1\sqrt{k^2-(0.5-m_3)^2}-2m_3^2-2m_2m_3+m_3+m_2}{2k\{[\sqrt{k^2-(0.5-m_3)^2}+m_1]^2+(0.5+m_2)^2\}^{0.5}} \tag{7-1}$$

$$QB=R=k\mathrm{DN} \tag{7-2}$$

$$GB=\mathrm{DN}\{[\sqrt{k^2-(0.5-m_3)^2}+m_1]^2+(0.5+m_2)^2\}^{0.5} \tag{7-3}$$

$$GQ=[e_1^2+(e_2+e_3)^2]^{0.5}=\mathrm{DN}\sqrt{m_1^2+(m_2+m_3)^2} \tag{7-4}$$

由图 7-5 中可以看到,球体由关闭状态沿逆时针方向旋转到开启状态,球面密封环外缘接触点 A_1 转到 A_1' 位置处,该点沿 y 轴方向 $h\geqslant\mathrm{DN}/2$ 时才能实现球体通道与阀体通道对接,根据已知 A 点回转后坐标,可得

$$h=Y'_A-b=[\sqrt{k^2-(0.5+m_3)^2}-(m_2-m_1)-i]\mathrm{DN}\geqslant\frac{\mathrm{DN}}{2} \tag{7-5}$$

$$y'_A=[\sqrt{k^2-(0.5+m_3)^2}-(m_2-m_1)]\mathrm{DN} \tag{7-6}$$

$$b=i\cdot\mathrm{DN} \tag{7-7}$$

式中:y'_A 为 A' 点的 y 轴坐标;b 为密封面宽度,系数 i 取 $0.01\sim0.03$。

(2)偏心球阀结构参数选择

结构参数主要根据以下三原则进行选择和设计。

①无摩擦回转

根据接触脱离角 α 的要求,通常选择许用脱离角 $[\alpha]$ 为 $6°\sim8°$,在初步确定 $\angle B$ 大小时,

用式(7-1)计算不方便,因此常用近似公式来计算。在图 7-5 中可以明显看出,△OBQ 中的 ∠OBQ 近似于△GBQ 中的∠B,因此可用∠OBQ 代替∠B 初步确定结构参数 m_3。由式(7-1),并令 $m_2 = m_1 = 0$ 得到近似式:

$$\cos B = \frac{2k^2 - 2m_3^2 + m_3}{2k(k^2 + m_3 - m_3^2)^{0.5}} \leqslant \cos[\alpha] \tag{7-8}$$

由式(7-8)可以初步确定在无摩擦回转条件下 m_3 的最小值,并列于表 7-1 中。

表 7-1 $[\alpha] = 6°$时 m_3 值

k	0.75	0.8	0.85	0.9
m_3	0.100	0.103	0.107	0.111

在初步确定 m_3 后,再按式(7-1)校核计算∠B≥[α]。

②阀内通道对接

根据球体通道与阀体通道对接条件式(7-5)得到

$$\sqrt{k^2 - (0.5 + m_3)^2} - (m_2 - m_1) \geqslant 0.5 + i \tag{7-9}$$

由图 7-5 可以看到,当 $m_2 = m_1$ 时,球心 Q 在回转 90°后位于 x 轴上,并且使阀内通道对接更方便。当 $i = 0.02$ 时,由式(7-9)得到 m_3 为

$$m_3 = \sqrt{k^2 - 0.52^2} - 0.5 \tag{7-10}$$

由式(7-10)得到在 $m_2 = m_1$ 条件下的 m_3 最大值,列于表 7-2 中。

表 7-2 $m_2 = m_1$ 时 m_3 最大值

k	0.75	0.8	0.85	0.9
m_3	0.04	0.108	0.172	0.235

由表 7-1 和表 7-2 可得,当 $k = 0.75$ 时,m_3 的最大值为 0.04,而要保证无摩擦回转,所需 m_3 值为 0.1,因而要设计球体半径 $R = 0.75$DN 的无摩擦回转的整体式球体球阀是不可能的,只能采用其他结构,如半球阀结构。

③正确保持球面与圆锥面接触密封

要保持球面与圆锥面接触密封,能够沿图 7-5 中所示密封中心线 QJ 方向施加密封推力并满足无摩擦地脱开或接触阀座的密封要求。在图 7-5 中,QA、QB 均为球体半径 R,$R = k$DN,其中系数 k 取 0.75~0.9,偏心位移量 $e_1 = m_1$DN,$e_2 = m_2$DN,$e_3 = m_3$DN,其中系数 m_1、m_2 和 m_3 在结构设计中确定,需合理分配结构参数,令 $m_2 - m_1 = n$,可得

$$\tan\beta = \frac{e_1}{e_2 + e_3} = \frac{m_1}{m_2 + m_3} = \frac{m_3}{\sqrt{(k\cos\theta)^2 - m_3^2}} \tag{7-11}$$

$$= \sqrt{k^2 - (0.5 - m_3)^2} - \sqrt{k^2 - (0.5 + m_3)^2}$$

$$m_2 = \frac{m_3 \tan\beta + n}{1 - \tan\beta} \tag{7-12}$$

式中:β 为 QJ 与 x 轴交角。

在表 7-1 和表 7-2 中所限定的 m_3 值范围内,式(7-12)确定的部分结构参数列于表 7-3 中。

表 7-3 由式(7-12)确定 m_3、m_2、m_1 值

k	0.8	0.85			0.9		
m_3	0.108	0.172	0.139	0.102	0.235	0.204	0.170
β	10.06°	14.77°	11.81°	8.59°	18.81°	15.79°	13.30°
$m_2-m_1=n$	0	0	0.04	0.08	0	0.04	0.08
m_2	0.023	0.062	0.087	0.112	0.121	0.135	0.157
m_1	0.023	0.062	0.047	0.032	0.121	0.095	0.077

④结构参数选择注意事项

A. 根据上述三原则选择结构参数可知,当球体半径系数 $k=0.75$ 时,很难实现整体式球体结构的三偏心球阀设计,建议选择 $k\geqslant0.8$ 的球体结构进行设计。

B. 在 m_3 值按表 7-1 和表 7-2 要求初选确定后,最好按 $m_2=m_1$ 条件进行预设计,然后视结构设计具体情况做最后确定。表 7-4 中列出符合上述三原则的部分参数,供结构设计参考。

表 7-4 符合三原则的部分参数

k	0.8			0.85					0.9				
m_3	0.104	0.104	0.108	0.108	0.108	0.140	0.140	0.172	0.111	0.111	0.145	0.145	0.235
$\beta(°)$	9.68	9.68	10.06	9.10	9.10	11.89	11.89	14.77	8.57	8.57	11.27	11.27	18.81
m_2-m_1	0	0.004	0	0	0.074	0	0.039	0	0	0.140	0	0.107	0
m_2	0.021	0.026	0.023	0.021	0.108	0.037	0.087	0.061	0.020	0.184	0.036	0.169	0.121
m_1	0.021	0.022	0.023	0.021	0.034	0.037	0.048	0.061	0.020	0.044	0.036	0.062	0.121
$\angle B(°)$	6.37	6.59	6.64	6.44	10.18	8.85	10.61	10.88	6.41	13.03	8.61	13.73	15.21
$\angle A(°)$	7.74	9.44	8.16	7.75	13.69	11.02	14.63	15.19	7.57	18.61	10.82	20.14	24.13
$\angle C(°)$	11.48	11.92	12.02	10.76	17.65	14.73	18.63	19.29	10.04	21.73	13.85	23.16	26.58

C. 如图 7-5 所示,当球体由关闭变为全开时,球心 Q 坐标 (O,e_3) 转到 Q' 点,Q' 坐标为 $(-|e_1+e_2+e_3|,-|e_2-e_1|)$,$Q'$ 点处偏离坐标原点 O,最大距离为 $|e_1+e_2+e_3|$。该值越大,阀体内腔空间越大,阀门结构尺寸就越大,因此在结构设计中根据式(7-8)初步选定 m_3 后,可以根据图 7-5 中的 OB 延长线与 GQ 线交点 G' 作为初选阀杆中心位置。由于 OB 线对 x 轴夹角的正切值 $\tan\angle BOX=e_2/e_1=m_2/m_1$,并且在交点 G' 处要服从式(7-11)要求,由此得到的偏心参数 $|e_1+e_2+e_3|$,可能是该值的最小值。当 $[\alpha]=6°$ 时,得到 $m_1>m_2$。部分三偏心参数列于表 7-5 中,供设计参考。

表 7-5 $[\alpha]=6°$ 时阀杆轴心位于 G' 处的结构参数

k	0.8	0.85	0.9
m_3	0.103	0.107	0.111
m_2	0.0142	0.0126	0.0114
m_1	0.0198	0.0190	0.0184
$m_1+m_2+m_3$	0.1370	0.1386	0.1408
β	9.59°	9.03°	8.55°

按表 7-5 所列结构参数设计的球阀,开启时球心 Q 位于 x 轴线(见图 7-5)上方,球体内的通道轴线如果与 x 轴重合,该轴线将偏离球心 Q,距离为 $|e_2-e_1|$。

D. 三偏心球阀中由于球心偏离原点 O,球心与内圆锥锥顶的连线 QJ(见图 7-5)对 x 轴倾斜角度 β。在阀体内圆锥面的通道口形成一斜截面切口,切口是一个椭圆形,而按球面与内圆锥面密封原理设计的阀座,其内孔仍是一内圆锥体面,其横截面(垂直于 QJ 线截面)仍是一个圆形。该圆形的直径为 D_i(如图 7-5 中线 AB 长度)。它与阀体通道直径 DN 关系是 $D_i=\text{DN}/\cos\beta$。当 $\beta=10°$,在需要用 D_i 计算时,可用 $\text{DN}=D_i$ 代替,其计算误差小于 2%,这在工程设计里是允许的。在阀座结构设计时,必须考虑阀座内圆锥孔的正截面仍是圆形截面。装配时因有方向性要求,装配后必须打定位销予以固定。

7.1.1.2 轨道式球阀

(1)结构工作原理及特点

国内已有多种轨道式球阀的结构专利,在工程上应用较多,较成熟的是 ORBIT 公司生产的轨道式球阀,如图 7-6 所示。

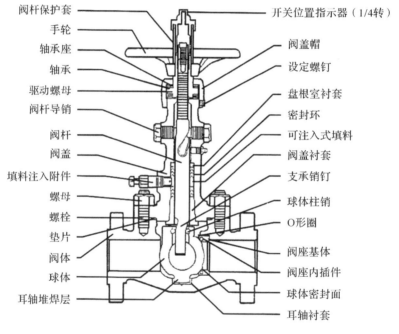

图 7-6 ORBIT 轨道式球阀

图 7-6 所示的轨道式球阀,由启闭机构(球体、阀座等零部件)和控制机构(阀杆、手轮等零部件)组成。球体支撑在阀体内的耳轴衬套上,其上的柱销在阀杆头部的斜面作用下,使其向阀座靠拢或离开,实现阀口的启或闭;同时可在阀杆回转时带转球体,使球体内圆形通孔对准阀体上的通道,接通进出口通道;或回转到图 7-6 所示位置,关断阀体通道。导向机构是轨道式球阀的控制机构,主要由阀杆头部斜面机构和导向套(或阀杆上)螺旋槽导向机构组成。阀杆头部斜面与球体柱销接触配合,使球体沿阀杆轴线(或球体中心线)回转以及沿球体表面向阀座滚动。

如图 7-6 所示阀杆具有双斜面的杆头,插入球体内与球体上两个柱销配合,使球体在下部耳轴的支撑下在阀体内做靠拢或离开阀座的摆动运动,以及沿阀杆轴线的回转运动;阀杆位于螺旋槽的中部,由安装于阀盖两侧的阀杆导销引导,使阀杆在沿其轴线做上下运动的同时可以实现 90°回转运动,并由阀杆头部带动阀芯(球体)实现摆动和回转。阀杆上部的螺杆与手轮和驱动螺母配合,实现阀杆上、下沿其轴线运动:当手轮左旋转(从上向下看逆时针旋转)时阀杆向上升,阀门开启;右旋转(顺时针旋转)时阀杆向下降,阀门关闭。

ORBIT 轨道式球阀工作原理如下:

开启过程:在关闭位置,球体受阀杆的机械施压作用,紧压在阀座上;当逆时针转动手轮时,阀杆向上运动,其底部的角形平面使球体倾离阀座。

关闭过程:关阀时,顺时针转动手轮,阀杆开始下降并使球体开始旋转;继续转动手轮,阀杆受到嵌于螺旋槽内的导销的作用,使阀杆和球体同时旋转 90°;阀杆继续提升,并与阀杆螺旋槽内的导销相互作用,使球体开始无摩擦旋转;到全开位置,阀杆升到极限位置,球体转到全(直)通位置;在即将关闭时,球体已在与阀座无接触的情况下旋转了 90°;手轮转动的最后几圈,阀杆底部的角形平面机械地楔向压迫球体,使其紧密压在阀座上。

由该球阀的工作原理可知,它与常用球阀工作状况有以下两点不同之处:

常用球阀的球体和阀座密封压紧力是靠沿阀体通道轴线方向作用弹簧力、液压力或其他力,并沿该轴线移动压紧来实现的。轨道式式球阀是依靠球体在耳轴支撑状况下,由球体上柱销(见图 7-6)受阀杆头部斜面的作用力及流体压力摆动靠向阀座实现具有一定密封压力的阀口密封。

阀门开启时,常用球阀是在球体与阀座紧密配合下回转 90°,接通阀体前后通道;轨道式球阀首先是球体离开阀座,然后球体在球面无摩擦状态下回转 90°,接通阀体前后通道;阀门关闭时则是上述过程的逆过程,常用球阀是在球体与阀座紧密配合下,反转 90°实现完全切断阀体前后通道;轨道式球阀球体与阀座间无摩擦反转 90°,断开阀体前后通道,然后球体摆动靠近阀座实现全关。

轨道式球阀特性包括:无密封弹簧及密封所需的活塞式移动结构;采用硬质抛光的阀芯和阀座的硬密封,满足非常苛刻条件下的密封性,可承受高温达 427℃;单阀座结构,可双向密封,保证双向零泄漏,避免了双阀座阀门内腔压力升高的问题;开关无磨损,密封可靠,寿命长。

(2)球阀密封结构

①球面半径 SR 与结构长度 L

球体与阀座的密封本质上是球面与内圆锥面的接触密封。如图 7-7 所示,当半锥角 φ 很小时,温度波动容易使球阀卡死,而对于大直径阀座的楔形作用力将大到使阀座圈产生变形,因此要求

$$\left.\begin{array}{l}SR\geqslant\dfrac{\mathrm{DN}}{2}\times\dfrac{1}{\cos\varphi}\\[2mm]SR\geqslant 0.577\mathrm{DN}\end{array}\right\} \tag{7-13}$$

式中:φ 为阀座密封面的半锥角,要求 $\varphi\geqslant[\varphi]=30°$,$[\varphi]$ 为许用角度;SR 为球面半径,mm;DN 为阀的通径,mm。

通常球阀 $SR=(0.75\sim0.9)\mathrm{DN}$;由式(7-13)知,$\varphi=48.2°\sim56.3°$。

在确定 SR 后,初步估计球阀结构长度 L_f:

$$L_f \geqslant 2\left[\sqrt{SR^2-(DN/2)^2}+h_0+H\right] \tag{7-14}$$

式中:L_f 为球阀结构长度,mm,可参照《金属阀门结构长度》(GB/T 12221—2005)标准确定;h_0 为阀杆中心与阀座中心的偏心距,mm;H 为阀座厚度或高度,mm,可参照表 7-6 初步确定。

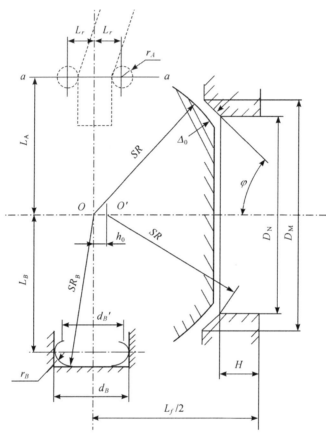

图 7-7 球体与阀座结构

表 7-6 阀座推荐高度(厚度)

DN(mm)	< 100	$100\sim150$	$200\sim350$	$\geqslant 400$
H/mm	$\geqslant 16$	$\geqslant 20$	$\geqslant 24$	$\geqslant 32$

②球体回转间隙 Δ_0 与偏心距 h_0

A. 回转间隙 Δ_0

建议按国标配合公差 $\dfrac{B_{9-11}}{b_{9-11}}$ 的平均间隙的一半来初步确定密封的回转间隙 Δ_0:

$$\Delta_0=\frac{\Delta_{B_{max}}+\Delta_{B_{min}}}{4} \tag{7-15}$$

式中:Δ_{Bmax} 为 $2SR$ 时 $\dfrac{B_{9-11}}{b_{9-11}}$ 配合的最大径向间隙,mm;Δ_{Bmin} 为 $2SR$ 时 $\dfrac{B_{9-11}}{b_{9-11}}$ 配合的最小径向间隙,mm。

B. 偏心矩 h_0 与球体上柱销 A 的摆动距离 h_A

回转间隙 Δ_0 与偏心矩 h_0 可从图 7-7 几何关系得到

$$h_0 = \Delta_0 / \sin\varphi \tag{7-16}$$

$$h_A = (SR_B + L_A)h_0 / SR_B \tag{7-17}$$

式中:SR_B 为下支承球面半径,$SR_B = SR$,mm。

C. 密封面上密封比压 q_m 和密封宽度 b_m

密封面上密封比压 q_m、密封宽度 b_m 可按通常球阀设计方法进行,其中密封比压 q_m(必需值)为

$$q_m = 0.316m \frac{a + cp}{\sqrt{b_m}} \tag{7-18}$$

式中:p 为流体工作压力,MPa;b_m 为密封面宽度,即球面密封面投影至垂直于通道轴线平面上的宽度,$b_{min} \geqslant 2mm$,mm;m 为与流体性质有关的系数,对常温液体 $m = 1$,对常温汽油、煤油、空气、蒸汽及高于 $100°C$ 的液体 $m = 1.4$,对氮及其他密封要求高的介质 $m = 1.8$。系数 a、c 取值见表 7-7。

表 7-7　系数 a 与 c 值

密封面材料	钢硬质合金	铝,铝合金,尼龙,F_3,F_4	黄铜,青铜,铸铁	中硬橡胶	软橡胶
a	3.5	1.8	3.0	0.4	0.3
c	1	0.9	1	0.6	0.4

在设计中要求

$$q_m < q < [q] \tag{7-19}$$

式中:q 为实际使用密封比压,MPa;$[q]$ 为密封材料许用压力,可查有关手册,MPa。

D. 球体下支承-耳轴结构

图 7-8 是球体下支承-耳轴结构示意图,为保证球体沿 SR 半径外圆轨迹滚动,并且能够启闭阀口,要求 SR_B 与 r_B 交点 a 的中心夹角 φ 应满足以下关系:

$$\varphi = \sin^{-1} \frac{(d_B/2 - r_B)}{SR_B} \geqslant 3\theta_0 \tag{7-20}$$

$$\theta_0 = \frac{h_0}{SR_B} \frac{180}{\pi} \tag{7-21}$$

式中:θ_0 为球体中心滚动 h_0 距离(见图 7-8)所需要的转动角度。

E. 结构工艺性要求

球体与阀座在尺寸 $2SR$ 时推荐配合 $\frac{H10}{h9}$,光洁度 $\frac{0.4\,\forall}{0.2\,\forall}$,主要考虑轨道式球阀是依靠滚动配合实现启闭。

在阀体中球体中心高度应与阀座在阀体中心高度齐平,或低于阀座中心 $0.1 \sim 0.2mm$,确保在滚动关闭过程中与阀座密封良好。

球体安装于阀体内,为保证 h_0 尺寸,同时减小球体下耳轴受力后向远离阀座方向位移的影响,推荐该尺寸公差为 $-0.2 \sim -0.1mm$。

（3）评估工作能力

①工作寿命

A. 轨道式球阀薄弱环节

球阀的球体下支承-耳轴及上部柱销受压力较大，是该装置的薄弱环节，这两者一处是受点接触应力作用，另一处是受线接触应力作用，因此它们的使用寿命是按接触疲劳极限来估计的。

B. 使用寿命估计

接触疲劳许用应力$[\sigma_J]$是在极限应力试验基数大于或等于5×10^7次的基础上得到的，因此实际零件（或材料）可能实际工作循环次数n_L为

$$n_L=\frac{[\sigma_J]^m}{\sigma_J^m}n_o \qquad (7\text{-}22)$$

式中：$[\sigma_J]$为材料许用接触应力，MPa；n_o为接触疲劳应力试验次数，在工程上取$n_o=10^6$；σ_J为实际使用中的接触应力，MPa；m为系数，对点接触应力，$m=3$，对线接触应力，$m=4$。

②实际承压能力估计

主要对以下几项进行核算：阀体壁厚承压能力；阀体与阀盖连接螺栓受力状态；阀盖连接法兰承压能力；阀杆头部承压能力。

对以上部位应进行承压能力计算，应选用常用公式及许用应力来核算承压能力P_0。

对 Q41Y-40 型轨道式球阀进行评估，该阀主要技术参数 DN＝100，PN＝4，$-29\sim121℃$，工作介质为石油及制品、天然气、氧气及其他气体，经对以上四项承压能力进行计算，阀体壁厚可承受 16MPa 压力，法兰连接可承受 14MPa 压力，阀杆头部可承受 16MPa 压力，唯有连接螺栓只能承载 5.6MPa 压力。如果要达到承受 16MPa 压力的能力，螺栓数要由 Z＝8 增加至 Z＝16，并选用 M16 螺栓，但这样将影响整体阀门结构。因此，在原有阀门基础上进行改进设计，以满足 PN＝16 的使用要求。

7.1.1.3　球阀的异形结构——轨道式蝶阀

轨道式蝶阀具有蝶阀的功能特点，该结构的工作原理与轨道式球阀基本一致，它的基本结构参数是按轨道式球阀思路考虑的。

（1）结构工作原理

如图 7-9 所示，轨道式蝶阀又称摆动蝶阀，主要由蝶板组件和阀杆组件两大部分组成：蝶板组件主要由蝶板 5 下联耳轴 4 并支承在阀体 1 中衬套 2 和垫板 3 上，蝶板 5 上部有两个柱销 6，依靠此两柱销与阀杆头部联系；阀杆 12 支承在阀体 1 内支撑套 7 及密封压盖组件8、9 中，阀杆中部螺旋槽，固定于支架上两导向销 14 控制阀杆 12 轴向移动和回转运动，阀杆上端螺纹部分与传动手轮或电动机构相连，传递阀杆运动所需动力。

①摆动启闭原理

开启：如图 7-9 所示，蝶板 5 的密封面与阀体 1 的阀口紧密结合，呈关闭状态，当阀杆 12 向上沿轴线移动时，阀杆头部左侧斜面推动蝶板上左边柱销 6，使蝶板 5 在耳轴 4 的支承下，

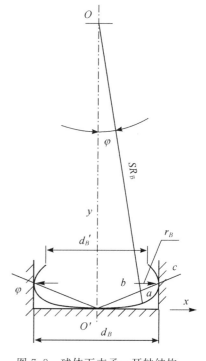

图 7-8　球体下支承-耳轴结构

向左摆动,蝶板 5 离开阀口实现阀口开启。

接通进出通道:阀杆继续上升,由于螺旋槽和导向销 14 的配合作用,阀杆 12 沿逆时针方向(从阀杆上端向下看)回转 90°,经阀杆下端扁头部直线段相接触的两个柱销 6,使蝶板 5 也逆时针回转 90°,就形成阀体 1 进出通道直通。

隔断进出通道:阀杆 12 沿轴线下行,由于螺旋槽作用,使阀杆做顺时针方向回转,经柱销 6 使蝶板 5 也沿顺时针回转 90°,切断进出口通道。

关闭:阀杆 12 继续沿直线段导槽下移。阀杆扁头部的斜面推动柱销 6 使蝶板 5 在耳轴的支承下向阀体 1 的阀口摆动靠近,并压紧阀口,实现完全关闭阀口。

②轨道式蝶阀特点

相较现有通用蝶阀,轨道式蝶阀具有可承受更高工作压力、结构简单、自重轻等优点;可应用硬密封、软密封或软硬密封组合的阀口密封形式;应用蝶板摆动启闭原理,实现启闭阀门。

③与轨道式球阀比较

两者轨道式阀杆的控制机构基本一致甚至可以通用,比较图 7-6 与图 7-9 可知:

两者启闭原理相似,部分结构基本一致;轨道式蝶阀结构简单,阀的整体结构长度短,可更好地满足用户需要。

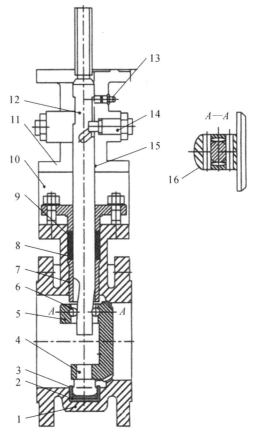

1—阀体;2—垫板;3—轴套;4—耳轴;5—蝶板;
6—柱销;7—支撑套;8—密封;9—压盖;10—支架;
11—上支座;12—阀杆(具有凸轮槽);13—油塞;
14—导向销;15—密封圈;16—半月形限位。

图 7-9　轨道式蝶阀

轨道式蝶阀的蝶板与轨道式球阀的球体结构不同,蝶板在回转 90°使阀体进出通道接通后,蝶板让出的空间与球体不一样,因此两者的流阻系数也不一样。

(2)主要结构参数

轨道式蝶阀的蝶板摆动启闭原理与轨道式球阀滚动启闭原理基本一致。因此前者主要结构参数的确定基本上与后者一致。

①球面半径 SR 与阀结构长度 L_f

A. 球面半径

根据球阀所用式(7-13),$SR \geqslant DN/2\cos\varphi$,由于蝶阀国标允许长度比球阀短,例如,DN=100 时,球阀 $L_f = 305$(GB 12221—2005 中 12 系列);蝶阀 $L_f = 127$ 或 $L_f = 190$(GB/T 12221—2005 中 13 或 14 系列)。因此,要求阀口楔形角 $\varphi \geqslant [\varphi] = 30°$,远比球阀阀口楔形角 $\varphi = 48.2° \sim 56.30°$ 小很多。

B. 结构长度 L

由式(7-14)知，h_0 和 H 是阀结构设计必须选择的确定值，两者尺寸均较小。SR 值是影响结构长度 L_f 的主要参数，为了减小 SR 的数值，需满足 $\varphi \geqslant [\varphi] = 30°$，按此要求 DN＝50～125 的轨道式蝶阀，可满足 GB/T 12221—2005 中 13 系列，而 DN＝50～1000 的阀则对应 14 系列 L_f 的要求。

②Δ_0、h_0、q_m 及下支承-耳轴结构参数

由于摆动密封原理与滚动密封原理相同，如 Δ_0、h_0、q_m 参数及下支承-耳轴结构参数的确定，均可参照本书之前部分有关该内容的方法进行，这里不再赘述。

轨道式蝶阀可完全参照轨道式球阀结构设计和强度校核方法，其导向（轨道式）结构——导向套导向和阀杆导向两种结构均可完全通用。

7.1.2 旋塞阀的优化

传统结构旋塞阀如图 7-10(a)所示，其具有结构简单、零件少、体积小、重量轻等优点；介质在阀内流动时，可不改变其流动方向及流过的截面面积，流动阻力相对较小；介质流动方向不受限制，只需旋转旋塞 90°，即可完成启闭，操控十分方便。

旋塞阀广泛应用于食品工业，如牛奶、果汁等饮品的生产设备及管路，油气田开采输送支管线，大型化学工业中含有腐蚀介质的管路和设备，以及人们日常生活中的煤气、天然气、暖气系统管路中。

旋塞阀的旋塞有锥形和圆柱形两种结构，两者的密封方式介绍如下：

锥形旋塞阀：图 7-10(a)为紧定式锥形旋塞阀的示意图，旋塞与阀体密封方式相对简单。拧紧旋塞 4 下面的紧固螺母 2，将旋塞 4 下拉，使其与阀体 1 的内圆锥孔面接触，实现密封，其沿旋塞 4 轴线施加下拉力（密封力）。所有锥形旋塞的密封和施加密封力方向的基本原理均相同。

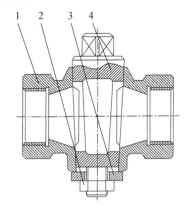 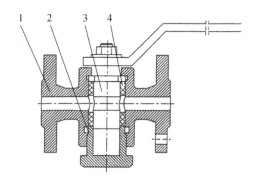

1—阀体；2—紧固螺母；3—垫圈；4—旋塞。 　　　1—阀体；2—压紧螺母；3—旋塞；4—填料套筒。
(a)紧定式锥形旋塞阀 　　　　　　　　　　　(b)带有压紧螺母的圆柱形旋塞阀

图 7-10 两种不同类型的旋塞阀

圆柱形旋塞阀：图 7-10(b)是一个典型的圆柱形旋塞阀，在阀体 1 与圆柱形旋塞 3 之间有一个填料套筒 4，用压紧螺母 2 旋压填料套筒，使其产生变形并径向膨胀，压紧旋塞 3 和

阀体 1 的内圆柱形孔面实现密封。该密封力就是套筒的膨胀力,其作用方向是沿圆柱形旋塞 3 的径向方向。其合力作用方向与阀体 1 的通道轴线重合,有利于阀口实现均匀密封。圆柱形旋塞阀有多种密封方式,例如使用密封剂,使用 O 形圈结构,或使用偏心旋塞楔入阀座等。其密封合力施力方向仍是沿旋塞径向方向,其合力作用线与阀体通道轴线重合。

由于旋塞阀的阀体和旋塞之间接触面较大,因此启闭力矩大,并容易磨损;此外锥形旋塞阀的圆锥面加工也较为困难。采用低启闭力矩旋塞阀可很好地克服以上缺点。

7.1.2.1 低启闭力矩旋塞阀

旋塞阀的启闭力矩可用下式表示:

$$T = T_m + T_T + T_J \tag{7-23}$$

式中:T 为旋塞启闭总力矩,N·m(或 N·mm);T_m 为密封面间的摩擦力矩,N·m(或 N·mm);T_T 为阀杆(或塞杆)摩擦力矩,N·m(或 N·mm);T_J 为由于介质压力作用,在旋塞与阀体密封面形成的摩擦力矩,N·m(或 N·mm)。

T_m、T_T、T_J 因旋塞阀结构而异,其中密封面间摩擦力矩 T_m 占其启闭总力矩 T 的 70%~80%。降低旋塞阀启闭力矩的途径主要是采取各种措施来减小密封面间的摩擦力矩,主要方法介绍如下:

卡套式锥形旋塞阀采用低摩擦系数的密封材料。卡套式锥形旋塞阀采用具有自润滑作用的 PTFE 衬套镶嵌在阀体内。为防止在衬套与阀体间产生泄漏,该阀在使用时无须注入可能产生污染的密封脂,并实现双向通流。在密封部位没有金属对金属的直接接触,因而该阀密封性能良好,并可防止密封面咬死现象的发生。PTFE 与金属间摩擦系数较小(通常摩擦系数为 0.04),因此启闭力矩也相对较小。采用金属-非金属密封,使用寿命长,对旋塞加工要求较低,并延长了阀门的使用寿命,是中小口径旋塞阀常选择的密封结构类型。该阀适用于公称压力为 PN 16~100,工作温度为 -29~180℃ 的石油、化工、制药、化肥、电力等行业各种工况的管路。

O 形圈密封圆柱形旋塞阀需要改进密封结构。O 形圈密封圆柱形旋塞阀的阀口密封方式与传统旋塞阀的密封方式不同。传统旋塞阀利用旋塞与阀体内表面的接触实现密封;而在 O 形圈密封圆柱形旋塞阀中,旋塞与阀体内孔具有一定的间隙,在圆柱形旋塞外表面上,将 O 形圈嵌入与阀体连接的阀口处,和外圆柱上、下两端处组成旋塞阀的密封结构。当阀口关闭时,上游介质经阀的上游通道进入,其压力作用于旋塞上,使旋塞压向阀体通道口,下游阀口处 O 形圈压缩,并密封下游阀口,实现无泄漏密封。在阀口开启时,由于旋塞未完全紧贴阀体内孔,并且 O 形圈摩擦力小,开启力矩也小。该阀主要应用于高压液压系统。

油封式锥形旋塞阀强制润滑密封。油封式锥形旋塞阀除旋塞的形状外,与油封式圆柱形旋塞阀结构功能相似。该阀设有注油装置(加油脂螺塞和止回阀等),并在旋塞的密封面间加工出横向和纵向油槽。使用时,用注油枪将密封脂强制注入旋塞和阀体内的油槽中,使旋塞与阀体的密封面间形成一层油膜,起到强制润滑和密封的作用,提高阀的密封性能。同时,使得阀门启闭时启闭力矩下降,可防止密封面受到损伤,起到保护密封面的作用。该类旋塞阀公称压力为 CL150~CL300 级,公称通径在 15~300mm,广泛应用于油、气输送管线中。

偏心旋塞阀和轨道式旋塞阀采用无(少)摩擦旋转结构。

偏心旋塞阀:目前市场上主要见到的是单偏心旋塞阀,主要用于工业污水、城市污水、泥浆和固体颗粒含量大的场合。

轨道式旋塞阀:与轨道式球阀十分相似,对于旋转导向机构,两类阀可通用或互相借鉴参考。由于旋塞阀的旋塞几何形状(锥形和圆柱形)与球阀球体不同,因而在无(少)摩擦回转中,两者脱离阀座的方式也不同。球阀球体采用滚动方式来脱离阀座,旋塞阀则采用移动旋塞或旋塞密封面的方式来脱离阀座,其具体介绍如下。

(1)单偏心旋塞阀

①工作原理

单偏心旋塞阀由阀体和有圆柱形的弓形旋塞等部分组成。旋塞旋转轴的轴心相对阀体通道轴线有一个偏心,同时对旋塞半圆柱形面中心也有一个偏心,如图 7-11 所示。当旋塞旋转 90°,从全开到全关闭位置时,旋塞的圆柱形中心正处于阀体通道的轴线上,如图 7-11(c)所示。在此位置上,旋塞密封面与阀座贴合,实现关闭和密封。

当阀门处于全开位置时(见图 7-11(a)),整个旋塞离开通道,流体全流量通过,这时流通能力最大,流通阻力最小。当阀门处于调节位置时(见图 7-11(b)),旋塞的一部分挡住了通道,流通面积改变,从而使流量得到调节。由于偏心运动,旋塞在旋转时不与阀座、阀体接触,因此无磨损、卡住等现象。

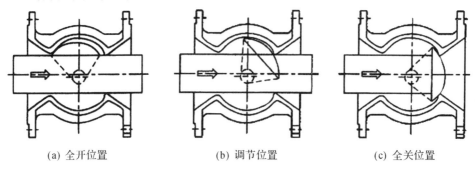

(a) 全开位置　　　　　　(b) 调节位置　　　　　　(c) 全关位置

图 7-11　单偏心旋塞阀工作原理

当阀门处于关闭位置时(图 7-11(c)),旋塞和阀座接触,由于偏心运动,旋塞与阀座的密封比压随着输入力矩和介质压力的增加而增加,密封可靠性提高。该阀的旋塞是一个半圆柱形的薄壳结构,纵向呈弓形,其承受反向压力能力受到限制,因此正常情况下只能保证正向流动密封性能,流向如图 7-11 所示。

②阀口结构尺寸

单偏心旋塞阀的阀口结构尺寸的确定可以借鉴传统旋塞阀确定阀口尺寸的方法。图 7-12 是传统锥形旋塞阀结构,它的通道口是梯形结构,而圆柱形旋塞阀通常是矩形结构。其通道口尺寸与阀座上阀口尺寸是对应的,阀口截面面积 $A(\mathrm{mm}^2)$ 由(7-24)计算所得:

$$A = w \cdot h = \frac{\pi}{4}D^2 \cdot \eta \tag{7-24}$$

式中:w 为通道口平均宽度,通常 $w = h/2.5$,因而 $w = 0.56D\eta^{0.5}$,mm;h 为通道口高度,mm;D 为通道直径,通常 $D = DN$(公称直径),mm;η 为旋塞阀的缩孔系数,一般 $\eta < 1$,无缩孔时,$\eta = 1$。

目前只有圆柱形旋塞阀制成偏心旋塞阀,它是依靠两圆柱面接触密封的。圆柱面制造比圆锥面简单,接触密封状态也较好,其建议按 $b_m = (0.03 \sim 0.05)D$ 来选择。当 $D = 100$ 左右时,取 $b_m=0.05D$;$D\geqslant200$ 时,取 $b_m\leqslant0.03\ D$。

　　③密封接触原理

　　图 7-13 是单偏心旋塞阀沿阀体通道轴线的横截面示意图,在图中设一平面坐标系,其原点 O 处于通道轴线上,同时也是阀座圆柱形密封面的轴心所在位置,x 轴为通道轴线,垂直于通道轴线的坐标轴设为 y 轴。图中弓形实线是弓形旋塞与阀座接触密封状况,弓形虚线是全开位置状况。在图 7-13 中,旋塞处于关闭位置,旋塞轴心 Q 与原点 O 重合。阀杆轴线位置在 G 点,偏离 x 轴的距离为 e,与旋塞轴心 Q 的距离也为 e。当阀杆逆时针方向旋转时,在偏心作用下,阀杆无摩擦离开阀座,旋转 $90°$ 后,阀杆的轴心 G 点位置未变,旋塞轴心 Q 转至新的位置 Q' 处,如图中虚线所示的弓形位置上,实现阀门全开。阀门关闭时,是上述的逆过程,在旋塞快接近阀座密封面时,由于偏心作用,使弓形圆柱面与阀座的密封面沿 x 轴或圆柱面径向方向接触,因此在接触阀座

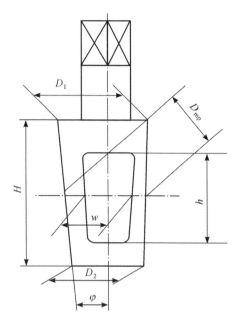

图 7-12　传统锥形旋塞阀的结构

到位时要求杆轴心 G 与旋塞轴心 Q 的连线 GQ 垂直于 x 轴。在此状态下,便于施加阀杆力矩。同时,经 GQ 线传递至密封面的密封压力(合力)与 x 轴重合,使密封压力均匀传递至阀座密封面上,可实现理想圆柱面径向接触密封。

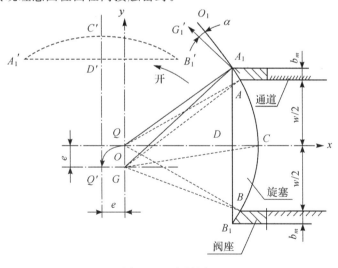

图 7-13　密封原理

　　图 7-13 中 C 点是单偏心旋塞阀通道上密封点 C 在水平面上的投影点,图中各点坐标列于表 7-8 中。

表 7-8　图 7-13 中各点坐标

点	x	y
A	$\sqrt{R^2-(w/2)^2}$	$w/2$
A_1	$\sqrt{R^2-(\dfrac{w}{2}+b_m)^2}$	$w/2+b_m$
B	$\sqrt{R^2-(w/2)^2}$	$-w/2$
B_1	$\sqrt{R^2-(\dfrac{w}{2}+b_m)^2}$	$-(w/2+b_m)$
C	R	0
D	$\sqrt{R^2-(\dfrac{w}{2}+b_m)^2}$	0
D'	$-e$	$\sqrt{R^2-(\dfrac{w}{2}+b_m)^2}-e$
G	0	$-e$
Q'	$-e$	$-e$

④无(少)摩擦旋转

图 7-13 所示旋塞与阀座接触密封状态下,由阀杆带动旋塞逆时针方向旋转,在密封面接触 A_1 点处的旋转方向是沿 A_1G_1 线方向,它垂直于回转半径 GA_1;以原点 O 为轴心的圆柱形密封面在 A_1 点处的切线 A_1O 垂直于半径连线 OA_1(或 QA_1),与 A_1G 成 α 角,该角即为旋塞 A_1 点无摩擦脱离阀座所需角度,通常受密封面材料变形、摩擦系数及结构特点等因素的影响。这一角度许用值 $[\alpha]=6°\sim10°$,设计时要求 $\alpha\geqslant[\alpha]$。

图 7-13 中 A_1 点处,由于 A_1G_1 垂直于 GA_1,A_1O_1 垂直于 OA_1(或 QA_1),在三角形 $\triangle GA_1O(Q)$ 中,角 $\angle GA_1O$ 简称 $\angle A_1$,$\angle A_1=\alpha$。在结构设计和参数选择中,要实现无(少)摩擦旋转,则需要满足 $\angle A_1\geqslant[\alpha]$。

旋塞与阀座在接触密封状态下,设置 A_1、A、C、B、B_1 等多个特殊接触点,这些点分别与 O(或 Q)和 G 点形成多个三角形,如图 7-13 所示。根据三角形形成原理可知,所在点对应同一 GO(或 GQ)边,而圆柱形半径 $R=OA_1=OA=OC=OB=OB_1$。从图可以看到 $GA_1>GA>GC>GB>GB_1$,$\angle A_1<\angle A<\angle C<\angle B<\angle B_1$,因此在无(少)摩擦偏心旋塞阀选择偏心 e 时,应保证最小角 $\angle A_1\geqslant[\alpha]$。

在 $\triangle GA_1O(Q)$ 中,应用三角形余弦定理,可得

$$\cos\alpha=\frac{OA_1^2+GA_1^2-GO^2}{2OA_1\cdot GA_1}=\frac{2R^2+(w+2b_m)e}{2R[R^2+(w+2b_m)e+e^2]^{0.5}}\leqslant\cos[\alpha]\qquad(7\text{-}25)$$

$$GA_1=[R^2+(w+2b_m)e+e^2]^{0.5}\qquad(7\text{-}26)$$

式中:OA_1 为阀座(或旋塞)圆柱面半径,$OA_1=R$,mm;GA_1 为 A_1 点的回转半径,mm;GO 为偏心距,$GO=e$,mm;w 为阀口宽度,$w=0.56D$ 或见式(7-24),mm;b_m 为密封宽度,$b_m=(0.03\sim0.05)D$ 或根据其他要求选定,mm。

在选择确定 R、w 及 b_m 值,并保证 $\angle A_1\geqslant[\alpha]$ 的情况下,偏心距 e 即可由式(7-25)确定。

⑤结构参数选择

图 7-13 所示弓形旋塞在逆时针方向旋转 90° 到全开位置,为保证弓形旋塞在此位置不阻挡阀体通道口,因而要求 D' 点在 y 轴方向上距离 Q' 点的位置应大于或等于通道宽度,即满足

$$\sqrt{R^2 - \left(\frac{w}{2} + b_m\right)^2} - e \geqslant w/2$$

因此

$$R \geqslant \sqrt{\left(\frac{w}{2} + e\right)^2 + \left(\frac{w}{2} + b_m\right)^2} \tag{7-27}$$

式中:w 为通道宽度,mm;b_m 为密封面宽度,mm;e 为偏心距,由式(7-25)确定,mm;R 为圆柱形密封面半径,也是旋塞半径,mm。

由式(7-27)可知,旋塞的圆柱形半径最小值受到阀门最小流通阻力的限制,此值可认为是偏心旋塞阀允许的最小旋塞半径 R_{min}。如果结构设计中所选择的 $R > R_{min}$,可以增加弓形厚度 CD(或 $C'D'$),从而在不影响阀的流通阻力的情况下,增加旋塞刚性。

在结构设计中,可初步按 $R \geqslant (0.55 \sim 0.6)D$ 进行设计。当 $R = 0.55D$ 及 $\eta = 1$ 时,$w = 0.56D$。$b_m = (0.03 \sim 0.05)D$ 时,由式(7-25)和式(7-27)可得到偏心旋塞阀的偏心距 e 和最小半径 R_{min}。表 7-9 为该情况下,e 和 R_{min} 的对应值。

表 7-9　$R = 0.55D$ 及 $\eta = 1$ 时,偏心旋塞阀的偏心 e 和允许最小旋塞半径 R_{min}

DN	$[\alpha] = 6°$			$[\alpha] = 10°$		
	b_m/mm	e/mm	R_{min}/mm	b_m/mm	e/mm	R_{min}/mm
100	5	7.9	48.8	5	14	53.4
200	6	15.1	94.3	6	27	103.6
400	12	30.2	188.7	12	54	207.2

⑥阀的零件结构

这里主要介绍市场上已有产品的零件结构供读者参考。

特种耐蚀阀座:由不锈钢或纯镍堆焊的阀座与阀体牢固结合,耐固体颗粒磨损,耐腐蚀介质和高速流体冲蚀。如果出现密封件磨损或损坏,只需要更换旋塞即可继续使用。

矩形截面直通流道:矩形截面直通流道,流体流通阻力损失小,与圆形截面直通流道相比,其流量调节特性好,有利于流量调节,可直接作调节阀使用。

一体式弓形阀轴:阀轴与旋塞整体铸造成形,传动强度和刚度高。弓形阀轴的设计在阀门全开时可避开流道,导流效果显著。在旋塞表面包裹经热硫化模压成形工艺的橡胶,胶黏合牢固,并且表面光滑,具有准确的密封面尺寸。

7.1.2.2　压力平衡式倒锥形旋塞阀

压力平衡式倒锥形旋塞阀如图 7-14 所示,它是一种强制润滑密封的低启闭力矩旋塞阀。阀门根据"压力平衡"原理设计,旋塞锥度为 1:6,倒置于阀体内,旋塞与阀杆是两个独立部件。该阀结构紧凑,所需安装空间小,操作方便,可以适用于任何工况的理想切断阀,目前主要应用于天然气管线及场站控制系统。

（1）工作原理

①结构特点

A. 阀体。阀体采用倒装式结构，整体铸造，强度高，刚性好，受力均匀。阀门重心与管道中心基本重合，操作稳定性好。阀体密封锥面采用精磨加工，表面粗糙度 Ra 低于 $0.8\mu m$。

B. 旋塞。由图 7-14 可知，锥形旋塞倒置于阀体内。旋塞采用整体铸造，经精加工和研磨，表面粗糙度 Ra 低于 $0.4\mu m$。旋塞表面采用氮化、镀镍磷合金或喷涂硬质合金等表面处理手段来提高其表面硬度。例如，喷涂硬质合金的表面硬度可达 65HRC 以上，在油膜润滑下具有超强耐磨性能。

图 7-14 中旋塞 5 的上部有一个单向阀 7，当旋塞上端注油压力低于阀的进口压力时，介质经单向阀 7 进入旋塞上腔。当流经阀的介质压力低于旋塞上腔压力时，在单向阀 7 的作用下，保持上腔压力不下降。旋塞下部开有平衡孔，将介质压力引入旋塞底部（大端）使旋塞向上压紧阀体，从而起到密封作用。

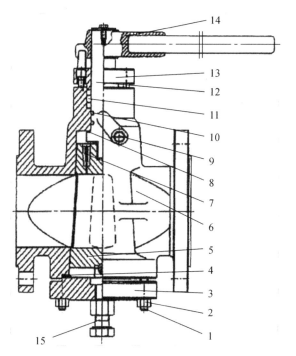

1—螺柱；2—螺母；3—底盖；4—垫片；5—旋塞；
6—阀体；7—单向阀；8—止推垫片；9—注脂阀；
10—O形圈；11—填料；12—阀杆；13—压盖；
14—手柄；15—调节螺栓。

图 7-14　压力平衡式倒锥形旋塞阀

C. 金属密封加注油脂密封。旋塞与阀体是金属对金属的锥面密封。在此情况下，从图 7-14 中注脂阀 9 处强制注入润滑油脂，经旋塞上腔和阀体与旋塞上开的特殊结构的油槽流到锥形密封面。由于密封脂的填充作用，可防止流经阀的介质泄漏，从而确保密封可靠。同时，由于油脂润滑作用，使得阀门操控力矩减小。

D. 单独阀杆部件。阀杆与旋塞采用滑环式连接方式，如图 7-14 中旋塞 5 与阀杆 12 连接。该连接方式可减少阀杆中心与旋塞锥面的同心误差对密封面的影响，改善阀杆的受力情况，减小操控力矩。阀杆密封采用防火填料。O 形圈加注密封脂三重密封结构，阀杆表面粗糙度 Ra 可达 $0.4\mu m$。阀杆采用整体铸造，表面氮化或镀镍磷合金，表面硬度高并抗摩擦和磨损。

②工作原理

通过阀杆旋转 $90°$ 使旋塞上的通道口与阀体上的通道口接通或断开，实现阀门开启或关闭。在旋塞通道腔内设有通到旋塞大端和小端的通孔，在通向小端的通孔内设有单向阀（如图 7-14 中单向阀 7），在关闭时，大小端的介质压力相等，由于大端工作面积大，总作用力把旋塞向上推，使阀门容易密封。在开启瞬间，大端泄压，而小端由于单向阀的存在，压力无法释放，这时小端的总作用力大于大端，将旋塞向下推，使开启力矩降低，易于开启。

阀体底盖 3 上装有调节支撑旋塞机构（图 7-14 中调节螺栓 15 及顶部的钢球）可以调节旋塞的位置，使旋塞处于正常工作位置。

通过注脂阀 9,将油脂加压注入阀内,经旋塞上腔和旋塞与阀体密封面间设置的油槽流向密封面,从而增加阀的密封性能。

③几种旋塞结构

目前已有的压力平衡式倒锥形旋塞阀结构形式如图 7-15 所示,其中应用较多的是压力平衡旋塞,如图 7-15(b)所示,其他几种形式可以作为参考结构设计。

A. 密封脂压力辅助平衡旋塞。所有压力平衡倒锥形旋塞阀都有一个保护装置,防止由于旋塞锁定而导致旋塞被卡住。不平衡力作用于旋塞通道,将主通道中的压力通向旋塞下端(即较宽的部分)的现象称为旋塞锁定。如图 7-15(a)中箭头所示,作用于旋塞上的合力向上(圆锥小端方向),使其压紧阀体锥面,该情况下即使通道中的压力减弱,旋塞仍然保持锁死状态。

为避免旋塞自锁现象,可利用注入旋塞外圆锥面密封脂的压力来减弱作用于旋塞上的向上合力。这种方法仅能减少旋塞被锁定的可能性,不能消除旋塞被锁定的可能性,且需要定期注入密封脂,以保证阀门启闭自如。

B.压力平衡旋塞。压力平衡旋塞可避免密封脂压力辅助平衡旋塞的缺点,无须频繁注入密封脂。如图 7-15(b)所示,在旋塞的上方加工一个平衡孔并安装一个简单的单向阀,这样就将通道中的压力通向旋塞上,从而抵消了一部分使旋塞向上的推力,可防止旋塞的锁定。

C.被保护的压力平衡旋塞。在某些工况中,一些介质中可能含有杂质颗粒,为提高装置的可靠性,避免杂质颗粒进入压力平衡旋塞,则需要采用被保护的压力平衡旋塞,如图 7-15(c)所示。此种旋塞能保证平衡孔不会暴露于旋塞端口的介质通道中,相比于普通的压力平衡旋塞,能提供额外的安全性。

D. 弹簧辅助平衡旋塞。该设计将弹簧预装于旋塞上端(图 7-15(d)),以防止压力和温度的急剧变化而使旋塞锁定。同时该结构增加了管道配管的灵活性,阀门的安装方向不受限制。

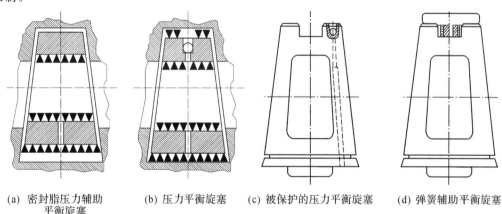

(a) 密封脂压力辅助　　(b) 压力平衡旋塞　　(c) 被保护的压力平衡旋塞　　(d) 弹簧辅助平衡旋塞
　　平衡旋塞

图 7-15　压力平衡式倒锥形旋塞阀的几种旋塞结构

(2)密封面结构与密封压力

①密封面结构

A. 旋塞锥度。一般根据工厂经验并参照传统旋塞阀来确定旋塞锥度。对于钢-钢硬密封,在油滑密封条件下,密封面粗糙度 Ra 达 $0.2\mu m$ 时,其摩擦系数 f_m 为 $0.06\sim0.08$,相应的旋塞半锥角 φ 的范围为 $3°30'\sim4°30'$,即 $1:6$ 锥度。

B. 通道尺寸。按照传统旋塞阀结构设计要求,根据式(7-24)可得,图 7-16(b)中所示通道宽度 $w=0.56D\eta^{0.5}$,通道高 $h=2.5w$,式中通道直径 $D=DN$(公称直径),η 为阀的缩孔系数,一般 η 取 $0.7\sim1$。

C. 密封面。图 7-16(c)是旋塞平均直径 D_m 处横截面示意图,D_m 位于 $0.5h$ 处,通道宽约占据 $70°$,密封面(含油槽)占 $10°$,根据图中几何关系可知 $w=0.574D_m$,则

$$\left.\begin{array}{l} D_m\geqslant1.74w \\ w=0.56D\eta^{0.5} \\ b_m\geqslant0.116w=0.065D \\ \eta=1 \end{array}\right\} \tag{7-28}$$

D. 油槽。图 7-16 中,在旋塞大端开有环形油槽,与沿旋塞锥面上的两个油槽相通,也与阀体锥面上的两个油槽相通。由旋塞小端进入的密封脂沿油槽包围旋塞通道口,可防止流经阀的流体介质沿锥形密封表面泄漏。由图 7-16(c)中看出,沿旋塞锥面上的油槽不是对称布置,而是在阀体面上和旋塞上各有两条,其目的是避免在旋塞启闭过程中阀口与油槽相通,造成较多油脂流失。

油槽主要作用是输送油脂,由于油脂黏度较高,输送阻力较大,应选取较大截面尺寸,油槽截面面积 $S_0=w_0\times h_0$,其中 w_0 为油槽宽度,$w_0\geqslant3\sim4mm$,h_0 为油槽深度,$h_0=(1\sim2)w_0$。

E. 旋塞高度。由图 7-16 可知,旋塞高度 H 需满足

$$H\geqslant h+h_1+h_2+h_3 \tag{7-29}$$

式中:h 为通道高度,mm;h_1 为通道口底边的密封宽度,$h_1\geqslant b_m$,mm;h_2 为通道口顶边的密封宽度,$h_2\geqslant b_m$,mm;h_3 为旋塞底部高度,$h_3\geqslant b_m$,mm。式(7-29)中 h_1、h_2、h_3 可以取同一值,也可以根据结构设计需要进行调整和选择。

②压力平衡

A. 平衡系数。由压力平衡式倒锥形旋塞阀的工作原理可知,旋塞密封面的密封压力是随作用于旋塞两端面的介质压力的增加而增加的。从通用机械密封原理来看,这种由旋塞轴向推力变化而引起的密封面上的压力变化应尽可能平稳,满足这种特性的结构称为压力平衡式结构,图 7-14 和图 7-16 所示旋塞阀结构就属于这类机械密封的压力平衡式结构形式。平衡系数的定义为旋塞受介质压力向下推的面积 A_d 与向上推的面积 A_s 之比,用符号 β 来表示:

$$\beta=\frac{A_d}{A_s} \tag{7-30}$$

式中:A_s 为沿旋塞轴线向上推的有效面积,mm^2;A_d 为沿旋塞轴线向下推的有效面积,mm^2。

根据对压力平衡式机械密封的研究,在一般工况下选择 $\beta=0.75$;而压力平衡式倒锥形旋塞阀,特别是在关闭状态下,密封面上的压力除了沿旋塞轴线方向施加轴向力 F_a 外,还有介质压力经阀体阀口直接沿径向作用于旋塞上,因此不仅应从旋塞轴向力平衡角度考虑,还应考虑叠加径向密封力,同时为了旋转旋塞时减小锥面摩擦力,β 的值应不大于 0.9。

在图 7-16 中,在旋塞通道截面面积相同情况下,图 7-16(a)的梯形通道中平衡系数 β 通

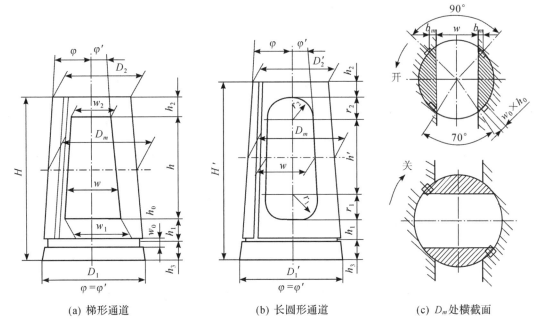

(a) 梯形通道　　　　　(b) 长圆形通道　　　　　(c) D_m 处横截面

图 7-16　压力平衡式倒锥旋塞结构

常大于 0.9。由于通道形状简单,要想得到小于 0.9 的情况,则需要调整 H 或通道壁的斜角 φ' 值,即通过调整 h_1、h_2、h_3 及 φ' 来实现。而选用图 7-16(b) 的长圆形通道或类似结构形状通道,则容易满足 $\beta \leqslant 0.9$。

　　B. 轴向力。由流经阀门的流体压力作用于旋塞端面上,根据式(7-30)可知,其作用力为

$$F_a = (A_s - A_d)p = \frac{\pi}{4}(D_1^2 - D_2^2)\delta_f \cdot p \tag{7-31}$$

$$\delta_f = 1 - \frac{A_s(1-\beta)}{\frac{\pi}{4}(D_1^2 - D_2^2)} \tag{7-32}$$

式中:F_a 为轴向力,N;p 为流体压力,MPa;A_s 为上推面积,mm^2;A_d 为下推面积,mm^2;δ_f 为有效截面系数;D_1 为旋塞大端直径,mm;D_2 为旋塞小端直径,mm。

　　③密封压力

　　A. 有效密封面积。旋塞阀依靠其锥形表面进行接触密封。在旋塞处于关闭状态时,由于旋塞通道孔和阀体的阀口占用锥形表面部分面积,因而实际有效密封面积 A_m 为

$$A_m = \frac{\pi(D_1^2 - D_2^2)}{4\sin\varphi} - 4 \times \frac{\pi D^2 \eta}{4\cos\varphi} = \frac{\pi}{4}(D_1^2 - D_2^2)\delta_m/\sin\varphi \tag{7-33}$$

$$\delta_m = 1 - \pi D^2 \eta \tan\varphi / \frac{\pi}{4}(D_1^2 - D_2^2) \tag{7-34}$$

式中:A_m 为有效密封面积,mm^2;D 为阀的公称通径,$D = DN$,mm;D_1 为旋塞大端直径,mm;D_2 为旋塞小端直径,mm;η 为缩孔系数,通常 η 取 0.7~1,由设计确定;φ 为旋塞半锥角,通常 φ 为 $3°30' \sim 4°31'$;δ_m 为有效密封系数。

　　B. 油脂润滑必需密封压力。在常温状态下,在机械式平面油润滑密封结构技术要求中,如果需要维持具有油脂润滑密封的液压力,密封压力应高于气体介质压力 0.05MPa

左右。

专门针对锥度为 1∶7 的油脂润滑钢制旋塞阀的实验结果表明,为了保证在压力为 25kgf/cm^2(约为 25MPa)时,空气在常温条件下不泄漏,密封面上的压力 q_b 应达到 28kgf/cm^2,即 $q_b \geqslant 1.125p$(p 为介质压力)。因此建议在有润滑油的钢制密封结构中,所需的密封压力 $q_b = 1.5p$。

C.密封比压。压力平衡式倒锥形旋塞阀在关闭状态下,密封比压主要来源于介质压力作用于旋塞大小两端面上产生的沿旋塞轴向向上的推力 F_a,它使旋塞锥面与阀体锥面接触产生压力。其次在关闭状态下,介质压力沿阀体通道轴线方向,向旋塞作用一径向推力 F_J,把旋塞推向下游出口端,使得锥面靠下游边增加压力,而锥面靠上游边压力有所减小(甚至为零)。此时靠下游边旋塞半圆锥接触面上密封比压为

$$q_m = \frac{F_a/\sin\varphi}{A_m} + \frac{F_J/\cos\varphi}{A_m/2} = \frac{\delta_f}{\delta_m}p + \frac{1-\delta_m}{2\delta_m}p \tag{7-35}$$

$$F_J = \frac{\pi}{4}D^2\eta \cdot p \tag{7-36}$$

式中:q_m 为密封比压,MPa;p 为介质压力,MPa;F_a 为作用于旋塞轴线方向力,N;D_1 为旋塞大端直径,mm;D_2 为旋塞小端直径,mm;δ_f 为有效截面系数;F_J 为关闭状态,介质压力作用于旋塞的径向推力,N;D 为阀的公称通径,$D=DN$,mm;η 为缩孔系数,η 取 0.7~1;A_m 为有效密封面积,mm^2;φ 为旋塞半锥角;δ_m 为有效密封系数。在结构设计时,q_m 应满足 $q_m \geqslant q_b = 1.5p$。

在表 7-10 中列出了当 $w=0.56D\eta^{0.5}$,$\varphi=4.5°$,$h=2.5B$,$b_m=0.116B$,$H=h+3b_m$(表明 $h_1=h_2=h_3=b_m$),$D_m=1.74w$ 时,通道截面形状为梯形、改进梯形(旋塞半锥角 $\varphi=4.5°$,通道半锥角 $\varphi'=2°$)、矩形及长圆形($h'=1.698B$,$H'=h'+3b_m+r_1+r_2$)所对应的结构参数和 q_m 值,q_m 值按式(7-35)的设计计算值供参考。

表 7-10 几种通道截面形状的结构参数和 q_m 值

通道截面形状	图例	参数变化	β	δ_f	δ_m	δ_f/δ_m	$(1-\delta_m)/2\delta_m$	q_m/p
梯形	图 7-16(a)	$\varphi=\varphi'=3.5°$	0.88	0.22	0.36	0.62	0.89	1.51
改进梯形	参阅图 7-16(a)	$\varphi=4.5°$ $\varphi'=2°$	0.87	0.45	0.36	1.25	0.89	2.14
矩形	参阅图 7-16(a)	$\varphi=4.5°$ $\varphi'=0°$	0.83	0.63	0.36	1.75	0.89	2.64
长圆形	图 7-16(b)	$h'=1.69813$	0.89	0.38	0.40	0.95	0.75	1.70

按照压力平衡式倒锥形旋塞阀的工作原理及式(7-35)表述可知密封比压 q_m 主要依靠轴向力 F_a 并辅以径向力 F_J 产生。在结构设计中,希望使结构参数 $\delta_f/\delta_m > 1$,$\alpha_m \geqslant 0.35$,同时满足 $q_m \geqslant q_b = 1.5p$。从表 7-10 中可以看到通道截面形状的改变将影响上述结构参数变化,其中改进梯形、矩形是可选择方案,长圆形经过小的修改,如改变 H' 值或 φ' 值,也可以满足要求。

（3）操控力矩

根据式（7-23），旋塞阀的操控（启闭）力矩为 $T = T_m + T_T + T_J$。

以下将分别讨论各力矩的计算。

① 密封面间的摩擦力矩 T_m

密封面间的摩擦力矩占旋塞阀总力矩中的比例很大，在图 7-14 旋塞阀中，考虑旋塞是紧贴密封表面旋转，其摩擦力矩为

$$T_m = \frac{F_a D_m f_m}{2\sin\varphi} = \frac{\pi}{4}(D_1^2 - D_2^2)\delta_f p D_m f_m / 2\sin\varphi \tag{7-37}$$

式中：T_m 为密封面间的摩擦力矩，N·mm（或 N·m）；F_a 为轴向力，见式（7-31），N；A_s 为旋塞的液压力作用向上推面积，见式（7-30），mm^2；A_d 为旋塞的液压力作用向下推面积，见式（7-30），mm^2；D_1 为旋塞大端直径，mm；D_2 为旋塞小端直径，mm；δ_f 为有效截面系数，见式（7-31）；p 为流体介质压力，MPa；φ 为旋塞半锥角；D_m 为旋塞的平均直径，$D_m = (D_1 + D_2)/2$，mm；f_m 为密封面间的摩擦系数，在有油脂润滑条件下 $f_m = 0.06 \sim 0.08$。

根据旋塞阀具体工作状况，对 F_a 做进一步考虑：

A. 注脂压力 p_0 低于流体介质工作压力 p，即 $p_0 \leqslant p$ 时，F_a 按式（7-31）计算。

B. $p_0 > p$ 时，F_a 按式（7-38）计算：

$$F_a = \frac{\pi}{4}(D_1^2 - D_2^2)\delta_f \cdot p - \frac{\pi}{4}D^2(p_0 - p) \tag{7-38}$$

式中：p_0 为注脂压力，MPa。

C. 在关闭或半关闭状态时，流体介质压力作用于旋塞的径向力为 F_J，在关闭状态时，F_a 按式（7-39）计算：

$$F_a = \frac{\pi}{4}(D_1^2 - D_2^2)\delta_f \cdot p - \frac{\pi}{4}D^2 \eta \cdot p \cdot f_m \cdot \tan\varphi \tag{7-39}$$

式中：D 为阀的公称通径，mm；η 为缩孔系数，$\eta = 0.7 \sim 1$。

D. 当 $p = 0$，即流体介质压力对轴向力的影响几乎为零时，如无流体流过或管路处于检修状况或待通状况，此时作用于旋塞轴向的是阀的预紧力及可能出现的卡紧力，即

$$F_a = F_{ay} + F_{ak} \tag{7-40}$$

$$F_{ak} = 0.27 D_m L \Delta p f_m \tag{7-41}$$

式中：F_{ay} 为预紧力，为了保持旋塞在无介质压力情况下仍处于工作位置的所需力。一般情况下，作用于密封面上的压力应达到 0.08 MPa 以上，N；F_{ak} 为卡紧力，旋塞与阀孔的几何形状误差引起密封面间压力不均匀或不平衡，使旋塞压向阀孔壁面产生卡紧现象时，可用式（7-41）进行估算，N；L 为旋塞长度，此处 $L = H$，即图 7-16 所示 H 值，mm；Δp 为旋塞两端压差，MPa。

当旋塞小端压力（如注脂压力）高于旋塞大端压力，并且小端间隙大于大端间隙时，产生卡紧力的可能性很小，此外如图 7-15（d）所示旋塞小端具有反卡紧弹簧时，$F_{ak} = 0$。

② 流体对旋塞径向力产生的摩擦力矩

流体经阀口作用于旋塞（在关闭状态）上的径向力 F_J 产生的摩擦力矩为

$$T_J = F_J D_m f_m / 2 = \frac{\pi}{8}D^2 \eta D_m f_m p \tag{7-42}$$

式中：T_J 为流体对旋塞径向作用力引起力矩，N·mm（N·m）。

③阀杆摩擦力矩

图 7-14 中可以看到阀杆 12 下端除与旋塞 5 相连传递扭矩外,还主要与止推垫片 8 承受旋塞小端注入油脂的压力对阀杆产生轴向力及其引起的旋转摩擦阻力矩。阀杆 12 上部与填料 11 之间也存在摩擦力矩,因而阀杆的摩擦力矩为

$$T_T = \frac{\pi}{8} d^2 d_m f'_T p_0 + \frac{\pi}{2} d^2 L_T f_T p_T \tag{7-43}$$

式中:T_T 为阀杆摩擦力矩,N・mm(或 N・m);d 为阀杆直径,mm;d_m 为阀杆下端台阶的平均直径,$d_m = (d + d_1)/2$,mm;d_1 为阀杆下端台阶的外径,mm;p_0 为注脂压力,当 $p_0 \leqslant p$ 时,可用 p 计算,MPa;p 为流体介质压力,MPa;f'_T 为止推垫片处摩擦系数,$f'_T = 0.08$(油脂润滑状态);L_T 为填料密封长(高)度,mm;f_T 为阀杆与填料间摩擦系数,$f_T = 0.15$(石墨填料);p_T 为填料密封的初始压力,MPa。

用式(7-23)、式(7-37)、式(7-42)和式(7-43)可以计算出旋塞阀的操控力矩,且与实测值较为符合。由上述公式可知,要减小操控力矩,在结构上必须控制旋塞的平均直径 D_m 达到式(7-28)的要求,同时要控制有效截面系数 $\delta_f < 0.5$;在工艺上提高密封面的粗糙度,满足 Ra 达到 $0.2~\mu m$,使摩擦系数 f_m 小于 0.06。

(4)注脂

①油脂选择

主要根据应用对象来选择。适用温度范围:$-10 \sim +150℃$。目前已有油脂,如复合钙基润滑脂 3 号(ZFG-3)、合成复合钙基润滑脂 3 号(ZFG-3H)、一坪牌 7903 号耐油密封润滑脂等符合要求。

②注脂

注脂前必须用煤油(或汽油)、丙酮或合成洗涤剂兑水后将密封面接触部分清洗干净,吹干或晾干后,再进行涂脂,然后总装涂脂。

注脂时,可选用注脂枪或专用注脂泵进行。目前已有工作压力达 20MPa 以上的注脂枪或注脂泵。为保证注脂时输送阻力较小,及油脂在阀内保存时间尽可能长,要求注脂压力 p_s 一般高于阀的额定压力 p_N,$p_s = (1 \sim 1.3) p_N$ 为宜。

压力平衡式倒锥形旋塞阀所用油脂的泄漏主要为阀门启闭过程中从通道口的泄漏,以及在旋塞静止不动时,从密封面间隙中的泄漏。通常当油脂腔压力 p_0 接近 $0.1MPa$ 时就应再次注脂。由于在实际工程管路中,很难直接测量到 p_0 值,因此主要根据具体工况来确定注脂间隔时间,实行定时或定期注脂,以保证阀的正常工作。

(5)结构工艺

①材料及表面处理

旋塞采用整体铸造,表面采用氮化、镀镍磷合金或者喷涂硬质合金等表面处理手段来提高表面硬度,如超声速喷涂硬质合金的表面硬度可达 60HRC 以上;镀镍磷合金并热处理后,其表面硬度可达 $58 \sim 60$HRC。阀杆采用整体锻造,并加调质处理,表面采用氮化或镀镍磷合金等表面处理手段提高表面硬度。

为了降低旋塞与阀体密封面的摩擦系数 f_m,旋塞采用低碳钢淬硬,再进行表面 PTFE 处理,表面粗糙度 Ra 应达 $0.2\mu m$,可使 $f_m \leqslant 0.04 \sim 0.06$。

阀体与阀盖材料应选用最大含碳量为 0.25% 的低碳钢铸件或锻件,阀杆可选用 Al-

SI4140 或合金钢,如 2Cr13 等。

②提高阀件几何精度和表面粗糙度

旋塞的半锥角 φ_p 与阀体锥孔的半锥角 φ_b 应分别达到国标倾斜度 6 级精度以上,并且要求在两角名义角度值相同的情况下,$\varphi_p > \varphi_b$,即表明倾斜度误差有方向性。当旋塞阀与阀体锥孔配合时大端先接触,小端留有间隙,以便油脂注入,还可避免介质压力侧向卡死旋塞。

旋塞圆度要求应达国标 6 级精度,阀体锥孔应达到国标 7 级精度,这样可避免在与锥孔的配合中被机械卡死。在机械加工中,精磨完成后,旋塞与阀体锥孔就应基本上达到上述几何精度要求,过大误差在研磨中是无法纠正的。

密封锥面的表面粗糙度 Ra 应达到 $0.2\mu m$ 或更低,这样才能保证钢-钢密封面在油脂润滑条件下摩擦系数 $f_m \leqslant 0.08$,并且保持良好的油脂润滑密封性能。

7.1.2.3　轨道式旋塞阀

(1)主要结构类型

轨道式旋塞阀是一种低操控力矩,双向密封,具有硬、软密封结构的阀门。该类阀门近年来发展较快,在石化工业,如航空煤油、天然气、液化石油、成品油等领域得到广泛应用。由于旋塞结构有圆锥形和圆柱形两大类,因而发展了多种不同结构工作原理的轨道式旋塞阀。

①圆锥旋塞式

轨道式圆锥旋塞阀有多种结构类型,但其启闭过程均相似或相同。

开启时:提升旋塞,使旋塞与阀体的密封面脱离,不接触;旋转旋塞,逆时针方向旋转 90°,使旋塞的通道口与阀体通道口对接,实现通流。

关闭时:回转旋塞,顺时针方向旋转 90°,切断阀内通道,断流;下降旋塞,使旋塞外锥面与阀体内锥孔接触或贴合,实现可靠密封。

A.提升式锥形旋塞阀。图 7-17 是按轨道式圆锥旋塞阀操作方式设计的最简单结构的旋塞阀,常称为提升式锥形旋塞阀,目前使用较多的是金属硬密封提升式锥形旋塞阀。

工作原理:逆时针旋转手轮以提升旋塞 2,使旋塞与阀座脱离;然后逆时针方向扳动手柄 5 旋转 90°,使手柄与管道平行,此时手柄与支架接触并限位,旋塞 2 的通道和阀体的通道相接通,阀门开启;顺时针方向扳动手柄 5,使手柄与管道垂直,此时手柄与支架接触并限位,旋塞 2 的通道和阀门 1 的通道呈垂直状态,然后顺时针方向旋转手轮使旋塞下降,直至旋塞 2 与阀体 1 紧密接触,阀门关闭。

结构特点:由于阀门在启闭过程中旋塞与阀座脱离,故阀门启闭非常轻松,而且密封面在开启或关闭过程中不易擦伤,阀门使用寿命长。金属硬密封提升式锥形旋塞阀无论处于开启状态还是关闭状态,密封面均受到保护,不受介质冲刷,密封紧密可靠。普通旋塞阀采用非圆形通道,且通道面积缩减,流体阻力较大,而金属硬密封提升式锥形旋塞阀采用与管道截面面积相同的圆形通道,流体阻力较小。金属硬密封提升式锥形旋塞阀结构紧凑,体积小,与闸阀相比,阀门总体高度大大减小,与截止阀相比,流体阻力大大减小。与普通旋塞阀相比,金属硬密封提升式锥形旋塞阀适用的压力及温度范围更大。金属硬密封提升式锥形旋塞阀两侧阀座密封面均可密封,阀门的安装与使用不受介质流向的限制。金属硬密封提升式锥形旋塞阀关闭时,可通过手轮和阀杆对阀座密封面加压,通过加大密封比压,可使旋塞阀具有更好的密封性能。阀座密封面凸起,便于密封面清洗,密封面上不易积存结晶介质或固体颗粒。

B.轨道式锥形旋塞阀。轨道式锥形旋塞阀是参照图 7-17 提升式锥形旋塞阀发展起来的,将图 7-17 中手轮加手柄操作方式改进为单手轮操作方式,如图 7-18 所示。

结构工作原理:图 7-18 所示为圆锥旋塞轨道式锥形旋塞阀,它主要由圆锥形旋塞和装有凸轮的阀杆机构组成,圆锥形旋塞固接于阀杆头部,阀杆上下移动和转动,实现阀门启闭。图 7-18 所示状态中,当阀杆 3 向上移动,带动圆锥形旋塞 2 向上移动,旋塞 2 的圆锥形密封面离开阀体 1 上的阀口,使阀口开启;然后阀杆 3 在具有 L 形导槽的凸轮机构引导下旋转,带动旋塞 2 旋转 90°,使阀体 1 两端通道连通,实现旋塞阀开启;当阀杆沿 L 形导槽的凸轮机构反向回转 90°时,旋塞 2 也回转,并隔断通道,然后阀杆在凸轮机构引导下下降,旋塞 2 下降,依靠其圆锥形密封面将阀口堵闭,实现旋塞阀关闭。

主要特征:采用通用圆锥形旋塞,结构简单可靠,并具有与提升式锥形旋塞阀相同的结构特点。旋塞在回转过程中与阀体无摩擦,但是在依靠圆锥形密封面下降来关闭阀口的过程中,与阀体内锥面有短距离的摩擦和磨损。图 7-18 中凸轮 4 有多种结构形式,常见的为 L 形和 V 形。如图 7-19(a)所示,图中 A-B 为直线移动部分,B-C 为 90°旋转部分,导向键在槽中滑动。应用 L 形导槽凸轮,可使旋塞 2 旋转时无须上升一段距离,使阀体上腔尺寸保持最小。但是,由于阀杆 3 上端是螺纹传动机构,与 L 形导槽配合并回转 90°时沿阀杆轴线方向的力过大,将会引起较大的旋转力矩,实际应用有些困难。如果大通径锥形旋塞阀要求控制阀体尺寸,也可选用具有 L 形导槽的双杆凸轮机构。应用 V 形导槽凸轮机构,其结构工作原理与之前轨道式球阀的导向槽相似或相同。在图 7-18 所示结构中,当旋塞 2 上升一段距离后,在旋转 90°时,还需要再继续上升一段距离。因而在应用 V 形导槽凸轮时,要求阀体上腔沿阀杆轴线方向加高,会增大整个阀的外形尺寸。

②"三片"旋塞式

"三片"旋塞式阀实际上就是圆柱形旋塞阀的一种结构。它将圆柱形旋塞分成"三片",即两个密封阀瓣加一个具有旋塞通道的楔块,如图 7-20 所示。

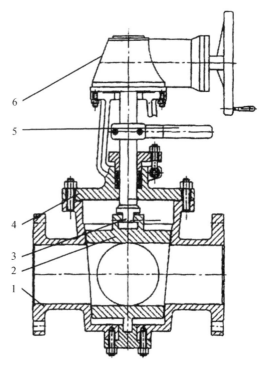

1—阀体;2—旋塞;3—阀杆;4—阀盖;5—手柄;6—手动装置。

图 7-17 金属硬密封提升式锥形旋塞阀

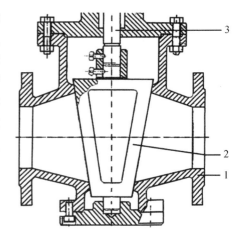

1—阀体;2—旋塞;3—阀杆。

图 7-18 圆锥旋塞轨道式锥形旋塞阀

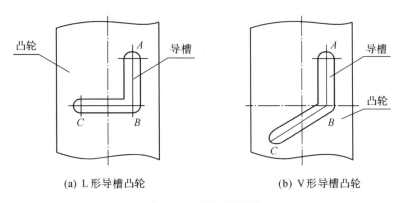

(a) L形导槽凸轮　　　　　　(b) V形导槽凸轮

图 7-19　导槽凸轮结构

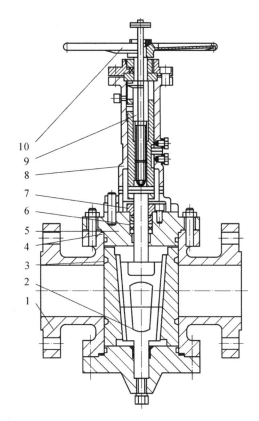

1—阀体;2—旋塞;3—密封圈;4—垫片;5—阀盖;6—填料;7—压盖;8—支架;
9—阀杆;10—手轮。

图 7-20　"三片"旋塞轨道式旋塞阀

　　A. 结构工作原理。旋塞轨道式旋塞阀,主阀旋塞外圆是圆柱形,并由"三片"组成,即两个阀瓣和一个楔块,旋塞通道孔设在楔块上,楔块与阀杆连接,随阀杆上下移动和转动,带动两个阀瓣向中心收缩或向阀口靠紧,实现旋塞阀启闭。

　　楔块与两阀瓣是斜面接触,用燕尾槽或 T 形槽连接。在楔块上下移动中,依靠燕尾导轨和纵向斜面,使两阀瓣沿旋塞径向移动。当楔块上行时,两阀瓣收缩,收缩量取决于纵向斜面的倾角。当楔块下行时,在斜面的作用下,使两阀瓣向外平移。楔块上连阀杆、下连耳轴,在上下移动和回转过程中,楔块沿阀杆与耳轴轴线移动和转动,使楔块在阀体内实现稳定可靠的运动。阀的上半部分是阀杆凸轮机构,控制阀杆上下移动和转动。阀杆带动旋塞的楔块运动,实现阀的启闭。

B. 主要特征。旋塞是由外表为圆柱形的"三片"(即两个阀瓣和一个楔块)组成,用燕尾导轨(或 T 形导轨)和纵向斜面把它们连接成一体,与传统旋塞结构不同。

两阀瓣在阀门启闭过程中,与阀口不接触,可完全实现无摩擦、无磨损运动。两阀瓣与楔块间斜面运动时的摩擦与磨损可以通过斜面补偿位移来弥补,对阀口密封表面无任何影响。

阀杆凸轮控制导向机构目前具有两种形式:单杆凸轮机构和具有 L 形导向槽的双杆凸轮机构。单杆凸轮机构与轨道式球阀单杆凸轮机构相似。但是,应用单杆凸轮机构,在阀瓣旋转过程中,还需附加阀杆轴向移动,并带动楔块继续升或降,这样一来就增加了阀体主腔沿阀杆轴线方向的空间尺寸,使阀体结构尺寸大于圆锥旋塞式阀。

具有 L 形导向槽的双杆凸轮机构解决了单杆凸轮机构结构尺寸过大的问题,还实现了旋塞无摩擦、无磨损启闭的功能。

7.2　阀门典型问题的研究方法与改进措施

在液态工作流体维持高流速或高压降的场合中,空化是一种常见的现象,它是指液体内局部压力降低时,液体内部或液固交界面上蒸汽或气体空穴(空泡)的形成、发展和溃灭的过程。空化现象在阀门中很常见,并且可能引起振动、噪声。图 7-21 展示了阀门阀芯因空化现象而破坏后的状况。到目前为止,空化由于其对系统的危害而在阀门领域引起了许多关注。在实际应用中控制阀中的空化问题较为突出。

(a) 前期　　　　　　　　　　　　　　　(b) 后期

图 7-21　阀门阀芯因空化现象而破坏

减压阀作为控制阀中的一种,其结构复杂,流体流经节流元件(如阀芯和孔板)时,压力迅速降低,速度迅速升高,甚至达到超声速流动,导致减压阀内气体湍流程度剧烈并产生较大噪声,对操作人员的健康以及设备的正常运行造成严重影响。据医学调查及研究表明:长期暴露在强噪声环境中,人体的免疫能力会慢慢降低,容易诱发各种生理疾病;同时,噪声使人情绪不安,分散设备操作人员精力,长期在强噪声环境中工作会产生不同程度的心理疾病;另外,噪声的掩蔽效应会使得操作人员不易察觉危险信号,容易造成事故发生。因此,对减压阀噪声机理及降噪技术进行研究,对推动减温减压技术与装置的科技进步具有重要的科学意义和工程价值。

噪声的产生,必然伴随着振动问题。在推进高参数调节阀国产化的过程中,高温高压、大流量、大减压比等严酷工况随之而来,各类问题仍未得到彻底解决,其中调节阀的振动问题较为突出。调节阀振动会严重影响设备的安全运行以及操作人员的身心健康。表 7-11总结了近年由调节阀振动引发的事故案例,从中可以看出调节阀振动会对调节阀及与调节阀相连的多种部件产生损伤,并最终导致调节阀工作效率下降乃至失效。同时,调节阀振动还会分散操作人员的注意力,使其工作质量下降,工作风险上升。因此,对调节阀振动进行研究,减少乃至避免振动的发生,对提升调节阀产品品位具有实际而重要的意义。

表 7-11　近年国内调节阀振动事故案例

事故类型	事故时间	事故地点	应用场合
接管开裂	2018	河北唐山	炼铁高炉调压阀组
	2009	辽宁丹东	汽动给水泵出口阀
螺栓断裂	2014	/	汽轮机旁路阀
	2014	甘肃兰州	循环水泵出口阀
执行器损坏	2013	陕西铜川	汽轮机高压旁路阀
	2017	/	汽轮机高压旁路阀
阀杆断裂	2009	江西九江	汽轮机抽汽调节阀
	2016	浙江三门	凝结水泵再循环旁路阀
阀内件脱落	2016	安徽淮南	汽轮机高压旁路阀
	2018	广东茂名	汽轮机高压旁路阀
整机振动	2014	山西晋中	液压系统溢流阀

本节主要针对控制阀的以上三种典型问题来介绍现有的研究方法以及改进措施。阀门类型主要针对调节阀(控制阀),其中包括减压阀。当然,这三类问题也是阀门中的共性问题,使用的研究方法与改进措施类似。

研究上述三个问题的基础是对阀门的流动特性进行研究,主要有试验及模拟分析等方法,其中模拟分析又包括理论模型模拟和数值模拟。

试验方法可以提供有效可靠的数据,通过测量流量及出入口压力等数据,分析阀门的流量特性、启闭特性和压力损失。试验又分为静态试验和动态试验:静态试验可以综合考验阀门的活动灵敏性、密封性和设计的合理性;动态试验是检验气体减压阀工作稳定性的重要环节。通过试验还可以测量噪声和振动数据。

理论模型建立过程中需对流动或者结构的影响进行假设,其计算较为简单,可以用于求解规律性的问题和流场的变化趋势。但它也有许多不足之处,如解析法对复杂方程的求解较为困难,无法应用于变化复杂的非线性流动问题等。

数值模拟方法可以观察内部流动或压力场分布,相较于试验方法,其成本较低。对于高温高压等复杂工况,可采用数值模拟方法来进行分析。计算流体动力学(Computational Fluid Dynamics,CFD)的基本思想是利用有限离散点上变量值的集合来代替空间域上连续的物理场,如速度场和压力场;然后,按照一定方式建立这些离散点上变量之间关系的代数方程组,通过求解代数方程组获得场变量的近似值。随着计算机技术的迅速发展,CFD 的应用已经从摸索阶段发展到广泛应用于研究流体内部流动情况,如空化现象、液动力特性、流量特性及动态特性等,其结果的可靠性也已经得到广泛的验证。

下面将对三种阀门常见问题进行介绍。

7.2.1 空化研究

7.2.1.1 控制阀的空化

控制阀的应用广泛,在实际运行过程中常出现空化现象。无量纲空化数和空化指数是作为判断空化倾向的参数,其计算式如下:

$$\sigma = \frac{p - p_v}{0.5\rho v^2} \tag{7-44}$$

$$\sigma_v = \frac{p_u - p_v}{p_u - p_d} \tag{7-45}$$

式中:σ 为空化数;p_v 为饱和蒸汽压,MPa;ρ 为流体密度,kg/m³;p 为参考位置的压力,MPa;v 为参考位置的速度,m/s;σ_v 为空化指数;p_u 为阀门的上游压力,MPa;p_d 为阀门的下游压力,MPa。

经过数十年的发展,数值模拟已经成为研究控制阀空化问题的一种重要方法,其可靠性也得到了广泛的验证。常用的空化模型包括 Singhal 模型、Schnerr-Sauer 模型和 Zwart-Gerber-Belamri 模型。在不同控制阀中,空化气泡产生的位置不同。在空心喷射阀中,由于剪切层流动中的涡旋运动,典型的空化涡流在阀针附近呈现为圆形气泡链。此时,空化损伤有两种模式:一种是具有扇形尾流的大可塑坑,另一种是不规则的脆坑。在调节阀中,空化最初发生在节流孔附近,然后形成循环气泡簇。气蚀主要出现在阀杆顶部以及阀座和通道连接的拐角处。空化演化过程如图 7-22 所示。

(a) $t=0.02s$　　(b) $t=0.07s$　　(c) $t=0.12s$　　(d) $t=0.12s$

图 7-22　调节阀中空化演变

7.2.1.2 抑制空化的方法

(1)控制流体速度

控制流体速度的主要目的是使阀门内流体压力保持在入口温度饱和蒸汽压之上。通过多级降压可增加流道的阻力,降低流体的速度。降低流体的速度的方法有两种:一是阀门每一级降压都有相同的流通面积,使得每一级都有相同的压降;二是阀门每一级有不同的流通面积,在第一级时压降特别大,但使最小压力尽可能高,从而更好地避免空化。第二种方法会使每一级有不同的压降。

两种原理的表达式如下:

$$\Delta p = \Delta p_1 + \Delta p_2 + \Delta p_3 + \cdots + \Delta p_{n+1} \tag{7-46}$$

$$\Delta p = \Delta p_1 + \frac{\Delta p_2}{2} + \frac{\Delta p_3}{2^2} + \cdots + \frac{\Delta p_{n+1}}{2^n} \tag{7-47}$$

一般情况下建议选择每级不同压降的方法。但是由于第一级速度非常大,冲蚀问题比较严重,所以需要同时兼顾两种方法。

(2)改变阀门内部流道结构

将整个流道分成多个小的流道会有两种作用:一是产生一个压力阶梯,与多级降压阀类似;二是通过减小空化的气泡大小来减少外部震动强度及机械冲蚀,同时小气泡改变了噪声场的分布,使得噪声频率更高,起到减少噪声的作用。如迷宫阀就是通过流道分割减少气蚀(迷宫阀也运用了多级降压的原理),多孔套筒阀就是利用流道分割减少噪声。

(3)阀内件材质选择及处理

因空化产生的气蚀或冲蚀作用于固体边界,会使固体边界屈服强度降低,产生裂纹、空洞等现象。为了避免这些问题的产生,可以选用或喷涂高硬度的材质。对于冲蚀时主要的阀内件材质选用如表 7-12 所示。

表 7-12　阀内件材质选用

阀门部件	材料	使用温度/℃
阀芯	440B、A182-F$_{11}$、304、316 堆焊司太立合金	−29～595
阀杆	304、316、630	−254～600
阀座	440B、A182-F$_{11}$、304、316 堆焊司太立合金	−29～595
套筒	304、316、440B、630	−254～600

当采用喷涂的方法时,主要喷涂钴基或者镍基的碳化钨、碳化铬合金,并且喷涂厚度一般在 0.3～0.4mm。但是需要强调的是,在存在氯元素的情况下要慎用镍基喷涂材料。对于喷涂来说,喷涂基材及喷涂工艺的选择至关重要。基材的硬度不能与喷涂材料相差太多,否则可能因热膨胀等因素造成涂层剥落。

对于阀座的主要处理形式为堆焊,堆焊的主要材质为司太立合金,其硬度可以达到Rc45。堆焊形式主要分为阀座镀层、表面镀层和外壳镀层。

(4)阀门的作用形式

阀门的作用形式由流开型改变为流闭型,可以有效抑制空化。其原因主要是大头向前的阻力更小,产生的涡流区更小,因此流闭阀门有着更小的压力恢复系数。与流开阀相比,流闭阀更不容易产生气蚀。除此之外,流闭阀门的密封面位于节流孔上游。当流体经过流闭阀门节流孔后压力恢复,随之产生的气蚀主要作用于密封面下部,所以流闭阀门比流开阀门更容易抵抗气蚀。但需要注意的是,流闭阀的稳定性与流开阀相比较差。其原理如图 7-23 所示。

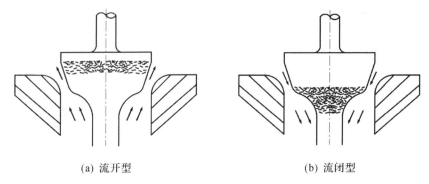

(a) 流开型   (b) 流闭型

图 7-23   阀门两种作用形式

(5)下游增加背压

当有一个很高的压差比 X_F 时,一种或几种抗空化措施都不能很好地解决空化气蚀问题。如果在阀后增加一个金属限流挡板或孔板,可以增加阀后背压,这样会使阀门有一个更好的操作范围。如图 7-24 所示。

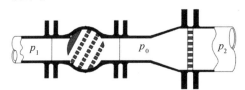

图 7-24   设置金属限流挡板(或孔板)

图 7-24 中所示的金属限流挡板是一个有着特定流道面积的多孔定制挡板,该挡板的压差与流量的平方成比例关系。但是需要注意的是,金属限流挡板是依据阀门最大流量时的工况定制的,因此在小流量时该金属限流板基本不起作用,具体如图 7-25 所示。

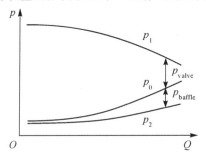

图 7-25   阀前压力 p_1 与阀后压力 p_2 随着流量 Q 变化关系

对于孔板来说其原理与金属限流挡板基本相同,其开孔是一个单一的圆孔而不是多个小孔。与金属限流挡板相比,孔板能够提供恒定的阻力,并能够安装在阀门上下游的任意位置。孔板不仅用于防气蚀,还可以使阀门具有直线安装特性。对于其开孔面积的计算不再叙述。

7.2.1.3　研究方向

目前针对空化问题的研究主要采用数值方法,尽管大多数研究人员使用的空化模型可用于研究阀内空化,但空化模型的模型常数并不适用于所有条件,需要进行校正。此外,当存在强烈的空化水射流时,最好考虑空化气泡的可压缩性,因此需要开发新的空化模型。大多数研究人员使用的湍流模型是双方程雷诺平均 Navier-Stokes 方程(RANS)。在研究中发现,LES 模型会更准确,此模型也被用于其他水力机械的空化流动研究。在实验方面,需要设计更多的可视化实验方法来准确了解控制阀内的流场,并探索实际操作中监测空化的方法。

7.2.2　噪声研究

7.2.2.1　减压阀噪声产生机理

减压阀内部结构复杂,湍流程度较大,其噪声产生原因主要包括三个方面:减压阀内运动零部件在流体激励作用下产生的机械振动噪声;液体在减压阀内部复杂结构中发生流动分离、紊流及涡流所产生的液体动力学噪声;气体在减压阀内部达到临界流速出现激波、膨胀波而产生的气体动力学噪声。

(1)机械振动噪声

机械振动噪声主要是由减压阀内运动部件如阀杆、阀芯等受流体冲击产生振动而产生的。机械振动噪声分为两种形式:低频振动噪声和高频振动噪声。低频振动噪声的产生源于流体的脉动和射流。射流流体冲击减压阀内运动部件时,会引起阀杆相对于阀座的运动,导致阀芯与腔体壁面之间的碰撞。另外,若零部件刚性不足或存在间隙,即便没有力的传递,振动也会使零部件之间发生相互碰撞。碰撞声有较宽的频率范围,其噪声幅值由振动体的质量、刚度、阻尼及碰撞能量决定。基于振动频率一般为 $20\sim200\,\mathrm{Hz}$,称之为低频振动噪声。高频振动噪声主要源于减压阀自然频率与流体激励频率一致时引起的共振。共振现象下的振动频率高达 $3000\sim7000\,\mathrm{Hz}$,所以对应的噪声称为高频振动噪声。高频振动噪声会产生很大的破坏应力,导致振动部件产生疲劳破坏甚至断裂。机械振动噪声与流体介质流动状态无关,大多是由于减压阀结构设计不合理导致。减小机械振动噪声的方法应从减压阀自身结构出发,包括合理设计运动部件的刚性、减小零部件之间的间隙以及合理选用材料等措施。

(2)液体动力学噪声

液体动力学噪声是由流体流经减压阀内节流元件之后发生流动分离及涡流所产生的。基于此,液体动力学噪声主要是汽蚀噪声。液体流经节流元件,如图 7-26 所示的多孔节流孔板,流速上升而压力下降,当节流元件出口压力下降至流体的饱和蒸汽压时,部分流体开始汽化,形成气液共存的两相流闪蒸现象。离开节流口后压力迅速上升,液体中的气泡受压破裂,形成空化效应。空化作用的气泡破裂使得能量高度集中,产生极大冲击力,形成汽蚀噪声。与此同时,节流元件面积的急剧变化使得流体在节流孔后产生高速湍流喷注,在此状态下液体流速极不均匀,进而产生漩涡脱落噪声。

(3)气体动力学噪声

气体动力学噪声又称气动噪声,是由气体流经减压阀内节流元件时,流体机械能转换为

图 7-26　多孔节流孔板

声能所产生的噪声。当气体介质的流速高于声速时,会产生冲击波,反之则产生强烈的扰流现象,两种情况都会加剧噪声分布,因此,气动噪声被认为是减压阀及管道系统运行过程中最普遍、最严重的噪声。气动噪声根据球形声源特性可以分为三种,如表 7-13 所示。

表 7-13　气动噪声分类

气动噪声类型	产生机理	声源特性	主要来源
涡旋噪声	旋转叶片打击质点引起空气脉动	偶级子源	通风机、带叶轮压缩机
喷注噪声	高速与低速气体粒子湍流混合	四级子源	高压罐、喷射器
周期性排气噪声	气体流动周期性膨胀和收缩	单级子源	内燃机、空气动力机械

气体动力学噪声不能完全被消除,因为减压阀在减压过程中引起的流体紊流是不可避免的。但可以通过改变节流元件结构或流体流动状态以达到气动噪声最小化。

7.2.2.2　减压阀噪声研究方法

减压阀噪声问题的研究方法有很多,主要划分为三大类:理论研究、实验研究和数值模拟研究。三种方法相辅相成,互为印证,共同推动减压阀噪声领域向前发展。

(1)噪声问题的理论研究

声源位置及类型的识别是减压阀噪声问题研究的基础。当声源的几何特性远小于声波波长时,可把声源看成是点声源。任何复杂的声源都可以看成是由许多点声源组合而成的。假设点声源为球形,其表面振速在各个方向上均匀分布,或只与极角 θ 有关,则声场为轴对称分布。

在轴对称情况下,声压与方位角 φ 无关,波动方程的普遍解为

$$p = \sum_{l=0} A_1 h_1(kr) P_1(\cos\theta) e^{j\omega t} \tag{7-48}$$

式中:h_1 为第二类 1 阶球汉克尔函数;P_1 为 1 阶勒让德函数。当球面上振速分布给定时,各阶系数 A_1 就可完全确定。

根据声场分布可划分出三种声源类型:单极子源、偶极子源和四极子源。基于点声源为球形的假设,可以得知偶极子源对应的实际情况为涡旋噪声。高速气流在减压阀中大多为湍流流动,其流动的微观结构具有涡旋的特性,当气流与刚性壁面相互作用时,会产生交变

的气体动力性作用力,从而产生气流噪声,这种湍流噪声也属于偶极子源。

(2)噪声问题的实验研究

实验研究可以提供有效可靠的数据,是减压阀噪声研究必不可少的步骤之一。目前国内外学者针对减压阀噪声问题的实验研究从两条线展开:噪声产生原因分析和降噪方法研究。

调节类阀门噪声实验的开展需要严格按照标准要求实施,主要步骤包括实验技术路线的设计、噪声测试系统的设计、噪声测点安排、噪声频谱和声强的测试以及数据处理。另外实验过程中需要隔振和消除背景噪声。图 7-27 所示是减压阀常用的噪声实验研究技术路线。噪声实验研究可以分为三个阶段:噪声源位置的识别和特性分析;减压阀结构优化;验证实验。阶段 1 是噪声源位置识别和特性分析:此阶段在消声室的测试台上完成,通过声谱分析确定噪声的频谱特性,并通过声强分析确定相应的噪声源位置。阶段 2 是降噪技术的关键一步,是在噪声源识别的基础上对减压阀结构进行优化。结构优化主要包括阀体和内节流部件的参数优化。阶段 3 是实验验证阶段:对优化后的减压阀进行加工制造,然后通过噪声实验装置来验证优化策略在降噪特性方面的可行性,如果结果不满足要求,则继续优化,重复实验。

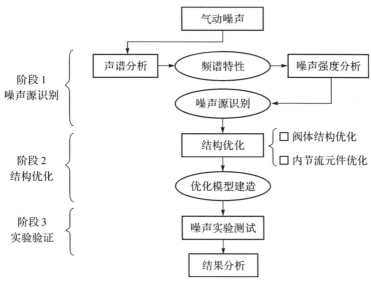

图 7-27　常用噪声实验研究技术路线

阀门水力与声学综合特性测试系统如图 7-28 所示。测试系统由内工作管路系统与外驱动管路系统组成。外管路系统连接水泵,改变水泵转速可以实现测试系统阀门流量的调节。内工作管路与外驱动管路通过压力储水筒连接,并在工作管路上布置消声器对外管路系统的水泵进行消声,保证测试回路测到的噪声为阀门本身产生的水动力噪声。噪声测试的过程中隔振和消除背景噪声非常重要,可以通过采取铁沙箱掩埋支撑、增加测试回路管壁厚度、特殊固定管道与支撑件和建造消声室等措施来减少振动和背景噪声对测量结果的影响。在此基础上,可以进行阀体振动加速度级和阀门噪声的测试。

图 7-29 所示是常用的噪声测试的实验装置。由之前的技术路线可以看出噪声实验研究的两个重要环节是噪声频谱测试和声强测试。图 7-29(a)所示是噪声频谱测试实验装置

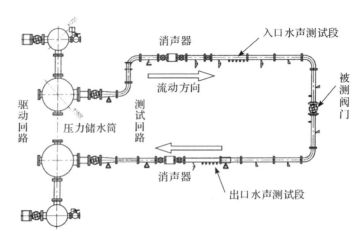

图 7-28　阀门水力与声学综合性能测试系统

和测点安排,测试在消声室中进行。设备主要包括 LMS 数据采集系统、声学麦克风和高性能计算机。测点安排和测试方法需遵循标准 ISO 678:1995 和 QC/T 70—2014。测试过程中保证消除背景噪声。获取噪声频谱特性后,使用声强测试系统来获取噪声源,如图 7-29(b)所示。声强测试系统主要包括 DAQ 数据采集系统、P-U 声强传感器和高性能计算机。在进行噪声频谱和声强测试之后,可以按照前文所示的技术路线依次开展阀门噪声和降噪技术的实验研究。

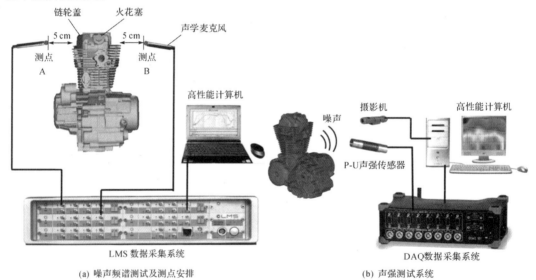

(a) 噪声频谱测试及测点安排　　　　　　　　　　　(b) 声强测试系统

图 7-29　常用的噪声测试实验装置

(3)噪声问题的数值模拟

声学测量仪器,如声级计和频率分析仪等,可以测得噪声的声压级、声强以及频率特性。然而传统测试方法对测量仪器精度要求高,需要考虑环境噪声、温度和湿度等环境因素的影响。另外试验成本较高,针对复杂工况,如高温高压气体减压过程,试验难度较大,而且对优化设计过程,需大量重复性试验,降低了产品设计速度。因此不少学者使用数值模拟的方法进行噪声分析。数值方法主要分为两大类:直接模拟方法和混合方法。直接模拟需要额外的体积积分,因此代价较大,但是可以表示出流动和声音之间所有的关系,对研究噪声产生的机理提供有力工具。混合方法中的波场外推方法,比如 Kirchhoff 和多孔 FW-H 方法,受控制表面位置的影响较小,可以作为直接模拟延伸至远场的互补工具;另一种混合方法称为声类比方法,因为体积积分代价太大所以效率较低,而且对截断效应敏感,尽管如此,它将直接噪声和反射噪声声场分开,有利于对辐射方向图的研究。

数值模拟是解决减压阀噪声问题的有力工具。但是数值模拟的难点在于声音能量远小于流动能量,所以声波的求解较为困难,特别是远场噪声传播的预测和产生、噪声的近场流动预测计算。上述减压阀噪声产生机理指出,气动噪声被认为是减压阀及管道系统运行过程中最普遍、最严重的噪声。现以气动噪声为例,叙述减压阀噪声数值模拟方法:直接方法、基于声类比的积分方法和宽频噪声模型方法。①直接方法求解适当的流体动力学方程直接计算声波的产生和传播。精确的声波预测需要控制方程时间的精确解。由于需要高精度的数值、精细的网格和声学无反射边界条件,直接方法的计算较为复杂。预测远场噪声时,计算成本非常高,只有当监测点位于近场范围内时,可以使用直接方法。②基于声类比的积分方法。对于中场和远场噪声预测,Lighthill 声类比方法提供了替代直接方法的切实可行方案。FW-H 方程采用 Lighthill 声类比的通用形式,可以预测等效声源包括单极子源、偶极子源和四极子源产生的噪声。③宽频噪声模型方法。许多实际湍流的噪声不具有明显的音调,声能量连续分布于较宽的频率范围,称为宽频噪声。这种流动的统计学湍流特征通过 RANS 方程计算,结合半经验关系式和 Lighthill 声类比理论预测宽频噪声。与直接方法和 FW-H 积分方法不同,宽频噪声模型不需要求解流体动力学控制方程的瞬态解。因此,宽频噪声模型方法计算成本最低。

减压阀内噪声数值模拟分析流程如图 7-30 所示,其一般步骤是:首先建立减压阀的数值模型,基于控制方程和边界条件,计算稳态流场;其次利用宽频噪声模型得到 APL 分布,确定主要噪声源位置;然后布置声压监测点,开启 FW-H 模型,计算非稳态流场,记录监测点声压信号;最后通过傅里叶变换得到频谱数据,分析噪声指向性和频谱特性。

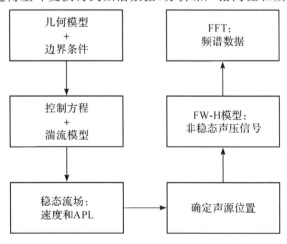

图 7-30 噪声模拟分析流程

7.2.2.3 减压阀降噪技术研究现状

降低减压阀噪声的方法有两种:来源降噪和传播降噪。两种降噪方法均可有效降低减压阀内噪声,国内外学者在降噪技术方面进行了大量的研究。

(1)来源降噪

来源降噪即通过识别噪声源来采取相应的降噪措施。通过增加孔板或多孔网罩可以实现来源降噪。不同的消声器广泛应用于排放系统,比如扩张室消声器、微穿孔板消声器、孔板等。由于结构简单,降噪效果较好,单孔板和多孔板被用于管路中和阀出口处的噪声控制。

(2)传播降噪

传播降噪是在分析减压阀内流体流动的基础上进行相应降噪技术研究。国内外学者对传播降噪技术的研究主要集中在阀门结构设计和类消声器设计两个方面。阀门结构改进设计是传播降噪最为普遍的方法。低噪声节流元件设计的原理是将控制阀压降过程归结为在装置的局部流阻上损耗能量,因此低噪声节流元件设计主要基于三种方法:结构法、黏滞法和射流法。结构法是使工作流体受阀门流通结构的改变而损耗能量;黏滞法就是使工作流体与节流阀件通流部分的壁产生黏性摩擦而损耗能量;射流法是在扩展或者紧缩情况下,使流动速度骤变引起阻力损失。

图 7-31 所示为改进的低噪声控制阀。其改进机理是基于为消除腔体内大尺度漩涡并均匀流场,控制出流速度并抑制空化产生。新型低噪声控制阀的优化设计方案中包括双层渐变开孔阀套、入流整流装置、阀芯吸振装置、出流导流装置等。

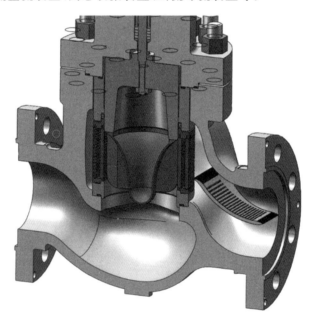

图 7-31　改进的低噪声控制阀

减压阀内节流部件如多孔板,结构简单且降噪效果好,其降噪技术分析前提是建立多孔板传递损失预测模型,如图 7-32 所示。因此,降噪技术的另一重要方面即将阀门节流部件视作消声器,进行相应的改进设计。而消声器的研究包括理论设计和传递损失计算两个方面。

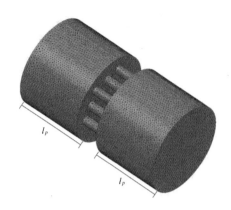

图 7-32　孔板类消声器分析

7.2.3　振动研究

7.2.3.1　调节阀振动产生机理

调节阀在不同的应用场合中,工作条件与结构形式有很大的差别,其振动产生的机理也有所不同,主要可分为外激振动与流激振动两大类。

外激振动是指调节阀所在系统或系统中其他部件处于振动状态时,振动通过管线等连接件传递至调节阀,从而引发调节阀的振动。应用于国防装备和工程机械领域的调节阀在工作时最容易受到外激振动的影响。外激振动虽然也会对调节阀的工作性能产生显著的影响,但其产生的根源并不在调节阀中,因此在调节阀振动研究领域中关注较少。

流激振动是指由阀内流体流动引发的调节阀振动,它是调节阀振动研究中的焦点问题。本节将调节阀流激振动分为涡激振动、声腔共振、空化振动、不稳定流动导致的振动和流体弹性不稳定导致的振动五个小类。

（1）涡激振动

涡激振动是指由于旋涡引发的振动,可分为由旋涡脱落和由湍流脉动引发的振动两种。

由旋涡脱落引发的振动是指流体流经非流线型的障碍物时产生非定常的旋涡脱落,并对障碍物产生变化的载荷,从而激发的结构振动响应。在调节阀中,当流体流经闸阀闸板和蝶阀蝶板这两类具有简单几何结构的节流件时,易发生显著的旋涡脱落,并因此引发调节阀振动。针对闸阀,通过实验方法对涡激振动机理进行了研究,发现旋涡从闸板底部脱落时同时存在从闸板底面脱落与从闸板前缘脱落两种形式,如图 7-33 所示。闸阀垂向振动主要由前者引起,而闸阀顺流向振动主要由后者引起。针对蝶阀,采用实验与仿真技术结合的方法对活门筋板开裂的现象进行了调查,发现活门固有频率与流场中的卡门涡频率接近是事故的起因。

湍流脉动引发的振动是指由于湍流中水流质点的弥散,湍流内及湍流边界上各点压力在空间和时间上表现出具有随机性的脉动从而引发的结构振动响应。从物理结构上看,湍流是由不同尺度的旋涡叠合而成的流动,因此将湍流脉动引发的振动也归属于涡激振动。当流体流经具有复杂节流件的调节阀时,易发生湍流脉动引发的振动。

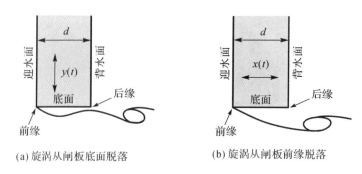

(a) 旋涡从闸板底面脱落　　　(b) 旋涡从闸板前缘脱落

图 7-33　旋涡从闸阀底部脱落的两种形式

（2）声腔共振

声腔共振是指由于空腔结构中流体压力波动的频率接近或等于空腔的声学固有频率时发生的振动。图 7-34 揭示了安全阀上的声腔共振机理。图 7-34（a）中的安全阀立管是典型的空腔结构，空腔的声模态如图 7-34（b）所示，其由空腔的几何结构、声学边界条件和阀内蒸汽的热力学性质决定，而与管道内的蒸汽流动速度无关。在结构形式与声模态的共同影响下立管口部流场中会形成旋涡脱落，并在不同的流速下表现出不同的旋涡脱落形式，如图 7-34（c）所示。不同的旋涡脱落形式在空腔中引起的压力波动的频率不同，当压力波动频率与空腔某一阶的声学频率接近或一致时，就会发生声腔共振现象。

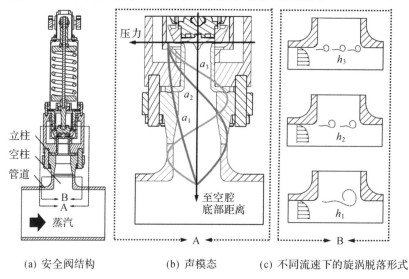

(a) 安全阀结构　　　(b) 声模态　　　(c) 不同流速下的旋涡脱落形式

图 7-34　声腔共振机理

从流场看，声腔共振与涡激共振的起因类似，都是由旋涡脱落或湍流脉动在阀内流场引起了压力波动。不同的是，涡激振动中的旋涡脱落或湍流脉动仅由流体流经不良的流动结构引起；而声腔共振中的旋涡脱落或湍流脉动是流体流经不良的流动结构与空腔声模态共同作用的结果。声腔共振在调节阀振动中并不多见，仅含有空腔结构的调节阀需要考虑这类振动。

（3）空化振动

空化振动是指由于阀内流场中发生空化现象而导致的振动。空化现象通过两个渠道引起调节阀振动:①空化气穴发展过程中的形态演变(如图 7-35 所示)使流场处于不稳定状态,产生流体压力波动导致振动;②介质离开节流口后,压力会快速上升,使空化气穴受压破裂,形成巨大的冲击作用,在阀门内表面造成严重的振动。

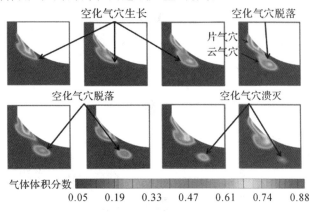

图 7-35　空化气穴形态演变过程

(4)不稳定流动导致的振动

不稳定流动导致的振动是指流体力随着流动形式变化而变化引发的结构振动响应。不稳定流动导致的振动在服役于热电厂或核电厂的汽轮机蒸汽调节阀上出现得较多。

在不同开度和压比下对蒸汽调节阀内部流动特性进行对比,发现在小开度、中压比情况下阀内流动最不稳定,会出现多种流动形态。蒸汽调节阀在中等开度下会出现流动不稳定现象,如图 7-36 所示。阀芯表面高压区随时间变化而产生周向运动,这是引起调节阀振动的原因。当下对调节阀由不稳定流动导致的振动的研究较为常见,基本围绕典型的文丘里式单座阀结构的汽轮机蒸汽调节阀进行,未来应针对其他类型的调节阀开展相关研究。

(5)流体弹性不稳定导致的振动

流体弹性不稳定导致的振动是指由于流体力、弹性力和惯性力的耦合作用导致弹性结构发生振幅不衰减的自激振动。在航空领域中,流体弹性不稳定导致的振动也被称为颤振。存在低阻尼的弹性结构是发生流体弹性不稳定导致的振动的必要条件,这使得流体弹性不稳定导致的振动在各类调节阀中出现的范围较为局限。一般只有部分锥阀与安全阀等在设计与性能评估时需要考虑这类振动的影响。对调节阀中由流体弹性不稳定导致的振动的研究,往往从动力学的角度出发,以假设或经验公式表示液动力对流场的影响,对流动机理及流固耦合机理的认识还不够成熟,未来应加强这方面的研究。

7.2.3.2　调节阀振动的研究方法

调节阀振动的研究方法主要有实验方法、理论模型仿真和数值模拟三种。

(1)实验方法

实验方法是指依靠现场测试或实验室检测对调节阀的振动现象进行调查,提供第一手的数据支撑并根据实验结果对调节阀振动机理做出解释。振动加速度、振动位移等振动信息是调节阀振动的直接表现,是调节阀振动实验研究中的首要关注量,主要通过加速度传感器和位移传感器获得。例如利用三轴加速度传感器。

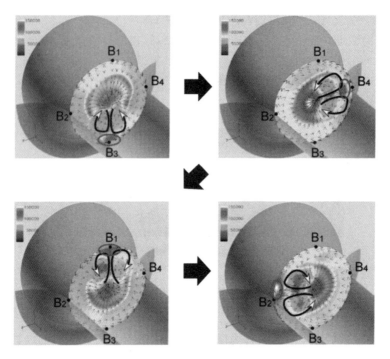

图 7-36 阀芯表面高压区随时间变化而产生周向运动

除外激振动外,其他形式的调节阀振动均由流经调节阀的流体引起。而调节阀的振动反过来也会影响阀门对流体的控制能力,改变阀内流场分布,因此为了对调节阀流激振动机理进行解释和说明,进行调节阀流激振动实验时,流场信息的获取同样至关重要。速度分布是阀内流场的直观表现,可通过各类非接触式测速仪获取。在调节阀流激振动实验中常用的测速仪器有激光多普勒测速仪(Laser Doppler Anemometer,LDA)和粒子图像测速仪(Particle Image Velocimetry,PIV)两种。LDA 为点测量,不能直接得到流量空间信息;PIV 为面测量,能够进行流场绘制。如图 7-37 所示,利用 PIV 绘制了闸阀附近的旋涡分布研究水工闸阀的涡激振动机理。

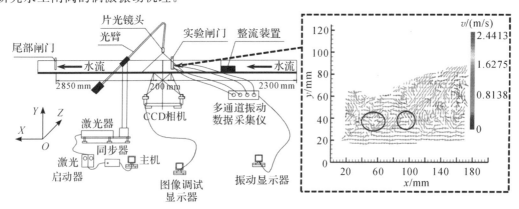

图 7-37 平面闸门振动实验

压力波动是结构振动的直接激励源,因此测定压力波动同样是流场信息获取中的重要目标。目前有多种方法来获得阀门内部压力波动的信息。针对发生在蒸汽调节阀上的不稳定流动导致的振动,通过在阀座周向上布置四个动态压力传感器获得了壁面压力波动,如图7-38 所示;针对发生在弹簧承压阀上的流体弹性不稳定导致的振动,通过在阀板附近及阀板上、下游分别布置动态压力传感器获得了阀内不同位置的压力波动;针对发生在预启式调节阀上的涡激振动,通过在主阀芯底部、预启阀中心和管道入口分别布置微型压力传感器获得了流场主要部位的压力波动。

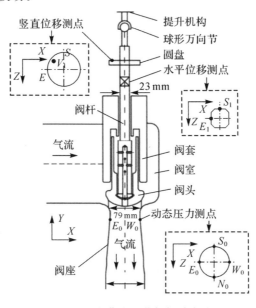

图 7-38　主蒸汽调节阀振动实验

（2）理论模型仿真

理论模型仿真是指利用微分代数方程或瞬态偏微分方程来描述调节阀振动、流量、压力等控制参量之间关系的方法。建立数学模型时,由于许多实际因素难以表达,因此需要进行假设与简化,如对液压锥阀进行动力学分析时,流量系数往往采用经验公式获得。越复杂的模型,需要的假设与简化越多。当假设与简化多至一定程度,就只能够针对问题进行定性的分析。

理论模型仿真根据分析思路的不同,可分为时程分析与稳定性分析两类。时程分析是对一个研究所关心的参量（如调节阀的某个结构参数）设置一系列的数值,然后将该特定参量以不同的数值依次代入构建的动力学模型中,从而观察代表调节阀振动特性的阀芯位移或由阀芯位移引起的阀门流量、调定压力等参量在不同数值的所管辖参量下随着时间变化的不同规律,进而定性地判断所关心的参量对调节阀振动特性的影响。这种方法求解得到的是特定参数组合下的阀门振动特性,因此相对而言求解容易。但同时,由于每次求解得到的振动特性只针对一种特定的参数组合,因此不能对调节阀的稳定性进行定量分析。

稳定性分析是引入合适的稳定性理论或准则对所构建的动力学模型进行稳定性判断,从而直接求出调节阀相对于所关心参量的临界稳定曲线,进而定量地确定调节阀在不同所关心参量数值下的振动特性。虽然稳定性分析能实现定量分析,但稳定性理论或准则的引入使得动力学模型的求解难度大大增加。同时,现有的稳定性分析理论或准则也不够丰富与成熟。

总的来说,理论模型仿真只适合于简单的阀门结构形式,在调节阀振动研究中主要用于分析发生在具有弹性结构的阀门上的外激振动问题和由流体弹性不稳定导致的振动问题,使用范围有一定的局限性。

(3)数值模拟

数值模拟是指利用有限量的节点参数表示连续的流体域或固体域。根据是否将流场信息与结构信息统合在一起对调节阀振动问题进行分析,数值仿真有单一流场分析与流固耦合分析两个思路。

单一流场分析是指仅从流体域的角度对调节阀振动问题进行研究。单一流场分析由于不涉及固体结构信息,因此不能直接得到与结构振动相关的参量,往往只能定性地判断振动的诱因和强烈程度。

流固耦合分析是指在考虑流体域(阀内流场)与固体域(调节阀结构)相互作用的前提下,对调节阀振动问题进行研究。两个求解域之间的相互作用通过数据交流实现。根据数据交流方向的不同,流固耦合分析可分为单向流固耦合分析与双向流固耦合分析两类。

单向流固耦合分析,即流体域与固体域之间仅有单向的数据传输。根据数据传输具体方向的不同,可将单向流固耦合分析细分为流-固单向耦合分析与固-流单向耦合分析两种。

①流-固单向耦合分析仅考虑流体对固体的影响,不考虑固体对流体的影响。由于在分析过程中不考虑固体对流体的影响,因此流-固单向耦合分析只适合小振幅振动的情况,即固体振动的发生不会使流体边界产生显著的变化。虽然流-固单向耦合分析需要联用固体与流体两个求解器,但同样由于数据传输单方向的特点,两个求解器可顺序依次工作,降低了计算难度。

②固-流单向耦合分析仅考虑固体对流体的影响,不考虑流体对固体的影响。由于在分析过程中不考虑流体对固体的影响,因此固-流单向耦合分析仅依靠流体求解器即可完成,但同单一流场分析一样,也不能直接得到振动响应。固-流单向耦合分析通过对阀内件施加理想简化的运动形式模拟振动条件,适合于阀内件发生大振幅振动的情况。

双向流固耦合分析,流体域与固体域之间有双向的数据交换,即固体会在流体的作用下产生结构响应,而固体的结构响应又会反过来影响流体。根据固体结构在流场作用下响应形式的不同,可将双向流固耦合分析细分为无变形双向流固耦合分析与有变形双向流固耦合分析两种。

①在无变形双向流固耦合分析中,固体结构在流场作用下只发生运动,不发生变形。无变形双向流固耦合分析与固-流单向耦合分析较为类似,通常也针对阀内件在大振幅振动下发生的运动。不同的是,无变形双向流固耦合分析中不对阀内件定义确定的运动形式,而是定义响应机制,即固体运动由流体作用引发,因此能够得到振动信息。

②在有变形双向流固耦合分析中,固体结构在流场作用下既发生运动,也发生变形。有变形双向流固耦合分析是最贴近实际情况的分析思路,但要求固体与流体两个求解器进行联合同时工作,使得计算难度大大增加,在当下的研究工作中应用并不普遍,还需通过优化算法来提高计算效率,降低计算成本。

国内外学者对调节阀振动问题的数值仿真归纳于表 7-14,可发现只有流-固单向耦合分析,无变形双向流固耦合分析与有变形双向流固耦合分析能获得振动信息,说明振动信息的获取必须采用流固耦合分析,但并不一定同时要求对流体网格做变形处理。另外,虽然这三种方法均能获得调节阀振动信息,但对这三种方法的准确性与计算资源消耗的比较还未见报道。后续的研究工作若能针对这一问题进行研究,将有助于指导相关工作人员选用合适的数值模拟方法调查调节阀振动问题。

表 7-14　调节阀振动问题数值仿真典型案例及特点

方法类型			求解器类型	流体网格变形	振动信息
单一流场分析			流体求解器	×	×
流固耦合分析	单向流固耦合	流-固单向耦合	流体＋固体求解器	×	√
		固-流单向耦合	流体求解器	√	×
	双向流固耦合	无变形双向流固耦合	流体求解器	√	√
		有变形双向流固耦合	流体＋固体求解器	√	√

总的来说,相较于实验方法和理论模型仿真方法,数值仿真方法使用范围广泛,同时使用的成本和求解的难度在可接受的范围内,能够同时满足科学研究与工程应用的要求,是当下解决调节阀振动问题的主流手段。

7.2.3.3　调节阀振动的抑制措施

调节阀振动的产生可分为两个环节,一是振源输出不平衡的扰动,二是调节阀固体结构在振源的激励下形成振动响应。与此相对应,调节阀振动的抑制措施也可分为两类,即根源减振与传播减振。

(1)根源减振

根源减振,即对调节阀结构振动现象进行机理分析,确定振动产生的根源,并针对性地采取相应措施抑制振源,从而达到减振的目的。如前所述,调节阀振动可分为外激振动与流激振动两大类,其中外激振动产生的根源并不在调节阀中。因此,根源减振只适用于调节阀流激振动。根源减振通过对调节阀流道结构进行优化设计减少扰动的产生,从而实际提升了调节阀的工作稳定性。最典型的阀芯结构就是采用分层式迷宫芯包使流体压力逐步下降,从而避免了空化的发生,如图 7-39 所示。然而,根源减振需要对调节阀振动的产生机理有较为深入的认识,因此要求较高的开发投入与专业的研究人员。同时,一种根源减振措施往往只能针对一种特定工况下特定结构形式的调节阀,不具有广泛推广的可能性。

(2)传播减振

传播减振,即直接针对调节阀固体结构振动现象采取相应的措施限制结构的振动,从而达到减振的目的。常见的调节阀传播减振措施有阻尼减振与刚度提升两种。传播减振不能实际提升调节阀的工作稳定性,而是通过辅助手段抑制了振动的传播。辅助手段的实施通常会降低调节阀的性能与品位,如增大调节阀的功耗,降低调节阀的紧凑性等。但同时,由于传播减振不针对具体的振动产生机理,因此对开发成本与研究人员的要求较低,并具备一定的普适性。

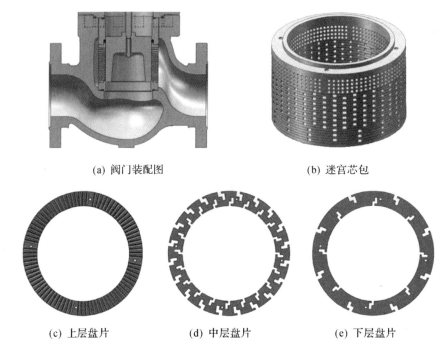

(a) 阀门装配图　　　　　　　　(b) 迷宫芯包

(c) 上层盘片　　　　(d) 中层盘片　　　　(e) 下层盘片

图 7-39　采用迷宫芯包抑制空化振动

7.3　阀门应用的拓展

7.3.1　通海阀

随着全世界范围内对海洋的不断深入探索,无论是在军用还是在民用领域,船舶、深海设备等越来越受到人们的关注,水下工作的阀门作为深海设备中必不可少的组成部分,也逐渐成为研究重点。用于深海设备的水下阀门,从功能上分析,目前应用最广泛的是通海阀,通海阀作为船舶和潜水器海水系统的重要设备,是其内部管路系统与外界直接连接的重要装置,主要用于控制和调节各管路海水注入和排出,其性能的好坏直接影响着船舶、深海设备各个系统乃至整个船舶的性能。除了通海阀之外,其他用于深海设备的水下阀门按照功能还可分为海水采样阀、海水换向阀及安全阀等,这些阀门的应用虽然不及通海阀广泛,但在各自的工作环境及场合中都扮演着重要角色,所以针对这些深海水下阀门的研究也不可忽视。通海阀与传统阀门相比,无论是结构本身和介质,还是应用工况和场合都具有极大的特殊性,针对通海阀的研究方向也相应地围绕这些特殊性来展开。

就结构而言,通海阀可分为截止阀、蝶阀、闸阀等多种结构形式,典型的用于船舶海水系统的黄铜通海阀结构如图 7-40 所示,它采用了与传统截止阀不同的反向截止结构。这样的结构主要与通海阀的工作环境有关。通海阀的工作环境通常位于海平面以下具有较高压力的场合,在如此高的压力下为了保证密封的可靠性,采用反向截止结构可以使得海水液压全部用于密封,相当于自紧式密封,压力越高密封也就越可靠。

就介质而言,通海阀通常工作在海平面以下用于船舶和深海设备海水系统的控制和调节,海水介质本身具有较强的腐蚀性,同时海水介质属于典型的二相流体,分散着一定量的沙粒,也容易对阀体造成冲刷腐蚀。

就应用场合而言,无论是用于民用船舶还是军用船舶、潜艇,对阀门噪声的要求都比较高,噪声也就成为通海阀最为主要的研究点,这是通海阀相比于其他阀门最为特殊的地方。因此,本节将通过腐蚀、噪声以及启闭力来对通海阀进行介绍。

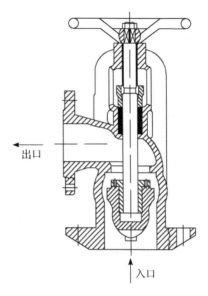

图 7-40　典型黄铜通海阀的结构

7.3.1.1　通海阀及通海管路的腐蚀控制

考虑到通海阀及通海管路中工作环境及工作特殊性,海水中的氯离子容易对阀体及管路造成化学腐蚀的同时,海水中包含的沙粒在随海水流动过程中也会对通海阀及通海管路形成冲刷腐蚀,这是导致通海阀损坏的常见原因。

通海阀化学腐蚀防治主要从阀体材料入手。传统通海阀采用黄铜作为主要材料,虽然能够在一定程度上防治化学腐蚀,但随着深海设备下潜的不断深入,传统黄铜通海阀难以满足随之发展的高压工况,因此采用钛合金作为阀体材料的通海阀开始进入人们的视野,它既能满足高压工况的需求,又具有较高的抗腐蚀能力。对于通海阀的冲刷腐蚀问题的研究,主要采用两相流流场模拟的方法,在液相中加入离散相,通过研究离散相固体粒子的分布及粒子速度来判断冲刷腐蚀的部位和冲刷腐蚀速率。对流动速度、颗粒含量、颗粒直径及阀门开度对冲蚀速率的影响进行分析后发现,冲蚀速率随流动速度增大呈指数增长,颗粒含量变化会导致阀门最大冲蚀位置发生变化,冲蚀分布却随着粒径增大变得更加均匀,阀门半开时的冲蚀速率远大于全开时的冲蚀速率。通海阀各部分冲蚀速率随入口速度的变化曲线如图 7-41 所示。

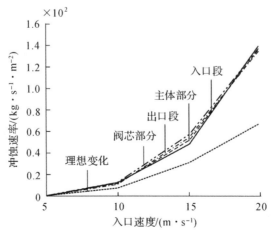

图 7-41　通海阀各部分冲蚀速率随入口速度的变化曲线

7.3.1.2 通海阀及通海管路的噪声及降噪

对以海水为介质的通海阀及通海管路来讲,噪声产生原因主要包括两个方面,一方面是阀体内运动零部件在流体激励作用下引起的流激振动噪声、其他机械设备如泵工作产生的振动沿管路传播的辐射噪声;另一方面,是海水在通海阀及通海管路内部复杂结构中发生流动分离、湍流、涡流及压力脉动所产生的水动力噪声。同时按照不同的产生机理,水动力噪声又可具体分为空化噪声、涡流噪声和湍流脉动噪声等,其中以空化噪声和涡流噪声影响较大。

目前,针对通海阀及通海管路的空化噪声的研究较少,原因在于,一方面就通海阀本身来讲,一般都在大开度条件下工作,不易发生空化,对通海管路来说就更难,但是一旦有空化现象产生,其产生的噪声将成为通海阀噪声的一部分;另一方面,空化噪声本身是比较难模拟的,目前的研究主要还是单个气泡破裂所产生的噪声模拟。因此针对通海阀及通海管路的噪声研究还主要集中在除空化噪声外的其他流噪声及流激振动噪声研究及相应的降噪方法研究等方面。

(1)通海阀流噪声的数值模拟

由于空化流动过程中空化噪声产生原因的复杂性,特别是通海阀复杂结构内空化产生的随机性,通海阀的空化噪声很难采用数值模拟的方法进行。通常针对通海阀流噪声的数值模拟都假设通海阀内部不发生空化,以研究阀体内的偶极子声源及四极子声源为主。

针对通海阀的流噪声模拟起初多采用半经验模型的方法,即首先基于雷诺时均方程求解流场,然后采用半经验模型,如Proudman方程模型、边界层声源模型和Lilley方程模型使用当地的湍流尺度估算噪声。采用半经验模型虽然可以快速地估算噪声分布、定义声源位置,但是求解精度较差,并且不能求解反射效应、噪声在壳体中的传播以及噪声对流动的影响。因此,目前通海阀的流噪声模拟多采用混合求解的方法,即采用大涡模拟结合声学模拟(声类比理论)的方法。

(2)通海阀的内流道优化降噪

根据多级减压、多孔出流的原理来降低噪声(阀笼)的方法主要应用于调节阀。该方法不利于涡流噪声的抑制,并且不适用于对流通能力有一定要求的通海阀。因此,目前针对通海阀的噪声及降噪技术研究通常在对通海阀内流场进行数值模拟的基础上,提出针对特定结构通海阀产品以减少漩涡、减小压降为主要目的流道优化措施,从而减小涡流噪声及发生空化、空泡破裂产生噪声的可能性。流道优化降噪措施有如下几种方法:①增大开度;②局部锐缘圆角处理,适当减小阀杆直径;③直接转弯处改为圆弧过渡,一定安装角度的内支架结构;④减小支撑导向筒长度,提高位置,阀盘外部线型优化;⑤增加阀芯的开启行程,对局部结构进行倒角。

(3)通海管路系统的降噪

通海管路系统通常与通海阀共同作为船舶海水系统的重要组成部分,通海管路一端直接与海洋相通,通海管路的噪声不仅包括海水流动经过时产生的结构噪声,还包括船舶内部机械设备产生的振动噪声,此外通海阀产生的噪声也会通过通海管路进行辐射传播。因此,针对通海管路的降噪研究也引起了广泛的关注,主要研究重点包括通海管路对振动波的传递特性,对通海管路振动波的传递抑制及管口的噪声辐射的抑制。

在通海管路的降噪方法中,上述方法大多从抑制振动波和声辐射沿管路的传播方面入手来实现通海管路的降噪,除此之外,还可以采用对通海管路的通海口进行优化的方法来抑制出海管口的声辐射,这种方法大多采用流场模拟与声学模拟相结合的方式,通过建立不同通海口优化结构的数值模型,分析流场分布及监测点的流噪声声压变化,来从已知结构中寻求各频段声压最小的最优结构。

7.3.1.3　通海阀的开启力研究

考虑到通海阀工作环境特殊性,通海阀出口一端往往要承受较高压力,为了实现较好的密封,可采用与传统通海阀不同的反向截止结构,外部海水液压形成了密封压力;但实现较好密封的同时,阀门的开启也需要足够大的开启力来克服海水液压,无论采用液压还是机械传动方法,阀门启闭耗能较大;并且随着深海设备下潜不断深入,通海阀的应用工况压力越来越高,阀门启闭的耗能也随之越来越大。如图 7-42 所示是一种在原有通海阀结构的基础上改造出来的新型先导式深海通海阀。在阀芯开启之前,先打开阀杆与活塞形成的小密封面,使海水由阀芯上留有的小孔进入阀杆与阀芯间的间隙,再沿着阀杆与活塞间的导水槽进入储水腔,通过海水对活塞上表面向下的压力作用来抵消一部分阀芯所承受的海水向上的压力作用,从而减小通海阀启闭过程所需要的力矩。研究发现,先导式

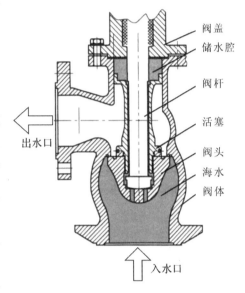

图 7-42　先导式通海阀结构

结构能有效减小阀门的开启力,先导式结构的存在相比原结构通海阀的最大开启力减小了一半。该先导式结构也为减小其他深海阀门的开启力提供了一种思路。

7.3.1.4　其他深海水下阀门

目前,除了通海阀之外,其他用于深海设备的阀门按功能还可分为海水取样阀、海水换向阀及海水液压安全阀,这些阀门的应用虽不及通海阀广泛,但在各自的应用场合中都扮演着重要角色,也承担着重要功能,由于这些阀门功能的特殊性,针对它们的研究重点也不尽相同。

海水换向阀是适用于海洋环境的以海水作为工作介质的液压阀门,用于海水液压系统,针对海水换向阀的研究主要集中在阀体液压结构的设计和优化、换向阀的驱动装置及工作状态下的可靠性、受力分析等。如图 7-43 所示为一种海水液压系统中的三位三通海水换向阀。

海水取样阀主要用于海底热液、海水样品的取样,海水取样阀作为取样装置的关键组成部分,需要耐高压、耐高温、耐腐蚀,同时在取样时需要具有双向密封能力以防止样品的泄漏及海水进入,因此对其结构设计有极高的要求。如图 7-44 所示为一种新型的海水取样阀的基本结构,该取样阀采用钛金属涂层作为阀体材料,能同时满足上述要求。它还采用了巧妙的自紧式设计,可以在 6000m 深的海底和 400℃的高温下正常工作,并且成功应用于海底热液的采样,在高压下具有较好的气密性;同时为了满足取样器整体结构的紧凑性和减少能耗,针对该取样阀设计出了新型的单向线性驱动装置,采用预先受力的弹簧作为驱动力,结

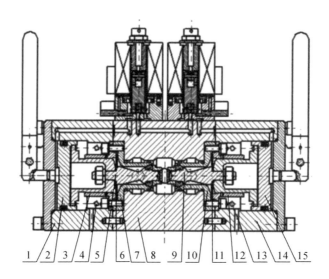

1—阀体 1；2—活塞 1；3—导向压块 1；4—弹簧 1；5—阀芯 1；6—膜片 1；7—阀套 1；
8—中间阀体；9—阀芯 2；10—阀套 2；11—膜片 2；12—导向压块 2；13—弹簧 2；
14—阀体 2；15—活塞 2。

图 7-43　三位三通海水换向阀的结构

构紧凑、耗能较少。

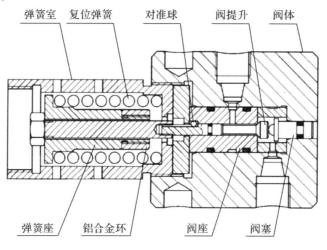

图 7-44　海水取样阀基本结构

7.3.2　微　阀

　　作为微机电系统（MEMS）的重要分支，微流体系统利用直径为数百微米的微流道来处理少量液体。微流体作为一种新兴技术，处于快速发展阶段，广泛应用于生物工程、药物输送、化学分析、医疗保健、光学等领域。大多数微流体系统可采用光刻技术制造，具有小型化、自动化、集成化和可移植性等特点。与大型实验设备相比，微流体系统的优势显而易见：低成本（需要少量样品和试剂），高精度，小空间以及有效的流量控制。为了实现微观尺寸复杂流体的控制、操作和检测，微流体系统由许多组件构成，包括微传感器、微泵、微阀、微混合器和微通道。

微阀是微流体系统的主要组成部分之一，其功能包括流量调节，开/关切换，生物分子、微/纳米颗粒以及化学试剂等的密封。现有微阀的主要特性包括泄漏低、死区小、功耗低、对颗粒污染不敏感、响应快以及线性操作等。目前，微阀基于不同结构主要分为主动式微阀（有源微阀）和被动式微阀（无源微阀）。有源微阀需要在一定驱动能量的作用下控制微流体，因此这种微阀需要有一个驱动装置。被动微阀不需要从外部输入能量，并且通常在背压的作用下控制微流体。另外根据初始状态，微阀还可分为常开型和常闭型。

许多微阀被用于生物医学领域，特别是被用于治疗人类疾病。还有许多微阀被用作实验室设备和机械部件，包括实验室芯片和小型机械装置。微阀的应用和功能取决于它们的结构和材料，而驱动方法则决定了它们的结构。事实上，微阀没有固定的结构，但基本上都有微通道和基板。它们中的大多数还具有膜，用来控制微通道的打开和关闭。目前制造微阀的材料包括金属材料、高分子聚合物、水凝胶、玻璃和有机硅等其他物质，其中金属材料分为低熔点合金（铟-铋（In-Bi）和锡-铅（Sn-Pb））、形状记忆合金和普通金属，高分子聚合物分为塑料、橡胶和纤维，还包括有机玻璃（PMMA）和聚二甲基硅氧烷（PDMS）。本节将基于驱动方法对微阀进行介绍，有助于大家了解微阀的工作原理。

7.3.2.1　微阀的驱动方式

（1）电

电力驱动微阀，大多需要高电压驱动，操作方便，响应时间短。此类微阀成本较低，且具有良好的颗粒耐受性，被广泛应用于许多领域，包括芯片实验室、微流体装置、直接甲醇燃料电池（DMFC）以及药物输送系统等。

①静电驱动。静电微阀主要由阀关闭电极，阀开启电极和柔性可移动膜组成，通常用作常闭型微阀。当静电微阀控制流体流动时，通过向柔性可移动膜施加较高的电压实现阀门的启闭，因此该微阀的功率通常较大。一些静电微阀可以承受高达 126kPa 的压力，所以可以用来控制高压气流。图 7-45 所示为一种常见的静电微阀，带有铜箔膜和薄铬层。由电压产生的静电力使箔和铬彼此靠近以阻止流动。该阀门的工作压力高达 40kPa，平均闭合电压为 680V，平均流量为 1.05mL/min，可以为微流体装置中的气动控制提供高流速。

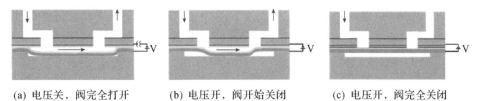

(a) 电压关，阀完全打开　　　(b) 电压开，阀开始关闭　　　(c) 电压开，阀完全关闭

图 7-45　静电微阀操作原理

②电化学驱动。电化学驱动的微阀是通过电解产生的气体使柔性膜发生偏转。该阀主要由电化学（ECM）致动器、膜和微室组成。致动器中的电极具有电化学性质，可以通过控制致动电压来精确控制该微阀膜片的启闭。如图 7-46 所示，该电化学驱动微阀由 ECM 致动器、PDMS 膜、SU-8 微腔和微通道组成。UV-LIGA 微加工技术用于制造该微阀。氢气泡由铂金电极产生，涂覆在工作电极上的纳米颗粒有利于加快可逆电解和阀门操作的速度。

图 7-46 中还显示了流体流过电化学驱动微阀的过程,当偏转电压为 $-1.5\mathrm{V}$ 时,阀膜的偏转达到 $300\mu\mathrm{m}$。

(a) 阀门开启　　　　　　　　　　　　(b) 阀门关闭

图 7-46　电化学微流控系统原理

　　③压电驱动。如图 7-47 所示为一种常闭的压电微阀,它由圆形单压电晶片振子和阀塞组成。在电压的作用下,压电振子产生机械压力,但微阀中的薄膜只产生较小的位移。通过液压机构放大,这一较小的位移可以转换为较大的位移,从而实现压电微阀对流体流动的控制。压电微阀产生的驱动力较大,具有响应时间短、开口高度高、流量控制范围大、耐受性高、成本低等特点,广泛应用于微流体装置以及药物输送系统。

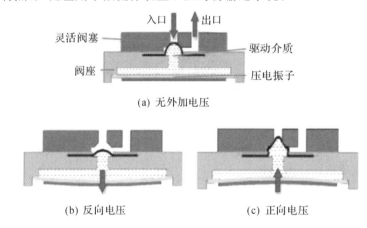

(a) 无外加电压

(b) 反向电压　　　　　　　　　　　　(c) 正向电压

图 7-47　压电微阀工作原理

　　(2)磁

　　①磁力驱动。磁力驱动微阀结构简单,包含永磁体和具有软磁材料的柔性弹性膜。磁体的吸引作用使弹性膜发生偏转。因此,这种微阀不需要外部能量消耗。

　　当磁体处于不同位置时,它对弹性膜的引力也不同,膜的偏转角度也会随之发生变化。磁力驱动微阀常用到 Fe、Co 和 Ni 等磁性材料及其他顺磁性材料。它可通过磁场实现远程控制,提高了操作安全性,但该类微阀存在泄漏等缺点。

　　②电磁驱动。电磁驱动微阀的工作原理与磁力驱动微阀类似,主要区别在于磁场的来源。磁力驱动微阀使用磁体自带的磁场,而电磁驱动微阀使用电磁场。电磁场需要外部电能,但其强度可以通过电流强度来控制,提高微阀的操作精度。电磁驱动微阀可以调节流向和流量,响应时间短,操作精度高,因此被广泛地运用于精密工业设备。

　　(3)气

　　①气动驱动。气动驱动微阀通过改变气动微通道内的压力来改变柔性膜的形状。该微阀需要一个包含真空泵的外部系统。当压力增大时,柔性膜弯曲,阻断流体微通道;当压力减小时,柔性膜伸展,开放微流体通道。在使用过程中,过度的驱动压力会使薄膜的恢复时间变长;而当驱动压力不足或者薄膜过厚时,阀门的响应时间会变慢。薄膜厚度、驱动压力

以及设备中微阀的位置会影响微阀的动态特性。由于气动装置具有结构简单、成本低、操作灵活等特点,因此气动驱动微阀被应用于多种场合,包括微流控、细胞分析、药物输送、物理/化学检测等领域。

另外,还有许多气动驱动微阀具有多层结构,用来适应其他复杂条件。图 7-48 中所示的气动微阀由液体微通道层、薄 PDMS 膜层和气动微通道层(致动器)组成。液体通道具有两种横截面:平行四边形和半椭圆形,宽度为 $500\mu m$,高度为 $100\mu m$。该装置可用于传递大细胞,例如 HeLa 细胞。通过观察 HeLa 细胞流动的悬浮,证明了液体微通道的闭合。

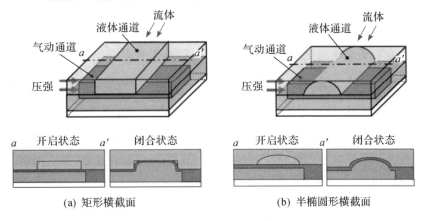

图 7-48　气动微阀的两种横截面

②热力气动驱动。与气动微阀不同,热气动微阀的关键部件是微型加热器。热力气动微阀由入口、出口、驱动隔膜、热力气动驱动腔和薄膜加热器组成。通过利用由加热器温度升高引起的空气膨胀来使驱动隔膜上下弯曲,从而控制流体微通道的阻断与开放。值得注意的是,许多热力气动执行器是热电驱动的,而相变液体可以代替热气动驱动室中的空气。

(4)光

基于光驱动的微阀称为光响应微阀。其中光源可以分为可见光和不可见光,不可见光又包括紫外线和红外线。光响应微阀由光源和离子聚合物组成。可以选择具有钨丝的石英卤素照明器作为光源。微阀的工作原理是利用由单个光源控制的离子聚合物的膨胀和收缩,进而控制流体的流动。作为外部控制的微阀,光响应微阀具有许多其他阀门所没有的优点:光学触发的微阀允许灵活和远程的流体处理,并且光驱动不需要物理接触;由于光源可以安装在阀门外部,因此降低了设备的复杂性和集成需求。阀门的缺点也很明显:与其他微阀相比,其开启响应时间超过 1s,相对较长,并且关闭响应时间比开启响应时间长。

(5)表面声波

表面声波(SAW)是沿物体表面传播的弹性波。编码叉指式换能器(IDT)的发明极大地加速了 SAW 技术的发展。SAW 微阀具有许多优点,包括安全可靠、低功率操作、尺寸小、结构简单以及成本低。这种微阀具有广泛的应用,如微机电系统(MEMS)、纳米机电系统(NEMS)、生物医学应用、芯片实验室应用、生育控制、纳升药物输送等。

(6)物质特性

①pH 值敏感性驱动。作为一种柔性材料,水凝胶对 pH 值变化的刺激响应可以用来制备 pH 敏感微阀。

②石蜡相变驱动。由于熔点低,石蜡在加热时容易发生相变。微阀利用低熔点的石蜡,使膜在发生固-液相变时产生形变,从而控制流体微通道的打开和关闭。这种微阀需要一个用来加热石蜡的微加热器和一个储存的微室。顶板将流体通道与蜡室分开,目的是确保通道中的流体不受石蜡的污染。依靠石蜡相变驱动的微阀,其主要缺点就是开启和关闭的响应时间相对较长。

7.3.2.2 微阀的发展方向

尽管近年来微阀的性能得到了改善,但仍存在许多缺点,包括能耗高、成本高、结构复杂等。另外由于结构复杂、部件多,传统的机械驱动微阀不能与微流体系统完全集成,导致泄漏问题。有源微阀具有外部驱动设备,功耗和便携性仍然困扰着科学家们。外部驱动装置的散热问题也会影响微阀的性能和精度。随着应用范围的不断扩大,人们对微阀的性能提出了更高的要求。目前的微阀通常只满足一个特定的要求,不能同时满足多个要求。因此,为了进一步提高微阀的性能,微阀的研究可以从以下几个方面入手。

(1)轻质材料

与传统阀门不同,微阀的主要特点是重量轻。轻质材料的使用可以减轻微阀的重量并提高其便携性。从金属材料到聚合物材料的变化是一个明显的趋势,但同时需要改进轻质材料的性能。例如,当微阀直接暴露于外部环境时,材料应具有较宽的工作温度范围并且能在低温下正常工作。此外,它还必须承受更大的压力差,提高抗污染能力。

(2)集成加工技术

泄漏问题主要是由于组件装配不当造成的。组件越多,组装步骤越多,泄漏率越大。集成加工技术减少了微阀中的部件数量和死区的面积,保证了配合精度。微机械加工的发展有利于微阀的集成加工技术,如激光蚀刻、快速成型等。同时,包装也是微阀的一个大问题。

(3)控制性能

应用于微阀的驱动方法越来越多,控制性能取决于驱动方法。控制精度和反应时间是微阀控制性能的两个重要指标。控制流体流动是微阀最重要的功能之一,通过优化驱动方法可以改善微阀的控制性能。

(4)流动特性

由于微尺度效应的影响,表面力不容忽视,因此微流体系统中的流体流动与宏观领域不同。有必要建立一个完整的微阀理论模型,将数值模拟方法与实验相结合,研究微阀的内部流动机理,有利于微阀的制造,降低成本,提高效率。更重要的是,空化气蚀和振动等阀门的常见问题也会在微阀中出现。因此,微观尺度下流体流动特性的研究很重要。

(5)应用

微阀可以节省能源并提供精确的流体控制。微阀也适用于燃料电池,特别是氢能车。由于安全问题,氢气车辆对氢气流量控制要求很高,因此微阀会成为一个很好的选择。此外,微阀在人体中的应用已成为一种趋势,微阀对消除某些器官的渗出有很好的效果,但微阀材料的生物相容性需要被首先考虑。

7.3.3　人工心脏瓣膜

人工心脏瓣膜是可植入心脏内代替心脏瓣膜（主动脉瓣，三尖瓣，二尖瓣），使血液单向流动,具有天然心脏瓣膜功能的由人工材料制成的人工器官。人工心脏瓣膜的主要作用是替换受损的心脏瓣膜,以提供人类所需的正常功能,它可被视为一种控制阀。以中国为例,风湿性心脏病是中国常见的心血管疾病之一,患病率达 0.183%。目前换瓣手术仍然是治疗风湿性心脏病的重要手段之一,其中使用人工机械瓣膜占 90% 以上。

7.3.3.1　种类

如图 7-49 所示,人工瓣膜根据使用材料而分为两大类:一类是全部用人造材料制成的,称机械心脏瓣膜;另一类是全部或部分用生物组织制成的,称生物心脏瓣膜。不论是机械心脏瓣膜还是生物心脏瓣膜,其基本结构都包括金属瓣架、阻塞体和缝合环三部分。金属瓣架一般用不锈钢、钛、钴镍合金或其他超硬金属制成;缝合环是将人工瓣膜缝到人体心脏瓣环的部分,由针织材料缝制而成。聚丙烯、涤纶、聚四氯乙烯等是缝合环的常用材料。近年,还出现了由碳纤维材料制成的缝合环。生物心脏瓣膜一般是用猪主动脉瓣和牛心包瓣为原料。

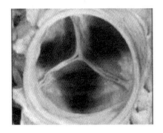  

(a) 正常的主动脉瓣　　　　　(b) 机械心脏瓣膜　　　　　(c) 生物心脏瓣膜

图 7-49　人体瓣膜与人工瓣膜

（1）机械心脏瓣膜

机械心脏瓣膜是全部由人工材料制成的,历经笼球瓣、笼碟瓣、侧倾碟瓣及双叶瓣 4 代的发展,先后有 80 余种人工机械瓣膜问世及应用于临床。

第一代人造机械瓣膜是在 1960 年应用于临床的笼球瓣,其基本结构是由不锈钢铸成的四根瓣柱呈笼样的瓣架,由硅橡胶、金属或热解炭制成的球状阀体,在笼架内上下活动,形成瓣膜的功能。笼球瓣问题有很多,包括:跨瓣压差高;过瓣血流为侧流,形成涡流区,血栓塞率高;溶血;瓣架高,造成左室流出道梗阻和室间隔刺激。

第二代人造机械瓣膜是在 1964 年发明的笼碟瓣,其解决了笼球瓣支架过高的问题,并降低了瓣架,改善了血流动力学,减轻了瓣膜重量。碟瓣的基本原理为活塞式中心碟片,阀体多数采用透镜状碟片,其活动受垂直于血流轴的平面调整,开放时过瓣血流通过其小的侧孔。但笼碟瓣同样有许多问题,包括:碟片活动范围小,易导致机械失灵;结构损坏发生率过高。笼碟瓣开创了低瓣架设计的先例,为侧倾碟瓣和双叶瓣的发展奠定了基础。

第三代人造机械瓣膜是在 1969 年问世的侧倾碟瓣(倾斜圆板型瓣膜),又称单叶瓣。它从笼碟瓣的过瓣血流侧流型改为半中心血流,使血流动力学得到明显改善,比球形瓣膜可多获得中心主流,流阻也小。圆板由不能脱落且不锈的轴栓巧妙地支撑着而进行开闭运动。圆板是由在石墨上涂碳处理的热碳抗血栓性能优异的材料制成,在抗血栓方面比球形瓣膜优异。术后瓣膜有关的并发症降到很低的水平,目前侧倾碟瓣在临床中的应用仍占很大的比例。常用的有 Medtronic-Hall、Sorin、Björk-Shiley 等。目前国产瓣膜主要为单叶瓣。常见的单叶瓣机械心脏瓣膜(MMHV)如图 7-50 所示。

(a) Medtronic Hall　　　　　(b) Björk-Shiley　　　　　(c) Omnocarbon

图 7-50　三种常见的单叶瓣机械心脏瓣膜

第四代人造机械瓣膜是在 1980 年问世的双叶瓣。双叶瓣是两枚半圆形瓣膜由折叶支持而开闭的,比倾斜圆板型瓣膜进一步增加了开口面积。双叶瓣的启闭原理接近自然瓣,其血流为中心平流血流,单叶瓣为偏心血流,有效开口面积相对更大,另外双叶瓣的杂音普遍比单叶瓣要小,可获得更接近中心主流。双叶瓣明显改善了血流动力学性能及流场,使与瓣膜有关的并发症降低到一个新的水平。常见的双叶瓣有 St. Jude Medical(SJM)等,进口瓣膜一般为双叶瓣。

(2)生物心脏瓣膜

生物心脏瓣膜有同种瓣膜、异种瓣膜和组织瓣膜三种。同种瓣膜是冷冻保存的人体大动脉瓣膜,现在认为其抗血栓性、抗感染性较好;异种瓣膜是把猪的主动脉瓣膜用戊二醛固定,20 世纪 70 年代起进行临床应用。机械心脏瓣膜存在不可克服的缺点,如血栓栓塞率高、容易引发与抗凝有关的并发症以及长期存活率低等。临床随诊已证实,生物心脏瓣膜比机械心脏瓣膜抗血栓性优秀,但容易导致钙化,机械强度方面不如机械心脏瓣膜。因此采用低压固定法、改良瓣膜安装方法、抑制钙化等措施而开发的第 2 代生物瓣膜也已临床应用。另一方面,组织瓣膜是把牛心包膜缝合到移植片固定模上的异种瓣膜,可获得优异的瓣膜机能,可是已知在耐用时间、瓣膜钙化等方面比异种瓣膜性能要低。

目前,临床上机械心脏瓣膜具有较好的耐用性,但其容易形成血栓,患者术后需终生抗凝;生物心脏瓣膜的患者虽不需服用抗凝药,但由于生物瓣的钙化问题,其使用寿命较短。这些问题的症结也正是寻找一种既无须抗凝又有较长的使用寿命的心脏瓣膜制作材料,而组织工程心脏瓣膜目前也仍仅处于动物实验过程当中,其临床效果仍很难判定,所以对理想心脏瓣膜制作材料的研究仍有较长的路程要走。生物心脏瓣膜作为人工心瓣的第二大系列,从未终止过研究。

目前国外一般生物瓣使用约占 30%。我国于 20 世纪 80 年代一度因机械瓣短缺,生物瓣应用约占 70%,但由于质量控制存在的一些问题,加之 90 年代后生物瓣衰坏病例增多,因此目前仍以机械瓣使用占多数。

7.3.3.2　设计与制造

本节主要针对机械心脏瓣膜来进行介绍。机械心脏瓣膜的设计,在于利用血流产生的动力,寻求瓣叶或阻塞体、支架或铰轴机构与瓣环这 3 个部件的最佳组合,以求得最佳的性能,模拟自然心脏瓣膜的作用。

机械瓣膜设计的要求应具有以下特点。①良好的机械特性:耐久性好;低瓣膜声响;高气穴腐蚀阈值及与血液相近的瓣叶比重。②良好的血流动力学特性:低跨瓣压差;低返流量;低能量损耗;低心内占有率及理想的有效开口面积。③良好的组织相容性:低致栓性;低溶血性。

机械心脏瓣膜结构上的优化可通过模拟分析、试验测试及临床统计分析为基础,调整优化瓣膜结构参数来改善原有的跨瓣压差、溶血、致栓等缺陷。

植入人体的机械心脏瓣膜,血液流经时瓣口对血流的阻滞作用会产生跨瓣压差,它是评价人工心脏瓣膜功能的最重要的血流动力学参数。跨瓣压差越大,血流的速度梯度就越大,由此产生的剪应力也就越大。剪应力如果超过对血液成分引起破坏的阈值,就会引起溶血或亚溶血,甚至引起血管内皮细胞的损伤。

瓣环与瓣叶两者之间的配合存在潜在的间隙,间隙的大小,不但会影响瓣叶运动的灵活性,还会影响静态泄漏量的大小。间隙的存在会产生很高的剪切力,破坏血细胞、造成溶血;并且会形成喷射状混合层血流及血流扰动,引起局部涡流,涡流是引起血栓的一个重要因素。另一方面,血流的扰动有利于血液对瓣膜自身的冲刷,可以减少血栓形成。

瓣叶在膜架内做开合运动,血流和瓣叶的耦合会产生血流流量迅速改变的不稳定现象,继而引发一定程度的水击效应。水击效应是一种与关闭机制有关的动力学特性,严重时将引起瓣膜自身破损、溶血和亚溶血、组织损伤、脉波变形或功能紊乱等。水击效应的压力振幅主要取决于瓣膜的峰值回流量和水击波传播速度,回流量的大小又取决于人工机械心脏瓣膜的构型和设计参数的选择,如铰轴的位置、开放的角度与安装的方位,瓣膜材质的比重和弹性模量,瓣叶的厚度与弯度等。

要合理地优化瓣膜参数,就必须清楚地了解瓣膜工作时的血流动力学特性。血流动力学是流体力学与生物工程学等多学科的交叉学科,随着流体力学的相关分析软件的功能日趋强大和测试技术水平的提高,通过适当建立模型,合理设定边界条件,可对瓣膜的血流流场及其特定部位进行精确的定性、定量分析,从而优化瓣膜的设计参数,缩短设计周期。另外双叶瓣的临床效果好,但瓣膜的结构设计不应仅停留在原有结构上,还应不断有所创新。

7.3.3.3　材　料

目前广泛应用于人工机械心脏瓣膜的材料是钛、钛合金和热解碳,一般还对材料表面进行改性处理。对于生物医用材料,表面改性的目的是提高植入人体的生物相容性,植入人体的生物医用材料的表面粗糙度、湿润度、化学组成、结晶度、异质和表面电荷等表面性能对生物相容性有直接的影响。对于和血液相接触的植入体,由于血小板、血细胞和蛋白质带有负电荷,血管壁也呈现负电性($-8 \sim 13\text{mV}$),因而在血栓形成中表面电荷是很重要的。研究发现,材料表面带有适量的负电荷会产生某种蛋白质的吸附,形成钝化层,使得材料对血液的毒害性减小,从而具有更好的血液相容性。例如,TiO_2、TiN、TiC、TaN、SiC、Al_2O_3、类金刚石膜都可以提高植入体的抗腐蚀性和血液相容性。对材料表面改性处理使用的方法,表面改性镀膜与基体结合的紧密强度、防脱落程度、力学性能、工艺可行性及经济性是材料选择和优化的关键。

7.3.3.4　常见的问题

对比机械、生物和天然心脏瓣膜患者后可以发现,空化仅发生在机械心脏瓣膜中。当发生空化时,机械心脏瓣膜可能遭受高发性的血栓栓塞并发症和血细胞损伤。机械心脏瓣膜的空化又根据其结构分为以下两种情况。

(1)单叶瓣机械心脏瓣膜的空化

瓣膜小叶相对于瓣膜止动器的闭合动力学可被近似视为两个撞击杆挤压并形成水锤现象。这是形成空化和侵蚀坑的基本因素,通过减小接触面积和挤压流速可以延迟空化的开始,降低空化强度。而且,通过改进阀门设计也可以减小空化强度。此外,瓣膜闭合瞬间阀盘的闭合速度和阀尖附近的涡流将影响空化的初始阶段。

空化坑主要出现在阀碟与阀门止动点相接触的区域,以及孔口区域的边缘处。单叶瓣机械心脏瓣膜的空化气泡分布如图 7-51 所示。对于 Björk-Shiley 阀门,由于咬合器回弹而在阀门关闭瞬间发生气泡空化,持续时间为 0.3ms。阀门关闭后不同时间内空化气泡的变化如图 7-52 所示。

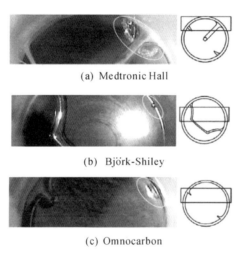

(a) Medtronic Hall

(b) Björk-Shiley

(c) Omnocarbon

图 7-51　单叶瓣机械心脏瓣膜中的空化气泡分布

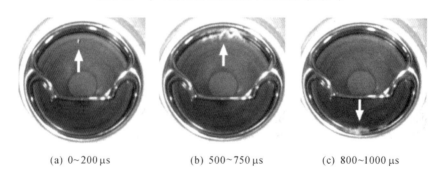

(a) 0~200μs　　　　　(b) 500~750μs　　　　　(c) 800~1000μs

图 7-52　Björk-Shiley 瓣膜在阀瓣关闭后不同时间段内空化气泡的变化情况

阀座的柔韧性不会影响空化的初始阶段,但是当阀门关闭时,如果叶瓣是柔性的或者在主要孔口区域没有瓣膜止动器,则阀门中不会出现气蚀气泡。高心率、高压降或者大阀瓣尺寸将增加空化发生率。当存在 CO_2 时,空化强度不会受到影响,但气泡生长的稳定性会受到影响。

（2）双叶瓣机械心脏瓣膜的空化

常见的双叶瓣机械心脏瓣膜（BMHV）如图 7-53 所示，其空化的形成是由挤压流引起的，并且空化的形成与瓣膜闭合速度、叶瓣几何形状、瓣膜设计和阀瓣位置有关。随着瓣膜关闭速度、瓣膜止动器面积和阀瓣尺寸的增加，空化发生概率也随之增加，而流体密度、流体黏度和温度对空化发生的影响可忽略不计。单叶瓣瓣膜与双叶瓣瓣膜相比，单叶瓣瓣膜中的空化气泡密度高于双叶瓣瓣膜，空泡气泡集中在瓣膜止动器和叶片尖上。

同时，高频压力波动将在瓣膜关闭期间引起空化。叶瓣/外壳冲击时的瞬态压力信号可用作空化发生的间接信号，瞬态压力信号的时频分析可用于区分空化强度。

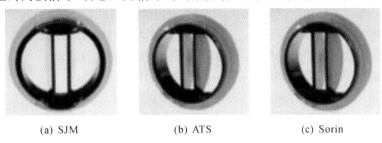

(a) SJM　　　　(b) ATS　　　　(c) Sorin

图 7-53　常见的双叶瓣机械心脏瓣膜

参考文献

[1] 杨源泉. 阀门设计手册[M]. 北京:机械工业出版社,2000.

[2] 黄卫星. 工程流体力学[M]. 北京:化学工业出版社,2008.

[3] 孔珑. 工程流体力学[M]. 北京:中国电力出版社,2014.

[4] 莫乃榕. 工程流体力学[M]. 武汉:华中科技大学出版社,2000.

[5] 陶文铨. 数值传热学[M]. 西安:西安交通大学出版社,2001.

[6] 沈维道. 工程热力学[M]. 北京:高等教育出版社,2016.

[7] 谭羽非. 工程热力学[M]. 北京:化学工业出版社,2016.

[8] 郑津洋. 过程设备设计[M]. 北京:化学工业出版社,2001.

[9] 刘鸿文. 材料力学[M]. 北京:高等教育出版社,2011.

[10] 冯维明. 材料力学[M]. 北京:国防工业出版社,2015

[11] 陈志平. 过程设备设计与选型基础[M]. 杭州:浙江大学出版社,2005.

[12] 张周卫. 液化天然气装备设计技术:LNG 低温阀门卷[M]. 北京:化学工业出版社,2018.

[13] 陆培文. 实用阀门设计手册[M]. 北京:机械工业出版社,2012.

[14] 朱培元. 截止阀设计技术及图册[M]. 北京:机械工业出版社,2015.

[15] 朱培元. 止回阀设计技术及图册[M]. 北京:机械工业出版社,2014.

[16] 朱培元. 闸阀设计技术及图册[M]. 北京:机械工业出版社,2012.

[17] 朱培元. 蝶阀设计技术及图册[M]. 北京:机械工业出版社,2012.

[18] 陆培文. 工业过程控制阀设计选型与应用技术[M]. 北京:中国标准出版社,2016.

[19] 陆培文. 实用阀门设计手册[M]. 北京:机械工业出版社,2012.

[20] 陆培文. 阀门选用手册[M]. 北京:机械工业出版社,2016.

[21] 宋虎堂. 阀门选用手册[M]. 北京:化学工业出版社,2007.

[22] 张志贤. 阀门技术资料手册[M]. 北京:中国建筑工业出版社,2013.

[23] 孙晓霞. 实用阀门技术问答[M]. 北京:中国标准出版社,2008.

[24] 张清双. 阀门手册—选型[M]. 北京:化学工业出版社,2013.

[25] 陆一心. 液压阀使用手册[M]. 北京:化学工业出版社,2009.

[26] 吴博. 液压阀使用与维修手册[M]. 北京:机械工业出版社,2015.

[27] 张利平. 液压阀原理、使用与维护[M]. 北京:化学工业出版社,2005.

[28] 张光函. 阀门结构设计与改进[M]. 北京:科学出版社,2018.

[29] E. 约翰芬纳莫尔,约瑟夫·B. 弗朗兹尼. 流体力学及其工程应用[M]. 钱冀稷,周玉文,等,译. 北京:机械工业出版社,2005.

[30] 彼得·史密斯，R.W.察佩. 阀门选用手册[M]. 周思柱，华剑，译. 石油工业出版社，2012.

[31] 陈富强，王飞，魏琳，等. 减压阀噪声研究进展[J]. 排灌机械工程学报，2019，37(1)：49-57.

[32] 魏琳，张明，颜孙挺，等. 减压阀流动特性研究进展[J]. 化工机械，2015，42(6)：742-749.

[33] 中国机械工业联合会.管道元件 DN(公称尺寸)的定义和选用：GB/T 1047—2005[S]. 北京：中国标准出版社，2005：9.

[34] 中国机械工业联合会.整体钢制管法兰：GB/T 9113—2010[S]. 北京：中国标准出版社，2011：10-01.

[35] 中国机械工业联合会.管道元件 公称压力的定义和选用：GB/T 1048—2019[S]. 北京：中国标准出版社，2019：12-01.

[36] 中国机械工业联合会.钢制管法兰 类型与参数：GB/T 9112—2000[S]. 北京：中国标准出版社，2001：7-01.

[37] 中国机械工业联合会.钢制管法兰 第2部分：Class 系列：GB/T 9124—2019[S]. 北京：中国标准出版社，2019：5.

[38] 中国机械工业联合会.整体钢制管法兰：JB/T 79—2015[S]. 北京：中国标准出版社，2016：3.

[39] 中国钢铁工业协会.不锈钢棒：GB/T 1220—2007[S]. 北京：中国标准出版社，2007：5-14.

[40] 中国钢铁工业协会.优质碳素结构钢：GB/T 699—2015[S]. 北京：中国标准出版社，2016：11-03.

[41] 中国钢铁工业协会.碳素结构钢：GB/T 700—2006[S]. 北京：中国标准出版社，2007：2-1.

[42] 中国钢铁工业协会.弹簧钢：GB/T 1222—2016[S]. 北京：中国标准出版社，2017：9-11.

[43] 中国机械工业部.铸铁管法兰 技术条件：GB/T 17241.7—1998[S]. 北京：中国标准出版社，1998：12-3.

[44] 全国紧固件技术标准化委员会.紧固件 六角头螺栓和六角螺母用沉孔：GB/T 152.4—1988. 北京：中国标准出版社，1989：1.

[45] 中国有色金属工业协会.铜及铜合金拉制棒：GB/T 4423—2007[S]. 北京：中国标准出版社，2007：11-01.

[46] 中国机械工业联合会.冷卷圆柱螺旋弹簧技术条件：GB/T 1239—2009[S]. 北京：中国标准出版社，2009：11.

[47] 全国铸造标准化技术委员会.铸造铜及铜合金：GB/T 1176—2013[S]. 北京：中国标准出版社，2014：3-21.

[48] 全国铸造标准化技术委员会.可锻铸铁件：GB/T 9440—2010[S]. 北京：中国标准出版社，2011：6-01.

[49] 中国冶金工业部.不锈耐酸钢晶间腐蚀倾向试验方法：GB/T 1223—1975[S]. 北

京：中国标准出版社，1976：7-01.

　　[50] 中国机械工业联合会.阀门 术语：GB/T 21465—2008[S].北京：中国标准出版社，2008：8.

　　[51] 中国机械工业联合会.工业阀门 压力试验：GB/T 13927—2008[S].北京：中国标准出版社，2009：7-03.

　　[52] 中国机械工业联合会.多回转阀门驱动装置的连接：GB/T 12222—2005[S].北京：中国标准出版社，2005：8-01.

　　[53] 中国机械工业联合会.部分回转阀门驱动装置的连接：GB/T 12223—2005[S].北京：中国标准出版社，2005：8-01.

　　[54] 中国机械工业联合会.钢制阀门 一般要求：GB/T 12224—2015[S].北京：中国标准出版社，2016：7-01.

　　[55] 中国机械工业联合会.通用阀门 铜合金铸件技术条件：GB/T 12225—2005[S].北京：中国标准出版社，2006：4.

　　[56] 中国机械工业联合会.通用阀门 灰铸铁件技术条件：GB/T 12226—2005[S].北京：中国标准出版社，2006：1.

　　[57] 中国机械工业联合会.通用阀门 球墨铸铁技术条件：GB/T 12227—2005.北京：中国标准出版社，2006：1-01.

　　[58] 中国机械工业联合会.通用阀门 碳素钢锻件技术条件：GB/T 12228—2006.北京：中国标准出版社，20067：5-01.

　　[59] 中国机械工业联合会.通用阀门 碳素钢铸件技术条件：GB/T 12229—2005[S].北京：中国标准出版社，2006：1-01.

　　[60] 中国机械工业联合会.通用阀门 不锈钢铸件技术条件：GB/T 12230—2005[S].北京：中国标准出版社，2006：1-01.

　　[61] 中国机械工业联合会.通用阀门 法兰连接铁制闸阀：GB/T 12232—2005[S].北京：中国标准出版社，2006：1-01.

　　[62] 中国机械工业联合会.通用阀门 铁制截止阀与升降式止回阀：GB/T 12233—2006[S].北京：中国标准出版社，2007：5-01.

　　[63] 中国机械工业联合会.石油、天然气工业用螺柱连接阀盖的钢制闸阀：GB/T 12234—2007[S].北京：中国标准出版社，2007：11-01.

　　[64] 中国机械工业联合会.通用阀门 石油、石化及相关工业用钢制截止阀和升降式止回阀：GB/T 12235—2007[S].北京：中国标准出版社，2007：11-01.

　　[65] 中国机械工业联合会.石油、化工及相关工业用的钢制旋启式止回阀：GB/T 12236—2008[S].北京：中国标准出版社，2008：7-01.

　　[66] 中国机械工业联合会.石油、石化及相关工业用的钢制球阀：GB/T 12237—2007[S].北京：中国标准出版社，2007：11-01.

　　[67] 中国机械工业联合会.法兰和对夹连接弹性密封蝶阀：GB/T 12238—2008[S].北京：中国标准出版社，2009：7-01.

　　[68] 中国机械工业联合会.工业阀门 金属隔膜阀：GB/T 12239—2008[S].北京：中国标准出版社，2009：3.

［69］中国机械工业联合会.铁制旋塞阀:GB/T 12240—2008［S］.北京:中国标准出版社,2009:1-01.

［70］全国阀门标准化技术委员会.先导式减压阀:GB/T 12246—2006［S］.北京:中国标准出版社,2007:5.

［71］全国螺纹标准化技术委员会.普通螺纹 直径与螺距系列:GB/T 193—2003［S］.北京:中国标准出版社,2004:1-01.

［72］全国螺纹标准化技术委员会.普通螺纹 公差:GB/T 197—2003［S］.北京:中国标准出版社,2004:1-01.

［73］欧洲标准化委员会 工业阀门 壳体强度设计：EN 12516—2014［S］.布鲁塞尔:欧洲标准化委员会出版部,2015:1.

［74］美国机械工程师协会.阀门—带法兰、有螺纹和焊接端部：ASME B16.34-2017［S］.纽约:ASME 标准出版部,2017:8-23.

［75］美国机械工程师协会.管法兰和法兰管件(NPS1/2～NPS24 米制/英制标准)：ASME B16.5-2017［S］.纽约:ASME 标准出版部,2017:11-20.

［76］美国石油学会.钢制闸阀—法兰连接端和对焊端,螺栓连接阀盖:API 600-2015［S］.华盛顿:API 标准和出版部,2015:1.

［77］美国石油学会.管线和管道阀门规范:API 6D-2014［S］.华盛顿:API 标准和出版部,2014:8.

［78］美国石油学会.转 1/4 周软阀座阀门的耐火试验:API 607—2016［S］.华盛顿:API 标准和出版部,2016:6.

［79］日本机械元件技术委员会.圆片形橡胶板底座蝶阀:JIS B 2332—2013［S］.东京:日本工业标准委员会出版部,2013:3-20.